工学结合·基于工作过程导向的项目化创新系列教材
国家示范性高等职业教育土建类"十三五"规划教材

U0370390

# 建筑施工技术

## （第2版）

JIANZHU SHIGONG JISHU

| 主　审 | 何　俊 | |
|---|---|---|
| 主　编 | 陈锦平 | 司效英 |
| | 王才品 | |
| 副主编 | 张　珍 | 张俊友 |
| | 张　革 | 朱　朴 |
| | 索　耀 | 吕丹丹 |
| | 张红宇 | 吴玉斌 |
| 参　编 | 王　敦 | 石益东 |
| | 向亚卿 | |

华中科技大学出版社
http://www.hustp.com

# 内 容 简 介

本书按照全国住房和城乡建设职业教育教学指导委员会土建施工类专业指导委员会编制的建筑工程技术专业教学标准、培养方案及建筑施工课程教学大纲编写,本着突出职业教育的针对性和实用性,使学生实现"零距离"上岗的目标,并以国家现行的建设工程标准、规范、规程为依据,根据编者多年工程实践经验和教学经验编写而成。本书对房屋建筑工程施工工艺、施工方法、施工机械、施工测量及施工过程中的安全措施和质量保证措施等做了详细的阐述,内容通俗易懂,图文并茂。全书共分十个项目,包括土方工程、地基处理与基础工程、砌筑工程、混凝土结构工程、外墙及屋面保温工程、预应力混凝土工程、结构安装工程、防水工程、装饰工程、冬期与雨期施工等内容。

为了方便教学,本书还配有电子课件等教学资源包,任课教师和学生可以登录"我们爱读书"网(www.ibook4us.com)免费注册并浏览,或者发邮件至 husttujian@163.com 免费索取。

本书除可作为高职高专院校工程管理技术专业、土木工程类专业学生的学习用书外,还可作为建设单位、监理单位、勘察设计单位、施工单位和政府各级建设行政主管部门相关人员的学习参考书。

**图书在版编目(CIP)数据**

建筑施工技术/陈锦平,司效英,王才品主编. —2 版. —武汉:华中科技大学出版社,2017.8 (2022.8 重印)
国家示范性高等职业教育土建类"十三五"规划教材
ISBN 978-7-5680-2497-6

Ⅰ.①建… Ⅱ.①陈… ②司… ③王… Ⅲ.①建筑工程-工程施工-高等职业教育-教材 Ⅳ.①TU74

中国版本图书馆 CIP 数据核字(2017)第 014022 号

**建筑施工技术(第 2 版)**
Jianzhu Shigong Jishu

陈锦平 司效英 王才品 主编

策划编辑:康 序
责任编辑:康 序
责任监印:朱 玢
出版发行:华中科技大学出版社(中国·武汉)　　电话:(027)81321913
　　　　　武汉市东湖新技术开发区华工科技园　　邮编:430223
录　排:武汉正风天下文化发展有限公司
印　刷:武汉科源印刷设计有限公司
开　本:787 mm×1 092 mm　1/16
印　张:24.5
字　数:627 千字
版　次:2022 年 8 月第 2 版第 3 次印刷
定　价:49.50 元

# 第2版前言

●　●　●

近年来,我国高等职业教育快速发展,已经成为国家高等教育的重要组成部分。在当前新形势下,国家和社会对高等职业教育提出了更高的质量要求,教育部正推进的国家示范性职业院校建设、精品课程建设,工学结合、校企合作的培养和办学模式,使得已出版的土建类专业教材与新形势下的教学要求不相适应的矛盾日益突出,加强土建类专业教材建设成为各相关院校的目标和要求,新一轮教材建设迫在眉睫。

"建筑施工技术"是建筑工程技术专业的一门主要专业课程。它的主要任务是研究建筑工程中各工种工程的施工工艺、施工方法、施工机械、施工测量及施工过程中的安全措施和质量保证措施。它在培养学生独立分析和解决建筑工程施工中有关施工技术问题的基本职业能力方面起着重要作用。全书本着"必需、够用"的原则,对课程内容进行了合理的调整,淡化理论课程的系统性和学科性,强化对学生实际应用能力的培养,突出了教学过程的应用性和实践性。本书在编写过程中加入了大量图片,并且在每个项目后提供了不少案例,使得学习过程更加贴近实际。由于国家将节能工程作为强制内容,因此,特将外墙及屋面保温工程单列一个项目,并且增加了新的内容。本书编写紧扣全国住房和城乡建设职业教育教学指导委员会土建施工类专业指导委员会编制的建筑工程技术专业教学标准、培养方案及建筑施工课程教学大纲。

本次再版,通过收集本书第1版使用者的意见,并结合当前工程中施工技术应用情况,将第1版中项目6预应力混凝土工程中的先张法施工的内容进行了删减,并将该部分内容合并到混凝土结构工程相关章节中。因保温工程中的CL建筑体系市场应用不广,故也对相关内容进行了大幅删减。因湿作业受冬雨季施工影响比较多,因此将原项目10冬期与雨期施工的内容分别合并到砌筑工程及混凝土结构工程相关章节中,同时在每个项目后编入了大量的习题,便于学习者进行复习。

本书内容包括绪论、土方工程、地基处理与基础工程、砌筑工程、混凝土结构工程、外墙及屋面保温工程、结构安装工程、防水工程、装饰工程等。

本书除可作为高职高专院校工程管理技术专业、土木工程类专业学生的学习用书外,还可作为建设单位、监理单位、勘察设计单位、施工单位和政府各级建设行政主管部门相关人员的学习参考书。

本书由呼和浩特职业学院建筑工程学院高级工程师、副教授、全国监理工程师、一级建造师陈锦平,内蒙古机电职业技术学院司效英,安徽省霍山县水务局王才品高级工程师主编;副主编为包头铁道职业技术学院张珍、内蒙古农业大学职业技术学院副教授张俊友,新疆生产建设兵团建筑工程十一师职业技术学校张革、黎明职业大学朱朴、湖北工业职业技术学院索耀、山西旅游职业学院吕丹丹、呼和浩特职业学院张红宇和吴玉斌;参编为湖北财税职业学院王敦、内蒙古建筑职业技术学院石益东、湖北水利水电职业技术学院向亚卿,由安徽水利水电职业技术学院何俊教授担任主审。其编写分工如下：绪论由张俊友编写，项目 3、项目 4 中任务 1 和任务 3、项目 5 及全书的实训题、习题由陈锦平编写，项目 1 由索耀编写，项目 2 由张珍编写，项目 6 由张革编写，项目 7 由司效英编写，项目 4 中任务 2 和任务 5 至任务 7 由吕丹丹编写，项目 8 中任务 1 至任务 5 由朱朴编写，项目 8 中任务 6 至任务 8 由王才品编写，项目 4 的预应力混凝土工程部分由张红宇编写，项目 5 的部分内容由吴玉斌编写。全书由陈锦平负责统稿和修改工作。

为了方便教学，本书还配有电子课件等教学资源包，任课教师和学生可以登录"我们爱读书"网（www.ibook4us.com）免费注册并浏览，或者发邮件至 husttujian@163.com 免费索取。

在本书的编写和修改过程中引用了大量相关的专业文献和资料，未在书中一一注明出处，在此对各位同行及资料的提供者深表谢意。由于编者经验和水平有限，加之时间仓促，书中难免存在不妥之处，望广大读者批评指正。

编　者

2017 年 5 月

# 目录

# 绪　　论

## 一、建筑施工技术课程的研究对象、任务

建筑业是一个独立的、重要的物质生产部门，是从事建筑工程勘察设计、施工安装和维修更新的物质生产部门。建筑业围绕建筑活动的全过程来开展自己的生产经营活动。建筑业的生产活动主要为建筑安装工程的施工，为物质生产领域和各部门提供所需的建筑物、构筑物及各种设备的安装工作，为人民生活提供住宅和文化娱乐设施等。

从我国基本建设的投资构成来看，建筑安装工程费用占 60％，设备购置占 30％，其他基本费用占 10％。对于住宅及文化教育事业的建筑，其基本建设投资的 90％以上都用于建筑工程费用。

建筑业在国民经济中占有很重要的地位，是各个行业赖以发展的基础性先导产业，为国民经济的各个部门提供了强有力的物质技术基础。可以说，没有强大的建筑业，整个社会的再生产活动便无法有效地进行。根据历史统计资料，一般建筑业年平均增长速度要比国民经济生产总值增长速度快 1％～3％。建筑业在国民经济中占有较大比重，根据有关统计资料，建筑业增加值占国内生产总值的比例为 6％，净产值占国民收入的比例已达到 8.25％。

建筑业对于整个国民经济的发展、人民物质文化生活条件的改善、社会新价值的创造、人员的就业及其他部门的发展都发挥着重要的作用。

建筑施工技术是研究工业与民用建筑施工技术的学科，是研究建筑工程中各主要工种工程施工中的一般施工技术和施工规律。建筑施工技术课程研究的主要内容是如何依据施工对象的特点、规模和实际情况，应用合适的施工技术和方法，完成符合设计要求的工种工程，即通过掌握建筑工程施工原理和施工方法，以及保证工程质量和施工安全的技术措施，选择经济、合理的施工方案来保证工程按期完成。

## 二、我国建筑施工技术发展概况

我国的建筑业有着辉煌的历史，如殷代用木结构建造的宫室，北魏时期修建的河南登封嵩岳寺砖塔，隋代修建的河北赵县安济桥，辽代修建的山西应县佛宫寺释迦塔，明代修建的北京故宫等建筑，都说明了当时的建筑施工技术已经到了相当高的水平。

新中国成立后，特别是改革开放以来，我国的建筑施工技术得到了长足的发展，在大型工业建筑和高层民用建筑施工中取得了辉煌的成就。例如，在地基处理方面推广了强夯法、振冲法、深层搅拌地基新技术；在基础工程施工中，推广应用了钻孔灌注桩、旋喷桩、地下连续墙等深基础技术；大模板、滑升模板、钢筋气压焊、钢筋冷压连接、钢筋锥螺纹连接、泵送混凝土、高强度混凝土等新工艺和新技术得到了广泛的应用和推广；在预应力混凝土方面，采用了无黏结工艺和整体预应力结构，使我国预应力混凝土发展由构件生产进入了预应力结构生产阶段；在大跨度结构、高耸结构方

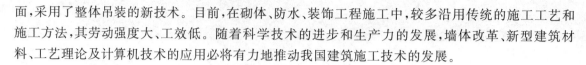

面,采用了整体吊装的新技术。目前,在砌体、防水、装饰工程施工中,较多沿用传统的施工工艺和施工方法,其劳动强度大、工效低。随着科学技术的进步和生产力的发展,墙体改革、新型建筑材料、工艺理论及计算机技术的应用必将有力地推动我国建筑施工技术的发展。

## 三、建筑施工技术课程的学习方法及要求

建筑施工技术课程是建筑工程技术专业的一门主要专业课程,具有时效性强、综合性强、社会性广,与许多学科紧密联系的特点,它与建筑测量、建筑力学、建筑材料、房屋建筑构造、地基与基础、建筑结构、建筑工程设备、施工组织设计与管理、建筑工程计量与计价等课程有着密切联系。建筑施工技术课程的内容包括了土方工程、地基处理与基础工程、砌筑工程、混凝土结构工程、外墙及屋面保温工程、预应力混凝土工程、结构安装工程、防水工程、装饰工程、冬期与雨期施工等知识。因此,要想学好本课程,必须学好上述相关课程。

由于本课程涉及的知识面广、实践性强,并且施工技术又在不断发展,因此,在学习过程中要坚持理论联系实际的学习方法。除了在课堂上认真学习理论知识外,平时要多注意观察施工现场的施工方法,把理性学习和感性认识相结合,同时加强实习实训,在实践锻炼中感悟所学知识,达到事半功倍的效果。

通过本课程的学习应掌握各工种工程的施工方法,培养独立分析问题和解决问题的能力,同时掌握现行施工规范及质量验收标准。

## 四、施工规范及质量验收统一标准

建筑施工规范及质量验收统一标准是我国建筑界常用的标准。由国务院相关部委批准颁发,作为全国建筑界共同遵守的准则和依据。建筑施工方面的规范有:《建筑工程施工质量验收统一标准》(GB 50300—2013)、《建筑地基基础施工质量验收规范》(GB 50202—2002)、《砌体结构工程施工质量验收规范》(GB 50203—2011)、《混凝土结构工程施工及验收规范》(GB 50204—2015)、《屋面工程质量验收规范》(GB 50207—2012)、《建筑地面工程施工质量验收规范》(GB 50209—2010)、《地下防水工程质量验收规范》(GB 50208—2011)、《建筑装饰装修工程质量验收规范》(GB 50210—2001)。

# 土 方 工 程

**知识目标**

(1) 了解土方工程的分类及施工特点，了解土的工程分类及性质；

(2) 掌握土方工程量计算，了解场平土方调配；

(3) 掌握土方边坡，了解基坑支护及监测；

(4) 了解土方工程施工排水与降水；

(5) 掌握土方机械化施工。

**能力目标**

(1) 能根据施工图纸和施工实际条件，编制一般土方工程施工方案；

(2) 能根据施工图纸和施工实际条件，计算土方工程量；

(3) 能根据施工图纸和施工实际条件，编写一般土方工程施工技术交底。

根据土方工程施工内容和方法的不同，常见的土方工程有：场地平整、基坑(槽)与管沟开挖、地下建筑物的土方开挖和土方填筑等主要施工过程，以及施工场地清理，排水、降水和土壁支护等准备工作与辅助工作。一般按照开挖和填筑的几何特征不同，土方工程施工可分为以下五种。

(1) 场地平整：是指挖、填平均厚度小于等于 300 mm 的挖填或找平等土方施工过程。

(2) 挖基槽：是指开挖宽度小于等于 3 m，并且长宽比大于等于 3 的土方开挖过程。

(3) 挖基坑：是指开挖底面积小于等于 20 m² ，并且长宽比小于 3 的土方开挖过程。

(4) 挖土方：是指山坡切土或场地平整挖填厚度大于 300 mm，基槽开挖宽度大于 3 m，基坑开挖底面积大于 20 m² 的土方开挖过程。

(5) 回填土：一般指基础回填土和房心回填土，可分为松填和夯填。

当现场自然地面标高与设计地面标高不同时，在土方工程施工前，要进行场地平整。当施工现场存在地面水或地下水且影响土方开挖时，则在土方工程施工前要进行施工排水或降水。当施工现场环境复杂时，在深基坑开挖时要进行基坑支护。

土方工程具有工程量大、施工工期长、劳动强度大、施工现场条件复杂以及施工受气候、水文、地质等影响较大的特点，所以，在土方工程施工前必须做好施工准备工作，在土方工程施工中必须严格执行土方工程施工方案，并做好验收工作。

## 任务 1　土的工程分类及性质

### 一、土的工程分类

土的种类繁多，分类方法各异。在土方工程施工中，根据土的坚硬程度和开挖方法将土分为八类,具体分类与现场鉴别方法如表 1-1 所示。

表 1-1　土的工程分类与现场鉴别方法

| 土的分类 | 土的名称 | 可松性系数 | | 开挖方法及工具 |
|---|---|---|---|---|
| | | $K_s$ | $K_s'$ | |
| 一类土 | 砂土;粉土;冲积砂土层;种植土;泥炭(淤泥) | 1.08~1.17 | 1.01~1.03 | 能用锹、锄头挖掘 |
| 二类土（普通土） | 粉质黏土;潮湿的黄土;夹有碎石、卵石的砂;填筑土及粉土混卵(碎)石 | 1.14~1.28 | 1.02~1.05 | 用锹、条锄挖掘,少许用镐翻松 |
| 三类土（坚土） | 中等密实黏土;重粉质黏土;粗砾石;干黄土及含碎石、卵石的黄土,粉质黏土;压实的填筑土 | 1.24~1.30 | 1.04~1.07 | 主要用镐,少许用锹、锄挖掘 |
| 四类土（沙砾坚土） | 坚硬密实的黏性土及含碎石、卵石的黏土;粗卵石;密实的黄土;天然级配砂石;软泥灰岩 | 1.26~1.32 | 1.06~1.09 | 整个用镐、条锄挖掘,少许用撬棍挖掘 |
| 五类土 | 硬质黏土;中等密实的页岩、泥灰岩、白垩土 | — | — | 用镐或撬棍、大锤挖掘 |
| 六类土 | 泥岩;砂岩;砾岩;坚实的页岩;泥灰岩;密实的石灰岩;风化花岗岩;片麻岩 | — | — | 用爆破方法开挖 |
| 七类土 | 大理岩;辉绿岩;玢岩;粗、中粒花岗岩;坚实的白云岩;砂岩;砾岩;片麻岩;石灰岩;微风化的安山岩;玄武岩 | 1.30~1.45 | 1.10~1.20 | 用爆破方法开挖 |
| 八类土 | 安山岩;玄武岩;花岗片麻岩;坚实的细粒花岗岩;闪长岩;石英岩;辉长岩;辉绿岩;玢岩 | — | — | — |

注:$K_s$——最初可松性系数;$K_s'$——最终可松性系数。

## 二、土的工程性质

### (一)土的组成

土一般由土颗粒(固相)、水(液相)和空气(气相)三部分组成,这三部分之间的比例关系随着周围条件的变化而变化,三者相互间比例不同,反映出土的不同物理状态,如干燥、稍湿或很湿,密实或松散等。这些指标是最基本的物理指标,对评价土的工程性质,进行土的工程分类具有重要意义。

土的三相物质是混合分布的,为阐述方便,一般用三相图(见图 1-1)表示。

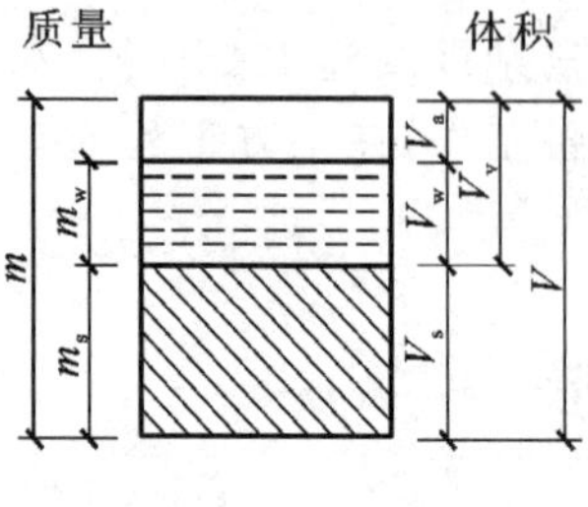

其中,图中符号所表示的含义如下。

$m$ 表示土的总质量,即 $m=m_s+m_w$,单位为 kg;$m_s$ 表示土中固体颗粒的质量,单位为 kg;$m_w$ 表示土中水的质量,单位为 kg;$V$ 表示土的总体积,即 $V=V_a+V_w+V_s$,单位为 m³;$V_a$ 表示土中空气的体积,单位为 m³;$V_w$ 表示土中水的体积,单位为 m³;$V_s$ 表示土中固体颗粒的体积,单位为 m³;$V_v$ 表示土中孔隙的体积,即 $V_v=V_a+V_w$,单位为 m³。

图 1-1　土的三相示意图

## （二）土的主要工程性质

土的工程性质对土方工程的施工有着直接影响，也是进行土方工程施工组织设计必须掌握的基本资料。土的主要工程性质包括以下几个方面。

**1. 土的含水量**

土的含水量是指土中水的质量与固体颗粒质量的百分比，用 $\omega$ 表示，即

$$\omega = \frac{m_w}{m_s} \times 100\% \tag{1-1}$$

式中：$m_w$ 表示土中水的质量，单位为 kg；$m_s$ 表示土中固体颗粒的质量，单位为 kg。

土的含水量是反应土干湿程度的重要指标，一般采用烘干法测定。

土的含水量直接影响土方施工方法的选择、边坡的稳定和回填土的质量。例如，土的含水量超过 25%～30%，则机械化施工困难，容易打滑、陷车；回填土在最佳含水量的状态下，方能夯密压实，获得最大干密度。

**2. 土的可松性**

土的可松性是指天然土经开挖后，内部组织破坏，其体积因松散而增加，以后虽经回填压实，仍不能恢复其原来体积的性质。土的可松性程度一般用可松性系数表示，即

最初可松性系数：

$$K_s = \frac{V_2}{V_1} \tag{1-2}$$

最终可松性系数：

$$K_s' = \frac{V_3}{V_1} \tag{1-3}$$

式中：$K_s$、$K_s'$ 表示土的最初、最终可松性系数；$V_1$ 表示土的天然体积，单位为 $m^3$；$V_2$ 表示开挖后土的松散体积，单位为 $m^3$；$V_3$ 表示回填压实后土的体积，单位为 $m^3$。

土的可松性与土质有关，各类土的可松性系数如表 1-1 所示。在土方工程施工中，土的可松性系数是计算土方开挖工程量、土方运输量、土方调配和回填土预留量的主要参数。

**3. 土的天然密度和干密度**

土在天然状态下单位体积的质量称为土的天然密度，简称密度；单位体积中土的固体颗粒的质量称为土的干密度。其表达式分别为

$$\rho = \frac{m}{V} \tag{1-4}$$

$$\rho_d = \frac{m_s}{V} \tag{1-5}$$

式中：$\rho$、$\rho_d$ 分别为土的天然密度和干密度，单位为 $kg/m^3$；$m$ 表示土的总质量，单位为 kg；$m_s$ 表示土中固体颗粒的质量，单位为 kg；$V$ 表示土的天然体积，单位为 $m^3$。

土的天然密度影响土的承载力、土压力及边坡的稳定性。土的干密度是检验回填土压实质量的控制指标。

**4. 土的渗透性**

土的渗透性是指土体被水透过的性质。土的渗透性一般用渗透系数表示，即单位时间内水穿透土层的能力，其表达公式为

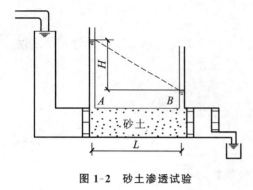

图 1-2　砂土渗透试验

$$K = \frac{v}{I} \qquad (1\text{-}6)$$

式中：$K$ 表示土的渗透系数，单位为 m/d；$v$ 表示水在土中的渗流速度，单位为 m/d；$I$ 表示土的水力坡度。

其中，$I = H/L$，$H$ 为 $A$、$B$ 两点的水位差，$L$ 为土层中水的渗流路程（见图 1-2）。

根据土的渗透性不同，可将土分为透水性土（如砂土）和不透水性土（如黏土）。土的渗透系数是计算地下水涌水量的主要参数，它与土的种类、密实程度有关，一般由试验确定，可参考表 1-2。

表 1-2　土的渗透系数参考表

| 土 的 名 称 | 渗透系数 $K$/(m/d) | 土 的 名 称 | 渗透系数 $K$/(m/d) |
| --- | --- | --- | --- |
| 黏土 | <0.005 | 中砂 | 5.00～20.00 |
| 粉质黏土 | 0.005～0.10 | 均质中砂 | 35～50 |
| 粉土 | 0.10～0.50 | 粗砂 | 20～50 |
| 黄土 | 0.25～0.50 | 圆砾石 | 50～100 |
| 粉砂 | 0.50～1.00 | 卵石 | 100～500 |
| 细砂 | 1.00～5.00 | | |

**5. 土的孔隙比和孔隙率**

孔隙比和孔隙率反映了土的密实程度，其值越小，土越密实。

孔隙比 $e$ 是土的孔隙体积 $V_v$ 与固体体积 $V_s$ 的比值，用式（1-7）表示。

$$e = \frac{V_v}{V_s} \qquad (1\text{-}7)$$

孔隙率 $n$ 是土的孔隙体积 $V_v$ 与总体积 $V$ 的比值，用百分率表示如下。

$$n = \frac{V_v}{V} \times 100\% \qquad (1\text{-}8)$$

# 任务 2　土方工程量计算及场平土方调配

## 一、基坑、基槽土方量计算

在土方工程施工之前，必须先计算土方的工程量。土方工程的外形通常很复杂且不规则，要得到精确的计算结果很困难。一般情况下，都将其划分为一定的几何形状，采用具有一定精度而又与实际情况近似的方法进行计算。

### 1. 基坑土方量计算

基坑形状一般为不规则的多边形，其边坡也常有一定坡度，如图 1-3 所示，基坑土方量计算可按拟柱体体积的公式计算，即

$$V = \frac{H}{6}(A_1 + 4A_0 + A_2) \qquad (1\text{-}9)$$

式中:$A_1$、$A_2$ 表示基坑的上、下底面积,单位为 $m^2$;$A_0$ 表示基坑的中截面面积,单位为 $m^2$;$H$ 表示基坑的开挖深度,单位为 m。

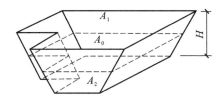

图 1-3　基坑土方量计算

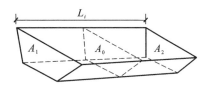

图 1-4　基槽土方量计算

**2. 基槽**

基槽的一般形式如图 1-4 所示,其土方量计算可以沿长度方向分段后,再使用与基坑相同的方法计算,即

$$V_i = \frac{L_i}{6}(A_1 + 4A_0 + A_2) \tag{1-10}$$

$$V_{总} = \sum V_i \tag{1-11}$$

式中:$V_i$ 表示第 $i$ 段基坑的土方量,单位为 $m^3$;$L_i$ 表示第 $i$ 段基坑的长度,单位为 m;$V_{总}$ 表示基槽的土方量,单位为 $m^3$。

## 二、场地平整土方量计算

### (一)场地设计标高确定的原则

场地平整就是将自然地面改造成人们所要求的平面。计算场地挖方量和填方量,首先要确定场地设计标高。由设计地面的标高和天然地面的标高之差,可以得到场地各点的施工高度(即填挖高度),由此可计算场地平整的挖方量和填方量。场地设计标高是进行场地平整和土方量计算的依据,也是总图规划和竖向设计的依据。合理地确定场地的设计标高,对减少土石方量、加快工程速度都有重要的经济意义。如图 1-5 所示,当场地设计标高为 $H_0$ 时,填挖方基本平衡,可将土石方移挖作填,就地处理;当设计标高为 $H_1$ 时,填方大大超过挖方,则需从场地外大量取土回填;当设计标高为 $H_2$ 时,挖方大大超过填方,则要向场外大量弃土。因此,在确定场地设计标高时,应结合现场的具体条件,反复进行技术经济比较,选择其中最优的方

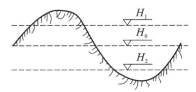

图 1-5　场地不同设计标高的比较

案。其原则是:①应满足生产工艺和运输的要求;②充分利用地形(如分区或分台阶布置),尽量使挖填方平衡,以减少土方量;③要有一定的泄水坡度(≥2%),使之能满足排水要求。

### (二)挖填平衡法确定场地设计标高

小型场地平整,若原地形比较平缓,对场地设计标高无特殊要求,可按照场地平整施工中挖填土方量相等的原则确定场地的设计标高。其具体步骤如下。

初步确定场地设计标高($H_0$),如图 1-6 所示,将场地划分成边长为 $a$ 的若干方格,将方格网角点的原地形标高标在图上。原地形标高可利用等高线由插入法求得或在实地测量得到。

按照挖填土方量相等的原则,场地设计标高可按下式计算。

$$H_0 na^2 = \sum_{i=1}^{n}\left(a^2\ \frac{H_{i1}+H_{i2}+H_{i3}+H_{i4}}{4}\right) \tag{1-12}$$

即
$$H_0 = \frac{1}{4n}\sum_{i=1}^{n}(H_{i1}+H_{i2}+H_{i3}+H_{i4}) \tag{1-13}$$

式中：$H_0$ 表示所计算场地的初定设计标高；$n$ 表示方格数；$H_{i1}$、$H_{i2}$、$H_{i3}$、$H_{i4}$ 表示第 $i$ 个方格的 4 个角点的天然地面标高。

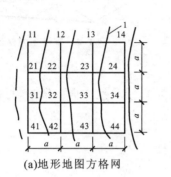 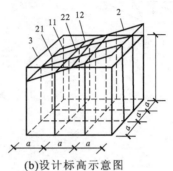

(a)地形地图方格网　　　　(b)设计标高示意图

**图 1-6　场地设计标高计算示意图**

1—等高线；2—自然地面；3—设计平面

由图 1-6 可见，11 号角点为 1 个方格独有，而 12、13、21、24 号角点为 2 个方格共有，22、23、32、33 号角点则为 4 个方格所共有。在用式(1-13)计算 $H_0$ 的过程中，类似 11 号角点的标高仅加 1 次，类似 12 号角点的标高加 2 次，类似 22 号角点的标高加 4 次。这种在计算过程中被应用的次数，在测量上的术语称为权，它反映了各角点标高对计算结果的影响程度。考虑各角点的权，式(1-13)可改写为如下形式。

$$H_0 = \frac{1}{4n}\left(\sum H_1 + 2\sum H_2 + 3\sum H_3 + 4\sum H_4\right) \tag{1-14}$$

式中：$H_1$ 表示 1 个方格独有的角点标高；$H_2$、$H_3$、$H_4$ 表示 2、3、4 个方格所共有的角点标高。

### （三）场地设计标高调整

初步确定场地设计标高 $H_0$ 仅为一理论值，其得到的场地设计平面为一个水平的挖填土方量相等的场地。实际上，施工中还需要考虑以下因素，对初步场地设计标高 $H_0$ 进行调整。

**1. 土的可松性影响**

由于土具有可松性，会造成多余的填土，需相应地提高设计标高。

**2. 借土或弃土的影响**

由于场地内大型基坑挖出的土方、修筑路堤填高的土方，以及从经济角度考虑，将部分挖方就近弃于场外（简称弃土），或将部分填方就近取于场外（简称借土）等，均会引起挖填土方量的变化，因此也需重新调整设计标高。

**3. 考虑泄水坡度对设计标高的影响**

按调整后的同一设计标高进行场地平整时，整个场地表面均处于同一水平面上，但实际上由于排水的要求，场地表面需有一定的泄水坡度。因此，还需根据场地泄水坡度的要求（单向泄水或双向泄水），计算出场内各方格角点实际施工所用的设计标高。

1) 单向泄水时，场地设计标高的求法

如图 1-7 所示。场地单向泄水时，以设计标高 $H_0$ 作为场地中心线标高，场地内任意一点的

设计标高为

$$H_n = H_0 \pm Li \tag{1-15}$$

式中：$H_n$ 表示场地内任一点的设计标高，单位为 m；$H_0$ 表示场地设计标高，单位为 m；$L$ 表示该点至场地中心线的距离，单位为 m；$i$ 表示场地泄水坡度。

2）双向泄水时，场地设计标高的求法

如图 1-8 所示，场地双向泄水时，以 $H_0$ 作为场地中心点的标高，场地内任意一点的设计标高为

$$H_n = H_0 \pm L_x i_x \pm L_y i_y \tag{1-16}$$

式中：$L_x$、$L_y$ 表示该点至场地中心线 $x-x$、$y-y$ 的距离，单位为 m；$i_x$、$i_y$ 表示 $x-x$、$y-y$ 方向的泄水坡度。

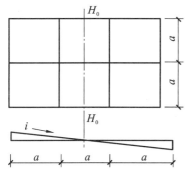

图 1-7　场地单向泄水坡度示意图

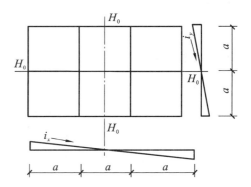

图 1-8　场地双向泄水坡度示意图

## （四）场地土方量计算

**1. 计算各方格角点的施工高度**

（1）在地形图上划分方格网，方格边长采用 20～40 m，划分时尽量使方格网与测量坐标网平行。

（2）将设计标高和自然地面标高标注在方格角点的左、右下角。

（3）按式（1-17）计算方格角点的施工高度。

$$h_n = H_n - H \tag{1-17}$$

式中：$h_n$ 表示角点施工高度，即填挖高度，单位为 m，以"＋"为填，以"－"为挖；$H_n$ 表示角点设计标高，单位为 m，若无泄水坡度时，即为场地设计标高；$H$ 表示角点自然地面标高，单位为 m。

**2. 计算零点位置**

如图 1-9 所示，若一个方格网内同时有填方和挖方时，要找出填方和挖方的分界线。其方法是先计算出方格边的两个零点（不挖也不填的点）位置，连接两个零点得到零线。零线就是填方区与挖方区的分界线。

零点位置按式（1-18）计算：

$$x_1 = \frac{ah_1}{h_1 + h_2}, \quad x_2 = \frac{ah_2}{h_1 + h_2} \tag{1-18}$$

式中：$x_1$、$x_2$ 表示角点至零点的距离，单位为 m；$h_1$、$h_2$ 表示相邻两角点的施工高度，单位为 m，均用绝对值；$a$ 表示方格网的边长，单位为 m。

在实际工作中，为了提高工作效率，常采用图解法直接求出零点。如图 1-10 所示，用尺在各角点上标出相应比例，用线相连，与方格相交点即为零点位置。此方法既方便又可避免计算或查表出错。

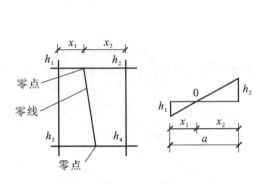

图 1-9 零点位置计算示意图

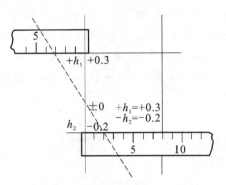

图 1-10 零点位置图解法

### 3. 计算每个方格的挖、填土方量

根据方格底面积形状，按表 1-3 中所列的公式进行计算每个方格的挖、填土方量。

表 1-3 方格网土方量计算公式

| 项　目 | 图　式 | 计算公式 |
|---|---|---|
| 一点填方或挖方（三角形） | | $V = \dfrac{1}{2}bc\dfrac{\sum h}{3} = \dfrac{bch_3}{6}$ <br><br> 当 $b = a = c$ 时，$V = \dfrac{a^2 h_3}{6}$ |
| 两点填方或挖方（梯形） | | $V_+ = \dfrac{(b+c)}{2}a\dfrac{\sum h}{4} = \dfrac{a}{8}(b+c)(h_1 + h_3)$ <br><br> $V_- = \dfrac{(d+e)}{2}a\dfrac{\sum h}{4} = \dfrac{a}{8}(d+e)(h_2 + h_4)$ |
| 三点填方或挖方（五角形） | | $V = \left(a^2 - \dfrac{bc}{2}\right)\dfrac{\sum h}{5}$ <br><br> $= \left(a^2 - \dfrac{bc}{2}\right)\dfrac{h_1 + h_2 + h_3}{5}$ |
| 四点填方或挖方（正方形） | | $V = \dfrac{a^2}{4}\sum h$ <br><br> $= \dfrac{a^2}{4}(h_1 + h_2 + h_3 + h_4)$ |

### 4. 边坡土方量计算

如图 1-11 所示，边坡土方量可以按近似方法划分为三角棱锥体和三角棱柱体计算，实际上，地表面不完全是水平的。

（1）三角棱锥体边坡体积。

如图 1-11 中①所示，三角棱锥体边坡体积计算公式如下：

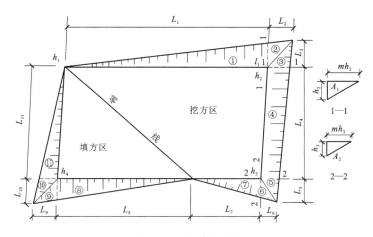

图 1-11 边坡平面图

$$V_1 = \frac{1}{3} A_1 L_1 \tag{1-19}$$

$$A_1 = \frac{m h_2^2}{2} \tag{1-20}$$

式中：$L_1$ 表示边坡①的长度；$A_1$ 表示边坡①的端面积；$h_2$ 表示角点的挖土高度；$m$ 表示边坡的坡度系数，即 $m =$ 宽/高。

（2）三角棱柱体边坡体积。

如图 1-11 中④所示，三角棱柱体边坡体积计算公式如下：

$$V_4 = \frac{(A_1 + A_2)}{2} L_4 \tag{1-21}$$

当两端横断面面积相差很大时，则有

$$V_4 = \frac{L_4}{6}(A_1 + 4A_0 + A_2) \tag{1-22}$$

式中：$L_4$ 表示边坡④的长度；$A_1$、$A_2$、$A_0$ 表示边坡④两端及中部的横断面面积，算法同上。

**5. 计算土方总量**

挖方区、填方区所有方格的土方量和边坡土方量汇总后即得场地平整挖、填土方工程量。

**例 1-1** 某建筑场地方格网如图 1-12 所示，方格边长为 $20\ \text{m} \times 20\ \text{m}$，填方区边坡坡度系数为 1.0，挖方区边坡坡度系数为 0.5，试用公式法计算填方和挖方的总土方量。

**解** （1）计算施工标高。根据所给方格网各角点的地面设计标高和自然标高计算，计算结果列于图 1-13 中。

$$h_1 = 251.50 - 251.40 = 0.10, \quad h_2 = 251.44 - 251.25 = 0.19$$

同理：$h_3 = 0.53$、$h_4 = 0.72$、$h_5 = -0.34$、$h_6 = -0.10$、$h_7 = 0.16$、$h_8 = 0.43$、$h_9 = -0.83$、

$h_{10} = -0.44$、$h_{11} = -0.20$、$h_{12} = 0.06$。

（2）计算零点位置。从图 1-13 中可知，1—5、2—6、6—7、7—11、11—12 五条方格边两端的施工高度符号不同，说明此方格边上有零点存在。

1—5 线

$$x_{1-5} = \frac{a h_1}{h_1 + h_5} = \frac{0.1 \times 20}{0.1 + 0.34} = 4.55\ \text{m}$$

同理： $x_{2-6} = 13.10\ \text{m}$、$x_{6-7} = 7.69\ \text{m}$、$x_{7-11} = 8.89\ \text{m}$、$x_{11-12} = 15.38\ \text{m}$。

将各零点标于图上，并将相邻的零点连接起来，即得零线位置，如图1-13所示。

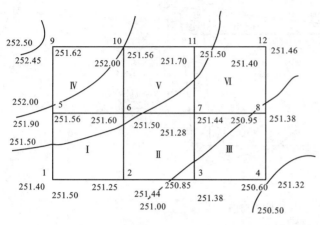

图1-12 某建筑场地方格网布置图

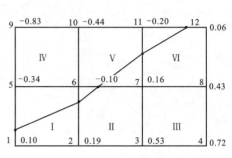

图1-13 施工高度及零线位置

（3）计算方格土方量。方格Ⅲ、Ⅳ底面为正方形，土方量为

$$V_{\text{Ⅲ}(+)}=\frac{a^2}{4}(h_1+h_2+h_3+h_4)=\frac{20^2}{4}(0.53+0.72+0.16+0.43)\ \text{m}^3=184\ \text{m}^3,\ V_{\text{Ⅳ}(-)}=171\ \text{m}^3$$

方格Ⅰ底面为两个梯形，土方量为

$$V_{\text{Ⅰ}(+)}=\frac{a}{8}(b+c)(h_1+h_3)=\frac{20}{8}(4.55+13.1)(0.10+0.19)\ \text{m}^3=12.8\ \text{m}^3,\ V_{\text{Ⅰ}(-)}=24.59\ \text{m}^3$$

方格Ⅱ、Ⅴ、Ⅵ底面为三边形和五边形，土方量为

$$V_{\text{Ⅱ}(+)}=65.73\ \text{m}^3,\quad V_{\text{Ⅱ}(-)}=0.88\ \text{m}^3$$
$$V_{\text{Ⅴ}(+)}=2.92\ \text{m}^3,\quad V_{\text{Ⅴ}(-)}=51.10\ \text{m}^3$$
$$V_{\text{Ⅵ}(+)}=40.89\ \text{m}^3,\quad V_{\text{Ⅵ}(-)}=5.70\ \text{m}^3$$

方格网总填方量：

$$\sum V_{(+)}=(184+12.80+65.73+2.92+40.89)\ \text{m}^3=306.34\ \text{m}^3$$

方格网总挖方量：

$$\sum V_{(-)}=(171+24.59+0.88+51.10+5.70)\ \text{m}^3=253.26\ \text{m}^3$$

（4）边坡土方量计算。如图1-14所示，除④、⑦按三角棱柱体计算外，其余均按三角棱锥体计算。

$$V_{①(+)}=0.003\ \text{m}^3 \qquad\qquad V_{⑧(+)}=V_{⑨(+)}=0.01\ \text{m}^3$$
$$V_{②(+)}=V_{③(+)}=0.0001\ \text{m}^3 \qquad V_{⑩(+)}=0.01\ \text{m}^3$$
$$V_{④(+)}=5.22\ \text{m}^3 \qquad\qquad V_{⑪(-)}=2.03\ \text{m}^3$$
$$V_{⑤(+)}=V_{⑥(+)}=0.06\ \text{m}^3 \qquad V_{⑫(-)}=V_{⑬(-)}=0.02\ \text{m}^3$$
$$V_{⑦(+)}=7.93\ \text{m}^3 \qquad\qquad V_{⑭(-)}=3.18\ \text{m}^3$$

边坡总填方量：

$$\sum V_{(+)}=(0.003+2\times0.0001+5.22+2\times0.06+7.93+2\times0.01+0.01)\ \text{m}^3$$
$$=13.30\ \text{m}^3$$

边坡总挖方量：

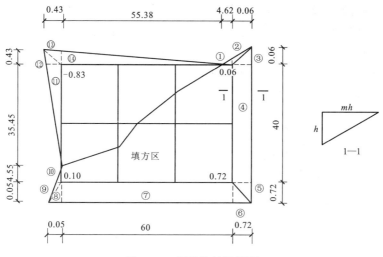

**图 1-14 场地边坡平面图**

$$\sum V_{(-)} = (2.03 + 2 \times 0.02 + 3.18)\ \mathrm{m}^3 = 5.25\ \mathrm{m}^3$$

## 三、土方调配

土方调配的目的是在土方总运输量最小或土方总运输成本最小的条件下,确定挖填方区土方的调配方向和数量,以达到缩短土方施工工期和降低土方施工成本的目的。

### (一)土方调配区划分原则

(1)力求达到挖方与填方基本平衡和就近调配,使挖方量与运距的乘积之和最小,也就是土方运输量或费用最小。

(2)土方调配要考虑近期施工与后期利用相结合,考虑分区与全场相结合,考虑与大型地下建筑物施工相结合,避免重复挖运。

(3)合理布置挖方与填方分区线,选择合理的调配方向及运输线路,充分发挥土方机械和运输车辆的性能。

土方调配应根据现场具体情况、相关技术资料、工期及质量要求、土方施工与运输方法等综合考虑,经过技术经济比较后确定合理的调配方案。

### (二)土方调配的步骤与方法

编制土方调配图表的步骤如下。

(1)划分调配区。

(2)计算土方量。

(3)计算调配区之间的平均运距。

(4)确定土方调配的初始方案。

(5)对土方调配初始方案进行优化得到最优方案。

(6)绘制土方调配图。

# 任务 3　土方边坡与支护

土方工程施工要求标高、断面准确,土体有足够的强度和稳定性,土方量少、工期短、费用省。因此，在施工前，首先要进行调查研究，了解土壤的种类和工程性质，土方工程的施工工期、质量要求及施工条件，施工区的地形、地质、水文、气象等资料，作为合理拟定施工方案、计算土方工程量、计算土壁边坡及支撑、进行施工排水和降水的设计、选择土方机械和运输工具并计算其需要量，以及选择施工方法和组织施工的依据。此外，在土方工程施工前，还应完成场地清理、地面水的排除和测量放线等工作。

## 一、土方边坡

为了保证土方工程施工过程中施工人员的生命安全，防止基坑（槽）塌方，在基坑（槽）开挖深度超过要求时，土壁应放坡。

土方边坡坡度以挖方深度 $H$ 与放坡宽度 $B$ 之比表示，即

$$土方边坡坡度＝H/B＝1：m$$

式中：$m＝B/H$，称为边坡系数。

土方边坡可做成直线形、折线形或踏步形三种，如图 1-15 所示。

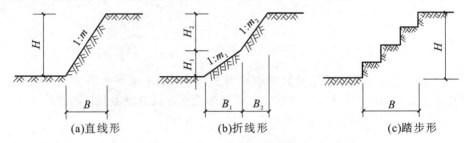

(a)直线形    (b)折线形    (c)踏步形

**图 1-15　基坑边坡形式**

当地质条件良好、土质均匀、地下水位低于基坑（槽）底面标高时，挖方可做成直立壁且不加支撑，但深度不宜超过下列规定。

（1）密实、中密的砂土和碎石类土（充填物为砂土）为 1.0 m。

（2）硬塑、可塑的粉土及粉质黏土为 1.25 m。

（3）硬塑、可塑的黏土和碎石类土（充填物为黏性土）为 1.5 m。

（4）坚硬的黏土为 2.0 m。

挖方深度超过以上规定时，应考虑放坡或做成直立壁并加支撑。

土方边坡的大小主要与土质、开挖方法及深度、边坡留置时间长短、边坡附近各种荷载状况及排水情况有关。当地质条件良好、土质均匀、地下水位低于基坑（槽）底面标高时，开挖深度在 5 m 内的基坑（槽）的最陡坡度（不加支撑）应符合表 1-4 规定。

**表 1-4　开挖深度在 5 m 内的基坑（槽）的最陡坡度（不加支撑）**

| 土　的　类　别 | 边坡坡度（高：宽） | | |
|---|---|---|---|
| | 坡顶无荷载 | 坡顶有静载 | 坡顶有动载 |
| 中密的砂土 | 1：1.00 | 1：1.25 | 1：1.50 |
| 中密的碎石类土（充填物为砂土） | 1：0.75 | 1：1.00 | 1：1.25 |
| 硬塑的粉土 | 1：0.67 | 1：0.75 | 1：1.00 |
| 中密的碎石类土（充填物为黏性土） | 1：0.50 | 1：0.67 | 1：0.75 |
| 硬塑的粉质黏土、黏土 | 1：0.33 | 1：0.50 | 1：0.67 |

| 土 的 类 别 | 边 坡 坡 度（高：宽） | | |
| --- | --- | --- | --- |
| | 坡顶无荷载 | 坡顶有静载 | 坡顶有动载 |
| 老黄土 | 1：0.10 | 1：0.25 | 1：0.33 |
| 软土 | 1：1.00 | — | — |

注：(1) 静载指堆土或材料等，动载指机械挖土或汽车运输作业等；
　　(2) 当有成熟施工经验时，可不受本表限制。

对永久性挖方边坡应按设计要求放坡。对临时性挖方边坡值应符合表 1-5 规定。

表 1-5　临时性挖方边坡值

| 土 的 类 别 | | 边坡坡度（高：宽） |
| --- | --- | --- |
| 砂土（不包括细砂、粉砂） | | 1：1.25～1：1.5 |
| 一般黏性土 | 坚硬 | 1：0.75～1：1 |
| | 硬塑 | 1：1～1：1.25 |
| 碎石类土 | 充填坚硬、硬塑黏性土 | 1：0.5～1：1 |

注：(1) 设计有要求时，应符合设计标准；
　　(2) 如采用降水或其他加固措施，可不受本表限制，但应计算复核；
　　(3) 开挖深度，对软土不应超过 4 m，对硬土不应超过 8 m。

## 二、基坑支护

基坑支护是指在基坑开挖期间，利用支护结构达到既挡土又挡水，以保证基坑开挖和基础安全施工，并且不对周围的建（构）筑物、道路和地下管线等产生危害。

基坑支护结构有板、桩或墙结构体系。常用的基坑支护结构有钢板桩、预制钢筋混凝土板桩、工字钢或 H 型钢挡土桩、灌注桩、深层搅拌水泥土桩、土钉墙、地下连续墙等。支护结构主要承受土和水的侧压力、附近地面动静荷载、已有建（构）筑物产生的附加侧压力。对支护结构的要求是要有较强的强度、刚度和稳定性，保证附近地面不产生较大的沉降和位移，有足够的入土深度，保证本身的稳定和避免产生坑底隆起或管涌。坑深较小时，一般采用悬臂式；坑深较深时，需在坑内支撑，或用近地表的锚杆或锚固在土中的土锚进行坑外拉结，支撑及锚杆的位置和结构尺寸需计算确定。有的基坑支护在基础完工后可拔出重复使用，有的则永久留在地基土中。

浅基坑的支护方法如表 1-6 所示。

表 1-6　浅基坑的支护方法

| 支撑方式 | 简 图 | 支撑方法及适用条件 |
| --- | --- | --- |
| 斜柱支撑 | | 水平挡土板钉在柱桩内侧，柱桩外侧用斜撑支顶，斜撑底端支在木桩上，在挡土板内侧回填土；适于开挖较大型、深度不大的基坑或使用机械挖土时 |

续表

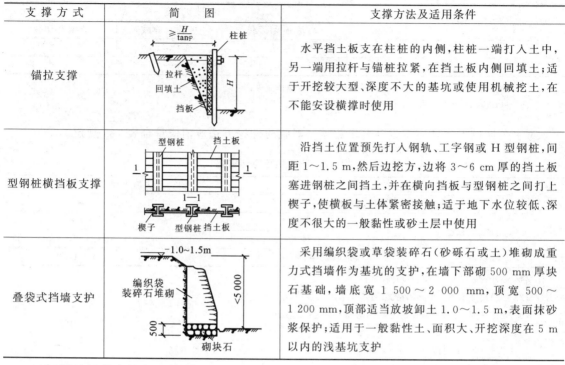

| 支撑方式 | 简 图 | 支撑方法及适用条件 |
|---|---|---|
| 锚拉支撑 | | 水平挡土板支在柱桩的内侧，柱桩一端打入土中，另一端用拉杆与锚桩拉紧，在挡土板内侧回填土；适于开挖较大型、深度不大的基坑或使用机械挖土，在不能安设横撑时使用 |
| 型钢桩横挡板支撑 | | 沿挡土位置预先打入钢轨、工字钢或 H 型钢桩，间距 1~1.5 m，然后边挖方，边将 3~6 cm 厚的挡土板塞进钢桩之间挡土，并在横向挡板与型钢桩之间打上楔子，使横板与土体紧密接触；适于地下水位较低、深度不很大的一般黏性或砂土层中使用 |
| 叠袋式挡墙支护 | | 采用编织袋或草袋装碎石(砂砾石或土)堆砌成重力式挡墙作为基坑的支护，在墙下部砌 500 mm 厚块石基础，墙底宽 1 500~2 000 mm，顶宽 500~1 200 mm，顶部适当放坡卸土 1.0~1.5 m，表面抹砂浆保护；适用于一般黏性土、面积大、开挖深度在 5 m 以内的浅基坑支护 |

一般深基坑的支护方法如表 1-7 所示。

**表 1-7　一般深基坑的支护方法**

| 支护(撑)方式 | 简 图 | 支护(撑)方式及适用条件 |
|---|---|---|
| 钢板桩支撑 | | 在开挖基坑的周围打钢板桩或钢筋混凝土板桩，板桩入土深度及悬臂长度应经计算确定，如基坑宽度很大，可加水平支撑；适于一般地下水、深度和宽度不很大的黏性砂土层中应用 |
| 钢板桩与钢构架结合支撑 | | 在开挖的基坑周围打钢板桩，在柱位置上打入暂设的钢柱，在基坑中挖土，每下挖 3~4 m，装上一层构架支撑体系，挖土在钢构架网格中进行，亦可不预先打入钢柱，随挖随接长支柱；适于在饱和软弱土层中开挖较大、较深的基坑，在钢板桩刚度不够时采用 |
| 挡土灌注桩与土层锚杆结合支撑 | | 同挡土灌注桩支撑，但在桩顶不设锚桩、锚杆，而是挖至一定深度时，每隔一定距离向桩背面斜下方用锚杆钻机打孔，安放钢筋锚杆，用水泥压力灌浆，达到强度后，安上横撑，拉紧固定，在桩中间进行挖土，直至设计深度。如设 2~3 层锚杆，可挖一层土，装设一次锚杆。适合于大型较深基坑，施工期较长，邻近有高层建筑，不允许支护，邻近地基不允许有任何下沉位移时采用 |

续表

| 支护(撑)方式 | 简 图 | 支护(撑)方式及适用条件 |
|---|---|---|
| 挡土灌注桩与旋喷桩组合支护 | | 可在深基坑内侧设置直径 0.6～1.0 m 混凝土灌注桩,间距 1.2～1.5 m;在紧靠混凝土灌注桩的外侧设置直径 0.8～1.5 m 的旋喷桩,以旋喷水泥浆方式使水泥土桩与混凝土灌注桩紧密结合,组成一道防渗帷幕,既可起抵抗土压力、水压力作用,又起挡水抗渗作用。挡土灌注桩与旋喷桩采取分段间隔施工。当基坑为淤泥质土层时,有可能在基坑底部产生管涌、涌泥现象,亦可在基坑底部以下用旋喷桩封闭。在混凝土灌注桩外侧设旋喷桩,有利于支护结构的稳定,防止边坡坍塌、渗水和管涌等现象发生。适用于土质条件差、地下水位较高、要求既挡土又挡水防渗的支护工程 |
| 双层挡土灌注桩支护 | | 可将挡土灌注桩在平面布置上由单排桩改为双排桩,呈对称或梅花式排列,桩数保持不变,双排桩的桩径 $d$ 一般为 400～600 mm,排距 $L$ 为 1.5～3$d$,在双排桩顶部设圈梁使其成为整体刚架结构;亦可在基坑每侧中段设双排桩,而在四角仍采用单排桩。采用双排桩支护可使支护整体刚度增大,桩的内力和水平位移减小,提高支坡效果。适于基坑较深,采用单排混凝土灌注桩挡土、强度和刚度均不能胜任时使用 |
| 地下连续墙支护 | | 在开挖的基坑周围,先建造混凝土或钢筋混凝土地下连续墙,达到强度后,在墙中间用机械或人工挖土,直至要求深度。若跨度、深度很大时,可在地下连续墙的内部加设水平支撑及支柱。地下连续墙用逆作法施工,每下挖一层,把下一层梁、板、柱浇筑完成,以此作为地下连续墙的水平框架支撑,如此循环作业,直到地下室的底层全部挖完土,浇筑完成。地下连续墙适用于开挖较大、较深(>10 m)、有地下水、周围有建筑物或公路的基坑,作为地下结构的外墙一部分;或用于高层建筑的逆作法施工,作为地下室结构的部分外墙 |
| 土层锚杆支护 | | 沿开挖基坑的边坡每 2～4 m 设置一层水平土层锚杆,直到挖土至要求深度。土层锚杆支护适用于较硬土层或破碎岩石中开挖较大、较深基坑,邻近有建筑物必须保证边坡稳定时采用 |

下面介绍两种常用的基坑支护结构。

## (一) 土钉墙

土钉墙是一种原位土体加固技术,由原位土体、土钉、坡面上的喷射混凝土三部分组成。土钉墙通过对原位土体的加固,弥补了天然土体自身强度的不足,提高了土体的整体刚度和稳定性,具有施工操作简便、设备简单、噪声小、工期短、费用低的特点,一般适用于人工填土、黏性土、非黏性砂土,要求墙面坡度不宜大于 1:0.1。土钉墙构造如图 1-16 所示。

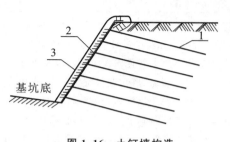

**图 1-16　土钉墙构造**
1—土钉;2—铺设钢筋网;3—喷射混凝土面层

## 1. 施工工艺流程

土钉墙施工工艺流程如下:按基坑开挖边线开挖工作面→修整边坡→埋设坡面混凝土厚度控制标志→土钉孔位放线→成孔、安设土钉、注浆→绑扎钢筋网→喷射混凝土。

## 2. 施工要点

1) 开挖工作面

开挖土钉墙工作面采用机械自上而下、分层分段进行。每层开挖深度一般为 1～2 m,开挖长度一般为 10～20 mm,以确保土钉成孔时机械钻机的工作面。

开挖后,由工人配合对坡面进行修整,然后埋设喷射混凝土厚度控制标志。

对于土层含水量较大的边坡,可在支护面层背部插入长度为 400～600 mm、直径不小于40 mm 的水平排水管包滤网,其外端伸出支护面层,间距为 2 m,以便将喷混凝土面层后的积水排走。

2) 土钉施工

按设计图纸,在坡面上量出土钉的间距并做好标记。

土钉的成孔方法有洛阳铲成孔和机械成孔两种。洛阳铲适用于易成孔的土层,是人工成孔的传统工具,具有操作简便、机动灵活的特点,每把铲由 2～3 人操作,以掏土的形式将孔内土体掏出来,孔与水平面的夹角宜为 5°～20°,成孔后对孔的深度、孔径及倾角进行检查。

土钉一般采用热轧螺纹钢筋,钢筋直径为 16～32 mm,施工前按设计长度进行下料,需要接长时可以采用搭接电弧焊或闪光对焊进行,但要保证两根钢筋的轴线在同一直线上。为保证钢筋在孔中的位置,在钢筋上每隔 2～3 m 焊置一个定位支架,定位架的构造不能妨碍注浆时浆液的自由流动。

土钉注浆前,用空气压缩机将孔内的残留或松动的杂土吹干净,在孔口设置止浆塞并旋紧,使其与孔壁紧密贴合。注浆材料宜采用水泥浆或水泥砂浆,水泥浆强度等级不宜低于 M10,水灰比宜为 0.5;水泥砂浆质量比宜为 1:1 至 1:2,水灰比宜为 0.30～0.45。水泥浆或水泥砂浆宜在初凝前用完。注浆开始后,边注浆边向孔口方向拔管,直至注满为止,放松止浆塞,将注浆管与止浆塞拔出,用黏性土或水泥砂浆填充孔口。

在注浆现场,应做浆体试块。在试块终凝后注明注浆时间、土钉孔编号。试块经试验室试压,试验报告的结论中表明注浆材料的强度等级达到设计的 70% 时方可进行下一层的挖土施工。

土钉墙内配置钢筋网的直径宜为 6～10 mm,钢筋网绑扎按图纸进行,网格尺寸 150～300 mm,应保证网格横平竖直,用钢尺检查其长、宽的允许偏差 ±10 mm(每一网格),用钢尺量连续三挡,其网眼尺寸取最大值的允许偏差为 ±20 mm。钢筋竖向搭接长度应大于 300 mm,末端设弯钩,钢筋网保护层厚度应不小于 20 mm。

为保证土层与面层有效连接,用加强钢筋或承压板与土钉焊接或螺栓连接。

喷射混凝土总厚度不宜小于 80 mm,强度等级不宜低于 C20。喷射顺序应自下而上,一次喷射厚度不小于 40 mm,喷头与喷面垂下,距离宜为 0.6～1 m。做同养试块,并注明部位的时间,强度达到 70% 后方可开挖下层土方。终凝 2 h 后,喷水养护 3～7 d。

土钉支护最后一步的喷射混凝土面层宜插入基坑底部以下,深度不小于 0.2 m,在土钉墙顶部,采用水泥砂浆或混凝土做宽度为 1～2 m 的喷射混凝土护顶,为防止地表水注入基坑,应在基坑上部设排水沟。

## (二)护坡桩支护结构

护坡桩支护结构是在基坑开挖前沿基坑边缘施工成排的桩,随着基坑的分层向下开挖,在排桩表面设置支点,支点形式可以采用内支撑,也可以采用锚杆。实际工程中,常采用的护坡桩有钢板桩、钢管桩、钢筋混凝土板桩、H 型钢桩加挡板、钢筋混凝土灌注桩、钢筋混凝土预制桩。

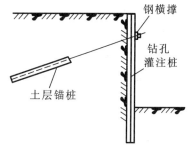

**图 1-17　钻孔灌注桩加锚杆支护结构**

护坡桩加锚杆形成的支护结构通常称为桩锚支护体系,它由桩、帽梁、腰梁、锚杆组成受力体系。由于钢制桩的费用较高,施工时噪声对周围的环境影响较大,因此,一般选用费用较低、对周围环境影响较小的钢筋混凝土灌注桩。灌注桩有钻孔灌注桩、人工挖孔灌注桩等。下面介绍钻孔灌注桩加锚杆支护结构,如图 1-17 所示。

**1. 护坡桩施工顺序**

护坡桩的施工顺序如下:护坡桩定位放线→护坡桩成孔→桩钢筋笼制作、安放、混凝土浇筑→帽梁施工→桩间土支护→土层锚杆施工。

**2. 护坡桩施工要点**

1)定位放线

按图纸放桩轴线和外轮廓线,桩位偏差、轴线和垂直轴线方向均不宜超过 50 mm,桩径允许偏差±50 mm。

2)钻孔灌注桩施工

钻孔灌注桩施工工艺详见项目 2 有关内容。

3)帽梁施工

帽梁施工前先剔除桩顶浮浆,然后绑扎帽梁钢筋,支设梁侧模板,浇筑混凝土,待混凝土强度达到设计强度等级的 75% 后方可进行锚杆张拉。

4)桩间土支护

护坡桩的桩间土支护可采用桩间注浆的方法,如图 1-18 所示。当桩间渗水时,应在护面设汇水孔。当基坑面在实际地下水位之上且土质较好、暴露时间较短时,可不对桩间土进行防护处理。

5)土层锚杆施工

锚杆施工顺序:钻孔→安放锚杆→灌浆→养护→安装锚头→张拉锚固。

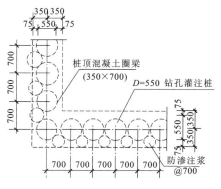

**图 1-18　桩间土支护**

锚杆施工应符合下列要求:锚杆钻孔水平及垂直方向孔距≤±100 mm,钻孔长度≤±30 mm,钻孔倾斜度≤±1°。

锚杆使用的材料一般是钢筋或钢绞线,预应力锚杆大多使用钢绞线,锚杆制作时沿锚杆轴线方向设置一个定位支架,并固定灌浆管,在锚杆的自由段绑扎塑料薄膜,安放锚杆时应沿着孔壁缓慢推进,以防定位支架脱落。

灌浆前应检查灌浆设备是否完好,与灌浆管的连接是否牢固可靠。灌浆开始后,随着浆体的灌入,应逐步把灌浆管向外拔出,拔出的速度不宜过快且使管口始终埋在浆液中直到孔口。拔出灌浆管后立即封堵孔口。灌浆液一般养护不少于7 d,待锚固段强度大于15 MPa且达到设计强度等级的75%后方可进行张拉。

锚杆张拉顺序应考虑对临近锚杆的影响,宜采用隔2拉1的方法进行。张拉按设计的张拉值增加荷载并做好记录。锚杆张拉控制应力不应超过锚杆杆体强度标准值的3/4。锚杆宜张拉至设计荷载的0.9~1.0倍后,再按设计要求锁定。

## 三、基坑工程监测

建筑基坑工程监测是在建筑基坑施工及使用期限内,对建筑基坑及周边环境实施的检查、监控工作。基坑周边环境是指基坑开挖影响范围内的既有建(构)筑物、道路、地下设施、地下管线、岩土体及地下水体等的统称。

### (一)建筑基坑工程监测的一般规定

(1) 开挖深度超过5 m或开挖深度未超过5 m,但现场地质情况和周围环境较复杂的基坑工程均应实施基坑工程监测。

(2) 建筑基坑工程在设计阶段应由设计方根据工程现场及基坑设计的具体情况,提出基坑工程监测的技术要求,主要包括监测项目、测点位置、监测频率和监测报警值等。

(3) 基坑工程施工前,应由建设方委托具备相应资质的第三方对基坑工程实施现场监测,并向监测单位提供下列资料:岩土工程勘察成果文件,基坑工程设计说明书及图纸,基坑工程影响范围内的道路、地下管线、地下设施及周边建筑物的有关资料。

(4) 监测单位应编制监测方案。监测方案应经建设、设计、监理等单位认可,必要时还需与市政道路、地下管线、人防等有关部门协商一致后方可实施。

监测单位在编写监测方案前,应了解委托方和相关单位对监测工作的要求,并进行现场踏勘,收集、分析和利用已有资料,在基坑工程施工前制定合理的监测方案。

监测单位在现场踏勘、资料收集阶段的工作应包括以下内容。

① 进一步了解委托方和相关单位的具体要求。

② 收集工程的岩土工程勘察及气象资料、地下结构和基坑工程的设计资料,了解施工组织设计(或项目管理规划)和相关施工情况。

③ 收集周围建筑物、道路及地下设施、地下管线的原始和使用现状等资料,必要时应采用拍照或录像等方法保存有关资料。

④ 通过现场踏勘,了解相关资料与现场状况的对应关系,确定拟监测项目现场实施的可行性。

(5) 监测方案应包括工程概况、监测依据、监测目的、监测项目、测点布置、监测方法及精度、监测人员及主要仪器设备、监测频率、监测报警值、异常情况下的监测措施、监测数据的记录制度和处理方法、工序管理及信息反馈制度等。当基坑工程设计或施工有重大变更时,监测单位应及时调整监测方案。

下列基坑工程的监测方案应进行专门论证。

① 地质和环境条件很复杂的基坑工程。

② 邻近重要建（构）筑物和管线，以及历史文物、近代优秀建筑、地铁、隧道等破坏后果很严重的基坑工程。

③ 已发生严重事故，重新组织实施的基坑工程。

④ 采用新技术、新工艺、新材料的一、二级基坑工程。

⑤ 其他必须论证的基坑工程。

（6）监测单位应严格实施监测方案，及时分析、处理监测数据，并将监测结果和评价及时向委托方及相关单位进行信息反馈，当监测数据达到监测报警值时必须立即通报委托方及相关单位。

## （二）基坑工程现场监测

1）基坑工程现场监测的对象

基坑工程现场监测的对象包括：支护结构、相关的自然环境、施工工况、地下水状况、基坑底部及周围土体、周围建（构）筑物、周围地下管线及地下设施、周围重要的道路和其他应监测的对象。

2）基坑工程现场监测的内容

基坑工程现场监测的内容包括：水平位移监测、竖向位移监测、倾斜监测、裂缝监测、支护结构内力监测、土压力监测、孔隙水压力监测、地下水位监测、锚杆拉力监测、坑外土体分层竖向位移监测等。

3）巡视检查

基坑工程整个施工期内，每天均应有专人进行巡视检查。巡视检查应包括以下主要内容。

（1）支护结构。支护结构成型的质量检查包括：冠梁、支撑、围檩有无裂缝出现，支撑、立柱有无较大变形，止水帷幕有无开裂、渗漏，墙后土体有无沉陷、裂缝及滑移，基坑有无涌土、流沙、管涌。

（2）施工工况。施工工况检查包括：①开挖后暴露的土质情况与岩土勘察报告有无差异；②基坑开挖分段长度及分层厚度是否与设计要求一致，有无超长、超深开挖；③场地地表水、地下水排放状况是否正常，基坑降水、回灌设施是否运转正常；④基坑周围地面堆荷载情况，有无超堆荷载。

（3）基坑周边环境。基坑周边环境检查包括：①地下管道有无破损、泄露情况；②周边建（构）筑物有无裂缝出现；③周边道路（地面）有无裂缝、沉陷；④邻近基坑及建（构）筑物的施工情况。

（4）监测设施。监测设施检查包括：① 基准点、测点完好状况；② 有无影响观测工作的障碍物；③ 监测元件的完好及保护情况。

（5）根据设计要求或当地经验确定的其他巡视检查内容。

4）监测点布置

（1）基坑工程监测点的布置应最大程度的反映监测对象的实际状态及其变化趋势，并应满足监控要求；监测点的布置应不妨碍监测对象的正常工作，并尽量减少对施工作业的不利影响。在监测对象内力和变形变化大的代表性部位及周边重点监护部位，监测点应适当加密。

（2）监测标志应稳固、明显、结构合理，监测点的位置应避开障碍物，便于观测。

（3）应加强对监测点的保护，必要时应设置监测点的保护装置或保护设施。

5）监测方法

监测方法的选择应根据基坑等级、精度要求、设计要求、场地条件、地区经验和方法适用性等因素综合确定，监测方法应合理易行。

6）监测频率

基坑工程监测频率应以能系统反映监测对象所测项目的重要变化过程，而又不遗漏其变化时刻为原则。监测工作应贯穿于基坑工程和地下工程施工全过程。监测工作一般应从基坑工程施工前开始，直至地下工程完成为止。对有特殊要求的周边环境的监测应根据需要延续至变形趋于稳定后才能结束。

7）监测报警

基坑工程监测报警值应符合基坑工程设计的限值、地下主体结构设计要求和监测对象的控制要求。基坑工程监测报警值由基坑工程设计方确定。

8）数据处理与信息反馈

（1）监测分析人员应具有岩土工程与结构工程的综合知识，具有设计、施工、测量等工程实践经验，具有较高的综合分析能力，做到判断正确、准确表达，及时提供高质量的综合分析报告。

（2）现场测试人员应对监测数据的真实性负责，监测分析人员应对监测报告的可靠性负责，监测单位应对整个项目监测质量负责。监测记录和监测技术成果均应由负责人签字，监测技术成果应加盖成果章。

### （三）监测资料

监测结束阶段，监测单位应向委托方提供以下资料，并按档案管理规定，组卷归档。

（1）基坑工程监测方案。

（2）测点布设、验收记录。

（3）阶段性监测报告。

# 任务4　土方工程施工排水与降水

在土方开挖过程中，当开挖基底标高低于地下水位时，由于土的含水层被切断，地下水会不断渗入坑内。雨季施工时，地面水也会流入坑内。如果没有采取降水和排水措施，把流入坑内的水及时排走或把地下水位降低，不但会使施工条件恶化，更严重的是土被水泡软后，会造成边坡塌方和地基承载能力下降。因此，在基坑土方开挖前和开挖过程中，必须采取措施做好降水和排水工作，以降低基坑内的水位。降水方法可分为明排水法和人工降低地下水法两种。

## 一、明排水法

### （一）明排水法布置

明排水法（也称集水井降水法）是采用截流、疏导、抽取的方法来进行排水。截流是将流入基坑的水流截住；疏导是将积水排干；抽取是通过在基坑或沟槽开挖时，在坑底设置集水井，并沿坑底的周围或中央开挖排水沟，使水由排水沟流入集水井内，然后用水泵抽出坑外（见图1-19）。如果基坑较深，可采用分层明沟排水法（见图1-20），一层一层地加深排水沟和集水井，逐步达到设计要求的基坑断面和坑底标高。

为了防止基底上的土颗粒随水流失而使土结构受到破坏，集水井应设置于基础范围之外，地下水走向的上游。根据地下水量、基坑平面形状及水泵的抽水能力，每隔20～40 m应设置一个集水井。集水井的直径或宽度一般为0.6～0.8 m，其深度随着挖土的加深而加深，并保持低于挖土面0.7～1.0 m。井壁可用竹、木等材料简易加固。当基坑挖至设计标高后，井底应低于

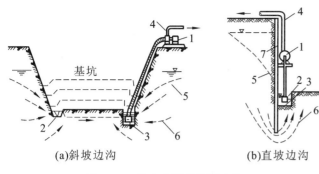 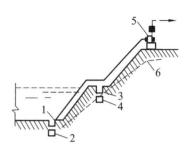

图 1-19　集水井降低地下水位

1—水泵；2—排水沟；3—集水井；4—压力水管；
5—降落曲线；6—水流曲线；7—板桩

图 1-20　分层明沟排水法

1—底层排水沟；2—底层集水井；3—二层排水沟；
4—二层集水井；5—水泵；6—水位降低线

坑底 1.0～2.0 m，并铺设碎石滤水层(厚 0.3 m)或下部砾石(厚 0.1 m)、上部粗砂(厚 0.1 m)的双层滤水层，以免由于抽水时间较长而将泥沙抽出，并防止井底的土被扰动。

明排水法设备少、施工简单，应用广泛。但是，当基坑开挖深度较大，地下水位较高而土质又不好时，有时坑底下面的土会形成流动状态，随地下水涌入基坑，这种现象称为流沙现象。发生流沙时，土完全丧失承载能力，使施工条件恶化，难以达到开挖的设计深度，严重时会造成边坡塌方及附近建筑物的下沉、倾斜、倒塌等。

## (二)流沙及其防治

### 1. 产生流沙的原因

流沙现象产生的原因是水在土中渗流时所产生的动水压力对土体作用的结果。对截取的一段砂土脱离体(两端的高低水位分别是 $h_1$、$h_2$)进行受力分析，可以容易地得出动水压力的存在的结论(见图 1-21)，并可求出其大小。

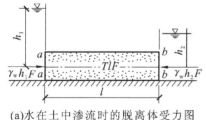 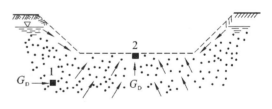

(a)水在土中渗流时的脱离体受力图　　　　　　(b)动水压力对地基土的影响

图 1-21　动水压力原理图

1、2—土颗粒

水在土中渗流时，作用在砂土脱离体中的全部水体上的力有以下几个。

(1) $\gamma_w h_1 F$ 为作用在土体左端 $a$—$a$ 截面处的总水压力，其方向与水流方向一致。其中，$\gamma_w$ 为水的密度，$F$ 为土截面面积。

(2) $\gamma_w h_2 F$ 为作用在土体右端 $b$—$b$ 截面处的总水压力，其方向与水流方向相反。

(3) $TlF$ 为水渗流时整个水体受到土颗粒的总阻力($T$ 为单位体积土体阻力)，方向假设向右。

由静力平衡条件 $\sum X = 0$(设向右的力为正)，可得

$$\gamma_w h_1 F - \gamma_w h_2 F + TlF = 0$$

化简得

$$T=-\frac{h_1-h_2}{l}\gamma_w\ (\text{"}-\text{"表示实际方向与假设右正向相反而向左})\qquad(1\text{-}23)$$

式中：$\frac{h_1-h_2}{l}$ 为水位差与渗透路径之比，称为水力坡度，以 $i$ 表示。

即式(1-23)可写成

$$T=-i\gamma_w\qquad(1\text{-}24)$$

设水在土中渗流时对单位体积土体的压力为 $G_D$，由作用力与反作用力大小相等且方向相反的定律可知

$$G_D=-T=i\gamma_w\qquad(1\text{-}25)$$

式中：$G_D$ 为动水压力，单位为 N/cm³ 或 kN/cm³。

由式(1-25)可知，动水压力 $G_D$ 的大小与水力坡度成正比，即水位差 $h_1-h_2$ 越大，则 $G_D$ 越大；而渗透路径 $L$ 越长，则 $G_D$ 越小；动水压力的作用方向与水流方向（向右方向）相同。当水流在水位差的作用下对土颗粒产生向上压力时，动水压力不但使土粒受到了水的浮力，而且还使土粒受到向上动水压力的作用。如果动水压力等于或大于土的浮密度 $\gamma_w$，即 $G_D\geqslant\gamma_w$，则土粒失去自重，处于悬浮状态，土的抗剪强度等于零，土粒能随着渗流的水一起流动。

细颗粒（颗粒粒径在 0.005～0.05 mm）、颗粒均匀且松散（土的天然孔隙比大于75%）、饱和的土容易发生流沙现象，但是否出现流沙现象的重要条件是动水压力的大小，即防治流沙应着眼于减小或消除动水压力。

防治流沙的方法主要有：水下挖土法、打板桩法、抢挖法、地下连续墙法、枯水期施工法及井点降水等。

**2. 流沙的防治**

产生流沙的主要原因是动水压力的大小和方向。当动水压力方向向上且足够大时，土粒被带出而形成流沙，而动水压力方向向下时，如发生土颗粒的流动，其方向向下，使土体稳定。因此，在基坑开挖中，防治流沙的原则是治流沙必先治水。

防治流沙的主要途径是：①减少或平衡动水压力；②设法使动水压力方向向下；③截断地下水流。防治流沙的具体措施有以下几点。

（1）枯水期施工法。枯水期地下水位较低，基坑内外水位差小，动水压力小，不易产生流沙。

（2）抢挖并抛大石块法。分段抢挖土方，使挖土速度超过冒砂速度，在挖至标高后立即铺竹、芦席，并抛大石块，以平衡动水压力，将流沙压住，此法适用于治理局部的或轻微的流沙。

（3）设止水帷幕法。将连续的止水支护结构（如连续板桩、深层搅拌桩、密排灌注桩等）打入基坑底面以下一定深度，形成封闭的止水帷幕，从而使地下水只能从支护结构下端向基坑渗流，增加地下水从坑外流入基坑内的渗流路径，减小水力坡度，从而减小动水压力，防止流沙产生。

（4）冻结法。将出现流沙区域的土进行冻结，阻止地下水的渗流，以防止流沙发生。

（5）人工降低地下水位法。采用井点降水法（如轻型井点、管井井点、喷射井点等），使地下水位降低至基坑底面以下，地下水的渗流向下，则动水压力的方向也向下，从而水不能渗流入基坑内，可有效地防止流沙的发生。因此，此法应用广泛且较可靠。

## 二、人工降低地下水位

人工降低地下水位就是在基坑开挖前，预先在基坑四周埋设一定数量的井点，利用抽水设备从中抽水，使地下水位降低在坑底以下，直至施工结束为止。这种方法可使所挖的土始终保

持干燥状态,从而改善施工条件,同时还使动水压力方向向下,从根本上防止流沙发生,并增加土中有效应力,提高土的强度或密实度。

井点降水的方法有:轻型井点、喷射井点、电渗井点、管井井点及深井井点等。各种方法在选择时,视土层的渗透系数、降低水位的深度、工程特点等经技术经济比较确定。

各种井点的适用范围如表 1-8 所示。

表 1-8　井点的适用范围

| 项次 | 井 点 类 别 | 土的渗透系数/(m/d) | 降低水位深度/m |
|---|---|---|---|
| 1 | 单层轻型井点 | 0.1～50 | 3～6 |
| 2 | 多层轻型井点 | 0.1～50 | 6～12 |
| 3 | 电渗井点 | <0.1 | 宜配合其他形式降水使用 |
| 4 | 喷射井点 | 0.1～50 | 8～20 |
| 5 | 管井井点 | 20～200 | 3～5 |
| 6 | 深井井点 | 10～250 | >15 |

其中以轻型井点应用较广,下面做重点介绍。

### (一)轻型井点降低地下水位

#### 1. 轻型井点设备

轻型井点设备是由管路系统和抽水设备组成。管路系统包括滤管、井点管、弯联管及总管等,如图 1-22 所示。

(1)滤管。滤管为进水设施,直径宜为 38～50 mm,长度为 1.0～1.5 m,管壁上钻有直径为 13～19 mm 的按梅花状排列的滤孔,滤孔面积为滤管表面积的 20%～25%。滤管外包两层滤网,内层细滤网采用铜丝布或尼龙丝布,外层粗滤网采用塑料纱布。为使水流畅通,避免滤孔淤塞时影响水流进入滤管,可在管壁与滤网间用小塑料管(或铁丝)绕成螺旋形隔开。滤网的外面用带孔的薄铁管或粗铁丝网保护。滤管的上端与井点管连接下端为一铸铁头子,如图 1-23 所示。

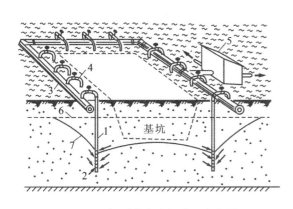

图 1-22　轻型井点降低地下水位图

1—井点管;2—滤管;3—总管;4—弯联管;5—水泵房;
6—原有地下水位线;7—降低后地下水位线

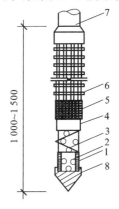

图 1-23　滤管构造

1—滤管;2—管壁上的小孔;3—缠绕的塑料管;
4—细滤网;5—粗滤网;6—粗铁丝保护网;
7—井点管;8—铸铁头

(2)井点管。井点管宜采用直径为 38～50 mm 的钢管,其长度为 5～7 m,可整根或分节组成。井点管的上端用弯联管与总管相连。

（3）弯联管。弯联管宜用透明塑料管或用橡胶软管。

（4）总管。总管宜采用直径为 100～127 mm 的钢管，每节长度为 4 m，其上每隔 0.8 m 或 1.2 m 设计有一个与井点管连接的短接头。

（5）抽水设备。抽水设备由真空泵、离心泵和水气分离器等组成。

**2. 轻型井点布置**

轻型井点的布置是根据基坑大小与深度、土质、地下水位高低与流向、降水深度要求等来确定的。井点布置是否恰当，对井点的使用效果影响较大。

1）平面布置

当基坑或基槽宽度小于 6 m、降水深度不超过 5 m 时，一般可采用单排线状井点，井点布置在地下水流的上游一侧，两端的延伸长度一般以不小于坑（槽）宽度为宜。单排线状井点的布置如图 1-24 所示。当基坑或基槽宽度大于 6 m 或土质不良时，则宜采用双排井点（见图 1-25）。位于地下水流上游一排井点管的间距应小些，下游一侧井点管的间距可大些。

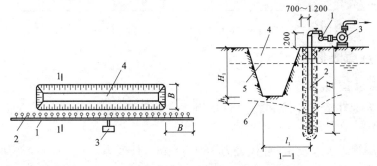

**图 1-24　单排线状井点的布置**

1—集水总管；2—井点管；3—抽水设备；4—基坑；5—原地下水位线；6—降低后地下水位线

当基坑面积较大时，宜采用环形井点，如图 1-26 所示，有时亦可布置成 U 形，以利挖土机和运土车辆出入基坑。

井点管距离基坑上壁一般不宜小于 0.7～1.0 m，以防止局部发生漏气。井点管间距应根据土质、降水深度、工程性质等按计算或经验确定，一般采用 0.8～1.6 m。靠近总管四角部位应适当加密。

一套抽水设备能带动的总管长度，一般为 100～120 m。采用多套抽水设备时，井点系统要分段，各段的长度应大致相等，分段地点宜选择在基坑拐弯处，以减少总管弯头数量，提高水泵的抽吸能力。水泵宜设置在各段总管的中部，使泵两边水流平衡。

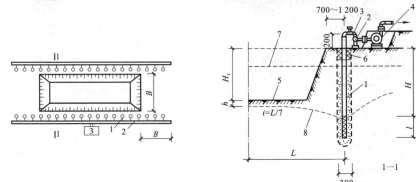

**图 1-25　双排线状井点的布置**

1—井点管；2—集水总管；3—弯联管；4—抽水设备；5—基坑；6—黏土封孔；7—原地下水位线；8—降低后地下水位线

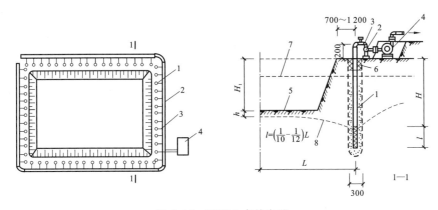

**图 1-26 环形井点的布置**

1—井点管;2—集水总管;3—弯联管;4—抽水设备;5—基坑;6—黏土封孔;7—原地下水位线;8—降低后地下水位线

2）高程布置

轻型井点的降水深度,一般以不超过 6 m 为宜。

井点管的埋置深度 H(不包括滤管),可按下式计算(见图 1-25)。

$$H \geqslant H_1 + h + iL \tag{1-26}$$

式中:$H_1$ 表示井点管埋设面至基坑底面的距离,单位为 m;$h$ 表示基坑中心处底面至降低后的地下水位线的距离,一般取 0.5～1.0 m;$i$ 表示水力坡度,单排线状井点为 1/4,双排井点为 1/7,环形井点为 1/10;$L$ 表示井点管至基坑中心的水平距离,单位为 m,当井点管为单排布置时,$L$ 为井点管至对边坡脚的水平距离。

根据式(1-26)算出的 $H$ 值如果大于 6 m,则应降低总管平台面标高以适应降水深度要求。井点管露出地面为 0.2～0.3 m。在任何情况下,滤管必须埋在含水层内。

为了充分利用抽吸能力,总管平台标高宜接近原有地下水位线,水泵轴心标高宜与总管齐平或略低于总管。

当一层轻型井点达不到降水深度要求时,可视情况采用其他方法降水;或采用二级轻型井点,如图 1-27 所示。

**3. 轻型井点计算**

轻型井点的计算内容包括涌水量计算、井点管数量与井距的确定,以及抽水设备的选用等。井点计算由于受水文地质和井点设备等许多因素的影响,算出的数值只能是近似值。

轻型井点涌水量计算之前,首先要确定井点系统布置方式和基坑计算图形面积。如矩形基坑的长宽比大于 5 或基坑宽度大于抽水影响半径的两倍时,需将基坑分块,使其符合计算公式的适用条件;然后分块计算涌水量,将其相加即为总涌水量。

1）井点系统涌水量计算

井点系统涌水量计算是按水井理论进行的。水井根据井底是否达到不透水层,分为完整井与不完整井。凡井底到达含水层下面的不透水层顶面的井称为完整井,否则称为不完整井。根据地下水有无压力,又分为无压力井与承压井,如图 1-28 所示。各类井的涌水量计算方法不同,其中以无压完整井的理论较为完善。

（1）无压完整井环形井点系统(见图 1-29(a))总涌水量的计算式如下

$$Q = 1.366K \frac{(2H-s)s}{\lg R - \lg x_0} \tag{1-27}$$

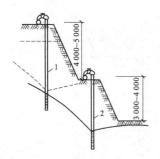

图1-27 二级轻型井管示意图

1——级井点管；2—二级井点管

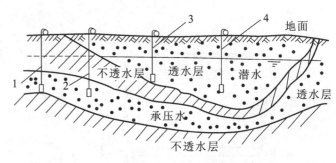

图1-28 水井的分类

1—承压完整井；2—承压非完整井；3—无压完整井；4—无压非完整井

式中：$Q$ 表示井点系统的涌水量，单位为 $m^3/d$；$K$ 表示土的渗透系数，单位为 $m/d$，可以由实验室或现场抽水试验确定；$H$ 表示含水层厚度，单位为 m；$s$ 表示基坑中心的水位降低值，单位为 m；$R$ 表示抽水影响半径，单位为 m；$x_0$ 表示井点管围成的大圆井半径或矩形基坑环状井点系统的假想圆半径，单位为 m。抽水影响半径 $R$ 的计算式如下

$$R = 1.95s\sqrt{HK} \tag{1-28}$$

对于矩形基坑，$x_0$ 长宽比不大于 5 时，可按下式计算

$$\pi x_0^2 = F, \quad x_0 = \sqrt{\frac{F}{\pi}} \tag{1-29}$$

式中：$F$ 表示环状井点系统所包围的面积，单位为 $m^2$。

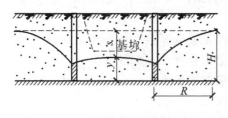

(a)无压完整井

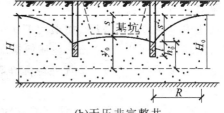

(b)无压非完整井

图 1-29 环状井点系统涌水量计算简图

由于无压非完整井点系统(见图 1-29(b))的地下水不仅从井的侧面流入，也从井的底部渗入，所以，涌水量比无压完整井大。为了简化计算，可以采用式(1-27)计算，但是，式中的 $H$ 应换成有效抽水影响深度 $H_0$，$H_0$ 的取值详见表 1-9，当计算所得的 $H_0$ 大于实际含水量 $H$ 时，仍取 $H$ 值。

表 1-9 有效抽水影响深度 $H_0$ 值

| $s'/(s'+l)$ | 0.2 | 0.3 | 0.5 | 0.8 |
|---|---|---|---|---|
| $H_0$ | $1.3(s'+l)$ | $1.5(s'+l)$ | $1.7(s'+l)$ | $1.85(s'+l)$ |

注：$s'$ 为井点管中水位降落值，$l$ 为滤管长度。

(2) 承压完整井环形井点涌水量计算式如下。

$$Q = 2.73K\frac{Ms}{\lg R - \lg X_0} \tag{1-30}$$

式中：$M$ 表示承压含水层厚度，单位为 m；$K$、$R$、$x_0$、$s$ 表示与式(1-27)中意义相同。

2) 井点管数量与井距的确定

(1) 单根井点管的最大出水量。单根井点管的最大出水量 $q$ 取决于土的渗透系数、滤管的构造及尺寸,按下式确定其值。

$$q=65\pi dl \sqrt[3]{K} \tag{1-31}$$

式中:$d$ 表示滤管直径,单位为 m;$l$ 表示滤管长度,单位为 m;$K$ 表示渗透系数,单位为 m/d。

（2）井点管的最少根数。井点管的最少根数 $n$ 取决于井点系统涌水量 $Q$ 和单根井点管最大出水量 $q$,按下式确定其值。

$$n=1.1 \frac{Q}{q} \tag{1-32}$$

式中:1.1 表示备用系数,考虑井点管堵塞等因素。

（3）井点管间距。井点管数量算出后,可根据井点系统布置方式,求出井点管间距 $D$,按下式确定其值。

$$D=\frac{L}{n} \tag{1-33}$$

式中:$L$ 表示总管长度,单位为 m;$n$ 表示井点管根数。

确定井点管间距时,还应注意以下几点。

① 井距不能过小,否则彼此干扰大,出水量会显著减少,一般可取滤管周长的 5～10 倍。

② 在基坑周围四角和靠近地下水流方向一边的井点管应适当加密。

③ 当采用多级井点时,下级井点管间距应比上一级小。

**4. 抽水设备的选择**

真空泵按总管长度选用。水泵按涌水量选用,要求水泵的抽水能力大于井点系统的涌水量。

**5. 井点管的安装和使用**

轻型井点施工按如下流程进行:放线定位→铺设总管→冲孔→安装井点管→填沙砾滤料、上部填黏土密封→用弯联管将井点管与总管接通→安装抽水设备→开动设备试抽水→测量观测井中地下水位的变化。

1）井点管安装

井点管埋设一般采用水冲法进行,借助高压水冲刷土体,用冲管扰动土体助冲,将土层冲成圆孔后埋设井点管。整个过程可分冲孔与埋管两个施工过程。冲孔的直径一般为 300 mm,以保证井点管四周有一定厚度的砂滤层;冲孔深度宜比滤管底深 0.5 m 左右,以防冲管拔出时部分土颗粒沉入底部而触及滤管底部。

井孔冲成后,立即拔出冲管,插入井点管,并在井点管与孔壁之间迅速填灌砂滤层,以防孔壁塌土。砂滤层的填灌质量是保证轻型井点顺利抽水的关键。一般宜选用干净粗砂,填灌均匀,并填至滤管顶上 1～1.5 m,以保证水流畅通。井点管填砂后,须用黏土封口,以防漏气,如图 1-30 所示。

井点管埋设完毕后,需进行试抽,以检查有无漏气、淤塞现象,以及出水是否正常。如有异常情况,应检修好后方可使用。

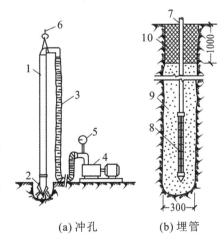

(a) 冲孔　　(b) 埋管

**图 1-30　井点管的埋设**

1—冲管;2—冲嘴;3—胶皮管;
4—高压水泵;5—压力表;6—起重吊钩;
7—井点管;8—滤管;9—填沙;10—黏土封口

2）井点管使用

在使用井点管时,应保证连续不断地抽水,并备有双
电源以防断电,一般在抽水3～5 d后水位降落漏斗基本趋于稳定。正常出水规律是先大后小、先混后清,如不上水或水一直较混或出现清后又混等情况,应立即检查纠正。如井点管淤塞太多,严重影响降水效果时,应逐个用高压水反复冲洗井点管或拔出重新埋设。

井点降水工作结束后所留的井孔,必须用砾石或黏土填实。

**6. 井点降水对周围环境的影响**

井点管埋设完成后开始抽水时,井内水位开始下降,周围含水层的水不断流向滤管,在无承压水等环境条件下,经过一段时间之后,在井点周围形成漏斗状的弯曲水面,即降水漏斗,这个漏斗状水面逐渐趋于稳定,一般需要几天到几周的时间,降水漏斗范围内的地下水位下降以后,就必然会造成土体固结沉降。该影响范围较大,有时影响半径可达百米。在实际工程中,由于井点管滤网及砂滤层结构不良,把土层中的黏土颗粒、粉土颗粒甚至细砂同地下水一同抽出地面的情况也是经常发生的,这种现象会使地面产生的不均匀沉降加剧,造成附近建筑物及地下管线的不同程度的损坏。

## （二）截水

由于井点降水会引起周围地层的不均匀沉降,但在高水位地区开挖深基坑必须采用降水措施以保证地下工程的顺利进展,因此,一方面要保证基坑工程的施工,另一方面又要防范对周围环境引起的不利影响,因此,在降水的同时,应采取相应的措施,减少井点降水对周围建筑物及地下管线造成的影响。施工时,一方面设置地下水位观测孔,并对邻近建筑物和地下管线进行监测,在降水系统运转过程中随时检查观测孔中的水位,发现沉降量达到报警值时,应及时采取措施。同时,如果施工区周围有湖、河等储水体时,应在井点和储水体之间设置截水帷幕,以防抽水造成与储水体穿通,引起大量涌水,甚至带出土颗粒,产生流沙现象;在建筑物和地下管线密集区等对地面沉降控制有严格要求的地区开挖深基坑,应尽可能采取截水帷幕,并进行坑内降水的方法,这样可疏干坑内地下水,以利开挖施工。因此,利用截水帷幕切断坑外地下水的涌入,可大大减小对周围环境的影响。

截水帷幕的厚度应满足基坑防渗要求,截水帷幕的渗透系数宜小于$1.0×10^{-6}$ cm/s。落底式竖向截水帷幕应插入不透水层,其插入深度可按下式计算。

$$l=0.2h_w-0.5b \tag{1-34}$$

式中:$l$表示帷幕插入不透水层的深度;$h_w$表示作用水头;$b$表示帷幕厚度。

当地下含水层渗透性较强、厚度较大时,可采用悬挂式竖向截水与坑内井点降水相结合的方法或采用悬挂式竖向截水与水平封底相结合的方案。

## （三）回灌

场地外缘设置回灌系统也是减小降水对周围环境影响的有效方法。回灌系统包括回灌井点和砂沟、砂井回灌两种形式。回灌井点是在抽水井点设置线外4～5 m处,以间距3～5 m插入注水管,将井点中抽取的水经过沉淀后用压力注入管内,形成一道水墙,以防止土体过量脱水,而基坑内仍可保持干燥。这种情况下抽水管的抽水量约增加10%,可适当增加抽水井点的数量。

回灌可采用井点、砂井、砂沟等,回灌施工应符合下列规定。

（1）回灌井与降水井的距离不宜小于6 m。

（2）回灌井宜布置在稳定水面下1 m,并且位于渗透性较好的土层中,过滤器的长度应大于降水井过滤器的长度。

（3）回灌水量可通过水位观测孔中水位变化进行控制和调节，不宜超过原水位标高，回灌水箱高度可根据灌入水量配置。

（4）回灌砂井的灌砂量应取井孔体积的 95%，填料宜采用含泥量不大于 3%、不均匀系数在 3～5 之间的纯净中粗砂。

## （四）其他井点

### 1. 喷射井点

当基坑开挖较深，采用多级轻型井点不经济时，宜采用喷射井点，其降水深度可达 20 m。喷射井点特别适用于降水深度超过 6 m、土层渗透系数为 0.1～2 m/d 的弱透水层。喷射井点根据其工作时使用液体和气体的不同，分为喷水井点和喷气井点两种。喷射井点设备主要由喷射井管、高压水泵（或空气压缩机）和管路系统组成（见图 1-31）。喷射井管由内管和外管组成，在内管下端装有喷射扬水器与滤管相连。当高压水经内外管之间的环形空间通过扬水器侧孔流向喷嘴喷出时，在喷嘴处由于过水断面突然收缩变小，使工作水流具有极高的流速，在喷口附近造成负压形成一定真空，因而将地下水经滤管吸入混合室与高压水汇合，流经扩散管时，由于截面扩大，水流速度相应减小，使水的压力逐渐升高，沿内管上升经排水总管排出。

### 2. 电渗井点

电渗井点适用于土的渗透系数小于 0.1 m/d 且用一般井点不可能降低地下水位的含水层中，尤其适用于淤泥排水。电渗井点降水示意图（见图 1-32）的原理是在降水井点管的内侧打入金属棒（钢筋或钢管），连接导线，当通入直流电后，土颗粒会发生从井点管（阴极）向金属棒（阳极）移动的电泳现象，而地下水则会出现从金属棒（阳极）向井点管（阴极）流动的电渗现象，从而达到软土地基易于排水的目的。电渗井点是以轻型井点管或喷射井点管做阴极，$\phi 20\sim25$ 的钢筋或 $\phi 50\sim75$ 的钢管为阳极，埋设在井点管内侧，与阴极并列排列或交错排列。当用轻型井点时，两者的距离为 0.8～1.0 m；当用喷射井点时，两者的距离为 1.2～1.5 m。阳极入土深度应比井点管深500 mm，露出地面为 200～400 mm。阴极与阳极数量相等，分别用电线连成通路，接到直流发电机或直流电焊机的相应电极上。

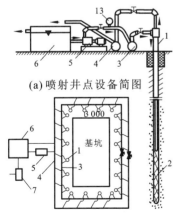

(a) 喷射井点设备简图

(b) 喷射井点平面布置　(c) 喷射扬水器详图

**图 1-31　喷射井点设备及平面布置简图**

1—喷射井管；2—滤管；3—进水总管；4—排水总管；
5—高压水泵；6—集水池；7—水泵；8—内管；9—外管；
10—喷嘴；11—混合室；12—扩散管；13—压力表

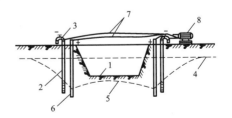

**图 1-32　电渗井点降水示意图**

1—基坑；2—井点管；3—集水总管；
4—原地下水位；5—降低后地下水位；6—钢管或钢筋；
7—线路；8—直流发电机或直流电焊机

### 3. 深井井点

深井井点就是将抽水设备放置在深井中进行抽水来达到降水的目的,适用于土的渗透系数较大($K=20\sim200$ m/d)且地下水量大的砂类土层中。深井井点系统主要由井管和水泵组成。井管用钢管、塑料管或混凝土管制成,管径一般为 300 mm,沿基坑每隔 15~30 m 距离设置一个管井,每个管井单独用一台水泵(如潜水泵、离心泵等)不断抽水来降低地下水位。如要求降水深度较大,并且在深井井点内采用一般离心泵或潜水泵不能满足要求时,可采用特制的深井泵,其降水深度可达 50 m。深井井点构造如图 1-33 所示。

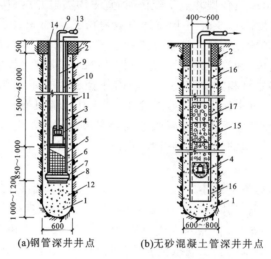

(a)钢管深井井点　　(b)无砂混凝土管深井井点

**图 1-33　深井井点构造**

1—井孔;2—井口(黏土封口);3—$\phi300\sim373$ mm井管;4—潜水电泵;5—过滤段(内填碎石);6—滤网;
7—导向段;8—开孔底板(下铺滤网);9—$\phi$ 50 mm 出水管;10—电缆;11—小砾石或中粗砂;12—中粗砂;
13—总管;14—夯填黏土;15—中粗砂;16—混凝土管;17—无砂混凝土管

深井井点施工程序为:井位放样→做井口→安护筒→钻机就位→钻孔→回填底砂垫层→吊放井管→回填管壁与孔壁间的过滤层→安装抽水控制电路→试抽→降水井正常工作。

# 任务5　土方机械化施工

土方工程的开挖、运输、填筑及压实等施工过程一般采用机械施工,以提高工作效率。建筑工程的土方施工机械包括挖土机械、运土机械和压实机械等。其中,挖土机械有单斗挖土机、装载机、推土机等;运土机械有自卸汽车等;压实机械有碾压、夯实机械等。

## 一、常用土方机械的施工特点及选择

### (一)单斗挖土机

单斗挖土机在土方工程中应用较广。按工作装置的不同,单斗挖土机可分为正铲挖土机、反铲挖土机、拉铲挖土机和抓铲挖土机四种。按操纵机构的不同,单斗挖土机可分为机械式和液压式两种。按行走装置不同,单斗挖土机可分为履带式和轮胎式两种。

### 1. 正铲挖土机

正铲挖土机如图 1-34 所示。正铲挖土机的挖土动作特点是前进向上、强制切土。正铲挖掘力大,能开挖停机面以上的土,宜用于开挖高度大于 2 m 的干燥基坑,但须设置上下坡道。正铲的挖斗比同当量的反铲挖土机的挖斗要大一些,可开挖含水量不大于 27% 的一类土至三类土,并且可与自卸汽车配合完成整个挖掘运输作业,还可以挖掘大型干燥基坑和土丘等。正铲挖土机的开挖方式根据开挖路线与运输车辆的相对位置的不同,其挖土和卸土的方式有以下两种:①正向挖土,侧向卸土,如图 1-35(a)所示;②正向挖土,反向卸土,如图 1-35(b)所示。

**2. 反铲挖土机**

反铲挖土机如图 1-36 所示。反铲挖土机的挖土动作特点是后退向下、强制切土,其挖掘力比正铲小,能开挖停机面以下的一类土至三类土,如开挖基坑、基槽、管沟等,亦可用于地下水位较高的土方开挖。反铲挖土机可以与自卸汽车配合,装土运走,也可弃土于坑槽附近。

图 1-34　正铲挖土机

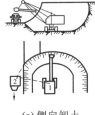 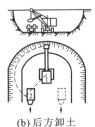

(a) 侧向卸土　　(b) 后方卸土

图 1-35　正铲挖土机作业方式
1—正铲挖土机;2—自卸汽车

图 1-36　反铲挖土机

反铲挖土机的作业方式有沟端开挖和沟侧开挖两种,如图 1-37 所示。

沟端开挖就是挖土机停在沟端,向后倒退着挖土,自卸汽车停在两旁装土。此法的优点是挖土方便,开挖的深度可达到最大挖土深度。当基坑宽度超过 1.7 倍的最大挖土半径时,就需要分次开挖或按“之”字形路线开挖。

沟侧开挖就是挖土机沿沟槽一侧直线移动,边走边挖。此法的特点是挖土宽度和深度较小,边坡不易控制。由于机身停在沟边工作,边坡稳定性差,因此,在无法采用沟端开挖方式或挖出的土不需运走时采用该方法。

**3. 拉铲挖土机**

拉铲挖土机如图 1-38 所示。拉铲挖土机的土斗用钢丝绳悬挂在挖土机长臂上,挖土时,土斗在自重作用下落到地面切入土中。其挖土特点是后退向下、自重切土。此法的优点是挖土深度和挖土半径均较大,能开挖停机面以下的一类土至二类土,但不如反铲挖土机的动作灵活准确,适用于开挖大型基坑及水下挖土、填筑路基、修筑堤坝等,其作业方式分为沟端开挖和沟侧开挖两种。

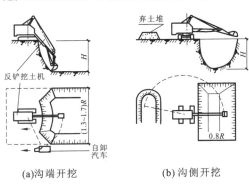

(a)沟端开挖　　　(b) 沟侧开挖

图 1-37　反铲挖土机的作业方式

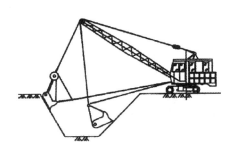

图 1-38　拉铲挖土机

图 1-39　抓铲挖土机

### 4. 抓铲挖土机

抓铲挖土机如图 1-39 所示。

抓铲挖土机是在挖土机臂端用钢丝绳吊装一个抓斗。其挖土特点是直上直下、自重切土。其挖掘力较小，只能开挖停机面以下一类土至二类土，如挖窄而深的基坑、疏通旧的渠道以及挖取水中淤泥等，或者用于装卸碎石、矿渣等松散材料。在软土地基的地区，常用抓铲挖土机开挖基坑、沉井等。

### （二）推土机

推土机如图 1-40 所示。推土机按铲刀的操纵机构不同，可分为油压式和索式两种。其中，油压式推土机的铲刀由油压操作，能强制切入土中，切土较深，并且可以调升铲刀和调整铲刀的角度，因此具有更大的灵活性。推土机操作灵活，运转方便，所需工作面较小，行驶速度快，易于转移，能爬 30°左右的缓坡，因此应用范围较广。推土机多用于场地清理和平整、开挖深度 1.5 m 以内的基坑、填平沟坑，以及配合铲运机、挖土机工作等。此外，在推土机后面可安装松土装置，可破、松硬土和冻土；也可拖挂羊足碾进行土方压实工作。推土机可以推挖一类土至三类土，经济运距为 100 m 以内，效率最高为 40～60 m。

图 1-40　推土机

推土机的生产效率主要取决于铲刀推移土的体积及切土、推土、回程等工作循环时间。为了提高推土机的生产效率，缩短推土时间和减少土从铲刀两侧流散，常用以下几种施工方法。

#### 1. 下坡推土

推土机顺地面坡度沿下坡方向切土与推土，以借助机械本身的重力作用，增加推土能力和缩短推土时间，一般可提高生产效率 30%～40%，但推土坡度应在 15°以内。

#### 2. 并列推土

平整场地的面积较大时，可用 2～3 台推土机并列作业。铲刀相距 15～30 cm。一般两机并列推土可增大推土量 15%～30%，但平均运距不宜超过 70 m 且不宜小于 20 m。

#### 3. 槽形推土

推土机重复多次在一条作业线上切土和推土，使地面逐渐形成一条浅槽，以减少土从铲刀两侧流散，可以增加推土量 10%～30%。

#### 4. 多铲集运

在硬质土中，切土深度不大，可以采用多次铲土、分批集中、一次推送的方法，以便有效地利用推土机的功率，缩短运土时间。

此外，还可以在铲刀两侧附加侧板，以增加铲刀的推土量。

### （三）装载机

装载机如图 1-41 所示。装载机是用机身前端的铲斗进行铲、装、运、卸作业的施工机械，广泛用于建筑、公路等建设工程的土石方施工机械，它主要用于铲装土壤、砂石、石灰等散状物

图 1-41　装载机

料,也可对基坑等做轻度铲挖作业。换装不同的辅助工作装置还可进行推土、起重和其他物料的装卸作业。

装载机具有作业速度快、效率高、机动性好、操作轻便等优点,因此,它成为工程建设中土石方施工的主要机种之一。

装载机有轮胎式和履带式两种,装卸方式有前卸式、回转式和后卸式三种。

## 二、土方挖运机械的配套计算

土方机械的配套计算时,应先确定主导施工机械,其他机械应按主导机械的性能进行配套选用。当用挖土机挖土、汽车运土时,应以挖土机为主导机械。

在组织土方工程机械化综合施工时,必须使主导机械和辅助机械的台数相互配套,协调工作,具体计算方法如下。

### 1. 挖土机台班产量计算

挖土机台班产量可查定额手册求得,也可按下式计算。

$$P = \frac{8 \times 3\,600}{t} \cdot q \cdot \frac{K_c}{K_s} \cdot K_B \tag{1-35}$$

式中:$t$ 表示挖土机每次循环作业延续时间,单位为 s,即每挖一斗的时间,对 $W_1$-100 正铲挖土机为 25~40 s,对 $W_1$-100 拉铲挖土机为 45~60 s;$q$ 表示挖土机的挖斗容量,单位为 $m^3$;$K_s$ 表示土的最初可松系数;$K_c$ 表示挖斗的充盈系数,可取 0.8~1.1;$K_B$ 表示工作时间的利用系数,一般为 0.6~0.8。

### 2. 挖土机数量确定

挖土机数量 $N$ 按下式计算。

$$N = \frac{Q}{P} \cdot \frac{1}{TCK} \tag{1-36}$$

式中:$Q$ 表示土方量,单位为 $m^3$;$P$ 表示挖土机生产效率,单位为 $m^3$/台班;$T$ 表示工期(工作日);$C$ 表示每天工作班数;$K$ 表示时间利用系数,一般取 0.8~0.9。

### 3. 自卸汽车配合计算

自卸汽车的载重量应与挖土机的挖斗容量保持一定的关系,一般宜为每斗土重的 3~5 倍。自卸汽车的数量 $N_1$ 应保证挖土机连续工作,可按下式计算。

$$N_1 = \frac{T_s}{t_1} \tag{1-37}$$

式中:$T_s$ 表示自卸汽车每装卸一车土循环作业的延续时间,单位为 s;$t_1$ 表示自卸汽车装满一车土的时间,单位为 s。

$$T_s = t_1 + \frac{2l}{V_c} + t_2 + t_3 \tag{1-38}$$

式中:$l$ 表示运土距离,单位为 m;$V_c$ 表示重车与空车的平均速度,单位为 m/min,一般取 20~30 km/h;$t_2$ 表示卸土时间,一般为 1 min;$t_3$ 表示操纵时间(包括停放待装、等车、让车等),一般取 2~3 min;$t_1 = nt$($n$ 为运土车辆每车装土次数)。

运土车辆每次装土次数 $n$ 可按下式计算。

$$n = \frac{Q_1}{q \cdot \dfrac{K_c}{K_s} \cdot r}$$
(1-39)

式中：$Q_1$ 表示运土车辆的载重量，单位为 t；$r$ 表示实土重度，单位为 $t/m^3$，一般取 1.7 $t/m^3$。

## 三、基坑（槽）施工

基坑（槽）施工，首先应进行房屋定位和标高引测，然后根据基础的底面尺寸、埋置深度、土质好坏、地下水位的高低及季节性变化等不同情况，考虑施工需要，确定是否需要留工作面、放坡、增加排水设施和设置支撑，从而定出挖土边线和进行撒灰线工作。

### （一）建筑物的定位放线

#### 1. 定位测量方法

建筑物的定位测量方法有两种：一种是根据控制点进行定位测量，方法包括直角坐标法、极坐标法和角度交会法；另一种是根据原有地形参照物进行定位测量，方法包括根据建筑红线定位、根据原有建筑物定位和根据道路边线或中心线定位。具体采用哪一种方法要根据已批复的总平面图上给定的条件而定。

下面以批复总平面图给定平面位置坐标为例，用极坐标法来说明定位测量的步骤。

**例 1-3** 某建筑物的全套施工图及建筑总平面图均已完成，在建筑总平面图上标注有该建筑物施工区域内的两个导线点及其坐标值 $M$、$N$，拟建建筑物外轮廓尺寸及两个角点 1、2 坐标，如图 1-42 所示，要求用极坐标法定位在地面上测出该建筑物的具体位置。

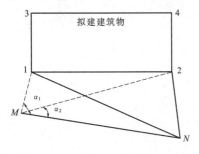

图 1-42 极坐标法定位

**解** 用极坐标法测设的步骤如下。

（1）计算各控制边长及夹角，方法如下。

计算两个导线点至控制点 1、2 所组成三角形边长 $L_{MN}$、$L_{M1}$、$L_{M2}$、$L_{N1}$、$L_{N2}$ 及夹角 $\alpha_1$、$\alpha_2$。

① 边长计算，由两点距离公式 $L = \sqrt{(x_2 - x_1)^2 + (y_2 - y_1)^2}$ 求得；

② 夹角计算，由余弦定理 $\cos A = \dfrac{b^2 + c^2 - a^2}{2bc}$ 求得。

（2）控制点测设如下。

① 1、2 点测设：将仪器置于 $M$ 点，前视点为 $N$ 点，测出 $\alpha_1$ 角，沿视线方向从 $M$ 点量出 $L_{M1}$，打上木桩，并在木桩上精确定出 1 点；同理测出 $\alpha_2$ 角，定出 2 点。

② 校核：测量 1、2 点间距离，检查误差大小；或者将仪器置于 $N$ 点，前视点为 $M$ 点，按上一步方法校核 1、2 点，若不重合，再实际丈量，改正两点距离。

③ 3、4 点测设：以改正后的 1、2 两点为基线，用测直角的方法确定 3、4 点。

④ 复核 3、4 点间的距离。

⑤ 将轴线桩引测到基槽开挖边线以外 1～1.5 m 处设桩（该桩称为轴线控制桩），把各轴线控制桩连接起来形成的矩形网称为控制网。

#### 2. 抄平、放线

总平面图上给定建筑物所在平面位置用坐标表示时，给出的坐标都是外墙角点的坐标值，因此,建筑物定位测量时,只是把建筑物的外边线以控制网的形式测设在地面上,基坑开挖边线还需进一步测设。

1)基坑开挖边线长度的计算

基础放坡宽度与基础开挖深度、地基土质、开挖方法、边坡留置时间的长短、边坡附近的各种荷载状况及排水情况有关。如施工组织设计给定了放坡比例时,可按图 1-43 计算放坡宽度。

放坡宽度: $$b=mh$$

挖方宽度: $$d=a+2c+2b \tag{1-40}$$

式中:$d$ 表示基础撒灰线宽;$a$ 表示基础底宽;$c$ 表示施工工作面宽。

如施工组织设计有规定的按规定计算。如无规定时,可参照以下规定计算:毛石基础或砖基础每边增加工作面 150 mm;混凝土基础或垫层需支模板的,每边增加工作面 300 mm;使用卷材或防水砂浆做竖向防潮层时,每边增加工作面 800 mm。

2)龙门板的设置

在平行轴线距基槽开挖边线 1~1.5 m 的位置打龙门桩,要和同一侧建筑物的轴线平行。然后将建筑物±0.000 标高线抄测在龙门桩外侧,沿±0.000 标高线钉龙门板。龙门板的位置可作为基槽开挖深度的依据。

根据轴线两端的控制桩用经纬仪把轴线投测到龙门板顶面上,并在轴线上钉一个小钉。以轴线为依据,在龙门板内侧画出墙宽、基础宽及基槽开挖边线(见图 1-44)。

3)基槽放线

按龙门板上画出的基槽开挖边线,拉上白线,沿白线撒白灰作为基槽开挖的依据。

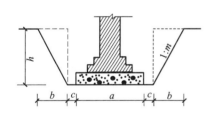

图 1-43 放坡基槽留工作面示意图

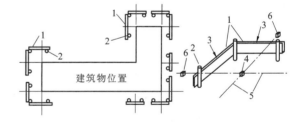

图 1-44 龙门板的设置

1—龙门板;2—龙门桩;3—轴线钉;4—轴线桩;5—轴线;6—控制桩

## (二)基坑(槽)开挖

基坑(槽)开挖分为人工开挖和机械开挖,对于大型基坑应优先考虑选用机械化施工,以加快施工进度。

土方开挖应遵循开槽支撑、先撑后挖、分层开挖、严禁超挖的原则。

开挖基坑(槽)按规定的尺寸合理确定开挖顺序和分层开挖深度,连续施工,尽快完成。挖出的土除预留一部分用做回填外,不得在场地内任意堆放,应把多余的土运到弃土地区,以免妨碍施工。为防止坑壁滑坡,根据土质情况及坑(槽)深度,在坑顶两边一定距离(一般为 1.0 m)内不得堆放弃土,距离外堆土高度不得超过 1.5 m,否则,应验算边坡的稳定性。在坑边放置有动载的机械设备时,也应根据验算结果,离坑边较远距离,如地质条件不好,还应采取加固措施。

为了防止基底土(特别是软土)受到浸水或其他原因的扰动,基坑(槽)挖好后,应立即做垫层或浇筑基础,否则,挖土时应在基底标高以上保留 150~300 mm 厚的土层,待基础施工时再行挖去。

机械挖土时,为防止基底土被扰动,结构被破坏,不应直接挖到坑(槽)底,应根据机械种类,在基底标高以上留出 200～300 mm,待基础施工前用人工铲平修整。

挖土不得挖至基坑(槽)的设计标高以下,如个别处超挖,应用与基土相同的土料填补,并夯实到要求的密实度。如用原土填补不能达到要求的密实度时,应用碎石类土填补,并仔细夯实。重要部位如被超挖时,可用低强度等级的混凝土填补。

在软土地区开挖基坑(槽)时,应符合下列规定。

(1)施工前必须做好地面排水和降低地下水位的工作,地下水位应降低至基坑底以下0.5～1.0 m后方可开挖,降水工作应持续到回填完毕。

(2)施工机械行驶道路应填筑适当厚度的碎石或砾石,必要时应铺设工具式路基箱(板)或梢排等。

(3)相邻基坑(槽)开挖时,应遵循先深后浅或同时进行的施工顺序,并及时做好基础。

(4)在密集群桩上开挖基坑时,应在打桩完成后间隔一段时间再对称挖土,在密集群桩附近开挖基坑(槽)时,应采取措施防止桩基位移。

(5)挖出的土不得堆放在坡顶上或建筑物(构筑物)附近。

## (三)深基坑开挖

### 1.施工准备

通过审图和对施工区域的地质、水文及周边环境进行仔细查勘的基础上,根据基坑工程设计、机械配置情况等编写土方工程施工方案,用于指导土方开挖施工。

要完成场地清理、排除地面水、修建临时设施及道路、设置测量控制网等工作,并且要做好机具、物质和人员的准备工作。

### 2.土方开挖

深基坑土方开挖方案的选择是深基坑工程设计的一项重要内容。土方开挖方案的选择既要考虑施工区域的工程地质条件,还要考虑周围环境中的各项制约因素以及一个地区成熟的施工方法和施工经验,只有这样才能保证施工方案切实可行。

1)无支护结构的基坑开挖

深基坑工程无支护的开挖多为放坡开挖。与基坑支护开挖相比,放坡开挖一般较经济。此外,放坡开挖基坑内作业空间大,方便挖土机械作业,也为主体工程施工提供了充足的工作空间。由于简化了施工程序,放坡开挖一般会缩短施工工期。

放坡开挖特点是占地面积大,适用于基坑四周场地空旷,周围无邻近建筑物、地下管线和道路的情况。

2)有支护结构的基坑开挖

深基坑在支护下的开挖方式多为垂直开挖,根据其确定的支撑方案,这种开挖方式又分为无内撑支护开挖和有内撑支护开挖两类;根据其开挖顺序,还可分为盆式开挖、岛式开挖、条状开挖及区域开挖等。

(1)盆式开挖。盆式开挖即先挖除基坑中间部分的土方,后挖除挡墙四周土方的开挖方式。这种开挖方式的优点是挡墙的无支撑暴露时间短,利用挡墙四周所留土堤阻止挡墙的变形。有时为了提高所留土堤的被动土压力,还要在挡墙内四周进行土体加固,以满足控制挡墙变形的要求。盆式开挖的缺点是挖土及土方外运速度较岛式开挖慢。盆式开挖多用于较密支撑下的开挖,如图 1-45 所示。

（2）岛式开挖。岛式开挖即保留基坑中心土体，先挖除挡墙四周土方的开挖方式。这种开挖方式的优点是可以利用中心岛搭设栈桥，以加快土方外运，提高挖土速度，缺点是由于先挖挡墙内四周的土方，挡墙承受载荷时间长，在软黏土中时间效应显著，有可能增大支护结构的变形量。岛式开挖常用于无内撑支护开挖（如土层锚杆）或采用边桁架等大空间支护系统的基坑开挖。图 1-46 所示为某工程采用岛式开挖的示意图。

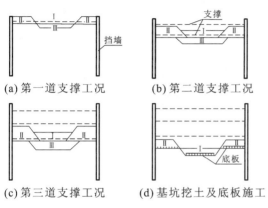

(a) 第一道支撑工况　　(b) 第二道支撑工况

(c) 第三道支撑工况　　(d) 基坑挖土及底板施工

图 1-45　盆式开挖示意图

图 1-46　岛式开挖

### （四）土方开挖注意事项

（1）减少开挖过程中的土体扰动范围，采用分层分块开挖且空间几何尺寸能最大限度地限制支护墙体的变形和坑四周土体的位移与沉降。

（2）尽量缩短基坑开挖卸荷后无支护暴露时间。

（3）满足对称开挖、均衡开挖的原则，使基坑受力均衡。

（4）可靠而合理地利用土体自身在开挖过程中控制位移的潜力，安全、经济地解决基坑工程中稳定与变形的问题。

（5）先撑后挖，严禁超挖。基坑开挖实施的工况与方案设计的工况必须一致，当基坑开挖至支护设计标高处时，应开槽及时安装或制作支撑，待支撑满足设计要求后，才能继续挖土，这是控制基坑墙体变形和相应地面位移和沉降的保证。

（6）防止坑底隆起变形。坑底隆起是地基卸荷而改变坑底原始应力状态的反映。随着开挖深度的增大，坑内外高差所形成的加载和地面各种超载的作用会使围护墙外侧土体向坑内移动，使坑底产生向上的塑性变形，其特征一般为两边大、中间小的隆起状态，同时在基坑周围产生较大的塑性区，并引起地面沉降。在基坑开挖过程中和开挖后，应保证井点降水正常进行，减少坑底暴露时间，尽快浇筑垫层和底板，必要时，可对坑底土层进行加固。

（7）防止边坡失稳。为了防止边坡失稳，土方开挖应在降水达到要求后，采用分层开挖的方式施工，分层厚度不宜超过 2.5 m，开挖深度超过 4 m 时，宜设置多级平台开挖，平台宽度不宜小于 1.5 m。在坡顶和坑边不宜进行堆载，不可避免时，应在设计时予以考虑；工期较长的基坑，宜对边坡进行护面。

（8）对邻边近建（构）筑物及地下设施的保护。对周围环境的保护，应采取安全可靠、经济合理的技术方案。在施工前通过对地质和环境的细致调查，提出减少地层位移的施工工艺和施工参数,并根据经验和理论相结合的研究分析,预测出基坑施工期间对周围环境的影响程度;施工期间加强现场监测,及时改进施工措施和应变措施以保证达到预期的保护要求。

## 四、基坑(槽)质量检验

基坑(槽)开挖完毕并清理好以后,在垫层施工以前,施工单位应会同勘察、设计单位、监理单位、建设单位一起进行现场检查并验收基槽,通常称为验槽。验槽的目的在于检查地基是否与勘察设计资料相符合。验槽是确保工程质量的关键程序之一,合格签证后,再进行基础工程施工。

**1. 验坑(槽)的主要内容**

验坑(槽)的主要内容有:基槽平面位置、尺寸和深度是否符合设计要求;观察土质及地下水情况是否和勘察报告相符;检查是否有旧建筑物基础、洞穴及人防工程等;检查基坑开挖对附近建筑物稳定是否有影响;检查核实分析钎探资料,对存在有异常点位应进行复查。

**2. 常用的检验方法**

以观察验槽为主,以钎探验槽、洛阳铲验槽为辅,主要观察槽壁土层分布情况及走向;观察整个槽底土质是否挖到老土层上(地基持力层);土的颜色是否均匀一致,有无异常过干过湿;土的软硬是否一致;有无震颤现象,有无空穴声音,土质是否与勘察报告相符,基槽尺寸是否与设计相一致;检查基坑边坡是否稳定。检查基槽内有无旧建筑物基础、洞穴及人防工程等。观察的重点是柱基、墙角、承重墙下及其他受力较大部位。

钎探验槽是根据锤击次数和入土的难易程度来判断土的软硬情况及有无空穴枯井、土洞等。钎探时,同一工程应钎径一致、锤重一致、用力一致。

**3. 钎探方法**

钎探法钢钎的打入分人工和机械两种,机械钎探现场如图1-47所示。

钢钎一般用直径$\phi22\sim25$ mm的钢筋制成,钎头呈$60°$尖锥形状,钎长$1.8\sim2.0$ m,钎杆上预先划好30 cm横线。锤采用$8\sim10$磅(1磅=0.4536千克)穿心锤。

钎探前要根据设计图纸绘制钎探孔位平面布置图,布置要求如表1-10所示。然后按钎探孔位置平面布置图放线,孔位钉上小木桩或洒上白灰点。

**图1-47 机械钎探现场**

表1-10 钎探孔布置要求

| 槽宽/cm | 排列方式及图示 | 间距/m | 钎探深度/m |
| --- | --- | --- | --- |
| 小于80 | 中心一排 | $1\sim2$ | 1.2 |
| $80\sim200$ | 两排错开 | $1\sim2$ | 1.5 |
| 大于200 | 梅花形 | $1\sim2$ | 2.0 |
| 柱基 | 梅花形 | $1\sim2$ | 大于或等于1.5 m,并不浅于短边宽度 |

打钎过程:将钎尖对准孔位,一人扶正钢钎,一人站在操作凳子上,将穿心锤举高50 cm,自由下落将钢钎垂直打入土层中。钎杆每打入土层30 cm时,记录一吹锤击数。钎探记录表如表1-11。钎探深度以设计为依据,如设计无规定时,一般深度为2.1 m。

表 1-11  钎探记录表

| 探孔号 | 打入长度/m | 每 30 cm 锤击数 | | | | | | | | 总锤击数 | 备注 |
|---|---|---|---|---|---|---|---|---|---|---|---|
| | | 1 | 2 | 3 | 4 | 5 | 6 | 7 | 8 | | |
| | | | | | | | | | | | |
| | | | | | | | | | | | |
| | | | | | | | | | | | |
| | | | | | | | | | | | |
| 打钎者 | | 施工员 | | | | 质量检查员 | | | | | |

打完的钎孔,经过质量检查人员和有关工长检查孔深与记录无误后,即可进行灌砂。灌砂时,每填入 30 cm 左右可用木棍或钢筋棒捣实一次。灌砂有两种形式:一种是每孔打完或几孔打完后及时灌砂;另一种是每天打完后,统一灌砂一次。未经质量检查人员和有关工长复验,不得堵塞或灌砂。

遇到下列情况之一时应进行轻型动力触探:①持力层明显不均匀时,②浅部有软弱下卧层时,③有浅埋的坑穴、古墓、古井直接观察难以发现时,④勘察报告和设计要求进行轻型动力触探时。

**4. 土方开挖工程质量检验标准**

土方开挖工程质量检验标准如表 1-12 所示。

表 1-12  土方开挖工程质量检验标准

| 项目 | 序号 | 项 目 | 允许偏差或允许值/mm | | | | | 检验方法 |
|---|---|---|---|---|---|---|---|---|
| | | | 柱基、基坑、基槽 | 场地平整的挖方 | | 管沟 | 地(路)面基层 | |
| | | | | 人工 | 机械 | | | |
| 主控项目 | 1 | 标高 | −50 | ±30 | ±50 | −50 | −50 | 用水准仪检查 |
| | 2 | 长度、宽度(由设计中心线向两边量) | +200 −50 | +300 −100 | +500 −150 | +100 | — | 用经纬仪、钢尺检查 |
| | 3 | 边坡坡度 | 按设计要求 | | | | | 观察或用坡度尺检查 |
| 一般项目 | 1 | 表面平整度 | 20 | 20 | 50 | 20 | 20 | 2 m 靠尺和楔形塞尺检查 |
| | 2 | 基本土性 | 按设计要求 | | | | | 观察或土样分析 |

## 五、土方回填与压实

在填筑土方前,应清除基底上的垃圾、树根等杂物,抽除坑穴中的水、淤泥。在建筑物和构筑物地面下的填方或厚度小于 0.5 m 的填方,应清除基底上的草皮、垃圾和软弱土层。在土质较好,地面坡度不陡于 1/10 的较平坦场地的填方,可不清除基底上的草皮,但应割除长草。当填方基底为耕植土或松土时,应将基底碾压密实。填土区如遇有地下水或滞水时,必须设置排水措施,以保证施工顺利进行。

## （一）填筑的要求

为了保证填方工程强度和稳定性方面的要求，必须正确选择填土的种类和填筑方法。

填方土料应符合设计要求。碎石类土、砂土和爆破石渣，可用做表层以下的填料。当填方土料为黏土时，填筑前应检查其含水量是否在控制范围内。含水量大的黏土不宜作为填土用。含有大量有机质的土，吸水后容易变形，承载能力降低；含水溶性硫酸盐大于5%的土，在地下水的作用下，硫酸盐会逐渐溶解消失，形成孔洞，影响土的密实性；这两种土以及淤泥、冻土、膨胀土等均不应作为填土。

填土应分层进行，并尽量采用同类土填筑。如采用不同土填筑时，应将透水性较大的土层置于透水性较小的土层之下，不能将各种土混杂在一起使用，以免填方内形成水囊。

碎石类土或爆破石渣做填料时，其最大粒径不得超过每层铺土厚度的2/3。使用振动碾时，不得超过每层铺土厚度的3/4。铺填时，大块料不应集中，并且不得填在分段接头或填方与山坡连接处。

## （二）填土压实方法

填土的压实方法一般有碾压法、夯实法和振动压实法。

### 1. 碾压法

碾压法是利用机械滚轮的压力压实土壤，使之达到所需的密实度，此法多用于大面积填土工程。碾压机械（见图1-48）有光面碾（压路机）、羊足碾和气胎碾。光面碾对砂土、黏性土均可压实；羊足碾需要较大的牵引力且只宜压实黏性土；气胎碾在工作时是弹性体，其压力均匀，填土质量较好。

(a)光面碾

(b)羊足碾

(c)气胎碾

图1-48　碾压机械

### 2. 夯实法

夯实法是利用夯锤自由下落的冲击力来夯实土壤，主要用于小面积回填。夯实法可分为机械夯实和人工夯实两种。

机械夯实有夯锤、内燃夯土机和蛙式打夯机（见图1-49），人工夯实用的工具有木夯、石夯、石硪等。夯锤是借助起重机悬挂一重锤进行夯土的夯实机械，适用于夯实砂土、湿陷性黄土、杂填土以及含有石块的填土。

### 3. 振动压实法

振动压实法是将振动压实机放在土层表面，借助振动机械使压实机械振动，土颗粒在力的作用下发生相对位移而达到紧密状态。这种方法用于振实非黏性土的效果较好。小型振动机如图1-50所示。

若使用振动碾进行碾压，可使土受到振动和碾压两种作用，碾压效率高，适用于大面积填方工程。

## （三）填土压实的影响因素

填土压实的影响因素较多,主要有压实功、土的含水量以及每层铺土厚度。

### 1. 压实功的影响

填土压实后的密度与压实机械在其上所施加的功有一定的关系。土的密度与所耗的功的关系如图 1-51 所示。当土的含水量一定,在开始压实时土的密度急剧增加,接近土的最大密度时,压实功虽然增加许多,而土的密度则变化甚小。实际施工中,对于砂土只需碾压或夯击 2～3 遍,对粉土只需夯击 3～4 遍,对粉质黏土或黏土只需夯击 5～6 遍。此外,松土不宜用重型碾压机械直接滚压,否则土层有强烈起伏现象,效率不高。如果先用轻碾压实,再用重碾压实就会取得较好效果。

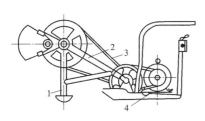

图 1-49 蛙式打夯机
1—夯头；2—夯架；3—三角胶带；4—底

图 1-50 小型振动机

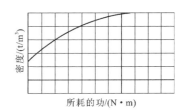

图 1-51 土的密度与压实功的
关系示意图

### 2. 含水量的影响

在同一压实功条件下,填土的含水量对压实质量有直接影响。较为干燥的土颗粒之间的摩擦阻力较大,因而不易压实。当含水量超过一定限度时,土颗粒之间孔隙由水填充而呈饱和状态,也不能压实。当土的含水量适当时,水起了润滑作用,土颗粒之间的摩擦阻力减少,压实效果好。每种土都有其最佳含水量,土在这种含水量的条件下,使用同样的压实功进行压实,所得到的密度最大(见图 1-52)。各种土的最佳含水量和最大干密度可参考表 1-13。

施工实践中检验黏土含水量的方法一般是以"手握成团,落地开花"为适宜。为了保证填土在压实过程中处于最佳含水量状态,当土过湿时,应予翻松晾干,也可掺入同类干土或吸水性材料;当土过干时,则应预先洒水润湿。

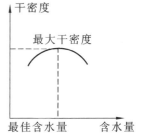

图 1-52 土的干密度与含
水量关系

表 1-13 土的最佳含水量和最大干密度参考表

| 项次 | 土的种类 | 变动范围 | |
| --- | --- | --- | --- |
| | | 最佳含水量/（%）（质量比） | 最大干密度/（g/cm³） |
| 1 | 砂土 | 8～12 | 1.80～1.88 |
| 2 | 黏土 | 19～23 | 1.58～1.70 |
| 3 | 粉质黏土 | 12～15 | 1.85～1.95 |
| 4 | 粉土 | 16～22 | 1.61～1.80 |

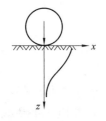

图 1-53　压实作用沿
深度的变化

### 3. 铺土厚度的影响

土在压实功的作用下,其应力随深度的增加而逐渐减小(见图 1-53),其影响深度与压实机械、土的性质和含水量等有关。铺土厚度应小于压实机械压土时的作用深度,但其中还有最优土层厚度问题,铺得过厚,要压很多遍才能达到规定的密实度。铺得过薄,则也要增加机械的总压实遍数。最优的铺土厚度应能使土方压实而机械的功耗费最少,可按照表 1-14 选用。

表 1-14　填方每层的铺土厚度和压实遍数

| 压 实 机 具 | 每层铺土厚度/mm | 每层压实遍数/遍 |
|---|---|---|
| 平碾 | 250～300 | 6～8 |
| 振动压实机 | 250～350 | 3～4 |
| 柴油打夯机 | 200～250 | 3～4 |
| 人工打夯 | <200 | 3～4 |

注:人工打夯时,土块粒径不应大于 50 mm。

上述三方面因素之间是互相影响的。为了保证压实质量,提高压实机械的生产效率,重要工程应根据土质和所选用的压实机械在施工现场进行压实试验,以确定达到规定密实度所需的压实遍数、铺土厚度及最优含水量。

### (四)填土压实的质量检查

填土必须具有一定的密实度,以避免建筑物的不均匀沉陷。填土密实度以设计规定的控制干密度或规定压实系数作为检查标准。利用填土作为地基时,设计规范规定了各种结构类型、各种填土部位的压实系数。各种填土的最大干密度乘以设计的压实系数即得到施工控制干密度。填土压实后的实际干密度,应有 90% 以上符合设计要求,其余 10% 的最低值与设计值的差不得大于 0.08 g/cm³,并且应分散,不得集中。

检查压实后的实际干密度,可采用环刀法(或灌砂法)取样。其取样组数为:基坑和室内填土,每层按 100～500 m² 取样 1 组;场地平整填方,每层按 400～900 m² 取样 1 组;基坑和管沟回填每 20～50 m 取样 1 组,但每层均不少于 1 组,取样部位在每层压实后的下半部。用灌砂法取样应为每层压实后的全部深度,或者用小而轻便触探仪直接通过锤击数来检验干密度和密实度。

填土工程质量检验标准如表 1-15 所示。

表 1-15　填土工程质量检验标准

| 项目 | 序号 | 检查项目 | 允许偏差或允许值/mm | | | | | 检验方法 |
|---|---|---|---|---|---|---|---|---|
| | | | 柱基、基坑、基槽 | 场地平整填方 | | 管沟 | 地(路)面基层 | |
| | | | | 人工 | 机械 | | | |
| 主控 | 1 | 标高 | −50 | ±30 | ±50 | −50 | 50 | 用水准仪检查 |
| | 2 | 分层压实系数 | 按设计要求 | | | | | 按规定方法 |
| 一般项目 | 1 | 表面平整度 | 20 | 20 | 50 | 20 | 20 | 用 2 m 靠尺和楔形塞尺检查 |
| | 2 | 回填土料 | 按设计要求 | | | | | 取样检查或直观鉴别 |
| | 3 | 分层厚度及含水量 | 按设计要求 | | | | | 用水准仪及抽样检查 |

### （五）冬季回填土施工

由于土冻结后即成为坚硬的土块,在回填过程中不易压实,土解冻后就会造成大量的下沉。冻胀土壤的沉降量更大,为了确保冬季冻土回填的施工质量,必须按施工及验收规范中对用冻土回填的规定组织施工。

冬期回填土应尽量选用未受冻的、不冻胀的土壤进行回填施工。填土前,应清除基础上的冰雪和保温材料;填方边坡表层 1 m 以内不得用冻土填筑,填方上层应用未冻的、不冻胀的或透水性好的土料填筑。冬期填方每层铺土厚度应比常温施工时减少 20%～25%,预留沉降量应比常温施工时适当增加。用含有冻土块的土料做回填土时,冻土块粒径不得大于 150 mm;铺填时,冻土块应均匀分布,逐层压实。

室外的基槽(坑)或管沟可用含有冻土块的土回填,但冻土块体积不得超过填土总体积的 15%,而且冻土块的粒径应小于 150 mm;室内地面垫层下回填的土方填料中不得含有冻土块;管沟底至管顶 0.5 m 范围内不得用含有冻土块的土回填;回填工作应连续进行,防止基土或已填土层受冻。当采用人工夯实时,每层铺土厚度不得超过 200 mm,夯实厚度宜为 100～150 mm。

## 任务6　工程案例分析

在建筑工程的重大坍塌事故中,基坑坍塌约占坍塌总数的 50%。坍方造成了惨重的人员伤亡和巨大的经济损失。对施工坍塌的专项治理是近年来工作的重点之一。发生基坑坍塌的企业,无施工资质和无施工许可证者占企业总数的近 50%,10% 左右的企业属三级或者三级以下施工资质。工业与民用建筑发生基坑坍塌的约占 54%;放坡不合理或支护失效引发的基坑坍塌约占 74%,其中无基坑支护设计导致的基坑坍塌约占 60%;未编制施工组织设计引发的基坑坍塌约占 56%,施工组织设计不合理导致的基坑坍塌约占 19%,不严格按规范和施工组织设计施工导致的基坑坍塌约占 25%。发生坍塌的基坑(或边坡)深度为 1.9～22 m,其中发生在 1.9～10 m 的占 78%,10～20 m 的占 17%,20 m 以上占 5%。

基坑坍塌,可大致分为以下两类。

(1)基坑边坡土体承载力不足;基底土因卸载而隆起,造成基坑或边坡土体滑动;地表及地下水的渗流作用,造成的涌砂、涌泥、涌水等而导致边坡失稳,导致基坑坍塌。

(2)支护结构的强度、刚度或者稳定性不足,引起支护结构破坏,导致边坡失稳,基坑坍塌。导致基坑坍塌的原因可归结为技术和管理两个层面。

## 一、基坑坍塌分析

### 1. 地质勘查报告不满足支护设计要求

地质勘查报告往往忽视基坑边坡支护设计所需的土体物理力学性能指标,不注重对周边土体的勘察、分析,这使得支护结构设计与实际支护需求不符。某办公楼基坑设计深度为 6 m,仅对建筑物范围内的土体进行了勘察,而基坑边坡淤泥质土层的相关指标则凭经验给出。因提供的边坡土体物理力学性能指标与实际情况严重不符,导致据此设计、施工的支护体系(4 排搅拌桩)滑移、倾斜,造成基坑坍塌。

### 2. 无基坑支护结构设计

基坑支护设计是基坑开挖安全的基本保证,应由有设计资质的单位进行支护专项设计。例

如,某市一大厦基坑深 8.8 m,竟无基坑支护设计,施工中也未按规范要求放坡,导致基坑坍塌。

**3. 支护结构设计存在缺陷**

由于基坑现场的地质条件错综复杂,设计人员应根据现场实际情况进行支护结构设计。支护结构设计存在的缺陷势必形成安全隐患,有的坍塌就是支护结构设计不合理所致。如某市某宾馆深基坑,地质条件复杂,采用的喷锚支护方案缺乏技术论证和针对性,当开挖到基坑底部时,基坑壁土体大范围坍塌。又如某市某基坑人工挖孔护坡桩工程,地面以下 6 m 左右有淤泥层,桩井设计深度为 13.5 m,当挖至 6 m 深时,尚未完工的相邻桩井突然塌陷,两桩井贯通,淤泥突然涌入该桩井,将正在井下作业的一名工人掩埋。

**4. 放坡不当**

基坑开挖前应根据地质和基坑周边环境情况,确定基坑边坡高宽比,计算边坡的稳定性。如某营业楼基坑深 16 m,坑壁为杂填土和淤泥质黏土,采用 1∶1 放坡加土钉墙的支护措施,由于基坑边坡高宽比过大,开挖约 10 m 深时,还没有来得及进行土钉墙施工,基坑突然坍塌。

**5. 排、降、截、止水方法不当**

排、降、截、止水方法不当是基坑施工控制的重点,应采取合理的控水方案。对控水方案的实施必须进行监测,并对可能出现的险情制定应急措施。如某市两座商厦均因降水措施不当,造成基坑开挖时地面局部塌陷,支护结构和周围建筑物遭到不同程度的破坏。

**6. 无施工组织设计**

施工组织设计是施工的依据,施工方应根据工程地质及水文条件、现场环境等编制施工组织设计,经勘察、设计、监理方和相关部门审查后方可施工。无施工组织设计,必然造成现场违章指挥、违章作业。如某市一住宅楼的人工挖孔桩工程,无施工组织设计,无有效的安全及技术措施,现场违章指挥,导致桩井坍塌,3 名作业人员窒息死亡。

**7. 基坑开挖方案不合理**

有的是由于基坑开挖方案不合理所致,如挖土进度过快、开挖分层过大、超深开挖;护坡桩成桩后即开挖土方;基坑挖到设计标高后未及时封底,暴露时间过长等。又如某市某商厦基坑超深开挖,每次挖深达 6 m,并且进度过快,土钉墙支护未与挖土同步,造成基坑局部坍塌。

**8. 不按施工组织设计施工**

如某市一办公楼基坑,不按施工组织设计施工,导致基坑坍塌,造成 3 人死亡,2 人受伤。又如某广场综合楼工程,施工方擅自将 C20 混凝土挖孔桩护壁改成竹篾护壁,导致坍塌。

**9. 对意外情况处理不当**

土方开挖过程中遇障碍物、管道时,不及时报告,而是以侥幸心理继续施工。如某道路改造工程,开挖时遇一毛石混凝土结构化粪池,在未报告业主、设计和监理方的情况下,施工方擅自进行爆破,并在化粪池侧墙底部开洞排污,导致化粪池侧墙坍塌。

**10. 忽视周边环境、建筑物等对基坑的影响**

基坑开挖前应了解基坑周边环境,如建筑物、地表水排泄、地下管线分布、道路、车辆、行人等情况,并且采取相应措施。

(1) 忽视导致土体应力增加的因素。基坑边上的堆土和机具以及动荷载、雨水、施工用水渗透等因素,使土体自重和土体剪应力增加。如某市政沟槽平均深度为 3.5 m,槽身的一侧有一与其平行的 2.2 m 深带盖引水渠。施工时,渠内积满生活废水,开挖的土体和准备打支撑用的材料堆放在水渠盖板上。当挖至 2.7 m 深时,由于渠内水面高于沟槽,水不断向开挖面渗透,加之水渠盖板上堆土和材料荷载的作用,水渠和堆土突然向沟槽一方坍塌。

(2)无视与基槽相邻的建筑物。《建筑地基基础设计规范》(GB 50007—2011)规定,新建建筑物的基础埋深不宜大于原有建筑物基础,或两基础之间的净距应该大于两基础高差的 1~2 倍,否则要采取分段施工、做护坡桩、地下连续墙或加固原有基础等措施,以确保原有基础安全。如某大厦因基坑施工迁移的排水管沟,深 2.8 m,其侧壁距已有的民房仅 0.8 m。因管线沟槽无任何支护措施,距民房过近,开挖深度超过民房基础底标高,民房地基受到严重扰动,造成民房及沟槽坍塌。

**11. 未对基坑开挖实施监控**

基坑开挖过程中的监控是通过布置观测点,监测基坑边坡土体的水平和垂直位移、水渗透影响、支护结构应力和变形等,以便及时预防和控制。如某小区工程,对高度近 20 m 的基坑边坡不做监控,由于未能及时掌握土体变形情况,对基坑的突然坍塌毫无防备。

**12. 施工质量达不到设计要求**

护坡桩缩颈、断桩,锚杆或土钉达不到设计长度,倾角与原设计不相符,灌浆质量差等,使支护结构承载力和对土体的支护达不到设计要求而形成隐患。

**13. 管理及技术人员缺乏专业常识**

有的管理及技术人员缺乏专业常识,把围墙当挡土墙使用。如某大厦基坑开挖时,施工方将围墙当挡土墙使用,导致 44 人被倒塌的围墙压埋,造成 19 人死亡、25 人受伤的重大安全事故。又如某给水管沟工程开挖深度仅 1.9 m,施工时工人将沟壁底脚掏空,并将土堆积在沟壁顶部,导致管沟南侧 24 m 长的沟壁坍塌,造成 3 人死亡。

## 二、防范基坑坍塌建议

(1)严格贯彻执行《中华人民共和国建筑法》、《建设工程安全生产管理条例》及相关技术规范、规程的规定,从源头上、施工过程中全面降低安全发生的概率。

(2)基坑支护结构设计和基坑开挖施工组织设计,除正常的审查外,还应经建设行政主管部门认可的专家委员会和技术咨询机构审查通过,方可作为施工依据。

(3)重视基坑监测,消除安全隐患。按《建筑地基基础设计规范》(GB 50007—2011)、《建筑边坡工程技术规范》(GB 50330—2013)的要求对基坑实施监测,掌握基坑边坡土体及已有建筑物的水平和垂直位移、水渗透影响、支护结构的变形和应力等情况。一旦监测值接近规范容许值和所测指标突变时,应及时向业主、监理、设计方报告,并根据监测情况及时调整支护结构和施工方案。

(4)改善技术交底工作。必须重视和改善安全和技术交底工作,落实逐级、逐项安全和技术交底制度。交底时应在施工组织设计基础上做技术细化,强调安全注意事项;用通俗的语言,使作业人员理解、掌握,并按照安全和技术要求作业。

(5)加强施工监管。基坑开挖过程中,必须有技术人员现场指挥和监理方的监管。施工和监理方要把监督重点放在事故多发的环节,尤其是基坑支护结构施工、基坑放坡、排水降水、开挖土体的堆放等方面。

(6)防范次生造成的伤害。基坑坍塌发生后,因次生、抢险措施或防护不当,造成更多伤亡的现象也较为突出,这暴露出施工现场管理不当和对技术人员的伤害缺乏科学的判断;现场救援水平低及救援装备欠缺。基坑施工前,应进行次生分析预测,施工现场应按应急预案,配备合格的急救人员和急救器材。

1. 民用建筑工程定位、放线测量实训。

(1)实训资料:某已建成住宅小区建筑总平面图、各楼首层平面图及基础平面图。

(2)实训地点:校园内操场或比较大的空地。

(3)实训目的:掌握一般建筑的定位测量方法,掌握建筑施工抄平放线的方法。

(4)实训准备工作如下。

① 思想准备:测量实训是以小组为单位,分别独立作业,劳动强度大,要求组内搞好分工配合和团结协作,学会应用理论解决实际问题和培养吃苦耐劳的精神。

② 仪器工具:每组配备经纬仪、水准仪各1套,钢尺1把,水准尺1根,手锤1把,木桩24根(每根长1 m),平线板14块(每块长1.5 m),小钉若干,小白线500 g,白灰小袋1个,铅笔等文具由小组自备。

(5)实训要求:掌握直角坐标法定位、极坐标法定位、角度交汇法定位、根据原有地形参照物定位的方法及施工抄平放线;学会放样数据的计算;实训结束时,每人交一份实训报告(详细说明定位放线的过程并附基线放样数据计算,放样略图和测量记录)。

(6)实训内容:按要求完成建筑物的定位并形成定位测量记录表;根据施工图纸及教师现场给定已知高程点,确定建筑物的标高及开槽边线,要求打出龙门桩、平线板并撒出灰线。

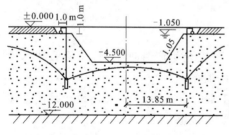

图1-54　井点高程布置图

2. 某工程基础为筏板基础,外围尺寸35 m×20 m,埋深4.5 m,基础地面尺寸外每侧留0.6 m宽工作面,基坑长边按1∶0.5放坡,短边按1∶0.33放坡。地下表土为0.8~0.9 m的杂填土,其下为含黏土的粗砂土层,渗透系数$K=30$ m/d,地表下$-12.000$ m以下为不透水层,地下水位为地表下$-1.050$ m,如图1-54所示。设该基坑采用轻型井点降水方案,井点管长6 m,直径500 mm,滤管长1.2 m,直径50 mm。土的可松性系数$K_s=1.25$,$K'_s=1.10$。试编制基坑开挖方案及降水方案。

**一、单选题**

1. 挖基槽是指宽度≤(　　)米,且长宽比≥(　　)的土方开挖过程。

A.3　3　　　　　　B.5　3　　　　　　C.3　4　　　　　　D.4　3

2. 挖基坑是指开挖底面积≤(　　)平方米,且长宽比小于(　　)的土方开挖过程。

A.15　3　　　　　　B.10　3　　　　　　C.20　3　　　　　　D.20　4

3. 反铲挖土机的挖土特点为( )。

A. 前进向上,强制切土      B. 后退向下,强制切土

C. 后退向下,自重切土      D. 直上直下,自重切土

4. 正铲挖土机的挖土特点为( )。

A. 前进向上,强制切土      B. 后退向下,强制切土

C. 后退向下,自重切土      D. 直上直下,自重切土

5. 轻型井点采用单排线状平面布置时应具备的条件是:基坑或沟槽宽度小于( )米,且水位降低值不大于 5 米。

A. 4      B. 5      C. 6      D. 7

6. 土的含水量是指( )。

A. 土中水的质量与固体颗粒质量的百分比

B. 土中固体颗粒的质量与水质量的百分

C. 土中水的质量与土体总质量的百分比

D. 土中固体颗粒的质量与土体总质量的百分比

7. 当基坑或沟槽宽度小于 6 m,且降水深度不超过 5 m 时,可采用的布置是( )。

A. 单排井点      B. 双排井点      C. 环形井点      D. U 形井点

8. 土的最初可松性系数等于( )。

A. 开挖后土的松散体积与土的天然体积的比值

B. 开挖后土的天然体积与土的松散体积的比值

C. 开挖后土的松散体积与回填压实后土的体积的比值

D. 回填压实后土的体积与土的天然体积的比值

9. 地下水位应降低至基坑底以下( )m,后,方可开挖。

A. 0.5~0.7      B. 0.5~1.0      C. 1.0~1.5      D. 1.5~2.0

二、多选题

1. 井点降水的方法有( )。

A. 轻型井点      B. 电渗井      C. 喷射井点      D. 深井井点      E. 沟槽排水

2. 填土压实的影响因素有( )。

A. 每层铺土厚度      B. 碾压时间长短      C. 压实功

D. 土的质量      E. 土的含水量

3. 在基坑开挖时要确定土方边坡的大小,作为施工员应考虑的主要因素有( )。

A. 开挖深度      B. 土质条件      C. 施工方法      D. 基础类型      E. 地下水位

4. 影响基坑边坡大小的因素有( )。

A. 开挖深度      B. 土质条件      C. 地下水位      D. 施工方法      E. 坡顶荷载

5. 下列各种情况中受土的可松性影响的是( )。

A. 填方所需挖土体积计算      B. 确定运土机具数量      C. 计算土方机械生产率

D. 土方平衡调配      E. 场地平整

6. 正铲挖土机的作业特点有( )。

A. 能开挖停机面以上一~四类土    B. 挖掘力大      C. 挖土时,直上直下自重切土

D. 生产效率高      E. 宜开挖高度大于 2 m 的干燥基坑

## 三、简答题

1. 土方工程包括哪些工作内容？

2. 施工中土分成哪八类？如何区分？

3. 什么是土的可松性？对土方施工有何影响？

4. 试述按挖填平衡确定场地设计标高的步骤。

5. 土壁失稳的主要原因是什么？

6. 试述土方边坡的表示方法及影响边坡的因素。

7. 试述土钉墙施工工艺。

8. 比较集水井及轻型井点降水法的特点及适用范围。

9. 流沙是怎么形成的？对流沙可采取哪些防治措施？

10. 井点降水的原理是怎样的？轻型井点降水如何设计？

11. 轻型井点降水如何施工？对周围环境的不利影响及防治措施有哪些？

12. 土方工程施工机械的种类有哪些？试述其作业特点和适用范围。

13. 如何确定挖方机械和运输工具的数量？

14. 试述基坑土方开挖过程中应注意的问题。

15. 填方土料应符合哪些要求？影响填土压方的因素有哪些？

16. 上网搜索土方工程、降水工程、基坑支护工程等施工方案及技术交底文件。

## 四、计算题

1. 某基坑底长 60 m，宽 40 m，深 6 m，四边放坡，坡度 1∶0.5。其中 $K_s = 1.1$，$K_s' = 1.05$。

(1) 试计算土方开挖工程量（以自然土体积记）。

(2) 若混凝土基础和地下室占有体积为 9 280 m³，计算应预留回填的土方量（以自然土体积计算）。

(3) 若以容量为 5.5 m³/车的自卸汽车外运，需多少车运完？

2. 某建筑外墙采用毛石基础，其断面尺寸如图 1-55 所示，地基为黏土，已知土的可松性系数 $K_s = 1.3$，$K_s' = 1.05$。试计算每 100 m 长基槽的挖方量（按天然状态计算）；若留下回填土后，余土要求全部运走，计算预留填土量及弃土量（按松散状态计算）。

3. 某场地方格网及角点原始标高（边长 $a = 20.0$m）如图 1-56 所示，土壤为二类土，场地地面泄水坡度 $i_x = 0.2\%$，$i_y = 0.3\%$，试确定挖填平衡情况下场地设计标高（不考虑土的可松性影响），计算挖填土方工程量。

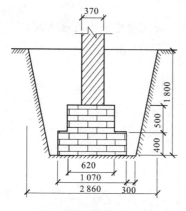

图 1-55 基槽断面图

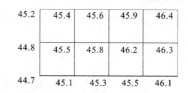

图 1-56 基场地方格网图

# 项目 2

# 地基处理与基础工程

**▌知识目标**

（1）掌握常用地基处理的施工工艺及质量验收标准。

（2）了解基础工程的基本知识。

（3）掌握桩基工程的施工工艺、施工方法、质量验收标准。

（4）掌握桩基的验收内容及检测方法。

**▌能力目标**

（1）能够运用常用地基处理方法分析和解决地基处理问题。

（2）能够编制桩基工程的施工方案。

　　地基是指承托建筑物基础的这一部分范围很小的场地。任何建筑物都必须有可靠的地基和基础，因为建筑物的全部重量（包括各种荷载）最终将通过基础传给地基。因此，如果在软弱天然地基上建造建筑物（构筑物）或是建筑物（构筑物）对地基的要求较高时，采用天然地基有时不能满足地基承载力和变形等要求，则需要事先对地基进行人工处理后再建造基础，这种地基加固的操作称为地基处理。在施工过程中若发现地基土质过软和过硬不符合设计要求时，应使建筑物各部位沉降尽量趋于一致，以减小地基不均匀沉降对其造成的影响。

　　地基处理的对象是软弱地基和特殊土地基。我国《建筑地基基础设计规范》（GB 50007—2011）中规定：软弱地基指主要由淤泥、淤泥质土、冲填土、杂填土或其他高压缩性土层构成的地基。特殊土地基大部分带有地区特点，包括软土、湿陷性黄土、膨胀土、红黏土和冻土。

　　地基处理的目的就是为了加强地基的强度、稳定性，减少不均匀沉降等。随着我国地基处理设计水平的提高、施工工艺的不断改进和施工设备的更新，对于各种不良地基，经过地基处理后，一般均能满足建造大型、重型或高层建筑的要求。

　　地基处理方法的分类可有多种：按时间可分为临时处理和永久处理；按处理深度可分为浅层处理和深层处理；按土性对象可分为砂性土处理和黏性土处理。

　　常用的人工地基处理方法有换土垫层法、重锤夯实、强夯、砂石桩法、水泥粉煤灰碎石桩法、石灰桩法等。

## 任务 1　地基处理及加固

### 一、换土垫层法

当建筑物（构筑物）基础下的持力层为软弱土层或地面标高低于基底设计标高，并且不能满足上

部荷载对地基强度和变形的要求时,常采用换填方法进行处理。具体实践中可分为以下几种情况。

（1）挖:就是挖去表面的软土层,将基础埋置在承载力较大的基岩或坚硬的土层上,此种方法主要用于软土层不厚、上部结构荷载不大的情况。

（2）填:当软土层很厚,而又需要大面积进行加固处理时,则可在原有的软土层上直接回填一定厚度的好土或砂石、矿石等。

（3）换:就是将挖与填相结合,即换土垫层法,施工时先将基础下一定范围内的软土挖去,而用人工填筑的垫层作为持力层,按其回填的材料不同可分为砂垫层、碎石垫层、素土垫层、灰土垫层等。

换填法适用于淤泥、淤泥质土、膨胀土、冻胀土、素填土、杂填土、暗沟、暗塘、古井、古墓或拆除旧基础后的坑穴等的地基处理。

换土垫层的处理深度应根据建筑物的要求,由基坑开挖的可能性等因素综合决定,一般多用于上部荷载不大、基础埋深较浅的多层民用建筑的地基处理工程中,开挖深度不超过 3 m。

## （一）砂垫层和砂石垫层

砂垫层和砂石垫层是将基础下一定范围内的土层挖去,然后利用砂或碎石等回填,并经分层夯实至密实,以起到提高地基承载力、减少地基沉降量、加速软土地基的排水固结、防止季节性地基土的冻胀和消除膨胀地基土的胀缩性等作用。该地基具有施工工艺简单、工期短、造价低等优点,适用于处理透水性强的软弱黏性土地基,但不宜用于湿陷性黄土地基和不透水的黏性土地基,以免聚水而引起地基下沉和降低承载力。砂垫层和砂石垫层如图 2-1 所示。

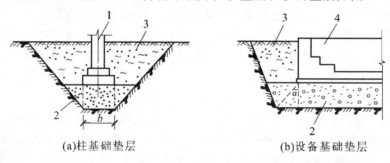

(a)柱基础垫层　　　　　　(b)设备基础垫层

图 2-1　砂垫层和砂石垫层

1—柱基础;2—砂垫层或砂石垫层;3—回填土;4—设备基础;
$\alpha$—砂垫层或砂石垫层的压力扩散角;$b$—基础宽度

### 1. 构造要求

砂石垫层厚度不宜小于 0.5 m,也不宜大于 3 m。垫层宽度 $b'$ 除要满足基础底面应力扩散和不破坏侧面土质的要求外,还要根据垫层侧面土的容许承载力来确定。一般情况下,可按下式计算或根据当地经验确定。

$$b' \geqslant b + 2z\tan\alpha \tag{2-1}$$

式中:$b$ 表示基础宽度;$z$ 表示基础底面下垫层的厚度;$\alpha$ 表示垫层的压力扩散角。

垫层的宽度应沿基础两边各放出 200～300 mm,如果侧面地基土的土质较差时,还要适当增加。

### 2. 材料要求

砂垫层和砂石垫层所用材料,宜采用颗粒级配良好,质地坚硬的中砂、粗砂、砾砂、碎(卵)石、石屑或其他工业废料。在缺少中、粗砂和砾砂的地区可采用细砂,但宜同时掺入一定数量的碎石或卵石,其掺量应按照设计规定(含石量不应大于50%执行),并且均匀分布。所用砂石料中,不得含有草根、垃圾等有机杂物,含泥量不应超过 5%。用于排水固结地基的砂石料,含泥量不宜超过 3%,碎石或卵石最大粒径不宜大于 50 mm。

**3. 施工要点**

(1)垫层施工应根据不同的换填材料选择施工机械。砂垫层和砂石垫层采用的施工机具和方法对垫层的施工质量至关重要。砂石料宜采用振动碾、振动压实机、插入式振动器等方法,其压实效果、分层铺填厚度、压实遍数、最佳含水量等,应根据具体施工方法及施工机具通过现场试验确定。

(2)施工前应先验槽,先将基底表面浮土、淤泥等杂物清除干净,边坡必须稳定,防止塌方。槽底和两侧如有孔洞、沟、井和墓穴等,应在未做换土垫层前加以处理。

(3)砂垫层和砂石垫层底面宜铺设在同一标高上,如果深度不同时,基底土层应挖成阶梯或斜坡搭接,并按先深后浅的顺序施工,搭接处应夯压密实。分层铺筑时,接头应做成斜坡或阶梯形搭接,每层错开 500～1 000 mm,并充分捣实。

(4)人工级配的砂石材料,应按级配搅拌均匀,再进行铺填捣实。用细砂作为填料,应注意地下水的影响,并且不宜使用平振法、插振法和水撼法。

(5)换土垫层应分层铺筑,分层夯实,每层的铺土厚度不宜超过表 2-1 中规定的数值。

表 2-1　砂和砂石地基每层铺筑厚度及最佳含水量

| 压实方法 | 每层铺筑厚度/mm | 施工时最优含水量/(%) | 施工说明 | 备　注 |
|---|---|---|---|---|
| 平振法 | 200～250 | 15～20 | 用平板式振捣器往复振捣 | 不宜使用干细砂或含泥量较大的砂铺筑的砂地基 |
| 插振法 | 振捣器插入深度 | 饱　和 | ①用插入式振捣器;②插入点间距可根据机械振幅大小决定;③不应插至下卧黏性土层;④插入振捣完毕后所留的孔洞,应用砂填实 | 不宜使用细砂或含泥量较大的砂铺筑的砂地基 |
| 水撼法 | 250 | 饱　和 | ①注水高度应超过每次铺筑面层;②用钢叉摇撼捣实,插入点间距 100 mm;③钢叉分四齿,齿的间距为 80 mm,齿长 300 mm | — |
| 夯实法 | 150～200 | 8～12 | ①用木夯或机械夯;②木夯重 40 kg,落距 400～500 mm;③一夯压半夯,全面夯实 | |
| 碾压法 | 150～350 | 8～12 | 6～2 t 压路机往复碾压 | 适用于大面积施工的砂和砂石地基 |

注:在地下水位以下的地基,其最下层的铺筑厚度可比上表增加 50 mm。

(6)垫层施工时要注意施工排水。除采用水撼法施工砂垫层外,不得在浸水条件下施工。若在地下水位高于基坑(槽)底面施工时,应采取排水或降低地下水位的措施,使基坑保持无积水状态。

(7)冬期施工时,不得采用夹有冰块的砂石做垫层,并应采取措施防止砂石内水分冻结。

(8)垫层竣工验收合格后,应及时进行基坑回填和基础施工。

**4. 质量检验**

1)环刀取样法

采用环刀法检验垫层的施工质量时,在捣实后的砂垫层中,用容积不小于 200 cm³ 的环刀取样,测定其干密度,以不小于通过试验所确定的该砂料在中密状态时的干密度数值为合格。取样点应位于每层厚度的 2/3 深度处。检验点数量的要求为:每个单体工程应不少于 3 个点,对于大基坑每 50～100 m² 应不少于 1 个检验点；对基槽每 10～20 延长米不应少于 1 个点；每个独立柱基不应少于 1 个点。

2）贯入测定法

当采用贯入法检查时，先将表面的砂刮去 3 cm 左右，用直径 20 mm、长 1 250 mm 的平头钢筋，距离砂层面 700 mm 自由下落，或采用水撼法使用的钢叉，在距离砂层面 500 mm 处自由下落，记录贯入深度或插入深度。以上钢筋或钢叉的插入深度，以不大于通过试验所确定的贯入度数值为合格。试验贯入度可根据砂的控制干密度预先进行小型试验确定。

**5．质量验收规定**

（1）砂、石等原材料质量、配合比应符合设计要求，砂、石应搅拌均匀。

（2）施工过程中必须检查分层厚度，分段施工时搭接部分的压实情况，加水量，压实遍数，压实系数等。

（3）施工结束后，应检验砂石垫层的承载力。

（4）砂垫层和砂石垫层的质量验收标准应符合相关规定。

**6．砂石垫层工程质量事故及其原因分析**

某厂的 4 座排成一行的造型机基础，由于其基础底面标高处于两侧柱基基础 2 m 之上，而柱基与造型机基础相距较近，因此在开挖柱基坑时，将造型机的地基一起挖除了。这样虽然对于地基开挖施工是方便了，但破坏了造型机基础下的原有地基。因此，在做完两侧柱基之后，还要在这两行柱基之间重做砂垫层，垫层高达 2 m，然后才能在此垫层上做造型机基础。由于垫层采用细砂，施工质量差，从而使砂层密实度不符合设计要求。当试行投产开动造型机时，由于造型机振幅太大，使铸造用的沙箱出现裂缝，无法浇灌铸件，影响正常生产。后经有关各方论证，在基础外侧打入一排直管，灌注两种溶液并通以直流电，使基础外侧造成硅化墙体，然后再打入斜管以防溶液溢出地基外侧。经测试，造型机振幅降低了 50% 以上，对浇灌铸件已无任何影响，使生产得以正常进行。

由以上地基工程事故分析中可知存在的问题有：一是采用砂垫层方案是不适当的；二是在设计与施工方面也存在问题，在设计上没有考虑造型机基础地基将受到柱基开挖的干扰和损害，施工中也没有预见采用细砂垫层的危害性。如果这些问题在设计之前能考虑周到，那么工程事故也不是不能避免的。

## （二）灰土垫层

灰土垫层（石灰与土的体积配合比一般为 2∶8 或 3∶7）在湿陷性黄土地区使用较为广泛。这是一种以土治土的处理湿陷性黄土的传统处理方法。它是将基础底面下一定范围内的软弱土层挖去，用按一定体积比拌和均匀的石灰和黏土，在最优含水量的情况下分层回填夯实或压实而成。灰土垫层一般用于处理 1～4 m 厚的软弱土层。

**1．构造要求**

灰土垫层厚度确定原则同砂垫层，垫层宽度一般为灰土顶面基础砌体宽度加 2.5 倍灰土厚度之和。

**2．材料要求**

灰土土料宜使用粉质黏土，不宜使用块状黏土和砂质粉土，不得使用表面耕植土、冻土或夹有冻块的土，并应过筛，其颗粒不得大于 15 mm。

石灰宜用新鲜的熟石灰。用做灰土的熟石灰应过筛，粒径不得大于 5 mm，并不得夹有未熟化的生石灰块和含有过量水分。

通常灰土地基所含石灰(CaO+MgO)以总量达到 8% 左右为最佳,石灰和土的体积比一般以 2∶8 或 3∶7 作为最佳含灰率,承载力不高时可用 1∶9 灰土。

**3. 施工要点**

(1)施工前应先验槽,将积水、淤泥清除干净,待干燥后再铺灰土。如发现局部有软弱土层或孔洞时,应及时挖除后用灰土分层回填夯实。

(2)施工时,应将灰土搅拌均匀,颜色一致,并适当控制其含水量。含水量按经验在现场直接判断,其方法是用手紧握土料成团,两指轻捏即碎,此时为灰土接近最佳含水量。如果土料水分过多或不足时,应晾干或洒水湿润。灰土拌好后应及时铺好夯实,不得隔日夯打。

(3)铺灰应分段分层夯筑,每层虚铺厚度应按所用夯实机具参照表 2-2 中规定选用。每层灰土的夯打遍数,应根据设计要求的干密度在现场试验确定。

表 2-2　灰土最大虚铺厚度

| 夯实机具种类 | 重量/t | 厚度/ mm | 备　　　注 |
|---|---|---|---|
| 石夯、木夯 | 0.04~0.08 | 200~250 | 人力送夯,落距 400~500 mm,每夯搭接半夯 |
| 轻型夯实机械 | 0.12~0.4 | 200~250 | 蛙式打夯机,柴油打夯机双轮 |
| 压路机 | 6~10(机重) | 200~300 | 蛙式打夯机,柴油打夯机双轮 |

(4)灰土分段施工时,不得在墙角、柱基及承重窗间墙下接缝。上下两层的缝距不得小于 500 mm。接缝处应夯压密实后三天内不得受水浸泡,冬季应防冻,每层验收后应及时铺填上层,防止干燥后松散起尘污染,同时禁止车辆碾压通行。

(5)在地下水位以下的基坑(槽)内施工时,应采取排水措施,使其在无水状态下施工。夯实后的灰土三天内不得受水浸泡。灰土地基打完后,应及时进行基础施工和回填土,否则要做临时遮盖,防止日晒雨淋。刚打完毕或尚未夯实的灰土,如遭受雨淋浸泡,则应将积水及松软灰土除去并补填夯实,受浸湿的灰土,应在晾干后再夯打密实。

(6)冬期施工时,不得采用冻土或夹有冻土的土料,并应采取有效的防冻措施。

**4. 质量检查**

灰土垫层的质量检查,可以采用环刀法或钢筋贯入法检验。垫层的质量检验必须分层进行,每夯压完一层,即测定其干密度。质量标准可按压实系数 $\lambda_c$ 鉴定,一般为 0.93~0.95。压实系数 $\lambda_c$ 为土在施工时实际达到的干密度 $\rho_d$ 与室内采用击实试验得到的最大干密度 $\rho_{dmax}$ 之比。当压实系数符合设计要求后,才能铺填上层。

如无设计规定时,也可按表 2-3 的要求执行。如用贯入仪检查灰土质量时,应先进行现场试验以确定贯入度的具体要求。

表 2-3　灰土质量标准

| 土　料　种　类 | 黏　　土 | 粉质黏土 | 粉　　土 |
|---|---|---|---|
| 灰土最小干密度/(kg/m³) | 1 450 | 1 500 | 1 550 |

**5. 灰土垫层质量验收规定**

(1)灰土土料、石灰或水泥(当水泥替代灰土中的石灰时)等材料及配合比应符合设计要求,灰土应搅拌均匀。

(2)施工过程中应检查分层铺设的厚度、分段施工时上下两层的搭接长度、夯实时加水量、夯压遍数、压实系数。

（3）施工结束后，应检验灰土垫层的承载力。

### 6. 施工中常见的质量通病及其原因分析

1）灰土本身质量差

灰土本身质量差的主要原因如下。

（1）原材料质量差。灰土的原材料是土和白灰作为土料，一般以黏性土为好，但黏性土的黏性不宜太大。《建筑地基基础施工质量验收规范》(GB 50202—2002)规定：尽量采用基槽挖出的土，凡是有机质含量不大的黏性土，均可做灰土的土料。在施工中若不注意除去表面的耕植土和有碎砖、瓦块、杂草及含有较多有机质呈黑色的土，便会影响灰土质量。

用做灰土的生石灰，在工地堆积时间长，过早消解熟化而影响灰土垫层或基础的强度。因此，风化已久或受雨淋成团的石灰，不得使用。

（2）配合比掌握不准或不正确。灰土配合比按照规范规定，一般为体积比，可以用小车或木斗计量，常用的配合比为 2∶8 或 3∶7。

（3）搅拌不均匀，灰土强度低。搅拌均匀是提高灰土强度的关键。因此，灰土搅拌一定要均匀，颜色一致，拌好后应及时铺好夯实。

（4）含水量不合适影响灰土的密实度。灰土的压实效果与灰土的含水量有很大关系。含水量太小，不易夯实；含水量太大，不容易走夯。

（5）没有根据不同的夯实机具来确定灰土的虚铺厚度，因而也影响灰土的密实度。

（6）灰土的抗压强度随灰土密度的增大而提高，灰土的密度除和含水量及虚铺厚度有关外，还和夯实遍数有直接关系。实验表明，配合比为 3∶7 的灰土多打一遍，龄期 90 d 的抗压强度可提高 40%。

2）灰土在硬化初期浸水或受冻使得强度降低

灰土在硬化初期浸水或受冻使得强度降低的主要原因如下。

（1）雨季施工或在地下水位下的基槽（坑）内施工，排水措施不完善或不当，使夯实的土在夯实后 3 d 内受水浸泡。

（2）基坑不干燥。

（3）灰土打完后，没有及时进行上部基础施工和回填基坑（槽），也没有做临时遮盖。

（4）冬季施工中，灰土中混入冻土块，同时防冻措施不当。

## 二、夯实地基

### （一）重锤夯实地基

重锤夯实地基是用起重机械将夯锤提升到一定高度后，然后自由落锤，利用夯锤自由下落时的冲击能来夯实基土表面，形成一层较为均匀的硬壳层，从而使地基得到加固。

重锤夯实地基一般适用于处理地下水位以上稍湿的黏性土、砂土、湿陷性黄土、杂填土和分层填土，以提高其强度，减少其压缩性及不均匀性。重锤夯实地基也可用于消除湿陷性黄土的表层湿陷性。但如果当夯击对邻近的建筑物、设备以及施工中的砌筑工程或浇筑混凝土等产生不利影响时，或地下水位高于有效夯实深度以及在有效深度内存在软黏土层时，不宜采用。该方法具有施工简便，费用较低，布点较密，夯击遍数多，施工期相对比较长，夯击能量小，孔隙水难以消散，加固深度有限，以及当土的含水量稍高时，易夯成橡皮土，处理较困难等特点。

夯锤形状宜为截头圆锥体，可用 C20 钢筋混凝土制作，其底部可填充废铁并设置钢底板以使重心降低。锤重宜为 1.5~3.0 t,底直径为 1.0~1.5 m,落距一般为 2.5~4.5 m,锤底面单位静压力宜为 15~20 kPa。

**1. 施工要点**

(1)地基重锤夯实前应在现场进行试夯,选定夯锤质量、底面直径和落距,以便确定最后下沉量及相应的最少夯击遍数和总下沉量。最后下沉量是指最后两击的平均下沉量,对黏性土和湿陷性黄土取 10~20 mm;对砂土取 5~10 mm,以此作为控制停夯的标准。

(2)采用重锤夯实分层填土地基时,每层的虚铺厚度以相当于锤底直径为宜,夯击遍数由试夯确定。

(3)基坑的夯实范围应大于基础底面,每边应超出基础边缘 300 mm 以上,以便于底面边角夯打密实。夯实前基坑(槽)底面应高出设计标高,预留土层的厚度一般为试夯时的总下沉量再加 50~100 mm。

(4)夯实时地基土的含水量应控制在最佳含水量范围以内。如果土的表层含水量过大,可采用铺撒吸水材料(如干土、碎砖、生石灰等)、换土或其他有效措施;如果含水量过低,应待水全部渗入土中一昼夜后方可夯击。

(5)在大面积基坑或条形基槽内夯击时,应按一夯接一夯顺序进行。在一次循环中同一夯位应连夯两遍,下一循环的夯位,应与前一循环错开 1/2 锤底直径,落锤应平稳,夯位应准确。在独立柱基坑内夯击时,可采用先周边后中间或先外后里的跳打法进行。基坑(槽)底面标高不同时,应按先深后浅的顺序逐层夯击。

(6)夯实完毕后,应将基坑(槽)表面修正至设计标高。冬期施工时,必须保证地基在不冻的状态下进行夯击,否则应将冻土层挖去或将土层融化。若基坑挖好后不能立即夯实,应采取防冻措施。

**2. 质量检查**

重锤夯实完后应检查施工记录,除应符合试夯最后下沉量的规定外,还应检查基坑(槽)表面的总下沉量,以不小于试夯总下沉量的 90% 为合格;也可在地基上选点夯击,检查最后下沉量。检查点数的要求为:独立基础每个不少于 1 处;基槽每 20 m 不少于 1 处;整片地基每 50 m² 不少于 1 处。检查后如质量不合格,应进行补夯,直至合格为止。

## (二)强夯地基

强夯地基是指用起重机械(如起重机、起重机配三脚架、龙门架等)将重锤(一般为 8~30 t,最重达 200 t)从高处(落距一般为 6~40 m)自由落下给地基以强大冲击能量的夯击,使土中出现冲击波和动应力,迫使土体中孔隙压缩,排除孔隙中的气和水,使土粒重新排列,迅速固结,从而提高地基土的强度、降低土压缩性、改善砂土的抗液化条件、消除湿陷性黄土的湿陷性等的一种有效的地基加固方法。

**1. 施工要点**

(1)强夯施工前,应首先进行地基的地质勘查和试夯。通过对试夯前后试验结果对比分析,确定正式施工时的各项技术参数。

(2)强夯前应平整场地,周围做好排水沟,按夯点的布置,测量放线确定夯位。地下水位较高时,应在表面铺 0.5~2.0 m 中(粗)砂或砾石、碎石基础,可使地表形成硬层,防止设备下陷和便于消散强夯产生的孔隙水压,或采取降低地下水位后再强夯。

(3)强夯施工须按试验和设计确定的技术参数进行。夯击时,落锤应保持平稳,夯位应准确,如错位或坑底倾斜过大,宜用砂土将坑底填平再进行下一次夯击。

（4）每夯击一遍完后，应测量场地平均下沉量，然后用新土或周围土将夯坑填平，再进行下一遍夯击。最后一遍的场地平均下沉量，必须符合要求。

（5）强夯施工最好在干旱季节进行，如遇雨天施工，夯击坑内或夯击过的场地有积水时，必须及时排除。坑底上含水量过大时，可铺砂石后再进行夯击。冬期施工时应清除地表的冻土层再强夯，夯击次数要适当增加。

（6）强夯施工过程中按要求检查每个夯实点的夯击能量、夯击次数和每击夯沉量等，并对各项参数施工情况进行详细记录，作为质量控制的依据。

**2. 质量检查**

强夯地基在施工过程中应检查施工记录及各项技术参数，施工结束后应间隔一定时间才能对地基加固质量进行检查，检查内容有被夯地基的强度并进行承载力检验。一般可采用标准贯入、静力触探或轻便触探等方法检查被夯地基的强度或进行载荷试验。检查点数，每一独立基础至少有1个点，基槽每20延长米有1个点，整片地基50～100 m² 取1个点。检验深度应不小于设计要求加固的深度。强夯地基的质量检验标准，如表2-4所示。

表 2-4　强夯地基的质量检验标准

| 项目 | 序号 | 检查项目 | 允许偏差或允许值 | | 检查方法 |
|---|---|---|---|---|---|
| | | | 单位 | 数值 | |
| 主控项目 | 1 | 标贯或触探试验 | 设计要求 | | 按规定方法 |
| | 2 | 载荷试验 | 设计要求 | | 按规定方法 |
| 一般项目 | 1 | 夯锤落距 | mm | ±300 | 钢索设标志 |
| | 2 | 锤重 | kg | ±100 | 称重 |
| | 3 | 夯击遍数及顺序 | 设计要求 | | 计数法 |
| | 4 | 夯点间距 | mm | ±500 | 尺量 |
| | 5 | 夯击范围（超出基础范围距离） | 设计要求 | | 尺量 |
| | 6 | 前后两遍间歇时间 | 设计要求 | | — |

**3. 强夯地基工程质量事故及其原因分析**

某工程处于回填的黄土质砂黏土层上，其填筑年限为2年左右，填筑高度为8～10 m，最厚处达12 m，土的含水量较低，天然含水量为15%，未进行分层碾压，而且填土的均匀性较差。由于这种填土又厚又松散且含水量太低，水的成分主要是结合水，颗粒之间引力较大，限制了颗粒之间的移动，不易夯实。因此，必须结合填土夯后的具体情况进行相应的基础设计，以适应可能产生的不均匀沉降。本工程采用强夯法施工。

强夯锤重100 kN，落距8 m，试验过程中发现：晴天时，夯6下的下沉量为0.35～0.38 m，而当大雨过后仅夯4下，其下沉量达0.42 m，可以看出此种填土吸水量相当强。对已经夯过的含水量较低的土，从理论上讲，一般孔隙体积大的堆土，其土颗粒间不能互相紧密接触，一经浸水土体强度将急剧降低，不仅 $\varphi$（土的内摩擦角）值降低，$c$（土的黏聚力）值降得更多。因此，本工程所夯击过的地基上仅修建了一些单层或二层建筑物，尽管如此，在几次大雨过后，由于室内外的含水量不同，基础刚度差又无法调整较大的差异沉降，从而使墙体产生了很多较长的裂缝。最后，由于建筑物岌岌可危，不得不采用硅化法加固地基，所耗费用比原来预计增加。

造成这次强夯工程事故的主要原因是对土的含水量问题认识不足，其次是对填土地基的沉降也没有重视。一般对建造在较厚的填土层上的地基，应重视其沉降变化，要验算其沉降量。

## 三、挤密地基

挤密地基是软土地基加固处理的方法之一。通常在湿陷性黄土地区使用较广,采用振动、冲击或水冲等方法在地基中成孔,然后进行素土、砂石、灰土、水泥土等物料的回填和夯实,从而达到形成增大直径的桩体,并同原地基一起形成复合地基。其特点在于不取土,挤压原地基成孔;回填物料时,夯实物料进一步扩孔。

### (一)砂石桩法

**1. 一般规定**

(1)砂石桩地基处理方法适用于挤密松散砂土、粉土、黏性土、素填土、杂填土等地基。

(2)采用砂石桩处理地基应补充设计、施工所需的有关技术资料。对黏性土地基,应有地基土的不排水抗剪强度指标;对砂土和粉土地基应有地基土的天然孔隙比、相对密实度或标准贯入击数、砂石料特性、施工机具及性能等资料。

(3)用砂石桩挤密素填土和杂填土等地基的设计及质量检验,应符合规范有关规定。

**2. 施工**

(1)砂石桩施工可采用振动沉管、锤击沉管或冲击成孔等成桩法。当用于消除粉细砂及粉土液化时,宜用振动沉管成桩法。

(2)施工前应进行成桩工艺和成桩挤密试验。当成桩质量不能满足设计要求时,应在调整设计与施工有关参数后,重新进行试验或改变设计。

(3)振动沉管成桩法施工应根据沉管和挤密情况,控制填砂量,提升高度和速度、挤压次数和时间、电动机的工作电流等。

(4)施工中应选用能顺利出料和有效挤压桩孔内砂石料的桩尖结构。当采用活瓣式桩靴时,对砂土和粉土地基宜选用尖锥形;对黏性土地基宜选用平底形;一次性桩尖可采用混凝土锥型桩尖。

(5)锤击沉管成桩施工可采用单管法或双管法。锤击法挤密应根据锤击的能量,控制分段的填砂量和成桩的长度。

(6)砂石桩的施工顺序:对砂土地基宜从外围或两侧向中间进行,对黏性土地基宜从中间向外围或隔排施工;在既有建筑物(构筑物)临近施工时,应背离建筑物(构筑物)方向进行。

(7)施工时,桩位水平偏差不应大于 3/10 的套管外径,套管垂直度偏差不应大于 1%。

(8)砂石桩施工后,应将基底标高下的松散层挖除或夯压密实,随后铺设并压实砂石垫层。

**3. 质量检验**

(1)应在施工期间及施工结束后,检查砂石桩的施工记录。对沉管法,还应检查套管往复挤压振动次数与时间、套管升降幅度和速度、每次填砂石料量等项施工记录。

(2)施工后应间隔一定时间方可进行质量检验。对饱和黏性土地基应待孔隙水压力消散后进行,间隔时间不宜少于 28 d;对粉土、砂土和杂填土地基,不宜少于 7 d。

(3)砂石桩的施工质量检验可采用单桩载荷试验,对桩体可采用动力触探试验检测,对桩间土可采用标准贯入、静力触探、动力触探或其他原位测试等方法进行检测。桩间土质量的检测位置应在等边三角形或正方形的中心,检测数量不应少于桩孔总数的 2%。

(4)砂石桩地基竣工验收时,承载力检验应采用复合地基载荷试验。

(5)复合地基载荷试验数量不应少于总桩数的 0.5%,并且每个单体建筑不应少于 3 点。

## （二）水泥粉煤灰碎石桩（CFG 桩）法

图 2-2 CFG 桩施工实景

水泥粉煤灰碎石桩（cement fly-ash gravel pile），简称 CFG 桩，是近年发展起来的处理软弱地基的一种新方法。它是在碎石桩的基础上掺入适量石屑、粉煤灰和少量水泥，加水搅拌后制成具有一定强度的桩体，由桩、桩间土和褥垫层一起组成复合地基的地基处理方法。其骨料仍为碎石，用掺入石屑来改善颗粒级配；掺入粉煤灰来改善混合料的和易性，并利用其活性减少水泥用量；掺入少量水泥使其具一定黏结强度。它不同于碎石桩，碎石桩是由松散的碎石组成，在荷载作用下将会产生鼓胀变形，当桩间土为强度较低的软黏土时，桩体易产生鼓胀破坏，并且碎石桩仅在上部约 3 倍桩径长度的范围内传递荷载，超过此长度，增加桩的长度，承载力提高并不显著，故此碎石桩加固黏性土地基，承载力提高幅度不大（为 20%～60%）。而 CFG 桩是一种低强度混凝土桩，可充分利用桩间土的承载力共同作用，并可传递荷载到深层地基中去，具有较好的技术性能和经济效果，CFG 桩施工实景如图 2-2 所示。

### 1. 一般规定

（1）水泥粉煤灰碎石桩法适用于处理黏性土、粉土、砂土和已自重固结的素填土等地基，对淤泥质土应按地区经验或通过现场试验确定其适用性。

（2）水泥粉煤灰碎石桩应选择承载力相对较高的土层作为桩端持力层。

（3）水泥粉煤灰碎石桩复合地基设计时应进行地基变形验算。

### 2. 施工

（1）水泥粉煤灰碎石桩的施工，应根据现场条件选用下列施工工艺：①长螺旋钻孔灌注成桩，适用于地下水位以上的黏性土、粉土、素填土、中等密实以上的砂土；②长螺旋钻孔、管内泵压混合料灌注成桩，适用于黏性土、粉土、砂土，以及对噪声或泥浆污染要求严格的场地；③振动沉管灌注成桩，适用于粉土、黏性土及素填土地基。

（2）长螺旋钻孔、管内泵压混合料灌注成桩施工和振动沉管灌注成桩施工除应执行国家现行有关规定外，还应符合下列要求。

① 施工前应按设计要求进行配合比试验，施工时按配合比配制混合料。长螺旋钻孔、管内泵压混合料成桩施工的坍落度宜为 160～200 mm，振动沉管灌注成桩施工的坍落度宜为 30～50 mm，振动沉管灌注成桩后桩顶浮浆厚度不宜超过 200 mm。

② 长螺旋钻孔、管内泵压混合料成桩施工在钻至设计深度后，应准确掌握提拔钻杆时间，混合料泵送量应与拔管速度相配合，遇到饱和砂土或饱和粉土层时，不得停泵待料；沉管灌注成桩施工拔管速度应按匀速控制，拔管速度应控制在 1.2～1.5 m/min，如遇淤泥或淤泥质土，拔管速度应适当放慢。

③ 施工桩顶标高宜高出设计桩顶标高 0.5 m 以上。

④ 成桩过程中，抽样做混合料试块，每台机械一天应做一组（3 块）试块（边长 150 mm 的立方体），标准养护，测定其立方体的抗压强度。

（3）冬期施工时混合料入孔温度不得低于 5 ℃，对桩头和桩间土应采取保温措施。

（4）清土和截桩时，不得造成桩顶标高以下桩身断裂和扰动桩间土。

（5）褥垫层铺设宜采用静力压实法，当基础底面下桩间土的含水量较小时，也可采用动力夯实法,夯填度(夯实后的褥垫层厚度与虚铺厚度的比值)不得大于0.9。

（6）施工垂直度偏差不应大于1%；对于满堂布桩基础，桩位偏差不应大于2/5的桩径；对于条形基础，桩位偏差不应大于1/4的桩径，对单排布桩桩位偏差不应大于60 mm。

**3. 质量检验**

（1）施工质量检验主要检查施工记录、混合料坍落度、桩数、桩位偏差、褥垫层厚度、夯填度和桩体试块抗压强度等。

（2）水泥粉煤灰碎石桩地基竣工验收时，承载力检验应采用复合地基载荷试验。

（3）水泥粉煤灰碎石桩地基检验应在桩身强度满足试验荷载条件时，并宜在施工结束28 d后进行。试验数量宜为总桩数的0.5%～1%，并且每个单体工程的试验数量不应少于3个点。

（4）应抽取不少于总桩数的10%的桩进行低应变动力试验，以检测桩身完整性。

## （三）振冲地基

振冲法，又称振动水冲法，是使用起重机吊起振冲器，启动潜水电动机带动偏心块，使振动器产生高频振动，同时启动水泵，通过喷嘴喷射高压水流，在边振边冲的共同作用下，将振动器沉到土中的预定深度，经清孔后，从地面向孔内逐段填入碎石或不加填料，使地基在振动作用下被挤压密实，达到要求的密实度后即可提升振动器，如此重复填料和振密，直至地面，从而在地基中形成一个大直径的密实桩体与原地基构成复合地基，以提高地基的承载力，减少沉降和不均匀沉降，振冲法是一种快速、经济有效的加固方法。

振冲法按加固机理和效果的不同，又分为振冲置换法(见图2-3)和振冲密实法(见图2-4)两类。

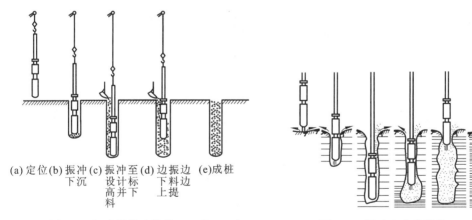

图2-3　振冲置换法的施工工艺　　　　图2-4　振冲密实法的施工工艺

(a)定位 (b)振冲下沉 (c)振冲至设计标高并下料 (d)边振边下料边上提 (e)成桩

## 四、深层搅拌水泥土地基

深层搅拌法是利用特制的深层搅拌机在土体需要加固的范围内，将软土与固化剂强制搅拌，使软土硬结成具有整体性、水稳性和足够强度的水泥加固土，又称为水泥土搅拌桩。

深层搅拌法利用的固化剂为水泥浆或水泥砂浆，水泥的掺量为加固土重的7%～15%，水泥砂浆的配合比为1:1或1:2。

深层搅拌机是深层搅拌水泥土桩施工的主要机械。目前国内外应用的有中心管喷浆方式和叶片喷浆方式。前者的输浆方式中的水泥浆是从两根搅拌轴之间的另一根管子输出，不影响搅拌均匀度，可适用于多种固化剂；后者是使水泥浆从叶片上若干个小孔喷出，使水泥浆与土体混合较均

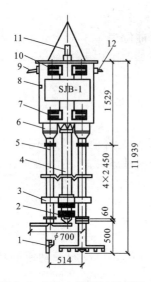

**图 2-5 SJB-1 型深层搅拌机**

1—搅拌头；2—球形阀；3—横向系极；4—中心管；
5—搅拌轴；6—减速器；7—导向滑块；8—电动机；
9—出水口；10—外壳；11—输浆管；12—进水口

匀,适用于大直径叶片和连续搅拌,但因喷浆孔小易堵塞,它只能使用纯水泥浆而不能采用其他固化剂。

图 2-5 所示为 SJB-1 型深层搅拌机,它采用双搅拌轴中心管输浆方式。

深层搅拌水泥土桩地基的施工工艺流程如图 2-6 所示。

(1) 定位。用起重机悬吊深层搅拌机到达指定桩位,对中。

(2) 预拌下沉。待深层搅拌机的冷却水循环正常后,启动搅拌机,放松起重机的钢丝绳,使深层搅拌机沿导向架搅拌切土下沉。

(3) 制备水泥浆。待深层搅拌机下沉到一定深度时,即开始按设计确定的配合比拌制水泥浆,压浆前将水泥浆倒入集料斗中。

(4) 提升、喷浆、搅拌。待深层搅拌机下沉到设计深度后,开启灰浆泵将水泥浆压入地基,并且边喷浆、边搅拌,同时按设计确定的提升速度提升深层搅拌机。

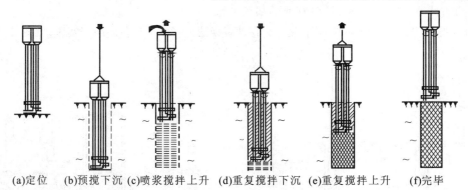

(a)定位 (b)预搅下沉 (c)喷浆搅拌上升 (d)重复搅拌下沉 (e)重复搅拌上升 (f)完毕

**图 2-6 深层搅拌水泥土桩地基的施工工艺流程**

(5) 重复上下搅拌。为使土和水泥浆搅拌均匀,可再次将搅拌机边旋转、边沉入土中,至设计深度后再提升出地面。桩体应互相搭接 200 mm 以形成整体。

(6) 清洗、移位。向集料斗中注入适量清水,开启灰浆泵,清除全部管路中残存的水泥浆,并将黏附在搅拌头的软土清洗干净,移位后进行下一根桩的施工。

# 五、地基局部处理及其他加固方法

## (一)地基局部处理

### 1. 松土坑的处理

当坑的范围较小(在基槽范围内),可将坑中松软土挖除,使坑底及四壁均见天然土为止,回填与天然土压缩性相近的材料。当天然土为砂土时,用砂或级配砂石回填;当天然土为较密实的黏性土,则用 3∶7 灰土分层回填夯实;如为中密可塑的黏性土或新近沉积黏性土,可用 1∶9 或 2∶8 灰土分层回填夯实,每层厚度不大于 20 cm。

当坑的范围较大(超过基槽边沿)或因条件限制,槽壁挖不到天然土层时,则应将该范围内的基槽适当加宽,加宽部分的宽度可按下述条件确定:当用砂土或砂石回填时,基槽每边均应按1:1坡度放宽;当用1:9或2:8灰土回填时,按0.5:1坡度放宽;当用3:7灰土回填时,如坑的长度≤2 m,基槽可不放宽,但灰土与槽壁接触处应夯实。

如果坑在槽内所占的范围较大(长度在5 m以上),并且坑底土质与一般槽底天然土质相同,可将此部分基础加深,做1:2踏步与两端相接,踏步的多少应根据坑深而定,但每步高不大于0.5 m,长不小于1.0 m。

对于较深的松土坑(如坑深大于槽宽或大于1.5 m时),槽底处理后,还应适当考虑加强上部结构的强度,方法是在灰土基础上1~2皮砖处(或混凝土基础内)、防潮层下1~2皮砖处及首层顶板处,加配4φ8~12 mm钢筋跨过该松土坑两端各1 m,以防产生过大的局部不均匀沉降。

如果遇到地下水位较高,坑内无法夯实时,可将坑(槽)中软弱的松土挖去后,再用砂土、碎石或混凝土代替灰土回填。如坑底在地下水位以下时,回填前先用粗砂与碎石(比例为1:3)分层回填夯实;地下水位以上用3:7灰土回填夯实至要求高度。

**2. 砖井或土井的处理**

当砖井或土井在室外,距基础边缘5 m以内时,应先用素土分层夯实,回填到室外地坪以下1.5 m处,将井壁四周砖圈拆除或松软部分挖去,然后用素土分层回填并夯实。

当砖井或土井在室内基础附近,可将水位降低到最低可能的限度,用中、粗砂及块石、卵石或碎砖等回填到地下水位以上0.5 m。应将砖井四周砖圈拆至坑(槽)底以下1 m或更深些,然后再用素土分层回填并夯实,如井已回填,但不密实或有软土,可用大块石将下面软土挤紧,再分层回填素土夯实。

当砖井或土井在基础下时,应先用素土分层回填夯实至基础底下2 m处,将井壁四周松软部分挖去;有砖井圈时,将砖井圈拆至槽底以下1~1.5 m。当井内有水时,应用中、粗砂及块石、卵石或碎砖回填至水位以上0.5 m,然后再按上述方法处理;当井内已填有土,但不密实,并且挖除困难时,可在部分拆除后的砖井圈上加钢筋混凝土盖封口,上面用素土或2:8灰土分层回填夯实。

当砖井或土井在房屋转角处,并且基础部分或全部压在井上,除用以上办法回填处理外,还应对基础加强处理。当基础压在井上部分较少,可采用从基础中间挑梁的办法解决。当基础压在井上部分较多,用挑梁的方法较困难或不经济时,则可将基础沿墙长方向向外延长出去,使延长部分落在天然土上。落在天然土上基础总面积应等于或稍大于井圈范围内原有基础的面积,并在墙内配筋或用钢筋混凝土梁来加强。

当砖井或土井已淤填,但不密实时,可用大块石将下面软土挤密,再用上述办法处理。如果井内不能夯填密实,上部荷载又较大,可在井内设灰土挤密桩或石灰桩处理;如果土井在大体积混凝土基础下,可在井圈上加钢筋混凝土盖板封口,上部再用素土或2:8灰土回填密实的办法处理,使基土内附加应力在传递范围内比较均匀,但要求盖板至基底的高差大于井径。

**3. 局部软硬土的处理**

当基础下局部遇基岩、旧墙基、大孤石、老灰土、化粪池、大树根、砖窑底等,均应尽可能挖除,以防建筑物由于局部落于较硬物上造成不均匀沉降,而使上部建筑物开裂。

若基础一部分落于基岩或硬土层上,一部分落于软弱土层上,基岩表面坡度较大,则应在软土层上采用现场钻孔灌注桩至基岩;或者在软土部位做混凝土或砌块石支承墙(或支墩)至基岩;或者将基础以下基岩凿去0.3~0.5 m深,填以中、粗砂或土砂混合物做软性褥垫,使之能调整岩土交界部位地基的相对变形,避免应力集中出现裂缝;或者采取加强基础和上部结构的刚度来克服软硬地基的不均匀变形。

如果基础一部分落于原土层上,另一部分落于回填土地基上时,可在填土部位用现场钻孔灌注桩或钻孔爆扩桩直至原土层,使该部位上部荷载直接传至原土层,以避免地基的不均匀沉降。

### (二)其他地基加固方法简介

#### 1. 预压地基

预压地基是在建筑物施工前,在地基表面分级堆土或其他荷重,使地基土压密、沉降、固结,从而提高地基强度和减少建筑物建成后的沉降量。待达到预定标准后再卸载,建造建筑物。本法具有使用材料及机具的方法简单直接,施工操作方便,但堆载预压需要一定的时间,对深厚的饱和软土,排水固结所需的时间很长,同时需要大量堆载材料等特点。预压地基适用于各类软弱地基,包括天然沉积土层或人工冲填土层,较广泛用于冷藏库、油罐、机场跑道、集装箱码头、桥台等沉降要求较低的地基。实践证明,利用堆载预压法能取得一定的效果,但能否满足工程要求的实际效果,则取决于地基土层的固结特性、土层的厚度、预压荷载的大小和预压时间的长短等因素。因此,预压地基在使用上受到一定的限制。

#### 2. 注浆地基

注浆地基是指利用化学溶液或胶结剂,通过压力灌注或搅拌混合等措施,而将土粒胶结起来的地基处理方法。本法具有设备工艺简单、加固效果好、可提高地基强度、消除土的湿陷性、降低压缩性等特点。注浆地基适用于局部加固新建或已建的建筑物(构筑物)基础、稳定边坡以及防渗帷幕等,也适用于湿陷性黄土地基,对于黏性土、素填土、地下水位以下的黄土地基,经试验有效时也可应用,但长期受酸性污水侵蚀的地基不宜采用。化学加固能否获得预期的效果,主要决定于能否根据具体的土质条件,选择适当的化学浆液(溶液和胶结剂)和采用有效的施工工艺。

总之,用于地基加固处理的方法较多,除上述介绍几种以外,还有高压喷射注浆地基等。

# 任务2 钢筋混凝土基础施工

一般工业与民用建筑在基础设计中多采用天然浅基础,它造价低、施工简便。常用的浅基础类型有条式基础、杯形基础、筏式基础和箱形基础等。

## 一、条式基础

条式基础包括柱下钢筋混凝土独立基础(见图 2-7)和墙下钢筋混凝土条形基础(见图 2-8)。这种基础的抗弯和抗剪性能良好,可在竖向荷载较大、地基承载力不高以及承受水平力和力矩等荷载情况下使用。因高度不受台阶宽高比的限制,故适宜于在需要"宽基浅埋"的场合下采用。

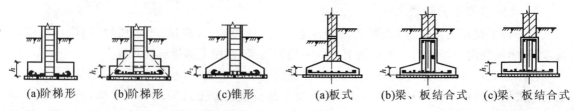

(a)阶梯形　　　(b)阶梯形　　　(c)锥形　　　　(a)板式　　　(b)梁、板结合式　　(c)梁、板结合式

图 2-7　柱下钢筋混凝土独立基础　　　　图 2-8　墙下钢筋混凝土条形基础

**1. 构造要求**

（1）锥形基础（条形基础）边缘高度 $h$ 不宜小于 200 mm；梯形基础的每层高度 $h_1$ 宜为 300～500 mm。

（2）垫层厚度一般为 100 mm，混凝土强度等级为 C10，基础混凝土强度等级不宜低于 C15。

（3）底板受力钢筋的最小直径不宜小于 8 mm，间距不宜大于 200 mm。当有垫层时钢筋保护的厚度不宜小于 35 mm，无垫层时不宜小于 70 mm。

（4）插筋的数目与直径应与柱内纵向受力钢筋相同。插筋的锚固及柱的纵向受力钢筋的搭接长度，按国家现行《混凝土结构设计规范》（GB 50010—2010）的规定执行。

**2. 施工要点**

（1）基坑（槽）应进行验槽，局部软弱土层应挖去，用灰土或砂土分层回填夯实至基底相平。基坑（槽）内浮土、积水、淤泥、垃圾、杂物应清除干净。验槽后地基混凝土应立即浇筑，以免地基土被扰动。

（2）垫层达到一定强度后，在其上弹线、支模。铺放钢筋网片时底部用与混凝土保护层同厚度的水泥砂浆块垫塞，以保证位置正确。

（3）在浇筑混凝土前，应清除模板上的垃圾、混凝土和钢筋上的油污等杂物，模板应浇水加以湿润。

（4）基础混凝土宜分层连续浇筑完成。阶梯形基础的每一台阶高度内应分层浇捣，每浇筑完一台阶应稍停 0.5～1.0 h，待其初步获得沉实后，再浇筑上层，以防止下台阶混凝土溢出，在上台阶根部出现烂脖子，台阶表面应基本抹平。

（5）锥形基础的斜面部分模板应随混凝土浇捣分段支设并顶压紧，以防模板上浮变形，边角处的混凝土应注意捣实。严禁斜面部分不支模，用铁锹拍实。

（6）基础上有插筋时，要加以固定，保证插筋位置的正确，防止浇捣混凝土发生移位。混凝土浇筑完毕，外露表面应覆盖浇水养护。

## 二、杯形基础

杯形基础常用做钢筋混凝土预制柱基础，基础上预留凹槽（即杯口），然后插入预制柱，临时固定后，即在四周空隙中灌细石混凝土。杯形基础的形式有一般杯口基础、双杯口基础和高杯口基础等，如图 2-9 所示。

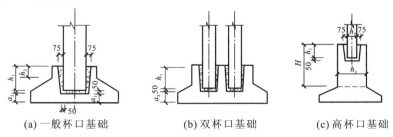

(a) 一般杯口基础　　　　(b) 双杯口基础　　　　(c) 高杯口基础

**图 2-9　杯形基础形式、构造示意图**

图 2-9 中，$H$ 表示短柱高度。

杯形基础除参照板式基础的施工要点外，还应注意以下几点。

（1）混凝土应按台阶分层浇筑，对高杯口基础的高台阶部分按整段分层浇筑。

（2）杯口模板可做成两半式的定型模板，中间各加一块楔形板，拆模时，先取出楔形板，然后

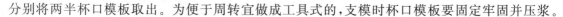

分别将两半杯口模板取出。为便于周转宜做成工具式的,支模时杯口模板要固定牢固并压浆。

（3）浇筑杯口混凝土时,应注意四周要对称均匀进行,避免将杯口模板挤向一侧。

（4）施工时应先浇筑杯底混凝土并振实,注意在杯底一般有 50 mm 厚的细石混凝土找平层,应仔细留出。待杯底混凝土振实后,再浇筑杯口四周混凝土。基础浇捣完毕,在混凝土初凝后终凝前将杯口模板取出,并将杯口内侧表面混凝土凿毛。

（5）施工高杯口基础时,可采用后安装杯口模板的方法施工,即当混凝土浇捣接近杯口底时,再安装固定杯口模板,继续浇筑杯口四周混凝土。

## 三、筏式基础

筏式基础由钢筋混凝土底板、梁等组成,适用于地基承载力较低而上部结构荷载很大的场合。其外形和构造上像倒置钢筋混凝土楼盖,整体刚度较大,能有效将各柱子的沉降调整得较为均匀。筏式基础(见图 2-10)一般可分为梁板式和平板式两类。

**1. 构造要求**

（1）混凝土强度等级不宜低于 C20,钢筋无特殊要求,钢筋保护层厚度不少于 35 mm。

（2）基础平面布置应尽量对称,以减小基础荷载的偏心距。底板厚度不宜少于 200 mm,梁的截面积和板厚按计算确定,梁顶高于底板顶面不小于 300 mm,梁宽不小于 250 mm。

（3）底板下一般宜设厚度为 100 mm 的 C10 混凝土垫层,每边伸出基础底板不小于 100 mm。

**2. 施工要点**

（1）施工前,如地下水位较高,可采用人工降低地下水位至基坑底不少于 500 mm,以保证在无水情况下进行基坑开挖和基础施工。

（2）施工时,可采用先在垫层上绑扎底板、梁的钢筋和柱子锚固插筋,浇筑底板混凝土,待达到 25％的设计强度后,再在底板上支设梁模板,继续浇筑完梁部分的混凝土;也可采用底板和梁模板一次同时支好,混凝土一次连续浇筑完成,梁的侧模板采用支架支承并固定牢固。

（3）混凝土浇筑时一般不留施工缝,必须留设时,应按施工缝要求处理,并应设置止水带。

（4）基础浇筑完毕,表面应覆盖和洒水养护,并防止地基被水浸泡。

## 四、箱形基础

箱形基础(见图 2-11)是由钢筋混凝土底板、顶板、外墙以及一定数量的内隔墙构成封闭的箱体,基础中部可在内隔墙开门洞作为地下室。该基础具有整体性好,刚度大,调整不均匀沉降能力及抗震能力强,可消除因地基变形使建筑开裂的可能性,减少基底处原有地基自重应力,降低总沉降量等特点。箱形基础适用于做软弱地基上的面积较小、平面形状简单、上部结构荷载大且分布不均匀的高层建筑物的基础和对沉降有严格要求的设备基础或特种构筑物基础。

**1. 构造要求**

（1）箱形基础在平面布置上尽可能对称,以减少荷载的偏心距,防止基础过度倾斜。

（2）混凝土强度等级不应低于 C20,基础高度一般取建筑物高度的 1/12～1/8,不宜小于箱形基础长度的 1/18～1/16,并且不小于 3 m。

（3）底、顶板的厚度应满足柱或墙冲切验算要求,并根据实际受力情况通过计算确定。底板厚度一般取隔墙间距的 1/10～1/8,为 300～1 000 mm,顶板厚度为 200～400 mm,内墙厚度不宜

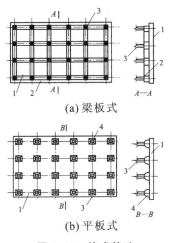

(a) 梁板式

(b) 平板式

图 2-10　筏式基础

1—底板；2—梁；3—柱；4—支墩

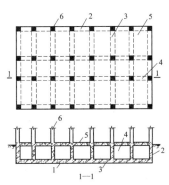

图 2-11　箱形基础

1—底板；2—外墙；3—内墙隔墙；4—内纵隔墙；5—顶板；6—柱

小于 200 mm，外墙厚度不小于 250 mm。

（4）为保证箱形基础的整体刚度，平均每平方米基础面积上墙体长度应不小于 400 mm，或墙体水平截面不小于基础面积的 1/10，其中纵墙配置量不小于墙体总配置量的 3/5。

**2. 施工要点**

（1）基坑开挖，如果地下水较高，应采取措施降低地下水位至基坑底以下 500 mm 处，并尽量减少对基坑底土的扰动。当采用机械开挖基坑时，在基坑底面以上 200～400 mm 厚的土层，应采用人工挖除并清理，基坑验槽后，应立即进行基础施工。

（2）施工时，基础底板、内外墙和顶板的支模、钢筋绑扎和混凝土浇筑，可采取分块进行的方法，其施工缝的留设位置和处理应符合钢筋混凝土工程施工及验收规范有关要求，外墙接缝应设止水带。

（3）基础的底板、内外墙和顶板宜连续浇筑完毕。为防止出现温度收缩裂缝，一般应设置贯通后浇带，带宽不宜小于 800 mm，在后浇带处钢筋应贯通，顶板浇筑后，相隔 2～4 周，用比设计强度提高一级的细石混凝土将后浇带填灌密实，并加强养护。

（4）基础施工完毕，应立即进行回填土。停止降水时，应验算基础的抗浮稳定性，抗浮稳定系数不宜小于 1.2，如不能满足时，应采取有效措施，如继续抽水直至上部结构荷载加上后能满足抗浮稳定系数要求为止，或在基础内采取灌水或加重物等，防止基础上浮或倾斜。

# 任务3　桩基础工程

桩基础又称桩基，是一种常用的基础形式。当采用天然地基、浅基础已经不能满足建筑物对地基变形和强度方面要求，而又不宜进行地基处理时，可以利用下部坚硬土层或岩层作为基础的持力层而设计成深基础，其中较为常用的为桩基。

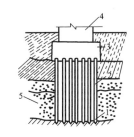

图 2-12　桩基示意图

1—持力层；2—桩；3—桩基承台；
4—上部建筑物；5—软弱层

## 一、桩基的作用和分类

桩基由置于土中的桩身和承接上部结构的承台两部分组成，桩基示意图如图 2-12 所示。桩基的主要作用是将上部结构的荷载通过桩身与桩端传递到深处承载力较大的土层上，或使软弱土层挤

67

压,以提高土壤的承载力和密实度,从而保证建筑物的稳定性并减少地基沉降。

绝大多数桩基的桩数不止一根,而将各根桩在上端(桩顶)通过承台连成一体。根据承台与地面的相对位置不同,一般有低承台桩基与高承台桩基之分。前者的承台底面位于地面以下,而后者则高出地面以上。一般说来,采用高承台桩基主要是为了减少水下施工作业和节省基础材料,常用于桥梁和港口工程中。而低承台桩基承受荷载的条件比高承台桩基好,特别是在水平荷载作用下,承台周围的土体可以发挥一定的作用。在一般房屋和构筑物中,大多都使用低承台桩基。

桩基的分类如下。

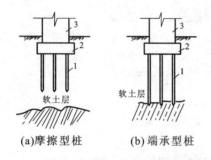

**图 2-13　桩基按承载性质分类的示意图**
1—桩;2—桩基承台;3—上部建筑物

(1) 桩基按承载性质可分为摩擦型桩和端承型桩。摩擦型桩根据桩侧阻力承担荷载的不同又可分为纯摩擦桩和端承摩擦桩,如图 2-13(a)所示。纯摩擦桩是指桩顶荷载全部由桩侧阻力承受;端承摩擦桩是指桩顶荷载主要由桩侧阻力承受。端承型桩根据桩端阻力承担荷载的不同又可分为端承桩和摩擦端承桩,如图 2-13(b)所示。端承桩是指桩顶荷载全部由桩端阻力承受;摩擦端承桩是指桩顶荷载主要由桩端阻力承受。

(2) 桩基按桩身材料可分为混凝土桩、钢桩和组合材料桩。

(3) 桩基按桩的施工方法可分为预制桩和灌注桩。

(4) 桩基按成桩方法可分为非挤土桩、部分挤土桩和挤土桩。

(5) 桩基按桩的使用功能可分为竖向抗压桩、竖向抗拔桩、水平受荷桩和复合受荷桩。

## 二、预制钢筋混凝土桩施工

钢筋混凝土预制桩是建筑工程中最常用的一种桩型,可分为实心桩和管桩两种。为了便于预制,实心桩断面大多做成方形。断面尺寸一般为200 mm×200 mm至 600 mm×600 mm。单节桩的最大长度是由打桩架的高度确定的,一般在27 m以内。当长桩受运输条件和桩架高度限制时,可以将桩预制成几段,在打桩过程中逐段接长。混凝土管桩为中空,一般在预制厂用离心法成型,常用桩径(即外径)为 $\phi$300 mm、$\phi$400 mm、$\phi$550 mm。

### (一)桩的制作、起吊、运输、堆放

**1. 桩的制作程序**

通常较短的桩多在预制厂生产;较长的桩一般在打桩现场附近或打桩现场就地预制。现场预制桩多用重叠间隔法制作。制作程序为:现场布置→场地地基处理、整平→浇筑场地地坪混凝土→支模→绑扎钢筋骨架、安设吊环→浇筑混凝土→养护至 30% 强度拆模→支间隔端头模板、刷隔离剂、绑钢筋→浇筑间隔桩混凝土→同样的方法重叠间隔制作第二层桩→养护至 75% 强度起吊→达 100% 强度后运输、堆放。

**2. 桩的起吊、运输、堆放**

1) 桩的起吊

混凝土预制桩达到设计强度等级的 75% 后方可起吊。如提前吊运,必须验算合格。桩在起吊捆绑时,吊索与桩之间应加衬垫,以免损坏棱角。起吊时应平稳提升,吊点同时离地,采取措施保护桩身质量,防止撞击和振动。

2）桩的运输和堆放

桩运输时的强度应达到设计强度标准值的100%。长桩运输可采用平板拖车，短桩运输可采用载重汽车或轻轨平板车运输。运行时要做到行车平稳，防止碰撞和冲击。桩的堆放场地要平整、坚实、排水通畅。垫木间距应根据吊点确定，各层垫木应位于同一垂直线上，最下层垫木应适当加宽，堆放层数不宜超过四层，不同规格的桩应分别堆放。

## （二）锤击沉桩施工

锤击法是利用桩锤的冲击力克服土体对桩的阻力，使桩沉到预定深度或达到持力层，这是最常用的一种沉桩方法。

### 1. 沉桩过程

打桩机组装就位后，将桩锤和桩帽吊起，使锤底高于桩顶，并固定在桩架上。再利用桩架上的钢丝绳和卷扬机将桩吊起成垂直状态并送入桩架上的龙门导杆内，使桩靴对准桩位，缓缓送下插入土中，待桩位置及垂直度校正后即可将锤连同桩帽压在桩上。同时，还应在桩的侧面或桩架上设置标尺，并做好记录。

开始打桩时，应起锤轻压或轻击数锤，观察桩身、桩架、桩锤等垂直一致后，即可转入正常施打。开始击打时，锤的落距应较小，一般为0.5～0.8 m，待桩入土一定深度（1～2 m），使桩靴稳定，不易发生偏斜后，再适当增大落距逐渐提高到规定的落距进行施打。

打桩的顺序，应根据桩的密集程度、基础设计标高、桩的规格、桩架移动的方便以及现场地形条件而定。对密集的桩应采取自中间向两个方向对称进行，或由中间向四周或由一侧向单一方向进行；对基础标高不一致的桩，宜先深后浅；对不同规格的桩，宜先大后小、先长后短，以使土层挤密均匀和避免位移偏斜。

沉桩过程中，当桩将沉至要求深度或到达硬土层时，落锤高度一般不宜大于1 m，以免打烂桩头。沉桩过程中做好沉桩施工记录，至接近设计要求时，即可对贯入度或入土标高进行观测，至达到设计要求为止。打桩过程中，遇有贯入度剧变，桩身突然倾斜、移位或严重回弹，桩顶或桩身出现严重裂缝或破碎等异常情况时，应停止锤击，分析原因后及时采取处理措施。

### 2. 接桩

接桩形式有焊接桩、法兰连接桩和硫黄胶泥锚接桩。前两种接桩方法适用于各类土层，后一种只适用于软弱土层。目前焊接接桩应用最多，当桩下段沉至离地面0.8～1.5 m时，即可吊上节桩，预埋铁件表面应清洁，上下节桩之间如有间隙应用铁片填实焊牢，焊缝应连续饱满，焊接时最好两人对角进行，以减少焊接变形。

### 3. 打桩的质量控制

打桩的质量控制包括以下两点要求：一是贯入度与沉桩标高是否满足设计要求，桩顶、桩身是否完好；二是桩打入后的偏差是否在允许范围之内。

打桩的控制原则是：对于桩靴位于坚硬、硬塑的黏性土、碎石土、中密以上的砂土或风化岩等土层时，以贯入度控制为主，也可以桩靴进入持力层深度或桩靴标高作为参考。如贯入度已达到而桩靴标高未达到时，应继续锤击三阵，每阵（每10击为一阵）的平均贯入度不应大于规定的数值。桩靴位于其他软土层时，应以桩靴设计标高控制为主，贯入度可作为参考。如果控制指标已符合要求，而其他指标与要求相差较大时，应会同有关单位研究解决。

设计与施工中所控制的贯入度是以合格的试桩数据为准。如无试桩资料，可参考类似土的贯入度，由设计规定。贯入度是指每锤击一次桩的入土深度，而在打桩过程中常指最后贯入度，即最后一击桩的入土深度。实际施工中一般是采用最后 10 击桩的平均入土深度作为其最后贯入度。测量最后贯入度应在桩顶没有破坏、锤击没有偏心、锤的落距符合规定，桩帽和弹性垫层正常的条件下进行。如果沉桩尚未达到设计标高，而贯入度突然变小，则土层中可能夹有硬土层，或遇到孤石等障碍物，此时切勿盲目击打，应会同设计勘察部门共同研究解决。

**4. 打桩记录**

打桩工程是一项隐蔽工程，为确保工程质量，分析处理打桩过程中出现的质量事故和为工程质量验收提供重要依据，必须对每根桩的施打进行测量并做好记录。如用落锤、单动汽锤等在开始打桩时，应测量记录桩每入土 1 m 所需要的锤击次数以及桩锤落距的平均高度。在桩下沉接近设计标高时，应在规定落距下，每一阵后测量贯入度，当其数值达到或小于设计所要求的贯入度时，打桩机即可停止。打桩施工记录表如表 2-5 所示。

表 2-5  打桩施工记录表

施工单位 _____  打桩类型 _____  工程名称 _____
桩规格长度 _____  桩锤类型 _____  锤重 _____
桩帽重 _____  自然地面标高 _____  桩顶设计标高 _____

| 编号 | 日期 | 时间 | 每米入土的锤击次数 | 落距/cm | 桩顶与设计标高之差/m | 最后10击的贯入度/cm | 备注 |
|------|------|------|----------------------|---------|------------------------|----------------------|------|
|      |      |      |                      |         |                        |                      |      |
|      |      |      |                      |         |                        |                      |      |
|      |      |      |                      |         |                        |                      |      |

## （三）静力压桩

静力压桩是在软土地基上，利用静力压桩机或液压压桩机用无振动的静力压力（自重和配重）将预制桩压入土中的一种新工艺。静力压桩已在我国沿海软土地基上广泛采用，与普通的打桩和振动沉桩相比，静力压桩可以消除噪声和振动的公害。

**1. 压桩工艺方法**

（1）施工程序。静力压桩的施工程序为：测量定位→桩机就位→吊桩插桩→桩身对中调直→静压沉桩→接桩→再静压沉桩→终止压桩→切割桩头。

（2）压桩方法。用起重机将预制桩吊运或用汽车运至桩机附近，再利用桩机自身设置的起重机将其吊入夹持器中，夹持油缸将桩从侧面夹紧，压桩油缸做伸程动作，把桩压入土层中。伸程完后，夹持油缸回程松开，压桩油缸回程，重复上述动作，可实现连续压桩操作，直至把桩压入预定深度土层中。

（3）桩拼接的方法。钢筋混凝土预制长桩在起吊、运输时受力极不均匀，因而一般先将长桩分段预制，然后再在沉桩过程中接长，接头的连接方法有浆锚接头和焊接接头两种方式。

**2. 压桩施工要点**

（1）压桩应连续进行，因故停歇时间不宜过长，否则压桩力将大幅度增长而导致桩压不下去或桩机被抬起。

（2）压桩的终压控制很重要。一般对纯摩擦桩，终压时以设计桩长为控制条件；对长度大于 21 m 的端承摩擦型静压桩，应以设计桩长控制为主，终压力值作为对照；对一些设计承载力较高的桩基,终压力值宜尽量接近压桩机满载值;对长 14～21 m 的静压桩,应以终止压力达到满载值为终压控制条件;对桩周土质较差且设计承载力较高的,宜复压 1～2 次为佳,对长度小于 14 m 的桩,宜连续多次复压,特别对长度小于 8 m 的短桩,连续复压的次数应适当增加。

（3）静力压桩的单桩竖向承载力可通过桩的终止压力值大致判断。如判断的终止压力值不能满足设计要求时,应立即采取送桩加深处理或补桩,以保证桩基的施工质量。

## 三、灌注桩施工

灌注桩是先用机械或人工成孔,然后放入钢筋笼、灌注混凝土而成的桩。灌注桩按成孔方式的不同,可分为钻孔灌注桩、沉管灌注桩、爆扩成孔灌注桩和人工挖孔灌注桩等。

### （一）钻孔灌注桩

钻孔灌注桩是指利用钻孔机械在桩位上钻出桩孔,然后在孔中灌注混凝土而成的桩。灌注桩的成孔方法,根据地下水位的高低可分为泥浆护壁成孔（桩位处于地下水位以下）和干作业成孔（桩位处于地下水位以上）。

#### 1. 泥浆护壁成孔灌注桩

泥浆护壁成孔灌注桩在进行成孔时,在孔内用相对密度大于 1 的泥浆进行护壁的一种成孔工艺。采用泥浆护壁成孔能够解决施工中地下水带来的孔壁坍落,减少钻具磨损发热及排出沉渣等问题。

泥浆护壁成孔灌注桩的施工工艺流程如图 2-14 所示。

泥浆护壁成孔灌注桩常用的钻孔机械有潜水钻机、回旋钻机、冲击钻机、冲抓钻机。这里主要介绍潜水钻机。

潜水钻机是一种将动力、变速机构加以密封并与钻头连在一起,潜入水中工作的一种体积小而轻的钻机。潜水钻机工作示意图如图 2-15 所示。

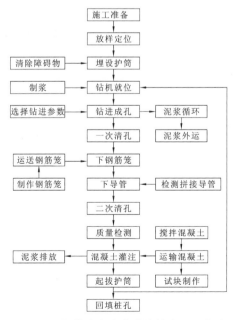

图 2-14  泥浆护壁成孔灌注桩的施工工艺流程

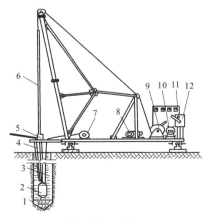

图 2-15  潜水钻机工作示意图

1—钻头;2—钻机;3—电缆;4—泥浆压入或排出管;5—滚轮;
6—方钻杆;7—电缆滚筒;8、9—卷扬机;10—防暴开关;
11—电流电压表;12—启动开关

潜水钻机由潜水电动机、齿轮减速器、钻头、钻杆等组成。钻孔直径450～1 500 mm,钻孔深20～30 m,最深可达50 m。潜水钻机适用于地下水位较高的软硬土层,不得用于漂石。

泥浆护壁成孔灌注桩的施工过程如下。

1) 施工准备

(1) 作业条件准备。地上、地下障碍都处理完毕,达到三通一平;场地标高一般为承台梁的上皮标高,并已经过夯实或碾压;制作好钢筋笼,轴线控制桩及桩位点,抄平已完成,并经验收签字;选择和确定钻孔机的进出路线和钻孔顺序,制订施工方案;正式施工前要做成孔试验,数量不少于2根。

(2) 材料要求。①水泥:根据设计要求确定水泥品种、强度等级,不得使用不合格水泥。②砂:中砂或粗砂,含泥量不大于5%。③石子:粒径为5～32 cm的卵石或碎石,含泥量不大于2%。④水:使用自来水或不含有害物质的洁净水。⑤黏土:可就地选择塑性指数$I_p \geqslant 17$的黏土。⑥外加剂通过试验确定。⑦钢筋:钢筋的品种、级别或规格必须符合设计要求,有产品合格证、出厂检验报告和进场复验报告。

(3) 施工机具。准备好钻孔机、翻斗车、混凝土导管、套管、水泵、水箱、泥浆池、混凝土搅拌机、振捣棒等。

2) 定桩位、埋设护筒

桩位放线定位后,在回转钻机钻孔前,应先在孔口处埋设护筒,护筒的作用是固定桩孔位置、保护孔口、防止地面水流入、增加桩孔内水压以维持孔壁稳定,并兼作钻进导向。在施工中,护筒顶面还可作为钻孔深度、钢筋笼下放深度、混凝土面位置及导管埋深的测量基准。

护筒由3～5 mm钢板制成,其内径比钻头直径大100 mm,埋在桩位处,其顶面应高出地面或水面400～600 mm,周围用黏土填实。在护筒顶部还应开设1～2个溢浆口。钻孔时,应保持孔内泥浆面高出地下水位1 m以上。

3) 制备泥浆

制备泥浆的方法根据土质确定。在黏性土中成孔时,可在孔中注入清水,钻机旋转时,切削土屑与水旋拌,用原土造浆。在其他土中成孔时,泥浆制备应选用高塑性黏土或膨润土。施工中应经常测定泥浆相对密度,并定期测定黏度、含砂率和胶体率等指标。

4) 成孔

泥浆护壁成孔的方法有潜水钻成孔、回旋钻成孔、冲击钻成孔、冲抓锥成孔等。根据泥浆入孔的方向不同,可将湿作业成孔工艺分为正循环回转钻机成孔(见图2-16)和反循环回转钻机成孔(见图2-17)两种施工方法。

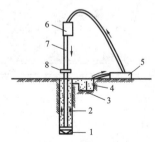

图2-16 正循环回转钻机成孔工艺原理图

1—钻头;2—泥浆循环方向;3—沉淀池;4—泥浆池;
5—泥浆泵;6—水龙头;7—钻杆;8—钻机回转装置

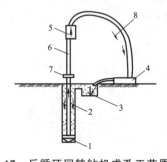

图2-17 反循环回转钻机成孔工艺原理图

1—钻头;2—新泥浆流向;3—沉淀池;4—沙石泵;
5—水龙头;6—钻杆;7—钻机回转装置;8—混合液流向

（1）正循环排渣。从空心钻杆内部空腔注入的加压泥浆或高压水，由钻杆底部喷出，裹挟钻削出的土渣沿孔壁向上流动，由孔口排出后流入泥浆池。

正循环成孔设备简单，操作方便，工艺成熟，当孔深不太深，孔径小于 800 mm 时钻进效率高。当桩径较大时，钻杆与孔壁间的环形断面较大，泥浆循环时反流速度低，排渣能力弱。如将泥浆反流速度增大到 0.20～0.35 m/s，则泥浆泵的排量需很大，有时难以达到，此时不得不提高泥浆的相对密度和黏度。但如果泥浆相对密度过大，则难以排出钻渣，孔壁泥皮厚度大，影响成桩和清孔。

（2）反循环排渣。反循环成孔是泥浆从钻杆与孔壁间的环状间隙流入钻孔来冷却钻头，并携带沉渣由钻杆内腔返回地面的一种钻进工艺。由于钻杆内腔截面积比钻杆与孔壁间的环状截面积小得多，因此，泥浆的上返速度大，一般可达 2～3 m/s，是正循环工艺泥浆上返速度的数十倍，因而可以提高排渣能力，保持孔内清洁，减少钻渣在孔底重复破碎的机会，能大大提高成孔效率。这种成孔工艺是目前大直径成孔施工的一种有效的先进的成孔工艺，应用较多。

5）清孔

钻孔达到要求的深度后为防止灌注桩沉降加大、承载力降低，要清除孔底沉淀物（沉渣等），这个过程称为清孔。当孔壁土质较好、不易塌孔时，可用空气吸泥机清孔，同时注入清水，清孔后泥浆相对密度应控制在 1.1 左右；当孔壁土质较差时，宜用泥浆循环清孔，清孔后的泥浆相对密度控制在 1.15～1.25 之间。施工及清孔过程中应经常测定泥浆的相对密度，沉渣厚度可用沉渣仪进行检测。

清孔完成后，应立即安放钢筋笼及混凝土导管，由于安放钢筋及混凝土导管过程中有可能将杂物掉入孔中，因此还需第二次清孔。第二次清孔后的沉渣厚度应满足下列要求：端承桩≤50 mm；摩擦端承桩或端承摩擦桩≤100 mm；摩擦桩≤300 mm。

6）钢筋笼制作及吊装

清孔后测量孔径，然后用吊车吊放钢筋笼，进行隐蔽工程验收，合格后浇筑水下混凝土。钢筋笼应严格按设计及有关规定制作。

吊起钢筋笼垂直缓慢地放入孔内，利用上部架立筋将第一段钢筋笼暂时固定在钻机上，然后吊起第二段钢筋笼，对准位置后，将接头用电焊连接，要求焊缝长度不小于 $10d$，在同一截面的接头钢筋不超过 50%，接头应错开 $35d$ 且不小于 500 mm。

钢筋笼到位前，为了更好地使主筋锚固在承台中，将主筋弯折成与水平面成 70°，同时在顶部焊接两根固定钢筋，调整并检测钢筋笼顶部的标高，当符合设计要求后再固定在钻机上。

7）安装导管

钢筋笼安装完毕后，即可安装导管，每节导管之间要垫上橡胶片，并用螺栓拧紧，以防因漏气而导致浇筑混凝土时堵管。浇筑混凝土的导管直径宜为 200～250 mm，壁厚不小于 3 mm，分节长度视工艺要求而定，一般为 2.0～2.5 m，导管与钢筋应保持 100 mm 距离，导管使用前应试拼装，以水压力 0.6～1.0 MPa 进行试压。

8）浇筑水下混凝土

泥浆护壁成孔灌注桩混凝土的浇筑是在泥浆下（水下）进行的。水下混凝土浇筑的方法很多，最常用的是导管法。导管法是将密封连接的钢管作为混凝土水下灌注的通道，混凝土沿竖向导管下落至孔底，置换泥浆而成桩。导管的作用是隔离环境水，使其不与混凝土接触。导管法浇筑水下混凝土的施工工艺如图 2-18 所示。

导管法采用球胆或预制圆柱形混凝土隔水栓（见图 2-19），球胆预先塞在混凝土漏斗下口，当混凝土浇灌后，从导管下口压出漂浮泥浆表面。混凝土塞则用 8 号铅丝吊在导管口，上盖一层砂浆,当漏斗中的混凝土能保证一次灌入,并能埋管达 0.8～1.0 m 以上时,即可剪断隔水塞铁丝,混凝土塞下落埋入底部混凝土中。在整个浇灌过程中,混凝土导管应埋入混凝土中 2～4 m,最小埋深不得小于 1.5 m,亦不宜大于 6 m,埋入太深,将会影响混凝土的流动。导管应边浇灌边提升,避免提升过快造成混凝土脱空现象,或提升过晚而造成埋管拔不出的事故。浇灌时,利用不停浇灌的管内混凝土与导管出口的压力差,使混凝土不断从导管内挤出,从而使混凝土面逐渐均匀上升,孔内的泥浆逐渐被混凝土置换而排出孔外流入泥浆池内。钻孔灌注桩混凝土标号一般不低于 C15,骨料不宜大于 30 mm。混凝土的坍落度以 18～20 cm 为宜。为了改善混凝土的和易性,可在其中掺入减水剂和粉煤灰等掺和料,每立方米混凝土的水泥用量不小于 350 kg。

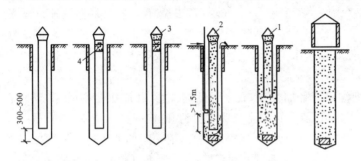

图 2-18　导管法浇筑水下混凝土的施工工艺

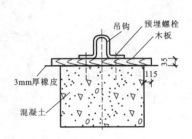

图 2-19　隔水栓

### 2. 干作业成孔灌注桩

干作业成孔灌注桩是指不用泥浆或套管护壁的情况下用人工或钻机成孔,放入钢筋笼,浇灌混凝土而成的桩。干作业成孔灌注桩适用于地下水位以上的各种软硬土中成孔。

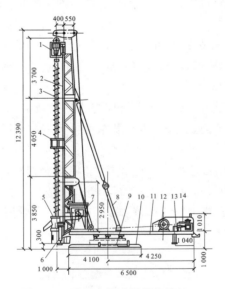

图 2-20　液压步履式长螺旋钻机

1—减速箱总成;2—臂架;3—钻杆;4—中间导向套;
5—出土装置;6—前支腿;7—操纵室;8—斜撑;9—中盘;
10—下盘;11—上盘;12—卷扬机;13—后支腿;14—液压系统

1) 施工设备

干作业成孔灌注桩的机械有螺旋钻机、钻孔机、洛阳铲等,目前常用的是螺旋钻机。液压步履式长螺旋钻机如图 2-20 所示。

2) 施工工艺

(1) 施工准备。在钻孔之前应从以下几个方面做好准备工作。

① 技术准备:熟悉图纸,消除技术疑问;详细的工程地质资料;经审批后的桩基施工组织设计、施工方案;根据图纸定好桩位点、编号、施工顺序、水电线路和临时设施位置。

② 材料准备:水泥宜用强度等级为 42.5 级的矿渣硅酸盐水泥;细骨料为中砂或粗砂;粗骨料为卵石或碎石,粒径 5～32 mm;钢筋取决于设计要求;火烧丝的规格由 18～20 号铁丝烧成;垫块用 1:3 水泥砂浆和 22 号火烧丝提前预制成型或用塑料卡;外加剂应选用高效减水剂。

③ 机具准备:螺旋钻机,机动小翻斗车或手推车,长短插入式振捣器,串筒,盖板,测绳等。

(2) 施工方法。钻机钻孔前,应做好现场准备工作。

钻孔场地必须平整、碾压或夯实,雨季施工时需要加白灰碾压以保证钻孔行车安全。钻机按桩位就位时,钻杆要垂直对准桩位中心,放下钻机使钻头触及土面。钻孔时,开动转轴旋动钻杆钻进,先慢后快,避免钻杆摇晃,并随时检查钻孔偏移,有问题应及时纠正。施工中应注意钻头在穿过软硬土层交界处时,应保持钻杆垂直,缓慢钻进。在含砖头、瓦块的杂填土或含水量较大的软塑黏性土层中钻进时,应尽量减小钻杆晃动,以免扩大孔径及增加孔底虚土。当出现钻杆跳动、机架摇晃、钻不进等异常现象,应立即停钻检查。钻进过程中应随时清理孔口积土,遇到地下水、缩孔、坍孔等异常现象,应会同有关单位研究处理。

钻孔至要求深度后,可用钻机在原处空钻清土,然后停止回转,提升钻杆卸土。如孔底虚土超过容许厚度,可用辅助掏土工具或二次投钻清底,清空完毕后应用盖板盖好孔口。

桩孔钻成并清孔后,先吊放钢筋笼,后浇筑混凝土。为防止孔壁坍塌,避免雨水冲刷,成孔经检查合格后,应及时浇筑混凝土。若土层较好,没有雨水冲刷,从成孔至混凝土浇筑的时间间隔,也不得超过 24 h。灌注桩的混凝土强度等级不得低于 C15,坍落度一般采用 80~100 mm;混凝土应连续浇筑,分层捣实,每层的高度不得大于 1.50 m;当混凝土浇筑到桩顶时,应适当超过桩顶标高,以保证在凿除浮浆层后,使桩顶标高和质量能符合设计要求。

**3. 质量事故分析**

1) 护筒周围冒浆

护筒周围冒浆会造成护筒倾斜、位移、桩孔偏斜等,甚至无法施工。护筒周围冒浆发生的原因是由于埋设护筒时周围填土不密实,或是起落钻头时碰到了护筒。护筒周围冒浆的处理方法是:若是钻进初始时发现冒浆,则应用黏土在护筒四周填实加固;若护筒严重下沉或位移,则应重新埋设。

2) 孔壁坍塌

孔壁坍塌是指成孔过程中孔壁土层不同程度塌落。在钻孔过程中,如果发现排出的泥浆中不断冒气泡,或护筒内的泥浆面突然下降,这都是孔壁坍塌的迹象。孔壁坍塌的主要原因是土质松散,护壁泥浆密度太小,护筒内泥浆面高度不够。孔壁坍塌的处理方法是:加大泥浆密度,保持护筒内泥浆面高度,从而稳定孔壁;若坍塌严重,应立即回填黏土到塌孔位置以上 1~2 m,待孔壁稳定后再进行钻孔。

3) 钻孔偏斜

造成钻孔偏斜的原因是钻杆不垂直、钻头导向部分太短、导向性差、土质软硬不一或遇上孤石等。钻机偏斜的处理方法是:调整钻杆的垂直度,钻进过程中要经常注意观察。钻进时减慢钻进速度,并提起钻头,上下反复扫钻若干次,以削去硬土,使钻土正常。若偏斜过大,应填入石子和黏土,重新成孔。

4) 孔底虚土

孔底虚土指孔底残留的一些由于安放钢筋笼时碰撞孔壁造成孔壁坍塌及孔口落入的虚土。虚土会影响桩的承载力,所以必须清除。孔底虚土的处理方法是:采用新近研制出的一套孔底夯实机具对孔底虚土进行夯实。

5) 断桩

水下灌注混凝土桩的质量除混凝土本身质量外,是否断桩是鉴定其质量的关键。预防时要注意以下几个问题:力争首批混凝土浇灌一次成功;分析地质情况,研究解决对策;要严格控制现场混凝土配合比。

## （二）沉管灌注桩

沉管灌注桩是目前采用最为广泛的一种灌注桩。它是采用锤击或振动的方法,将带有预制钢筋混凝土桩尖(也称桩靴)或钢活瓣桩尖的钢管沉入土中成孔,然后放入钢筋笼,灌注混凝土,最后再拔出钢管,即形成沉管灌注桩。

### 1. 施工设备

锤击沉管灌注桩用锤击打桩机,将带有活瓣桩尖或设置钢筋混凝土预制桩尖的钢管锤击沉入土中,然后边灌注混凝土边拔桩管成桩。锤击沉管灌注桩的主要设备为锤击打桩机,如柴油锤、蒸汽锤等。锤击沉管灌注桩由桩架、桩锤、卷扬机、桩管等组成,如图 2-21 所示。

振动沉管灌注桩用振动沉桩机将带有活瓣式桩尖或钢筋混凝土预制桩靴的桩管,利用振动锤产生的垂直定向振动和桩管自重及卷扬机通过钢丝绳施加的拉力,对桩管进行加压,使桩管沉入土中,然后边向桩管内灌注混凝土边振动拔出桩管,使混凝土留在土中而成桩。振动沉管灌注桩的桩机主要施工设备有振动锤、桩架、卷扬机、加压装置、桩管、桩尖或钢筋混凝土预制桩靴等。振动沉管灌注桩的桩机示意图如图 2-22 所示。

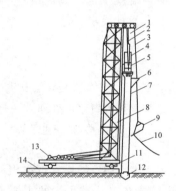 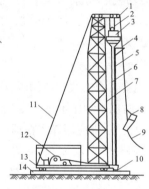

图 2-21  锤击沉管灌注桩的桩机示意图

1—桩锤钢丝绳;2—桩管滑轮组;3—吊斗钢丝绳;4—桩锤;5—桩帽;6—混凝土漏斗;7—桩管;8—桩架;9—混凝土吊斗;10—回绳;11—行驶用钢管;12—预制桩靴;13—卷扬机;14—枕木

图 2-22  振动沉管灌注桩的桩机示意图

1—导向滑轮;2—滑轮组;3—激振器;4—混凝土漏斗;5—桩管;6—加压钢丝绳;7—桩架;8—混凝土吊斗;9—回绳;10—活瓣桩靴;11—缆风绳;12—卷扬机;13—行驶用钢管;14—枕木

### 2. 施工工艺

(1) 锤击沉管灌注桩的成桩过程为:桩机就位→沉管→上料→拔管。锤击沉管灌注桩的施工过程如图 2-23 所示。

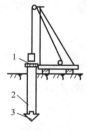 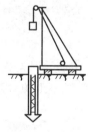 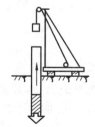

(a) 钢管打入土中　　　(b) 放入钢筋骨架　　　(c) 随浇混凝土拔出钢管

图 2-23  锤击沉管灌注桩的施工过程

1—桩帽;2—钢管;3—桩靴

锤击沉管灌注桩施工时,首先将桩机就位,吊起桩管,对准预先埋好的预制钢筋混凝土桩尖,放置麻绳垫于桩管与桩尖连接处,然后慢慢放入桩管,套入桩尖,压入土中或将带有活瓣桩尖的套管对准桩位。在桩管上扣上桩帽,检查桩管、桩锤、桩架是否在同一垂线上(偏差≤0.5%),无误后,即可用锤打击桩管。当桩管沉到设计要求深度后,停止锤击,检查套管内无泥浆或水时,即可灌注混凝土。最后拔管,拔管的速度应均匀,第一次拔管高度不宜过高,应控制以能容纳第二次需要灌入的混凝土数量为限,以后始终保持管内混凝土量高于地面。当混凝土灌至钢筋笼底标高时,放入钢筋骨架,继续灌注混凝土及拔管,直到全管拔完为止。上述工艺称单打灌注桩施工。为扩大桩截面提高设计承载力,常采用复打法(见图2-24)成桩。复打法的施工方法是:第一次灌注桩施工完毕,拔出桩管后,立即在原桩位再埋入混凝土桩尖,将桩管外壁上的污泥清除后套入桩尖,再进行第二次沉管或将带有活瓣桩尖的套管拔出二次沉管,使未凝固的混凝土向四周挤压扩大桩径,然后灌注第二次混凝土。复打法的拔管方法与初打时相同。复打法施工时应注意:复打施工必须在第一次灌注的混凝土初凝之前进行,并且前后两次沉管的轴线应重合。

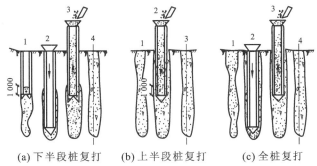

(a)下半段桩复打　(b)上半段桩复打　(c)全桩复打

**图 2-24　复打法示意图**

(2)振动沉管灌注桩的施工工艺过程为:桩机就位→沉管→上料→拔管,如图2-25所示。

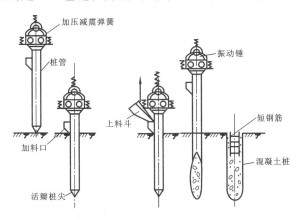

(a)桩机就位 (b)振动沉管 (c)浇筑混 (d)边拔管边 (e)成桩
凝土　　振动边浇
筑混凝土

**图 2-25　振动沉管灌注桩的施工工艺**

施工时,首先将混凝土桩尖埋设好,桩机就位后将桩管对准桩位中心吊起套入桩尖或将带有活瓣桩尖的套管对准桩位,垂直度检查之后(偏差≤0.5%),把混凝土桩尖压入土中。然后,开动振动锤,将桩管沉入土中。沉管时,为了适应不同土质条件,常用加压方法来调整土的自振频率。桩管沉到设计标高后，停止振动，进行混凝土灌注，混凝土一般应灌满桩管或略高于地面，再开动激振器、卷扬机拔出钢管，边振边拔，使桩身混凝土得到振动密实。

振动沉管灌注桩可根据土质情况和荷载要求，可采用单振法、反插法和复振法施工。

① 单振法。即一次拔管。拔管时，先振动 5～10 s，再开始拔桩管，应边振边拔，每提升 0.5 m 停拔，振 5～10 s 后再拔管 0.5 m，再振 5～10 s，反复进行直至地面。

② 反插法。先振动再拔管，每提升 0.5～1.0 m，再把桩管下沉 0.3～0.5 m（不宜大于活瓣桩尖长度的 2/3），在拔管过程中分段添加混凝土，使管内混凝土面始终不低于地表面或高于地下水位 1.0～1.5 m，反复进行直至地面。严格控制拔管速度不得大于 0.5 m/min。在桩尖的 1.5 m 范围内，宜多次反插以扩大端部截面，从而提高桩的承载力，但混凝土耗用量较大，宜用于饱和软土层。

③ 复振法。施工方法及要求与锤击沉管灌注桩的复打法相同。

**3. 沉管灌注桩质量控制**

（1）沉管全过程必须有专职记录员做好施工记录；每根桩的施工记录均应包括每米的锤击数和最后一米的锤击数；必须准确测量最后三阵，每阵十锤的贯入度及落锤高度。

（2）沉管至设计标高后，应立即灌注混凝土，尽量减少间隔时间；灌注混凝土之前，必须检查桩管内有无桩尖或进泥、进水。

当桩身配钢筋笼时，第一次混凝土应先灌至笼底标高，然后放置钢筋笼，再灌混凝土至桩顶标高。第一次拔管高度应控制在能容纳第二次所需灌入的混凝土量为限，不宜拔得过高。

（3）拔管速度要均匀，对一般土层以 1 m/min 为宜，在软弱土层和软硬土层交界处宜控制在 0.3～0.8 m/min。

（4）混凝土的充盈系数不得小于 1.0；对于混凝土充盈系数小于 1.0 的桩，宜全长复打，对可能会发生断桩和缩颈桩的情况应采用局部复打的方法。成桩后的桩身混凝土顶面标高应不低于设计标高 500 mm。全长复打桩的入土深度宜接近原桩长，局部复打应超过断桩或缩颈区 1 m 以上。

**4. 沉管灌注桩质量事故分析**

1）瓶颈桩

瓶颈桩指灌注混凝土后的桩身局部直径小于设计尺寸。产生瓶颈桩的主要原因是：在地下水位以下或饱和淤泥或淤泥质土中沉桩管时，土受挤压而产生孔隙压力，当拔出套管时，把部分桩体挤成缩颈。桩身间距过小，拔管速度过快，混凝土过于干硬或和易性差，也会造成瓶颈现象。瓶颈桩的处理方法是：施工时每次向桩管内尽量多装混凝土，借自重抵消桩身所受的孔隙水压力；桩间距过小，宜采用跳打法施工；拔管速度不得大于 0.8～1.0 m/min；拔管时可采用复打法或反插法；桩身混凝土采用和易性好的低流动性混凝土。

2）断桩

断桩是指桩身局部残缺夹有泥土，或桩身的某一部位混凝土坍塌，上部被土填充。产生断桩的原因有：桩下部遇到软弱土层，桩身混凝土强度未达初凝，即受到振动，振动对两层土的波速不同，产生剪力将桩剪断；拔管速度过快；桩中心距过近，打邻桩时受挤压断裂等都是引起断桩的原因。断桩的处理方法是：桩的中心距宜大于 3.5 倍桩径；桩间距过近，可采用跳打或控制时间法以减少对邻桩的影响；已出现断桩时，将断桩拔出，将桩孔清理后，略增大桩的截面面积或加上铁箍连接，再重新灌注混凝土。

3）吊脚桩

吊脚桩是指桩下部混凝土不密实或脱落，形成空腔。产生吊脚桩的原因有：桩尖活瓣受土压实,抽管至一定高度才张开;混凝土干硬,和易性差,形成空隙;预制桩尖被打坏而挤入桩管内。吊脚桩的处理方法是:采用密振慢抽方法,开始拔管 50 cm,将桩管反插几下,然后再正常拔管;混凝土保持良好的和易性;严格检查预制桩尖的强度和规格。

4)桩尖进水、进泥沙

桩尖进水、进泥沙是指套管活瓣处涌水或泥沙进入桩管内,主要发生在地下水位高或含水量大的淤泥和粉砂土层中。产生桩尖进水、进泥沙的原因有:地下涌水量大,水压大;沉桩时间过长;桩尖活瓣缝隙大或桩尖被打坏。桩尖进水、进泥沙的处理方法是:地下涌水量大时,桩管沉到地下水位时,应用 0.5 m 高水泥砂浆封底,再灌 1 m 高混凝土,然后沉入;沉桩时间不要过长;将桩管拔出,修复改正桩尖缝隙后,用砂回填桩孔后重打。

### (三)人工挖孔灌注桩

测量定位后开挖工人下到桩孔中去,在井壁护圈的保护下,直接进行开挖,待挖到设计标高,桩底扩孔后,对基底进行验收,验收合格后下放钢筋笼,浇筑混凝土成桩。

在土木工程中,有些高层建筑、大型桥梁、重要的水利工程由于自重大、底面积小,对地基的单位压力很高,需要大直径的桩来承受,但往往受到钻孔设备的限制而难以完成。在这种情况下,人们多采用人工挖孔灌注桩。挖孔灌注桩的桩径一般为 1～3 m,桩深 20～40 m,最深可达 60～80 m。每根灌注桩的承载力为 10 000～40 000 kN,甚至可高达 60 000～70 000 kN。

#### 1. 施工工艺

人工挖孔灌注桩(混凝土护圈,见图 2-26)的工艺流程为:放线定桩位及高程→开挖第一节桩孔土方→支护壁模板放附加钢筋→浇筑第一节护壁混凝土→检查桩位(中心)轴线→架设垂直运输架→安装电动葫芦(卷扬机)→安装吊桶、照明、活动盖板、水泵、通风机等→开挖吊运第二节桩孔土方→先拆第一节支第二节护壁模板(放附加钢筋)→浇注第二节护壁混凝土→检查桩位(中心)轴线→逐层往下循环作业→开挖扩底部分→检查验收→吊放钢筋笼→放混凝土导管→浇筑桩身混凝土→插桩顶钢筋。

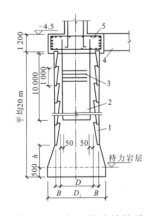

图 2-26 人工挖孔桩构造

1—护壁;2—主筋;3—箍筋;4—地梁;5—桩帽

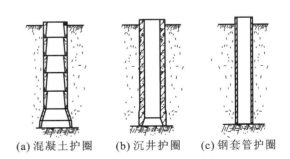

(a)混凝土护圈    (b)沉井护圈    (c)钢套管护圈

图 2-27 护圈挖孔桩

#### 2. 挖孔方法

挖土由人工从上到下逐层用镐、锹进行,挖土次序为先挖中间后周边,按设计桩直径加 2 倍护壁厚度控制截面,允许误差为 3 cm。扩底部分采取先挖桩身圆柱体,再按扩底尺寸从上到下削土修成扩底形。弃土装入活底吊桶,在孔上口安支架、工字轨道、电动葫芦或用1～2 t慢速卷扬机提升,吊至地面后,用机动翻斗车或手推车运走。

**3. 常用的井壁护圈**

(1)混凝土护圈。混凝土护圈挖孔桩的施工采用分段开挖、分段浇筑护圈混凝土直至设计标高,再将钢筋笼放入护圈井筒内,然后浇筑混凝土成桩,如图2-27(a)所示。护圈为外直内斜的梯形断面,混凝土护圈的高度为500～1 000 mm,护圈钢筋直径为10～12 mm,混凝土强度等级为C15。护圈模板由4～8块弧形钢模板组合而成。在模板顶面可放置操作平台,操作平台可用角钢和钢板制成两块半圆形模板,使用时合成整圆模板,操作平台用于浇筑混凝土。上下节护圈用钢筋拉结。

(2)沉井护圈。沉井护圈挖孔桩是先在桩位上制作钢筋混凝土井筒,然后在井筒内挖土,井筒靠自重或附加压重克服筒壁与基土之间的摩擦阻力下沉,沉至设计标高后,再在井筒内吊放钢筋笼,浇筑混凝土而形成桩基础,如图2-27(b)所示。

(3)钢套管护圈。钢套管护圈挖孔桩,是在桩位处先用桩锤将钢套管强行打入土层中,再在钢套管的保护下将管内土挖出,吊放钢筋笼,浇注桩基混凝土如图2-27(c)所示。待浇筑混凝土完毕,用振动锤和人字拔杆将钢管立即强行拔出移至下一桩位使用。这种方法适用于流沙地层,地下水丰富的强透水地层或承压水地层,可避免产生流沙和管涌现象,能确保施工安全。

## (四)爆扩灌注桩

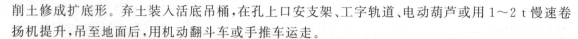

爆扩灌注桩简称爆扩桩,是用钻孔或爆扩法成孔,孔底放入炸药,再灌入适量的混凝土,然后引爆,使孔底形成扩大头,此时,孔内混凝土落入孔底空腔内,再放置钢筋骨架,浇筑桩身混凝土而制成的灌注桩(见图2-28)。

爆扩灌注桩在黏性土层中使用效果较好,但在软土及砂土中不易成型,桩长 $H$ 一般为3～6 m,最大不超过10 m。扩大头直径 $D$ 为2.5～3.5 $d$。这种桩具有成孔简单、节省劳力和成本低等优点,但质量不便检查,施工要求较严格。

**图2-28 爆扩灌注桩示意图**
1—桩身;2—桩头;3—桩台

**1. 施工方法**

爆扩灌注桩的施工一般采取桩孔和扩大头分两次爆扩形成,其施工工艺过程如图2-29所示。

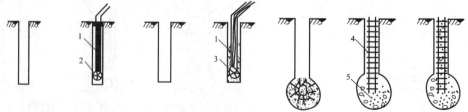

(a) 钻导孔　(b) 放炸药条　(c) 爆扩桩孔　(d) 放炸药包　(e) 爆扩大头　(f) 放钢筋笼　(g) 浇混凝土

**图2-29 爆扩灌注桩施工工艺过程**
1—导线;2—炸药条;3—炸药包;4—钢筋笼;5—混凝土

1)成孔

爆扩灌注桩成孔的方法可根据土质情况确定,一般有人工成孔(洛阳铲或手摇钻)、机钻成孔、套管成孔和爆扩成孔等多种。其中,爆扩成孔的方法是先用洛阳铲或钢钎打出一个直孔,孔的直径一般为 40～70 mm,当土质差且地下水又较高时孔的直径约为 100 mm,然后在直孔内吊入装有炸药条的玻璃管,玻璃管内放置 2 个串联的电雷管,经引爆并清除积土后即形成桩孔。

2) 爆扩大头

扩大头的爆扩,宜采用硝铵炸药和电雷管进行,并且同一工程中宜采用同一种类的炸药和电雷管。炸药用量应根据设计所要求的扩大头直径,由现场试验确定。药包必须用塑料薄膜等防水材料紧密包扎,并用防水材料封闭以防浸受潮。药包宜包扎成扁圆形使炸出的扩大头面积较大。药包中心最好并联放置两个电雷管,以保证顺利引爆。药包用绳吊下安放于孔底正中,如孔中有水,可加压重物以免浮起,药包放正后上面填盖 150～200 mm 厚的砂,保证药包不被混凝土灌入时冲破。然后从桩孔中灌入 2～3 m 的混凝土进行扩大头的引爆。

**2. 质量要求**

(1) 桩孔平面位移允许偏差:人工、钻机成孔不大于 50 mm,爆扩成孔不大于 100 mm。

(2) 桩孔垂直度允许倾斜:长度 3 m 以内的桩为 2%,长度 3 m 以上的桩为 1%。

(3) 桩身直径允许偏差为 ±20 mm。桩孔底标高(即扩大头标高)允许低于设计标高 150 mm,扩大头直径允许偏差为 ±50 mm。钢筋骨架的主筋数量宜为 4～6 根,箍筋间距宜为 200 mm,爆扩灌注桩的混凝土强度等级不宜低于 C15。

## 四、桩基的检测与验收

**1. 桩基的检测**

成桩的质量检验有两种基本方法:一种是静载试验法(或称破损试验);另一种是动测法(或称无破损试验)。

1) 静载试验法

(1) 试验目的。静载试验的目的是采用接近于桩的实际工作条件,通过静载加压,确定单桩的极限承载力,作为设计依据,或对工程桩的承载力进行抽样检验和评价。

(2) 试验方法。静载试验是根据模拟实际荷载情况,通过静载加压,得出一系列关系曲线,综合评定确定其容许承载力的一种试验方法。它能较好地反映单桩的实际承载力。荷载试验有多种,通常采用的是单桩竖向抗压静载试验、单桩竖向抗拔静载试验和单桩水平静载试验。

(3) 试验要求。预制桩在桩身强度达到设计要求的前提下,对于砂土,不应少于 10 d;对于粉土和黏性土,不应少于 15 d;对于淤泥或淤泥质土,不应少于 25 d,待桩身与土体的结合基本趋于稳定,才能进行试验。就地灌注桩和爆扩灌注桩应在桩身混凝土强度达到设计等级的前提下,对砂土不少于 10 d,对一般黏性土不少于 20 d,对淤泥或淤泥质土不少于 30 d,才能进行试验。对于地基基础设计等级为甲级或地质条件复杂,成桩质量可靠性低的灌注桩,应采用静载荷试验的方法进行检验,检验桩数不应少于总数的 1%,并且不应少于 3 根;当总桩数少于 50 根时,不应少于 2 根,其桩身质量检验时,抽检数量不应少于总数的 30%,并且不应少于 20 根;其他桩基工程的抽检数量不应少于总数的 20%,并且不应少于 10 根;对混凝土预制桩及地下水位以上且经过核验的灌注桩,检验数量不应少于总桩数的 10%,并且不得少于 10 根,每根柱子承台下不得少于 1 根。

2) 动测法

(1) 动测法的特点。动测法又称动力无损检测法,是检测桩基承载力及桩身质量的一项新技术,作为静载试验的补充。

一般静载试验装置较复杂笨重，装卸操作费工费时，成本高，测试数量有限，并且易破坏桩基。而动测法的试验仪器轻便灵活，检测快速，单桩试验时间仅为静载试验的1/50，可大大缩短试验时间，并且数量多，不破坏桩基，相对也较准确，可进行普查，费用低，单桩测试费约为静载试验的1/30，可节省静载试验锚桩、堆载、设备运输、吊装焊接等大量人力和物力。

（2）试验方法。动测法是相对静载试验法而言的，它是对桩土体系进行适当的简化处理，建立起数学-力学模型，借助于现代电子技术与量测设备采集桩土体系在给定的动荷载作用下所产生的振动参数，结合实际桩土条件进行计算，所得结果与相应的静载试验结果进行对比，在积累一定数量的动静试验对比结果的基础上，找出两者之间的某种相关关系，并以此作为标准来确定桩基承载力。单桩承载力的动测法种类较多，国内有代表性的方法有：动力参数法、锤击贯入法、水电效应法、共振法、机械阻抗法、波动方程法等。

（3）桩身质量检验。在桩基动态无损检测中，国内外广泛使用的方法是应力波反射法，又称低（小）应变法。其原理是根据一维杆件弹性反射理论（波动理论）采用锤击振动力法检测桩体的完整性，即以波在不同阻抗和不同约束条件下的传播特性来判别桩身质量。

**2. 桩基验收**

1）桩基验收规定

（1）当桩顶设计标高与施工场地标高相同时，或桩基施工结束后，有可能对桩位进行检查时，桩基工程的验收应在施工结束后进行。

（2）当桩顶设计标高低于施工场地标高或送桩后无法对桩位进行检查时，对打桩可在每根桩桩顶沉至场地标高时，进行中间验收，待全部桩施工结束，承台或板开挖到设计标高后，再进行最终验收；对于灌注桩可采取在护筒位置做中间验收。

2）桩基验收资料

（1）工程地质勘查报告、桩基施工图、图纸会审纪要、设计变更及材料代用通知单等。

（2）经审定的施工组织设计、施工方案及执行中的变更情况。

（3）桩位测量放线图，包括工程桩位复核签证单。

（4）制作桩的材料试验记录，成桩质量检查报告。

（5）单桩承载力检测报告。

（6）基坑挖至设计标高的基桩竣工平面图及桩顶标高图。

3）桩基允许偏差

（1）预制桩。预制桩（钢桩）桩位的允许偏差必须符合表2-6的规定。斜桩倾斜度的偏差不得大于倾斜角正切值的15%（倾斜角为桩的纵向中心线与铅垂线间夹角）。

表2-6 预制桩（钢桩）桩位的允许偏差

| 序 号 | 项 目 | 允许偏差/mm |
|---|---|---|
| 1 | 盖有基础梁的桩：(1)垂直基础梁的中心线；(2)沿基础梁的中心线 | $100+0.01H$<br>$150+0.01H$ |
| 2 | 桩数为1～3根桩基中的桩 | 100 |
| 3 | 桩数为4～16根桩基中的桩 | 1/2桩径或边长 |
| 4 | 桩数大于16根桩基中的桩：(1)最外边的桩；(2)中间桩 | 1/3桩径或边长<br>1/2桩径或边长 |

注：H为施工现场地面标高与桩顶设计标高的距离。

（2）灌注桩。灌注桩的平面位置和垂直度的允许偏差必须符合表 2-7 的规定，桩顶标高至少要比设计标高高出 0.5 m，桩底清孔质量按不同的成桩工艺有不同的要求，应按规范要求执行。每浇筑 50 m³ 必须有一组试件，小于 50 m³ 的桩，每根桩必须有一组试件。

表 2-7　灌注桩的平面位置和垂直度的允许偏差

| 序号 | 成孔方法 | | 桩径允许偏差/mm | 垂直度允许偏差 | 桩位允许偏差/mm | |
|---|---|---|---|---|---|---|
| | | | | | 1～3 根、单排桩基垂直于中心线方向和群桩基础的边桩 | 条形桩基沿中心线方向和群桩基础的中间桩 |
| 1 | 泥浆护壁成孔灌注桩 | $D \leq 1\,000$ mm | ±50 | <1 | $D/6$，且不大于 100 | $D/4$，且不大于 150 |
| | | $D > 1\,000$ mm | ±50 | | $100 + 0.01H$ | $150 + 0.01H$ |
| 2 | 套管成孔灌注桩 | $D \leq 500$ mm | −20 | <1 | 70 | 150 |
| | | $D > 500$ mm | | | 100 | 150 |
| 3 | 干作业成孔灌注桩 | | −20 | <1 | 70 | 150 |
| 4 | 人工挖孔灌注桩 | 混凝土护壁 | +50 | <0.5 | 50 | 150 |
| | | 钢套管护壁 | +50 | <1 | 100 | 200 |

注：（1）桩径允许偏差的负值是指个别断面；

（2）采用复打、反插法施工的桩，其桩径允许偏差不受上表限制；

（3）$H$ 为施工现场地面标高与桩顶设计标高的距离，$D$ 为设计桩径。

### 3. 桩基工程的安全技术措施

（1）机具进场要注意危桥、陡坡、陷地和防止碰撞电杆、房屋等，以免造成事故。

（2）施工前应全面检查机械，发现问题要及时解决，严禁带病作业。

（3）在打桩过程中遇到地坪隆起或下陷时，应随时对机架及路轨调整垫平。

（4）工作人员在施工操作时要思想集中，服从指挥信号，不得随便离开岗位，并经常注意机械运转情况，发现异常情况要及时纠正。

（5）悬挂振动桩锤的起重机，其吊钩上必须有防松脱的保护装置。振动桩锤悬挂钢架的耳环上应加装保险钢丝绳。

（6）钻孔灌注桩在已钻成的孔尚未浇筑混凝土前，必须用盖板封严；钢管桩打桩后必须及时加盖临时桩帽；预制混凝土桩送桩入土后的桩孔必须及时用砂或其他材料填灌，以免发生人身事故。

（7）冲抓锥或冲孔锤操作时不允许任何人进入落锤区施工范围内，以防砸伤。

（8）成孔钻机操作时，注意将钻机放置平稳，以防止钻架突然倾倒或钻具突然下落而发生事故。

（9）压桩时，非工作人员应离机 10 m 以外。起重机的起重臂下，严禁站人。

（10）夯锤下落后，在吊钩尚未降至夯锤吊环附近前，操作人员不得提前下坑挂钩。从坑中提锤时，严禁挂钩人员站在锤上随锤提升。

# 任务 4　工程案例分析

## 一、工程概况

### 1. 工程简介

（1）"金博大城"位于某城市繁华地段，工程占地面积 3.18 公顷（1 ha＝10 000 m²）。

（2）本项目由一栋主楼、三栋商住楼及裙房组成，地下均为三层。

（3）本工程采用全现浇钢筋混凝土结构，基础均采用大直径钻孔灌注桩，工程桩总数为1 114根（直径为1 m，埋置深度分别为－80 m、－60 m、－50 m）。主楼与裙房之间设置沉降缝，商住楼与裙房之间不设沉降缝，为协调商住楼与裙房的不同沉降，裙房采用不同的桩基埋深及桩数来调整单桩承载力和沉降。

（4）本工程水源取自城市供水管网，污水排入城市污水管网，城市供水压力为0.2 MPa。

（5）电源由附近变电站以专用双电源回路沿隧道引来，电压为10 kV。备用电源选用三台750 kV柴油发电机组，专供消防用电设备。

**2. 地貌、地质、水文情况**

（1）现场地形平坦、地貌单一，由南向北略有倾斜。

（2）根据建设单位提供地质资料，地层为冲洪积与冲湖积沉积物。地下27 m以上以饱和、中密状态的粉土及粉砂为主；地下27～60 m以饱和、可塑至硬塑状态的粉质黏土为主，含有姜石（又称钙质结核），局部富集，含量达40%左右；再往下60～110 m则以饱和、硬塑至坚硬状态的粉质黏土和黏土为主，胶结、轻微胶结层交替出现，胶结部分无规律可循，并且不同部位胶结完好程度也有很大差异；地下110 m以下则以粉细砂、中细砂为主，中间夹有4～5层黏土及粉质黏土。

（3）地下水位为－5.5 m，含水层为第四系全新粉砂及粉土，渗透系数$K=1.8$ m/d。地下水对混凝土无腐蚀性。

## 二、施工部署

**1. 工程目标**

（1）工程质量：创国家优质工程，以质量求效益。

（2）建设周期：以合同工期为依据，落实措施，确保提前。

（3）施工现场：施工现场科学管理，创安全、文明样板工地。

**2. 工程技术关键**

（1）直径为1 m，埋置深度分别为－80 m、－60 m、－50 m的1 114根混凝土灌注桩施工。

（2）为有效消除基坑排水对周围环境及市政设施产生的不良影响，沿建筑物四周设置旋喷搅拌桩隔水帷幕（总长约700 m）。

（3）主楼地下室大体积混凝土底板（面积为3 600 m²，厚度为4 m，板底标高为－20.8 m）浇筑。

（4）地下室沿钢筋混凝土底板及外墙内侧设置的防水混凝土、聚氨酯防水层施工，按C55级防水混凝土配合比设计。

## 三、主要施工方案及技术措施

**1. 施工测量方案**

为确保本工程的施工测量质量，在现场建立施工方格控制网，并将测量控制网的控制桩延伸到施工影响区外。控制桩顶部浇筑混凝土，顶面埋置200 mm×200 mm不锈钢板，控制桩埋设要牢固稳定，做好保护以免因碰撞造成控制桩移位、偏斜。地下室可用吊线锤作竖向测量。

根据设计，该工程建筑群基础全部采用大直径钢筋混凝土灌注桩，桩总数为1 114根。为确保合同工期要求，遵循土建施工先深后浅的原则，拟沿设计留置的永久性温度伸缩缝，将工程平面划分为 A、B、C、D 四区(见图 2-30)。

投入 16 台反循环钻机,按一台钻机三天完成一根桩的速度组织灌注桩施工,分区施工顺序为 A→B→C→D。灌注桩施工前应平整好施工场地,复核测量基准线和水准基点。

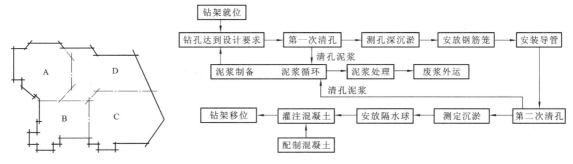

图 2-30  分区工程平面示意图          图 2-31  灌注桩施工工序流程图

### 2. 灌注桩施工方案

1)灌注桩施工工序流程

灌注桩施工采用泥浆护壁成孔的方法进行,灌注桩施工工序流程图如图 2-31 所示。

2)护筒埋置

护筒起桩孔定位和保护孔口的作用,用钢板卷制,长 2.0~2.5 m。

根据设计桩位,精确测定桩中心线,以桩中心线为准,开挖筒坑,筒坑深度应低于筒底端 50 cm,然后将护筒置于坑内,挂线定位,保证护筒中心与桩中心重合。

护筒底及周围用黏土分层夯实。护筒顶面标高应高于地下水位标高 2 m 以上,在整个施工过程中护筒应保持垂直,不得翻浆、漏水和下沉。

3)钻孔

工程正式施工前必须试成孔,数量不得少于 2 个,以核对地质资料,检验所选用的设备、机具、施工工艺以及技术要求是否适宜。

本工程采用 16 台反循环钻机进行桩基础施工。开钻前,要用经纬仪进行检查,使钻机顶部的起吊滑轮、转盘和桩孔中心三者位于同一铅垂线上,偏差不大于 2 cm。钻机定位要准确、水平、稳固。

成孔施工应一次不间断地完成,不得无故停钻,施工过程应做好施工原始记录。成孔完毕至灌注混凝土的时间间隔不应大于 24 h。成孔过程中,孔内水头压力比地下水的水头压力大 20 kPa 左右。钻井过程中,若遇松软土层应调整泥浆性能指标。成孔至设计要求深度后,应会同工程有关各方对孔深(核定钻头和钻杆长度)、孔径(用测径仪)、桩位进行检查,确保符合要求后,方可进行下一道工序的施工。

多台钻机同时施工时,相邻两钻机之间的距离不宜太近,以免互相干扰,在已经完成的混凝土桩旁施工时,其安全距离不应小于 4 d,或时间间隔不应少于 36 h。

从开始钻孔时,就需要在孔内灌注护壁泥浆,泥浆的相对密度以 1.10 为好,由于整个施工场地均在深度为 4 m 的坑内,灌注桩施工期又要跨越一个雨季和冬季,其泥浆排放量近 200 000 m³,为确保桩基础施工质量、进度要求及现场的文明施工,现场必须分区对泥浆循环进行统一管理,泥浆循环过程中多余或废弃的泥浆应按建设单位指定地点及时运出现场处理。现场采用振动筛旋流泵将废弃泥浆分离后重复使用。

4）清孔

清孔应分二次进行。第一次清孔在成孔完毕后立即进行；第二次清孔在下放钢筋笼和混凝土导管安装完毕后进行。

清孔过程中应测定泥浆指标，清孔后的泥浆相对密度应小于1.15。清孔结束时应测定孔底沉淤，孔底沉淤厚度应符合设计及有关规范要求（孔底沉淤厚度须采用带圆锥形测锤的标准水文测绳测定，测锤质量不应小于1 kg）。

清孔结束后孔内应保持水头高度，并应在30 min内灌注混凝土。若超过30 min，灌注混凝土前应重新测定孔底沉淤厚度，若超过规定的沉淤厚度应重新清孔直至符合要求。清孔时，送入孔内的泥浆不得少于砂石泵的排量，保证循环过程中补浆充足。清孔时，泵吸量应合理控制，避免吸量过大而吸垮孔壁。

5）钢筋笼施工

钢筋笼宜分段制作，钢筋笼制作前，应将钢筋校直，清除钢筋表面污垢锈蚀，准确控制下料长度，钢筋笼采用环形模制作。

钢筋笼应经验收合格后方可安装。钢筋笼安装深度应符合设计要求，其允许偏差为±10 mm。钢筋笼全部安装入孔后应检查安装位置，确认符合要求后将钢筋笼吊筋固定定位，避免灌注混凝土时钢筋笼上拱。

钢筋笼吊放入孔工作可考虑由布置在建筑四周的塔吊完成。

6）水下混凝土施工

（1）水下混凝土配合比要求。配合比通过计算和试配确定。试配混凝土采用的材料必须是实际施工所用的材料。试配混凝土强度应比设计桩身强度提高一级；坍落度为16~22 cm，含砂率为40%~45%；胶凝材料用量不少于380 kg/m³，并且不宜大于500 kg/m³；混凝土应具有良好的和易性和流动性，坍落度应能满足灌注要求。

（2）混凝土搅拌。混凝土搅拌时，要严格控制材料投入量，按照混凝土搅拌所需最短时间进行搅拌。

（3）混凝土灌注。混凝土灌注是确保成桩质量的关键工序，单桩混凝土灌注时间不宜超过8 h，而且应连续灌注；混凝土灌注的充盈系数（即实际灌注混凝土体积和桩身设计计算体积加预留长度体积之比）不得小于1，也不宜大于1.3；混凝土灌注导管要检查外观是否有凹陷、变形，管身与接头处是否漏水，整根导管顶部与漏斗连接，并设置好隔水栓。导管底部应距孔底30 cm；混凝土的初灌量应能保证混凝土灌入后使导管埋入混凝土深度为不少于0.8~1.3 m，保证导管内混凝土柱和管外泥浆柱压力平衡；混凝土灌注过程中导管应始终埋在混凝土中，严禁将导管提出混凝土表面。导管埋入混凝土表面的深度不得小于2 m，导管应勤提勤拆，一次提管拆管不得超过6 m。当混凝土灌注达到规定标高时，应经测定确认符合要求方可停止灌注；混凝土实际灌注高度应比设计桩顶标高高出一定高度（具体高度由设计单位确定），以保证设计标高以下的混凝土符合设计要求；混凝土灌注完毕后应及时割断吊筋，拔出护筒，并随即用道砟将桩顶上部空余段填实至地面，以确保人员、机具设备的安全。

（4）混凝土质量检查。坍落度测定，单桩混凝土量小于25 m³，每根桩应测定2次；单桩混凝土量大于25 m³，每根桩需测定3次；试块数量一根桩不少于3块，试块取样应在现场灌注点上进行，试块试验及试验结果应符合国标要求。

7) 灌注桩施工质量控制

灌注桩的桩径允许偏差±5 cm,垂直度偏差≤1%,沉渣厚度≤30 cm,灌注桩的桩位允许偏差:边桩≤$d$/6 且不大于 10 cm,中间桩≤$d$/4 且不大于 15 cm。

利用课余时间,参观施工现场,结合课程所学内容,写出几种地基处理方法或桩基施工工艺。

**一、单选题**

1. 预制混凝土桩混凝土强度达到设计强度的(     )方可起吊,达到(     )方可运输和打桩。

    A. 70%,90%　　　　　B. 70%,100%　　　　　C. 90%,90%　　　　　D. 90%,100%

2. 关于打桩质量控制下列说法不正确的是(     )。

    A. 桩尖所在土层较硬时,以贯入度控制为主

    B. 桩尖所在土层较软时,以贯入度控制为主

    C. 桩尖所在土层较硬时,以桩尖设计标高控制为参考

    D. 桩尖所在土层较软时,以桩尖设计标高控制为主

3. 钻孔灌注桩施工过程中若发现泥浆突然漏失,可能的原因是(     )。

    A. 护筒水位过高　　　　B. 塌孔　　　　　　　C. 钻孔偏斜　　　　　D. 泥浆相对密度太大

4. 下列关于泥浆护壁成孔灌注桩的说法不正确的是(     )。

    A. 仅适用于地下水位低的土层

    B. 泥浆护壁成孔是用泥浆保护孔壁、防止塌孔和排出土渣而成

    C. 多用于含水量高的地区

    D. 对不论地下水位高或低的土层皆适用

5. 下列哪种情况不需要采用桩基础(     )。

    A. 高大建筑物,深部土层软弱　　　　　　　B. 普通低层住宅

    C. 上部荷载较大的工业厂房　　　　　　　　D. 变形和稳定要求严格的特殊建筑物

**二、多选题**

1. 灌注桩按成孔设备和方法的不同来划分,属于非挤土类桩的是(     )。

    A. 锤击沉管桩　　　　　B. 振动冲击沉管灌注桩　　　　　C. 冲孔灌注桩

    D. 挖孔桩　　　　　　　E. 钻孔灌注桩

2. 振动沉管灌注桩的施工方法有(     )。

    A. 逐排打法　　B. 单打法　　　C. 复打法　　　D. 分段法　　　E. 反插法

3. 打桩质量控制主要包括(     )。

    A. 贯入度控制　　　　　B. 桩尖标高控制　　　　　C. 桩锤落距控制

D.打桩后的偏差控制　　　　　E.打桩前的位置控制

4. 在泥浆护壁成孔施工中,下列说法正确的是(　　)。

A.钻机就位时,回转中心对准护筒中心

B.护筒中心泥浆应高出地下水位1～1.5 m以下

C.桩内配筋超过12 m应分段制作和吊放

D.每根桩灌注混凝土最终高程应比设计桩顶标高低

E.清孔应一次进行完毕

5.泥浆护壁成孔灌注桩中泥浆的作用是(　　)。

A.防止孔壁塌落　　　　　B.减少钻具磨损发热　　　　　C.携渣

D.减小钻具摩阻力　　　　　E.使土方变的疏松

6.成桩质量检验的基本方法有(　　)。

A.静载试验法　　B.钻心取样法　　C.动测法　　D.回弹法　　E.红外线扫描法

7.在沉管灌注桩施工中常见的问题有(　　)。

A.孔壁坍塌　　　　　B.断桩　　　　　C.桩身倾斜　　D.缩颈桩　　E.吊脚桩

## 三、简答题

1.泥浆护壁成孔灌注桩成孔的方法有?

2.地基处理方法一般有哪几种?各有什么特点?

3.试述换土地基适用范围、施工要点与质量检查。

4.浅埋式钢筋混凝土基础主要有哪几种?

5.试述桩基的作用和分类。

6.预制桩有何特点?适用范围如何?施工时应注意哪些问题?

7.现浇混凝土桩的成孔方法有几种?各种方法的特点及适用范围如何?

8.灌注桩常易发生哪些质量问题?如何预防和处理?

9.试述人工挖孔灌注桩的施工工艺。

10.试述爆扩灌注桩的成孔方法。

11.桩基检测的方法有几种?验收时应准备哪些资料?

# 砌筑工程

（1）了解墙体改革的方向，了解新型墙体材料的使用。

（2）熟悉脚手架的分类、构造、技术要求，熟悉砌筑材料的种类、使用要求以及垂直运输机械的种类。

（3）掌握脚手架的搭设要求、垂直运输机械的性能、砌体的施工工艺和砌体的质量要求。

（1）具有组织砌筑工程施工的能力。

（2）会使用检测工具，能组织砌体的质量验收。

（3）具备选择垂直运输机械的能力及脚手架验收的能力。

砌体结构是常用的建筑结构形式之一。砌体结构在中国历史悠久，早在 2000 多年前就出现了由烧制的黏土砖砌筑的砌体结构，祖先遗留下来的秦砖汉瓦，在我国古代建筑中占有重要地位，该结构技术成熟、施工工艺简便、造价低廉且具有保温、隔热、防火等良好性能，目前在中小城市、农村仍为建筑施工中的主要工种工程之一。但由于砖砌体结构的生产效率较低、工艺落后、劳动强度大，而且烧制黏土砖需占用大量农田，因而建筑界一直把改善砌体工程施工工艺和改革墙体材料作为一项重要的任务。推广使用各类中小砌块和其他有利于建筑工业化的新型墙体材料和墙体结构形式。这是一项有益于维持生态平衡、保护人类生存环境、综合利用自然资源的利国利民的实践与探索，在中国的工程建设中已经取得了一定的进展。

砌筑工程是一个综合的施工过程，它包括材料运输、脚手架搭设和墙体砌筑等。

## 任务 1　脚手架及垂直运输机械

脚手架指施工现场为方便工人操作并解决垂直和水平运输而搭设的各种支架。建筑界的通用术语中，脚手架指建筑工地上用在外墙、内部装修或层高较高无法直接施工的地方，为了方便施工人员上下施工或进行外围安全网的维护及高空安装构件等而搭设的构架。随着脚手架品种和用途的增多，脚手架的定义已扩展为使用脚手架材料所搭设的、用于施工要求的各种临设性构架。砌筑脚手架是砌筑过程中堆放材料和工人进行操作的临时性设施，当砌体砌到一定高度时（即可砌高度或一步架高度，一般为 1.2 m），砌筑质量和效率将受到影响，此时就需要搭设脚手架。

### 一、脚手架

#### （一）脚手架的作用和种类

脚手架是满足施工要求的一种临时设施，应满足适用、方便、安全和经济的基本要求，具体

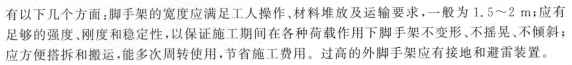

有以下几个方面：脚手架的宽度应满足工人操作、材料堆放及运输要求，一般为 1.5～2 m；应有足够的强度、刚度和稳定性，以保证施工期间在各种荷载作用下脚手架不变形、不摇晃、不倾斜；应方便搭拆和搬运，能多次周转使用，节省施工费用。过高的外脚手架应有接地和避雷装置。

脚手架主要有以下几种分类方式。

（1）按用途分类：脚手架可分为结构用脚手架、装修用脚手架、防护用脚手架和支撑用脚手架。

（2）按组合方式分类：脚手架可分为多立杆式脚手架、框架组合式脚手架、格构件组合式脚手架和台架。

（3）按设置形式分类：脚手架可分为单排脚手架、双排脚手架、多排脚手架、满堂脚手架、满高脚手架和交圈脚手架。

（4）按支固方式分类：脚手架可分为落地式脚手架、悬挑式脚手架、悬吊式脚手架和附着式升降脚手架。

（5）按材料分类：脚手架可分为木脚手架、竹脚手架和钢管脚手架。

脚手架分类方式还有很多，工程中常用的钢管脚手架又可分为扣件式钢管脚手架、碗扣式钢管脚手架、门式钢管脚手架、附着式升降脚手架、悬挑式脚手架和外挂式脚手架。

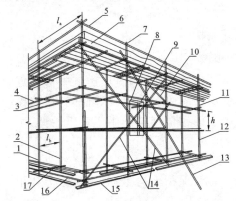

**图 3-1 扣件式钢管脚手架的组成**
1—外立杆；2—内立杆；3—横向水平杆；
4—纵向水平杆；5—栏杆；6—挡脚板；
7—直角扣件；8—旋转扣件；9—连墙件；
10—横向斜撑；11—主立杆；12—副立杆；
13—抛撑；14—剪刀撑；15—垫板；
16—纵向扫地杆；17—横向扫地杆

## （二）扣件式钢管脚手架

扣件式钢管脚手架由钢管杆件用扣件连接而成，主要由钢管、扣件和底座组成，具有工作可靠、装拆方便和适应性强等特点，是目前我国使用最为普遍的一种多立杆式脚手架。扣件式钢管脚手架的组成如图 3-1 所示。

**1. 扣件式脚手架的主要组成构件及其作用**

（1）钢管。扣件式脚手架钢管应采用现行国家标准《直缝电焊钢管》（GB/T 13793—2008）中规定的 3 号普通钢管，其质量应符合现行国家标准《碳素结构钢》（GB/T 700—2006）中 Q235-A 级钢的规定。脚手架钢管的最大质量不应大于 25 kg，宜采用 φ48×3.5 钢管。

（2）扣件和底座。扣件式钢管脚手架应采用由可锻铸铁铸造的扣件，其基本形式有 3 种（见图 3-2），直角扣件用于垂直交叉杆件间的连接，对接扣件用于杆件对接连接，旋转扣件用于平行或斜交杆件间的连接。

底座是设于立杆底部的垫座，用于承受脚手架立柱传递下来的荷载；可用厚 8 mm、边长 150 mm 的钢板做底板，与外径 60 mm、壁厚 3.5 mm、长度 150 mm 的钢管套筒焊接而成。底座形式有内插式和外套式两种。底座的形状及尺寸如图 3-3 所示。

（3）脚手板。脚手板是用于构造作业层架面的板材，脚手板可采用钢、木、竹材料制作，每块质量不宜大于 30 kg。

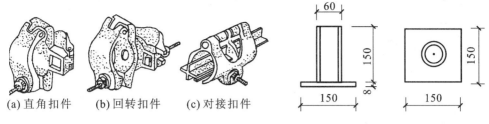

(a) 直角扣件　(b) 回转扣件　(c) 对接扣件

图 3-2　扣件形式

图 3-3　底座的形状与尺寸(单位:mm)

**2. 扣件式钢管脚手架的构造**

扣件式钢管外脚手架有单排脚手架和双排脚手架两种。杆件包括立杆、大横杆、小横杆、连墙杆、栏杆、剪刀撑、斜撑、抛撑和扫地杆。扣件式钢管脚手架的构造如图 3-4 所示。

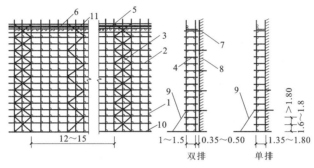

图 3-4　扣件式钢管脚手架的构造形式(单位:m)

1—立杆;2—大横杆;3—剪刀撑;4—小横杆;5—脚手板;
6—栏杆;7—连墙杆;8—墙身;9—抛撑;10—扫地杆;11—斜撑

脚手架的传力结构为:作业层(脚手板)→小横杆→大横杆→立柱→底座→地基。

1) 立杆

立杆横距(单排脚手架为立杆至墙面距离)为 0.9~1.5 m(高层架子不大于 1.2 m);纵距为 1.4~2.0 m。相邻立杆的接头位置应错开布置在不同的步距内,与相近大横杆的距离不宜大于步距的 1/3。立杆与大横杆必须用直角扣件扣紧,不得隔步设置或遗漏。当采用双立杆时,必须都用扣件与同一根大横杆扣紧,不得只扣紧 1 根。单排脚手架搭设高度不宜超过 20 m,双排脚手架的搭设高度一般不超过 50 m。

2) 大横杆、小横杆

大横杆步距为 1.5~1.8 m,上下大横杆的接长位置应错开布置在不同的立杆纵距中,与相邻立杆的距离不大于纵距的 1/3。相邻步架的大横杆应错开布置在立杆的里侧和外侧,以减少立杆偏心受力的情况。

小横杆应贴近立杆布置(对于双立杆,则设于双立杆之间),搭于大横杆之上并用直角扣件扣紧。脚手板端头根据需要加设 1 根或 2 根小横杆,在任何情况下,均不得拆除作为基本构架结构杆件的小横杆。

单排脚手架因仅在脚手架外侧设一排立杆,故小横杆一端与大横杆连接,另一端搁置在墙上。在墙上要留有脚手眼,单排脚手架不宜用于厚度小于 180 mm 的墙体、空斗砖墙、加气块墙等轻质墙体。脚手眼作为小横杆的支点,不得在下列墙体或部位设置脚手眼。

(1) 120 mm 厚墙、料石清水墙和独立柱。

（2）过梁上与过梁成 60°角的三角形范围及过梁净跨度 1/2 的高度范围内。

（3）宽度小于 1 m 的窗间墙。

（4）砌体门窗洞口两侧 200 mm（石砌体为 300 mm）和转角处 450 mm（石砌体为 600 mm）范围内。

（5）梁及梁垫下及其左右 500 mm 范围内。

（6）设计不允许设置脚手眼的部位。

在施工脚手眼补砌时，灰缝应填满砂浆，不得用干砖填塞。

3）剪刀撑

剪刀撑应连 3～4 根立杆，斜杆与地面夹角为 45°～60°。剪刀撑布置应符合下列要求。

（1）高度小于 25 m 时，两端及转角设置，中间每隔 12～15 m 设一道，并且每片不少于三道。

（2）高度在 25～50 m 时，还应在沿高度每隔 10～15 m 设一道。

（3）高度大于 50 m 时，沿全高和全长连续设置。

剪刀撑的斜杆除两端用旋转扣件与脚手架的立杆或大横杆扣紧外，在其中间应增加 2～4 个扣结点。

4）横向支撑

横向支撑是指在双排脚手架横向构架内从底到顶沿全高呈之字形设置的连续的斜撑。其具体设置要求如下。

（1）脚手架因条件限制不能形成封闭形，两端及中间每隔 6 个间距设一道横向支撑。

（2）架高超过 25 m 时，每隔 6 个间距设一道横向支撑。

5）水平支撑

水平支撑指在设置连墙拉结杆件的所在水平面内连续设置的水平斜杆，在承力较大的结构脚手架或承受偏心荷载较大的承托架、防护棚、悬挑水平安全网等部位设置，以加强水平刚度。

6）抛撑

高度低于 3 步的脚手架，采用抛撑来防止倾覆，间距不超过 6 倍立杆间距。

7）连墙件

连墙件在水平方向应设置在框架梁或楼板附近，竖直方向应设置在框架柱或横隔墙附近。连墙件在房屋的每层范围内均需布置一排，一般竖向间距为脚手架步高的 2～4 倍，并且绝对值在 3～4 m 范围内；横向间距宜选用立杆纵距的 3～4 倍，并且绝对值在 4.5～6 m 范围内。

8）栏杆

在铺脚手板的操作层上设两道护栏，上栏杆距脚手板面高度大于 1.1 m，下栏杆距脚手板面 0.2～0.3 m。

**3. 脚手架的搭设与拆除**

脚手架搭设范围的地基应平整坚实，以便于设置底座和垫板，并有可靠的排水措施，防止积水浸泡地基。杆件应按设计方案搭设，并注意搭设顺序，扣件拧紧程度要适度，并且应严格控制立杆的垂直度（偏差不大于架高的 1/200）和大横杆的水平度（不大于一皮砖厚）。脚手板要铺满、铺平、铺稳，不得有悬空板，各杆连接都应有不小于 100 mm 的伸缩余地，以防滑脱。禁止使用规格和质量不合格的杆配件。脚手架的搭设虽不像建筑物结构那样严格，但使用荷载变动性较大，受自然条件影响也大，因此要有足够的安全储备，以适应各种情况要求。脚手架要有可靠的安全防护措施，并严格控制使用荷载。

脚手架的拆除按由上而下、逐层向下的顺序进行。严禁上下同时作业，所有固定件应随脚手架逐层拆除,严禁先将固定件整层或数层拆除后再拆脚手架,当拆至脚手架下部最后一节立杆时,应先架临时抛撑加固,后拆固定件,卸下的材料应集中,严禁抛扔。

### (三)碗扣式钢管脚手架

碗扣式钢管脚手架又称为多功能碗扣型脚手架。其基本构造和搭设要求与钢管扣件式脚手架类似,不同之处在于其杆件接头处采用碗扣连接。由于碗扣是固定在钢管上的,因此连接可靠,组成的脚手架整体性好,也不存在扣件丢失问题。碗扣式接头由上碗扣、下碗扣、横杆接头、限位销等组成,如图 3-5 所示。上碗扣、下碗扣和限位销按 600 mm 间距设置在钢管立杆上,其中下碗扣和限位销直接焊接在立杆上,搭设时将上碗扣的缺口对准限位销后,即可将上碗扣向上拉起(沿立杆向上滑动),然后将横杆接头插入下碗扣圆槽内,再将上碗扣沿限位销滑下,并顺时针旋转扣紧,用小锤轻击几下即可完成接点的连接。

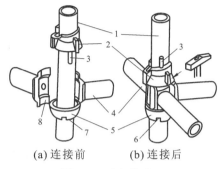

(a)连接前    (b)连接后

图 3-5　碗扣接头

1—立杆;2—上碗扣;3—限位销;4—横杆;
5—下碗扣;6—流水槽;7—焊缝;8—横杆接头

碗扣式接头可以同时连接四根横杆,横杆可相互垂直或偏转一定的角度,因而可以搭设各种形式的,特别是曲线型的脚手架,还可作为模板的支撑。碗扣式钢管脚手架的立杆横距为 1.2 m,纵距根据脚手架荷载可分为 1.2 m、1.5 m、1.8 m 和 2.4 m 四种,步距可分为 1.8 m 和 2.4 m 两种。

### (四)门型脚手架

门型脚手架又称多功能门型脚手架,是由钢管制成的门架、剪刀撑、水平梁架或脚手板构成基本单元,将基本单元通过连接棒、锁臂等连接起来即构成整片脚手架。门型脚手架主要构件如图 3-6 所示。

门型脚手架(见图 3-7)是目前国际上应用最普遍的脚手架之一,其搭设高度一般限制在 45 m 以内,该脚手架的特点是装拆方便,构件规格统一,其宽度有 1.2 m、1.5 m 和 1.6 m 三种,高度有 1.3 m、1.7 m、1.8 m、2.0 m 等规格,可根据不同要求进行组合。

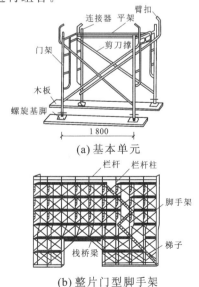

(a)基本单元

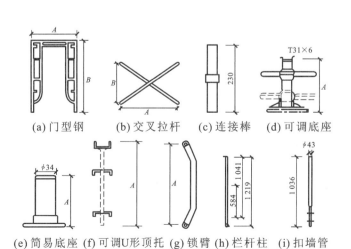

(a)门型钢  (b)交叉拉杆  (c)连接棒  (d)可调底座

(e)简易底座 (f)可调U形顶托 (g)锁臂 (h)栏杆柱 (i)扣墙管

图 3-6　门型脚手架主要部件

(b)整片门型脚手架

图 3-7　门型脚手架

搭设门型脚手架时,基底必须严格夯实抄平,并铺可调底座,以免发生塌陷和不均匀沉降。首层门型脚手架垂直度(门架竖管轴线的偏移)偏差不大于 2 mm;水平度(门架平面方向和水平方向)偏差不大于 5 mm。门架的顶部和底部用纵向水平杆和扫地杆固定。门架之间必需设置剪刀撑和水平梁架(或脚手板),其间连接应可靠,以确保脚手架的整体刚度。整片脚手架必须适量放置水平加固杆(纵向水平杆),底下三层要每层设置水平加固杆,三层以上则每隔三层设一道水平加固杆。在脚手架的外侧面设置长剪刀撑,使用连墙管或连墙器将脚手架与建筑结构紧密连接。连墙点的最大间距,在垂直方向为 6 m,在水平方向为 8 m。高层脚手架应增加连墙点的布设密度。脚手架在转角处必须做好连接和与墙拉结,并利用钢管和回转扣件把处于相交方向的门架连接起来。

### (五) 里脚手架

里脚手架是搭设在施工对象内部的脚手架,主要用于在楼层上砌墙和进行内部装修等施工作业。由于建筑内部施工作业量大,平面分布十分复杂,要求里脚手架能频繁搬移和装拆。因此,里脚手架必须轻便灵活、稳固可靠、搬移和装拆方便。常用的里脚手架有如下几种。

**1. 折叠式里脚手架**

折叠式里脚手架可用角钢、钢筋、钢管等材料焊接制作,如图 3-8 所示。

折叠式里脚手架架设间距:砌墙时宜为 1.0～2.0 m;内部装修时宜为 1.0～2.0 m。

**2. 支柱式里脚手架**

支柱式里脚手架如图 3-9 所示。支柱式里脚手架由支柱和横杆组成支架,在横杆上铺设脚手板。支柱式里脚手架的架设间距:砌墙时宜为 2 m;内部装修时不超过 2.5 m。

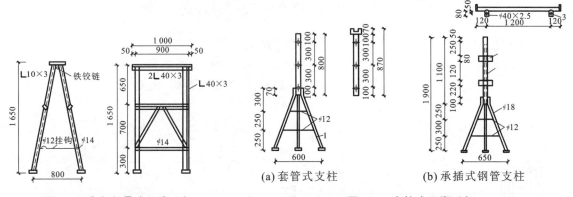

图 3-8　角钢折叠式里脚手架　　　　　图 3-9　支柱式里脚手架

里脚手架除了采用上述金属工具式脚手架外,还可以就地取材,用竹、木等制作"马凳"作为脚手板的支架。还有些工地将废旧钢筋焊成铁三脚架,俗称"爬山虎",内墙砌筑时直接支撑在墙体上,上面再铺上脚手板即可搭成简易脚手架。

**3. 满堂脚手架**

满堂脚手架主要用于单层厂房、展览大厅、体育馆等层高较高、开间较大的建筑顶部的装饰施工。

1) 满堂脚手架的组成和构造参数

组成:满堂脚手架由立杆、横杆、斜杆、剪刀撑等组成。

构造参数:满堂脚手架的构造参数如表 3-1 所示。

表 3-1　满堂脚手架的构造参数

| 用途 | 立杆纵、横间距/m | 横杆竖向步距/m | 操作层支承杆间距/m | 靠墙立杆离开墙面距离/m |
|---|---|---|---|---|
| 装饰架 | ≤2 | ≤1.8 | ≤1 | 0.5～0.6 |
| 结构架 | ≤1.5 | ≤1.4 | ≤0.75 | 根据需要定 |

2）满堂脚手架搭设和质量标准

搭设满堂脚手架应先立四角的立杆，再立四周的立杆，最后立中间的立杆，必须保证纵横向立杆距离相等。立杆底部应垫垫木，架高 50 m 以内，垫木规格为：厚 100 mm，宽 200 mm，长 800 mm。架高 5～15 m，宜采用厚 100 mm 的长垫木；架高超过 15 m，垫木规格应经设计确定。

满堂脚手架四角应设置抱角斜撑，四周外排立杆中应设剪刀撑，中间每隔四排立杆沿纵向设一道剪刀撑，斜撑和剪刀撑应由底到顶连续设置。

两侧每步设纵向水平拉杆一道，中间每两步设一道。操作层脚手板应满铺，四角的脚手板应与纵向水平杆绑牢，脚手板铺设后不应露杆头。上料口四周应设置防护栏杆并挂设安全网。

## （六）非落地式脚手架

非落地式脚手架包括附着升降脚手架、挑脚手架、吊篮和挂脚手架，即采用附着、挑、吊、挂方式设置的悬空脚手架。它们避免了落地式脚手架用材多、搭设量大的缺点，因而特别适合高层建筑施工使用，以及各种不便或不必搭设落地式脚手架的情况。

### 1. 悬挑式外脚手架

悬挑式外脚手架，是利用建筑结构外边缘向外伸出的悬挑结构来支承外脚手架，将脚手架的荷载全部或部分传递给建筑结构。悬挑脚手架的关键是悬挑支承结构，它必须有足够的强度、刚度和稳定性，并能将脚手架的荷载传递给建筑结构。

1）适用范围

在高层建筑施工中，遇到以下三种情况时，可采用悬挑式外脚手架。

（1）±0.000 以下结构工程回填土不能及时回填，而主体结构工程必须立即进行，否则影响工期。

（2）高层建筑主体结构四周为裙房，脚手架不能直接支承在地面上。

（3）超高层建筑施工，脚手架搭设高度超过了架子的允许搭设高度，因此，将整个脚手架按允许搭设高度分成若干段，每段脚手架支承在由建筑结构向外悬挑的结构上。

2）悬挑支承结构

悬挑支承结构主要有以下两类。

（1）用型钢做梁挑出，端头加钢丝绳（或用钢筋花篮螺栓拉杆）斜拉，组成悬挑支承结构。由于悬出端支承杆件是斜拉索（或拉杆），又简称为斜拉式，如图 3-10(a)所示。斜拉式悬挑外脚手架的承载能力由拉杆的强度控制，因此断面较小，能节省钢材，并且自重较轻。

（2）用型钢焊接的三角桁架作为悬挑支承结构，悬出端的支承杆件是三角斜撑压杆，又称为下撑式，如图 3-10(c)所示。下撑式悬挑外脚手架的悬出端支承杆件是斜撑受压杆，其承载能力由压杆稳定性控制，因此断面较大，钢材用量较多。

### 2. 附着升降式脚手架

附着升降式脚手架，是指仅需搭设一定高度并附着于工程结构上，依靠自身的升降设备和装置，随工程结构施工逐层爬升，并能实现下降作业的外脚手架。这种脚手架适用于现浇钢筋混凝土结构的高层建筑。

原国家建设部于 2000 年 10 月颁布了《建筑施工附着升降脚手架管理暂行规定》（建[2000]

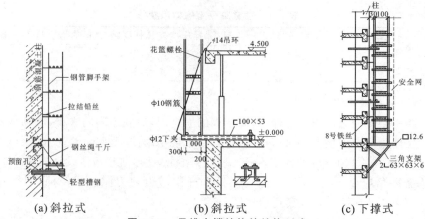

（a）斜拉式　　　　（b）斜拉式　　　　（c）下撑式

图 3-10　悬挑支撑结构的结构形式

230号），对附着升降脚手架的设计计算、构造装置、加工制作、安装、使用、拆卸和管理等都进行了明确规定。强调对从事附着升降脚手架工程的施工单位实行资质管理，未取得相应资质证书的不得施工；对附着升降脚手架实行认证制度，即所使用的附着升降脚手架必须经过国家建设行政主管部门组织鉴定或者委托具有资格的单位进行认证。

附着升降脚手架按爬升构造方式分为：导轨式、主套架式、悬挑式、吊拉式（互爬式）等。几种附着升降脚手架示意图如图 3-11 所示。无论采用哪一种附着升降式脚手架，其技术关键是：与建筑物有牢固的固定措施，升降过程均有可靠的防倾覆措施，设有安全防坠落装置和措施，具有升降过程中的同步控制措施。

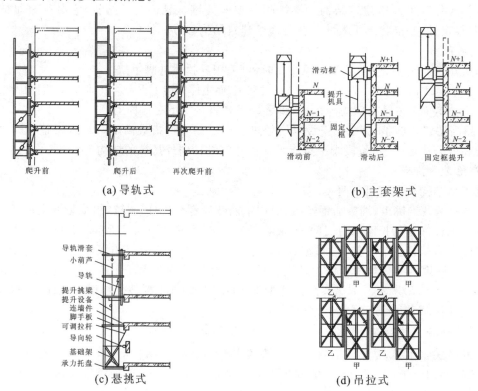

（a）导轨式　　　　　　　　　　　　　（b）主套架式

（c）悬挑式　　　　　　　　　　　　　（d）吊拉式

图 3-11　几种附着升降脚手架示意图

**3. 外挂式脚手架**

外挂式脚手架适用于与全现浇剪力墙结构或外墙钢大模支模配合的脚手架,也适用于作为砌筑和装饰用的挂架。采用预先加工好的基本构件,如三角形支撑架,使用钢管和扣件将基本构件连接成整体钢架,通过基本构件上的悬挂件悬挂在预先埋设在墙体中的钢锥体锚固件上,或者在墙体上预先留孔,将穿墙挂钩固定在墙上,在挂钩上悬挂架体,形成支撑系统。常用的悬挂架有 3 m、4.5 m 和 6 m 三种型号,具体构造如图 3-12 所示。外挂架需用塔吊协助翻转使用。

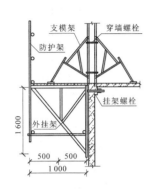

图 3-12　三角形外挂架示意图(单位:mm)

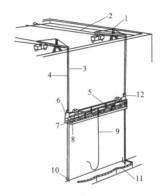

图 3-13　吊篮的设置全貌

1—悬挂机构;2—悬挂机构安全绳;3—工作钢丝绳;
4—安全钢丝绳;5—安全带及安全绳;6—提升机;
7—悬吊平台;8—电器控制柜;9—供电电缆;
10—绳坠铁;11—围栏;12—安全锁

**4. 吊篮**

采用悬吊方式设置的脚手架称为"吊脚手架",其形式有吊架和吊篮,主要用于装修和维修工程施工。由于移动式工作台的兴起,吊架已较少应用,而吊篮则已成为高层建筑外装修作业脚手架的常用形式,其技术也已发展得较为完善,如图 3-13 所示。

## (七)脚手架的安全措施

为了确保脚手架的安全,脚手架必须具备足够的强度、刚度和稳定性。对于常用的脚手架如扣件式钢管脚手架等要按照现行的技术规程、技术资料和数据,依据脚手架用途、施工荷载、搭设高度等条件,合理确定脚手架的立杆间距、排距、步距,设计和布置各类支撑系统。要进行必要的计算或验算;在搭设脚手架时,必须严格按工艺操作规程和切实履行质量标准,进行质量验收。自行设计的脚手架则必须经过严格的设计计算和试验,确有安全保障时才可在工程中使用。

脚手架的施工均布荷载规定为:维修用脚手架为 1 kN/m²;装饰用脚手架为 3 kN/m²;结构施工用脚手架为 3 kN/m²。如果超载,应采取相应措施并进行验算。

# 二、垂直运输设施

垂直运输设施指担负垂直运送材料和施工人员上下的机械设备和设施。在砌筑工程中,不仅要运输大量的砖(或砌块)、砂浆,还要运输脚手架、脚手板和各种预制构件;不仅有垂直运输,而且有地面和楼面的水平运输。其中,垂直运输是影响砌筑工程施工速度的重要因素。

目前砌筑工程采用的垂直运输设施有井架、龙门架、塔式起重机和建筑施工电梯等。

## (一)塔式起重机

塔式起重机具有提升、回转、水平运输等功能,不仅是重要的吊装设备,而且也是重要的垂直运输设备，其垂直和水平吊运长、大、重的物料仍为其他垂直运输设备所不及，故在有可能条件下宜优先采用。

塔式起重机一般分为固定式、附着式、轨道（行走）式和爬升式等几种，如图3-14所示。

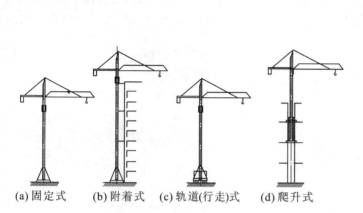

(a)固定式　(b)附着式　(c)轨道(行走)式　(d)爬升式

图3-14　各种类型的塔式起重机

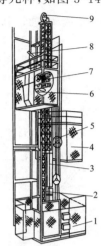

图3-15　齿轮齿条驱动施工电梯示意图

1—外笼；2—导轨架；3—对重；4—吊厢；

5—电缆导向装置；6—锥鼓限速器；

7—传动系统；8—吊杆；9—天轮

## （二）施工电梯

施工电梯又称外用施工电梯，是一种安装于建筑物外部，供运送施工人员和建筑器材用的垂直提升机械。采用施工电梯运送施工人员上下楼层，可节省工时，减轻工人体力消耗，提高劳动生产率。因此，施工电梯被认为是高层建筑施工不可缺少的关键设备之一。

### 1. 施工电梯的分类

施工电梯一般分为齿轮齿条驱动电梯和绳轮驱动电梯两类。

#### 1）齿轮齿条驱动施工电梯

齿轮齿条驱动施工电梯由塔架、吊厢、地面停机站、驱动机组、安全装置、电控柜、门机电连锁盒、电缆、电缆接受筒、对重、安装小吊杆等组成，如图3-15所示。塔架又称立柱，包括基础节、标准节、塔顶天轮架节，由钢管焊接格构式矩形断面标准节组成，标准节之间采用套柱螺栓连接。塔架的特点是：刚度好，安装迅速；电机、减速机、驱动齿轮、控制柜等均装设在吊厢内，检查维修保养方便；采用高效能的锥鼓式限速装置，当吊厢下降速度超过0.65 m/s时，吊厢会自动制动，从而保证不发生坠落事故；可与建筑物拉结，并随建筑物施工进度而自升接高，升降高度可达100～150 m。

齿轮齿条驱动施工电梯按吊厢数量，可分为单吊厢式和双吊厢式，吊厢尺寸一般为3 m×1.3 m×2.7 m；按承载能力分为两级，一级载重量为1 000 kg或乘员11～12人，另一级载重量为2 000 kg或乘员24人。

#### 2）绳轮驱动施工电梯

绳轮驱动施工电梯是近年来开发的新产品，由三角形断面钢管塔架、底座、单吊厢、卷扬机、绳轮系统及安全装置等组成，如图3-16所示。其特点是结构轻巧，构造简单，用钢量少，造价低，能自升接高。吊厢平面尺寸为 2.5 m×1.3 m,可载货 1 000 kg 或乘员 8～10 人。因此,绳轮驱动施工电梯在高层建筑施工中应用逐渐扩大。

**2. 施工电梯的选择**

高层建筑外用施工电梯的机型选择,应根据建筑体型、建筑面积、运输总重、工期要求、造价等确定。从节约施工机械费用出发,对 20 层以下的高层建筑工程,宜使用绳轮驱动施工电梯;25 层特别是 30 层以上的高层建筑应选用齿轮齿条驱动施工电梯。根据施工经验,一台单吊厢式齿轮齿条驱动施工电梯的服务面积为 20 000～40 000 m²,参考此数据可为高层建筑工地配置施工电梯,并尽可能选用双吊厢式。

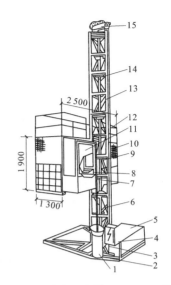

图 3-16　绳轮驱动施工电梯(SFD-1000 型)示意图
1—盛线筒;2—底座;3—减振器;4—电器厢;5—卷扬机;
6—引线器;7—电缆;8—安全机构;9—限速机构;10—吊厢;
11—驾驶室;12—围栏;13—立柱;14—连接螺栓;15—柱顶

## (三) 井架、龙门架

井架(见图 3-17)是施工中最常用的、也是最为简便的垂直运输设施。它的稳定性好、运输量大,除用型钢或钢管加工的定型井架之外,还可用脚手架材料搭设而成。井架多为单孔井架,但也可构成两孔或多孔井架。井架通常带一个起重臂和吊盘。起重臂的起重能力为 5～10 kN,在其外伸工作范围内也可用于小距离的水平运输。吊盘的起重能力为 10～15 kN,其中可放置运料的手推车或其他散装材料。搭设高度可达 40 m,但此时需设缆风绳保持井架的稳定。

龙门架是由两根三角形截面或矩形截面的立柱及天轮梁组成的门式架。在龙门架上设滑轮、导轨、吊盘、缆风绳等,进行材料、机具及小型预制构件的垂直运输(见图 3-18)。龙门架的构造简单、制作容易、用材量少、装拆方便,但刚度和稳定性较差,一般适用于中小型工程。

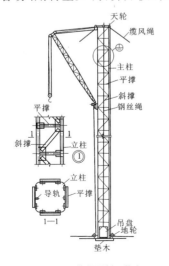

图 3-17　普通型钢井架

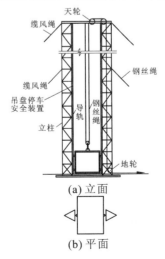

图 3-18　龙门架的基本构造形式

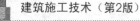

# 任务2 砌筑材料

## 一、砌块材料

砌块材料主要包括砖、砌块、石材等。

### 1. 砖

砖要按规定及时进场，按砖的强度等级、外观、几何尺寸进行验收，并应检查出厂合格证。用于清水墙、柱表面的砖，应边角整齐，色泽均匀。在常温下，黏土砖应在砌筑前1～2 d浇水润湿，以免在砌筑时由于砖吸收砂浆中的大量水分，使砂浆流动性降低，砌筑困难，影响砂浆的黏结强度。但也要注意不能将砖浇得过湿，以水浸入砖内10～15 mm为宜。过湿过干都会影响施工速度和施工质量。如因天气酷热，砖面水分蒸发过快，操作时揉压困难，也可在脚手架上进行二次浇水。

砖的种类有烧结普通砖、烧结多孔砖、烧结空心砖、蒸压灰砂空心砖、蒸压粉煤灰砖等。

1）烧结普通砖

烧结普通砖为实心砖，是以黏土、页岩、煤矸石或粉煤灰为主要原料，经压制、焙烧而成。按原料不同，可分为烧结黏土砖、烧结页岩砖、烧结煤矸石砖和烧结粉煤灰砖。

烧结普通砖的外形为直角六面体，其公称尺寸为240 mm×115 mm×53 mm，根据抗压强度分为MU30、MU25、MU20、MU15、MU10五个强度等级。

2）烧结多孔砖

烧结多孔砖使用的原料与生产工艺与烧结普通砖基本相同，其孔洞率不小于25%。砖的外形为直角六面体，其公称尺寸应符合240 mm×115 mm×90 mm（P型）和190 mm×190 mm×90 mm（M型）的要求。

烧结多孔砖根据抗压强度分为MU30、MU25、MU20、MU15、MU10五个强度等级。

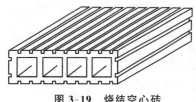

**图3-19 烧结空心砖**

3）烧结空心砖

烧结空心砖（见图3-19）的烧制、外形、尺寸要求与烧结多孔砖一致，在与砂浆的接合面上应设有增加结合力的深度1 mm以上的凹线槽。

烧结空心砖根据抗压强度分为MU5、MU3、MU2三个强度等级。

4）蒸压灰砂空心砖

蒸压灰砂空心砖以石英砂和石灰为主要原料，压制成型，经压力蒸汽养护而制成的孔洞率大于15%砂的空心砖。

蒸压灰砂空心砖的外形规格与烧结普通砖一致，根据抗压强度分为MU25、MU20、MU15、MU10、MU7.5五个强度等级。

5）蒸压粉煤灰砖

蒸压粉煤灰砖以粉煤灰为主要原料，掺配适量的石灰、石膏或其他碱性激发剂，再加入一定数量的炉渣作为骨料蒸压制成的砖。

蒸压粉煤灰砖的外形规格与烧结普通砖一致，根据抗压强度、抗折强度分为MU20、MU15、MU10、MU7.5四个强度等级。

**2. 砌块**

砌块一般以混凝土或工业废料做原料制成实心或空心的块材。它具有自重轻、机械化和工业化程度高、施工速度快、生产工艺和施工方法简单且可大量利用工业废料等优点,因此,用砌块代替普通黏土砖是墙体改革的重要途径。

砌块按形状可分为实心砌块和空心砌块两种;按制作原料可分为粉煤灰、加气混凝土、混凝土、硅酸盐、石膏砌块等数种;按规格可分为小型砌块、中型砌块和大型砌块。砌块高度在 115～380 mm 的称为小型砌块,高度在 380～980 mm 的称为中型砌块,高度大于 980 mm 的称为大型砌块。常用的砌块有普通混凝土小型空心砌块、轻集料混凝土小型空心砌块、蒸压加气混凝土砌块和粉煤灰砌块。

1) 普通混凝土小型空心砌块

普通混凝土小型空心砌块(见图 3-20)以水泥、砂、碎石或卵石加水预制而成。其主规格尺寸为 390 mm × 190 mm × 190 mm,有两个方形孔,空心率不小于 25%。

普通混凝土小型空心砌块根据抗压强度分为 MU20、MU15、MU10、MU7.5、MU5、MU3.5 六个强度等级。

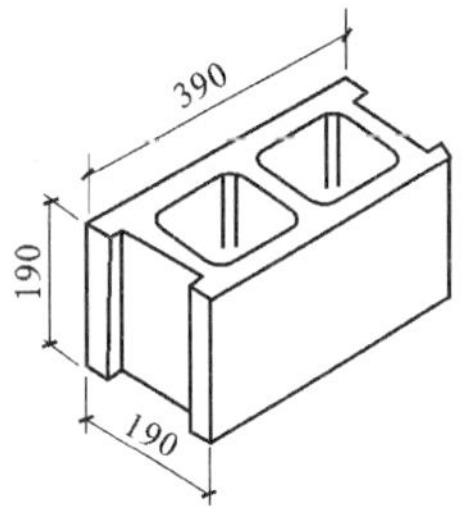

图 3-20 普通混凝土小型空心砌块

2) 轻集料混凝土小型空心砌块

轻集料混凝土小型空心砌块以水泥、砂、轻集料加水预制而成。其主规格尺寸为 390 mm×190 mm×190 mm。按其孔的排数分为:单排孔、双排孔、三排孔和四排孔等四类。

轻集料混凝土小型空心砌块根据抗压强度分为 MU10、MU7.5、MU5、MU3.5、MU2.5、MU1.5 六个强度等级。

3) 蒸压加气混凝土砌块

蒸压加气混凝土砌块以水泥、矿渣、砂、石灰等为主要原料,加入发气剂,经搅拌成型、蒸压养护而成的实心砌块。其主规格尺寸为 600 mm×250 mm×250 mm。

蒸压加气混凝土砌块根据抗压强度分为 A10、A7.5、A5、A3.5、A2.5、A2、A1 七个强度等级。

4) 粉煤灰砌块

粉煤灰砌块(见图 3-21)以粉煤灰、石灰、石膏和轻集料为原料,加水搅拌,振动成型,蒸汽养护而成的密实砌块。其主规格尺寸为 880 mm×380 mm×240 mm 和 880 mm×430 mm×240 mm两种。砌块端面应加灌浆槽,坐浆面宜设抗剪槽。

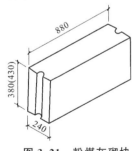

图 3-21 粉煤灰砌块

粉煤灰砌块根据抗压强度分为 MU13 和 MU10 两个强度等级。

**3. 石材**

砌筑用石有毛石和料石两类。所选石材应质地坚实,无风化剥落和裂纹,用于清水墙、柱表面的石材,应色泽均匀。石材表面的泥垢、水锈等杂质,砌筑前应清除干净,以利于砂浆和块石黏结。毛石分为乱毛石和平毛石。乱毛石是指形状不规则的石块;平毛石是指形状不规则,但有两个平面大致平行的石块。毛石应呈块状,其中部厚度不宜小于 150 mm。料石按其加工面的平整程度分为细料石、粗料石和毛料石三种。料石的宽度、厚度均不宜小于 200 mm,长度不宜大于厚度的 4 倍。料石根据抗压强度分为 MU100、MU80、MU60、MU50、MU40、MU30、MU20、MU15、MU10 九个强度等级。

## 二、砌筑砂浆

### 1. 砂浆的组成

砂浆是由胶结材料、细骨料及水组成的混合物。按照胶结材料的不同，砂浆可分为水泥砂浆（水泥、砂、水）、混合砂浆（水泥、砂、石灰膏、水）、石灰砂浆（石灰膏、砂、水）、石灰黏土砂浆（石灰膏、黏土、砂、水）、黏土砂浆（黏土、水）。石灰砂浆、石灰黏土砂浆、黏土砂浆强度较低，只用于临时设施的砌筑。建筑工程常用砌筑砂浆为水泥砂浆、混合砂浆，其强度等级宜用 M20、M15、M10、M7.5、M5、M2.5。一般水泥砂浆用于潮湿环境和强度要求较高的砌体；石灰砂浆主要用于砌筑干燥环境中强度要求不高的砌体；混合砂浆主要用于地面以上强度要求较高的砌体。

砌筑砂浆使用的水泥品种及标号，应根据砌体部位和所处环境来选择。水泥砂浆采用的水泥，其强度等级不宜大于 32.5 级；混合砂浆采用的水泥，其强度等级不宜大于 42.5 级。水泥在进场使用前，应分批对其强度、安定性进行复验（检验批应以同一生产厂家、同一编号为一批）。

水泥储存时应保持干燥。当在使用中对水泥质量有怀疑或水泥出厂超过三个月（快硬硅酸盐水泥超过一个月）时，应复查试验，并按其结果使用。不同品种的水泥，不得混合使用。

生石灰熟化成石灰膏时，应用孔径不大于 3 mm×3 mm 的网过滤，熟化时间不得少于 7 d；磨细生石灰粉的熟化时间不得小于 2 d。沉淀池中储存的石灰膏，应采取防止干燥、冻结和污染的措施，脱水硬化后的石灰膏严禁使用。

细骨料宜采用中砂并过筛，不得含有害杂物，其含泥量应满足下列要求：对水泥砂浆和强度等级不小于 M5 的水泥混合砂浆，不应超过 5%；对强度等级小于 M5 的水泥混合砂浆，不应超过 10%。

凡在砂浆中掺入有机塑化剂、早强剂、缓凝剂、防冻剂等，应经试验和试配符合要求后，方可使用。拌制砂浆用水，水质应符合国家现行标准。

### 2. 制备与使用

砌筑砂浆应通过试配确定配合比，各组分材料应采用重量计量。

砌筑砂浆应采用砂浆搅拌机进行拌制。自投料完算起，搅拌时间应符合下列规定：水泥砂浆和混合砂浆不得小于 2 min；掺用外加剂的砂浆不得少于 3 min；掺用有机塑化剂的砂浆应为 3～5 min。

为了便于操作，砌筑砂浆应有较好的和易性，即良好的流动性（稠度）和保水性。和易性好的砂浆能保证砌体灰缝饱满、均匀、密实，并能提高砌体强度。砌筑砂浆的稠度如表 3-2 所示。

表 3-2　砌筑砂浆的稠度

| 砌 体 种 类 | 砂浆稠度/mm | 砌 体 种 类 | 砂浆稠度/mm |
|---|---|---|---|
| 烧结普通砖砌体 | 70～90 | 普通混凝土小型空心砌块砌体 | 50～70 |
| 轻集料混凝土小型空心砌块砌体 | 60～90 | 加气混凝土小型空心砌块砌体 | 50～70 |
| 烧结多孔砖、空心砖砌体 | 60～80 | 石砌体 | 30～50 |

掺用外加剂时，应先将外加剂按规定浓度溶于水中，在拌和水时投入外加剂溶液，外加剂不得直接投入拌制的砂浆中。

施工中当采用水泥砂浆代替水泥混合砂浆时，应重新确定砂浆强度等级。

砂浆应随拌随用，水泥砂浆和水泥混合砂浆应分别在 3 h 和 4 h 内使用完毕；当施工期间最高气温超过 30 ℃时，应分别在拌成后 2 h 和 3 h 内使用完毕。对掺用缓凝剂的砂浆，其使用时间可根据具体情况延长。

**3. 砂浆的强度检验**

砌筑砂浆试块强度验收时,其强度合格标准必须符合下列规定。

(1)同一验收批砂浆试块抗压强度平均值必须大于或等于设计强度等级所对应的立方体抗压强度。

(2)同一验收批砂浆试块抗压强度的最小一组平均值必须大于或等于设计强度等级所对应的立方体抗压强度的 3/4。

(3)砂浆强度应以标准养护龄期为 28 d 的试块抗压试验结果为准。

(4)抽检数量:每一检验批且不超过 250 m³ 砌体中的各种类型及强度等级的砌筑砂浆,每台搅拌机应至少抽查一次。

(5)检验方法:在砂浆搅拌机出料口随机取样制作砂浆试块(同盘砂浆只需要制作一组试块),最后检查试块强度试验报告单。

# 任务 3  砖石砌体施工

## 一、砖砌体施工的基本要求

砌体工程所用的材料应有产品的合格证书、产品性能检测报告。块材、水泥、钢筋、外加剂等还应有材料的主要性能的进场复验报告,严禁使用国家明令淘汰的材料。

砖砌体的组砌要求:灰缝横平竖直、砂浆饱满、薄厚均匀、上下错缝、内外搭砌、接槎牢固、墙面垂直;要预防不均匀沉降引起的开裂;要注意施工中墙、柱的稳定性;冬期施工时还要采取相应的措施。

## 二、砖砌体施工程序

### (一)组砌形式

实心砖墙常用的厚度有半砖、一砖、一砖半、两砖等。依据实心砖墙的不同组砌形式,最常见的有以下几种:全顺、二平一侧、全丁、一顺一丁、梅花丁、三顺一丁,如图 3-22 所示。

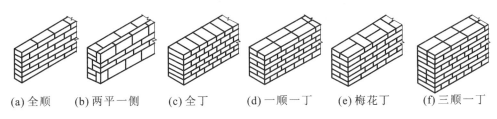

(a) 全顺　(b) 两平一侧　(c) 全丁　(d) 一顺一丁　(e) 梅花丁　(f) 三顺一丁

图 3-22　实心砖墙的组砌形式

(1)全顺。各皮砖均顺砌,上下皮垂直灰缝相互错开半砖长(120 mm),适合砌半砖厚(115 mm)墙。

(2)两平一侧。两皮顺(或丁)砖与一皮侧砖相间,上下皮垂直灰缝相互错开 1/4 砖长(60 mm)以上,适合砌 3/4 砖厚(180 mm 或 300 mm)墙。

(3)全丁。全丁砌筑法就是全部用丁砖砌筑,上下皮竖缝相互错开 1/4 砖长,此法仅用于圆弧形砌体，如水池、烟囱、水塔等。

（4）一顺一丁。一皮中全部顺砖与一皮中全部丁砖相互交替砌成，上下皮间的竖缝相互错开1/4砖。砌体中无任何通缝，而且丁砖数量较多，能增强横向拉结力。这种组砌方式，砌筑效率高，墙面整体性好，墙面容易控制平直，多用于一砖厚墙体的砌筑。但当砖的规格参差不齐时，砖的竖缝就难以整齐。

（5）梅花丁。梅花丁又称沙包式、十字式。梅花丁的砌法是每皮中丁砖与顺砖相隔，上皮丁砖中坐于下皮顺砖，上下皮间相互错开1/4砖长。这种砌法内外竖缝每皮都能错开，故整体性好，灰缝整齐，而且墙面比较美观，但砌筑效率较低。砌筑清水墙或当砖的规格不一致时，采用这种砌法较好。

（6）三顺一丁。三顺一丁的砌法是三皮中全部顺砖与一皮中全部丁砖间隔砌成。上下皮顺砖间的竖缝错开1/2砖长；上下皮顺砖与丁砖间竖缝错开1/4砖长。这种砌法由于顺砖较多，砌筑效率较高，但三皮顺砖内部纵向有通缝，整体性较差，一般使用较少。三顺一丁宜用于一砖半以上的墙体的砌筑或挡土墙的砌筑。

为了使砖墙的转角处各皮间竖缝相互错开，必须在外角处砌七分头砖（3/4砖长）。当采用一顺一丁组砌时，七分头的顺面方向依次砌顺砖，丁面方向依次砌丁砖，如图3-23（a）所示。

砖墙的丁字接头处，应分皮相互砌通，内角相交处竖缝应错开1/4砖长，并在横墙端头处加砌七分头砖，如图3-23（b）所示。

砖墙的十字接头处，应分皮相互砌通，交角处的竖缝应错开1/4砖长，如图3-23（c）所示。

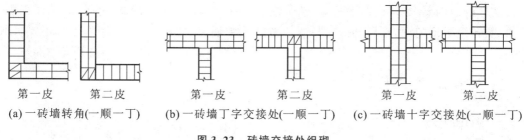

第一皮　　　第二皮　　　　第一皮　　　第二皮　　　　第一皮　　　第二皮

(a) 一砖墙转角(一顺一丁)　　(b) 一砖墙丁字交接处(一顺一丁)　　(c) 一砖墙十字交接处(一顺一丁)

图3-23　砖墙交接处组砌

在墙上留置临时施工洞口，其侧边离交接处墙面不应小于500 mm，洞口净宽度不应超过1 m，临时施工洞口应做好补砌。

设计要求的洞口、管道、沟槽应于砌筑时正确留出或预埋，未经设计同意，不得打凿墙体和在墙体上开凿水平沟槽，宽度超过300 mm的洞口上部，应设置过梁。

砖墙每日砌筑高度不得超过1.8 m。砖墙分段砌筑时，分段位置宜设在变形缝、构造柱或门窗洞口处；相邻工作段的砌筑高度不得超过一个楼层高度，也不宜大于4 m。

## （二）砌筑工艺

砌砖施工程序通常包括抄平、放线，摆砖样，立皮数杆，盘角，挂线，砌砖，勾缝、清理等工序。

**1. 抄平、放线**

1）底层抄平、放线

当基础砌筑到±0.000时，依据施工现场±0.000标准水准点在基础面上用水泥砂浆或C10细石混凝土找平，并在建筑物四角外墙面上引测±0.000标高，画上符号并注明，作为楼层标高引测点;依据施工现场龙门板上的轴线钉通线,并沿通线挂线锤,将墙轴线引测到基础面上,再以轴线为标准弹出墙边线,定出门窗洞口的平面位置。轴线经复查无误后,将轴线引测到外墙面上,画上特定的符号,作为楼层轴线引测点。

2)轴线、标高引测

当墙体砌筑到各楼层时,可根据设在底层的轴线引测点,利用经纬仪或铅垂球,把控制轴线引测到各楼层外墙上;可根据设在底层的标高引测点,利用钢尺向上直接丈量,把控制标高引测到各楼层外墙上。

3)楼层抄平、放线

轴线和标高引测到各楼层后,就可进行各楼层的抄平、放线。为了保证各楼层墙身轴线的重合,并与基础定位轴线一致,引测后,一定要用钢尺丈量各轴线间距,经校核无误后,再弹出各分间的轴线和墙边线,并按设计要求定出门窗洞口的平面位置。

**2. 摆砖样**

摆砖样是指在放线的基面上按选定的组砌方式用砖试摆。一般在房屋外纵墙方向摆顺砖,在山墙方向摆丁砖,摆砖由一个大角摆到另一个大角,砖与砖留 10 mm 缝隙。摆砖的目的是为了校对所放出的墨线在门窗洞口、附墙垛等处是否符合砖的模数。当偏差小时可调整砖间竖缝,使砖和灰缝的排列整齐、均匀,以尽可能减少砍砖,提高砌砖效率。摆砖结束后,用砂浆把干摆的砖砌好,砌筑时注意其平面位置不得移动。摆砖样在清水墙砌筑中尤为重要。

**3. 立皮数杆**

皮数杆是一种方木标志杆。皮数杆是指在其上画有每皮砖和砖缝厚度,以及门窗洞口、过梁、梁底、预埋件等标高位置的一种木制标杆。立皮数杆的目的是用于控制每皮砖砌筑时的竖向尺寸,并使铺灰、砌砖的厚度均匀,保证砖缝水平,同时还可以保证砌体的垂直度。

皮数杆长度应有一层楼高(不小于 2 m),皮数杆一般立于房屋的四大角、内外墙交接处、楼梯间以及洞口多的地方,每隔 10~15 m 立一根,立皮数杆时,应使皮数杆上的±0.000线与房屋的标高起点线相吻合(见图 3-24)。

**4. 盘角、挂线**

墙角是控制墙面横平竖直的主要依据,所以,一般先在墙角砌 4~5 皮砖,称为盘角。墙角砖层高度必须与皮数杆相符,做到"三皮一吊,五皮一靠"。再根据皮数杆和已砌的墙角挂准线,作为砌筑中间墙体的依据,每砌一皮或两皮,准线向上移动一次,以保证墙面平整。一砖厚的墙单面挂线,外墙挂外边,内墙挂任何一边;一砖半及以上厚的墙都要双面挂线。每皮砖都要拉线看平,使水平缝均匀一致,平直通顺。

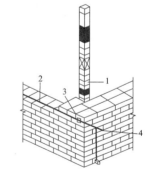

图 3-24　皮数杆与水平控制线

1—皮数杆;2—水平控制线;

3—转角处水平控制线固定铁钉;

4—末端水平控制线固定铁钉

**5. 砌砖**

砌砖的操作方法较多,不论选择何种砌筑方法,首先应保证砖缝的灰浆饱满,其次还应考虑有较高的生产效率。目前常用的砌筑方法主要有铺灰挤砌法和"三一"砌砖法。

铺灰挤砌法是先在砌体的上表面铺一层适当厚度的灰浆,然后拿砖向后持平连续向砖缝挤去,将一部分砂浆挤入竖向灰缝,水平灰缝靠手的揉压达到需要的厚度,达到上齐线下齐边、横平竖直的要求。这种砌筑方法的优点是效率较高,灰缝容易饱满,能保证砌筑质量。当采用铺浆法砌筑时,铺浆长度不得超过 750 mm;施工期间气温超过 30 ℃时,铺浆长度不得超过 500 mm。

"三一"砌砖法是先将灰抛在砌砖位置上,随即将砖挤揉,即"一铲灰、一块砖、一挤揉",并随手将挤出的砂浆刮去。该砌筑方法的特点是上灰后立即挤砌,灰浆不宜失水,并且灰缝容易饱满、黏结力好,墙面整洁,宜于保证质量。竖缝可采用挤浆或加浆的方法,使其砂浆饱满。砌筑实心墙时宜选用"三一"砌砖法。基于"三一"砌砖法,为减轻操作人员的疲劳强度,可采用"二三八一"砌砖法,即由二种步法(丁字步和并列步)、三种身法(丁字步与并列步的侧身弯腰、丁字步的正弯腰和并列步的正弯腰)、八种铺灰手法(砌条砖用的甩、扣、泼、溜和砌丁砖时的扣、溜、泼、一带二)和一种挤浆动作(砌砖时利用手指揉动,使落在灰条上的砖产生轻微颤动,砂浆受振以后液化,砂浆中的水泥浆颗粒充分进入到砖的表面,产生良好吸附黏结作用)所组成的一套符合人体正常活动规律的先进砌砖工艺。

240 mm 厚承重墙的最上一皮砖,应使用丁砌层砌筑。梁及梁垫的下面,砖砌体的台阶水平面上以及砖砌体的挑檐、腰线的下面,应用丁砌层砌筑。

### 6. 勾缝

勾缝是砌清水墙的最后一道工序,具有保护墙面并增加墙面美观的作用。

勾缝的方法有两种:墙较薄时,可用砌筑砂浆随砌随勾缝,称为原浆勾缝;墙较厚时,待墙体砌筑完毕后,用 1:1 勾缝,称为加浆勾缝。勾缝形式有平缝、斜缝、凹缝等。勾缝完毕,应清扫墙面。

### (三)砖砌体的质量要求

砖砌体是由砖块和砂浆通过各种形式的组合而搭砌成的整体,所以,砌体质量的好坏取决于组成砌体的原材料质量和砌筑方法。砖砌体砌筑质量的基本要求是:横平竖直、厚薄均匀,砂浆饱满、上下错缝、内外搭砌,接槎牢固,减少不均匀沉降,以保证墙体有足够的强度与稳定性。

### 1. 横平竖直、厚薄均匀

砌体的灰缝应横平竖直、厚薄均匀。水平灰缝厚度宜为 10 mm,不应小于 8 mm,也不应大于 12 mm,否则,在垂直荷载作用下上下两层将产生剪力,使砂浆与砌块分离从而引起砌体破坏。砌体必须满足垂直度要求,否则在垂直荷载作用下将产生附加弯矩而降低砌体的承载力。

砌体的竖向灰缝应垂直对齐,对不齐而错位,称为游丁走缝,会影响墙体的外观质量。

要做到横平竖直,首先应将基础找平,砌筑时严格按皮数杆拉线,将每皮砖砌平,同时经常用 2 m 托线板检查墙体垂直度,发现问题应及时纠正。

### 2. 砂浆饱满

为保证砖块均匀受力和使块体紧密结合,要求水平灰缝砂浆饱满。如水平灰缝太厚,在受力时,砌体的压缩变形增大,还可能使砌体产生滑移,这对墙体结构很不利。如灰缝过薄,则不能保证砂浆的饱满度,对墙体的黏结力削弱,影响整体性。砂浆的饱满程度以砂浆饱满度表示,用百格网检查,要求饱满度达到 80% 以上。同样,竖向灰缝亦应控制厚度保证黏结,不得出现透明缝、瞎缝和假缝,以避免透风漏雨,影响保温性能。

### 3. 上下错缝、内外搭砌

上下错缝是指砖砌体上下两皮砖的竖缝应当错开,以避免上下通缝。砖块的错缝搭接长度不应小于 1/4 砖长,当上下二皮砖搭接长度小于 25 mm 时,即为通缝。在垂直荷载作用下,砌体会由于通缝而丧失整体性,影响砌体强度。内外搭砌是指同皮的里外砌体通过相邻上下皮的砖块搭砌而组砌得牢固。

为提高墙体的整体性、稳定性和强度，满足上下错缝、内外搭砌的要求，可采用一顺一丁、三顺一丁、梅花丁的砌筑形式，如图3-25所示。

**4. 接槎牢固**

整个房屋的纵横墙应相互连接牢固，以增加房屋的强度和稳定性。砖砌体的转角处和交接处应同时砌筑，严禁无可靠措施的内外墙分砌施工。对不能同时砌筑而又必须留置的临时间断处应砌成斜槎，斜槎水平投影长度不应小于高度的2/3。非抗震设防和抗震设防烈度为6度、7度地区的临时间断处，当不能留斜槎时，除转角外，可留直槎，但直槎必须做成凸槎。留直槎处应加设拉结筋，拉结钢筋的数量为每120 mm墙厚留1φ6的拉结钢筋(120 mm厚墙放置2φ6拉结钢筋)，间距沿墙高不应超过500 mm，埋入长度从留槎处算起每边均不应小于500 mm，对抗震设防烈度为6度、7度的地区，不应小于1 000 mm；末端应有90°的弯钩，如图3-26所示。

(a) 一顺一丁

(b) 三顺一丁

(c) 梅花丁图

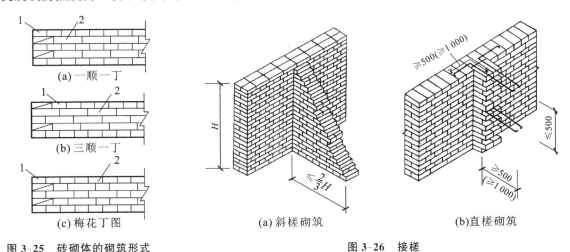

**图3-25　砖砌体的砌筑形式**

1—丁砖；2—顺砖

(a) 斜槎砌筑　　(b)直槎砌筑

**图3-26　接槎**

接槎即先砌砌体与后砌砌体之间的结合。接槎方式的合理与否，对砌体质量和建筑物整体性的影响极大。因留槎处的灰浆不易饱满，故应少留槎。接槎的方式有斜槎和直槎两种。斜槎和直砖砌体接槎时，必须将接槎处的表面清理干净，浇水润湿，并应填实砂浆，保持灰缝平直，使接槎处的前后砌体黏结牢固。

**5. 减少不均匀沉降**

沉降不均匀将导致墙体开裂，对结构危害很大，砌筑施工中要严加注意。砖砌体相临施工段的高差不得超过一个楼层的高度，也不宜大于4 m；临时间断处的高度差不得超过一步脚手架的高度。为减少灰缝变形而导致砌体沉降，一般每日砌筑高度不宜超过1.8 m，雨天施工，不宜超过1.2 m。

## 三、几种常见砖砌体施工

### (一) 砖基础

砖基础砌筑在垫层之上，一般下部为大放脚，上部为基础墙，大放脚的宽度为半砖长的整数倍。混凝土垫层厚度一般为100 mm，宽度每边比大放脚最下层宽100 mm。大放脚有等高式和间隔式。等高式大放脚是每砌两皮砖，两边各收进1/4砖长；间隔式大放脚是每砌两皮砖及一皮砖,轮流两边各收进1/4砖长,特别要注意,等高式和间隔式大放脚的共同特点是最下层都应为两皮砖砌筑。砖基础大放脚一般采用一顺一丁的砌筑形式,如图3-27所示,即一皮顺砖与一皮丁砖相间,上下皮垂直灰缝相互错开1/4砖长。

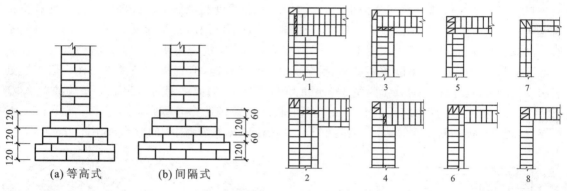

图3-27　砖基础大放脚的砌筑形式

(a)等高式　(b)间隔式

图3-28　大放脚转角处分皮砌法

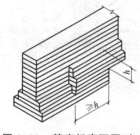

图3-29　基底标高不同时砖基础的搭砌

砖基础的转角处、交接处,为错缝需要加砌配砖(3/4砖、半砖或1/4砖)。图3-28所示的是底宽为两砖半等高式砖基础大放脚转角处分皮砌法。

砖基础的水平灰缝厚度和垂直灰缝宽度宜为10 mm,水平灰缝的砂浆饱满度不得小于80%。砖基础的底标高不相同时,应从低处开始砌筑,并应由低处向高处搭砌,当设计无要求时,搭砌长度不应小于砖基础大放脚的高度,基底标高不同时砖基础的搭砌如图3-29所示。

砖基础的转角处和交接处应同时砌筑,当不能同时砌筑时,应留置斜槎(踏步槎)。

基础墙的防潮层,当无具体设计要求时,宜用1:2水泥砂浆加适量防水剂铺抹,其厚度宜为20 mm。防潮层位置宜在室内地面标高以下一皮砖(-0.06 m)处。砖基础砌筑完成后应该有一定的养护时间,再进行回填土方,回填时,砖基础的两边应该同时对称回填,避免砖基础移位或倾覆。

## (二)砖柱

砖柱断面宜为方形或矩形,最小断面尺寸为240 mm×365 mm。

砖柱砌筑应保证砖柱外表面上下皮垂直灰缝相互错开1/4砖长,砖柱内部少通缝,为错缝需要加砌配砖,不得采用包心砌法。断面的砖柱分皮砌法如图3-30所示。

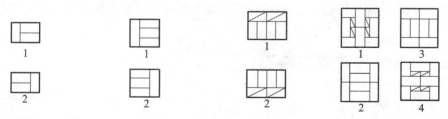

(a)240 mm×365 mm柱　(b)365 mm×365 mm柱　(c)365 mm×490 mm柱　(d)490 mm×490 mm柱

图3-30　断面的砖柱分皮砌法

## （三）砖垛

砖垛应与所附砖墙同时砌起,垛最小断面尺寸为 120 mm×240 mm,应隔皮与砖墙搭砌,搭砌长度应不小于 1/4 砖长,外表面上下皮垂直灰缝应相互错开 1/2 砖长,砖垛内部应尽量少通缝,为错缝需要加砌配砖。图 3-31 所示的是一砖半厚墙附 120 mm×490 mm 砖垛和附 240 mm×365 mm 砖垛的分皮砌法。

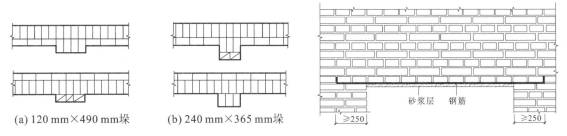

(a) 120 mm×490 mm 垛　　(b) 240 mm×365 mm 垛

图 3-31　砖垛分皮砌法

图 3-32　钢筋砖过梁

## （四）钢筋砖过梁

钢筋砖过梁(见图 3-32)的底面为砂浆层,砂浆层厚度不宜小于 30 mm。砂浆层中应配置钢筋,钢筋直径不应小于 5 mm,其间距不宜大于 120 mm,钢筋两端伸入墙体内的长度不宜小于 250 mm,并有向上的 90°弯钩。

钢筋砖过梁砌筑前,应先支设模板,模板中央应略有起拱。砌筑时,宜先铺 15 mm 厚的砂浆层,把钢筋放在砂浆层上,使其弯钩向上,然后再铺 15 mm 砂浆层,使钢筋位于 30 mm 厚的砂浆层中间。然后按墙体砌筑形式与墙体同时砌砖。

钢筋砖过梁截面计算高度内(7 皮砖高)的砂浆强度不宜低于 M5,钢筋砖过梁的跨度不应超过 1.5 m。钢筋砖过梁底部的模板应在砂浆强度不低于设计强度 50% 时,方可拆除。

## （五）构造柱

### 1. 构造柱和砖组合砌体

构造柱和砖组合墙由钢筋混凝土构造柱、烧结普通砖墙以及拉结钢筋等组成。

钢筋混凝土构造柱的截面尺寸不宜小于 240 mm×240 mm,其厚度不应小于墙厚,边柱、角柱的截面宽度宜适当加大。构造柱内竖向受力钢筋,对于中柱不宜少于 4φ12;对于边柱、角柱,不宜少于 4φ14。构造柱的竖向受力钢筋的直径也不宜大于 16 mm。钢筋接长,可采用绑扎接头,搭接长度为 35$d$。箍筋在一般部位宜采用φ6,间距 200 mm,绑扎接头处箍筋间距不应大于200 mm,楼层上下 500 mm 范围内宜采用φ6,间距 100 mm。构造柱的竖向受力钢筋应在基础梁和楼层圈梁中锚固,锚固长度不应小于 35$d$。构造柱的混凝土强度等级不宜低于 C20。

烧结普通砖墙,所用砖的强度等级不应低于 MU10,砌筑砂浆的强度等级不应低于 M5。砖墙与构造柱的连接处应砌成马牙槎,每一个马牙槎的高度不宜超过 300 mm,并应沿墙高每隔 500 mm 设置 2φ6 拉结钢筋,拉结钢筋每边伸入墙内不宜小于 1 000 mm。拉结钢筋布置及马牙槎如图 3-33 所示。

构造柱和砖组合墙的房屋,应在纵横墙交接处、墙端部和较大洞口的洞边设置构造柱,其间距不宜大于 4 m。各层洞口宜设置在对应位置,并宜上下对齐。

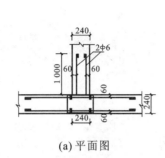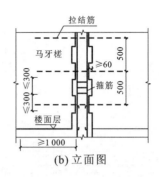

(a) 平面图　　　　　　　　(b) 立面图

**图 3-33　拉结钢筋布置及马牙槎**

**2. 构造柱和砖组合砌体施工**

构造柱和砖组合墙的施工程序应为先砌墙后浇混凝土构造柱。构造柱施工程序为:绑扎钢筋→砌砖墙→支模板→浇混凝土→拆模。

构造柱的模板可用木模板或组合钢模板。在每皮砖墙及马牙槎砌好后,应立即支设模板,模板必须与所在墙的两侧严密贴紧,支撑牢靠,防止模板缝漏浆。

构造柱的底部(圈梁面上)应留出 2 皮砖高的孔洞,以便清除模板内的杂物,清除后封闭。构造柱浇灌混凝土前,必须将马牙槎部位和模板浇水湿润,将模板内的落地灰、砖渣等杂物清理干净,并在结合面处注入适量与构造柱混凝土相同的去石水泥砂浆。

构造柱的混凝土坍落度宜为 50～70 mm,石子粒径不宜大于 20 mm。混凝土随拌随用,拌和好的混凝土应在 1.5 h 内浇灌完。

构造柱的混凝土浇灌可以分段进行,每段高度不宜大于 2.0 m。在施工条件较好并能确保混凝土浇灌密实时,亦可每层一次浇灌。

捣实构造柱混凝土时,宜用插入式混凝土振动器,应分层振捣,振动棒随振随拔,每次振捣层的厚度不应超过振捣棒长度的 1.25 倍。振捣棒应避免直接碰触砖墙,严禁通过砖墙传振,钢筋的混凝土保护层厚度宜为 20～30 mm。

构造柱与砖墙连接的马牙槎内的混凝土必须密实饱满。构造柱从基础到顶层必须垂直,对准轴线。在逐层安装模板前,必须根据构造柱轴线随时校正竖向钢筋的位置和垂直度。

# 四、影响砖砌体工程质量的因素与防治措施

**1. 砂浆强度不稳定**

现象:砂浆强度低于设计强度标准值,有时砂浆强度波动较大,匀质性差。

主要原因:材料计量不准确;砂浆中塑化材料或微沫剂掺量过多;砂浆搅拌不均;砂浆使用时间超过规定;水泥分布不均匀等。

预防措施包括如下三点。

(1) 建立材料的计量制度和计量工具校验、维修、保管制度,减少计量误差,对塑化材料(石灰膏等)宜调成标准稠度(120 mm)进行称量,再折算成标准容积。

(2) 砂浆尽量采用机械搅拌,分两次投料(先加入部分砂、水和全部塑化材料,拌匀后再投入其余砂和全部水泥进行搅拌,保证搅拌均匀)。

(3) 砂浆应按需要搅拌,宜在当班用完。

**2.砖墙墙面游丁走缝**

现象:砖墙面上下砖层之间竖缝产生错位,丁砖竖缝歪斜,宽窄不匀,丁不压中。清水墙窗台部位与窗间墙部位的上下竖缝错位、搬家。

主要原因:砖的规格不统一,每块砖长、宽尺寸误差大;操作中未掌握控制砖缝的标准,开始砌墙摆砖时,没有考虑窗口位置对砖竖缝的影响,当砌至窗台处分窗口尺寸时,窗的边线不在竖缝位置上。

预防措施包括如下两点。

(1)砌墙时用同一规格的砖,如规格不一,则应弄清现场用砖情况,统一摆砖确定组砌方法,调整竖缝宽度,提高操作人员技术水平,强调丁压中即丁砖的中线与下层条砖的中线重合。

(2)摆砖时应将窗口位置引出,使窗的竖缝尽量与窗口边线相齐,如果窗口宽度不符合砖的模数,砌砖时要打好七分头,排匀立缝,保持窗间墙处上下竖缝不错位。

**3.清水墙面水平缝不直,墙面凹凸不平**

现象:同一条水平缝宽度不一致,个别砖层冒线砌筑;水平缝下垂;墙体中部(两步脚手架交接处)凹凸不平。

主要原因:砖的两个条面大小不等,使灰缝的宽度不一致,个别砖的大条面偏大较多,不易将灰缝砂浆压薄,从而出现冒线砌筑;所砌墙体长度超过 20 m,挂线不紧,挂线产生下垂,灰缝就出现下垂现象;由于第一步架墙体出现垂直偏差,接砌第二步架时进行了调整,两步架交接处出现凹凸不平。

预防措施包括如下两点。

(1)砌砖应采取小面跟线,挂线长度超过 15～20 m 时,应加垫线。

(2)墙面砌至脚手架排木搭设部位时,预留脚手眼,并继续砌至高出脚手架板面一层砖,挂立线应由下面一步架墙面引出,以立线延至下部墙面至少 500 mm,挂立线吊直后,拉紧平线,用线锤吊平线和立线,当线锤与平线、立线相重,则可认为立线正确无误。

**4.“螺丝”墙**

现象:砌完一个层高的墙体时,同一砖层的标高差一皮砖的厚度而不能交圈。

主要原因:砌筑时没有按皮数杆控制砖的层数;每当砌至基础面和预制混凝土楼板上接砌砖墙时,由于标高偏差大,皮数杆往往不能与砖层吻合,需要在砌筑中用灰缝厚度逐步调整;如果砌同一层砖时,误将负偏差当成正偏差,砌砖时反而压薄灰缝,在砌至层高赶上皮数时,与相邻位置正好差一皮砖。

预防措施包括如下三点。

(1)砌筑前应先测定所砌部位基面标高误差,通过调整灰缝厚度来调整墙体标高。

(2)标高误差宜分配在一步架的各层砖缝中,逐层调整。

(3)操作时挂线两端应相互呼应,并经常检查与皮数杆的砌层号是否相符。

## 五、石砌体

### (一)毛石基础

**1.毛石基础的形式**

毛石基础按其剖面形式有阶梯形、梯形和矩形三种,如图 3-34 所示。

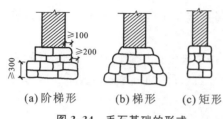

(a)阶梯形　(b)梯形　(c)矩形

图 3-34　毛石基础的形式

一般情况,阶梯形剖面是每砌 300～500 mm 高后收退一个台阶,收退几次后,达到基础顶面宽度为止,基础上部宽一般应比墙厚大 200 mm 以上。毛石的形状不规整,不易砌平,为保证毛石基础的整体刚度和传力均匀,每一台阶应不少于 2～3 皮毛石,每阶伸出宽度宜大于200 mm;梯形剖面是上窄下宽,由下往上逐步收小尺寸;矩形剖面为满槽装毛石,上下一样宽。毛石基础的标高一般砌到室内地坪以下 50 mm,基础顶面宽度不应小于 400 mm。

**2. 施工准备**

(1)工具准备。砌筑毛石所用工具除需一般瓦工常用的工具外,还需准备大锤、手锤、小撬棍和勾缝抿子等。

(2)备石料。根据设计要求选备石料和应该使用的砌筑砂浆。所用的毛石应质地坚实,无风化剥落和裂纹,毛石中部厚度不宜大于 150 mm,毛石强度等级不低于 MU20。砌筑砂浆宜用水泥砂浆或水泥混合砂浆,砂浆强度等级应不低于 M5。

(3)挂线。毛石基础砌筑前,要根据龙门板上的基础轴线来确定基础边线的位置。具体做法是从龙门板向下拉出两条垂直线,再从相对的两条垂直立线上拉出通槽水平线。若为阶梯式毛石基础,其挂线方法是:先按最下面一个台阶的宽度拉通槽水平线,然后按图纸要求的台阶高度,砌到设计标高后适当找平,再将垂直立线收到第二个台阶要求的砌筑宽度,依此收砌至基础顶部止。

**3. 施工要点**

(1)砌筑时,应双挂线,分层砌筑。基础最下一皮毛石应坐浆,选用较大的石块,使大面朝下,放置平稳。以上各层均应铺灰坐浆砌筑,不得用先铺石后灌浆的方法。转角及阴阳角外露部分,应选用方正平整的毛石(俗称角石)互相拉结砌筑。

(2)毛石砌体宜分皮卧砌,并应上下错缝、内外搭砌,不能采用外面侧立石块中间填心的砌筑方法。

(3)大、中、小毛石应搭配使用,使砌体平稳。形状不规则的石块,应用大锤将其棱角适当加工后使用,灰缝要饱满密实,厚度一般控制在 30～40 mm 之间,石块上下两皮竖缝必须错开,做到交错排列。

(4)毛石基础每 0.7 m² 且每皮毛石内间距不大于 2 m 设置一块拉结石,上下两皮拉结石的位置应错开,立面砌成梅花形。拉结石宽度,如基础宽度等于或小于 400 mm,拉结石宽度应与基础宽度相等;如基础大于 400 mm,可用两块拉结石内外搭接,搭接长度不应小于 150 mm,并且其中一块长度不应小于基础宽度的 2/3、内外墙交接处均应选用拉结石砌筑。填心的石块应根据石块自然形状交错放置,尽量使石块间缝隙最小,过大缝隙应铺浆用小石块填入使之稳固,用锤轻敲使之密实,严禁石块间无浆直接接触,出现干缝、通缝。基础的扩大部分如为阶梯形,上级阶梯的石块应至少压砌下级阶梯石块的 1/2,相邻阶梯的毛石应相互错缝搭砌,以保证整体性。

(5)每砌完一层,必须校对中心线,找平一次,检查有无偏斜现象。毛石基础最上一皮宜选用较大的平毛石,使其咬劲大。基础侧面要保持大体平整、垂直,不得有倾斜、内陷和外鼓现象。砌好后,外侧石缝应用砂浆勾严。

(6)毛石基础的转角处和交接处应同时砌筑。如不能同时砌筑又必须留槎时,应砌成斜槎。

基础中的预留孔洞,要按图纸要求事先留出,不得砌完后凿洞。沉降缝应分成两段砌筑,不得搭接。转角处、交接处和洞口处应选用较大的平毛石砌筑。有高低台的毛石基础,应从低台砌筑,并由高台向低台搭接,搭接长度不小于基础高度。

(7)在砌筑过程中,如需调整石块时,应将毛石提起,刮去原有砂浆重新砌筑。严禁用敲击方法调整,以防松动周围砌体。当基础砌至顶面一层时,上皮石块伸入墙内长度应不小于墙厚的1/2,以免因连接不好而影响砌体强度。

(8)基础砌筑每天砌筑高度不应超过1.2 m,当天砌筑的砌体上应铺一层灰浆,表面应粗糙。夏季施工时,对刚砌完的砌体,应用草袋覆盖养护5~7 d,避免风吹、日晒、雨淋。毛石基础全部砌完,待基础工程验收后要及时在基础两边均匀分层口填土,分层夯实。

### (二)毛石挡土墙

毛石挡土墙应符合下列规定:每砌3~4皮为一个分层高度,每个分层高度应找平一次;外露面的灰缝厚度不得大于40 mm,两个分层高度间分层处的错缝不得小于80 mm,毛石挡土墙立面如图3-35所示。

挡土墙的泄水孔当设计无规定时,施工应符合下列规定:泄水孔应均匀设置,在每米高度上间隔2 m左右设置一个泄水孔;泄水孔与土体间铺设长宽各为300 mm、厚200 mm的卵石或碎石作为疏水层。

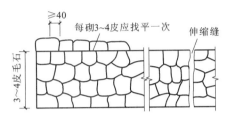

图 3-35　毛石挡土墙立面

# 任务 4　砌块砌体施工

用砌块代替普通黏土砖作为墙体材料是墙体改革的重要途径。目前工程中多采用中小型砌块。中型砌块施工是采用各种吊装机械及夹具将砌块安装在设计位置,一般要按建筑物的平面尺寸及预先设计的砌块排列图逐块按次序吊装、就位、固定。小型砌块施工与传统的砖砌体砌筑工艺相似,也是手工砌筑,但在形状、构造上有一定的差异。

## 一、砌块安装前的准备工作

### 1. 编制砌块排列图

中型砌块砌筑前,应根据施工图纸的平面、立面尺寸,并结合砌块的规格,先绘制砌块排列图,砌块排列图如图3-36所示。绘制砌块排列图时在立面图上按比例绘出纵横墙,标出楼板、大梁、过梁、楼梯、孔洞等位置,在纵横墙上绘出水平灰缝线,然后以主规格为主、其他型号为辅,按墙体错缝搭砌的原则和竖缝大小进行排列。在墙体上大量使用的主要规格砌块,称为主规格砌块;与它相搭配使用的砌块,称为副规格砌块。小型砌块施工时,也可不绘制砌块排列图,但必须根据砌块尺寸和灰缝厚度计算皮数和排数,以保证砌体尺寸符合设计要求。

若设计无具体规定,砌块应按下列原则排列。

(1)尽量多用主规格的砌块或整块砌块,减少非主规格砌块的规格与数量。

(2)砌筑应符合错缝搭接的原则,搭接长度不得小于砌块高的1/3,并且不应小于150 mm。当搭接长度不足时,应在水平灰缝内设置2φ4的钢筋网片予以加强,网片两端离该垂直缝的距离不得小于300 mm。

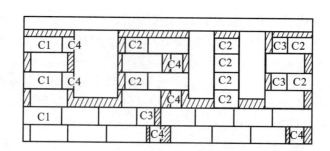

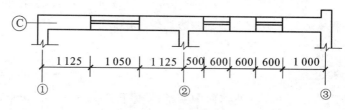

图 3-36  砌块排列图

（3）外墙转角处及纵横交接处应用砌块相互搭接，如不能相互搭接，则每两皮应设置一道拉结钢筋网片。

（4）水平灰缝一般为 10～20 mm，有配筋的水平灰缝为 20～25 mm。竖缝宽度为 15～20 mm，当竖缝宽度大于 40 mm 时应用与砌块同强度的细石混凝土填实；当竖缝宽度大于 100 mm 时应用黏土砖镶砌。

（5）当楼层高度不是砌块（包括水平灰缝）的整数倍时，用黏土砖镶砌。

（6）对于空心砌块，上下皮砌块的壁、肋、孔均应垂直对齐，以提高砌体的承载能力。

**2. 砌块的吊装方案**

砌块墙的施工特点是砌块数量多，吊次也相应增多，但砌块的质量不很大。砌块安装方案与所选用的机械设备有关，通常采用的吊装方案有两种：一是以塔式起重机进行砌块、砂浆的运输，以及其他构件的吊装，由台灵架吊装砌块，如工程量大，组织两栋房屋对翻流水等可采用这种方案；二是以井架进行材料的垂直运输，杠杆车进行楼板吊装，所有预制构件及材料的水平运输则用砌块车和劳动车，台灵架负责砌块的吊装。中型砌块吊装示意图如图 3-37 所示。

除应准备好砌块垂直、水平运输和吊装的机械外，还要准备安装砌块的专用夹具和有关工具。

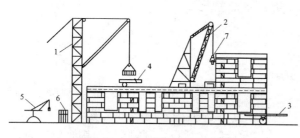

图 3-37  中型砌块吊装示意图

1—井架；2—台灵架；3—杠杆车；4—砌块车；
5—少先吊；6—砌块；7—砌块夹

# 二、中型砌块施工工艺

砌块施工的主要工序：铺灰、吊砌块就位、校正、灌缝和镶砖等。

（1）铺灰。采用稠度良好（50～70 mm）的水泥砂浆，铺 3～5 m 长的水平缝。夏季及寒冷季节应适当缩短，铺灰应均匀平整。

（2）砌块安装就位。采用摩擦式夹具,按砌块排列图将所需砌块吊装就位。砌块就位应对准位置徐徐下落,使夹具中心尽可能与墙中心线在同一垂直面上,砌块光面在同一侧,垂直落于砂浆层上,待砌块安放稳妥后,才可松开夹具。

（3）校正。用线锤和托线板检查垂直度,用拉准线的方法检查水平度,用撬棍、楔块调整偏差。

（4）灌缝。采用砂浆灌竖缝,两侧用夹板夹住砌块,超过 30 mm 宽的竖缝采用不低于 C20 的细石混凝土灌缝,收水后进行嵌缝,即原浆勾缝。以后,一般不应再撬动砌块,以防破坏砂浆的黏结力。

（5）镶砖。当砌块间出现较大竖缝或过梁找平时,应镶砖。采用 MU10 级以上的红砖,最后一皮用丁砖镶砌。镶砖工作必须在砌砖校正后即刻进行,镶砖时应注意使砖的竖缝灌密实。

## 三、混凝土小砌块砌体施工

混凝土小砌块砌体施工要点如下。

（1）施工时所用的混凝土小型空心砌块的产品龄期不应小于 28 d。

（2）砌筑小砌块时,应清除表面污物和芯柱及小砌块孔洞底部的毛边,剔除外观质量不合格的小砌块。

（3）在天气炎热的情况下,可提前洒水湿润小砌块;对轻骨料混凝土小砌块,可提前浇水湿润。小砌块表面有浮水时,不得施工。

（4）小砌块应底面朝上反砌于墙上,承重墙严禁使用断裂的小砌块。

（5）小砌块应从转角或定位处开始,内外墙同时砌筑,纵横墙交错搭接。外墙转角处应使小砌块隔皮露端面;T 字交接处应使横墙小砌块隔皮露端面,纵墙在交接处改砌两块辅助规格小砌块(尺寸为 290 mm×190 mm×190 mm,一端开口),所有露端面用水泥砂浆抹平,如图 3-38 所示。

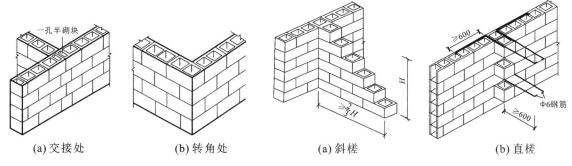

| (a) 交接处 | (b) 转角处 | (a) 斜槎 | (b) 直槎 |

**图 3-38　小砌块墙转角处及 T 字交接处砌**　　　　**图 3-39　小砌块砌体斜槎和直槎**

（6）小砌块墙体应对孔错缝搭砌,搭接长度不应小于 90 mm。墙体的个别部位不能满足上述要求时,应在灰缝中设置拉结钢筋或钢筋网片,但竖向通缝不能超过两皮小砌块。

（7）小砌块砌体的灰缝应横平竖直,全部灰缝均应铺填砂浆;水平灰缝的砂浆饱满度不得低于 90%;竖向灰缝的砂浆饱满度不得低于 80%;砌筑中不得出现瞎缝、透明缝。水平灰缝厚度和竖向灰缝宽度应控制在 8～12 mm。当缺少辅助规格小砌块时,砌体通缝不应超过两皮砌块。

（8）小砌块砌体临时间断处应砌成斜槎,斜槎长度不应小于斜槎高度 2/3（一般按一步脚手架高度控制）；如留斜槎有困难，除外墙转角处及抗震设防地区，砌体临时间断处不应留直槎外，从砌体面伸出 200 mm 砌成阴阳槎，并沿砌体高每三皮砌块（600 mm），设拉结筋或钢筋网片，接槎部位宜延至门窗洞口，如图 3-39 所示。

## 四、框架填充墙施工

### （一）轻质砌块填充墙施工

框架填充墙施工是先结构、后填充，施工时不得改变框架结构的传力路线。填充墙主要是高层建筑框架及框剪结构或钢结构中，用于维护或分隔区间的墙体。填充墙大多采用小型空心砌块、烧结实心砖、空心砖、轻骨料小型砌块、加气混凝土砌块及其他工业废料掺水泥加工而成的砌块等，要求有一定的强度、轻质、隔音隔热等效果。填充墙的施工除应满足一般砖砌体和各类砌块等相应技术、质量、工艺标准外，主要应注意以下几方面的问题。

**1. 与构件的连接问题**

与构件的连接分为墙两端与构件的连接和墙顶与构件的连接两种。

（1）墙两端与构件的连接。砌体与混凝土柱或剪力墙的连接，一般采用构件上预埋铁件加焊拉结钢筋或植墙拉筋的方法。预埋铁件一般采用厚 4 mm 以上，宽略小于墙厚，高 60 mm 的钢板做成。在混凝土构件施工时，按设计要求的位置，准确固定在构件中，砌墙时按确定好的砌体水平灰缝高度位置准确焊好拉结钢筋。此种方法的缺点是混凝土浇筑施工时铁件移位或遗漏给下步施工带来麻烦，如遇到设计变更则需重新处理。为了施工方便，目前许多工程采用植筋的方式，效果较好。

（2）墙顶与构件的连接。为了保证墙体的整体性与稳定性，填充墙顶部应采取相应的措施与构件挤紧。通常采用在墙顶加小木楔、砌筑侧立实心砖或在梁底做预埋铁件等方式与填充墙连接。不论采用哪种连接方式，都应分两次完成一片墙体的施工，其中时间间隔为 5～7 d。这是为了让砌体砂浆有一个完成压缩变形的时间，保证墙顶与构件连接的效果。

（3）施工注意事项。填充墙施工最好从顶层向下层砌筑，防止因构件变形量向下传递而造成早期下层先砌筑的墙体产生裂缝。特别是空心砌块，此裂缝的发生往往是在工程主体完成3～5个月后，通过墙面抹灰在跨中产生竖向裂缝得以暴露，因而质量问题的滞后性给后期处理带来困难。

如果工期太紧，填充墙施工必须由底层逐步向顶层进行时，则墙顶的连接处理需待全部砌体完成后，从上层向下层施工，此目的是给每一层的构件一个完成变形的时间和空间。

**2. 门窗的连接问题**

由于空心砌块与门窗框直接连接不易达到要求，特别是门窗较大时，施工中通常采用在洞口两侧做混凝土构造柱、预埋混凝土预制块及镶砖的方法。空心砌块在窗台顶面应做成混凝土压顶，以保证门窗框与砌体的可靠连接。

**3. 防潮防水问题**

空心砌块用于外墙面涉及防水问题，在雨季墙的迎风迎雨面，在风雨作用下易产生渗漏现象，主要发生在灰缝处。因此，在砌筑中，应注意灰缝饱满密实，其竖缝应灌砂浆插捣密实。外墙面的装饰层采取适当的防水措施，如在抹灰层中加防水粉，面砖勾缝或表面刷防水剂等，确保外墙的防水效果。用于室内隔墙时，砌体下应用实心混凝土块或实心砖砌 180 mm 高的底座，也可采用混凝土现浇。

**4. 单片面积较大的填充墙施工问题**

大空间的框架结构填充墙,应在墙体中根据墙体长度、高度需要来设置构造柱和水平现浇混凝土带,以提高砌体的稳定性。当大面积的墙体有转角时,可以在转角处设芯柱。施工中注意预埋构造柱钢筋的位置应正确,由于不同的块料填充墙做法各异,因此要求也不尽相同,实际施工时应参照相应设计要求及《砌体结构工程施工质量验收规范》(GB 50203—2011)和各地颁布实施的标准图集、施工工艺标准等。

### (二)加气混凝土小型砌块填充墙施工

**1. 工艺流程**

加气混凝土小型砌块填充墙施工的工艺流程为:检验墙体轴线及门窗洞口位置→楼面找平→立皮数杆→凿出拉结筋→选砌块→摆砌块→撂底→按单元砌外墙→砌内墙→砌二步架外墙→砌内墙(砌筑过程中留槎、下拉结网片、安装混凝土过梁)→勾缝或斜砖砌筑与框架顶紧→检查验收。

**2. 加气混凝土小型砌块填充墙施工要点**

加气混凝土小型砌块填充墙施工要点有如下几点。

(1)砌筑前应弹好墙身位置线及门口位置线,在楼板上弹上墙体主边线。

(2)砌筑前一天,应将预砌墙与原结构相接处,洒水湿润以保砌体黏结。

(3)将砌筑墙部位的楼地面,剔除高出底面的凝结灰浆,并清扫干净。

(4)砌筑前按实际尺寸和砌块规格尺寸进行排列摆块,不够整块可以锯裁成需要的规格,但不得小于砌块长度的 1/3。最下一层砌块的灰缝大于 20 mm 时,应用细石混凝土找平铺砌。

(5)砌体灰缝应保持横平竖直,竖向灰缝和水平灰缝均应铺填饱满的砂浆。竖向垂直灰缝首先在砌筑的砌块端头铺满砂浆,然后将上墙的砌块挤压至要求的尺寸。灰浆饱满度要求为:水平灰缝的黏结面不得小于 90%,竖缝的黏结面不得小于 80%,严禁用水冲浆浇灌灰缝,也不得用石子垫灰缝。水平灰缝厚度宜为 15 mm;竖向灰缝宽度宜为 20 mm。

(6)砌筑前设立皮数杆,皮数杆应立于房屋四角及内外墙交接处,间距以 10～15 m 为宜,砌块应按皮数杆拉线砌筑。

(7)砌筑砂浆必须用机械拌和均匀,随拌随用,砂浆稠度一般为 70～100 mm。

(8)砌筑时铺浆长度以一块砌块长度为宜,铺浆要均匀,厚薄适当,浆面平整,铺浆后立即放置砌块,一次摆正找平。

(9)纵横墙应整体咬槎砌筑,外墙转角处和纵墙交接处应严格控制分批、咬槎、交错搭砌。临时间断应留置在门窗洞口处,或砌成阶梯形斜槎,斜槎长度小于高度的 2/3。如留斜槎有困难时,也可留直槎,但必须设置拉结网片或其他措施,以保证有效连接。接槎时,应先清理基面,浇水湿润,然后铺浆接砌,并做到灰缝饱满。因施工需要留置的临时洞口处,每隔 50 cm 应设置 2φ6 拉结筋,拉结筋两端分别伸入先砌筑墙体及后堵洞砌体各 700 mm。

(10)凡有穿过墙体的管道,要严格防止渗水、漏水。

(11)砌体与混凝土墙相接处,必须按照设计要求留置拉结筋或网片,并且必须设置在砂浆中。设于框架结构中的砌体填充墙,沿墙高每隔 60 cm 应于柱预留的钢筋网片拉结,伸入墙内不小于 70 cm。铺砌时将拉结筋理直、铺平。

(12)墙顶与楼板或梁底应按设计要求进行拉结,每 60 cm 预留 1φ8 拉结筋伸入墙内 240 mm,用 C15 混凝土填塞密实。

（13）在门窗洞口两侧，将预制好埋有木砖或铁件的砌块，按洞口高度在2 m以内每边砌筑3块，洞口高度大于2 m时砌4块。混凝土砌块四周的砂浆要饱满密实。

（14）作为框架的填充墙，砌至最后一皮砖时，即梁底可采用实心辅助砌块立砖斜砌，如图3-40所示。每砌完一皮砖应校核检验墙体的轴线尺寸和标高，允许偏差可在楼面上予以纠正。砌筑一定面积的砌体以后，应随即用灰浆进行勾缝。一般情况下，每天砌筑高度不宜大于1.8 m。

（15）砌好的砌体不能撬动、碰撞、松动，否则应重新砌筑。

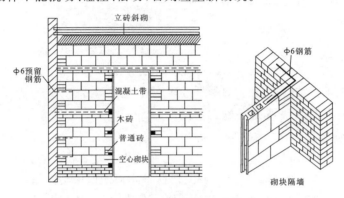

图3-40 梁底采用实心辅助砌块立砖斜砌

# 五、砌筑工程冬期施工

当室外日平均气温连续5 d稳定低于5 ℃时，砌体工程应采取冬期施工措施。气温根据当地气象资料统计确定。除了上述情况外，当日最低气温低于0 ℃时，也应按冬期施工的有关规定进行。砌筑工程的冬期施工最突出的一个问题就是砂浆遭受冻结，砂浆遭受冻结后会产生如下现象。

（1）砂浆的硬化暂时停止，并且不产生强度，失去了胶结作用。

（2）砂浆塑性降低，使水平或垂直灰缝的紧密度减弱。

（3）解冻的砂浆，在上层砌体的重压下，可能引起不均匀沉降。

因此，在冬期砌筑时，为了保证墙体的质量，必须采取有效措施，控制雨、雪、霜对墙体材料（如砖、砂、石灰等）的侵袭，各种材料应集中堆放，并采取保温措施。冬期砌筑时主要应解决砂浆遭受冻结或者说砂浆在负温情况下亦能增长强度的问题，满足冬期砌筑施工的要求。

砌筑工程的冬期施工方法有掺盐砂浆法、冻结法和暖棚法等。

## （一）掺盐砂浆法

冬期砌筑采用掺盐砂浆法时，可使用氯盐或亚硝酸钠等盐类拌制砂浆。掺入盐类外加剂拌制的水泥砂浆、水泥混合砂浆等称为掺盐砂浆。氯盐应以氯化钠为主。当气温低于－15 ℃时，也可与氯化钙复合使用。

掺盐砂浆法就是在砌筑砂浆内掺入一定数量的盐类，来降低水的冰点，以保证砂浆中有液态水存在，使水泥的水化反应能在一定的负温下进行，砂浆强度在负温下能够继续缓慢增长。同时，由于降低了砂浆中水的冰点，砌体的表面不会立即结冰而形成冰膜，故砂浆和砌体能较好的黏结。掺盐砂浆中的抗冻剂,目前主要是以氯化钠和氯化钙为主,还包括亚硝酸钠、碳酸钾和硝酸钙等。

**1. 掺盐砂浆法的适用范围**

掺盐砂浆法具有施工方便,费用低的特点。但是,由于氯盐砂浆吸湿性大,使结构保温性能和绝缘性能下降,并有析盐现象等。对下列有特殊要求的工程不允许采用掺盐砂浆法施工。

(1)对装饰工程有特殊要求的建筑物。

(2)使用湿度大于 80% 的建筑物。

(3)配筋、预埋件无可靠的防腐处理措施的砌体。

(4)接近高压电线的建筑物(如变电所、发电站等)。

(5)经常处于地下水位变化范围内,以及在地下未设防水层的结构。

对于这一类不能使用掺有氯盐砂浆的砌体,可选择亚硝酸钠、碳酸钾等盐类作为砌体冬期施工的抗冻剂。

**2. 对砌筑材料的要求**

砌体工程冬期施工所用材料应符合下列规定。

(1)石灰膏、电石膏等应防止受冻,如遭冻结,应经融化后使用。

(2)拌制砂浆用砂,不得含有冰块和大于 10 mm 的冻结块。

(3)砌体用砖或其他块材不得遭水浸冻。

(4)砌筑用砖、砌块和石材在砌筑前,应清除表面冰雪、冻霜等。

(5)拌制砂浆宜采用两步投料法。水的温度不得超过 80 ℃;砂的温度不得超过 40 ℃。

(6)砂浆宜优先采用普通硅酸盐水泥拌制。冬期砌筑不得使用无水泥拌制的砂浆。

**3. 砂浆的配制**

掺盐砂浆配制时,应按不同负温界限控制掺盐量。当砂浆中氯盐掺量过少时,砂浆内会出现大量冻结晶体,水化反应极其缓慢,会降低早期强度。如果氯盐掺量大于 10%,砂浆的后期强度会显著降低,同时导致砌体析盐量过大,增大吸湿性,降低保温性能。当气温过低时,可掺入双盐(即氯化钠和氯化钙同时掺入)来提高砂浆的抗冻性。

冬期施工砂浆试块的留置,除应按常温规定要求外,还应增留不少于 1 组与砌体同条件养护的试块,测试检验 28 d 强度。

砌筑时掺盐砂浆的使用温度不应低于 5 ℃。当设计无要求,且最低气温等于或低于 -15 ℃时,砌筑承重砌体砂浆强度等级应比在常温施工时的强度等级提高一级;同时应使用热水搅拌砂浆;当水温超 60 ℃时,应先将水和砂拌和,然后再投放水泥。在氯盐砂浆中掺入微沫剂时,应先加氯盐溶液后再加微沫剂溶液。搅拌的时间应比常温季节时增加一倍。拌和后砂浆应注意保温。

外加剂溶液应设专人配制,并应先配制成规定浓度溶液置于专用容器中,然后再按规定加入搅拌机中拌制成所需的砂浆。

**4. 砌筑施工工艺**

掺盐砂浆法砌筑砖砌体,应采用"三一"砌砖法进行砌筑,要求砌体灰浆饱满,灰缝厚度均匀,水平缝和垂直缝的厚度和宽度应控制在 8～10 mm。冬期砌筑的砌体,砂浆强度增长缓慢,砌体强度较低。如果一个班次砌体砌筑高度较高,砂浆尚无强度,风荷载稍大时,作用在新砌筑的墙体上,易使所砌筑的墙体倾斜失稳或倒塌。冬期墙体采用氯盐砂浆施工时,每日砌筑高度不宜超过 1.2 m,墙体留置的洞口,距交接墙处不应小于 500 mm。普通砖、多孔砖和空心砖、混凝土小型空心砌块、加气混凝土砌块和石材在气温高于 0 ℃ 条件下砌筑时,应浇水湿润;在气温低于 0 ℃ 条件下砌筑时,可不浇水,但必须适当增大砂浆的稠度。抗震设防烈度为 9 度的建筑物,普通砖和空心砖无法浇水湿润时,无特殊措施,不得砌筑。

采用氯盐砂浆时,砌体中配置的钢筋及钢预埋件,应预先做好防腐处理。目前较简单的处理方法有:涂刷樟丹 2～3 遍;浸涂热沥青;涂刷水泥浆;涂刷各种专用的防腐涂料。处理后的钢筋及预埋件应成批堆放。搬运堆放时,应轻拿轻放,不得任意摔扔,防止防腐涂料损伤掉皮。

### （二）冻结法

冻结法是采用不掺任何防冻剂的普通砂浆进行砌筑的一种施工方法。使用冻结法施工的砌体,允许砂浆遭受冻结,用冻结后产生的冻结强度来保证砌体稳定,融化时砂浆强度为零或接近于零,转入常温后砂浆解冻使水泥继续水化,使砂浆强度再逐渐增长。

**1. 冻结法施工的适用范围**

冻结法施工的砂浆,经冻结、融化和硬化三个阶段后,使砂浆强度、砂浆与砖石砌体间的黏结力都有不同程度的降低。砌体在融化阶段,由于砂浆强度接近于零,将增加砌体的变形和沉降,严重影响砌体的稳定性。所以对下列结构不宜选用冻结法施工:空斗墙、毛石墙、承受侧压力的砌体、在解冻期间可能受到振动或动力荷载的砌体、在解冻期间不允许发生沉降的砌体(如筒拱支座)。

**2. 对砂浆的要求**

冻结法施工砂浆的使用温度不应低于 10 ℃;当设计无要求时,且日最低气温高于 −25 ℃ 时,对砌筑承重砌体的砂浆强度等级应按常温施工时提高一级;当日最低气温等于或低于 −25 ℃ 时,则应提高二级;砂浆强度等级不得低于 M2.5,重要结构不得低于 M5。

**3. 砌筑施工工艺**

采用冻结法施工时,应按照"三一"砌筑方法砌筑,对于房屋转角和内墙交接处的灰缝应特别仔细砌合。砌筑时一般应采用一顺一丁的方法组砌。采用冻结法施工的砌体,在解冻期内应制定观测加固措施,并应保证对强度、稳定和均匀沉降的要求。在验算解冻期的砌体强度和稳定时,可按砂浆强度为零进行计算。

(1) 采用冻结法施工,当设计无规定时,宜采取下列构造措施。

墙的拐角、交接和交叉处应配置拉结筋,并按墙厚计算,每 120 mm 配 1φ6。其伸入相邻墙内的长度不得小于 1 m。在拉结筋末端应设置弯钩。每一层楼的砌体砌筑完毕后,应及时吊装(或捣制)梁、板,并应采取适当的锚固措施。采用冻结法砌筑的墙,与已经沉降的墙体交接处,应留沉降缝。

(2) 为了保证砌体在解冻期间的稳定性和均匀沉降,施工操作时应遵守下列规定。

施工应按水平分段进行,工作段宜划在变形缝处。每日的砌筑高度及临时间断处的高度差,均不得大于 1.2 m。对未安装楼板或屋面板的墙体,特别是山墙,应及时采取加固措施,以保证墙体稳定。跨度大于 0.7 m 的过梁,应采用预制构件。跨度较大的梁、悬挑结构,在砌体解冻前应在下面设临时支撑,当砌体强度达到设计值的 80% 时,方可拆除临时支撑。在门窗框上部应留出不小于 5 mm 的缝隙,在料石砌体中不应小于 3 mm。留置在砌体中的洞口和沟槽等,宜在解冻前填砌完毕。砌筑完的砌体在解冻前,应清除房屋中剩余的建筑材料等临时荷载。

**4. 砌体的解冻**

采用冻结法施工时,砌体在解冻期应采取下列安全稳定措施。

(1)应将楼板平台上设计和施工规定以外的荷载全部清除。

(2)在解冻期内暂停房屋内部施工作业,砌体上不得有人员任意走动,附近不得有振动的施工作业。

(3)在解冻前应在未安装楼板或屋面板的墙体处,较高大的山墙处,跨度较大的梁及悬挑结构部位及独立的柱安设临时支撑。

(4)在解冻期经常注意检查和观测工作。在解冻前需进行检查,解冻过程中应组织观测。如发现裂缝、不均匀下沉等情况,应分析原因并立即采取加固措施。在解冻期进行观测时,应特别注意多层房屋的柱和窗间墙、梁端支撑处、墙交接处和过梁模板支承处。此外,还必须观测砌体沉降的大小、方向和均匀性及砌体灰缝内砂浆的硬化情况。观测一般需要 15 d 左右。

# 任务 5  砌筑工程质量验收及安全技术

## 一、砌筑工程质量验收

(1)砌体施工质量控制等级分为三级,如表 3-3 所示。

表 3-3  砌体施工质量控制等级

| 项 目 | 施工质量控制等级 | | |
| --- | --- | --- | --- |
| | A | B | C |
| 现场质量管理 | 制度健全,并严格执行;非施工方质量监督人员经常到现场,或现场设有常驻代表;施工方有在岗专业技术管理人员,人员齐全,并持证上岗 | 制度基本健全,并能执行;非施工方质量监督人员间断到现场进行质量控制;施工方有在岗专业技术管理人员,并持证上岗 | 有制度;非施工方质量监督人员很少做现场质量控制;施工方有在岗专业技术管理人员 |
| 砂浆、混凝土强度 | 试块按规定制作,强度满足验收规定,离散性小 | 试块按规定制作,强度满足验收规定,离散性较小 | 试块强度满足验收规定,离散性大 |
| 砂浆拌和方式 | 机械拌和;配合比计量控制严格 | 机械拌和;配合比计量控制一般 | 机械或人工拌和;配合比计量控制较差 |
| 砌筑工人 | 中级工以上,其中高级工不少于 20% | 高、中级工不少于 70% | 初级工以上 |

(2)砖、小型砌块砌体的允许偏差和外观质量标准应符合表 3-4 的规定。

表 3-4　砖、小型砌块砌体的允许偏差和外观质量标准

| 项次 | 项　目 | | | 允许偏差/mm | 检验方法 | 抽检数量 |
|---|---|---|---|---|---|---|
| 1 | 轴线位置偏移 | | | 10 | 用经纬仪和尺检验或其他测量仪器检查 | 全部承重墙柱 |
| 2 | 垂直度 | 每层 | | 5 | 用2m托线板检查 | 外墙全高查阳角不少于4处；每层查一处。内墙有代表性的自然间抽10%，但不少于3间，每间不少于2处，柱不少于5根 |
| | | 全高 | ≤10 m | 10 | 用经纬仪、吊线和尺检查，或用其他测量仪器检查 | |
| | | | >10 m | 20 | | |
| 3 | 基础顶面和楼面标高 | | | ±15 | 用水平仪和尺检查 | 不应少于5处 |
| 4 | 表面平整度 | 清水墙、柱 | | 5 | 用2m靠尺和楔形塞尺检查 | 有代表性自然间10%，但不应少于3间，每间不应少于2处 |
| | | 混水墙、柱 | | 8 | | |
| 5 | 门窗洞口高、宽（后塞口） | | | ±5 | 用尺检查 | 检验批洞口的10%，且不应少于5处 |
| 6 | 外墙上、下窗口偏移 | | | 20 | 以底层窗口为准，用经纬仪或吊线检查 | 检验批的10%，且不应少于5处 |
| 7 | 水平灰缝平直度 | 清水墙 | | 7 | 拉10 m线和尺检查 | 有代表性自然间10%，但不应少于3间，每间不应少于2处 |
| | | 混水墙 | | 10 | | |
| 8 | 清水墙游丁走缝 | | | 20 | 吊线和尺检查，以每层第一皮砖为准 | 有代表性自然间10%，但不应少于3间，每间不应少于2处 |

（3）填充墙砌体一般尺寸的允许偏差如表3-5所示。

表 3-5　填充墙砌体一般尺寸的允许偏差

| 项　次 | 项　目 | | 允许偏差/mm | 检 验 方 法 |
|---|---|---|---|---|
| 1 | 轴线位移 | | 10 | 用尺检查 |
| | 垂直度 | ≤3 m | 5 | 用2m托线板或吊线、尺检查 |
| | | >3 m | 10 | |
| 2 | 表面平整度 | | 8 | 用2m靠尺和楔形塞尺检查 |
| 3 | 门窗洞口高、宽（后塞口） | | ±5 | 用尺检查 |
| 4 | 外墙上、下窗口偏移 | | 20 | 用经纬仪或吊线检查 |

## 二、砌筑工程的安全技术

（1）砌筑操作前必须检查操作环境是否符合安全要求，道路是否畅通，机具是否完好牢固，安全设施和防护用品是否齐全，经检查符合要求后方可施工。

（2）砌基础时，应检查和经常注意基坑（槽）土质的变化情况，有无崩裂现象。堆放砌筑材料应离开坑边1 m以上。当深基坑装设挡土板或支撑时，操作人员应设梯子上下，不得攀跳。运料不得碰撞支撑，也不得踩踏砌体和支撑。

（3）墙身砌体高度超过地坪1.2 m以上时，应搭设脚手架。在一层以上或高度超过4 m时，采用里脚手架必须支搭安全网；采用外脚手架应设护身栏杆和挡脚板后方可砌筑。

（4）脚手架上堆料量不得超过规定荷载，堆砖高度不得超过3皮侧砖，同一块脚手板上的操

作人员不应超过两人。

（5）在楼层（特别是预制板面）施工时，堆放机具、砖块等物品不得超过使用荷载。如超过荷载时，必须经过验算采取有效加固措施后，方可进行堆放及施工。

（6）不准站在墙顶上做画线、刮缝及清扫墙面或检查大角垂直等工作。

（7）不准用不稳固的工具或物体在脚手板面垫高操作，更不准在未经过加固的情况下，在一层脚手架上随意再叠加一层。

（8）砍砖时应面向内打，避免碎砖飞出伤人。

（9）不准在超过胸部的墙上进行砌筑，以免将墙体碰撞倒塌造成安全事故。

（10）不准在墙顶或架子上整修石材，以免振动墙体影响质量或石片掉下伤人。

（11）不准起吊有部分破裂和脱落危险的砌块。

（12）已砌好的山墙，应临时用联系杆放置各跨山墙上，使其联系稳定，或采取其他有效的加固措施。

（13）冬季施工时，脚手板上如有冰霜、积雪，应先清除后才能上架子进行操作。如遇雨天及每天下班时，要做好防雨措施，以防雨水冲走砂浆，致使砌体倒塌。

（14）在同一垂直面内上下交叉作业时，必须设置安全隔板，下方操作人员必须佩戴安全帽。

# 任务 6　工程案例分析

工程概况：本工程位于××市××镇，建筑面积 36 000 m²，砖混结构，六层，设计采用墙下条形基础，现浇钢筋混凝土楼板。基础大开挖至 −2.45 m。基础垫层混凝土为 C20，+0.000 以下砖砌体采用 MU10 机制混凝土标准砖，M10 水泥砂浆。+0.000 以上砖砌体采用 MU10 烧结多孔砖，四层以下使用 M10 水泥混合砂浆，四层以上使用 M7.5 水泥混合砂浆。

## 一、基础砖砌体

### 1. 材料及主要机具

（1）砖。砖采用 MU10 机制混凝土标准砖，规格一致，应有出厂证明、复试报告。

（2）水泥。采用 42.5 级复合硅酸盐水泥，应有出厂合格证书和复试报告，不同品种的水泥不得混合使用。

（3）砂。采用中砂，应过 5 mm 孔径的筛。配制 M5 以下的砂浆，砂的含泥量不超过 10%；M5 及其以上的砂浆，砂的含泥量不超过 5%，并不得含有草根等杂物。

（4）水。不得采用含有害物质的清净水。

（5）其他材料。拉结筋，预埋件、防水粉等均应符合设计要求。

（6）主要机具。应备有砂浆搅拌机、大铲、刨锛、托线板、线坠、钢卷尺、灰槽、小水桶、砖夹子、小线、扫帚、靠尺、钢筋卡子等。

### 2. 拌制砂浆

砂浆配合比应采用质量比，并由试验室确定，水泥计量精度为 ±2%，砂、掺和料为 ±5%；宜用机械搅拌，投料顺序为砂、水泥、掺和料、水，搅拌时间不少于 1.5 min；砂浆应随拌随用，水泥砂浆须在搅成后 3～4 h 内使用完，不允许使用过夜砂浆；每 250 m³ 砌体，留置二组试块（一组 6 块）。

### 3．确定组砌方法

里外咬槎，上下层错缝，采用"三一"砌砖法，严禁用水冲浆灌缝的方法。

### 4．排砖撂底

基础大放脚的撂底尺寸及收退方法必须符合设计图纸规定，如一层一退，里外均应砌丁砖；如二层一退，第一层为条砖，第二层砌丁砖；大放脚的转角处，应该规定放七分头，其数量为一砖半厚墙放三块，二块墙放四块，以此类推。

### 5．砌筑

（1）砖基础砌筑前，基础垫层表面应清扫干净，洒水湿润。先盘墙角，每次盘角高度不应超过五层砖，随盘随靠平、吊直。

（2）砌基础墙应挂线，240墙反手挂线，370以上墙应双面挂线。

（3）基础标高不一致或有局部加深部位，应从最低处往上砌筑，应经常拉线检查，以保持砌体通顺、平直，防止砌成"螺丝"墙。

（4）基础大放脚砌至基础上部时，要拉线检查轴线及边线，保证基础墙身位置正确。同时，还要对照皮数杆的砖层及标高，如有偏差时，应在水平灰缝中逐渐调整，使墙的层数与皮数杆一致。

（5）暖气沟挑檐砖及最上一层压砖，均应用丁砖砌筑，灰缝要严实，挑檐砖标高必须正确。

（6）各种预留洞、埋件、拉结筋按设计要求留置，避免后剔凿，影响砌体质量。

（7）变形缝的墙角应按直角要求砌筑，先砌的墙要把舌头灰刮尽；后砌的墙可采用缩口灰，掉入缝内的杂物随时清理。

（8）安装管沟及洞口过梁时，其型号、标高必须正确，底灰饱满；如坐灰超过 20 mm 厚，用细石混凝土铺垫，两端搭墙长度应一致。

### 6．抹防潮层

将墙顶活动砖重新砌好，清扫干净，浇水湿润，随即抹防水砂浆，厚度为 20 mm，防水粉掺量为水泥重量的 3%～5%。

### 7．应注意的质量问题

（1）砂浆配合比不准：散装水泥和砂都要车车过磅，计量要准确，搅拌时间要达到规定的要求。

（2）基础墙身位移：大放脚两侧边收退要均匀，砌到基础墙身时，要拉线找正墙的轴线和边线，砌筑时保持墙身垂直。

（3）墙面不平：一砖半墙必须双面挂线，一砖墙反手挂线，舌头灰要随砌随刮平。

（4）水平灰缝不平：盘角时灰缝要掌握均匀，每层砖都要与皮数杆对平，通线要绷紧穿平。砌筑时要左右照顾，避免接槎处接得高低不平。

（5）皮数杆不平：抄平放线时，要细致认真；钉皮数杆的木桩要牢固，防止碰撞松动；皮数杆立完后，要复验，确保皮数杆标高一致。

（6）埋入砌体中的拉结筋位置不准：应随时注意正在砌的皮数杆，保证按皮数杆标明的位置放拉结筋，其外露部分在施工中不得任意弯折，并保证其长度符合设计要求。

（7）留槎不符合要求：砌体的转角和交接处应同时砌筑，否则应砌成斜槎。

（8）有高低台的基础应先砌低处，并由高处向低处搭接，如设计无要求，其搭接长度不应小于基础扩大的部分的高度。

（9）砌体临时间断处的高度差过大：一般不得超过一步架的高度。

## 二、主体砖墙砌筑

**1. 施工操作工艺**

抄平、放线,摆砖样,立皮数杆,盘角、挂线,砌砖,勾缝、清理等。

**2. 砖浇水**

黏土砖必须在砌筑前一天浇水湿润,一般以水侵入砖四边 1.5 cm 为宜,含水率为 10% ～ 15%。常温施工不得用干砖上墙,雨季不得使用含水率达饱和状态的砖砌墙。

**3. 砂浆搅拌**

砂浆配合比应采用质量比,计量精度水泥为±2%,砂、灰膏控制在±5%以内,宜用机械搅拌,搅拌时间不少于 1.5 min。

**4. 砌砖墙**

(1)组砌方法。砌体采用三顺一丁砌法。

(2)排砖撂底(摆砖)。一般外墙第一层砖撂底时,两山墙排丁砖,前后檐纵墙排条砖。根据弹好的门窗洞口位置线,认真核对窗间墙、垛尺寸,其长度是否符合排砖模数,如不符合模数时,可将门窗口的位置左右移动。若有破活,七分头或丁砖应排在窗口中间,附墙垛或其他不明显的部位。移动门窗口位置时,应注意暖卫立管安装及门窗开启时不受影响。另外,在排砖时还要考虑到门窗口上边的砖墙合拢时也不出现破砖。所以,排砖时必须做全盘考虑,前后檐墙排第一皮砖时,要考虑甩窗口后砌条砖,窗角上必须是七分头才是好活。

(3)选砖。选择棱角整齐,无弯曲、裂纹,颜色均匀,规格基本一致的砖。敲击时,声音响亮,焙烧过火变色,变形的砖可用在不影响外观的内墙上。

(4)盘角。砌砖前应先盘角,每次盘角不要超过五层,新盘的大角,及时进行吊、靠。如有偏差要及时修整。盘角时要仔细对照皮数杆的砖层和标高,控制好灰缝大小,使水平灰缝均匀一致。大角盘好后再复查一次,平整和垂直完全符合要求后,再挂线砌墙。

(5)挂线。砌筑一砖半墙必须双面挂线,如果长墙几个人均使用一根通线,中间应设几个支线点,小线要拉紧,每层砖都要穿线看平,使水平缝均匀一致,平直通顺;砌一砖厚混水墙时宜用外手挂线,可照顾砖墙两面平整,为下道工序控制抹灰厚度奠定基础。

(6)砌砖。砌砖宜采用一铲灰、一块砖、一挤揉的"三一"砌砖法,即满铺、满挤操作法。砌砖时砖要放平。里手高,墙面就要张;里手低,墙面就要背。砌砖一定要跟线,"上跟线,下跟棱,左右相邻要对平"。水平灰缝厚度和竖向灰缝宽度一般为 10 mm,但不应小于 8 mm,也不应大于 12 mm。为保证墙面主缝垂直,不游丁走缝,当砌完一步架高时,宜每隔 2 m 水平间距,在丁砖立楞位置弹两道垂直立线,可以分段控制游丁走缝。在操作过程中,要认真进行自检,如出现有偏差,应随时纠正,严禁事后砸墙。砌筑砂浆应随搅拌随使用,一般水泥砂浆必须在 3 h 内用完,水泥混合砂浆必须在 4 h 内用完,不得使用过夜砂浆。

(7)留槎。外墙转角处应同时砌筑。内外墙交接处必须留斜槎,槎子长度不应小于墙体高度的 2/3,槎子必须平直、通顺。分段位置应在变形缝或门窗口处,隔墙与墙或柱不同时砌筑时,可留阳槎加预埋拉结筋。沿墙高按设计要求每 50 cm 预埋 $\phi6$ 钢筋 2 根,其埋入长度从墙留槎处算起,一般每边均不小于 50 cm,末端应加 90°弯钩。施工洞口也应按以上要求留水平拉结筋。

（8）木砖预留和墙体拉结筋。木砖预埋时应小头在外、大头在内,数量按洞口高度决定。洞口高在 1.2 m 以内,每边放 2 块;高 1.2～2 m,每块放 3 块;高 2～3 m,每边放 4 块,预埋木砖的部位一般在洞口上边或下边四皮砖,中间均匀分布。木砖要提前做好防腐处理。墙体拉结筋的位置、规格、数量、间距均应按设计要求留置,不应错放、漏放。

（9）安装过梁、梁垫。安装过梁、梁垫时,其标高、位置及型号必须准确,坐灰饱满。如坐灰厚度超过 2 cm 时,要用细石混凝土铺垫,过梁安装时,两端支承点的长度应一致。

（10）构造柱做法。在砌砖前,先根据设计图纸将构造柱位置进行弹线,并把构造柱插筋处理顺直。砌砖墙时,与构造柱连接处砌成马牙槎。每一个马牙槎沿高度方向的尺寸不宜超过 30 cm。马牙槎应先退后进。拉结筋按设计要求放置,设计无要求时,一般沿墙高 50 cm 设置 2 根 $\phi 6$ 水平拉结筋,每边深入墙内不应小于 1 m。

**5. 应注意的质量问题**

（1）基础墙与上部墙错台。基础砖摞底要正确,收退大放角两边要相等,退到墙身之前要检查轴线和边线是否正确,如偏差较小可在基础部位纠正,不得在防潮层以上退台或出沿。

（2）灰缝大小均匀。立皮数杆要保持标高一致,盘角时灰缝要掌握均匀,砌砖时线要拉紧,防止一层线松,一层线紧。

（3）砖墙鼓胀。外砖内模墙体砌筑时,在窗间墙上、抗震柱两边分上、中、下留出 6 cm×12 cm 通孔,在抗震柱外墙面上垫木模板,用花篮螺栓与大模板连接牢固。混凝土要分层浇筑,振捣棒不可直接触及外墙。楼层圈梁外三皮 12 cm 砖墙也应认真加固。如在振捣时发现砖墙已鼓胀,则应及时拆掉重砌。

（4）混水墙粗糙。舌头灰未刮尽,半头砖集中使用,造成通缝;一砖厚墙背面偏差较大;砖墙错层造成螺丝墙。半头砖应分散使用在墙体较大的面上。首层或楼层的第一皮砖要查对皮数杆的标高及层高,防止到顶砌成螺丝墙。一砖厚墙应外手挂线。

（5）构造柱处砌筑不符合要求。构造柱砖墙应砌成大马牙槎,设置好拉结筋,从柱脚开始两侧都应先退后进,当进深为 12 cm 时,宜上口一皮进 6 cm,再上一皮进至 12 cm,以保证混凝土浇筑时上角密实。构造柱内的落地灰、砖渣杂物必须清理干净,防止混凝土内夹渣。

**任务一** 脚手架强度校核计算

某高层建筑装饰施工,需搭设 55 m 高的双排扣件式钢管外脚手架,已知立杆横距 $b=1.05$ m,立杆纵距 $L=1.5$ m,内立杆离墙距离 $b_1=0.35$ m,脚手架步距 $h=1.8$ m,铺设钢脚手板 4 层,同时进行施工的层数为 2 层,脚手架与主体结构连接杆的布置为:竖向间距 $H_1=2h=3.6$ m,水平距离 $L_1=3L=4.5$ m,脚手架钢管为 $\phi 48×3.5$ mm,施工荷载为 4.0 kN/m²,试计算该脚手架的设计是否满足确定要求。

**任务二** 组织学生在实训场地进行砌筑及搭设脚手架的训练,并完成以下任务。

（1）编写一份所练工种技术交底资料,包括施工准备、施工工艺、质量标准及安全文明施工。

（2）总结操作过程中的质量控制要点。

## 一、单选题

1. 砌筑用脚手架每步架高度一般为（　　）m。
   A. 1　　　　　　B. 1. 2　　　　　　C. 1. 4　　　　　　D. 1. 8

2. 单排脚手架搭设高度不超过（　　）m。
   A. 10　　　　　　B. 20　　　　　　C. 30　　　　　　D. 40

3. 脚手架剪刀撑与立杆连接是由（　　）固定的。
   A. 直角扣件　　　B. 对接扣件　　　C. 回转扣件　　　D. 铅丝绑扎

4. 脚手架立杆与水平杆连接是由（　　）固定的。
   A. 直角扣件　　　B. 对接扣件　　　C. 回转扣件　　　D. 铅丝绑扎

5. 双排脚手架搭设高度不超过（　　）m。
   A. 30　　　　　　B. 40　　　　　　C. 50　　　　　　D. 60

6. 为了避免砌体施工时可能出现的高度偏差,最有效的措施是（　　）。
   A. 准确绘制和正确树立皮数杆　　　　B. 挂线砌筑
   D. 采用"三一"砌法　　　　　　　　D. 提高砂浆和易性

7. 每层承重墙的最上一皮砖,在梁或梁垫的下面,应用（　　）砌筑。
   A. 一顺一丁　　　B. 丁砖　　　　　C. 三顺一丁　　　D. 顺砖

8. 砌筑砖墙时,粘灰率应不低于（　　）%。
   A. 60　　　　　　B. 70　　　　　　C. 80　　　　　　D. 90

9. 砌体墙与柱应沿高度方向每（　　）设 2φ6 钢筋。
   A. 300 mm　　　　B. 三皮砖　　　　C. 五皮砖　　　　D. 500 mm

10. 砌砖墙留直槎时,需加拉结筋,对抗震设防烈度为 6 度、7 度地区,拉结筋每边埋入墙内的长度不应小于（　　）。
    A. 50 mm　　　　B. 500 mm　　　　C. 700 mm　　　　D. 1 000 mm

11. 下列关于砌筑砂浆强度的说法中,（　　）是不正确的。
    A. 砂浆的强度是将所取试件经 28 d 标准养护后,通过测得的抗剪强度值来评定
    B. 砌筑砂浆的强度常分为 6 个等级
    C. 每 250 m³ 砌体、每种类型的强度等级的砂浆,每台搅拌机应至少抽检一次
    D. 同盘砂浆只做一组试样就可以了

12. 施工中所用的小型砌块的产品龄期不应少于（　　）天。
    A. 15　　　　　　B. 20　　　　　　C. 28　　　　　　D. 30

13. 砌筑砖墙时,灰缝厚度大小应为（　　）。
    A. 6～8 mm　　　B. 8～12 mm　　　C. 8～10 mm　　　D. 视墙厚度而定

14. 砖砌体不得在（　　）的部位留脚手眼。
    A. 宽度大于 1 m 的窗间墙　　　　　B. 梁垫下 1 000 mm 范围内
    C. 距门窗洞口两侧 200 mm　　　　　D. 距砖墙转角 450 mm

15. 隔墙或填充墙的顶面与上层结构交接处,宜（    ）。

A. 用砖斜砌顶紧　　B. 用砂浆塞紧　　　　C. 用埋筋拉结　　　　D. 用现浇混凝土连接

16. 在冬期施工中,拌和砂浆用水的温度不得超过（    ）。

A. 30 ℃　　　　　　B. 5 ℃　　　　　　　C. 50 ℃　　　　　　　D. 80 ℃

## 二、多选题

1. 对砌筑砂浆的技术要求主要包含（    ）等几个方面。

A. 流动性　　　　B. 保水性　　　　C. 强度　　　　D. 坍落度　　　　E. 黏结力

2. 砖墙砌筑时,在（    ）处不得留槎。

A. 洞口　　　　　B. 转角　　　　C. 墙体中间　　　D. 纵横墙交接　　　E. 隔墙与主墙交接

3. 对设有构造柱的抗震多层砖房,下列做法中正确的有（    ）。

A. 构造柱拆模后再砌墙

B. 墙与柱沿高度方向每 500 mm 设一道拉结筋,每边伸入墙内应不少于 1 m

C. 构造柱应与圈梁连接

D. 与构造柱连接处的砖墙应砌成马牙槎,每一马牙槎沿高度方向的尺寸不得小于 500 mm

E. 马牙槎从每层柱脚开始,应先进后退

4. 砖砌体施工依其组砌方式的不同,最常见的有以下几种:（    ）。

A. 三顺一丁　　B. 梅花丁　　　　C. 全丁式　　　D. 一顺一丁　　　E. 两斗一眠

5. 预防墙面灰缝不平直,游丁走缝的措施是（    ）。

A. 砌前先撂底（摆砖样）　　　　　　　　B. 立好皮数杆　　　　　　C. 挂线砌筑

D. 每砌一步架,顺墙面向上弹引一定数量的立线　　　　　　　E. 采用"三一"砌法

## 三、简答题

1. 脚手架的作用、要求、类型有哪些?

2. 简述钢管扣件式脚手架的搭设要点。

3. 单排和双排的钢管扣件式脚手架在构造上有什么区别?

4. 砌筑工程的垂直运输工具有哪几种? 各有何特点?

5. 砖砌体主要有哪几种砌筑形式? 各有何特点?

6. 立皮数杆的作用是什么?

7. 简述砖墙砌筑的施工工艺和施工要点。

8. 砖砌体质量有哪些要求? 如何进行检查验收?

9. 何谓"三一"砌筑法? 其优点是什么?

10. 砌筑时如何控制砌体的位置与标高?

11. 简述毛石基础的构造及施工要点。

12. 中小型砌块在砌筑前为什么要编制砌块排列图?

13. 试述中小型砌块的施工工艺和质量要求。

14. 砌筑工程中的安全防护措施有哪些?

# 项目 4

# 混凝土结构工程

混凝土结构是指以混凝土为主要材料建造的工程结构，包括素混凝土结构、钢筋混凝土结构、预应力混凝土结构等。混凝土结构工程在现代建筑工程的施工中占有重要的地位。本项目主要介绍钢筋混凝土结构的施工。

在混凝土中配以适量的钢筋，就成为钢筋混凝土。钢筋和混凝土这两种物理性能和力学性能很不相同的材料之所以能有效地结合在一起，主要是靠两者之间存在黏结力、摩擦力及混凝土收缩时对钢筋的握裹力，且它们的温度线膨胀系数接近，受荷载后能够协调变形。此外，钢筋至混凝土边缘之间的混凝土，作为钢筋的保护层，使钢筋不受锈蚀并提高构件的防火性能。钢筋混凝土结构合理地利用了钢筋和混凝土这两者的性能特点，可形成强度较高、刚度较大的结构，其耐久性和防火性能好，结构造型灵活，以及整体性、延展性好，适用于抗震结构等特点，因而在建筑结构及其他土木工程中得到广泛应用。

现浇钢筋混凝土结构施工时，要由模板工、钢筋工、混凝土工等多个工种相互配合进行，因此，混凝土结构工程由钢筋工程、模板工程和混凝土工程组成。

## 任务 1  模板工程

混凝土结构的模板工程，是混凝土结构构件施工的重要工具。现浇混凝土结构施工所用模板工程的造价，约占混凝土结构工程总造价的三分之一，占总用工量的二分之一。因此，采用先进的模板技术，对于提高工程质量、加快施工进度、提高劳动生产率、降低工程成本和实现文明施工具有十分重要的意义。

目前，我国建筑行业使用的建筑模板种类主要有木模板、钢模板、钢木模板、胶合板模板、钢竹模板、塑料模板等。

自从20世纪70年代提出"以钢代木"的技术政策以来，现浇混凝土结构所用模板技术已迅速向多元化、体系化方向发展。目前，除部分楼板的支模还采用散支、散拆外，已形成组合式、工具化、永久式三大系列工业化模板体系，采用木（竹）胶合板模板也有较大的发展。

不论采用哪一种模板，模板安装支设必须符合下列规定：

（1）模板及其支架应具有足够的承载能力、刚度和稳定性，能可靠地承受浇筑混凝土的质量、侧压力及施工荷载；

（2）要保证工程结构和构件各部分形状尺寸和相互位置的正确；

（3）构造简单，拆装方便，便于钢筋的绑扎和安装，符合混凝土的浇筑及养护等工艺要求；

（4）模板的拼（接）缝应严密，不得漏浆；

（5）清水混凝土工程及装饰混凝土工程所使用的模板，应满足设计的效果。

除上述规定外，应优先推广清水混凝土模板；其次能快速脱模，以提高模板周转率；最后，施工中应采取分段流水工艺，减少模板一次投入量。

# 一、模板构造

## 1. 木模板

木材是一种传统的模板材料，从生态、环保和合理利用自然资源的角度，木模板逐渐被多种形式的其他材料制作的模板所替代，但目前木模板还在一定的范围内使用。木模板及其支架系统一般在加工厂或现场木工棚制成基本元件（拼板），然后在现场拼装。拼板（见图4-1）的长短、宽窄可以根据混凝土构件的尺寸来设计几种标准规格，以便组合使用。拼板的板条厚度一般为25～50 mm，宽度不宜超过200 mm，以保证干缩时缝隙均匀，浇水后易于密封，受潮后不易翘曲。梁底的板条宽度则不受限制，以减少拼缝、防止漏浆为原则。梁侧板的拼条一般立放，如图4-1(b)所示，拼条间距取决于所浇筑混凝土侧压力的大小及板条的厚度，多为400～500 mm。

1）基础模板

普通钢筋混凝土独立基础或条形基础的特点是高度不大而体积较大。基础模板一般直接支撑或架设在基底的土层上。如土质良好，阶梯形基础模板（见图4-2）的最下一级可不用模板而进行原槽浇筑。安装时，要保证上下模板不发生相对位移。如有杯口，还要在其中放入杯口模板。阶梯形基础模板的施工如图4-3所示。

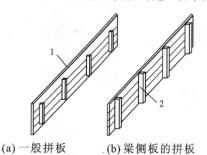

(a) 一般拼板　　(b) 梁侧板的拼板

**图 4-1　拼板的构造**

1—板条；2—拼条

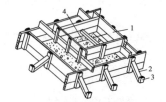

**图 4-2　阶梯形基础模板**

1—拼板；2—斜撑；3—木桩；4—铁丝

**图 4-3　阶梯形基础模板的施工**

2）柱模板

柱子的断面尺寸不大但比较高。因此,柱模板的构造和安装主要考虑保证垂直度及抵抗新浇混凝土的侧压力,同时要考虑浇筑混凝土前清理模板内的杂物及方便绑扎钢筋等。

柱模板由两块相对的内拼板夹在两块外拼板之间组成,如图 4-4 所示。

柱模板底部开有清理孔。沿高度每隔 2 m 开有浇筑孔。柱底部一般有一个钉在底部混凝土上的木框来固定柱模板的位置。为承受混凝土的侧压力,柱模板外要设柱箍,柱箍可为木制、钢制或钢木制。柱箍间距与混凝土侧压力大小、拼板厚度有关,由于侧压力是下大上小,因而柱模板下部柱箍较密。柱模板顶部根据需要开有与梁模板连接的缺口。

在安装柱模板前,应先绑扎好钢筋,测出标高并标在钢筋上,同时在已浇筑的基础顶面固定好柱模板底部的小木框,在内外拼板上弹出中心线,根据柱边线及木框位置竖立内外拼板,并用斜撑临时固定,然后由顶部用锤球校正,使其垂直,检查无误后用斜撑钉牢固定。在同一条轴线上的柱,应先校正两端的柱模,再从柱模上口中心线拉一条铁丝来校正中间的柱模。柱模之间,还要用水平撑及剪刀撑相互拉结,如图 4-5 所示。

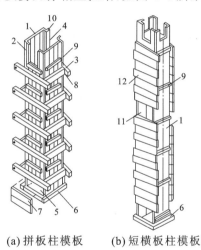

(a) 拼板柱模板　　(b) 短横板柱模板

图 4-4　柱模板

1—内拼板;2—外拼板;3—柱箍;4—梁缺口;
5—清理孔;6—木框;7—盖板;8—拉紧螺栓;
9—拼条;10—三角木条;11—浇筑孔;12—短横板

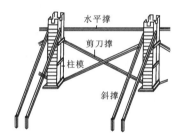

图 4-5　柱模的固定

3）梁模板

梁的跨度较大而宽度不大。梁底一般是架空的,混凝土对梁侧模板有水平侧压力,对梁底模板有垂直压力,因此,梁模板及其支架必须能承受这些荷载而不致发生超过规范允许的过大变形。

梁模板（见图 4-6）主要由底模板、侧模板、夹木及其支架系统组成,底模板一般较厚,主要承受垂直荷载,下面每隔一定间距（800～1 200 mm）有顶撑支撑。顶撑可以用圆木、方木或钢管制成。顶撑底应垫一对木楔块以调整标高。为使顶撑传下来的集中荷载均匀地传给地面,在顶撑底加铺垫

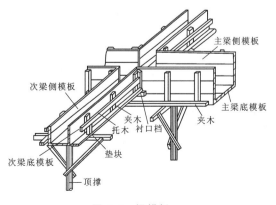

图 4-6　梁模板

板。多层建筑施工中,应使上下层的顶撑在同一条竖向直线上。侧模板承受混凝土的侧压力,应包在底模板的外侧,底部用夹木固定,上部由斜撑和水平拉条固定。如梁的跨度等于或大于 4 m,应使梁的底模板起拱,防止新浇筑混凝土的荷载使梁模板下挠。如无设计规定时,起拱高度宜为全跨长度的 1/1 000~3/1 000。单梁的侧模板一般拆除较早,因此,侧模板应包在底模板的外侧。柱模板与梁的侧模板一样可较早拆除,所以梁模板不应伸到柱模板的开口内。同样,次梁模板也不应伸到主梁侧模板的开口内,应充分考虑方便拆模。

4）墙模板

墙模板的特点是竖向面积大而厚度一般不大。因此,墙模板应能保持自身稳定性,并能承受浇筑混凝土时产生的水平侧压力。墙模板主要由侧模板、主肋、次肋、斜撑、对拉螺栓及撑块等组成,墙模板如图 4-7 所示。

5）楼板模板

楼板的面积大而厚度比较薄,侧压力小。楼板模板及其支架系统主要承受钢筋混凝土的自重及其施工荷载,保证模板不变形。如图 4-8 所示,楼板模板的底模板用木板条或用定型模板或用胶合板拼成,铺设在楞木上。楞木搁置在梁模板外侧的托木上,若楞木面不平,可以加木楔调平。当楞木的跨度较大时,中间应加设立柱,立柱上钉通长的杠木。

底模板应垂直于楞木方向铺钉,并适当调整楞木间距来适应定型模板的规格。

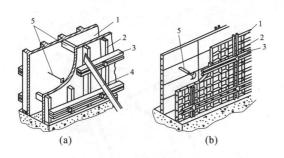

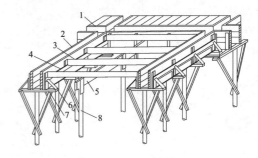

图 4-7  墙模板

1—侧模板;2—次肋;3—主肋;4—斜撑;5—对拉螺栓及撑块

图 4-8  有梁楼板模板

1—楼板模板;2—梁的侧模板;3—楞木;4—托木;5—杠木;6—夹木;7—短撑木;8—立柱

6）楼梯模板

图 4-9 所示为一整体浇筑钢筋混凝土楼梯模板。安装时,在楼梯间墙上按设计标高画出楼梯段、楼梯踏步及平台板、平台梁的位置。①先立平台梁、平台板的模板,接着在梯基侧模板上钉托木,楼梯模板的斜楞钉在基础梁和平台梁侧模板外的托木上。在斜楞上面铺钉楼梯底模板,下面设杠木和斜向顶撑,斜向顶撑间距 1.0~1.2 m,用拉杆拉结。②沿楼梯边立外帮板,用外帮板上的横档木、斜撑和固定夹木将外帮板钉在杠木上,在靠墙的一面把反三角板立起,反三角板的两端可钉在平台梁和梯基侧板上,随后在反三角板与外帮板之间逐块钉上踏步侧板,踏步侧板一头钉在外帮板的木档上,另一头钉在反三角板上的三角木块侧面上。如果梯段较宽,应在梯段中间再加反三角板,以免发生踏步侧板凸肚现象。③为了确保楼梯模板符合厚度要求,在踏步侧板下面可以垫若干小木块,在浇筑混凝土时随时取出。现浇结构模板的安装和预埋件、预留孔洞的允许偏差应符合规范中的有关规定。特种楼梯的模板,如旋转梯、悬挑梯等,要进行专门的设计。

**2. 组合钢模板**

组合钢模板是现代模板技术中,具有通用性强、拆装方便、周转次数多的一种"以钢代木"的新

132

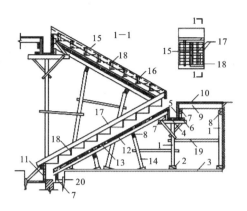

图 4-9　楼梯模板

1—支柱(顶撑)；2—木楔；3—垫板；4—平台梁底板；5—侧模板；
6—夹木；7—托木；8—杠木；9—楞木；10—平台底板；11—梯基
侧板；12—斜楞木；13—楼梯底板；14—斜向顶撑；15—外帮板；
16—横档木；17—反三角板；18—踏步侧板；19—拉杆；20—木桩

型模板，用它进行现浇钢筋混凝土结构施工，可事先按设计要求组拼成梁、柱、墙、楼板的大型模板，整体吊装就位，也可采用散装、散拆的方法。常用的 55 型组合钢模板又称组合式定型小模板，是目前使用较广泛的一种通用性组合模板。该模板系列包括钢模板、连接件、支承件三部分。

1）钢模板的规格和型号

钢模板包括平面模板、阳角模板、阴角模板和连接角模，如图 4-10 所示。单块钢模板由面板、边框和加劲肋焊接而成。面板厚 2.5 mm，边框和加劲肋上面按一定距离(如 150 mm)钻孔，可利用 U 形卡和 L 形插销等拼装成大块模板。

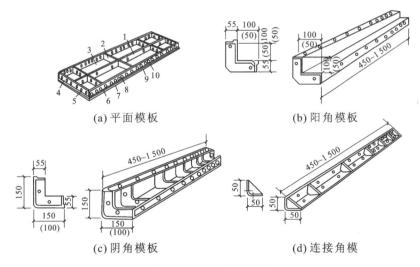

(a) 平面模板　　(b) 阳角模板

(c) 阴角模板　　(d) 连接角模

图 4-10　钢模板类型图

1—中纵肋；2—中横肋；3—面板；4—横肋；5—插销孔；
6—纵肋；7—凸棱；8—凸鼓；9—U 形卡孔；10—钉子孔

钢模板的宽度以 100 mm 为基础，50 mm 为一级，共有 11 种规格；长度以 450 mm 为基础，150 mm 为一级，共有 7 种规格，高度皆为 55 mm。其规格和型号已标准化、系列化。用 P 代表平面模板,Y代表阳角模板,E代表阴角模板,J代表连接角模。平面钢模板的规格表如表4-1所示,如型号为P 30150的钢模板,P表示平面模板,30150表示宽×长为300 mm×1 500 mm。如拼装时出现不足模数的空隙时,用镶嵌木条补缺,用钉子或螺栓将木条与板块边框上的孔洞连接。

表4-1　平面钢模板的规格表

| 宽度/mm | 代号 | 尺寸/mm | 每块面积/m² | 每块质量/kg | 宽度/mm | 代号 | 尺寸/mm | 每块面积/m² | 每块质量/kg |
|---|---|---|---|---|---|---|---|---|---|
| 300 | P 3015 | 300×1 500×55 | 0.45 | 14.90 | 200 | P 2007 | 200×750×55 | 0.15 | 5.25 |
| | P 3012 | 300×1 200×55 | 0.36 | 12.06 | | P 2006 | 200×600×55 | 0.12 | 4.17 |
| | P 3009 | 300×900×55 | 0.27 | 9.21 | | P 2004 | 200×450×55 | 0.09 | 3.34 |
| | P 3007 | 300×750×55 | 0.225 | 7.93 | 150 | P 1515 | 150×1 500×55 | 0.225 | 9.01 |
| | P 3006 | 300×600×55 | 0.18 | 6.36 | | P 1512 | 150×1 200×55 | 0.18 | 6.47 |
| | P 3004 | 300×450×55 | 0.135 | 5.08 | | P 1509 | 150×900×55 | 0.135 | 4.93 |
| 250 | P 2515 | 250×1 500×55 | 0.375 | 13.19 | | P 1507 | 150×750×55 | 0.113 | 4.23 |
| | P 2512 | 250×1 200×55 | 0.30 | 10.66 | | P 1506 | 150×600×55 | 0.09 | 3.40 |
| | P 2509 | 250×900×55 | 0.225 | 8.13 | | P 1504 | 150×450×55 | 0.068 | 2.69 |
| | P 2507 | 250×750×55 | 0.188 | 6.98 | 100 | P 1015 | 100×1 500×55 | 0.15 | 6.36 |
| | P 2506 | 250×600×55 | 0.15 | 5.60 | | P 1012 | 100×1 200×55 | 0.12 | 5.13 |
| | P 2504 | 250×450×55 | 0.133 | 4.45 | | P 1009 | 100×900×55 | 0.09 | 3.90 |
| 200 | P 2015 | 200×1 500×55 | 0.03 | 9.76 | | P 1007 | 100×750×55 | 0.075 | 3.33 |
| | P 2012 | 200×1 200×55 | 0.24 | 7.91 | | P 1006 | 100×600×55 | 0.06 | 2.67 |
| | P 2009 | 200×900×55 | 0.18 | 6.03 | | P 1004 | 100×450×55 | 0.045 | 2.11 |

2）连接件

钢模板的连接件如图4-11所示,可分为如下几种。

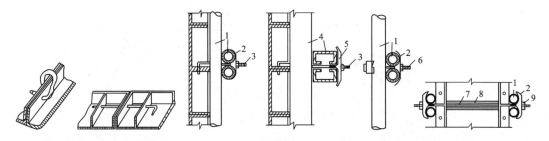

(a) U形卡连接　(b) L形插销连接　(c) 钩头螺栓连接　(d) 紧固螺栓连接　(e) 对拉螺栓连接

图4-11　钢模板的连接件

1—圆钢管钢楞;2—3形扣件;3—钩头螺栓;4—内卷边槽钢钢楞;
5—蝶形扣件;6—紧固螺栓;7—对拉螺栓;8—塑料套管;9—螺母

（1）U形卡:主要用于钢模板纵向和横向的自由拼接,将相邻模板夹紧固定。

（2）L形插销:用来增强钢模板纵向拼接刚度,保证接缝处板面平整。

（3）钩头螺栓:用于钢模板与内外钢楞之间的连接固定。

（4）紧固螺栓:用于紧固内外钢楞,增强拼接模板的整体刚度。

（5）对拉螺栓:用来保持模板与模板之间的设计厚度并承受混凝土侧压力及水平荷载,使模板不致变形。

（6）扣件:用于将钢模板与钢楞紧固,与其他的配件一起将钢模板拼装成整体。按钢楞的不同形状尺寸,分别采用碟形扣件和3形扣件,其规格分为大小两种。

3）支承件

配件的支承件包括钢楞、柱箍、梁卡具、圈梁卡、钢管架、斜撑、组合支柱、钢管脚手支架、平面可调桁架和曲面可变桁架等。

4）钢模配板

采用组合钢模时,同一构件的模板展开可用不同规格的钢模进行组合排列,可形成不同的配板方案。配板方案对支模效率、工程质量和经济效益都有一定影响。合理的配板方案应满足:钢模块数少,木模嵌补量少,并能使支承件布置简单,受力合理。钢模配板原则如下。

（1）优先采用通用规格及大规格的模板,这种模板的整体性好,又可以减少装拆工作。

（2）合理排列模板宜以其长边沿梁、板、墙的长度方向或柱的方向排列,以利于使用长度规格大的钢模,并扩大钢模的支承跨度。如结构的宽度恰好是钢模长度的整倍,也可将钢模的长边沿结构的短边排列。模板端头接缝宜错开布置,以提高模板的整体性,并使模板在长度方向易保持平直。

（3）合理使用角模,对无特殊要求的阳角,可不用阳角模,而用连接角模代替。阴角模宜用于长度大的阴角,柱头、梁口及其他短边转角(阴角)处,可用方木嵌补。

（4）便于模板支承件(钢楞或桁架)的布置对面积较方整的预拼装大模板及钢模端头接缝集中在一条线上时,直接支承钢模的钢楞,其间距布置要考虑接缝位置,应使每块钢模都有两道钢楞支承。对端头错缝连接的模板,其直接支承钢模的钢楞或桁架的间距,可不受接缝位置的限制。

**3. 大模板**

大模板是进行现浇剪力墙结构施工的一种工具式模板,一般配以相应的起重吊装机械,通过合理的施工组织安排,以机械化施工方式在现场浇筑混凝土竖向结构构件。其特点是:以建筑物的开间、进深、层高为标准化的基础,以大模板为主要手段,以现浇混凝土墙体为主导工序,组织进行有节奏的均衡施工。为此,也要求建筑和结构设计能做到标准化,以使模板能通用。大模板按构造外形分为平模、小角模、大角模、筒子模等。

1）平模板

平模板由面板、加劲肋、竖楞、支撑桁架、操作平台及附件组成,如图 4-12 所示。其面板要求表面平整、刚度好,平整度按中级抹灰质量要求确定。面板一般用钢板和多层板制成,其中以钢板最多。用 4～6 mm 厚钢板做面板(厚度根据加劲肋的布置确定),其优点是刚度大和强度高,表面平滑,所浇筑的混凝土墙面外观好,不需再抹灰,可以直接粉面,模板可重复使用 200 次以上。其缺点是耗钢量大、自重大、易生锈、不保温、损坏后不易修复。用12～18 mm厚的多层板做面板,用树脂处理后可重复使用 50 次,质量轻,制作安装更换容易、规格灵活,对于非标准尺寸的大模板工程更为适用。

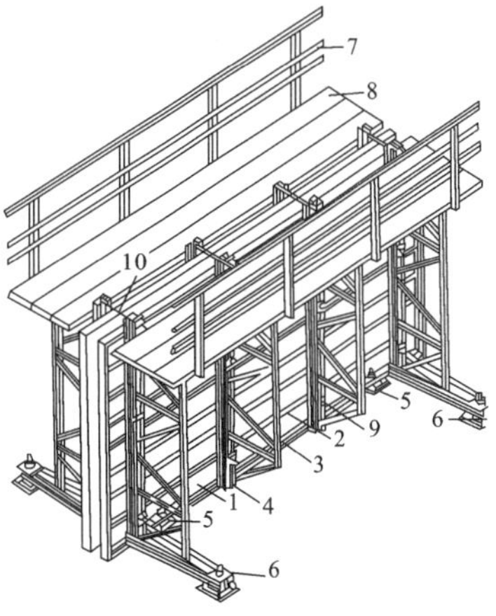

图 4-12 大模板构造示意图

1—面板;2—水平加劲肋;3—支撑桁架;4—竖楞;
5—调整水平度的螺旋千斤顶;6—调整垂直度的螺旋
千斤顶;7—栏杆;8—脚手板;9—穿墙螺栓;10—固定卡具

2）小角模

小角模如图 4-13 所示,是适应纵横墙相交处附加的一种模板,通常用∟ 100×10 的角钢制成。它设置在平模转角处,从而使每个房间的内模形成封闭支撑体系。

3）大角模

大角模如图 4-14 所示，是由上、下四个大合页连接起来的两块平模、三道活动支撑和地脚螺栓等组成。采用大角模方案，房间的纵横墙体混凝土可以同时浇筑，故房屋的整体性好。它还具有稳定、拆装方便、墙体阴角方正、施工质量好等特点。

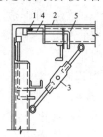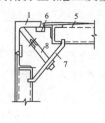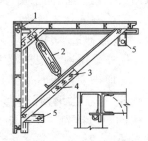

(a) 带合页的小角模    (b) 不带合页的小角模

图 4-13　小角模构造示意

1—小角模；2—合页；3—花篮螺丝；4—转动铁拐；
5—平模；6—扁铁；7—压板；8—转动拉杆

图 4-14　大角模构造示意

1—合页；2—花篮螺丝；3—固定销子；
4—活动销子；5—调整用螺旋千斤顶

4）支模特点

（1）内墙模板。通过固定于大模板板面的角模，把纵横墙的模板组装在一起，可同时浇筑纵横墙的混凝土。模板的尺寸一般相当于每面墙的大小，内模板有整体式大模板、组合式大模板和拆装式大模板三种。

（2）外墙模板。全现浇剪力墙混凝土结构的外墙模板结构与组合式大模板基本相同，但安装时和内墙模板有所不同，外墙模板安装方法通常有悬挑式和外承式两种。

① 悬挑式外模板施工。当采用悬挑式外模板施工时，应先安装内墙模板，再安装外墙内模，然后将外墙外模通过外墙内模上端的悬臂梁直接悬挂在内墙模板上，如图 4-15 所示。

② 外承式外模板施工。当采用外承式外模板施工时，可将外墙外模板安装在下层混凝土外面上挑出的支撑架上，如图 4-16 所示。

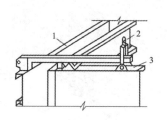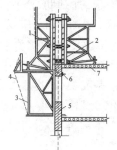

图 4-15　悬挑式外模板

1—外墙外模；2—外墙内模；3—内墙模板

图 4-16　外承式外模板

1—外墙外模；2—外墙内模；3—外承架；
4—安全网；5—现浇外墙；6—穿墙卡具；7—楼板

## 4. 胶合板模板

混凝土用的胶合板有木胶合板和竹胶合板两种。木胶合板由奇数层薄木片按相邻层木纹方向互相垂直用防水胶互相粘牢结合而成。竹胶合板则是由一组竹片组合而成。

胶合板模板具有强度高、自重小、导热性能低、不翘曲、不开裂以及板幅大、接缝少等优点。尤其竹胶合板，具有收缩率、膨胀率和吸水率低，承载能力大的特点，在我国木材资源短缺的情况下,是一种大有前途的新型混凝土模板。

1) 胶合板的构造

木胶合板通常由 5、7、9、11 层等奇数层单板经热压固化胶合而成。相邻层的纹理方向相互垂直,通常最外层表板的纹理方向和胶合板板面的长向平行,因此,整张胶合板的长向为强方向,短向为弱方向,使用时必须加以注意。

竹胶合板是用竹片(或竹帘)涂胶黏剂,纵、横向铺放,组坯后热压成型。为使竹胶合板的板面光滑平整,便于脱模和增加周转次数,一般板面采用涂料复面处理或浸胶纸复面处理。

施工单位购买混凝土模板用胶合板时,首先要判别是否属于 I 类胶合板,即判别该批胶合板是否采用了酚醛树脂胶或其他性能相当的胶黏剂。受试验条件限制,不能做胶合强度试验时,可以用沸水煮小块试件进行快速简单判别。其方法是从胶合板上锯下 20 mm 见方的小块,放在沸水中煮 0.5~1 h。用酚醛树脂作为胶黏剂的试件煮后不会脱胶,而用脲醛树脂作为胶黏剂的试件煮后脱胶。

2) 胶合板的使用要点

为了使胶合板的板面具有良好的耐碱性、耐水性、耐热性、耐磨性以及脱模性,增加胶合板的重复使用次数,必须选用经过板面处理的胶合板。

未经处理的胶合板(亦称白坯板或素板)可在其表面冷涂刷一层涂料胶,构成保护膜。表层胶可分为聚氨酯树脂类、环氧树脂类、酚醛树脂类、聚酯树脂类等。

经表面处理的胶合板,在施工现场使用时应注意以下几个问题。

(1) 脱模后立即清洗板面浮浆,堆放整齐。

(2) 模板拆除后,严禁抛扔,以免损伤板面处理层。

(3) 胶合板周边涂封边胶,及时清除水泥浆。如在模板拼缝处粘贴防水胶带或水泥袋纸,则易脱模,且不损伤胶合板边角。

(4) 胶合板的板面尽量不钻洞,遇有预留孔洞等用普通板材拼补。

(5) 胶合板用做楼板模板时,常规的支模方法为:用 φ48 mm×3.5 mm 脚手钢管搭设排架,排架上铺放间距为 400 mm 左右的 50 mm×100 mm 或者 60 mm×80 mm 木方(俗称 68 方木)作为面板下的楞木,在其上铺设胶合板面板。木胶合板常用厚度为 12 mm 和 18 mm,木方的间距随胶合板厚度来调整。这种支模方法简单易行,现已在施工现场大面积采用。

(6) 胶合板用做墙模板时,常规的支模方法为:胶合板面板外侧的立档用 50 mm×100 mm 或者 60 mm×80 mm 木方,横档(又称牵杠)可用 φ48 mm×3.5 mm 脚手钢管或者 100 mm× 100 mm 木方,内外模用穿墙螺栓拉结。

3) 钢框胶合板模板

钢框胶合板模板,是以热轧异型钢为钢框架,以覆面胶合板做板面,并加焊若干钢肋承托面板的一种组合式面板。面板有木胶合板、竹胶合板、单片木面竹芯胶合板等。钢框胶合板模板的构造如图 4-17 所示。这种模板在钢边框上可钻连接孔,用连接件纵横连接,可组装成各种尺寸的模板,它也具备定型组合钢模板的一些优点,而且质量比组合钢模板轻,施工方便。

钢框胶合板模板的品种系列除与组合钢模板配套使用的 55 系列外,现已发展有 63、70、75、78、90 等系列,其支撑系统各具特色。钢框胶合板模板的规格长度最长已达到 2 400 mm,宽度最宽已达到 1 200 mm。因此,钢框胶合板模板具有自重轻、用钢量少、面积大,可以减少模板拼缝,不易漏浆,提高拆装工效,加快施工进度的特点。重型钢框胶合板用于墙模板如图 4-18 所示。

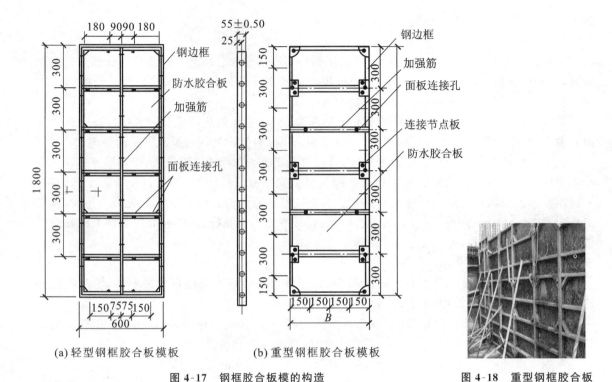

(a) 轻型钢框胶合板模板　　　(b) 重型钢框胶合板模板

图 4-17　钢框胶合板模的构造

图 4-18　重型钢框胶合板
用于墙模板

### 5. 早拆模板

按照常规的支模方法,现浇楼板施工的模板配置量,一般需 3～4 个层段的支柱、龙骨和模板,一次投入量大。采用早拆模板(见图 4-19),就是根据现行《混凝土结构工程施工质量验收规范》(GB 50204—2015)对于≤2 m 跨度的现浇楼盖,其混凝土拆模强度可比大于 2 m 且小于等于 8 m 跨度的现浇楼盖拆模强度减少 25%,即达到设计强度的 50% 即可拆模。早拆模板就是通过合理的支设模板,将较大跨度的楼盖通过增加支撑点缩小楼盖的跨度(≤2 m),从而达到"早拆模板,后拆支柱"的目的。这样,可使龙骨和模板的周转加快,模板一次配置量可减少 1/3～1/2。早拆模板的关键是在支柱上装置早拆柱头。目前,常用的早拆柱头有螺旋式、斜面自锁式、组装式(见图 4-20)和支撑销板式早拆模板拆除后留下的柱头如图 4-21 所示。

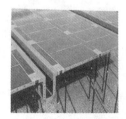

图 4-19　早拆模板

图 4-20　组装式早拆柱头

图 4-21　早拆模板拆除后的柱头

**例 4-1**　试分析 SP-70 早拆体系钢框胶合板模板的施工工艺。

SP-70 模板由模板块、支撑系统、拉杆系统、附件和辅助零件组成。

模板块由平面模板块、角模(用于墙体的角部)、角铁和镶边件组成;支撑系统由早拆柱头、主梁、次梁、支柱、横撑、斜撑、调节螺栓组成;拉杆系统(用于墙体模板的定位工具)由拉杆、母螺栓、模板块挡片、翼形螺母组成;附件(用于非标准部位或不符合模数的边角部位)主要有悬臂梁或预制拼条等;辅助零件有镶嵌槽钢、楔板、钢卡和悬挂撑架等。

(1)支模工艺如下:①根据楼层标高初步调整好立柱的高度,并安装好早拆柱头板,将早拆柱头板托板升起,并用楔片楔紧;②根据模板设计平面布置图,立第一根立柱;③将第一根模板主梁挂在第一根立柱上;④将第二根立柱及早拆柱头板与第一根模板主梁挂好,按模板设计平面布置图将立柱就位,然后用水平撑和连接件做临时固定;⑤依次按照模板设计布置图完成第一个格构的立柱和模板梁的支设工作,当第一个格构完全架好后,随即安装模板块;⑥依次架立其余的模板梁和立柱;⑦调整立柱使之垂直,然后用水平尺调整全部模板的水平度;⑧安装斜撑,将连接件逐个锁紧。

(2)拆模工艺如下:①用锤子将早拆柱头板铁楔打下,落下托板,模板主梁随之落下;②逐块卸下模板块;③卸下模板主梁;④拆除水平撑及斜撑;⑤将卸下的模板块、模板主梁、悬挑梁、水平撑、斜撑等整理码放好备用;⑥待楼板混凝土强度达到设计要求后,再拆除全部支撑立柱。

### 6. 其他模板

1)滑模

滑升模板(简称滑模)是一种工具式模板,适用于现场浇筑高耸的圆形、矩形、筒壁等结构,如筒仓、贮煤塔、竖井等。随着滑模施工技术的进一步发展,不但适用于浇筑高耸的变截面结构,如烟囱、双曲线冷却塔,而且还适用于剪力墙、筒体结构等高层建筑的施工。

滑模系统由模板系统(包括提升架、围圈、模板、加固配件及连接配件)、施工平台系统(包括工作平台、外圈走道、内外吊脚手架)、提升系统(包括千斤顶、油管、分油器、针形阀、控制台、支承杆及测量控制装置)组成。滑模系统构造示意图如图 4-22 所示,滑模实物施工实例如图 4-23 所示。

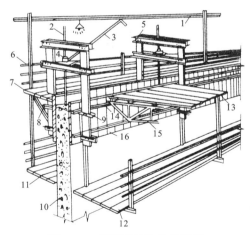

图 4-22　滑模系统构造示意图　　　　图 4-23　滑模实物施工实例

1—支架;2—支承杆;3—油管;4—千斤顶;5—提升架;6—栏杆;
7—外平台;8—外挑架;9—收分装置;10—混凝土墙;11—外吊平台;
12—内吊平台;13—内平台;14—上围圈;15—桁架;16—模板

2)爬模

爬升模板(简称爬模)是依附在建筑结构上,随着结构施工而逐层上升的一种模板,当结构工程混凝土达到拆模强度而脱模后,模板不落地,依靠机械设备和支承物将模板和爬模装置向上爬升一层,定位紧固,反复循环施工。爬模是适用于高层建筑全剪力墙结构、框架结构核心筒、钢结构核心筒、高耸构造物、桥墩、巨形柱等。爬模有手动爬模、电动爬模、液压爬模、吊爬模等。

液压爬模由模板系统、液压提升系统、操作平台系统等组成，如图 4-24 所示。

3）台模

台模（见图 4-25）是一种大型工具式模板，用于浇筑楼板。台模由面板、纵梁、横梁和台架等组成的一个空间组合体。台架下装有轮子，以便移动。有的台模没有轮子，用专用运模车移动。台模尺寸应与房间单位相适应，一般是一个房间一个台模。

施工时，先施工内墙墙体，然后吊入台模，浇筑楼板混凝土。脱模时，先将台架下降，再将台模推出墙面放在临时挑台上，最后用起重机吊至下一单元使用，楼板施工后再安装预制外墙板。

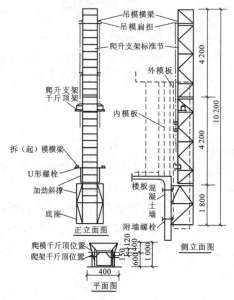

图 4-24　液压爬升模板构造

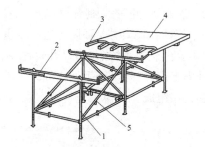

图 4-25　台模示意图

1—支腿；2—可伸缩的横梁；3—檩条；

4—面板；5—斜撑

国内常用多层板作面板，用铝合金型钢加工制成桁架式台模。用组合钢模板、扣件式钢管脚手架、滚轮组装成的台模，在大型冷库和百货商店的无梁楼盖施工中取得了成功。

利用台模浇筑楼板可省去模板的装拆时间，能节约模板材料和降低劳动消耗，但一次性投资较大，且须大型起重机械配合施工。

4）永久性模板

永久性模板在钢筋混凝土结构施工时起模板作用，在浇筑的混凝土凝固后模板不再取出，而成为结构本身的组成部分。

预制混凝土薄板是一种永久性模板。施工时，薄板安装在墙或梁上，下设临时支撑；然后在薄板上浇筑混凝土叠合层，形成叠合楼板。

根据配筋的不同，预制混凝土薄板可分为三类：第一类是预应力混凝土薄板；第二类是双钢筋混凝土薄板；第三类是冷扎钢筋混凝土薄板。预制混凝土薄板的功能：一是作底模板；二是作楼板配筋；三是提供光滑平整的底面可不用抹灰，直接喷浆。这种叠合楼板与预制空心板比较，可节省模板、便于施工、缩短工期、整体性与连续性好、抗震性强并可减少楼板总厚度。

在多高层钢结构或钢筋混凝土结构中，楼层多采用组合楼板，其中组合楼板结构就是压型钢板与混凝土组合在一起形成的,如图 4-26 所示。

压形钢板作为组合楼盖施工中的混凝土模板,其主要优点是:薄钢板经压折后,具有良好的结构受力性能,既可起组合楼板中受拉钢筋作用,又可作为浇注混凝土的永久性模板;特别是楼层较高,又有钢梁,采用压型钢板模板,楼板浇注混凝土独立地进行,不影响钢结构施工,上下楼层间无制约关系;不需满堂支撑,无支模和拆模的烦琐作业,施工进度显著加快。但压型钢板模板本身的造价高于组合钢模板,消耗钢材较多。

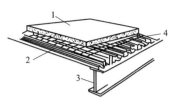

**图 4-26  组合楼板**
1—混凝土;2—压型钢板;
3—钢梁;4—剪力钢筋

## 二、模板设计

常用模板不需进行设计或验算。重要结构的模板、特殊形式的模板、超出适用范围的一般模板应该进行设计或验算,以确保质量和施工安全。模板设计的内容主要包括选型、选材、配板、荷载计算、结构设计和绘制模板施工图等。各项设计的内容和详尽程度,可根据工程的具体情况和施工条件确定。模板设计要遵循以下原则。

(1)实用性。接缝严密,不漏浆;保证构件的形状尺寸和相互位置的正确;模板的构造简单,拆装方便。

(2)安全性。保证在施工过程中,不变形,不破坏,不倒塌。

(3)经济性。针对工程结构的具体情况,因地制宜,就地取材,在确保工期、质量的前提下,减少一次性投入,增加模板周转,减少拆装用工,实现文明施工。

现仅就有关模板设计的基本内容及规定进行相关介绍。

### (一)荷载

计算模板及支架的荷载,分为荷载标准值和荷载设计值,后者应以荷载标准值乘以相应的荷载分项系数。

**1. 荷载标准值**

(1)模板及支架自重可根据模板设计图纸确定。肋形楼板及无梁楼板模板自重标准值如表4-2 所示。

表 4-2  模板及支架自重标准值

| 模板构件的名称 | 木模板/(kN/m³) | 组合钢模板/(kN/m³) | 钢框胶合板模板/(kN/m³) |
| --- | --- | --- | --- |
| 平板的模板及小楞 | 0.3 | 0.5 | 0.40 |
| 楼板模板(包括梁模板) | 0.5 | 0.75 | 0.60 |
| 楼板模板及支架(楼层高≤4 m) | 0.75 | 1.10 | 0.95 |

(2)新浇筑混凝土自重标准值,普通混凝土可采用25 kN/m³,其他混凝土根据实际质量确定。

(3)钢筋自重标准值按工程图纸计算确定。一般梁板结构可按每立方米混凝土含量计算:楼板 1.1 kN/m³,框架梁 1.5 kN/m³。

(4)施工人员及施工设备在水平投影面上的荷载如下。

①计算模板及直接支承小楞结构构件时,均布荷载为 2.5 kN/m²,另以集中荷载2.5 kN进行验算,比较两者所得的弯矩值,按其中的较大者采用。

②计算直接支承小楞结构构件时,均布荷载为 1.5 kN/m²。

③计算支架支柱及其他支承结构构件时,均布荷载为 1.0 kN/m²。对大型浇筑设备如上料

平台、混凝土输送泵等按实际情况计算。混凝土堆集高度超过 300 mm 时按实际高度计算。如模板单块宽度小于 150 mm 时,集中荷载可分布在相邻两块板上。

（5）振捣混凝土时产生的荷载标准值,水平面模板可采用 2.0 kN/m²,垂直面模板为 4.0 kN/m²(作用范围在新浇筑混凝土侧压力的有效压头高度以内)。

（6）新浇筑混凝土对模板的侧压力,采用内部振捣器时,可按下列两式计算,并取较小值。

$$F = 0.22 r_c t_0 \beta_1 \beta_2 V^{1/2} \tag{4-1}$$
$$F = r_c H \tag{4-2}$$

式中:$F$ 表示新浇筑混凝土对模板的最大侧压力,单位为 kN/m²;$r_c$ 表示混凝土的重力密度,单位为 kN/m³;$t_0$ 表示新浇筑混凝土的初凝时间,单位为 h,可按实测确定;当缺乏试验资料时,可采用 $t_0 = 200/(T+15)$ 计算($T$ 为混凝土的温度,单位为 ℃);$V$ 表示混凝土的浇筑速度,单位为 m/h;$H$ 表示混凝土侧压力计算位置处至新浇筑混凝土顶面的总高度,单位为 m;$\beta_1$ 表示外加剂影响修正系数,不掺外加剂时取 1.0,掺具有缓凝作用的外加剂时取 1.2;$\beta_2$ 表示混凝土坍落度影响修正系数,当坍落度小于 30 mm 时,计算分布图取 0.85;当坍落度为 50～90 mm 时,计算分布图取 1.0;当坍落度为 110～150 mm 时,计算分布图取 1.15。

混凝土侧压力的计算分布图形如图 4-27 所示。

（7）倾倒混凝土时对垂直面模板产生的水平荷载,可按表 4-3 选用。

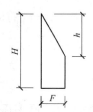

**图 4-27　侧压力计算分布图**
注:$h$ 为有效压头高度,$h = F/r_c$,单位为 m。

表 4-3　倾倒混凝土时产生的水平荷载

| 向模板内供料方法 | 水平荷载/(kN/m²) |
|---|---|
| 溜槽、串筒或导管 | 2 |
| 容积小于 0.2 m³ 的运输工具 | 2 |
| 容积为 0.2～0.8 m³ 的运输工具 | 4 |
| 容积为大于 0.8 m³ 的运输工具 | 6 |

除上述 7 项荷载外,当水平模板支撑结构的上部继续浇筑混凝土时,还应考虑由上部传递下来的荷载。

**2. 荷载设计值**

计算模板及其支架时的荷载设计值,应采用荷载标准值乘以相应荷载分项系数求得。模板及其支架荷载分项系数如表 4-4 所示。

表 4-4　模板及其支架荷载分项系数

| 项　次 | 荷载类别 | $\gamma_i$ |
|---|---|---|
| 1 | 模板及支架自重 | |
| 2 | 新浇筑混凝土自重 | 1.2 |
| 3 | 钢筋自重 | |
| 4 | 施工人员及施工设备荷载 | 1.4 |
| 5 | 振捣混凝土时产生的荷载 | |
| 6 | 新浇筑混凝土对模板的侧压力 | 1.2 |
| 7 | 倾倒混凝土时产生的荷载 | 1.4 |

**3. 荷载折减(调整)系数**

模板工程属临时性工程,我国目前还没有临时性工程的设计规范,所以只能按正式结构设计规范执行。由于新的设计规范以概率理论为基础的极限状态设计法代替了容许应力设计法,又考虑到原规范对容许应力值作了提高,因此对原《混凝土结构工程施工质量验收规范》(GB 50204—2002)进行了套改。

(1)对钢模板及其支架的设计,其荷载设计值可乘以 0.85 系数予以折减,但其截面的塑性发展系数取 1.0。

(2)采用冷弯薄壁型钢材,由于原规范对钢材容许应力值不予提高,因此荷载设计值也不予折减,系数为 1.0。

(3)对木模板及其支架的设计,当木材含水率小于 25% 时,其荷载设计值可乘以 0.9 系数予以折减。

(4)在风荷载作用下,在验算模板及其支架的稳定性时,其基本风压值可乘以 0.8 系数予以折减。

## (二)荷载组合

(1)荷载类别及编号如表 4-5 所示。

表 4-5　荷载类别及编号

| 名　称 | 类　别 | 编　号 |
|---|---|---|
| 模板结构自重 | 恒载 | ① |
| 新浇筑混凝土自重 | 恒载 | ② |
| 钢筋自重 | 恒载 | ③ |
| 施工人员及施工设备荷载 | 活载 | ④ |
| 振捣混凝土时产生的荷载 | 活载 | ⑤ |
| 新浇筑混凝土对模板的侧压力 | 恒载 | ⑥ |
| 倾倒混凝土时产生的荷载 | 活载 | ⑦ |

(2)荷载组合如表 4-6 所示。

表 4-6　荷载组合

| 项次 | 项　目 | 荷载组合 | |
|---|---|---|---|
| | | 计算承载能力 | 验算刚度 |
| 1 | 平板及薄壳的模板及支架 | ①+②+③+④ | ①+②+③ |
| 2 | 梁和拱模板的底板及支架 | ①+②+③+⑤ | ①+②+③ |
| 3 | 梁、拱、柱(边长≤300 mm)、墙(厚≤100 mm)的侧面模板 | ⑤+⑥ | ⑥ |
| 4 | 大体积结构、柱(边长>300 mm)、墙(厚>100 mm)的侧面模板 | ⑥+⑦ | ⑦ |

## (三)模板结构的挠度要求

模板结构除必须保证足够的承载能力外,还应保证有足够的刚度。因此,应验算模板及其支架的挠度,其最大变形值不得超过下列允许值。

(1)对结构表面外露(不做装修)的模板为模板构件计算跨度的 1/400。

(2)对结构表面隐蔽(做装修)的模板为模板构件计算跨度的 1/250。

(3)支架的压缩变形值或弹性挠度为相应构件计算跨度的 1/1 000。

当梁板跨度≥4 m 时,模板应按设计要求起拱;如无设计要求,起拱高度宜为全长跨度的 1/1 000～3/1 000,钢模板取小值(1/1 000～2/1 000)。

《组合钢模板技术规范》(GB 50214—2013)的规定如下。

（1）模板结构允许挠度按表4-7执行。

表4-7　模板结构允许挠度

| 名　　称 | 允许挠度/mm | 名　　称 | 允许挠度/mm |
|---|---|---|---|
| 钢模板的面板 | 1.5 | 柱箍 | $B/500$ |
| 单块钢模板 | 1.5 | 桁架 | $L/1\,000$ |
| 钢楞 | $L/500$ | 支撑系统累计 | 4.0 |

注：$L$为计算跨度，$B$为柱宽。

（2）当验算模板及支架在自重和风荷载作用下的抗倾覆稳定性时，其抗倾倒系数不小于1.15。
《钢框胶合板模板技术规程》(JGJ 96—2011)的规定如下。

（1）模板面板各跨度的挠度计算值不宜大于面板相应跨度的1/300，且不宜大于1mm。

（2）钢楞各跨度的挠度计算值不宜大于钢楞相应跨度的1/1 000，且不宜大于1mm。

# 三、模板用量估算

现浇钢筋混凝土结构施工中的模板施工方案，是编制施工组织设计的重要组成部分，必须根据拟建工程的工程量、结构形式、工期要求和施工方法，择优选用模板施工方案，并按照分层、分段流水施工的原则，确定模板的周转顺序和模板的投入量。模板工程量，通常是指模板与混凝土接触的面积，因此，应该按照施工图构件尺寸，进行详细计算。

模板投入量是指施工单位应配置的模板实际工程量。它与模板工程量的关系可用下式表示：

模板投入量＝模板工程量/周转次数

所以，在保证工程质量和工期要求的前提下，应尽量加大模板的周转次数，以减少模板投入量，这对降低工程成本是非常重要的。

## （一）模板估算参考资料

（1）按建筑类型和面积估算模板工程量，组合钢模板估算表如表4-8所示。

表4-8　组合钢模板估算表

| 项　目　结构类型 | 模板面积/m² | | 各部位模板面积/（%） | | | | |
|---|---|---|---|---|---|---|---|
| | 按每立方米混凝土计 | 按每平方米建筑面积计 | 柱 | 梁 | 墙 | 板 | 其他 |
| 工业框架结构 | 8.4 | 2.5 | 14 | 38 | — | 29 | 19 |
| 框架式基础 | 4.0 | 3.7 | 45 | 10 | — | 36 | 9 |
| 轻工业框架 | 9.8 | 2.0 | 12 | 44 | — | 40 | 4 |
| 轻工业框架（预制楼板在外） | 9.3 | 1.2 | 20 | 73 | — | — | 7 |
| 公用建筑框架 | 9.7 | 2.2 | 17 | 40 | — | 33 | 10 |
| 公用建筑框架（预制楼板在外） | 6.1 | 1.7 | 28 | 52 | — | — | 20 |
| 无梁楼板结构 | 6.8 | 1.5 | 14 | 柱帽15 | 25 | 43 | 3 |
| 多层民用框架 | 9.0 | 2.5 | 18 | 26 | 13 | 38 | 5 |
| 多层民用框架（预制楼板在外） | 7.8 | 1.5 | 30 | 43 | 21 | — | 6 |
| 多层剪力墙住宅 | 14.6 | 3.0 | — | — | 95 | — | 5 |
| 多层剪力墙住宅（带楼板） | 12.1 | 4.7 | — | — | 72 | 20 | 8 |

注：(1)本表数值为±0.00以上现浇钢筋混凝土结构模板面积表。

(2)本表不含预制构件模板面积。

（2）按工程概况、预算提供的各类构件混凝土工程量估算模板工程量。各类构件每立方米混凝土所需模板面积表如表 4-9 所示。

表 4-9　各类构件每立方米混凝土所需模板面积表

| 构件名称 | 规格尺寸 | 模板面积/m² | 构件名称 | 规格尺寸 | 模板面积/m² |
|---|---|---|---|---|---|
| 带形基础 | — | 2.16 | 梁 | 宽 0.35 m 以内 | 8.89 |
| 独立基础 | — | 1.76 | 梁 | 宽 0.45 m 以内 | 6.67 |
| 满堂基础 | 无梁 | 0.26 | 墙 | 厚 10 cm 以内 | 25.60 |
| 满堂基础 | 有梁 | 1.52 | 墙 | 厚 20 cm 以内 | 13.60 |
| 设备基础 | 5 m 以内 | 2.91 | 墙 | 厚 20 cm 以外 | 8.20 |
| 设备基础 | 20 m 以内 | 2.23 | 电梯井壁 | — | 14.80 |
| 设备基础 | 100 m 以内 | 1.50 | 挡土墙 | — | 6.80 |
| 设备基础 | 100 m 以外 | 0.80 | 有梁板 | 厚 10 cm 以内 | 10.70 |
| 柱 | 周长 1.2 m 以内 | 14.70 | 有梁板 | 厚 10 cm 以外 | 8.07 |
| 柱 | 周长 1.8 m 以内 | 9.30 | 无梁板 | — | 4.20 |
| 柱 | 周长 1.8 m 以外 | 6.80 | 平板 | 厚 10 cm 以内 | 12.00 |
| 梁 | 宽 0.25 m 以内 | 12.00 | 平板 | 厚 10 cm 以外 | 8.00 |

## （二）模板面积计算公式及参考表

### 1. 计算公式

为了正确估算模板工程量，必须先计算每立方米混凝土结构的展开面积，然后除以各构件的工程量，即可求得每立方米混凝土的模板工程量，计算公式为

$$U = A/V \tag{4-3}$$

式中：$A$ 表示模板的展开面积，单位为 m²；$V$ 表示混凝土的体积，单位为 m³。

钢筋混凝土结构各主要类型构件每立方米混凝土的模板面积 $U$ 的计算方法如下。

1）柱模板面积计算

（1）边长为 $a \times a$ 的正方形截面柱：

$$U = 4/a \tag{4-4}$$

（2）直径为 $d$ 的圆形截面柱：

$$U = 4/d \tag{4-5}$$

（3）边长为 $a \times b$ 的矩形截面柱：

$$U = 2(a+b)/ab \tag{4-6}$$

2）矩形梁模板面积计算

钢筋混凝土矩形梁，每立方米混凝土的计算式为

$$U = (2h+b)/bh \tag{4-7}$$

式中：$b$ 表示梁宽，单位为 mm；$h$ 表示梁高，单位为 mm。

3）楼板模板面积计算

楼板的模板用量计算式为

$$U = 1/d \tag{4-8}$$

式中：$d$ 表示楼板厚度，单位为 mm。

4）墙模板面积计算

混凝土或钢筋混凝土墙的模板用量计算式为

$$U = 2/d \tag{4-9}$$

式中：$d$ 表示墙厚，单位为 mm。

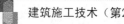

**2. 各类构件每立方米混凝土模板工程量参考表**

（1）混凝土柱：混凝土柱每立方米混凝土模板参考工程量如表 4-10、表 4-11 所示。

表 4-10　正方形或圆形柱每立方米混凝土模板面积

| 柱横截面尺寸 $a \times a$ /(m×m) | 模板面积 $U=4/a$ /m² | 柱横截面尺寸 $a \times a$ /(m×m) | 模板面积 $U=4/a$ /m² |
|---|---|---|---|
| 0.3×0.3 | 13.33 | 0.9×0.9 | 4.44 |
| 0.4×0.4 | 10.00 | 1.0×1.0 | 4.00 |
| 0.5×0.5 | 8.00 | 1.1×1.1 | 3.64 |
| 0.6×0.6 | 6.67 | 1.3×1.3 | 3.08 |
| 0.7×0.7 | 5.71 | 1.5×1.5 | 2.67 |
| 0.8×0.8 | 5.00 | 2.0×2.0 | 2.00 |

注：$a$ 为正方形柱的边长或圆形柱的直径，单位为 m。

表 4-11　矩形柱每立方米混凝土模板面积

| 柱横截面尺寸 $a \times b$ /(m×m) | 模板面积 $U=2(a+b)/ab$ /m² | 柱横截面尺寸 $a \times b$ /(m×m) | 模板面积 $U=2(a+b)/ab$ /m² |
|---|---|---|---|
| 0.4×0.3 | 11.67 | 0.8×0.8 | 5.83 |
| 0.5×0.3 | 10.57 | 0.9×0.45 | 6.67 |
| 0.6×0.3 | 10.00 | 0.9×0.6 | 6.56 |
| 0.7×0.35 | 8.57 | 1.0×0.6 | 6.00 |
| 0.8×0.4 | 7.50 | 1.0×0.7 | 4.86 |

（2）矩形梁：混凝土矩形梁每立方米混凝土模板参考工程量如表 4-12 所示。

表 4-12　矩形梁每立方米混凝土模板面积

| 梁截面尺寸 $h \times b$ /(m×m) | 模板面积 $U=(2h+b)/bh$ /m² | 梁截面尺寸 $h \times b$ /(m×m) | 模板面积 $U=(2h+b)/bh$ /m² |
|---|---|---|---|
| 0.3×0.2 | 13.33 | 0.8×0.4 | 6.25 |
| 0.4×0.2 | 12.50 | 1.0×0.5 | 5.00 |
| 0.5×0.25 | 10.00 | 1.2×0.6 | 4.17 |
| 0.6×0.3 | 8.33 | 1.4×0.7 | 3.57 |

（3）楼板：混凝土楼板每立方米混凝土模板参考工程量如表 4-13 所示。

表 4-13　楼板每立方米混凝土模板面积

| 板厚 $d$/m | 模板面积 $U=1/d$/m² | 板厚 $d$/m | 模板面积 $U=1/d$/m² |
|---|---|---|---|
| 0.06 | 16.67 | 0.14 | 7.14 |
| 0.08 | 12.50 | 0.17 | 5.88 |
| 0.10 | 10.00 | 0.19 | 5.26 |
| 0.12 | 8.33 | 0.22 | 4.55 |

（4）墙体：混凝土墙体每立方米混凝土模板参考工程量如表 4-14 所示。

表 4-14 墙体每立方米混凝土模板面积

| 墙厚 $d$/m | 模板面积 $U=2/d$/$m^2$ | 墙厚 $d$/m | 模板面积 $U=2/d$/$m^2$ |
|---|---|---|---|
| 0.06 | 33.33 | 0.18 | 11.11 |
| 0.08 | 25.00 | 0.20 | 10.00 |
| 0.10 | 20.00 | 0.25 | 8.00 |
| 0.12 | 16.67 | 0.30 | 6.67 |
| 0.14 | 14.29 | 0.35 | 5.71 |
| 0.16 | 12.50 | 0.40 | 5.00 |

### 3. 模板材料用量参考资料

(1) 每 100 $m^2$ 木模板木材需用量,可参照表 4-15 估算。

表 4-15 每 100 $m^2$ 木模板木材需用量

| 序 号 | 结 构 名 称 | 木材消耗量/$m^2$ | |
|---|---|---|---|
| | | 使用一次 | 周转五次 |
| 1 | 基础及大块体结构 | 4.2 | 1.2 |
| 2 | 柱 | 6.6 | 1.9 |
| 3 | 梁 | 10.66 | 1.5 |
| 4 | 墙 | 6.4 | 1.8 |
| 5 | 平板及圆顶 | 9.15 | 1.3 |

(2) 每 100 $m^2$ 木模板木料用料比例,可参照表 4-16 估算。

表 4-16 每 100 $m^2$ 木模板木料用料比例

| 结构类别 | 木 材 规 格 | | | | | |
|---|---|---|---|---|---|---|
| | 薄板 | 中板 | 厚板 | 小方 | 中方 | 大方 |
| 框架结构 | 54.8% | 5.8% | — | 33.8% | 4.25% | 1.5% |
| 混合结构 | 38% | 21% | 4% | 31.1% | 5.5% | — |
| 砖木结构 | 54.5% | 6% | — | 35.5% | 2% | — |

(3) 每 100 $m^2$ 组合钢模板所需配套部件,可参照表 4-17 估算。

表 4-17 每 100 $m^2$ 组合钢模板所需各部件配套表

| 名 称 | 规格/mm | 每件 | | 件数 | 面积比例/(%) | 总质量/kg |
|---|---|---|---|---|---|---|
| | | 面积/$m^2$ | 质量/kg | | | |
| 平面模板 | 300×1 500×55 | 0.45 | 14.90 | 145 | 60~70 | 2 166 |
| 平面模板 | 300×900×55 | 0.27 | 9.21 | 45 | 12 | 415 |
| 平面模板 | 300×600×55 | 0.18 | 6.36 | 23 | 4 | 146 |
| 其他模板 | (100~200)×(600~1 500) | — | — | — | 14~24 | 700 |
| 连接角膜 | 50×50×1 500 | — | 3.47 | 24 | — | 83 |
| 连接角膜 | 50×50×900 | — | 2.10 | 12 | — | 25 |
| 连接角膜 | 50×50×600 | — | 1.42 | 12 | — | 17 |
| U 形卡 | $\phi$12 | — | 0.20 | 1450 | — | 290 |

续表

| 名　　称 | 规格/mm | 每件 | | 件数 | 面积比例/(%) | 总质量/kg |
|---|---|---|---|---|---|---|
| | | 面积/m² | 质量/kg | | | |
| L形插销 | $\phi 12 \times 345$ | — | 0.35 | 290 | — | 101 |
| 钩头螺栓 | M12×176 | — | 0.21 | 120 | — | 25 |
| 紧固螺栓 | M12×164 | — | 0.20 | 120 | — | 24 |
| 3形扣件 | 25×120×22 | — | 0.12 | 360 | — | 43 |
| 圆钢管 | $\phi 48 \times 3.5$ | — | 3.84 | — | — | 4 500 |
| 管扣件 | | — | 1.25 | 800 | — | 1 000 |
| 共计 | — | — | — | — | — | 9 535 |

注：木材拼补面积约为配板面积的5%，支撑件全部采用钢管。

## 四、模板拆除

模板的拆除顺序一般是先非承重模板，后承重模板；先侧板，后底板。

现浇混凝土结构模板的拆除日期取决于结构的性质、模板的用途和混凝土硬化速度。及时拆模，可提高模板的周转，为后续工作创造条件。如过早拆模，因混凝土未达到一定强度，过早承受荷载会产生变形甚至会造成重大的质量事故。

### 1. 拆模期限

（1）不承重的侧模板在混凝土强度能保证混凝土表面和棱角不因拆模而受损害时方可拆模。一般此时混凝土的强度应达到 2.5 MPa 以上。

（2）承重模板应在与结构同条件养护的试块达到表 4-18 规定的强度以后方可拆除。

表 4-18　承重模板拆除时混凝土强度要求

| 构件类型 | 构件跨度/m | 达到设计的混凝土立方体抗压强度标准值的百分率/(%) |
|---|---|---|
| 板 | ≤2 | ≥50 |
| | >2,≤8 | ≥75 |
| | >8 | ≥100 |
| 梁 | ≤8 | ≥75 |
| | >8 | ≥100 |
| 悬臂构件 | — | ≥100 |

### 2. 拆模注意事项

模板拆卸工作应注意以下事项。

（1）模板拆除工作应遵守一定的方法与步骤。拆模时要按照模板各结合点构造情况，逐块拆卸。首先去掉扒钉、螺栓等连接铁件，然后用撬杠将模板松动或用木楔插入模板与混凝土接触面的缝隙中，以锤击木楔，使模板与混凝土面逐渐分离。拆模时，禁止用重锤直接敲击模板，以免使建筑物受到强烈震动或将模板毁坏。

（2）拆卸拱形模板时，应先将支柱下的木楔缓慢放松，使拱架徐徐下降，避免因模板突然大幅度下沉担负全部自重而起拱，并应从跨中点向两端同时对称拆卸。拆卸跨度较大的拱模时，则需从拱顶中部分段分期向两端对称拆卸。

（3）高空拆卸模板时，不得将模板自高处摔下，而应用绳索吊卸，以防砸坏模板或发生事故。

（4）当模板拆卸完毕后，应将附着在板面上的混凝土砂浆洗凿干净，损坏部分需修整，板上的圆钉应及时拔除（部分可以回收使用），以免伤人。卸下的螺栓应与螺帽、垫圈等拧在一起，并加黄油防锈。扒钉、铁丝等物均应收拢归仓，不得丢失。所有模板应按规格分放，妥善保管，以备下次立模周转使用。

（5）对于大体积混凝土，为了防止拆模后混凝土表面温度骤然下降而产生表面裂缝，应考虑外界温度的变化而确定拆模时间，并应避免早、晚或夜间拆模。

## 五、模板工程施工质量及验收要求

模板及其支架应根据工程结构形式、荷载大小、地基土类别、施工设备和材料供应等条件进行设计。模板及其支架应具有足够的承载能力、刚度和稳定性，能可靠地承受浇筑混凝土的质量、侧压力以及施工荷载。在浇筑混凝土之前，应对模板工程进行验收。模板安装和浇筑混凝土时，应对模板及其支架进行观察和维护，发生异常情况时，应按施工技术方案及时进行处理。

模板工程的施工质量检验应按主控项目和一般项目进行，按规定的检验方法进行检验。

**1．主控项目**

（1）安装现浇结构的上下层模板及其支架时，下层楼板应具有承受上层荷载的承载能力，或加设支架；上下层支架的立柱应对准，并铺设垫板。检查数量：全数检查。检验方法：对照模板设计文件和施工技术方案观察。

（2）在涂刷模板隔离剂时，不得沾染钢筋和混凝土接槎处。检查数量：全数检查。检查方法：工程观察。

（3）底模板及其支架拆除时的混凝土强度应符合设计及施工规范要求。检查数量：全部检查。检验方法：检查同条件养护试件强度试验报告。

（4）后浇带模板的拆除和支顶应按施工技术方案执行。检查数量：全数检查。检验方法：观察。

**2．一般项目**

（1）模板安装应满足下列要求：①模板的接缝不应漏浆；在浇筑混凝土前，木模板应浇水湿润，但模板内不应有积水；②模板与混凝土的接触面应清理干净并涂刷隔离剂，但不得采用影响结构性能或妨碍装饰工程施工的隔离剂；③浇筑混凝土前，模板内的杂物应清理干净；④对清水混凝土工程及装饰混凝土工程，应使用能达到设计效果的模板。检查数量：全数检查。检验方法：观察。

（2）用做模板的地坪、胎模等应平整光洁，不得产生影响构件质量的下沉、裂缝、起砂或起鼓。检查数量：全数检查。检验方法：观察。

（3）对跨度小于 4 m 的现浇钢筋混凝土梁、板，其模板应按设计要求起拱；当设计无具体要求时，起拱高度宜为跨度的 1/1 000～3/1 000。检查数量：在同一检验批内，对于梁应抽查构件数量的 10%，并且不少于 3 件；对于板应按有代表性的自然间抽查 10%，且不少于 3 间；对于大空间结构，板可按纵、横轴线划分检查面，抽查 10%，且不少于 3 面。检验方法：水准仪或拉线、钢尺检查。

（4）固定在模板上的预埋件、预留孔和预留洞均不得遗漏，并且应安装牢固，其偏差应符合表 4-19 的规定。现浇结构模板安装的允许偏差及检验方法应符合表 4-20 的规定。

表 4-19  预埋件和预留孔洞的允许偏差

| 项　　目 | | 允许偏差/mm |
|---|---|---|
| 预埋钢板中心线位置 | | 3 |
| 预埋管、预留孔中心线位置 | | 3 |
| 插筋 | 中心线位置 | 5 |
| | 外露长度 | +10.0 |
| 预埋螺栓 | 中心线位置 | 2 |
| | 外露长度 | +10.0 |
| 预留洞 | 中心线位置 | 10 |
| | 尺寸 | +10.0 |

注：检查中心线位置时，应沿纵横两个方向量测，并取其中较大值。

表 4-20  现浇结构模板安装的允许偏差及检验方法

| 项　　目 | | 允许偏差/mm | 检验方法 |
|---|---|---|---|
| 轴线位置 | | 5 | 钢尺检查 |
| 底模上表面标高 | | ±5 | 水准仪或拉线、钢尺检查 |
| 截面内部尺寸 | 基础 | ±10 | 钢尺检查 |
| | 柱、墙、梁 | +4,-5 | 钢尺检查 |
| 层高垂直度 | ≤5 m | 6 | 经纬仪或吊线、钢尺检查 |
| | >5 m | 8 | |
| 相邻两板表面高低差 | | 2 | 钢尺检查 |
| 表面平整度 | | 5 | 2 m 靠尺和塞尺检查 |

注：检查轴线位置时，应沿纵横两个方向量测，并取其中较大值。

检查数量：在同一检验批内，对梁、柱和独立基础，应抽查构件数量的 10%，并且不少于 3 件；对墙和板，应按有代表性的自然间抽查 10%，且不少于 3 间；对大空间结构，墙可按相邻轴线间高度 5 m 左右划分检查面，板可按纵横轴线划分检查面，抽查 10%，并且不少于 3 面。

检验方法：钢尺检查。

（5）预制构件模板安装的偏差应符合表 4-21 的规定。

表 4-21  预制构件模板安装的允许偏差及检验方法

| 项　　目 | | 允许偏差/mm | 检 验 方 法 |
|---|---|---|---|
| 长度 | 板、梁 | ±5 | 钢尺量两角边，取其中较大值 |
| | 薄腹梁、桁架 | ±10 | |
| | 柱 | 0,-10 | |
| | 墙板 | 0,-5 | |
| 宽度 | 板、墙板 | 0,-5 | 钢尺量一端及中部，取其中较大值 |
| | 梁、薄腹梁、桁架、柱 | +2,-5 | |
| 高(厚)度 | 板 | +2,-3 | 钢尺量一端及中部，取其中较大值 |
| | 墙板 | 0,-5 | |
| | 梁、薄腹梁、桁架、柱 | +2,-5 | |
| 侧向弯曲 | 梁、板、柱 | $L/1\,000$ 且≤15 | 拉线、钢尺量最大弯曲处 |
| | 墙板、薄腹梁、桁架 | $L/1\,500$ 且≤15 | |
| 板的表面平整度 | | 3 | 2 m 靠尺和塞尺检查 |
| 相邻两板表面高低差 | | 1 | 钢尺检查 |

| 项　　目 | | 允许偏差/mm | 检 验 方 法 |
|---|---|---|---|
| 对角线差 | 板 | 7 | 钢尺量两个对角线 |
| | 墙板 | 5 | |
| 翘曲 | 板、墙板 | L/1 500 | 调平尺在两端量测 |
| 设计起拱 | 薄腹梁、桁架、梁 | ±3 | 拉线、钢尺量跨中 |

注:L 为构件长度,单位为 mm。

检查数量:首次使用及大修后的模板应全数检查;使用中的模板应定期检查,并根据使用情况不定期抽查。

(6)侧模拆除时的混凝土强度应能保证其表面及棱角不受损伤。模板拆除时,不应对楼层形成冲击荷载。拆除的模板和支架宜分散堆放并及时清运。

检查数量:全数检查。检验方法:观察。

# 任务 2　钢筋施工工艺

钢筋工程是混凝土结构施工的重要分项工程之一,是混凝土结构施工的关键工程,混凝土结构所用钢筋的种类较多。钢筋混凝土结构及预应力混凝土结构中所用钢筋有热轧钢筋、余热处理钢筋、钢绞线、冷轧带肋钢筋、冷拉钢筋、冷拔钢丝、冷轧扭钢筋等。

常用热轧钢筋按强度级别分为 HPB235 级、HRB335 级、HRB400 级和 RRB400 级。HPB235 级为热轧光圆钢筋,HPB 是 hot rolled plain bars 的英文缩写,235 表示屈服强度为 235 MPa;HRB335 级为热扎带肋钢筋,HRB 是 hot rolled ribbed bars 的英文缩写,335 表示屈服强度为 335 MPa;HRB400 级为热轧带肋钢筋,HRB 是 hot rolled ribbed steel bar 的英文缩写,400 表示屈服强度为 400 MPa;RRB400 级为余热处理钢筋,RRB 是 remained heat treatment ribbed steel bar 的英文缩写,400 表示屈服强度为 400 MPa。

新版 GB 1499.1—2008 规范出台之后,Ⅰ级钢应称为 HPB235 级钢,Ⅱ级钢应称为 HPB300 级钢,Ⅲ级钢筋应改称为 HRB335 级钢,Ⅳ级钢应改称为 HRB400 级和 RRB400 级钢。

建筑工程中常用的钢筋按轧制外形可分为光面钢筋和变形钢筋(如螺纹、人字纹及月牙纹等)。

按化学成分的不同,钢筋可分为碳素钢钢筋和普通低合金钢钢筋。碳素钢钢筋按碳的质量分数多少,又可分为低碳钢(碳的质量分数小于 0.25%)、中碳钢(碳的质量分数 0.25%～0.60%)和高碳钢钢筋(碳的质量分数大于 0.60%)。

根据结构构件的类型不同,钢筋可分为普通钢筋(热轧钢筋)和预应力钢筋。普通钢筋是指用于钢筋混凝土结构中的钢筋和预应力混凝土结构中的非预应力钢筋。

按直径大小的不同,钢筋可分为钢丝(直径 3～5 mm)、细钢筋(直径 6～10 mm)、中粗钢筋(12～20 mm)和粗钢筋(直径大于 20 mm)。为便于运输,通常将直径为 6～10mm 的钢筋制成盘圆;直径大于 12 mm 的钢筋截成每根长度为 6～12 m。此外,按钢筋在结构中的作用不同可分为受力钢筋、架立钢筋和分布钢筋等。

## 一、钢筋的验收及存放

### (一)钢筋的验收

钢筋进场应具有出厂证明书或试验报告单,每捆(盘)钢筋应有标牌,同时应按有关标准和规定进行外观检查和分批做力学性能试验。进场的钢材要进行实物验收，验收时要把出厂证明书或试验报告单和每捆（盘）钢筋上的标牌进行对比，看是否是同一批钢材，要做到证物相符。钢筋在使用时，如发现脆断、焊接性能不良或机械性能显著不正常等，则应进行钢筋化学成分检验。

**1. 钢筋合格证的内容**

钢筋产品合格证由钢筋生产厂质量检验部门提供给用户单位，用以证明其产品质量已达到的各项规定指标。其内容包括：钢种、规格、数量、机械性能（如屈服点、抗拉强度、冷弯、伸延率等）、化学成分（如碳、磷、硅、锰、硫、钒等）的数据及结论、出厂日期、检验部门印章、合格证的编号。合格证要求填写齐全，不得漏填或填错。同时须填明批量，如批量较大时，提供的出厂证又较少，可做复印件或抄件备查，并应注明原件证号存放处，同时应有抄件人签字，抄件日期。

**2. 外观检查**

钢筋外观检查应满足表 4-22 要求。

表 4-22　钢筋外观检查要求

| 钢 筋 种 类 | 外 观 要 求 |
|---|---|
| 热轧钢筋 | 表面不得有裂纹、结疤和折叠，如有凸块不得超过横肋的高度，其他缺陷的高度和深度不得大于所在部位尺寸的允许偏差，钢筋外形尺寸等应符合国家标准 |
| 热处理钢筋 | 表面不得有裂纹、结疤和折叠，如局部凸块不得超过横肋的高度，钢筋外形尺寸应符合国家标准 |
| 冷拉钢筋 | 表面不得有裂纹和局部缩颈 |
| 冷拔低碳钢丝 | 表面不得有裂纹和机械损伤 |
| 碳素钢丝 | 表面不得有裂纹、小刺、机械损伤、锈皮和油漆 |
| 刻痕钢丝 | 表面不得有裂纹、分层、锈皮、结疤 |
| 钢绞线 | 不得有折断、横裂和相互交叉的钢丝，表面不得有润滑剂、油渍 |

钢筋进场，经外观检查合格后，由技术员、材料采购员、材料保管员分别在合格证上签字，注明使用工程部位后交资料员保管。合格证应放入材质与产品检验卷内，在产品合格证分目录表上填好相应项目。

**3. 验收要求**

钢筋、钢丝、钢绞线应成批验收，做力学性能试验时其抽样方法应按相应标准所规定的规则抽取，如表 4-23 所示。

表 4-23　钢筋、钢丝、钢绞线验收要求和方法

| 钢筋种类 | 验收批钢筋组成 | 每批数量 | 取 样 方 法 |
|---|---|---|---|
| 热轧钢筋 | （1）同一牌号、规格和同一炉罐号；<br>（2）同钢号的混合批，不超过 6 个炉罐号 | ≤60 t | 在每批钢筋中任取 2 根钢筋，每根钢筋取 1 个拉力试样和 1 个冷弯试样 |
| 热处理钢筋 | （1）同一处截面尺寸，同一热处理制度和炉罐号；<br>（2）同钢号的混合批，不超过 10 个炉罐号 | ≤60 t | 取 10% 盘数（不少于 25 盘），每盘 1 个拉力试样 |

续表

| 钢筋种类 | | 验收批钢筋组成 | 每批数量 | 取 样 方 法 |
|---|---|---|---|---|
| 冷拉钢筋 | | 同级别、同直径 | ≤20 t | 任取 2 根钢筋,每根钢筋取 1 个拉力试样和 1 个冷弯试样 |
| 冷拔低碳钢丝 | 甲级 | — | 逐盘检查 | 每盘取 1 个拉力试样和 1 个弯曲试样 |
| | 乙级 | 用相同材料的钢筋冷拔成同直径的钢丝 | 5 t | 任取 3 盘,每盘取 1 个拉力试样和 1 个弯曲试样 |
| 碳素钢丝、刻痕钢丝 | | 同一钢号、同一形状尺寸、同一交货状态 | — | 取 5% 盘数(不少于 3 盘),优质钢丝取 10% 盘数(不少于 3 盘),每盘取 1 个拉力试样和 1 个冷弯试样 |
| 钢绞线 | | 同一钢号、同一形状尺寸、同一生产工艺 | ≤60 t | 任取 3 盘,每盘取 1 个拉力试样 |

注:拉力试验包括屈服点、抗拉强度和伸长率三个指标,抗拉试件取样长度为 $L \geqslant 10d + 200$ mm,冷弯试件取样长度为 $L \geqslant 5d + 150$ mm。

检验要求,如有一个试样的一项试验指标不合格,则另取双倍数量的试样进行复检,如仍有一个试样不合格,则该批钢筋不予验收。

### (二)钢筋的储存

钢筋进场后,必须严格按批分等级、牌号、直径、长度挂牌存放,不得混淆。钢筋应尽量堆入仓库或料棚内。条件不具备时,应选择地势较高、土质坚硬的场地存放。堆放时,钢筋下部应垫高,离地至少 20 cm 高,以防钢筋锈蚀。在堆场周围应挖排水沟,以利于排水。

## 二、钢筋的冷拉

钢筋冷拉是在常温下对钢筋进行强力拉伸,用超过钢筋的屈服强度的拉应力,使钢筋产生塑性变形,以达到提高强度,节约钢材的目的。冷拉时,钢筋被拉直,表面锈渣自动脱落,因此,冷拉不但可提高强度,而且还可以同时完成调直、除锈工作。

### (一)冷拉原理

(1)钢筋冷拉原理如图 4-28 所示。图中 $Oabcde$ 为钢筋的拉伸特性曲线。冷拉时,拉应力超过屈服点 $b$ 到达 $c$ 点,然后卸载。由于钢筋已产生塑性变形,卸载过程中应力-应变曲线将沿 $O_1cde$ 变化,并在 $c$ 点附近出现新的屈服点,该屈服点明显高于冷拉前的屈服点 $b$,这种现象称为变形硬化。冷拉后的新屈服点并非保持不变,而是随时间延长提高至 $c'$ 点,这种现象称为时效硬化。由于变形硬化和时效硬化的结果,其新的应力-应变曲线则为 $O_1c'd'e'$,此时,钢筋的强度提高了,

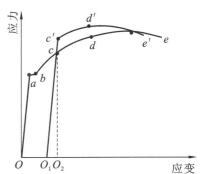

图 4-28 钢筋冷拉原理

但脆性也增加了。图中 $c$ 点对应的应力即为冷拉钢筋的控制应力,$OO_2$ 即为相应的冷拉率。

(2)冷拉后钢筋有内应力存在,内应力会促进钢筋内的晶体组织调整,使屈服强度进一步提高。该晶体组织调整过程称为时效。

## （二）冷拉控制

钢筋冷拉控制可以用控制冷拉应力或冷拉率的方法。采用控制应力方法冷拉钢筋时，其冷拉控制应力及最大冷拉率，应符合表4-24的规定。冷拉后检查钢筋的冷拉率，如超过表中规定的数值，则应进行钢筋力学性能试验。用做预应力混凝土结构的预应力筋，宜采用冷拉应力来控制。

表4-24　冷拉控制应力及最大冷拉率

| 项　次 | 钢筋级别 | | 冷拉控制应力/($N/mm^2$) | 最大冷拉率/(%) |
|---|---|---|---|---|
| 1 | HPB235 级 | $d \leqslant 12$ | 280 | 10 |
| 2 | HRB335 级 | $d \leqslant 25$ | 450 | 5.5 |
| | | $d = 28 \sim 40$ | 430 | |
| 3 | HRB400 级 | $d = 8 \sim 40$ | 500 | 5 |
| 4 | RRB400 级 | $d = 10 \sim 28$ | 700 | 4 |

采用控制冷拉率方法时，冷拉率必须由试验确定。对同炉批钢筋，试件不宜少于4个，每个试件都应按表4-25规定的冷拉应力值在万能试验机上测定相应的冷拉率，取平均值作为该炉批钢筋的实际冷拉率。不同炉批的钢筋，不宜用控制冷拉率的方法进行钢筋冷拉。

表4-25　测定冷拉率时钢筋的冷拉应力

| 钢筋级别 | 钢筋直径/mm | 冷拉应力/($N/mm^2$) |
|---|---|---|
| HPB235 级 | $\leqslant 12$ | 320 |
| HRB335 级 | $\leqslant 25$ | 480 |
| | $28 \sim 40$ | 460 |
| HRB400 级 | $8 \sim 40$ | 530 |
| RRB400 级 | $10 \sim 28$ | 730 |

## （三）冷拉设备

冷拉设备由拉力设备、承力结构、测量设备和钢筋夹具等部分组成，如图4-29所示。

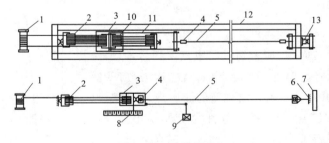

图4-29　冷拉设备

1—卷扬机；2—滑轮组；3—冷拉小车；4—夹具；5—被冷拉的钢筋；6—地锚；7—防护壁；
8—标尺；9—回程荷重架；10—回程滑轮组；11—传力架；12—冷拉槽；13—液压千斤顶

## （四）钢筋冷拉计算

钢筋的冷拉计算包括冷拉力、拉长值、弹性回缩值和冷拉设备选择计算。

**1. 冷拉力 $N$ 计算**

冷拉力计算的作用:一是确定按控制应力冷拉时的油压表读数;二是作为选择卷扬机的依据。

冷拉力应等于钢筋冷拉前截面积 $A$ 乘以冷拉时控制应力 $\sigma$,即

$$N = A\sigma \tag{4-10}$$

**2. 计算拉长值 $\Delta L$**

钢筋的拉长值应等于冷拉前钢筋的长度 $L$ 与钢筋的冷拉率 $\delta$ 的乘积,即

$$\Delta L = L\delta \tag{4-11}$$

**3. 计算钢筋弹性回缩值 $\Delta L_1$**

根据钢筋弹性回缩率 $\delta_1$(一般为 $0.3\%$ 左右)计算,即

$$\Delta L_1 = (L + \Delta L)\delta_1 \tag{4-12}$$

则钢筋冷拉完毕后的实际长度为

$$L' = L + \Delta L - \Delta L_1$$

**4. 冷拉设备的选择及计算**

冷拉设备主要选择卷扬机,计算确定冷拉时油压表的读数。

$$P = N/F \tag{4-13}$$

式中:$N$ 表示钢筋按控制应力计算求得的冷拉力,单位为 N;$F$ 表示千斤顶活塞缸面积,单位为 $\text{mm}^2$;$P$ 表示油压表的读数,单位为 $\text{N/mm}^2$。

## 三、钢筋的配料与代换

### (一)钢筋配料

钢筋配料是钢筋工程施工的重要一环,是根据结构施工图和会审纪要,按不同构件先绘出各种形状和规格的单根钢筋简图并加以编号,然后分别计算钢筋的下料长度、根数及质量,填写配料单并申请加工。

**1. 钢筋下料长度计算**

钢筋下料长度的计算如下:

$$\text{直筋下料长度} = \text{构件长度} + \text{钢筋搭接长度} - \text{保护层厚度} + \text{弯钩增加长度} \tag{4-14}$$

$$\text{弯起筋下料长度} = \text{直段长度} + \text{斜段长度} + \text{钢筋搭接长度} - \text{弯曲度量差值} + \text{弯钩增加长度} \tag{4-15}$$

$$\begin{aligned}\text{箍筋下料长度} &= \text{直段长度} + \text{弯钩增加长度} - \text{弯曲度量差值} \\ &= \text{箍筋周长} + \text{箍筋调整值}\end{aligned} \tag{4-16}$$

1)钢筋长度

施工图(钢筋图)中所指的钢筋长度是钢筋一头外缘至另一头外缘之间的长度,即外包尺寸。

2)混凝土保护层厚度

混凝土构件里最外边钢筋的外缘至该构件表面的距离,其作用是保护钢筋在混凝土中不被锈蚀。无设计要求时,纵向受力钢筋的混凝土保护层最小厚度应符合表 4-26 的规定。

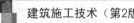

表 4-26 纵向受力钢筋的混凝土保护层最小厚度

| 环境类别 | | 板、墙、壳/mm | | | 梁/mm | | | 柱/mm | | |
|---|---|---|---|---|---|---|---|---|---|---|
| | | ≤C20 | C20～C45 | ≥C50 | ≤C20 | C25～C45 | ≥C50 | ≤C20 | C25～C45 | ≥C50 |
| 一 | | 20 | 15 | 15 | 30 | 25 | 25 | 30 | 30 | 30 |
| 二 | a | — | 20 | 20 | — | 30 | 30 | — | 30 | 30 |
| | b | — | 25 | 20 | — | 35 | 30 | — | 35 | 30 |
| 三 | | — | 30 | 25 | — | 40 | 35 | — | 40 | 35 |

注：基础中纵向受力钢筋的混凝土保护层厚度不应小于 40 mm；当无垫层时不应小于 70 mm。

3）钢筋搭接长度

钢筋直条的供货长度一般为 6～10 m，而有的钢筋混凝土结构的尺寸很大，需要对钢筋进行接长。钢筋接头增加值如表 4-27 至表 4-29 所示。

表 4-27 纵向受拉钢筋的最小搭接长度

| 钢筋类型 | | 混凝土强度等级 | | | |
|---|---|---|---|---|---|
| | | C15 | C20～C25 | C30～C35 | ≥C40 |
| 光圆钢筋 | HPB235 级 | 45d | 35d | 30d | 25d |
| 带肋钢筋 | HRB335 级 | 55d | 45d | 35d | 30d |
| | HRB400 级、RRB400 级 | — | 55d | 40d | 35d |

注：(1) 两根直径不同钢筋的搭接长度，以较细钢筋直径计算，d 为钢筋直径，后同。

(2) 本表适用于纵向受拉钢筋的绑扎搭接接头面积百分率不大于 25%。当纵向受拉钢筋搭接接头面积百分率大于 25%，但不大于 50% 时，其最小搭接长度应按表 4-27 中的数值乘以系数 1.2 取用；当接头面积百分率大于 50% 时，应按表 4-27 中的数值乘以系数 1.35 取用。

(3) 当符合下列条件时，纵向受拉钢筋的最小搭接长度应根据上述要求确定后，按下列规定进行修正：①当带肋钢筋的直径大于 25 mm 时，其最小搭接长度应按相应数值乘以系数 1.1 取用；②对环氧树脂涂层的带肋钢筋，其最小搭接长度应按相应数值以 1.25 使用；③当混凝土凝固过程中受力钢筋易受扰动时（如滑模施工），其最小搭接长度应按相应数值乘以系数 1.1 取用；④对末端采用机械锚固措施的带肋钢筋，其最小搭接长度可按相应数值乘以系数 0.7 取用；⑤当带肋钢筋的混凝土保护层厚度大于搭接钢筋直径的 3 倍且配有箍筋时，其最小搭接长度可按相应数值乘以系数 0.8 取用；⑥对有抗震设防要求的结构构件，其受力钢筋的最小搭接长度对一、二、三级抗震等级应按相应数值乘以系数 1.05 采用。在任何情况下，受拉钢筋的搭接长度不应小于 300 mm。

(4) 纵向压力钢筋搭接时，其最小搭接长度应根据上述规定确定相应数值后，乘以系数 0.7 取用，在任何情况下，受压钢筋的搭接长度不应小于 200 mm。

表 4-28 钢筋对焊长度损失值

| 钢筋直径/mm | <16 | 16～25 | >25 |
|---|---|---|---|
| 损失值/mm | 20 | 25 | 30 |

表 4-29 钢筋搭接焊最小搭接长度

| 焊接类型 | HPB235 级光圆钢筋 | HRB335 级、HRB400 级月牙肋钢筋 |
|---|---|---|
| 双面焊 | 4d | 5d |
| 单面焊 | 8d | 10d |

4）弯曲量度差值

钢筋有弯曲时，在弯曲处的内侧发生收缩，外皮却出现延伸，中心线则保持原有尺寸。钢筋长度的度量方法是指度量外包尺寸，因此钢筋弯曲以后，存在一个量度差值，在计算下料长度时

156

必须加以扣除。

钢筋弯曲常用形式及调整值计算简图如图 4-30 所示。

（1）钢筋弯曲直径的有关规定如下。

① 受力钢筋的弯钩和弯弧规定：HPB235 级钢筋末端应做 180°弯钩，其弯弧内直径 $D \geqslant 2.5d$（钢筋直径），弯钩的弯后平直部分长度 $\geqslant 3d$（钢筋直径）；当设计要求钢筋末端做 135°弯钩时，HRB335 级、HRB400 级钢筋的弯弧内直径 $D \geqslant 4d$（钢筋直径），弯钩的弯后平直部分长度应符合设计要求；钢筋做不大于 90°的弯折时，弯折处的弯弧内直径 $D \geqslant 5d$（钢筋直径）。

② 箍筋的弯钩和弯弧规定：除焊接封闭环式箍筋外，箍筋的末端应做弯钩，弯钩形式应符合设计要求；当无具体要求时，应符合下列要求：箍筋弯钩的弯弧内直径除应满足上述要求外，尚应不小于受力钢筋直径；箍筋弯钩的弯折角度，对一般结构不应小于 90°；对于有抗震要求的结构应为 135°；箍筋弯后平直部分的长度，对一般结构不宜小于箍筋直径的 5 倍；对于有抗震要求的结构，不应小于箍筋直径的 10 倍。

（2）钢筋弯折各种角度时的弯曲调整值规范规定：钢筋做不大于 90°的弯折时，弯折处的弯弧内直径不应小于钢筋直径的 5 倍。钢筋中部弯折的量度差值与钢筋的弯心直径和弯折角度有关。如图 4-31 所示，通过几何分析和计算，弯折的量度差值＝外包尺寸－轴线尺寸，即

$$(A'C'+B'C')-ABC=2A'C'-ABC=2\left(\frac{D}{2}+d\right)\tan\frac{\alpha}{2}-\pi(D+d)\frac{\alpha}{360}$$

式中：$\alpha$ 表示钢筋中部的弯折角度；$d$ 表示钢筋的直径，单位为 mm。

按规范取 $D=5d$ 代入上式，可求出各弯折角度时的量度差值。

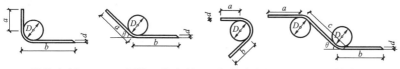 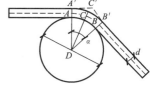

(a) 钢筋弯折90° (b) 钢筋一次弯折 (c) 钢筋弯折135° (d) 钢筋弯曲
30°、45°、60° 30°、45°、60°

图 4-30　钢筋弯曲常用形式及调整值计算简图
$a$、$b$—量度尺寸

图 4-31　钢筋弯折处量度
差值计算简图

钢筋弯折各种角度时的计算简图如图 4-30(a)、(b)、(c)所示，弯曲调整值如表 4-30 所示。

表 4-30　钢筋弯折各种角度时的弯曲调整值

| 钢筋弯折角度 | 30° | 45° | 60° | 90° | 135° |
| --- | --- | --- | --- | --- | --- |
| 钢筋弯曲调整值 | 0.35d | 0.5d | 0.85d | 2d | 2.5d |

（3）弯起钢筋弯曲 30°、45°、60°的弯曲调整值。弯起钢筋弯曲调整值的计算简图如图 4-30(d)所示，弯曲调整值如表 4-31 所示。

表 4-31　弯起钢筋弯曲 30°、45°、60°的弯曲调整值

| 钢筋弯起角度 | 30° | 45° | 60° |
| --- | --- | --- | --- |
| 钢筋弯曲调整值 | 0.34d | 0.67d | 1.23d |

（4）钢筋弯钩增加值。弯钩形式最常用的有半圆弯钩、直弯钩和斜弯钩。如图 4-32 所示。根据前面所讲钢筋弯曲直径的有关规定，对于 HPB235 级钢筋末端做 180°弯钩时，$D=2.5d$，平

直部分长度＝3d，每个弯钩长度增加值＝$3d+3.5d\pi/2-2.25d=6.25d$，同理，90°直弯钩增加长度＝$3d+3.5d\pi/4-2.25d=3.5d$，135°斜弯钩增加长度＝$3d+1.5\times3.5d\pi/4-2.25d_0=4.9d$。

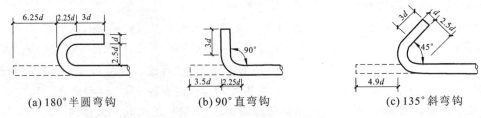

(a) 180°半圆弯钩　　(b) 90°直弯钩　　(c) 135°斜弯钩

图 4-32　钢筋弯钩计算简图

对于其他级别钢筋弯钩长度增加值如表 4-32 所示。

表 4-32　钢筋弯钩增加

| 弯 钩 类 型 | | 弯　　钩 | | |
|---|---|---|---|---|
| | | 180° | 135° | 90° |
| 增加长度 | HPB235 级光圆钢筋 | 6.25d | 4.9d | 3.5d |
| | HRB335 级月牙肋钢筋 | | 5.9d | 3.9d |

注：HPB235 级光圆钢筋弯曲直径按 2.5d 计，HRB335 级月牙肋钢筋弯曲直径按 4d 计。

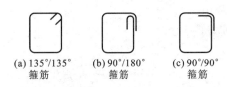

(a) 135°/135°　(b) 90°/180°　(c) 90°/90°
　箍筋　　　　　箍筋　　　　　箍筋

图 4-33　常用箍筋形式

（5）箍筋弯钩增加长度计算。常用箍筋形式如图 4-33 所示，箍筋的弯钩形式有三种，即半圆弯钩（180°）、直弯钩（90°）和斜弯钩（135°）。图 4-33（b）、（c）是一般形式箍筋，图 4-33（a）是有抗震要求和受扭构件的箍筋。平直部分长度对于有抗震要求的结构，不应小于箍筋直径的 10 倍。不同箍筋形式弯钩增加长度值如表 4-33 所示。

表 4-33　箍筋弯钩增加长度值

| 弯 钩 形 式 | 平直段长度 | 箍筋弯钩增加长度值 | |
|---|---|---|---|
| | | HPB235 级 | HRB335 级 |
| 半圆弯钩（180°） | 5d | 8.25d | — |
| 直弯钩（90°） | 5d | 6.2d | 6.2d |
| 斜弯钩（135°） | 10d | 12d | — |

**2. 钢筋配料单及料牌的填写**

钢筋配料是钢筋加工中的一项重要工作，合理地配料能使钢筋得到最大利用，并使钢筋的安装和绑扎工作简单化。钢筋配料是依据钢筋表合理安排同规格、同品种的下料，使钢筋的出厂规格长度能够得以充分利用，或库存各种规格和长度的钢筋得以充分利用。

1）钢筋下料计算的注意事项

（1）归整相同规格和材质的钢筋。下料长度计算完毕后，把相同规格和材质的钢筋进行整合，同时根据现有钢筋的长度和能够及时采购到的钢筋的长度进行合理组合加工。

（2）合理利用钢筋的接头位置。对有接头的配料，在满足构件中接头的对焊或搭接长度，接头错开的前提下，必须根据钢筋原材料的长度来考虑接头的布置。要充分考虑原材料被截下来的一段长度的合理使用，如果能够使一根钢筋正好分成几段钢筋的下料长度，则是最佳方案。

所以,在钢筋配料时,要尽量地使用被截下的一段能够长一些,这样才不致使余料成为废料,使钢筋能得到充分利用。

(3)钢筋配料应注意的事项。配料计算时,要考虑钢筋的形状和尺寸在满足设计要求的前提下,要有利于加工安装;配料时,要考虑施工需要的附加钢筋。如板双层钢筋中保证上层钢筋位置的撑脚、墩墙,双层钢筋中固定钢筋间距的撑铁、柱钢筋骨架增加四面斜撑等。

2)钢筋配料单的编制方法及步骤

(1)熟悉钢筋配筋图,弄清每一编号钢筋的直径、规格、种类、形状和数量,以及在构件中的位置和相互关系。

(2)绘制钢筋简图。

(3)计算每种规格的钢筋下料长度。

(4)填写钢筋配料单,其内容由构件名称、钢筋编号、钢筋简图、尺寸、钢号、数量、下料长度及重量等内容组成,如表 4-34 所示。

表 4-34　钢筋配料单

| 构件名称 | 钢筋编号 | 简 图 | 钢筋类型 | 直径/mm | 下料长度/mm | 单根根数 | 合计根数 | 质量/kg |
|---|---|---|---|---|---|---|---|---|
| $L_1$ 梁共 10 根 | ① | 200⌐ 6 190 ⌐ | HPB235 级 | 25 | 6 802 | 2 | 20 | 523.75 |
| | ② | 6 190 | HPB235 级 | 12 | 6 340 | 2 | 20 | 112.60 |
| | ③ | 765 636 3 760 | HPB235 级 | 25 | 6 824 | 1 | 10 | 262.72 |
| | ④ | 265 636 4 760 | HPB235 级 | 25 | 6 824 | 1 | 10 | 262.72 |
| | ⑤ | 162 462 | HPB235 级 | 6 | 1 298 | 32 | 320 | 91.78 |
| 合计 | | φ 6 为 91.78 kg;φ 12 为 112.60 kg;φ 25 为 1049.19 kg | | | | | | |

(5)填写钢筋料牌。钢筋除填写配料单外,还需将每一编号的钢筋制作一块料牌(见图 4-34)作为钢筋加工的依据,并在安装中作为区别各工程部位、构件和各种编号钢筋的标志。钢筋配料单和料牌应严格校核,必须准确无误,以免返工浪费。

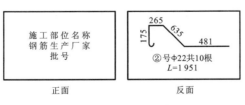

图 4-34　钢筋料牌

**例 4-2**　某建筑物简支梁配筋如图 4-35 所示,试计算钢筋下料长度。钢筋保护层取 25 mm,梁编号为 $L_1$ 共 10 根。

**解**　(1)绘出各种钢筋简图(见表 4-34)。

(2)计算钢筋下料长度。

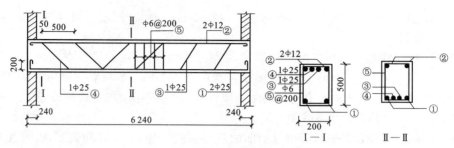

图 4-35　某建筑物简支梁配筋图

①号钢筋下料长度。

$$(6\ 240+2\times200-2\times25-2\times2\times25+2\times6.25\times25)\ \text{mm}=6\ 803\ \text{mm}$$

②号钢筋下料长度。

$$(6\ 240-2\times25+2\times6.25\times12)\ \text{mm}=6\ 340\ \text{mm}$$

③号弯起钢筋下料长度如下。

上直段钢筋长度　　　$(240+50+500-25)\ \text{mm}=765\ \text{mm}$

斜段钢筋长度　　　$(500-2\times25)\times1.414\ \text{mm}=636\ \text{mm}$

中间直段长度　　　$[6\ 240-2\times(240+50+500+450)]\ \text{mm}=3\ 760\ \text{mm}$

下料长度　　　$[(765+636)\times2+3\ 760-4\times0.5\times25+2\times6.25\times25]\ \text{mm}=6\ 824\ \text{mm}$

④号钢筋下料长度计算为 6 824 mm。

⑤号箍筋下料长度如下。

宽度　　　$(200-2\times25+2\times6)\ \text{mm}=162\ \text{mm}$

高度　　　$(500-2\times25+2\times6)\ \text{mm}=462\ \text{mm}$

下料长度为　　　$[(162+462)\times2+50]\ \text{mm}=1298\ \text{mm}$

箍筋根数为　　　$[(6\ 240-2\times25)/200+1]$ 根 = 32 根

（3）填写钢筋料牌。

## （二）钢筋代换

### 1. 钢筋代换原则

当施工中遇有钢筋的品种和规格与设计要求不符时,在征得设计单位同意并办理设计变更文件后,才可进行钢筋代换。代换后的钢筋要满足各类极限状态的有关计算要求、配筋构造规定及截面对称的要求,如受力钢筋和箍筋的最小直径、间距、锚固长度、配筋百分率,以及混凝土保护层厚度等。钢筋代换后,其用量不宜大于原设计用量的 5%,也不应低于原设计用量的 2%。对抗裂性要求高的构件(如吊车梁、薄腹梁、屋架下弦等)不宜用 HPB235 级钢筋代换 HRB335 级、HRB400 级带肋钢筋,以免裂缝开展过宽。梁的纵向受力钢筋与弯起钢筋应分别代换,以保证正截面与斜截面的强度。

### 2. 钢筋代换方法

（1）等强度代换。当构件按强度控制时,可按强度相等的原则代换,称为等强度代换,即代换后的钢筋抗力不小于原设计配筋的钢筋抗力。如果原设计中所用的钢筋强度为 $f_{y1}$,钢筋总面积 $A_{S1}$,钢筋的根数为 $n_1$,代换后钢筋强度为 $f_{y2}$,代换后钢筋总面积为 $A_{S2}$,代换后钢筋的根数为 $n_2$,则

$$A_{S2}f_{y2}\geqslant f_{y1}A_{S1} \tag{4-17}$$

将圆面积公式: $A_S=\dfrac{\pi d^2}{4}$ 代入式(4-17),有

$$n_2 d_2{}^2 f_{y2} \geqslant n_1 d_1^2 f_{y1} \qquad (4\text{-}18)$$

当原设计钢筋与代换钢筋直径相同时($d_1 = d_2$)：

$$n_2 f_{y2} \geqslant n_1 f_{y1} \qquad (4\text{-}19)$$

当原设计钢筋与代换钢筋级别相同时($f_{y1} = f_{y2}$)：

$$n_2 d_2^2 \geqslant n_1 d_1^2 \qquad (4\text{-}20)$$

（2）等面积代换。当构件按最小配筋率配筋时，可按钢筋面积相等的原则进行代换，称为等面积代换，即

$$A_{S2} = A_{S1} \qquad (4\text{-}21)$$

或

$$n_2 d_2^2 \geqslant n_1 d_1^2$$

（3）当构件受裂缝宽度和抗裂性要求控制时，代换后应进行裂缝或抗裂性验算。

**例 4-3**　今有一块 6 m 宽的现浇混凝土楼板，原设计的底部纵向受力钢筋采用 HPB235 级 φ 12 钢筋 @120 mm，共计 50 根。现拟改用 HRB335 级 ф 12 钢筋，求所需 HRB335 级 ф 12 钢筋根数及其间距。

**解**　本题属于直径相同、强度等级不同的钢筋代换，采用式(4-19)计算，得

$$n_2 = 50 \times \frac{210}{300} = 35 \text{ 根，间距} = 120 \times \frac{50}{35} = 171.4$$

取间距为 170 mm。

**例 4-4**　今有一根 400 mm 宽的现浇混凝土梁，原设计的底部纵向受力钢筋采用 HRB335 级 ф 22 钢筋，共计 9 根，分两排布置，底排为 7 根，上排为 2 根。现拟改用 HRB400 级 ф 25 钢筋，求所需 ф 25 钢筋根数及其布置。

**解**　本题属于直径不同、强度等级不同的钢筋代换，采用式(4-18)计算，得

$$n_2 = 9 \times \frac{22^2 \times 300}{25^2 \times 360} = 5.81 \text{ 根}$$

取数量为 6 根。一排布置，增大了代换钢筋的合力点至构件截面受压边缘的距离 $h_0$，有利于提高构件的承载力。

## 四、钢筋加工

钢筋的加工包括调直、除锈、切断、接长、弯曲等工作。

### （一）钢筋调直

钢筋调直宜采用机械调直，也可利用冷拉进行调直。冷拉时对于 HPB235 级钢筋的冷拉率不宜大于 4‰；HRB335 级、HRB400 级钢筋冷拉率不宜大于 1‰。

除了冷拉调直钢筋外，粗钢筋还可采用锤直和拔直的方法；直径 4~14 mm 的钢筋可采用调直机进行。调直机具有使钢筋调直、除锈和切断三项功能。

GT1-4 型钢筋调直切断机如图 4-36 所示。

**图 4-36**　GT1-4 型钢筋
调直切断机

### （二）钢筋的除锈

钢筋表面应洁净，油渍、漆污和用锤敲击时能剥落的浮皮、铁锈等应在使用前清除干净。在

焊接前,焊点处的水锈应清除干净。钢筋的除锈,一般可通过以下两个途径:一是在钢筋冷拉或调直过程中除锈,对大量钢筋的除锈较为经济省力;二是用机械方法除锈,如采用电动除锈机除锈,对钢筋的局部除锈较为方便。此外,还可采用手工除锈、喷砂和酸洗除锈等。

### （三）钢筋切断

图 4-37　GQ50 钢筋切断机

钢筋切断有手工剪断、机械切断、氧气切割等三种方法。手动切断一般钢筋剪,只用于直径小于 12 mm 以下的钢筋,切断机可切断直径小于 40 mm 的钢筋,直径大于 40 mm 的钢筋一般用氧气切割。

钢筋切断机的主要类型有机械式、液压式和手持式钢筋切断机。GQ50 钢筋切断机如图 4-37 所示。钢筋切断采用哪种方式要和钢筋连接方式相配合,如采用螺纹连接时,要用切割机切断,保持断口平整,套丝时能保证质量。钢筋应按下料长度切断,下料长度应力求准确,允许偏差为 ±10 mm。

### （四）钢筋弯曲成型

将已切断、配好的钢筋弯曲成所规定的形状尺寸是钢筋加工的一道主要工序。钢筋弯曲成型要求加工的钢筋形状正确,平面上没有翘曲不平的现象,便于绑扎安装。

钢筋弯曲成型有手工成型和机械弯曲成型两种方法。钢筋弯曲机（见图 4-38）有机械钢筋弯曲机、液压钢筋弯曲机和钢筋弯箍机等几种。机械式钢筋弯曲机工作原理图如图 4-39 所示。

图 4-38　钢筋弯曲机图

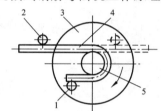

图 4-39　钢筋弯曲机工作原理图

1—压弯销轴;2—支承销轴;

3—工作圆盘;4—钢筋;5—中心销轴

弯曲成型工艺如下。

（1）画线。钢筋弯曲前,对形状复杂的钢筋（如弯起钢筋）,根据钢筋料牌上标明的尺寸,用石笔将各弯曲点位置画出。画线时应注意:①根据不同的弯曲角度扣除弯曲调整值,其扣法是从相邻两段长度中各扣一半;②钢筋端部带半圆弯钩时,该段长度画线时增加 $0.5d$（$d$ 为钢筋直径）;③画线工作宜从钢筋中线开始向两边进行,两边不对称的钢筋也可从钢筋一端开始画线,如画到另一端有出入时,则应重新调整。

**例 4-5**　某工程有一根直径 20 mm 的弯起钢筋,其所需的形状和尺寸如图 4-40 所示。试求其画线方法。

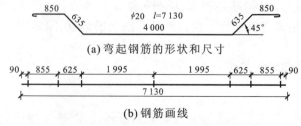

(a) 弯起钢筋的形状和尺寸

(b) 钢筋画线

图 4-40　弯起钢筋的画线

**解** ① 在钢筋中心线上画第一道线；

② 取中段 $4\,000/2-0.5d/2=1\,995$ mm，画第二道线；

③ 取斜段 $635-2\times0.5d/2=625$ mm，画第三道线；

④ 取直段 $850-0.5d/2+0.5d=855$ mm，画第四道线。

上述画线方法仅供参考，第一根钢筋成型后应与设计尺寸校对一遍，完全符合后再成批生产。

(2) 钢筋弯曲成型。钢筋在弯曲机上成型时(见图 4-41)，心轴直径应是钢筋直径的 2.5～5.0 倍，成型轴宜加偏心轴套，以便适应不同直径的钢筋弯曲需要。弯曲细钢筋时，为了使弯弧一侧的钢筋保持平直，挡铁轴宜做成可变挡架或固定挡架(加铁板调整)。

钢筋弯曲点线和心轴的关系如图 4-42 所示。由于成型轴和心轴在同时转动，就会带动钢筋向前滑移。因此，钢筋弯 90°时，弯曲点线约与心轴内边缘齐；弯 180°时，弯曲点线距心轴内边缘为 1.0～1.5d(钢筋硬时取大值)。

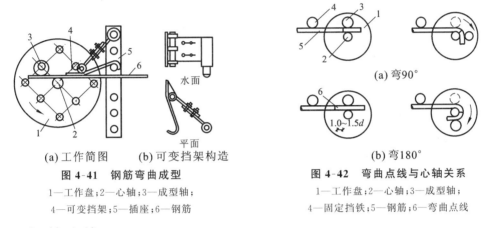

(a) 工作简图    (b) 可变挡架构造

图 4-41 钢筋弯曲成型

1—工作盘；2—心轴；3—成型轴；
4—可变挡架；5—插座；6—钢筋

(a) 弯90°

(b) 弯180°

图 4-42 弯曲点线与心轴关系

1—工作盘；2—心轴；3—成型轴；
4—固定挡铁；5—钢筋；6—弯曲点线

## 五、钢筋连接

钢筋的接头连接有焊接和机械连接两类。常用的钢筋焊接方法有闪光对焊、电阻点焊、电弧焊、气压焊、电渣压力焊和埋弧压力焊等。钢筋机械连接方法主要有钢筋套筒挤压连接、螺纹套筒连接等。

### （一）钢筋焊接

采用焊接代替绑扎，可改善结构受力性能，提高工效，节约钢材，降低成本。有些部位的结构，如轴心受拉和小偏心受拉构件中的钢筋接头，应焊接。普通混凝土中直径大于 22 mm 的钢筋和轻骨料混凝土中直径大于 20 mm 的 HRB335 级钢筋及直径大于 25 mm 的 HRB335 级、HRB400 级钢筋，均宜采用焊接接头。

钢筋的焊接质量与钢材的可焊性及焊接工艺有关。在相同的焊接工艺条件下，能获得良好焊接质量的钢材，称其在这种条件下的可焊性好，相反则称其在这种工艺条件下的可焊性差。钢筋的可焊性与其含碳及含合金元素的数量有关。含碳、锰数量增加，则可焊性差；加入适量的钛，可改善焊接性能。焊接参数和操作水平亦影响焊接质量，即使可焊性差的钢材，若焊接工艺适宜，亦可获得良好的焊接质量。

钢筋的焊接，应采用闪光对焊、电弧焊、电渣压力焊和电阻点焊。钢筋与钢板的 T 形连接，宜采用埋弧压力焊或电弧焊。钢筋焊接的接头形式、焊接工艺和质量验收，应符合《钢筋焊接及验收规程》(JGJ 18—2012)的规定。焊接方法及适用范围如表 4-35 所示。

表 4-35  焊接方法及适用范围

| 焊接方法 | | 接头形式 | 适用范围 | |
|---|---|---|---|---|
| | | | 钢筋种类 | 直径/mm |
| 电阻点焊 | | | HPB 235 级、HRB 335 级冷拔低碳钢丝、冷轧带肋钢筋 | 6~14、3~5、4~12 |
| 闪光对焊 | | | HRB 335 级、HRB 400 级 | 10~40 |
| 电弧焊 | 帮条焊 双面焊 | | HPB 235 级、HRB 335 级、HRB 400 级 | 10~40 |
| | 帮条焊 单面焊 | | | |
| | 搭接焊 双面焊 | | HPB 235 级、HRB 335 级 | |
| | 搭接焊 单面焊 | | HPB 235 级、HRB 335 级 | |
| | 熔槽帮条焊 | | HPB 235 级、HRB 335 级、HRB 400 级 | 18~25 |
| | 坡口焊 平焊 | | HPB 235 级、HRB 335 级、HRB 400 级 | 18~40 |
| | 坡口焊 立焊 | | | |
| | 钢筋与钢板搭接焊 | | HPB 235 级、HRB 335 级 | 8~40 |
| | 预埋件电弧焊 角焊 | | HPB 235 级、HRB 335 级 | 6~16 |
| | 预埋件电弧焊 穿孔塞焊 | | HPB 235 级、HRB 335 级 | ≥18 |
| 电渣压力焊 | | | HPB 235 级、HRB 335 级 | 14~40 |
| 预埋件埋弧压力焊 | | | HPB 235 级、HRB 335 级 | 6~20 |
| 气压焊 | | | HPB 235 级、HRB 335 级、HRB 400 级 | 14~40 |

## 1. 电阻点焊

电阻点焊主要用于焊接钢筋网片、钢筋骨架等（适用于直径 6~14 mm 的 HPB 235 级、HRB 335级钢筋和直径 3~5 mm 的冷拔低碳钢丝），它生产效率高，节约材料，应用广泛。

电阻点焊的工作原理是将已除锈的钢筋交叉点放在点焊机的两电极间，使钢筋通电发热至一定温度后，加压使焊点金属焊合。

电阻点焊的焊点应进行外观检查和强度试验,热轧钢筋的焊点应进行抗剪试验。冷处理钢筋除进行抗剪试验外,还应进行抗拉试验。

**2.钢筋闪光对焊**

闪光对焊广泛用于钢筋接长及预应力钢筋与螺丝端杆的焊接。热轧钢筋的焊接宜优先用闪光对焊,条件不可能时才用电弧焊。

钢筋闪光对焊是利用对焊机使两段钢筋接触,通过低电压的强电流,待钢筋被加热到一定温度变软后,进行轴向加压顶锻,形成对焊接头。钢筋闪光对焊原理如图 4-43 所示。钢筋闪光对焊焊接工艺应根据具体情况选择:钢筋直径较小,可采用连续闪光焊;钢筋直径较大,端面比较平整,宜采用预热闪光焊;端面不够平整,宜采用闪光-预热-闪光焊。

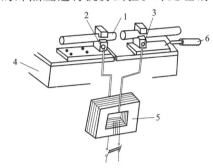

图 4-43 钢筋闪光对焊原理
1—焊接的钢筋;2—固定电极;3—可动电极;
4—机座;5—变压器;6—手动顶压机构

(1)连续闪光焊。这种焊接工艺过程是将待接钢筋夹紧在电极钳口上,闭合电源,使两钢筋端面轻微接触。由于钢筋端部不平,开始只有一点或数点接触,接触面小而电流密度和接触电阻很大,接触点很快熔化并产生金属蒸汽飞溅,形成闪光现象。闪光一开始,即徐徐移动钢筋,形成连续闪光过程,同时接头也被加热。待接头烧平、闪去杂质和氧化膜,接头熔化时,随即施加轴向压力迅速进行顶锻,使两根钢筋焊牢。

(2)预热闪光焊。预热闪光焊是在连续闪光焊前增加一次预热过程,以扩大焊接热影响区。施焊时先闭合电源,然后使两钢筋端面交替地接触和分开。这时钢筋端面间隙中即发出断断续续的闪光,形成预热过程。当钢筋达到预热温度后进入闪光阶段,随后顶锻而成。

(3)闪光-预热-闪光焊。在预热闪光焊前再增加一次闪光过程,目的是使不平整的钢筋端面烧化平整,使预热均匀,然后按预热闪光焊操作。

焊接大直径的钢筋(直径 25 mm 以上),多用预热闪光焊与闪光-预热-闪光焊。

采用连续闪光焊时,应合理选择调伸长度、烧化留量、顶锻留量以及变压器级数等;采用闪光-预热-闪光焊时,除上述参数外,还应包括一次烧化留量、二次烧化留量、预热留量和预热时间等参数。焊接不同直径的钢筋时,其截面比不宜超过 1.5。焊接参数按大直径的钢筋选择。负温下焊接时,由于冷却快,易产生冷脆现象,内应力也大,为此,负温下焊接应减小温度梯度和冷却速度。

钢筋闪光对焊后,除对接头进行外观检查(无裂纹和烧伤、接头弯折不大于 4°,接头轴线偏移不大于 1/10 的钢筋直径,也不大于 2 mm)外,还应按《钢筋焊接及验收规程》(JGJ 18—2012)的规定进行抗拉强度和冷弯试验。取样数量应以在同一台班内,由同一焊工,按同一焊接参数完成的 300 个同类型接头作为一批,从每批成品中随即切取 6 个试件:3 个进行拉伸试验,3 个进行弯曲试验;3 个试件的抗拉强度均不得小于该级别钢筋规定的抗拉强度,至少有 2 个试件断于焊缝之外,并呈延性断裂。

**3.电弧焊接**

钢筋电弧焊是以焊条作为一极,钢筋作为另一极,利用焊接电流通过产生的电弧热进行焊接的一种熔焊方法。电弧焊具有设备简单,操作灵活、成本低等特点,且焊接性能好,但工作条件差、效率低,电焊机如图 4-44 所示。电弧焊包括帮条焊、搭接焊、坡口焊和熔槽帮条焊等。

图 4-44 电焊机

电弧焊设备主要采用交流弧焊机,辅助设备有焊钳、焊接电缆、面罩、敲渣锤、钢丝刷和焊条保温筒等。

帮条焊、搭接焊、坡口焊、熔槽帮条焊及其他电弧焊接方法详见《钢筋焊接及验收规程》(JGJ 18—2012)。

(1)帮条焊接头。帮条焊接头适用于焊接直径 $10\sim40$ mm 的各级热轧钢筋。帮条宜采用与主筋同级别、同直径的钢筋制作,帮条长度如表 4-36 所示。如帮条级别与主筋相同时,帮条的直径可比主筋直径小一个规格,如帮条直径与主筋相同时,帮条钢筋的级别可比主筋低一个级别,焊接时两主筋端面之间的间隙应为 $2\sim5$ mm。

表 4-36　钢筋帮条长度

| 项　　次 | 钢筋级别 | 焊接形式 | 帮条长度 l |
|---|---|---|---|
| 1 | HPB235 级 | 单面焊 | $\geqslant8d$ |
|  |  | 双面焊 | $\geqslant4d$ |
| 2 | HRB335 级 | 单面焊 | $\geqslant10d$ |
|  |  | 双面焊 | $\geqslant5d$ |

注:$d$ 为主筋直径,单位为 mm。

(2)搭接焊接头。搭接焊接头只适用于焊接直径 $10\sim40$ mm 的 HPB235 级、HRB335 级钢筋。焊接时,宜采用双面焊,如图 4-45 所示。不能进行双面焊时,也可采用单面焊。搭接长度应与帮条长度相同。焊接时端部钢筋应预弯,并应使两钢筋的轴线在一条直线上。

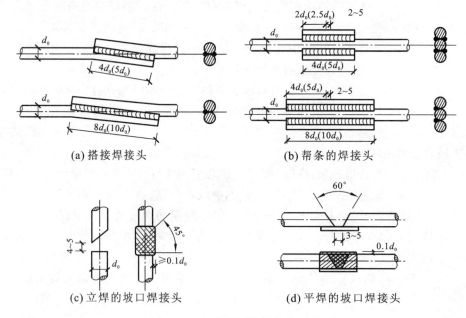

(a)搭接焊接头　　　　　(b)帮条的焊接头

(c)立焊的坡口焊接头　　　　(d)平焊的坡口焊接头

图 4-45　钢筋电弧焊的接头形式

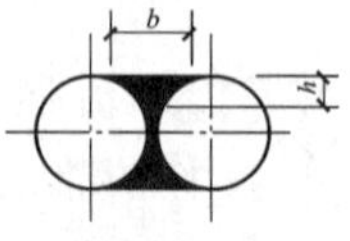

钢筋帮条焊接头或搭接焊接头的焊缝厚度 $h$ 应不小于 3/10 钢筋直径;焊缝宽度 $b$ 不小于 7/10 钢筋直径,焊缝尺寸如图 4-46 所示。

(3)坡口焊接头。坡口焊接头有平焊和立焊两种。这种焊接头比上述两种焊接头节约钢材,适用于在现场焊接装配整体式构件接头

图 4-46　焊接尺寸示意图<br/>b—焊接宽度;h—焊缝厚度

中直径 18～400 mm 的各级热轧钢筋。钢筋坡口平焊时,V 形坡口角度为 60°,如图 4-45(d)所示,坡口立焊时,坡口角度为 45°,如图4-45(c)所示。钢垫板长为 40～60 mm;平焊时,钢垫板宽度为钢筋直径加 10 mm;立焊时,其宽度等于钢筋直径。钢筋根部间隙,平焊时为 4～6 mm;立焊时为 3～5 mm,最大间隙均不宜超过 10 mm。

焊接电流的大小应根据钢筋直径和焊条的直径进行选择。

帮条焊、搭接焊和坡口焊的焊接接头,除应进行外观质量检查外,亦需抽样做拉力试验。取样数量以 300 个同一接头形式、同一钢筋级别的接头作为一批,从成品中每批随即切取 3 个接头进行拉伸试验,3 个热轧钢筋接头试件的抗拉强度均不得小于该级别钢筋规定的抗拉强度,3 个接头试件均应断于焊缝之外,并应至少有 2 个试件呈延性断裂。如对焊接质量有怀疑或发现异常情况,还应进行非破损方式(X 射线、γ 射线、超声波探伤等)检验。

### 4. 气压焊接

气压焊是采用氧气和乙炔火焰或其他火焰将被焊钢筋两端加热,使其达到热塑状态,经施加适当压力,使其接合的固相焊接法。钢筋气压焊适用于 14～40 mm热轧钢筋,也能进行不同直径钢筋间的焊接,还可用于钢轨焊接。钢筋气压焊设备轻便,可进行水平、垂直、倾斜等全方位焊接,具有节省钢材、施工费用低廉等优点。

钢筋气压焊接机由供气装置(如氧气瓶、溶解乙炔瓶等)、多嘴环管加热器、加压器(如油泵、顶压油缸等)、焊接夹具及压接器等组成,如图 4-47 所示。

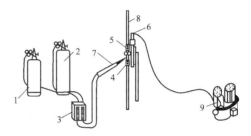

图 4-47　气压焊接设备示意图
1—乙炔;2—氧气;3—流量计;4—固定卡具;
5—活动卡具;6—压节器;7—加热器与焊炬;
8—被焊接的钢筋;9—电动油泵

气压焊接钢筋是利用乙炔-氧混合气体燃烧的高温火焰对已有初始压力的两根钢筋端面接合处加热,使钢筋端部产生塑性变形,并促使钢筋端面的金属原子互相扩散,当钢筋加热到 1 250～1 350 ℃(相当于钢材熔点的 0.80～0.90,此时钢筋加热部位呈橘黄色,有白亮闪光出现)时进行加压顶锻,使钢筋内的原子得以再结晶而焊接在一起。

气压焊接的钢筋要用砂轮切割机断料,不能用钢筋切断机切断,要求端面与钢筋轴线垂直。焊接前应打磨钢筋端面,清除氧化层和污物,使之现出金属光泽,并立即喷涂一薄层焊接活化剂保护端面不再氧化。

钢筋加热前先对钢筋施加 30～40 MPa 的初始压力,使钢筋端面贴合。当加热到缝隙密合后,上下摆动加热器适当增大钢筋加热范围,促使钢筋端面金属原子互相渗透也便于加压顶锻。加压顶锻的压力为 34～40 MPa,可使焊接部位产生塑性变形。直径小于 22 mm 的钢筋可以一次顶锻成型,大直径钢筋可以进行二次顶锻。

气压焊的接头应按规定的方法检查外观质量和进行拉力试验,取样数量及试验内容同钢筋闪光对焊。

### 5. 电渣压力焊接

现浇钢筋混凝土框架结构中竖向钢筋的连接,宜采用自动或手工电渣压力焊进行焊接(直径 14～40 mm 的 HPB235 级、HRB335 级钢筋)。与电弧焊比较,它工效高、节约钢材、成本低,在高层建筑施工中得到广泛应用。

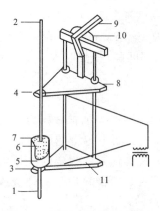

图 4-48　焊接夹具构造示意图
1—钢筋；2—活动电极；3—焊剂；4—导电焊剂；5—焊剂盒；6—固定电极；7—钢筋；8—标尺；9—操纵杆；10—变压器；11—支撑板

钢筋电渣压力焊是将两根钢筋安放成竖向对接形式，利用焊接电流通过两钢筋端面间隙，在焊剂层下形成电弧过程和电渣过程，产生电弧热和电阻热，熔化钢筋，加压完成的一种焊接方法。电渣压力焊设备包括电源、控制箱、焊接夹具、焊剂盒。自动电渣压力焊的设备还包括控制系统及操作箱。焊接夹具应具有一定刚度，要求坚固、灵巧、上下钳口同心，上下钢筋的轴线应尽量一致，焊接夹具构造示意图如图 4-48 所示。焊接时，先将钢筋端部约 120 mm 范围内的铁锈除尽，将夹具夹牢在下部钢筋上，并将上部钢筋扶直夹牢于活动电极中，上下钢筋间放一小块导电剂或钢丝小球，装上药盒，装满焊药，接通电路，用手炳使电弧引燃（引弧）。然后稳弧一定时间使之形成渣池并使钢筋熔化（稳弧），随着钢筋的熔化，用手柄使上部钢筋缓缓下送。稳弧时间的长短视电流、电压和钢筋直径而定。当稳弧达到规定时间后，在断电的同时用手柄进行加压顶锻以排除夹渣气泡，形成接头。待冷却一定时间后即拆除药盒，回收焊药，拆除夹具和清除焊渣。引弧、稳弧、顶锻三个过程连续进行。

电渣压力焊的接头应按规范规定的方法检查外观质量和进行拉力试验。

## （二）钢筋接头的机械连接

钢筋机械连接常用套筒挤压连接、锥螺纹套筒连接和直纹套筒连接三种类型，是近年来大直径钢筋现场连接的主要方法。

### 1. 钢筋挤压连接

钢筋挤压连接亦称钢筋套筒冷压连接。它是将需连接的变形钢筋插入特制钢套筒内，利用液压驱动的挤压机进行侧向加压数道，使钢套筒产生塑性变形，钢套筒塑性变形后与带肋钢筋紧紧咬合实现连接的效果（见图 4-49）。它适用于竖向、横向及其他方向的较大直径变形钢筋的连接。与焊接相比，它具有节省电能、不受钢筋可焊性能的影响、不受气候影响、无明火、施工简便和接头可靠度高等特点。

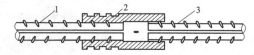

图 4-49　钢筋套筒挤压连接
1—已挤压的钢筋；2—钢套筒；3—未挤压的钢筋

钢套筒进场必须有原材料试验单与套筒出厂合格证，并由该技术提供单位提交有效的检验报告。套管的标准屈服承载力和极限承载力应比钢筋大 10% 以上。钢套筒尺寸、材料要与挤压工艺配套，施工单位采用经过检验认定的套筒及挤压工艺进行施工，不要求对套筒原材料进行力学性能检验。套筒的保护层厚度不宜小于 15 mm，净距不宜小于 25 mm，当所用套管外径相同时，钢筋直径相差不宜大于两个级差。

正式施工前，必须进行现场条件下的挤压连接试验，要求每批材料制作 3 个接头，按照套筒挤压连接质量检验标准规定，合格后方可进行施工。

冷挤压接头的外观检查应符合如下要求。

（1）钢筋连接端花纹要完好无损，不准打磨花纹，连接处不准有油污、水泥等杂物。

（2）钢筋端头离套管中线不应超过 10 mm。

（3）挤压后的套管接头长度为套管原长度的 1.10～1.15 倍,压痕处套筒外径为套管原外径的 $\frac{17}{20} \sim \frac{9}{10}$。

（4）挤压接头的压痕道数应符合检验确定的道数。

（5）挤压接头处不得有裂纹,接头弯折角度不得大于 4°。

**2. 钢筋锥螺纹套筒连接**

钢筋锥螺纹套筒连接是将两根待接钢筋的端部和套筒预先加工成锥形螺纹,然后将两根钢筋端部旋入套筒对接在一起,利用螺纹的机械咬合力传递拉力或压力。它能在施工现场连接直径为 16～40 的同径或异径的竖向、水平或任何倾角的钢筋,不受钢筋有无花纹的限制。当连接异径钢筋时,所连接钢筋直径之差不应超过 9 mm。

钢套筒内壁在工厂用专用机床加工成锥形螺纹,钢筋的对接端头在施工现场用套丝机加工成与套筒匹配的螺纹。连接时,在对螺纹检查无油污和损伤后,先用手旋入钢筋,然后用扭矩扳手紧固至规定的扭矩即完成连接(见图 4-50)。它施工速度快、不受气候影响、质量稳定、对中性好。

钢筋锥螺纹套筒连接加工安装应注意的事项。

（1）钢筋下料应采用砂轮切割机,其端头截面与钢筋轴线垂直,并不得翘曲。

（2）连接套筒要有出厂合格证,各种规格的套筒外表面,均有明显的钢筋级别及规格标记。套筒加工后,两端锥孔必须用与其相应的塑料封盖封严。

（3）钢筋连接时,先取下钢筋连接端的塑料保护帽,检查丝扣牙形是否完好无损、清洁、钢筋规格与连接规格是否一致;确认无误后把拧上连接套一头钢筋拧到被连接钢筋上,并用力矩扳手按规定的力矩值拧紧钢筋接头,当听

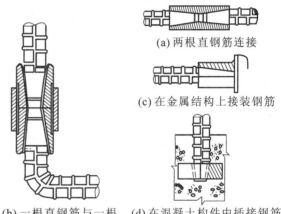

(a) 两根直钢筋连接

(c) 在金属结构上接装钢筋

(b) 一根直钢筋与一根弯钢筋连接

(d) 在混凝土构件中插接钢筋

图 4-50 钢筋锥螺纹套管连接

到扳手发出"咔嗒"声时,表明钢筋接头已拧紧,做好标记,以防钢筋接头漏拧。

（4）接头的现场检验按同一施工条件下的同一批材料的同等级、同规格接头,以 500 个为一个验收批进行检验与验收,对每一验收批随机抽取 3 个试件做单向拉伸试验。

**3. 钢筋直螺纹套筒连接**

为了提高螺纹套筒连接质量,近年来又开发了直螺纹套筒连接技术。钢筋直螺纹套筒连接是将钢筋待连接的端头加工成规整的直螺纹,再用配套的直螺纹套筒将两钢筋相对拧紧,实现连接。根据钢筋螺纹成型的方法分为钢筋镦粗直螺纹套筒连接和钢筋滚压直螺纹套筒连接。前者是先将钢筋端头镦粗,再切削成直螺纹;后者是利用钢材冷作硬化的原理,在钢筋上滚压出直螺纹,从而使接头的抗拉强度高于母材的抗拉强度。

根据滚压直螺纹成型方式,又可分为直接滚压螺纹、挤压肋滚压螺纹和剥肋滚压螺纹三种类型。

（1）直接滚压螺纹加工:采用钢筋滚丝机直接滚压螺纹。此法螺纹加工简单,设备投入少,

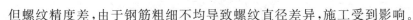

但螺纹精度差，由于钢筋粗细不均导致螺纹直径差异，施工受到影响。

（2）挤压肋滚压螺纹加工：采用专用挤压设备滚轮先将横肋和纵肋进行预压平处理，然后再滚压螺纹。其目的是减轻钢筋肋对成型螺纹的影响。此法对螺纹精度有一定提高，但仍不能从根本上解决钢筋直径差异对螺纹精度的影响。

（3）钢筋剥肋滚丝机：先将钢筋的横肋和纵肋进行剥切处理后，使钢筋滚丝前的柱体直径达到同一尺寸，然后再进行螺纹滚压成型。此法螺纹精度高，接头质量稳定，施工速度快，价格适中，具有较大的发展前景。

直螺纹工艺流程为：钢筋平头→钢筋滚压或挤压（剥肋）→螺纹成型→丝头检验→套筒检验→钢筋就位→拧下钢筋保护帽和套筒保护帽→接头拧紧→做标记→施工质量检验。

## 六、钢筋的绑扎与安装

### （一）钢筋绑扎的一般要求

钢筋的接长、钢筋骨架或钢筋网的成型应优先采用焊接或机械连接，如不能采用焊接或骨架过大、过重不便于运输安装时，可采用绑扎的方法。板和墙的钢筋网，除靠近外围两行钢筋的相交点全部扎牢外，中间部分的相交点可相隔交错扎牢，但必须保证受力钢筋不位移。双向受力的钢筋，须全部扎牢；梁和柱的箍筋，除设计有特殊要求时，应与受力钢筋垂直设置。箍筋弯钩叠合处，应沿受力钢筋方向错开设置。对于梁，箍筋弯钩在梁面左右错开 50%；对于柱，箍筋弯钩在柱四角相互错开。柱中的竖向钢筋搭接时，角部钢筋的弯钩应与模板成 45°（多边形柱为模板内角的平分角，圆形柱应与模板切线垂直）；弯钩与模板的角度最小不得小于 15°。

板、次梁与主梁交叉处，板的钢筋在上，次梁的钢筋居中，主梁的钢筋在下；当有圈梁或垫梁时，主梁的钢筋在上。

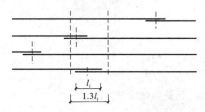

**图 4-51 同一连接区段内的纵向受拉钢筋绑扎搭接接头**

钢筋绑扎搭接接头连接区段的长度为 $1.3L_l$（$L_l$ 为搭接长度），凡搭接接头中点位于该连接区段长度内的搭接接头均属于同一连接区段（见图 4-51）。同一连接区段内，纵向受拉钢筋搭接接头面积百分率应符合设计要求。当设计无具体要求时，应符合下列规定：①对梁、板类及墙类构件，不宜大于 25%；②对柱类构件，不宜大于 50%；③当工程中确有必要增大接头面积百分率时，对梁类构件不应大于 50%；对其他构件，可根据实际情况放宽。纵向受压钢筋搭接接头面积百分率不宜大于 50%。在受拉区域内，HPB235 级钢筋绑扎接头的末端应做弯钩。绑扎搭接接头中，钢筋的横向净距不应小于钢筋直径，且不应小于 25 mm。在任何情况下，受拉钢筋的搭接长度不应小于 300 mm，受压钢筋的搭接长度不应小于 200mm。

钢筋绑扎搭接长度按钢筋搭接长度有关规定确定。

### （二）钢筋的现场绑扎

#### 1. 准备工作

1）熟悉施工图纸

通过熟悉图纸，一方面校核钢筋加工中是否有遗漏或误差；另一方面也可以检查图纸中是否存在与实际情况不符的地方，以便及时改正。

2）核对钢筋加工配料单和料牌

在熟悉施工图纸的过程中,应核对钢筋加工配料单和料牌,并检查已加工成型的成品的规格、形状、数量、间距是否和图纸一致。

3）确定安装顺序

钢筋绑扎与安装的主要工作内容包括:放样画线、排筋绑扎、垫撑铁和保护层垫块、检查校正及固定预埋件等。为保证工程顺利进行,在熟悉图纸的基础上,要考虑钢筋绑扎安装顺序。板类构件排筋顺序一般先排受力钢筋,后排分布钢筋;梁类构件一般先摆纵筋(摆放有焊接接头和绑扎接头的钢筋应符合规定),再排箍筋,最后固定。

钢筋安装或现场绑扎应与模板安装相配合。柱钢筋现场绑扎时,一般在模板安装前进行;柱钢筋采用预制安装时,可先安装钢筋骨架,然后安装柱模板,或先安装三面模板,待钢筋骨架安装后,再钉第四面模板。梁的钢筋一般在梁底板安装后,再安装或绑扎;断面高度较大(＞600 mm),或跨度较大、钢筋较密的大梁,可留一面侧模板,待钢筋安装或绑扎完后再安装该侧模板。楼板钢筋绑扎应在楼板模板安装后进行,并应按设计先画线,然后摆料、绑扎。

4）做好材料、机具的准备

钢筋绑扎与安装的主要材料、机具包括:钢筋钩、吊线垂球、木水平尺、麻线、长钢尺、钢卷尺、扎丝、垫保护层用的砂浆垫块或塑料卡、撬杆、绑扎架等。对于结构较大或形状较复杂的构件,为了固定钢筋还需一些钢筋支架、钢筋支撑。

扎丝一般采用18～22号铁丝或镀锌铁丝,如表 4-37 所示。扎丝长度一般以钢筋钩拧 2～3 圈后,铁丝出头长度为 20 cm 左右。

表 4-37　绑扎用扎丝

| 钢筋直径/cm | ＜12 | 12～25 | ＞25 |
|---|---|---|---|
| 铁丝型号/号 | 22 | 20 | 18 |

混凝土保护层厚度必须严格按设计要求控制,控制其厚度可用水泥砂浆垫块或塑料卡。水泥砂浆垫块的厚度应等于保护层厚度;当保护层厚度等于或小于 20 mm 时平面尺寸为 30 mm×30 mm,大于 20 mm 时平面尺寸为 50 mm×50 mm。在垂直方向使用垫块,应在垫块中埋入两根 20 号或 22 号铁丝,用铁丝将垫块绑在钢筋上。垫块应布置成梅花形,其相互间距不大于 1 m。上下双层钢筋之间的尺寸,可绑扎短钢筋或设置撑脚来控制。

5）放线

放线要从中心点开始向两边量距放点,定出纵向钢筋的位置。水平筋的放线可放在纵向钢筋或模板上。

**2. 钢筋的绑扎**

钢筋的绑扎应顺直均匀、位置正确。钢筋绑扎的操作方法有一面顺扣法、十字花扣法、反十字扣法、兜扣法、缠扣法、兜扣加缠法、套扣法等,不同的构件应采用不同的绑法,一面顺扣绑扎法用于平面楼板不易滑动的地方,十字花扣及兜扣法用于平板钢筋网和箍筋处,缠扣法用于墙钢筋网和柱箍,反十字花扣及兜扣加缠法用于梁骨架的箍筋和主筋的绑扎,套扣法用于梁的架立筋和箍筋的绑扎。较常用的是一面顺扣法,如图 4-52 所示。一面顺扣法绑扎时,为使绑扎后的钢筋骨架不变形,每个绑扎点进扎丝扣的方向要求交替变换90°,如图 4-53 所示。

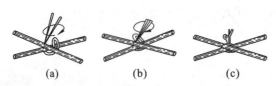

图 4-52　钢筋网一面顺扣绑扎法

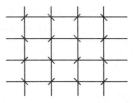

图 4-53　钢筋网绑扎法

1）独立基础

操作程序：画线→摆放钢筋→绑扎→放置垫块。

操作要点：相邻绑扎点的铁丝扣要成八字形，以免网片歪斜变形；采用双层网时，应每隔 80～100 cm 放置撑铁；底层钢筋弯钩应朝上，顶层朝下；独立基础一般短边的钢筋应放在长边的上面。

2）墙体钢筋

绑扎前的准备工作：修理预留伸出钢筋；把变形钢筋理直，若偏差较大，经设计单位同意进行弯折调整。

操作要点：按一定间距安装竖向梯子筋，梯子筋的分挡按水平筋的间距确定，绑扎前将整道墙梯子筋拉线调平并用上、中、下三道水平筋临时固定；墙体竖向钢筋间距采用水平梯子筋控制，在距模板上口 100 mm 处放置直径 12 mm 水平梯子筋，水平梯子筋可周转使用。

3）柱钢筋

绑扎前的准备工作：修理预留伸出钢筋；把变形钢筋理直，若偏差较大，经设计单位同意进行弯折调整。

操作要点：按图纸要求计算好每根柱子所需箍筋数量，按箍筋接头交错布置原则先理好，一次套入伸出筋上，然后立竖筋；竖筋和伸出筋的接头方法可采用绑扎、焊接、机械连接，在立好的竖筋上画出箍筋间距，将箍筋用缠扣绑扎；柱基、柱顶、梁柱交接处，箍筋间距按设计要求加密；在竖筋外皮，间距 1 m 左右绑扎垫块，确保钢筋保护层厚度。

4）板钢筋

绑扎前的准备工作：清扫模板上的垃圾；弹线或用粉笔在模板上画好主筋和分布筋间距。

操作要点：按画好的间距，先摆受力筋，后放分布筋，预埋件、线管、预留孔及时配合；上下两层钢筋之间按间距 1 m 左右设置支架，并和两层钢筋连成整体；在主筋下面间隔 1 m 左右安装垫块，确保钢筋保护层厚度。

## 七、钢筋的验收

钢筋工程属于隐蔽工程，在浇筑混凝土前应对钢筋及预埋件进行隐蔽工程验收，并按规定做好隐蔽工程验收记录。钢筋工程验收是从钢筋进场到安装完毕全过程的验收，包括原材料验收、钢筋加工验收、钢筋连接验收及钢筋安装验收。其具体验收内容包括：纵向受力钢筋的品种、规格、数量、位置等；钢筋连接方式、接头位置、接头数量、接头面积百分率等；箍筋、横向钢筋的品种、规格、数量、间距等；预埋件的规格、数量、位置等。检查钢筋绑扎是否牢固，有无变形、松脱和开焊。

钢筋工程的施工质量检验应按主控项目、一般项目进行检验。检验批合格质量应符合下列规定：主控项目质量经抽样检验合格；一般项目质量经抽样检验合格；当采用计数检验时，除有专门要求外,一般项目的合格率应达到 80% 以上,且不得有严重缺陷;具有完整的施工操作依据和质量验收记录。

（一）主控项目

（1）进场的钢筋应按规定抽取试件做力学性能检验,其质量必须符合有关标准的规定。

检查数量:按进场的批次和产品的抽样检验方案确定。检验方法:检查产品合格证、出厂检验报告和进场复验报告。

（2）对有抗震设防要求的框架结构,其纵向受力钢筋的强度应满足设计要求;当设计无具体要求时,对一、二级抗震等级,检验所得的强度实测值应符合下列规定:①钢筋的抗拉强度实测值与屈服强度实测值的比值不应小于 1.25;②钢筋的屈服强度实测值与强度标准值的比值不应大于 1.3。

检查数量:按进场的批次和产品抽样检验方案确定。检验方法:检查进场复验报告。

（3）受力钢筋的弯钩和弯折应符合下列规定:HPB235 级钢筋末端应做 180° 弯钩,其弯弧内直径不应小于钢筋直径的 2.5 倍,弯钩的弯后平直部分长度不应小于钢筋直径的 3 倍;当设计要求钢筋末端需做 135° 弯钩时,HRB335 级、HRB400 级钢筋的弯弧内直径不应小于钢筋直径的 4 倍,弯钩的弯后平直部分长度应符合设计要求;钢筋做不大于 90° 的弯折时,弯折处的弯弧内直径不应小于钢筋直径的 5 倍。

除焊接封闭式箍筋外,箍筋的末端应做弯钩,弯钩形式应符合设计要求。当设计无具体要求时,应符合下列规定:箍筋弯钩的弯弧内直径除应满足本条前述规定外,尚应不小于受力钢筋直径;箍筋弯钩的弯折角度:对一般结构不应小于 90°;对有抗震等要求的结构应为 135°。箍筋弯后平直部分长度:对一般结构不宜小于箍筋直径的 5 倍;对有抗震等要求的结构不应小于箍筋直径的 10 倍。

检查数量:按每工作班同一类型钢筋、同一加工设备抽查不应少于 3 件。检验方法:钢尺检查。

（4）纵向受力钢筋的连接方式应符合设计要求。

检查数量:全数检查。检验方法:观察。

（5）钢筋机械连接接头、焊接接头应按国家现行标准的规定抽取试件做力学性能检验,其质量应符合有关规程的规定。

检查数量:按有关规程确定。检验方法:检查产品合格证、接头力学性能试验报告。

（6）钢筋安装时,受力钢筋的品种、级别、规格和数量必须符合设计要求。

检查数量:全数检查。检验方法:观察,钢尺检查。

（二）一般项目

（1）钢筋应平直、无损伤、表面不得有裂纹、油污、颗粒状或片状老锈。

检查数量:进场时和使用前全数检查。检验方法:观察。

（2）钢筋调直宜采用机械方法,也可采用冷拉方法。当采用冷拉方法调直钢筋时,HPB235 级的钢筋的冷拉率不宜大于 4%,HRB335 级、HRB400 级和 RRB400 级钢筋的冷拉率不宜大于 1%。

检查数量:按每工作班同一类型钢筋、同一加工设备抽查不应少于 3 件。检验方法:观察、钢尺检查。

（3）钢筋加工的形状、尺寸应符合设计要求,其偏差应符合表 4-38 的规定。

表 4-38　钢筋加工的允许偏差

| 项　　目 | 允许偏差/mm |
|---|---|
| 受力钢筋顺长度方向全长的净尺寸 | ±10 |
| 弯起钢筋的弯折位置 | ±20 |
| 箍筋内净尺寸 | ±5 |

检查数量：按每工作班同一类型钢筋、同一加工设备抽查不就少于 3 件。检验方法：钢尺检查。

（4）钢筋的接头宜设置在受力较小处。同一纵向受力钢筋不宜设置两个或两个以上接头，接头末端至钢筋弯起点的距离不应小于钢筋直径的 10 倍。

检查数量：全数检查。检验方法：观察，钢尺检查。

（5）施工现场应按国家现行标准《钢筋机械连接技术规程》（JGJ 107—2016）、《钢筋焊接及验收规程》（JGJ 18—2012）的规定对钢筋机械连接接头、焊接接头的外观进行检查，其质量应符合有关规程的规定。

检查数量：全数检查。检验方法：观察。

（6）当受力钢筋采用机械连接接头或焊接接头时，设置在同一构件内的接头宜相互错开。纵向受力钢筋机械连接接头及焊接接头连接区段的长度为 $35d$（$d$ 为纵向受力钢筋的较大直径）且不小于 500 mm，凡接头中点位于该连接区段长度内的接头均属于同一连接区段。同一连接区段内，纵向受力钢筋的接头面积百分率应符合设计要求；当设计无具体要求时，在受拉区不宜大于 50%；接头不宜设置在有抗震设防要求的框架梁端、柱端的箍筋加密区；当无法避开时，对等强度高质量机械连接接头，不应大于 50%；直接承受动力荷载的结构构件中，不宜采用焊接接头；当采用机械连接接头时，不应大于 50%。

同一构件中相邻纵向受力钢筋的绑扎搭接接头宜相互错开。绑扎搭接接头中钢筋的横向净距不应小于钢筋直径，且不应小于 25 mm。钢筋绑扎搭接接头连接区段的长度为 $1.3l_1$（$l_1$ 为搭接长度），凡搭接接头中点位于该连接区段长度内的搭接接头均属于同一连接区段。

同一连接区段内，纵向受拉钢筋搭接接头面积百分率应符合设计要求。当设计无具体要求时，应符合下列规定：对梁类、板类及墙类构件，不宜大于 25%；对柱类构件，不宜大于 50%。当工程中有必要增大接头面积百分率时：对梁类构件，不应大于 50%；对其他构件，可根据实际情况放宽。纵向受力钢筋绑扎搭接接头的最小搭接长度应符合规定。

检查数量：在同一检验批内，对梁、柱和独立基础，应抽查构件数量的 10%，且不少于 3 件；对墙和板，应按有代表性的自然间抽查 10%，且不少于 3 间；对大空间结构，墙可按相邻轴线间高度 5 m 左右划分检查面，板可按纵、横轴线划分检查面，抽查 10%，且均不少于 3 面。检验方法：观察，钢尺检查。

（7）在梁、柱类构件的纵向受力钢筋搭接长度范围内，应按设计要求配置箍筋。当设计无具体要求时，箍筋直径不应小于搭接钢筋较大直径的 1/4；受拉搭接区段的箍筋间距不应大于搭接钢筋较小直径的 5 倍，且不应大于 100 mm；受压搭接区段的箍筋间距不应大于搭接钢筋较小直径的 10 倍，且不应大于 200 mm；当柱中纵向受力钢筋直径大于 25 mm 时，应在搭接接头两个端面外 100 mm 范围内各设置两个箍筋，其间距宜为 50 mm。

检查数量：在同一检验批内，对梁、柱和独立基础，就抽查构件数量的 10%，且不少于 3 件；对墙和板，应按有代表性的自然间抽查 10%，且不少于 3 间；对大空间结构，墙可按相邻轴线间高度 5 m 左右划分检查面，板可按纵、横轴线划分检查面，抽查 10%，且均不少于 3 面。检验方法：钢尺检查。

（8）钢筋安装位置的偏差应符合表 4-39 的规定。

检查数量：在同一检验批内，对梁、柱和独立基础应抽查构件数量的 10%，且不少于 3 件；对墙和板，应按有代表性的自然间抽查 10%，对不行于 3 间；对大空间结构，墙可按相邻轴线间高度 5 m 左右划分检查面，板可按纵、横轴线划分检查面，抽查 10%，且均不少于 3 面。

表 4-39　钢筋安装位置的允许偏差和检验方法

| 项　　　目 | | 允许偏差/mm | 检验方法 |
|---|---|---|---|
| 绑扎钢筋网 | 长、宽 | ±10 | 钢尺检查 |
| | 网眼尺寸 | ±20 | 钢尺量连续三挡，取最大值 |
| 绑扎钢筋骨架 | 长 | ±10 | 钢尺检查 |
| | 宽、高 | ±5 | 钢尺检查 |
| 受力钢筋 | 间　距 | ±10 | 钢尺量两端、中间 |
| | 排　距 | ±5 | 各一点取最大值 |
| | 保护层厚度　基础 | ±10 | 钢尺检查 |
| | 柱、梁 | ±5 | 钢尺检查 |
| | 板、墙、壳 | ±3 | 钢尺检查 |
| 绑扎箍筋、横向钢筋间距 | | ±20 | 钢尺量连续三挡，取最大值 |
| 钢筋弯起点位置 | | 20 | 钢尺检查 |
| 预埋件 | 中心线位置 | 5 | 钢尺检查 |
| | 水平高差 | +3,0 | 钢尺和塞尺检查 |

注：(1) 检查预埋件中心线位置时，应沿纵、横两个方向测量，并取其中的较大值；

(2) 表中梁类、板类构件上部纵向受力钢筋保护层厚度的合格点率应达到 90% 及以上，且不得有超过表中数值 1.5 倍的尺寸偏差。

# 任务 3　混凝土工程

混凝土工程在混凝土结构工程中占有重要地位，混凝土工程质量的好坏直接影响混凝土结构的承载力、耐久性与整体性。混凝土工程包括混凝土制备、运输、浇筑捣实和养护等施工过程，各个施工过程相互联系和影响，任何一个施工过程处理不当都会影响混凝土工程的最终质量。近年来，随着混凝土外加剂技术的发展和应用的日益深化，特别是随着商品混凝土如雨后春笋般地蓬勃发展，这在很大程度上影响了混凝土的性能和施工工艺；此外，自动化、机械化的发展和新的施工机具及施工工艺的应用，也大大改变了混凝土工程的施工面貌。

## 一、混凝土的制备

混凝土制备应采用符合质量要求的原材料，按规定的配合比配料，将混合料拌和均匀，以满足设计规定的混凝土强度等级及施工要求的混凝土拌和物坍落度指标，对于设计提出的其他特殊要求（如抗冻、抗渗等），也应在制备过程中加以解决。

### （一）混凝土施工配料

普通混凝土配合比计算步骤为：①计算出要求的试配确定 $f_{cu,0}$，并计算出所要求的水灰比值；②选取每立方米混凝土的用水量，并由此计算出每立方米混凝土的水泥用量；③选取合理的砂率值，计算出粗、细骨料的用量，提出供试配用的计算配合比。

**1. 混凝土配制强度**

混凝土配制强度应按下式计算：

$$f_{cu,0} \geqslant f_{cu,k} + 1.645\sigma \tag{4-22}$$

式中：$f_{cu,0}$ 表示混凝土配制强度，单位为 MPa；$f_{cu,k}$ 表示设计的混凝土立方体抗压强度标准值，单位为 MPa；1.645 表示强度保证率为 95%；$\sigma$ 表示施工单位的混凝土强度标准差，单位为 MPa。

$\sigma$ 的取值，如施工单位具有近期同类混凝土强度的统计资料时，可按下式计算：

$$\sigma = \sqrt{\frac{\sum_{n-1}^{n} f_{cu,i}^2 - nf_{cu,m}^2}{n-1}} \tag{4-23}$$

式中：$f_{cu,i}$ 表示统计周期内同一品种混凝土第 $i$ 组试件的强度值，单位为 N/mm²；$f_{cu,m}$ 表示统计周期内同一品种混凝土第 $m$ 组试件强度的平均值，单位为 N/mm²；$n$ 表示统计周期内同一品种混凝土试件的总组数（$n \geqslant 25$）。

当混凝土强度等级为 C20 级和 C25 级，若强度标准差计算值小于 2.5 MPa 时，计算配制强度用的标准差应取不小于 2.5 MPa；当混凝土强度等级等于或大于 C30 级，若强度标准差计算值小于 3.0 MPa 时，计算配制强度用的标准差应取不小于 3.0 MPa。

对预拌混凝土厂和预制混凝土构件厂，其统计周期可取为一个月；对现场拌制混凝土的施工单位，其统计周期可根据实际情况确定，但不宜超过三个月。

施工单位如无近期混凝土强度统计资料时，$\sigma$ 可根据混凝土设计强度等级取值：当混凝土设计强度 < C20 时，取 4 N/mm²；当混凝土设计强度为 C25～C35 时，取 5 N/mm²；当混凝土设计强度 > C35 时，取 6 N/mm²。

**2. 混凝土施工配合比及施工配料**

混凝土的配合比是在实验室根据混凝土的配制强度经过试配和调整而确定的称为实验室配合比。实验室配合比所用砂、石都是不含水分的。而施工现场砂、石都有一定的含水率，且含水率大小随气温等条件不断变化。为保证混凝土的质量，施工中应按砂、石实际含水率对原配合比进行修正。根据现场砂、石含水率调整后的配合比称为施工配合比。

设实验室配合比为：水泥∶砂∶石 = 1∶$x$∶$y$，现场砂、石含水率分别为 $W_x$、$W_y$，则施工配合比为：水泥∶砂∶石 = 1∶$x(1+W_x)$∶$y(1+W_y)$，水灰比 W/C 不变，但加水量应扣除砂、石中的含水量。

施工配料是确定每拌一次需用的各种原材料量，它根据施工配合比和搅拌机的出料容量计算。

**例 4-6** 某工程混凝土实验室配合比为 1∶2.4∶4.3，水灰比 W/C = 0.55，每立方米混凝土水泥用量为 280 g，现场砂、石含水率分别为 2%、1%，求施工配合比。若采用 350 L 搅拌机，求每拌一次材料用量。

**解** 施工配合比，水泥∶砂∶石为

$1∶x(1+W_x)∶y(1+W_y) = 1∶2.4×(1+0.02)∶4.3×(1+0.01) = 1∶2.448∶4.343$

用 350 L 搅拌机，每拌一次材料用量（施工配料）如下。

水泥：280×0.35 kg = 98 kg

砂：98×2.448 kg = 239.9 kg

石：98×4.343 kg = 425.6 kg

水：(98×0.55 − 98×2.4×0.02 − 98×4.3×0.01) kg = 45 kg

施工配料时因各种材料计量不准,未按砂、石骨料实际含水率的变化进行施工配合比的换算而严重影响混凝土的质量。根据有关试验资料表明:水计量波动±1%,混凝土强度将相应波动±3%;水泥计量波动±1%,混凝土强度将相应波动±1.7%;(水灰比)水和水泥误差各为+2%和-2%,混凝土强度降低8.9%;水和水泥误差各为+5%和-10%,混凝土强度降低31.4%。因此,骨料中的含水率应经常测定,以调整其加水量,各种衡量器应定期校验,保持准确。

### (二)混凝土搅拌机选择

#### 1. 搅拌机的选择

混凝土搅拌是将各种组成材料拌制成质地均匀、颜色一致、具备一定流动性的混凝土拌和物。如混凝土搅拌得不均匀就不能获得密实的混凝土,影响混凝土的质量,所以,搅拌是混凝土施工工艺中很重要的一道工序。由于人工搅拌混凝土质量差,消耗水泥多,而且劳动强度大,所以只有在工程量很小时才用人工搅拌,一般均采用机械搅拌,混凝土搅拌机有自落式和强制式两类,如表4-40所示。

表 4-40　混凝土搅拌机类型

| 自 落 式 | | | 强 制 式 | | | |
|---|---|---|---|---|---|---|
| 鼓筒式 | 双锥式 | | 立轴式 | | | 卧轴式<br>(单轴双轴) |
| | 反转出料 | 倾翻出料 | 涡桨式 | 行星式 | | |
| | | | | 定盘式 | 盘转式 | |
| | | | | | | |

1)自落式混凝土搅拌机

自落式搅拌机是通过筒身旋转,带动搅拌叶片将物料提高,在重力作用下物料自由坠下,反复进行,互相穿插、翻拌、混合使混凝土各组分搅拌均匀的。图4-54(a)所示为鼓筒式搅拌机,它主要靠物料自由坠下进行拌和,搅拌效率低、质量差,目前已经淘汰。

(1)锥形反转出料搅拌机。锥形反转出料搅拌机是中小型建筑工程常用的一种搅拌机,正转搅拌,反转出料。由于搅拌叶片呈正、反向交叉布置,拌和料一方面被提升后靠自落进行搅拌,另一方面又被迫沿轴向做左右窜动,搅拌作用强烈。

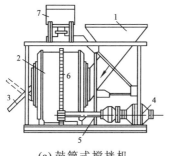
(a)鼓筒式搅拌机

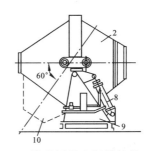
(b)双锥形倾翻出料搅拌机

**图 4-54　自落式混凝土搅拌机**

1—装料机;2—拌和筒;3—卸料槽;4—电动机;5—传动轴;
6—齿圈;7—量水器;8—气顶;9—机座;10—卸料位置

（2）双锥形倾翻出料搅拌机。双锥形倾翻出料搅拌机进、出料在同一口，出料时由气动倾翻装置使搅拌筒下旋 50°～60°，即可将物料卸出，如图 4-54(b) 所示。双锥形倾翻出料搅拌机卸料迅速，拌筒容积利用系数高，拌和物的提升速度低，物料在拌筒内靠滚动自落而搅拌均匀，能耗低、磨损小，能搅拌大粒径骨料混凝土，主要用于大体积混凝土工程。

2）强制式混凝土搅拌机

强制式混凝土搅拌机一般筒身固定，搅拌机叶片旋转，对物料施加剪切、挤压、翻滚、滑动、混合使混凝土各组分搅拌均匀。

（1）涡浆强制式搅拌机。涡浆强制式搅拌机是在圆盘搅拌筒中装一根回转轴，轴上装有拌和铲和刮板，随轴一同旋转。它用旋转着的叶片，将装在搅拌筒内的物料强行搅拌使之均匀。涡浆强制式搅拌机由动力传动系统、上料和卸料装置、搅拌系统、操纵机构和机架等组成。

（2）单卧轴强制式混凝土搅拌机。单卧轴强制式混凝土搅拌机的搅拌轴上装有两组叶片，两组推料方向相反，使物料既有圆周方向运动，也有轴向运动，因而能形成强烈的物料对流，使混合料能在较短的时间内搅拌均匀。它由搅拌系统、进料系统、卸料系统和供水系统等组成。

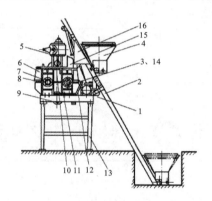

**图 4-55　双卧轴强制式混凝土搅拌机**
1—上料传动装置；2—上料架；3—搅拌驱动装置；4—料斗；
5—水箱；6—搅拌筒；7—搅拌装置；8—供油器；9—卸料装置；
10—三通阀；11—操纵杆；12—水泵；13—支承架；
14—罩盖；15—电气箱；16—受料斗

（3）双卧轴强制式混凝土搅拌机。双卧轴强制式混凝土搅拌机，如图 4-55 所示。它有两根搅拌轴，轴上布置有不同角度的搅拌叶片，工作时两轴按相反的方向同步相对旋转。由于两根轴上的搅拌铲布置位置不同，螺旋线方向相反，于是被搅拌的物料在筒内既有上下翻滚的动作，也有沿轴向的往复运动，从而增强了混合料运动的剧烈程度，因此搅拌效果更好。双卧轴强制式混凝土搅拌机为固定式，其结构基本与单卧式相似，它由搅拌系统、进料系统、卸料系统和供水系统等组成。

我国规定混凝土搅拌机以其出料容量 $(m^3) \times 1\,000$ 标定规格，现行混凝土搅拌机的系列为：50 $m^3$、150 $m^3$、250 $m^3$、350 $m^3$、500 $m^3$、750 $m^3$、1 000 $m^3$、1 500 $m^3$ 和 3 000 $m^3$。

选择搅拌机时，要根据工程量大小，混凝土的坍落度、骨料尺寸等而定，既要满足技术上的要求，亦要考虑经济效果和节约能源。

3）现场混凝土搅拌站

现场建混凝土搅拌站可以做到自动上料、自动称量、自动出料来保证工程质量，同时又能提高工效，减少污染，又是城市推广散装水泥的重要途径。与自拌混凝土相比，它省工、省时、节约原材料、减少强体力劳动和大量人员。施工现场可根据工程任务的大小、现场的具体条件、机具设备的情况，因地制宜的选用，如采用移动式混凝土搅拌站。

**2.搅拌制度的确定**

为了获得质量优良的混凝土拌和物，除正确选择搅拌机外，还必须正确确定搅拌制度，即搅拌时间、投料顺序和进料容量等。

1）搅拌时间

搅拌时间是影响混凝土质量及搅拌机生产率的重要因素之一，时间过短，拌和不均匀，会降低混凝土的强度及和易性;时间过长,不仅会影响搅拌机的生产效率,而且会使混凝土和易性降低或产生分层离析现象。搅拌时间与搅拌机的类型、鼓筒尺寸、骨料的品种和粒径以及混凝土的坍落度等有关,混凝土搅拌的最短时间(即自全部材料装入搅拌筒中起到卸料止),可按表4-41采用。

表 4-41　混凝土搅拌的最短时间　　　　　　　　　　　单位:s

| 混凝土坍落度/mm | 搅 拌 机 | 搅拌机出料容量/L | | |
| --- | --- | --- | --- | --- |
| | | <250 | 250~500 | >500 |
| ≤30 | 自落式 | 90 | 120 | 150 |
| | 强制式 | 60 | 90 | 120 |
| >30 | 自落式 | 90 | 90 | 120 |
| | 强制式 | 60 | 60 | 90 |

注:掺有外加剂时,搅拌时间应适当延长。

2)投料顺序

投料顺序应从提高搅拌质量,减少叶片、衬板的磨损,减少拌和物与搅拌筒的黏结,减少水泥飞扬,改善工作条件等方面综合考虑确定。常用的投料顺序如下。

(1)一次投料法。在上料斗中先装石子,再加水泥和砂,然后一次投入搅拌机。在鼓筒内先加水或在料斗提升进料的同时加水,这种上料顺序使水泥夹在石子和砂中间,上料时不致飞扬,又不致黏住斗底,且水泥和砂先进入搅拌筒形成水泥砂浆,可缩短包裹石子的时间。

(2)二次投料法。它又分为预拌水泥砂浆法和预拌水泥净浆法。预拌水泥砂浆法是先将水泥、砂和水加入搅拌筒内进行充分搅拌,成为均匀的水泥砂浆,再投入石子搅拌成均匀的混凝土。预拌水泥净浆法是将水泥和水充分搅拌成均匀的水泥净浆后,再加入砂和石子搅拌成混凝土。二次投料法搅拌的混凝土与一次投料法相比较,混凝土强度提高约15%,在强度相同的情况下,可节约水泥为15%~20%。

(3)水泥裹砂法。水泥裹砂法又称SEC法,采用这种方法拌制的混凝土称为SEC混凝土,也称造壳混凝土。其搅拌程序是先加一定量的水,将砂表面的含水量调节到某一规定的数值后,再将石子加入与湿砂拌匀,然后将全部水泥投入,与润湿后的砂、石拌和,使水泥在砂、石表面形成一层低水灰比的水泥浆壳(此过程称为成壳),最后将剩余的水和外加剂加入,搅拌成混凝土。采用SEC法制备的混凝土与一次投料法比较,强度可提高20%~30%,混凝土不易产生离析现象,泌水少,工作性能好。

3)进料容量(干料容量)

进料容量为搅拌前各种材料体积的累积。进料容量与搅拌机搅拌筒的几何容量有一定的比例关系,一般情况下为0.22~0.4。如任意超载(进料容量超过10%以上),就会使材料在搅拌筒内无充分的空间进行拌和,影响混凝土拌和物的均匀性;如装料过少,则又不能充分发挥搅拌机的效率。进料容量可根据搅拌机的出料容量按混凝土的施工配合比计算。

使用搅拌机时,应该注意安全。在鼓筒正常转动之后,才能装料入筒。在运转时,不得将头、手或工具伸入筒内。在因故(如停电)停机时,要立即设法将筒内的混凝土取出,以免凝结。在搅拌工作结束时,也应立即清洗鼓筒内外。叶片磨损面积如超过10%左右,就应按原样修补或更换。

4)拌和机的生产率

混凝土拌和机是按照装料、拌和、卸料三个过程循环工作的,每循环工作一次就拌制出一罐新鲜混凝土料,按拌和实方体积(L 或 m³)确定拌和机的工作容量(又称出料体积)。

混凝土拌和机的装料体积,是指每拌和一次,装入拌和筒内各种松散体积之和。拌和机的出料系数是出料体积与装料体积之比,为 0.6～0.7。

每台拌和机的生产率 $p$ 可按下式计算:

$$p = NV = k_t \frac{3\,600V}{t_1 + t_2 + t_3 + t_4} \tag{4-24}$$

式中:$p$ 表示单台拌和机生产率,单位为 m³/h;$V$ 表示拌和机出料容量,单位为 m³;$t_1$ 表示装料时间,自动化配料为 10～15 s,半自动化配料为 15～20 s;$t_2$ 表示搅拌时间;$t_3$ 表示卸料时间,倾翻卸料为 15 s,非倾翻卸料为 25～30 s;$t_4$ 表示必要的技术间隙时间,对双锥式为 3～5 s;$k_t$ 表示时间利用系数,视施工条件而定。

## 二、混凝土的运输

混凝土运输是整个混凝土施工中的一个重要环节,对工程质量和施工进度影响较大。由于混凝土料拌和后不能久存,而且在运输过程中对外界的影响敏感,运输方法不当或疏忽大意,都会降低混凝土质量,甚至造成废品。因此,要解决好混凝土拌和、浇筑、水平运输和垂直运输之间的协调配合问题,还必须采取适当的措施,保证运输混凝土的质量。

### (一)混凝土拌和物运输的要求

对混凝土拌和物运输的要求是:运输过程中,应保持混凝土的均匀性,避免产生分层离析现象,混凝土运至浇筑地点,应符合浇筑时所规定的坍落度(见表 4-42 和图 4-56);混凝土应以最少的中转次数、最短的时间从搅拌地点运至浇筑地点,保证混凝土从搅拌机卸出后到浇筑完毕的延续时间不超过表 4-43 的规定;运输工作应保证混凝土的浇筑工作连续进行;运送混凝土的容器应严密,其内壁应平整光洁,不吸水,不漏浆,黏附的混凝土残渣应经常清除。

**表 4-42　混凝土浇筑时的坍落度**

图 4-56　混凝土坍落度试验

| 项次 | 结构种类 | 坍落度/mm |
|---|---|---|
| 1 | 基础或地面等的垫层、无配筋的厚大结构(挡土墙、基础或厚大的块体)或钢筋稀疏的结构 | 10～30 |
| 2 | 板、梁和大型及中型截面的柱子等 | 30～50 |
| 3 | 配筋密列的结构(如薄壁、斗仓、筒仓、细柱等) | 50～70 |
| 4 | 配筋特密的结构 | 70～90 |

注:(1)本表是指采用机械振捣的坍落度,采用人工捣实时可适当增大;

(2)需要配置大坍落度混凝土时,应掺用外加剂;

(3)曲面或斜面结构的混凝土,其坍落度值应根据实际需要另行选定;

(4)轻骨料混凝土的坍落度,宜比表中数值减少 10～20 mm;

(5)自密实混凝土的坍落度另行规定。

**表 4-43　混凝土从搅拌机中卸出后到浇筑完毕的延续时间**

| 混凝土强度等级 | 混凝土从搅拌机中卸出后到浇筑完毕的延续时间/min | |
|---|---|---|
| | 不高于 25 | 高于 25 |
| C30 及 C30 以下 | 120 | 90 |
| C30 以上 | 90 | 60 |

注:(1)掺外加剂或采用快硬水泥拌制混凝土时,应按试验确定;

(2)轻骨料混凝土的运输、浇筑时间应适当缩短。

## （二）混凝土运输

混凝土运输工作分为地面运输、垂直运输和楼面运输三种情况。

### 1. 水平运输

混凝土的水平运输方式有人工、机动翻斗车、混凝土搅拌运输车、自卸汽车、混凝土泵、皮带机等几种，应根据工程规模、施工场地宽窄和设备供应情况选用。

#### 1）手推车运输

人工运输混凝土常用双轮手推车。用手推车时，要求运输道路路面平整，随时清扫干净，防止混凝土在运输过程中受到强烈振动。

#### 2）机动翻斗车

机动翻斗车是混凝土工程中使用较多的水平运输机械。它轻便灵活、转弯半径小、速度快且能自动卸料。车前装有容量为 400 L 的翻斗，载重量约 1 t，最高时速 35 km/h，适用于短途运输混凝土或砂石料。F10A 机动翻斗车如图 4-57 所示。

图 4-57　F10A 机动翻斗车

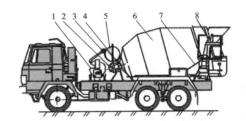

图 4-58　混凝土搅拌运输车

1—泵连接组件；2—减速机总成；3—液压系统；4—机架；
5—供水系统；6—搅拌筒；7—操纵系统；8—进、出料装置

#### 3）混凝土搅拌运输车

混凝土搅拌运输车（见图 4-58）是运送混凝土的专用设备。它的特点是在运量大、运距远的情况下，能保证混凝土的质量均匀，一般用于混凝土制备点（商品混凝土站）与浇筑点距离较远时使用。它的运送方式有两种：一是在 10 km 范围内进行短距离运送时，只做运输工具使用，即将拌和好的混凝土送至浇筑点，在运输途中为防止混凝土分离，让搅拌筒只低速搅动，使混凝土拌和物不致分离、凝结；二是在运距较长时，搅拌运输两者兼用，即先在混凝土拌和站将干料——砂、石、水泥按配比装入搅拌鼓筒内，并将水注入配水箱，开始只干料运送，然后在到达距使用点前 10～15 min 路程时，启动搅拌筒回转，并向搅拌筒注入定量的水，这样在运输途中边运输边搅拌成混凝土拌和物，送至浇筑点卸出。

### 2. 垂直运输

混凝土的垂直运输，目前多用塔式起重机、井架，也可采用混凝土泵。

#### 1）塔式起重机

塔机靠近建筑物布置，利用起重变幅小车，在塔臂覆盖范围内完成地面运输、垂直运输和楼面运输。混凝土在地面由水平运输工具或搅拌机直接卸入吊斗后运至浇筑部位进行浇筑。

#### 2）井架、龙门架运输

混凝土在地面用双轮手推车运至井架的升降平台上，然后井架将双轮手推车提升到楼层上，再将手推车沿铺在楼面上的跳板推到浇筑地点。另外，井架可以兼运其他材料的垂直运输。在浇筑混凝土时，楼面上已立好模板、扎好钢筋，因此，需铺设手推车行走用的跳板。为了避免

压坏钢筋,跳板可用马凳垫起。手推车的运输道路应形成回路,避免交叉和运输堵塞。

3)固定式混凝土泵运输

混凝土泵是一种有效的混凝土运输工具(见图4-59),它以泵为动力,沿管道输送混凝土,可以同时完成水平和垂直运输,将混凝土直接运送至浇筑地点。它具有输送能力大、输送高度高等特点,一般最大水平输送距离 $250\sim1\,000$ m,最大垂直输送高度为 200 m,输送能力为 $20\sim60$ m$^3$/h,适用于高层建筑的混凝土运输。固定式混凝土泵一般配套布料杆(见图4-60)使用,布料装置应根据工地的实际情况和条件来选择,常用的移动式布料装置,放在楼面上使用,其臂架可回转 $360°$,可将混凝土输送到其工作范围内的浇筑地点。

4)混凝土汽车泵

将混凝土泵固定安装在汽车底盘上,车上装有可以伸缩或曲折的布料杆,管道装在杆内,末端是一段软管,可将混凝土直接送到浇筑地点。这种泵车布料范围广、机动性好、移动方便,适用于多层框架结构施工。HDJ5340THBVO 混凝土泵车如图4-61所示。

图4-59　固定式混凝土泵　　　图4-60　布料杆　　　图4-61　HDJ5340THBVO 混凝土泵车

泵送混凝土水泥应选用硅酸盐水泥、普通硅酸盐水泥、矿渣硅酸盐水泥和粉煤灰硅酸盐水泥。最小水泥用量宜为 300 kg/m$^3$,宜采用中砂,通过 0.315 mm 筛孔的砂应不少于 15%,砂率宜控制在 40%～50%。碎石最大粒径与输送管内径之比宜小于或等于 1∶3;卵石宜小于或等于 1∶2.5。混凝土坍落度宜为 80～180 mm(高层建筑上部施工可稍大些),混凝土内宜掺加适量的外加剂。泵送轻骨料混凝土的原材料选用及配合比应通过试验确定。

不同型号的混凝土泵,其排量不同,水平运距和垂直运距也不同,因此,宜与混凝土搅拌运输车配套使用,且应使混凝土搅拌站的供应能力和混凝土搅拌车的运输能力大于混凝土泵的输送能力,以保证混凝土泵能连续工作。

混凝土泵在输送混凝土前,管道应先用水泥浆或砂浆润滑。泵送时要连续工作,如中断时间过长,混凝土将出现分层离析现象,应将管道内混凝土清除,以免堵塞,泵送完毕要立即将管道冲洗干净。

**3. 混凝土辅助运输设备**

运输混凝土的辅助设备有吊罐、集料斗、溜槽、溜管等,用于混凝土装料、卸料和转运入仓,对于保证混凝土质量和运输工作顺利进行起着相当大的作用。

(1)溜槽与振动溜槽。溜槽为钢制槽子(钢模),可从皮带机、自卸汽车、斗车等受料,将混凝土转送入仓。其坡度可由试验确定,常采用 45° 左右。当卸料高度过大时,可采用振动溜槽。振动溜槽装有振动器,单节长 4～6 m,拼装总长可达 30 m,其输送坡度由于振动器的作用可放缓至 15°～20°。采用溜槽时,应在溜槽末端加设 1～2 节溜管或挡板,以防止混凝土料在下滑过程中分离。利用溜槽转运入仓是大型机械设备难以控制部位的有效入仓手段。溜槽卸料如图4-62所示。

(2) 溜管与振动溜管。溜管(溜筒)由多节铁皮管串挂而成。每节长 0.8～1 m,上大下小,相邻管节铰挂在一起,可以拖动。采用溜管卸料可起到缓冲消能作用,以防止混凝土料分离和破碎。溜筒如图 4-63 所示。

(a) 正确方法　(b) 不正确方法

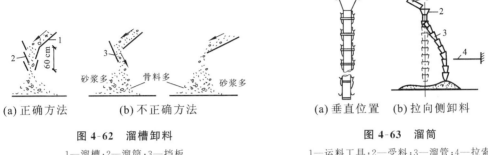

**图 4-62　溜槽卸料**

1—溜槽;2—溜筒;3—挡板

(a) 垂直位置　(b) 拉向侧卸料

**图 4-63　溜筒**

1—运料工具;2—受料;3—溜管;4—拉索

溜管卸料时,其出口离浇筑面的高差应不大于 1.5 m。利用拉索拖动均匀卸料时,应使溜管出口段约 2 m 长与浇筑面保持垂直,以避免混凝土料分离。随着混凝土浇筑面的上升,可逐节拆卸溜管下端的管节。

溜管卸料多用于断面小、钢筋密的浇筑部位,其卸料半径为 1～1.5 m,卸料高度不大于 10 m。振动溜管与普通溜管相似,应每隔 4～8 m 的距离装一个振动器,以防止混凝土料中途堵塞,其卸料高度可达 10～20 m。

(3) 吊罐。吊罐有卧式吊罐、立式吊罐两类。图 4-64 所示为混凝土卧式吊罐。

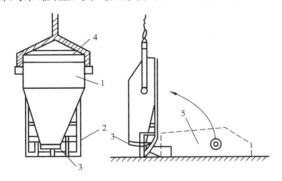

**图 4-64　混凝土卧式吊罐**

1—装料斗;2—滑架;3—斗门;4—吊梁;5—平卧状态

## 三、混凝土的浇筑和捣实

混凝土浇筑要保证混凝土的均匀性和密实性,要保证结构的整体性、尺寸准确和钢筋、预埋件的位置正确,拆模后混凝土表面要平整、光洁。

### (一) 浇筑要求

#### 1. 防止离析

浇筑混凝土时,混凝土拌和物由料斗、漏斗、混凝土输送管、运输车内卸出时,如自由倾落高度过大,由于粗骨料在重力作用下,克服黏着力后的下落动能大,下落速度较砂浆快,因而可能形成混凝土离析。为此，混凝土自高处倾落的自由高度不应超过 2 m，在竖向结构中限制自由倾落高度不宜超过 3 m，否则应沿串筒、斜槽、溜管等下料。

**2. 正确留置施工缝**

混凝土结构大多要求整体浇筑。如因技术或组织上的原因不能连续浇筑时，且停顿时间有可能超过混凝土的初凝时间，则应事先确定在适当位置留置施工缝。由于混凝土的抗拉强度约为其抗压强度的 1/10，因而施工缝是结构中的薄弱环节，宜留在结构剪力较小的部位，同时要方便施工。

（1）施工缝的留设位置。施工缝设置的原则，一般宜留在结构受力（剪力）较小且便于施工的部位；柱子的施工缝宜留在基础与柱子交接处的水平面上，或梁的下面，或吊车梁牛腿的下面、吊车梁的上面、无梁楼盖柱帽的下面，如图 4-65 所示；和板连成整体的大断面应留在板底面下 20～30 mm 处，当板下有梁托时，留在梁托下部；单向平板，留置在平行于短边的任何位置；有主、次梁的楼板，宜顺着次梁方向浇筑，施工缝应留在次梁跨度的中间 1/3 范围内，如图 4-66 所示；墙留置在门洞口过梁跨中 1/3 范围内，也可留在纵横墙的交接处；双向受力板、大体积混凝土结构、拱、薄壳及其他结构复杂的工程，施工缝的位置应按设计要求留置。

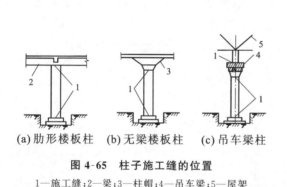

图 4-65　柱子施工缝的位置
1—施工缝；2—梁；3—柱帽；4—吊车梁；5—屋架

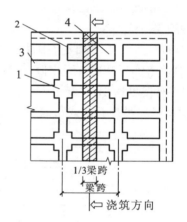

图 4-66　有梁板的施工缝位置
1—柱；2—主梁；3—次梁；4—板

（2）施工缝的处理。施工缝处继续浇筑混凝土时，应待混凝土的抗压强度不小于 1.2 MPa（混凝土强度达到 1.2 MPa 的时间可通过试验确定）方可进行；施工缝浇筑混凝土之前，应除去施工缝表面的水泥薄膜、松动石子和软弱的混凝土层，处理方法有风砂枪喷毛、高压水冲毛、风镐凿毛或人工凿毛，并加以充分湿润和冲洗干净，不得有积水；浇筑前，水平施工缝处宜先铺水泥浆（水泥：水＝1：0.4），或与混凝土成分相同的水泥砂浆一层，厚度为 30～50 mm。垂直施工缝处应加插钢筋，其直径为 12～16 mm，长度为 50～60 cm，间距为 50 cm，以保证接缝的质量；浇筑过程中，施工缝应细致捣实，使其紧密结合。

（3）后浇带的设置。后浇带是为在现浇钢筋混凝土结构施工过程中，克服由于温度、收缩等可能产生有害裂缝而设置的临时施工缝。该缝需根据设计要求保留一段时间后再浇筑，将整个结构连成整体。

后浇带的设置距离，应考虑在有效降低温差和收缩应力的条件下，通过计算来获得。在正常施工条件下，有关规范对此的规定是：如混凝土置于室内和土中，则为 30 m；如在露天，则为 20 m。

后浇带的保留时间应根据设计确定,如设计无要求时,一般至少保留 28 d 以上。

后浇带的宽度应考虑施工简便,避免应力集中,一般宽度为 70～100 cm,后浇带内的钢筋应完好保存。

后浇带在浇筑混凝土前,必须将整个混凝土表面按照施工缝的要求进行处理。浇筑后浇带的混凝土可采用微膨胀或无收缩水泥,也可采用普通水泥加入相应的外加剂拌制,但必须要求浇筑混凝土的强度等级比原结构强度提高一级,并保持至少 15 d 的湿润养护。

## (二)浇筑方法

混凝土浇入模板以后是较疏松的,里面含有空气与气泡,而混凝土的强度、抗冻性、抗渗性以及耐久性等都与混凝土的密实程度有关。混凝土捣实有人工捣实和机械振捣方法。人工捣实是用人力的冲击来使混凝土密实成型,只有在缺乏机械、工程量不大或机械不便施工的部位采用。

混凝土振捣主要采用振捣器进行,振捣器产生小振幅、高频率的振动,使混凝土在其振动的作用下,内摩擦力和黏结力显著减小,使骨料犹如悬浮在液体中,在其自重作用下向新的位置滑动而紧密排列,空隙由砂浆均匀填满,气泡被排出,游离水被挤压上升,混凝土填满了模板的各个角落,从而使混凝土密实,且与钢筋紧密结合。

### 1. 混凝土振捣器

混凝土振捣器按振捣方式的不同,可分为插入式、外部式、表面式和振动台等,如图 4-67 所示。其中外部式只适用于柱、墙等结构尺寸小且钢筋密的构件;表面式只适用于薄层混凝土的捣实(如渠道衬砌、道路、薄板等);振动台多用于实验室。

插入式振捣器是建筑工地应用最多的一种振动器,多用于振实梁、柱、墙、厚板和基础等。其工作部分是一棒状空心圆柱体,内部装有偏心振子,在电动机带动下高速转动而产生高频微幅的振动。根据振动棒激振的原理,内部振动器有偏心式和行星滚锥式两种。电动软轴插入式振捣器如图 4-68 所示,插入式振捣器实物如图4-69 所示。

外部式振捣器包括附着和平板(梁)式两种类型。平板(梁)式振捣器有两种类型:一类是在上述附着式振捣器底座上用螺栓紧固一块木板或钢板(梁),通过附着式振捣器所产生的激振力传递给振板,迫使振板振动而振实混凝土;另一类是定型的平板(梁)式振捣器,振板为钢制槽形(梁形)振板,上有把手,便于边振捣、边拖行,更适用于大面积的振捣作业。

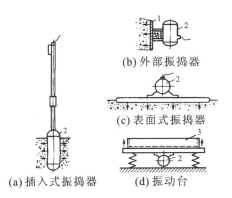

图 4-67　混凝土振捣器

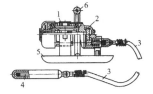

图 4-68　电动软轴插入式振捣器
1—电动机;2—机械增速器;3—软轴;
4—振动棒;5—底盘;6—手柄

图 4-69　插入式振捣器实物

## 2. 振捣器的使用与振实判断

### 1）插入式振捣器

采用插入式振捣器振捣混凝土时，应在表面上按一定顺序和间距逐点插入进行振捣。每个插点振捣时间一般需要 20~30 s，实际操作时的振实标准是按以下一些现象来判断：即混凝土表面不再显著下沉，不出现气泡；并在表面出现一层薄而均匀的水泥浆。如振捣时间不够，则达不到振实要求；过振则骨料下沉、砂浆上翻，产生离析。

振捣器的有效振动范围，用振动作用半径 R 表示。R 值的大小与混凝土坍落度和振捣器性能有关，可经试验确定，一般为 30~50 cm。

为了避免漏振，插入点之间的距离不能过大。要求相邻插点间距不应大于其影响半径的 1.5~1.75 倍。在布置振捣器插点位置时，还应注意不要碰到钢筋和模板，离模板的距离也不要大于 20~30 cm，以免因漏振使混凝土表面出现蜂窝麻面。插点的分布有行列式和交错式两种，如图 4-70 所示。

在每个插点进行振捣时，振捣器要垂直插入，快插慢拔，并插入下层混凝土 5~10 cm，以保证上、下混凝土结合，如图 4-71 所示。

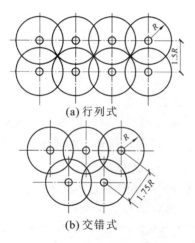

图 4-70　插点排列示意图

(a) 行列式

(b) 交错式

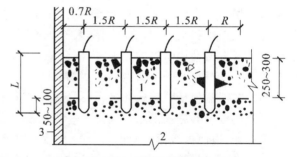

图 4-71　插入式振动器的插入深度

1—新浇筑的混凝土；2—下层已振捣但尚未初凝的混凝土；3—模板；R—有效作用半径；L—振动棒长度

### 2）表面振动器

表面振动器又称平板式振动器，是将振动器安装在平板上，振捣时将振动器放在铺好的混凝土结构表面，振动力通过平板传给混凝土。在振捣中，平板必须与混凝土充分接触，以保证振动力的有效传递；振实厚度，一般在无筋或单筋平板中约为 200 mm，在双筋平板中约为 120 mm；表面振动器在每一位置应连续振动一定时间，在正常情况下为 25~40 s，并以混凝土表面均匀泛浆为准；平板振动器移动时应按照一定的路线，并保证前后左右相互搭接 30~50 mm，防止漏振。

### 3）外部式振捣器

外部振动器又称附着式振动器，它直接安装在模板外侧的横档或竖档上，偏心块旋转所产生的振动力通过模板传给混凝土，使之振实。模板应有足够的强度。

对于小截面直立构件,插入式振捣器的振动棒很难插入,可使用附着式振动器,附着式振动器的设置间距,应通过试验确定,在一般情况下,可每隔 1～1.5 m 设置一个,如图 4-72 所示。

混凝土振动台是混凝土制品厂中的固定生产设备,用于振实预制构件。

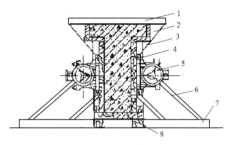

图 4-72　附着式振捣器的安装

1—模板面卡;2—模板;3—角撑;4—夹木桩;
5—附着式振动器;6—斜撑;7—底横枋;8—纵向底枋

### 3. 多层钢筋混凝土框架结构的浇筑

浇筑钢筋混凝土框剪结构首先要划分施工层和施工段,施工层一般按结构层划分,而每一施工层如何划分施工段,则要考虑工序数量、技术要求、结构特点等。要做到木工在第一施工层安装完模板,准备转移到第二施工层的第一施工段上时,该施工段所浇筑的混凝土强度应达到允许工人在其上操作的强度(1.2 MPa)。

混凝土浇筑前应做好必要的准备工作,如模板、钢筋和预埋管线的检查和清理以及隐蔽工程的验收;浇筑用脚手架、走道的搭设和安全检查;根据试验室下达的混凝土配合比通知单准备和检查材料,并做好施工用具的准备等。

浇筑柱时,施工段内的每排柱应由外向内对称地依次浇筑,不要由一端向另一端推进,预防模板因湿胀产生横向推力而使柱子发生弯曲变形。截面在 400 mm×400 mm 以内,或有交叉箍筋的柱子,应在柱子模板侧面开孔用斜溜槽分段浇筑,每段高度不超过 2 m。柱子边长大于 400 mm 且无交叉箍筋时,每段高度不得超过 3.5 m。柱子开始浇筑时,底部应先浇筑一层厚 50～100 mm 与所浇筑混凝土成分相同的水泥砂浆。浇筑完毕,如柱顶处有较大厚度的砂浆层,则应加以处理。柱子浇筑后,应间隔 1～1.5 h,待所浇混凝土拌和物初步沉实后,再浇筑上面的梁板结构。

梁和板一般应同时浇筑,顺次梁方向从一端开始向前推进。当梁高大于 1 m 时允许将梁单独浇筑,此时的施工缝留在楼板板底下 20～30 mm 处。当浇筑柱梁及主次梁交叉处的混凝土时,一般钢筋较密集,特别是上部配筋又粗又多,因此,既要防止混凝土下料困难,又要注意砂浆挡住石子不下去。必要时,这部分可改用细石混凝土进行浇筑,与此同时,振捣棒头可改用片式并辅以人工捣固配合。梁底侧面注意振实,振动器不要直接触及钢筋和预埋件。楼板混凝土的虚铺厚度应略大于板厚,用表面振动器或内部振动器振实,用铁插尺检查混凝土厚度,振捣完后用长的木抹子抹平。

为保证捣实质量,混凝土应分层浇筑,每层厚度如表 4-44 所示。

表 4-44　混凝土浇筑层的厚度

| 项次 | 捣实混凝土的方法 | | 浇筑层厚度/mm |
|---|---|---|---|
| 1 | 插入式振动 | | 振动器作用部分长度的 1.25 倍 |
| 2 | 表面振动 | | 200 |
| 3 | 人工捣实 | (1)在基础或无筋混凝土和配筋稀疏的结构中 | 250 |
| | | (2)在梁、墙、板、柱结构中 | 200 |
| | | (3)在配筋密集的结构中 | 150 |
| 4 | 轻骨料混凝土 | 插入式振动 | 300 |
| | | 表面振动(振动时需加荷) | 200 |

### 4. 大体积混凝土结构浇筑

我国建筑工程界一般认为当混凝土结构物实体最小尺寸等于或大于 1 m，或预计会因水泥水化热引起混凝土内外温差过大而导致裂缝的混凝土，就称之为大体积混凝土。大体积混凝土在施工阶段会因水泥水化热释放引起内外温差过大而产生裂缝。

1）大体积混凝土温度裂缝的成因

混凝土结构的裂缝产生的原因主要有三点：一是由外荷载引起的；二是结构次应力引起的裂缝，这是由于结构的实际工作状态和计算假设模型的差异引起的；三是变形应力引起的裂缝，这是由温度、收缩、膨胀、不匀沉降等因素引起的结构变形，当变形受到约束时便产生应力，当此应力超过混凝土抗拉强度时就产生裂缝。

大体积钢筋混凝土结构中，由于结构截面大、体积大、水泥用量多，水泥水化所释放的水化热会产生较大的温度变化和收缩膨胀作用，由此引起的温度应力是导致钢筋混凝土产生裂缝的主要原因。这种裂缝有表面裂缝和贯穿裂缝两种。表面裂缝是由于混凝土表面和内部的散热条件不同，温度外低内高，形成了温度梯度，使混凝土内部产生压应力，表面产生拉应力，表面的拉应力超过混凝土抗拉强度而引起的。贯穿裂缝是由于混凝土在强度发展到一定程度，混凝土逐渐降温，这个降温差引起的变形加上混凝土的收缩变形，受到地基和其他结构边界条件的约束时引起的拉应力，超过混凝土抗拉强度时所可能产生的贯穿整个截面的裂缝，如图 4-73 所示。

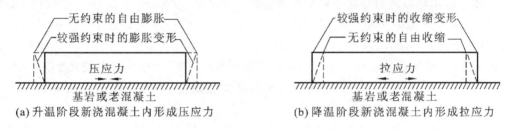

(a) 升温阶段新浇混凝土内形成压应力　　　(b) 降温阶段新浇混凝土内形成拉应力

**图 4-73　内部温差和约束共同作用下的温度应力**

简而言之，钢筋混凝土结构由温度引起的裂缝是一种由变形变化引起的裂缝。这种裂缝的起因是温度变化引起变形，当变形得不到满足才引起应力，而且应力与结构的刚度大小有关，只有当应力超过一定数值才引起裂缝。

2）大体积混凝土温度裂缝控制

在大体积混凝土工程施工中，由于水泥水化热引起混凝土浇筑内部温度和温度应力剧烈变化，从而导致混凝土发生裂缝。因此，控制混凝土浇筑块体因水化热引起的温升、混凝土浇筑块体的内外温差及降温速度，是防止混凝土出现有害的温度裂缝的关键问题。这需要在大体积混凝土结构的设计、混凝土材料的选择、配合比设计、拌制、运输、浇筑、保温养护及施工过程中混凝土浇筑内部温度和温度应力的监测等环节，采取了一系列的技术措施。

按照这个工序流程，可将大体积混凝土温度裂缝控制措施分为设计措施、施工措施和监测措施三步。

（1）设计措施。大体积混凝土的强度等级宜在 C20～C35 范围内选用，利用后期强度 R60 甚至 R90；应优先采用水化热低的矿渣水泥配制大体积混凝土；采用 5～40 mm 颗粒级配的石子，控制含泥量小于 1.5%；采用中、粗砂，控制含泥量小于 1.5%；掺和料及外加剂的使用，国内目前采用的掺和料主要是粉煤灰；增配承受因水泥水化热引起的温度应力控制裂缝开展的钢筋;留设后浇带,使大体积混凝土分块浇筑;当基础设置于岩石地基上时,宜在混凝土垫层上设置滑动层,以减小地基对混凝土基础的约束作用。

(2) 施工措施。混凝土的浇筑方法可用分层连续浇筑或推移式连续浇筑,大体积混凝土结构多为厚大的桩基承台或基础底板等,整体性要求较高,往往不允许留施工缝,要求一次连续浇筑完毕。根据结构特点不同,可分为全面分层、分段分层、斜面分层等浇筑方案。大体积混凝土浇筑方案图如图 4-74 所示。

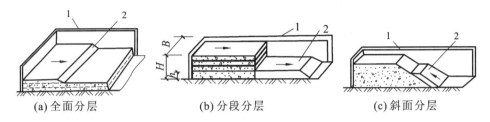

(a) 全面分层　　　　　(b) 分段分层　　　　　(c) 斜面分层

**图 4-74　大体积混凝土浇筑方案图**
1—模板;2—新浇筑的混凝土

① 全面分层。当结构平面面积不大时,可将整个结构分为若干层进行浇筑,即第一层全部浇筑完毕后,再浇筑第二层,如此逐层连续浇筑,直到结束。为保证结构的整体性,要求次层混凝土在前层混凝土初凝前浇筑完毕。若结构平面面积为 $A$,浇筑分层厚为 $h$,每小时浇筑量为 $Q$,混凝土从开始浇筑至初凝的延续时间为 $T$($T$ 一般等于混凝土初凝时间减去运输时间),为保证结构的整体性,则应满足:

$$Ah \leqslant QT \tag{4-25}$$

$$A \leqslant QT/h \tag{4-26}$$

即采用全面分层时,结构平面面积应满足上式的条件。

② 分段分层。当结构平面面积较大时,全面分层已不适应,这时可采用分段分层浇筑方案。即将结构划分为若干段,每段又分为若干层,先浇筑第一段各层,然后浇筑第二段各层,如此逐层连续浇筑,直至结束。为保证结构的整体性,要求次段混凝土应在前段混凝土初凝前浇筑并与之捣实成整体。若结构的厚度为 $H$,宽度为 $b$,分段长度为 $l$,为保证结构的整体性,则应满足:

$$l \leqslant QT/b(H-b) \tag{4-27}$$

③ 斜面分层。当结构的长度超过厚度的 3 倍时,可采用斜面分层的浇筑方案。这里,振捣工作应从浇筑层斜面下端开始,逐渐上移,且振动器应与斜面垂直。

混凝土的摊铺厚度应根据所用振捣器的作用深度及混凝土的和易性确定,当采用泵送混凝土时,混凝土的摊铺厚度不大于 600 mm;当采用非泵送混凝土时,混凝土的摊铺厚度不大于 400 mm。

混凝土的拌制、运输必须满足连续浇筑施工以及尽量降低混凝土出罐温度等方面的要求,并应符合下列规定:当炎热季节浇筑大体积混凝土时,混凝土搅拌场站宜对砂、石骨料采取遮阳、降温措施;当采用泵送混凝土施工时,混凝土的运输宜采用混凝土搅拌运输车,混凝土搅拌运输车的数量应满足混凝土连续浇筑的要求;必要时采取预冷骨料(如水冷法、气冷法等)和加冰搅拌等;浇筑时间最好安排在低温季节或夜间,最大限度地降低混凝土的入模温度。

在混凝土浇筑过程中,应及时清除混凝土表面的泌水;混凝土浇筑完毕后,应及时进行保温养护,保温养护是大体积混凝土施工的关键环节,其目的如下:首先是降低大体积混凝土浇筑块体的内外温差值以降低温凝土块体的自约束应力;其次是降低大体积混凝土浇筑块体的降温速度,充分利用混凝土的抗拉强度,以提高混凝土块体承受外约束应力的抗裂能力,达到防止或控制温度裂缝的目的。

当混凝土浇筑后即将凝固时,在适当的时间内再振捣,可以增加混凝土的密实度,减少内部微裂缝。利用预埋的冷却水管通低温水以散热降温,混凝土浇筑后立即通水,以降低混凝土的内部温度。

3）监测措施

大体积混凝土的温控施工中,除应进行水泥水化热的测定外,在混凝土浇筑过程中还应进行混凝土浇筑温度的监测,在养护过程中应进行混凝土浇筑块体升降温、内外温差、降温速度及环境温度等监测。这些监测结果能及时反馈现场大体积混凝土浇筑块内温度变化的实际情况,以及所采用的施工技术措施的效果,为工程技术人员及时采取温控对策提供科学依据。混凝土浇筑温度的测试每工作班(8 h)应不少于 2 次。大体积混凝土浇筑块体内外温差、降温速度及环境温度的测试一般在前期每 2～4 h 测一次,后期每 4～8 h 测一次。

## 四、混凝土养护与拆模

### 1. 混凝土的养护

混凝土浇筑完毕后,在一个相当长的时间内,应保持其适当的温度和足够的湿度,以造成混凝土良好的硬化条件,这就是混凝土的养护工作。混凝土表面水分不断蒸发,如不设法防止水分损失,水化作用未能充分进行,混凝土的强度将受到影响,还可能产生干缩裂缝。因此,混凝土养护的目的:一是创造有利条件,使水泥充分水化,加速混凝土的硬化;二是防止混凝土成型后因暴晒、风吹、干燥等自然因素影响,出现不正常的收缩、裂缝等现象。

混凝土的养护方法分为自然养护和热养护两类,自然养护的方法有:覆盖浇水养护、薄膜布养护和薄膜养身液养护。当利用日平均气温高于 5 ℃的自然条件时,对于一般塑性混凝土应在浇筑 10～12 h(炎夏时可缩短至 2～3 h),对于高强混凝土应在浇筑后 1～2 h 进行覆盖浇水养护;混凝土浇水养护时间,对硅酸盐水泥、普通硅酸盐水泥和矿渣硅酸盐水泥拌制的混凝土,不得少于 7 d,对于掺用缓凝型外加剂、矿物掺和料或有抗渗性要求的混凝土,不得少于 14 d;当日平均气温低于 5 ℃时,不得浇水养护。

### 2. 混凝土的拆模

模板拆除日期取决于混凝土的强度、模板的用途、结构的性质及混凝土硬化时的气温。不承重的侧模板,在混凝土强度能保证其表面棱角不因拆除模板而受损坏时,即可拆除。承重模板,如梁、板等底模板,应待混凝土达到规定强度后,方可拆除。

已拆除的承重模板的结构,应在混凝土达到规定的强度等级后,才允许承受全部设计荷载。拆模后应由监理(建设)单位、施工单位对混凝土的外观质量和尺寸偏差进行检查,并做好记录,如发现缺陷,应进行修补。

## 五、混凝土质量验收、评定及缺陷防治

### （一）混凝土质量检查验收

混凝土工程的施工质量检验应按主控项目、一般项目规定的检验方法进行检验。检验批合格质量应符合下列规定:主控项目的质量经抽样检验合格;一般项目的质量经抽样检验合格;当

采用计数检验时,除有专门要求外,一般项目的合格点率达到 80％及以上,且不得有严重缺陷;具有完整的施工操作依据和质量验收记录,对验收合格的检验批,宜做出合格标志。

**1. 主控项目**

(1) 水泥进场时应对其品种、级别、包装或散装仓号、出厂日期等进行检查,并应对其强度、安定性及其他必要的性能指标进行复验,其质量必须符合现行国家标准《通用硅酸盐水泥》(GB 175—2007)。当在使用中对水泥质量有怀疑或水泥出厂超过三个月(快硬硅酸盐水泥超过一个月)时,应进行复验,并按复验结果使用。钢筋混凝土结构、预应力混凝土结构中,严禁使用含氯化物的水泥。

检查数量:按同一生产厂家、同一等级、同一品种、同一批号且连续进场的水泥,袋装不超过 200 t 为一批,散装不超过 500 t 为一批,每批抽样不少于一次。检验方法:检查产品合格证、出厂检验报告和进场复验报告。

(2) 混凝土中掺用外加剂的质量及应用技术应符合现行国家标准《混凝土外加剂》(GB 8076—2008)、《混凝土外加剂应用技术规范》(GB 50119—2013)等和有关环境保护的规定。预应力混凝土结构中,严禁使用含氯化物的外加剂。钢筋混凝土结构中,当使用含氯化物的外加剂时,混凝土中氯化物的总含量应符合现行国家标准《混凝土质量控制标准》(GB 50164—2011)的规定。

检查数量:按进场的批次和产品的抽样检验方案确定。检验方法:检查产品合格证、出厂检验报告和进场复验报告。

(3) 混凝土中氯化物和碱的总含量应符合现行国家标准《混凝土结构设计规范》(GB 50010—2010)和设计的要求。

检验方法:检查原材料试验报告和氯化物、碱的总含量计算书。

(4) 混凝土应按国家现行标准《普通混凝土配合比设计规程》(JGJ 55—2011)的有关规定,根据混凝土强度等级、耐久性和工作性等要求进行配合比设计。对有特殊要求的混凝土,其配合比设计尚应符合国家现行有关标准的专门规定。

检验方法:检查配合比设计资料。

(5) 结构混凝土的强度等级必须符合设计要求。用于检查结构构件混凝土强度的试件,应在混凝土的浇筑地点随机抽取。取样与试件留置应符合下列规定:每拌制 100 盘且不超过 100 m³ 的同配合比的混凝土,取样不得少于一次;每工作班拌制的同一配合比的混凝土不足 100 盘时,取样不得少于一次;当一次连续浇筑超过 1 000 m³ 时,同一配合比的混凝土每 200 m³ 取样不得少于一次;每一楼层、同一配合比的混凝土,取样不得少于一次;每次取样应至少留置一组标准养护试件,同条件养护试件的留置组数应根据实际需要确定。

检验方法:检查施工记录及试件强度试验报告。

(6) 对有抗渗要求的混凝土结构,其混凝土试件应在浇筑地点随机取样。同一工程、同一配合比的混凝土,取样不应少于一次,留置组数可根据实际需要确定。

检验方法:检查试件抗渗试验报告。

(7) 混凝土原材料每盘称量的偏差应符合的规定。水泥、掺和料±2％,粗、细骨料±3％,水、外加剂±2％。

检查数量:每工作班抽查不应少于一次。当遇雨天式含水率有显著变化时,应增加含水率检测次数,并及时调整水和骨料的用量。各种衡器应定期校验,每次使用前应进行零点校核,保持计量准确。

检验方法：复称。

（8）混凝土运输、浇筑及间歇的全部时间不应超过混凝土的初凝时间。同一施工段的混凝土应连续浇筑，并应在底层混凝土初凝之前将上一层混凝土浇筑完毕。当底层混凝土初凝后浇筑上一层混凝土时，应按施工技术方案中对施工技术方案中施工缝的要求进行处理。

检查数量：全数检查。

检验方法：观察，检查施工记录。

（9）现浇结构的外观质量不应有严重缺陷。对已经出现的严重缺陷，应由施工单位提出技术处理方案，并经监理（建设）单位认可后进行处理。对经处理的部位，应重新检查验收。

检查数量：全数检查。

检验方法：观察，检查技术处理方案。

（10）现浇结构不应有影响结构性能和使用功能的尺寸偏差。混凝土设备基础不应有影响结构性能和设备安装的尺寸偏差。对超过尺寸允许偏差且影响结构性能和安装、使用功能的部位，应由施工单位提出技术处理方案，并经监理（建设）单位认可后进行处理。对经处理的部位，应重新检查验收。

检查数量：全数检查。

检验方法：量测，检查技术处理方案。

**2. 一般项目**

（1）混凝土中掺用矿物掺和料的质量应符合现行国家标准《用于水泥和混凝土中的粉煤灰》（GB/T 1596—2005）等的规定。矿物掺和料的掺量应通过试验确定。

检查数量：按进场的批次和产品的抽样检验方案确定。检验方法：检查出厂合格证和进场复验报告。

（2）普通混凝土所用的粗、细骨料的质量应符合国家现行标准《普通混凝土用砂、石质量及检验方法标准（附条文说明）》（JGJ 52—2006）规定。

检查数量：按进场的批次和产品的抽样检验方案确定。检验方法：检查进场复验报告。

（3）拌制混凝土宜采用饮用水；当采用其他水源时，水质应符合国家现行标准《混凝土用水标准（附条文说明）》（JGJ 63—2006）的规定。

检查数量：同一水源检查不应少于一次。检验方法：检查水质试验报告。

（4）首次使用的混凝土配合比应进行开盘鉴定，其工作性应满足设计配合比的要求，开始生产时应至少留置一组标准养护试件作为验证配合比的依据。检验方法：检查开盘鉴定资料和试件强度试验报告。

（5）混凝土拌制前，应测定砂、石含水率并根据测试结果调整材料用量，提出施工配合比。

检查数量：每工作班检查一次。检验方法：检查含水率测试结果和施工配合比通知单。

（6）施工缝的位置应在混凝土浇筑前按设计要求和施工技术方案确定。施工缝的处理应按施工技术方案执行。

检查数量：全数检查。检验方法：观察，检查施工记录。

（7）后浇带的留置位置应按设计要求和施工技术方案确定。后浇带混凝土浇筑应按施工技术方案进行。

检查数量：全数检查。检验方法：观察，检查施工记录。

（8）混凝土浇筑完毕后，应按施工技术方案及时采取有效的养护措施，并应符合下列规定：

① 应在浇筑完毕后的 12 h 以内对混凝土加以覆盖并保湿养护。

② 混凝土浇水养护的时间,对采用硅酸盐水泥、普通硅酸盐水泥或矿渣硅酸盐水泥拌制的混凝土不得少于 7 d,对掺用缓凝型外加剂或有抗渗要求的混凝土不得少于 14 d。

③ 浇水次数应能保持混凝土处于湿润状态,混凝土养护用水应与拌制用水相同。

④ 采用塑料布覆盖养护的混凝土,其外露的全部表面应覆盖严密,并应保持塑料面布内有凝结水。

⑤ 混凝土强度达到 1.2 N/mm² 前,不得在其上踩踏或安装模板及支架。

**注意:**

①当日平均气温低于 5 ℃时,不得浇水;②当采用其他品种水泥时,混凝土的养护时间应根据所采用水泥的技术性能确定;③混凝土表面不便浇水或使用塑料布时,宜涂刷养护剂;④对大体积混凝土的养护,应根据气候条件按施工技术方案采取控温措施。

检查数量:全数检查。检查方法:观察,检查施工记录。

(9)现浇结构的外观质量不宜有一般缺陷。对已经出现的一般缺陷,应由施工单位按技术处理方案进行处理,并重新检查验收。

检查数量:全数检查。检验方法:观察,检查技术处理方案。

(10)现浇结构和混凝土设备基础拆模后的尺寸偏差应符合表 4-45、表 4-46 的规定。

**表 4-45　现浇结构尺寸偏差和检验方法**

| 项　　目 | | 允许偏差/mm | 检 验 方 法 |
|---|---|---|---|
| 轴线位置 | 基础 | 15 | 钢尺检查 |
| | 独立基础 | 10 | |
| | 墙、柱、梁 | 8 | |
| | 剪力墙 | 5 | |
| 垂直度 | 层高　≤5 m | 8 | 经纬仪或吊线、钢尺检查 |
| | 层高　>5 m | 10 | 经纬仪或吊线、钢尺检查 |
| | 全高(H)　H/1 000 且≤30 | 经纬仪、钢尺检查 | 全高(H) |
| 标高 | 层高 | ±10 | 水准仪或拉线、钢尺检查 |
| | 全高 | ±30 | |
| 截面尺寸 | | +8,−5 | 钢尺检查 |
| 电梯井 | 井筒长、宽对定位中心线 | +25 | 钢尺检查 |
| | 井筒全高(H)垂直度 | H/1 000 且≤30 | 经纬仪、钢尺检查 |
| 表面平整度 | | 8 | 2 m 靠尺和塞尺检查 |
| 预埋设施中心线位置 | 预埋件 | 10 | 钢尺检查 |
| | 预埋螺栓 | 5 | |
| | 预埋管 | 5 | |
| 预留洞中心线位置 | | 15 | 钢尺检查 |

注:检查轴线、中心线位置时,应沿纵、横两个方向量测,并取其中的较大值。

**表 4-46　混凝土设备基础尺寸允许偏差和检验方法**

| 项　　目 | 允许偏差/mm | 检 验 方 法 |
|---|---|---|
| 坐标位置 | 20 | 钢尺检查 |
| 不同平面的标高 | 0,−20 | 水准确仪或拉线、钢尺检查 |

| 项　　目 | | 允许偏差/mm | 检验方法 |
|---|---|---|---|
| 平面外形尺寸 | | ±20 | 钢尺检查 |
| 凸台上平面外形尺寸 | | 0，−20 | 钢尺检查 |
| 凹穴尺寸 | | ＋20，0 | 钢尺检查 |
| 平面水平度 | 每米 | 5 | 水平尺、塞尺检查 |
| | 全长 | 10 | 水准仪或拉线、钢尺检查 |
| 垂直度 | 每米 | 5 | 经纬仪或吊线、钢尺检查 |
| | 全高 | 10 | |
| 预埋地脚螺栓 | 标高（顶部） | ＋20，0 | 水准仪或拉线、钢尺检查 |
| | 中心距 | ±2 | 钢尺检查 |
| 预埋地脚螺栓孔 | 中心线位置 | 10 | 钢尺检查 |
| | 深度 | ＋20，0 | 钢尺检查 |
| | 孔垂直度 | 10 | 吊线、钢尺检查 |
| 预埋活动地脚螺栓锚板 | 标高 | ＋20，0 | 水准仪或拉线、钢尺检查 |
| | 中心线位置 | 5 | 钢尺检查 |
| | 带槽锚板平整度 | 5 | 钢尺、塞尺检查 |
| | 带螺纹孔锚板平整度 | 2 | 钢尺、塞尺检查 |

　　注：检查坐标、中心线位置时，应沿纵、横两个方向量测，并取其中的较大值。

　　说明　表中给出了现浇结构和设备基础尺寸的允许偏差及检验方法。在实际应用时，尺寸偏差除应符合本表规定外，还应满足设计或设备安装提出的要求。尺寸偏差的检验方法可采用表4-45和表4-46中的方法，也可采用其他方法和相应的检测工具。

　　检查数量：按楼层、结构缝或施工段划分检验批。在同一检验批内，对梁、柱和独立基础，应抽查构件数量的10%，并且不少于3件；对墙和板，应按有代表性的自然间抽查10%，并且不少于3间；对大空间结构，墙可按相邻轴线高度5 m左右划分检查面，板可按纵、横轴线划分检查面，抽查10%，并且均不少于3面；对电梯井，应全数检查。对设备基础，应全数检查。

## （二）混凝土强度的评定方法

　　评定混凝土强度的试块，必须按《混凝土强度检验评定标准》（GB/T 50107—2010）的规定取样、制作、养护和试验。

### 1. 试件强度值的确定

　　每组（3块）试件应在同盘混凝土中取样制作，其强度代表值按下述规定确定：取3个试件试验结果的平均值作为该组试件的代表值；当3个试件中的最大或最小的强度值，与中间值相比超过15%时，以中间值代表该组试件的强度；当3个试件中的最大和最小的强度值，与中间值相比均超过15%时，该组试件不应作为强度评定的标准。

### 2. 混凝土结构同条件养护试件强度检验

　　混凝土结构部分工程验收时，对涉及混凝土结构安全的重要部位，应进行结构实体检验，结构实体检验的内容应包括混凝土强度、钢筋保护层厚度以及工程合同约定的其他项目，对混凝土强度的检验，应以在混凝土浇筑地点制备，并与结构实体同条件养护的试件强度为依据进行。未能取得同条件养护试件强度或同条件养护试件强度被判为不合格时，应委托具有相应资质等级的检测机构，采用非破损或局部破损的检测方法进行检测。

　　1）同条件养护试件的留置方式和取样数量

　　同条件养护试件所对应的结构构件或结构部位，应由监理（建设）、施工等各方根据其重要性共同选定;对混凝土结构工程中的各混凝土强度等级,均应留置同条件养护试件;同一强度等级的同条件养护试件,其留置的数量应根据混凝土工程量和重要性确定,不宜少于 10 组,且不应少于 3 组;同条件养护试件拆模后,应放置在靠近相应结构构件或结构部位的适当位置,并应采取相同的养护方法。

2)同条件自然养护试件的时间

同条件养护试件应在与标准养护条件下 28 d 等效养护龄期时进行强度试验。等效养护龄期可取日平均温度逐日累计达到 600 ℃ · d 时所对应的龄期,0 ℃ 及以下的龄期不计入,等效养护龄期不应小于 14 d,也不宜大于 60 d。同条件养护试件的强度代表值应根据强度试验结果,按现行国家标准规定确定后,乘折算系数取用,折算系数宜取 1.10,也可根据当地的试验统计结果做适当调整。

**3. 混凝土强度评定**

混凝土的强度应分批进行验收。同一个验收批的混凝土应由相同强度等级、相同龄期及生产工艺和配合比基本相同且不超过三个月的混凝土组成。对现浇混凝土的结构构件,应按单位工程的验收项目划分验收批,每个验收项目应按现行国家标准《建筑安装工程质量检验评定标准》确定。同一验收批的混凝土强度,应以同批内标准试件的全部强度代表值来评定。

(1)当混凝土的生产条件在较长时间内能保持一致,且同一品种混凝土的强度变异性能保持稳定时,应由连续的三组试件代表一个验收批,其强度应同时符合下列三式的要求:

$$m_{f_{cu}} \geqslant f_{cu,k} + 0.7\sigma_0 \tag{4-28}$$

$$f_{cu,min} \geqslant f_{cu,k} - 0.7\sigma_0 \tag{4-29}$$

$$f_{cu,min} \geqslant \gamma f_{cu,k} \tag{4-30}$$

当混凝土强度等级不高于 C20 时 $\gamma=0.85$,符合下式要求:

$$f_{cu,min} \geqslant 0.85 f_{cu,k} \tag{4-31}$$

当混凝土强度等级高于 C20 时,$\gamma=0.9$,符合下式要求:

$$f_{cu,min} \geqslant 0.9 f_{cu,k} \tag{4-32}$$

式中:$m_{f_{cu}}$ 表示同一验收批混凝土强度的平均值,单位为 MPa;$f_{cu,k}$ 表示设计的混凝土强度标准值,单位为 MPa;$\sigma_0$ 表示验收批混凝土强度的标准差,单位为 MPa;$f_{cu,min}$ 表示同一验收批混凝土强度的最小值,单位为 MPa。

验收批混凝土强度的标准差,应根据前一检验期(不应超过三个月)的同一品种混凝土试件的强度数据,按下列公式确定:

$$\sigma_0 = \frac{0.59}{m}\sum_{i=1}^{m} w_i \tag{4-33}$$

式中:$w_i$ 表示第 $i$ 验收批混凝土试件中强度的最大值与最小值之差,单位为 MPa;$m$ 表示用于确定数据总批数,不得少于 15 批。

(2)当混凝土的生产条件不能满足上述的规定,或在前一检验期内的同一品种混凝土没有足够的强度数据用以确定,应由不少于 10 组的试件代表一个验收批,其强度应同时符合下列要求:

$$m_{f_{cu}} - \lambda_1 S_{f_{cu}} \geqslant 0.9 f_{cu,k} \tag{4-34}$$

$$f_{cu,min} \geqslant \lambda_2 f_{cu,k} \tag{4-35}$$

式中:$S_{f_{cu}}$ 表示验收批混凝土强度标准差,单位为 MPa;$\lambda_1$、$\lambda_2$ 表示合格判定系数。

当试件组数 $n$ 为 $10 \sim 14$ 时，取 $\lambda_1 = 1.7, \lambda_2 = 0.9$；当试件组数为 $15 \sim 24$ 时，取 $\lambda_1 = 1.65$，$\lambda_2 = 0.85$；当试件组数 $n \geqslant 25$ 时，取 $\lambda_1 = 1.6, \lambda_2 = 0.85$。

验收批混凝土强度的标准差应按下式计算：

$$S_{f_{cu}} = \sqrt{\frac{\sum\limits_{i=1}^{m} f_{cu,i}^2 - nm^2 f_{cu}}{n-1}} \tag{4-36}$$

式中：$f_{cu,i}$ 表示验收批内第 $i$ 组混凝土试件的强度值，单位为 MPa；$n$ 表示该验收批混凝土试件的组数；$m_{f_{cu}}$ 表示 $n$ 组混凝土试件强度的平均值，单位为 MPa。

当 $S_{f_{cu}}$ 的计算值小于 $0.06 f_{cu,k}$ 时，取 $S_{f_{cu}} = 0.06 f_{cu,k}$。

（3）对于零星生产的预制混凝土构件或现场搅拌的批量不大的混凝土，可采用非统计法评定，验收批混凝土强度应同时符合下列公式的规定：

$$m_{f_{cu}} \geqslant 1.15 f_{cu,k} \tag{4-37}$$

$$f_{cu,min} \geqslant 0.95 f_{cu,k} \tag{4-38}$$

如果对混凝土试件的代表性有怀疑，可以从结构中钻取混凝土试样或采用非破损检验方法作为辅助手段进行检验。

## （三）常见质量问题防治措施

### 1. 混凝土质量缺陷产生的原因

混凝土脱模后常见的质量问题及产生的主要原因，有以下几种。

（1）麻面。麻面是结构构件表面呈现无数的缺浆小凹坑而钢筋无外露。这类缺陷主要是由于模板表面粗糙或清理不干净；木模板在浇筑混凝土前湿润不够；钢模板脱模剂涂刷不均匀；混凝土振捣不足，气泡未排出等。

（2）露筋。露筋是钢筋暴露在混凝土外面。产生的原因主要是浇筑时垫块过少，垫块位移使钢筋紧贴模板；石子粒径过大，钢筋过密，水泥砂浆不能充满钢筋周围空间；混凝土振捣不密实，拆模方法不当，以致缺棱掉角等。

（3）蜂窝。蜂窝是结构构件表面混凝土由于砂浆少、石子多，石子间出现空隙，形成蜂窝状的孔洞。其原因是材料配合比不准确（浆少、石子多）；搅拌不均匀造成砂浆与石子分离；振捣不足或过振；模板严重漏浆等。

（4）孔洞。孔洞是指混凝土结构内部存在空隙，局部或全部没有混凝土。这种现象主要是由于混凝土严重离析，石子成堆，砂浆分离；混凝土捣空；泥块、杂物掺入等造成。

（5）缝隙及夹层。缝隙和夹层是将结构分隔成几个不相连接的部分。产生的原因主要是施工缝、温度缝和收缩缝处理不当；混凝土内有杂物等。

（6）裂缝。结构构件产生的裂缝的原因比较复杂，有外荷载引起的裂缝，由变形引起的裂缝和由施工操作不当引起的裂缝等。

（7）混凝土强度不足。造成混凝土强度不足的原因是多方面的，主要是由混凝土配合比设计、搅拌、现场浇捣和养护等方面的原因造成。

### 2. 混凝土质量缺陷的防治与处理

对数量不多的小蜂窝、麻面、露筋的混凝土表面，可用 $1:2 \sim 1:2.5$ 的水泥砂浆抹面补修。在抹砂浆前，须用钢丝刷和压力水清洗润湿，补抹砂浆，初凝后要加强养护。

当蜂窝比较严重或露筋较深时,应凿去蜂窝、露筋周边松动、薄弱的混凝土和个别突出的骨料颗粒,然后洗刷干净,充分湿润,再用比原混凝土强度等级高一级的细石混凝土填补,仔细捣实,加强养护。

对于影响构件安全使用的空洞和大蜂窝,应会同有关单位研究处理,有时应进行必要的结构检验。补救方法一般可在彻底清除软弱部分及清洗后用高压喷枪或压力灌浆法修补。

对于宽度大于 0.5 mm 的裂缝,宜采用水泥灌浆;对于宽度小于 0.5 mm 的裂缝,宜采用化学灌浆。在灌浆前,对裂缝的数量、宽度、连通情况及漏水情况等进行全面观测,以便做出切合实际情况的补强方案。作为补强用的灌浆材料,常用的有环氧树脂浆液(能补缝宽 0.2 mm 以上的干燥裂缝)和甲凝(能补修 0.05 mm 以上的干燥裂缝)等。作为防渗堵漏用的灌浆材料,常用的有丙凝(能灌入 0.01 mm 以上的裂缝)和聚氨酯树脂(能灌入 0.015 mm 以上的裂缝)等。

# 任务 4　预应力混凝土工程

为了避免钢筋混凝土结构的裂缝过早出现,充分利用高强度钢筋及高强度混凝土,设法在混凝土结构或构件承受外部荷载前,预先对受拉区的混凝土施加压力后的混凝土称为预应力混凝土。

预应力混凝土的基本原理:通过对预应力筋进行锚固、张拉、放松,借助钢筋的弹性回缩,使受拉区混凝土获得预压应力。预压应力用来减小或抵消荷载所引起的混凝土拉应力,从而将结构构件的拉应力控制在较小范围,甚至处于受压状态,以推迟混凝土裂缝的出现和展开,从而提高构件的抗裂性能和刚度。

预应力混凝土按预加应力的方法不同可分为先张法预应力混凝土和后张法预应力混凝土,按是否黏结又可分为无黏结预应力及有黏结预应力。

## 一、先张法施工

先张法是先将预应力筋张拉到设计控制应力,用夹具临时固定在台座或钢模上,然后浇筑混凝土,待混凝土达到一定强度(一般不低于混凝土设计强度标准值的 75%),放松预应力筋,靠预应力筋与混凝土之间的黏结力使混凝土构件获得预压应力。其施工工艺如图 4-75 所示。

先张法一般适用于生产中小型预制构件,如房屋建筑中的预制板,基础工程中的预应力方桩、管桩等,道路桥梁工程中的轨枕、简支梁、桥面板等。先张法多在预制厂生产,也可在施工现场生产。

### (一)张拉设备与夹具

**1. 台座**

台座是先张法施工中主要设备之一,由台面、横梁和承力结构组成,是张拉预应力筋和临时固定预应力筋的支撑结构,承受全部预应力筋的拉力,它必须有足够的强度、刚度和稳定性,以免因台座的变形、倾覆和滑移而引起预应力值的损失。

台座的形式有墩式和槽式两种。

墩式台座(传力墩、台面、横梁),长度 100～150 m,适于中小型构件。墩式台座的几种形式如图 4-76 所示。目前常用的是现浇钢筋混凝土制成的由承力台墩与台面共同受力的台座。

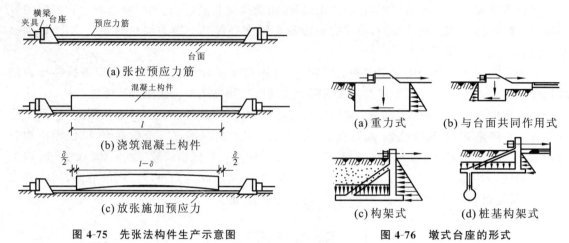

横梁
夹具
台座
预应力筋
台面
(a) 张拉预应力筋
混凝土构件
l
(b) 浇筑混凝土构件
δ/2
l−δ
δ/2
(c) 放张施加预应力

图 4-75　先张法构件生产示意图

(a) 重力式
(b) 与台面共同作用式
(c) 构架式
(d) 桩基构架式

图 4-76　墩式台座的形式

**2. 张拉设备**

张拉设备是用来给予预应力筋拉力，使其伸张的动力机具，这就要求其工作可靠，控制应力要准确，能以稳定的速率加大拉力。选择张拉机具时，为了保证设备、人身安全和张拉力准确，张拉机具的张拉力应不小于预应力筋张拉力的 1.5 倍；张拉机具的张拉行程应不小于预应力筋张拉伸长值的 1.1～1.3 倍。先张法生产的构件中，常采用的预应力筋有钢丝和钢筋两种。

**3. 夹具**

夹具是先张法构件施工时保持预应力筋拉力，并将其固定在张拉台座（或设备）上的临时性锚固装置。夹具按其工作用途不同分为锚固夹具和张拉夹具。

1）钢质锥形夹具

钢质锥形夹具主要用来锚固直径为 3～5 mm 的单根钢丝夹具，如图 4-77 所示。

2）墩头夹具

如图 4-78 所示，采用镦头夹具时，将预应力筋端部热镦或冷镦，通过承力分孔板锚固。

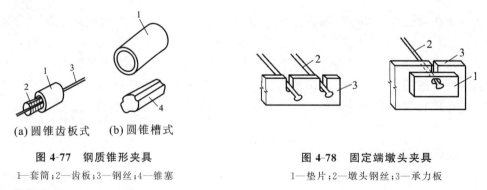

1
2
3
1
4
(a) 圆锥齿板式
(b) 圆锥槽式

图 4-77　钢质锥形夹具

1—套筒；2—齿板；3—钢丝；4—锥塞

2
3
2
3
1

图 4-78　固定端墩头夹具

1—垫片；2—墩头钢丝；3—承力板

3）张拉夹具

张拉夹具是夹持住预应力筋后，与张拉机械连接起来进行预应力筋张拉的机具。

常用的张拉夹具有月牙形夹具、偏心式夹具、楔形夹具等，如图 4-79 所示，适用于张拉钢丝和直径 16 mm 以下的钢筋。

## （二）先张法施工工艺

先张法工艺过程为：张拉固定钢筋→浇混凝土→养护（至 75%强度）→放张钢筋。

先张法的工艺流程如图 4-80 所示,其中关键是预应力筋的张拉与固定,混凝土浇筑以及预应力筋的放张。

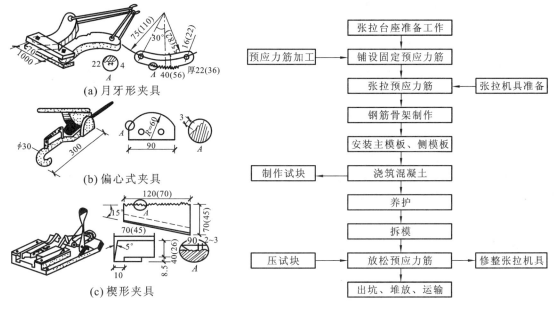

图 4-79　张拉夹具　　　　　　　　　图 4-80　先张法施工工艺流程图

预应力混凝土先张法工艺的特点是:预应力筋在浇筑混凝土前张拉,预应力的传递依靠预应力筋与混凝土之间的黏结力,为了获得良好质量的构件,在整个生产过程中,除确保混凝土质量以外,还必须确保预应力筋与混凝土之间的良好黏结,使预应力混凝土构件获得符合设计要求的预应力值。

**1. 预应力筋的铺设**

(1) 长线台座台面(或胎膜)在铺放预应力筋前应涂刷隔离剂。涂刷的隔离剂不应污染钢筋(丝),以免影响钢筋(丝)与混凝土的黏结。在浇筑混凝土前应防止雨水冲刷,以免破坏隔离剂。

(2) 待隔离剂干后即可铺预应力筋(丝),预应力筋(丝)宜采用牵引车铺设。如遇钢筋接长时,可采用连接器接长,如钢丝需接长时,常借助于钢丝拼接器。

**2. 预应力筋的张拉**

1) 张拉控制应力和张拉程序

张拉控制应力是指在张拉预应力筋时所达到的规定应力,应按设计规定采用,控制应力的数值直接影响预应力的效果。施工中采用超张拉工艺,使超张拉应力比控制应力提高 3%~5%。但其最大张拉控制应力不得超过规定。

超张拉法:$0 \to 1.05\sigma_{con}$(持荷 2 min)$\to \sigma_{con}$。

一次张拉法:$0 \to 1.03\sigma_{con}$。

其中,$\sigma_{con}$ 为预应力筋的张拉控制应力为了减少应力松弛损失,预应力钢筋宜采用 $0 \to 1.05\sigma_{con}$(持荷 2 min)$\to \sigma_{con}$ 的张拉程序。预应力钢丝张拉工作量大时,宜采用一次张拉程序 $0 \to 1.03\sigma_{con}$。

2) 预应力张拉值的校核

预应力筋张拉后,一般应校核其伸长值。如实际伸长值与计算值的偏差超过±6%,应暂停张拉。

3）张拉

多根预应力筋同时张拉时，应预先调整初应力，使其相互之间的应力一致。在张拉过程中预应力筋断裂或滑脱的数量，严禁超过结构同一截面预应力筋总根数的3%，且严禁相邻两根断裂或滑脱。先张法构件在浇筑混凝土前发生断裂或滑脱的预应力筋必须予以更换。

**3．混凝土的浇筑与养护**

预应力筋张拉完成后，钢筋绑扎、模板拼装和混凝土浇筑等工作应尽快跟上，混凝土应振捣密实。混凝土浇筑时，振动器不得碰撞预应力筋。混凝土未达到强度前，也不允许碰撞或踩动预应力筋。

混凝土的浇筑应一次完成，不允许留设施工缝。

混凝土的用水量和水泥用量必须严格控制，以减少混凝土由于收缩和徐变而引起的预应力损失。预应力混凝土构件浇筑时必须振捣密实（特别是在构件的端部），以保证预应力筋和混凝土之间的黏结力。预应力混凝土构件混凝土的强度等级一般不低于C30；当采用碳素钢丝、钢绞线、热处理钢筋做预应力筋时，混凝土的强度等级不宜低于C40。

**4．预应力筋放松**

预应力筋放张过程是预应力的传递过程，是先张法构件能否获得良好质量的一个重要生产过程。

放张预应力筋时，混凝土强度必须符合设计要求。当设计无要求时，不得低于设计的混凝土强度标准值的75%。过早放张预应力筋会引起较大的预应力损失或产生预应力筋滑动。预应力混凝土构件在预应力筋放张前要对混凝土试块进行试压，以确定混凝土的实际强度。

## 二、后张法施工

后张法施工工艺是先制作构件（浇筑混凝土），并在构件体内按预应力筋的位置留出相应的孔道，待构件的混凝土强度达到规定的强度（一般不低于设计强度标准值的75%）后，在预留孔道中穿入预应力筋进行张拉，并利用锚具把张拉后的预应力筋锚固在构件的端部，依靠构件端部的锚具将预应力筋的预张拉力传给混凝土，使其产生预压应力；最后在孔道中灌入水泥浆，使预应力筋与混凝土构件形成整体。

后张法预应力施工示意如图4-81所示。

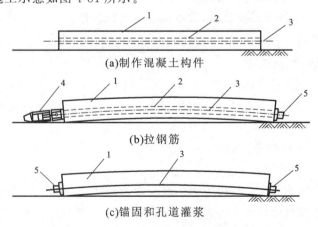

(a)制作混凝土构件

(b)拉钢筋

(c)锚固和孔道灌浆

**图4-81 后张法预应力施工示意图**

1—混凝土构件或结构；2—预留孔道；3—预应力筋；4—千斤顶；5—锚具

后张法特点是预应力筋直接在混凝土构件上张拉,不需要固定的台座设备,生产灵活,张拉力可达几百吨,所以,后张法适用于大型预应力混凝土构件制作,但工序多、工艺复杂,锚具不能重复利用。

## (一)锚具

在后张法中预应力筋的锚具与张拉机械是配套使用的,不同类型的预应力筋形式,采用不同的锚具。由于后张法构件预应力传递靠锚具,因此,锚具必须具有可靠的锚固性能,足够的刚度和强度储备,而且要求构造简单,施工方便,预应力损失小,价格便宜。

### 1. 单根粗钢筋的锚具

单根粗钢筋用作预应力筋时,张拉端采用螺丝端杆锚具(见图 4-82),固定端采用帮条锚具或镦头锚具。

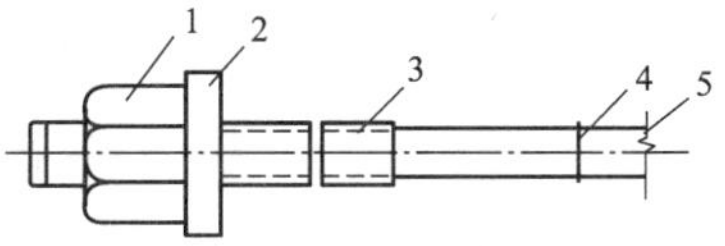

### 2. 钢筋束(钢绞线束)锚具

钢筋束、钢绞线采用的锚具有 JM 型、XM 型、QM 型和镦头锚具等,如图 4-83 至图 4-85 所示。其中,镦头锚具用于非张拉端,其他类型用于张拉端。

图 4-82　螺丝端杆锚具

1—螺母;2—垫板;3—螺丝端杆;
4—对焊接头;5—预应力筋

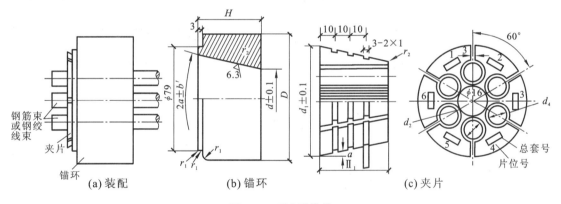

(a)装配　　(b)锚环　　(c)夹片

图 4-83　JM 型锚具

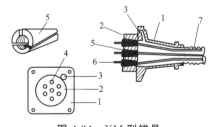

图 4-84　XM 型锚具

1—喇叭管;2—锚环;3—灌浆孔;4—圆
锥孔;5—夹片;6—钢绞线;7—波纹管

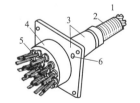

图 4-85　QM 型锚具

1—钢绞线;2—金属螺旋管;3—带预埋板
的喇叭管;4—锚板;5—夹片;6—灌浆孔

### 3. 钢丝束预应力筋锚具

锥形螺杆锚具适用于锚固 24 根以下直径 5 mm 的碳素钢丝束,如图 4-86 和图 4-87 所示。

### 4. 拉杆式千斤顶

拉杆式千斤顶适用于张拉以螺丝端杆锚具为张拉锚具的粗钢筋,张拉以锥形螺杆锚杆为张拉锚具的钢丝束,张拉以 DM5A 型镦头锚具为张拉锚具的钢丝束。

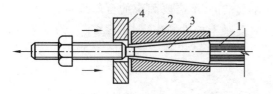 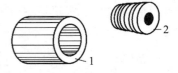

图 4-86　锥形螺杆锚具　　　　　　　图 4-87　钢质锥形锚具锚塞

1—钢丝；2—套筒；3—锥形螺杆；4—垫板　　　　　　1—锚具；2—锚塞

YC-60 型穿心式千斤顶适用于张拉各种形式的预应力筋，是目前我国预应力混凝土构件施工中应用最为广泛的张拉机械。

锥锚式双作用千斤顶适用于张拉以 KT-Z 型锚具为张拉锚具的钢筋束和钢绞线束，张拉以钢质锥形锚具为张拉锚具的钢丝束。

## （二）后张法施工工艺

后张法施工工艺最关键的是孔道留设、预应力筋张拉和孔道灌浆三部分，其施工工艺流程如图 4-88 所示。

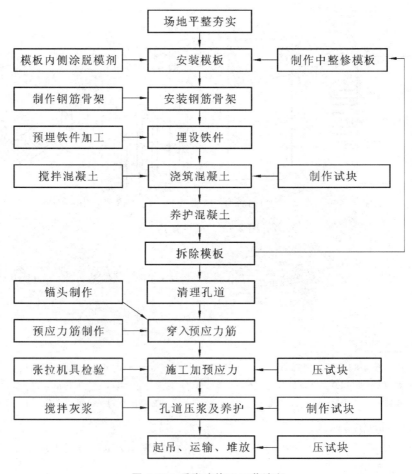

图 4-88　后张法施工工艺流程

**1. 孔道留设**

孔道留设是后张法预应力混凝土构件制作中的关键工序之一。预留孔道的尺寸与位置应正确,孔道应平顺;端部的预埋垫板应垂直于孔道中心线并用螺栓或钉子固定在模板上,以防止浇筑混凝土时发生走动;孔道的直径一般应比预应力筋的外径(包括钢筋对焊接头的外径或需穿入孔道的锚具外径)大 10~15 mm,以利于预应力筋穿入。留设预留孔道的同时,还要在设计规定位置留设灌浆孔和排气孔。一般在构件两端和中间每隔 12 m 左右留设一个直径 20 mm 的灌浆孔,在构件两端各留一个排气孔。留设灌浆孔和排气孔的目的是:方便构件孔道灌浆。孔道留设的方法有钢管抽芯法、胶管抽芯法和预埋波纹管法等。

**2. 预应力筋的张拉**

预应力筋张拉时,构件的混凝土强度应符合设计要求;如设计无要求时,混凝土强度不应低于设计强度等级的 75%。对于拼装的预应力构件,其拼缝处混凝土或砂浆强度如设计无要求时,不宜低于块体混凝土设计强度等级的 40%,且不低于 15 MPa。

张拉程序有超张拉法($0 \rightarrow 1.05\sigma_{con}$(持荷 2 min)$\rightarrow \sigma_{con}$)和一次张拉法($0 \rightarrow 1.03\sigma_{con}$)两类。

预应力筋的张拉顺序,应使混凝土不产生超应力、构件不扭转与侧弯、结构不变位等,因此,对称张拉是一条重要原则。图 4-89 所示为预应力混凝土屋架下弦杆预应力筋张拉顺序。

图 4-90 所示是预应力混凝土吊车梁预应力筋采用两台千斤顶的张拉顺序,对配有多根不对称预应力筋的构件,应采用分批分阶段对称张拉。

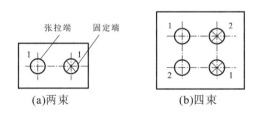

(a)两束          (b)四束

**图 4-89  预应力混凝土屋架下弦杆预应力筋张拉顺序**

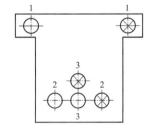

**图 4-90  预应力混凝土吊车梁预应力筋张拉程序**

1、2、3—预应力筋的分批张拉顺序

对平卧叠浇的预应力混凝土构件,上层构件的质量产生的水平摩擦阻力,会阻止下层构件在预应力筋张拉时混凝土弹性压缩的自由变形,待上层构件起吊后,由于摩擦阻力影响消失会增加混凝土弹性压缩的变形,从而引起预应力损失。该损失值,随构件形式、隔离剂和张拉方式而不同,其变化差异较大。目前尚未掌握其变化规律,为便于施工,在工程实践中可采取逐层加大超张拉的办法来弥补该预应力损失,但是底层的预应力混凝土构件的预应力筋的张拉力不得超过顶层的预应力筋的张拉力。

为了减少预应力筋与预留孔道摩擦引起的损失,对于抽芯成形孔道,曲线形预应力筋和长度大于 24 m 的直线形预应力筋,应采取两端同时张拉的方法。长度小于或等于 24 m 的直线形预应力筋,可一端张拉。对预埋波纹管孔道:曲线形预应力筋和长度大于 30 m 的直线形预应力筋,宜采取两端同时张拉的方法。长度小于或等于 30 m 的直线形预应力筋,可一端张拉。同一截面中有多根一端张拉的预应力筋时,张拉端宜分别设置在构件的两端,当两端同时张拉同一根预应力筋时,为减少预应力损失,施工时宜采用先张拉一端锚固后,再在另一端补足张拉力后进行锚固。

**3. 孔道灌浆**

预应力筋张拉锚固后，孔道应及时灌浆以防止预应力筋锈蚀，增加结构的整体性和耐久性。

灌浆前，混凝土孔道应用压力水冲刷干净并润湿孔壁，灌浆顺序应先下后上，以避免上层孔道漏浆而把下层孔道堵塞。孔道灌浆可采用电动灰浆泵，灌浆应缓慢均匀地进行，不得中断，灌满孔道并封闭排气孔后，宜再继续加压至 0.5～0.6 MPa 并稳压一定时间，以确保孔道灌浆的密实性。对于不掺外加剂的水泥浆可采用二次灌浆法，以提高孔道灌浆的密实性。灌浆后孔道内水泥浆及砂浆强度达到 15 MPa 时，预应力混凝土构件即可进行起吊运输或安装。

最后把露在构件端部外面的预应力筋及锚具，用封端混凝土保护起来。

## 三、无黏结预应力混凝土

### （一）无黏结预应力混凝土的概念

在预应力筋表面刷涂油脂并包塑料带（管）后，如同普通钢筋一样先铺设在支好的模板内，再浇筑混凝土，待混凝土达到规定的强度后，进行预应力筋张拉和锚固而形成的预应力混凝土构件。

这种预应力工艺是借助两端的锚具传递预应力，预应力筋和混凝土之间没有黏结，无需留孔灌浆，施工简便，摩擦损失小，预应力筋易弯成多跨曲线形状等，但对锚具锚固能力要求较高。无黏结预应力适用于大柱网整体现浇楼盖结构，尤其在双向连续平板和密肋楼板中使用最为合理经济。目前，无黏结预应力混凝土平板结构的跨度，单向板可达 9～10 m，双向板为 9 m×9 m，密肋板为 12 m，现浇梁跨度可达 27 m。

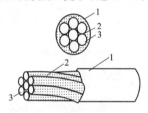

**图 4-91　无黏结预应力筋**
1—塑料外包层；2—防腐润滑脂；
3—钢绞线（或碳素钢丝束）

无黏结预应力筋由无黏结筋、涂料层和外包层三部分组成，如图 4-91 所示。

无黏结预应力筋用的钢绞线和钢丝不应有死弯，当有死弯时必须切断。无黏结预应力筋中的每根钢丝应是通长的，严禁有接头。

无黏结预应力筋锚具组装件的锚固性能应符合有关规范及技术规程要求，无黏结预应力筋锚具的选用应根据无黏结预应力筋的品种、张拉吨位以及工程使用情况选定。

锚具组装件的零件材料应按设计图纸的规定采用，并应有化学成分和机械性能证明书。无证明时，应按国家标准进行质量检验，材料不得有夹渣、裂缝等缺陷。

无黏结预应力筋锚具系统的质量检验和合格验收应符合国家现行标准《预应力筋用锚具、夹具和连接器应用技术规程》（JGJ 85—2010）和《预应力筋用锚具、夹具和连接器》（GB/T 14370—2015）的规定。

### （二）无黏结预应力混凝土的施工工艺

施工工艺流程：施工准备→梁、模板支搭→非预应力下钢筋铺放、绑扎→无黏结预应力筋铺放、端部节点安装→非预应力上钢筋铺放、绑扎→无黏结预应力起拱、绑扎→隐检验收→混凝土浇筑及振捣→混凝土养护→张拉→端部处理。

**1. 无黏结预应力筋的铺设**

无黏结预应力筋应按设计图纸的规定进行铺放，铺放时应符合下列要求。

（1）无黏结预应力筋允许采用与普通钢筋相同的绑扎方法,铺放前应通过计算确定无黏结预应力筋的位置,其垂直高度宜采用支撑钢筋控制,亦可与其他钢筋绑扎,支撑钢筋应符合以下要求:①对于 2~4 根无黏结预应力筋组成的集束预应力筋,支撑钢筋的直径不宜小于 10 mm,间距不宜大于 1.0 m;②对于 5 根或更多无黏结预应力筋组成的集束预应力筋,其直径不宜小于 12 mm,间距不宜大于 1.2 m;③用于支撑平板中单根无黏结预应力筋的支撑钢筋,间距不宜大于 2.0 m;④支撑钢筋应采用 HPB235 级钢筋。

无黏结预应力筋位置的垂直偏差,在板内为±5 mm,在梁内为±10 mm。

（2）无黏结预应力筋的位置宜保持顺直。

（3）铺放双向配置的无黏结预应力筋时,应对每个纵横筋交叉点相应的两个标高进行比较,对各交叉点标高较低的无黏结预应力筋应先进行铺放,标高较高的次之,宜避免两个方向的无黏结预应力筋相互穿插铺放。

（4）敷设的各种管线不应将无黏结预应力筋的垂直位置抬高或压低。

（5）当集束配置多根无黏结预应力筋时,应保持平行走向,防止相互扭绞。

（6）无黏结预应力筋采取竖向、环向或螺旋形铺放时,应有定位支架或其他构造措施控制位置。

（7）在板内无黏结预应力筋可分两侧绕过开洞处铺放。无黏结预应力筋距洞口不宜小于 150 mm,水平偏移的曲率半径不宜小于 6.5 m,洞口边应配置构造钢筋加强。

（8）张拉端和固定端均必须按设计要求配置螺旋筋,螺旋筋应紧靠承压板或锚杯,并固定可靠。

**2. 无黏结预应力混凝土的浇筑**

无黏结预应力筋铺放安装完毕后,应进行隐蔽工程验收,当确认合格后方能浇筑混凝土。混凝土浇筑时,严禁踏压撞碰无黏结预应力筋支撑架以及端部预埋部件。张拉端、固定端混凝土必须振捣密实。

**3. 无黏结预应力筋的张拉**

当无黏结预应力筋长度超过 25 m 时,宜采取两端张拉;当筋长超过 50 m 时,宜采取分段张拉和锚固。对无黏结预应力混凝土单向多跨连续梁、板,在设计中宜将无黏结预应力筋分段锚固,或增渗中间锚固点,并应满足关于非预应力筋配筋量的规定。

张拉时,混凝土立方体抗压强度应符合设计要求。当设计无要求时,不宜低于混凝土设计强度等级的 75%。

张拉后,宜采用砂轮锯或其他机械方法切断超长部分的无黏结预应力筋,严禁采用电弧切断无黏结预应力筋,切断后露出锚具夹片外的长度不得小于 30 mm。

张拉后的预应力筋和锚具,应及时进行防护处理。

# 四、预应力混凝土质量检查

**1. 预应力筋**

检查要求:进场时,应按现行国家标准《预应力混凝土用钢绞线》(GB/T 5224—2014)等的规定抽取试件做力学性能检验,其质量必须符合有关标准的规定。

检查数量:按进场的批次和产品的抽样检验方案确定。

外观检查:其表面无污物、锈蚀、机械损伤和裂纹。

检验方法:检查产品合格证、出厂检验报告和进场复验报告。

**2. 预应力筋用锚具、夹具和连接器**

检查要求:应按设计要求采用,其性能应符合现行国家标准《预应力筋用锚具、夹具和连接器》(GB/T 14370—2015)等的规定。

检查数量:按进场批次和产品的抽样检验方案确定。

外观检查:其表面无污物、锈蚀、机械损伤和裂纹。

检验方法:检查产品合格证、出厂检验报告和进场复验报告。

注:对锚具用量较少的一般工程,如供货方提供有效的试验报告,可不做静载锚固性能试验。

**3. 预应力混凝土用金属螺旋管**

检查要求:在使用前应进行外观检查,其内外表面应清洁,无锈蚀,不应有油污、孔洞和不规则的褶皱,咬口不应有开裂或脱扣。

检查数量:全数检查。

检验方法:观察。

**4. 预应力筋下料**

检查要求:预应力筋应采用砂轮锯或切断机切断,不得采用电弧切割;当钢丝束两端采用镦头锚具时,同一束中各根钢丝长度的极差不应大于钢丝长度的1/5 000,且不应大于5 mm;当成组张拉长度不大于10 m的钢丝时,同组钢丝长度的极差不得大于2 mm。

检查数量:每工作班抽查预应力筋总数的3%,且不少于3束。

检验方法:观察,钢尺检查。

**5. 先张法预应力施工要求**

先张法预应力施工时应选用非油质类模板隔离剂,并应避免沾污预应力筋。

检查数量:全数检查。

检验方法:观察。

**6. 锚具的封闭保护**

检查要求:应符合设计要求;当设计无具体要求时,应采取防止锚具腐蚀和遭受机械损伤的有效措施;凸出式锚固端锚具的保护层厚度不应小于50 mm。外露预应力筋的保护层厚度:处于正常环境时,不应小于20 mm;处于易受腐蚀的环境时,不应小于50 mm。

检查数量:在同一检验批内,抽查预应力筋总数的5%,且不少于5处。

检验方法:观察,钢尺检查。

**7. 锚固阶段张拉端预应力筋的内缩量**

检查要求:应符合设计要求。

检查数量:每工作班抽查预应力筋总数的3%,且不少于3束。

检验方法:钢尺检查。

**8. 先张法预应力筋张拉后与设计位置的偏差**

检查要求:不得大于5 mm,且不得大于构件截面短边边长的4%。

检查数量:每工作班抽查预应力筋总数的3%,且不少于3束。

检验方法:钢尺检查。

**9. 后张法预应力筋锚固后的外露部分**

检查要求:宜采用机械方法切割,其外露长度不宜小于预应力筋直径的 1.5 倍,且不宜小于 30 mm。

检查数量:在同一检验批内,抽查预应力筋总数的 3%,且不少于 5 束。

检验方法:观察,钢尺检查。

# 任务 5　混凝土工程冬期施工

## 一、概述

根据当地多年气温资料,室外日平均气温连续 5 d 稳定低于 5 ℃时,混凝土结构工程应按冬期施工要求组织施工。冬期施工时,气温低,水泥水化作用减弱,新浇混凝土强度增长明显地延缓,当温度降至 0 ℃以下时,水泥水化作用基本停止,混凝土强度亦停止增长。特别是温度降至混凝土冰点以下时,混凝土中的游离水开始结冰,结冰后的水体积膨胀约 9%。在混凝土内部产生冰胀应力,使强度尚低的混凝土结构内部产生微裂隙,同时降低了水泥与砂石和钢筋的黏结力,导致结构强度降低。受冻的混凝土在解冻后,其强度虽能继续增长,但已不能达到原设计的强度等级。试验证明,混凝土的早期冻害是由于内部的水结冰所致。混凝土在浇筑后立即受冻,抗压强度约损失 50%,抗拉强度约损失 40%。受冻前混凝土养护时间越长,所达到的强度越高;水化物生成越多,能结冰的游离水就越少,强度损失就越低。试验还证明,混凝土遭受冻结带来的危害与遭冻的时间早晚、水灰比、水泥强度等级、养护温度等有关。

冬期浇筑的混凝土在受冻以前必须达到的最低强度称为混凝土受冻临界强度。我国现行规范规定,在受冻前,混凝土受冻临界强度应达到:硅酸盐水泥或普通硅酸盐水泥配制的混凝土不得低于其设计强度标准值的 30%;矿渣硅酸盐水泥配制的混凝土不得低于其设计强度标准值的 40%;C10 及以下的混凝土不得低于 5.0 N/mm²;掺防冻剂的混凝土,温度降低到防冻剂规定温度以下时,混凝土的强度不得低于 3.5 N/mm²。

## 二、混凝土冬期施工的工艺要求

一般情况下,混凝土的冬期施工要在正温下浇筑,正温下养护,使混凝土强度在冰冻前达到受冻临界强度,在冬期施工时,原材料和施工过程均需有必要的措施,以保证混凝土的施工质量。

### （一）对材料的要求及加热

(1) 冬期施工中配制混凝土用的水泥,应优先选用活性高、水化热大的硅酸盐水泥和普通硅酸盐水泥。水泥最小用量不宜少于 300 kg/m³,水灰比不应大于 0.6。使用矿渣硅酸盐水泥时,宜采用蒸汽养护,使用其他品种水泥时,应注意其中掺和材料对混凝土抗冻、抗渗等性能的影响。冷混凝土法施工宜优先选用含引气成分的外加剂,含气量宜控制在 2%~4%。掺用防冻剂的混凝土,严禁使用高铝水泥。

(2) 混凝土所用骨料必须清洁,不得含有冰雪等冰结物及易冻裂的矿物质。冬期骨料贮备场地应选择地势较高不积水的地方。

(3) 冬期施工对混凝土原材料的加热,应优先考虑加热水,因为水的比热容大,加热方便。

水的常用加热方法有三种：用锅烧水、用蒸汽加热水和用电极加热水。当水、骨料达到规定温度仍不能满足热工计算要求时，可提高水温到 100 ℃，但水泥不得与 80 ℃以上的水直接接触，水泥不得直接加热，使用前宜运入暖棚存放。

冬期施工拌制混凝土的砂、石温度要符合热工计算需要温度。骨料加热的方法有：将骨料放在底下加温的铁板上面直接加热和通过蒸汽管、电热线加热等。不得用火焰直接加热骨料，并应控制加热温度。加热的方法可因地制宜，但以蒸汽加热法为好，其优点是加热温度均匀，热效率高；其缺点是骨料中的含水量增加。

（4）钢筋焊接和冷拉可在负温下进行，但温度不宜低于－20 ℃。当采用控制应力方法时，冷拉控制应力较常温下提高 30 N/mm²；采用冷拉率控制方法时，冷拉率与常温时的相同。钢筋的焊接宜在室内进行，如必须在室外焊接，应有防雪和防风措施。刚焊接的接头严禁立即碰到冰雪，避免造成冷脆现象。

（5）冬期浇筑的混凝土，宜使用无氯盐类防冻剂，对于抗冻性要求高的混凝土，宜使用引气剂或引气减水剂。

### （二）混凝土的搅拌、运输和浇筑

#### 1. 混凝土的搅拌

混凝土不宜露天搅拌，应尽量搭设暖棚，优先选用大容量的搅拌机，以减少混凝土的热损失。混凝土搅拌时间应根据各种材料的温度情况，考虑相互间的热平衡过程，可通过试拌确定延长的时间，一般为常温搅拌时间的 1.25～1.5 倍。搅拌时为防止水泥出现假凝现象，应在水、砂、石搅拌一定时间后再加入水泥。

拌制掺用防冻剂的混凝土，当防冻剂为粉剂时，可按要求掺量直接撒在水泥上面和水泥同时投入；当防冻剂为液体时，应先配制成规定浓度溶液，然后根据使用要求，用规定浓度溶液再配制成施工溶液。各溶液应分别置于有明显标志的容器内，不得混淆，每班使用的外加剂溶液应一次配成。配制与加入防冻剂，应设专人负责并做好记录，应严格按剂量要求掺入。混凝土拌和物的出机温度不宜低于 10 ℃。

#### 2. 混凝土的运输

混凝土的运输过程是热损失的关键阶段，应采取必要的措施减少混凝土的热损失，同时应保证混凝土的和易性。常用的主要措施为减少运输时间和距离；使用大容积的运输工具并采取必要的保温措施，保证混凝土入模温度不低于 5 ℃。

#### 3. 混凝土的浇筑

混凝土在浇筑前，应清除模板和钢筋上的冰雪和污垢，尽量加快混凝土的浇筑速度，防止热量散失过多。当采用加热养护时，混凝土养护前的温度不得低于 2 ℃。

冬期不得在强冻胀性地基土上浇筑混凝土，当在弱冻胀性地基土上浇筑混凝土时，地基土应进行保温，以免遭冻。对加热养护的现浇混凝土结构，混凝土的浇筑程序和施工缝的位置，应能防止在加热养护时产生较大的温度应力。当分层浇筑厚大的整体结构时，已浇筑层的混凝土温度，在被上一层混凝土覆盖前，不得低于按热工计算的温度，且不得低于 2 ℃。冬期施工混凝土振捣应用机械振捣，振捣时间应比常温时有所增加。

### （三）混凝土冬期施工方法的选择

混凝土冬期施工方法是混凝土在硬化过程中防止早期受冻所采取的各种措施并根据自然

气温条件、结构类型、工期要求来确定的。混凝土冬期施工方法主要有两大类:第一类为蓄热法、暖棚法、蒸汽加热法和电热法,这类冬期施工方法实质是人为地创造一个正温环境,以保证新浇筑的混凝土强度能够正常地不间断地增长,甚至可以加速增长;第二类为冷混凝土法,这类冬期施工方法,实质是在拌制混凝土时,加入适量的外加剂,可以适当降低水的冰点,使混凝土中的水在负温下保持液相,从而保证了水化作用的正常进行,使得混凝土强度在负温环境中持续地增长,这种方法一般不再对混凝土加热。

在选择混凝土冬期施工方法时,应保证混凝土尽快达到冬期施工临界强度,避免遭受冻害;一个理想的施工方案,首先应当在杜绝混凝土早期受冻的前提下,在最短的施工期限内,用最低的冬期施工费用,获得优良的施工质量。

**1. 蓄热法**

蓄热法是混凝土浇筑后,利用原材料加热及水泥水化热的热量,通过适当保温延缓混凝土冷却,使混凝土冷却到 0 ℃以前达到预期要求强度的施工方法。蓄热法施工方法简单,费用较低,较易保证质量。当室外最低温度不低于−15 ℃时,地面以下的工程或结构表面系数(即结构冷却的表面积与结构体积之比)不小于 5 的地上结构,应优先采用蓄热法养护。

蓄热法施工热工计算方法:为了确保原材料的加热温度,正确选择保温材料,使混凝土在冷却到 0 ℃以下时,其强度达到或超过受冻临界强度,施工时必须进行热工计算。蓄热法热工计算是按热平衡原理进行,即 1 m³ 混凝土从浇筑结束的温度降至 0 ℃时,所放出的热量,应等于混凝土拌和物所含热量及水泥的水化热之和。

(1)混凝土拌和物的温度公式如下。

$$T_0 = \frac{0.92(m_c T_e + m_s T_s + m_g T_g) + 4.2 T_w(m_w - \omega_s m_s - \omega_g m_g) + c_1(\omega_s m_s T_s + \omega_g m_g T_g) - c_2(\omega_c m_c + \omega_g m_g)}{4.2 m_w + 0.9(m_c + m_s + m_g)}$$

(4-39)

式中:$T_0$ 为混凝土拌和物的温度,℃;$m_w$、$m_c$、$m_s$、$m_g$ 分别为水、水泥、砂、石的用量,kg;$T_w$、$T_c$、$T_s$、$T_g$ 分别为水、水泥、砂、石的温度,℃;$\omega_s$、$\omega_g$ 分别为砂、石的含水率,%;$c_1$、$c_2$ 分别为水的比热容(kJ/(kg·K))及冰的溶解热(kJ/kg);当骨料温度>0 ℃时,$c_1 = 4.2$ kJ/(kg·K),$c_2 = 0$;当骨料温度≤0 ℃时,$c_1 = 2.1$ kJ/(kg·K),$c_2 = 335$ kJ/(kg·K)。

(2)混凝土拌和物的出机温度公式如下。

$$T_1 = T_0 - 0.16(T_0 - T_i)$$

(4-40)

式中:$T_1$ 为混凝土拌和物的出机温度,℃;$T_i$ 为搅拌机棚内温度,℃。

(3)混凝土拌和物经运输至成型完成时的温度公式如下。

$$T_2 = T_1 - (a t_t + 0.032 n)(T_1 - T_a)$$

(4-41)

式中:$T_2$ 为混凝土拌和物经运输至成型完成时的温度,℃;$t_t$ 为混凝土拌和物自运输至浇筑成型完成的时间,h;$n$ 为混凝土拌和物转运次数;$T_a$ 为运输时的环境气温,℃;$a$ 为温度损失系数($h^{-1}$);当用混凝土搅拌输送车时,$a = 0.25$;当用开敞式大型自卸汽车时,$a = 0.20$;当用开敞式小型自卸汽车时,$a = 0.30$;当用封闭式自卸汽车时,$a = 1.0$;当用手推车时,$a = 0.50$。

(4)考虑模板和钢筋吸热影响,混凝土成型完成时的温度公式如下。

$$T_3 = \frac{c_c m_c T_2 + c_f m_f T_f + c_s m_s T_s}{c_c m_c + c_f m_f + c_s m_s}$$

(4-42)

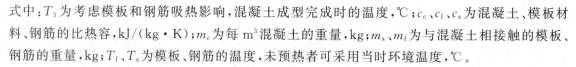

式中：$T_3$ 为考虑模板和钢筋吸热影响，混凝土成型完成时的温度，℃；$c_c$、$c_f$、$c_s$ 为混凝土、模板材料、钢筋的比热容，kJ/（kg·K）；$m_c$ 为每 m³ 混凝土的重量，kg；$m_s$、$m_f$ 为与混凝土相接触的模板、钢筋的重量，kg；$T_f$、$T_s$ 为模板、钢筋的温度，未预热者可采用当时环境温度，℃。

**2. 冷混凝土法**

冷混凝土法是在混凝土中加入适量的抗冻剂、早强剂、减水剂及加气剂，使混凝土在负温下能继续水化，增大强度；使混凝土冬期施工工艺简化，节约能源，降低冬期施工费用，是冬期施工有发展前途的施工方法。

混凝土冬期施工中外加剂的配用，应满足抗冻、早强的需要；对结构钢筋无锈蚀作用，对混凝土后期强度及其他物理力学性能无不良影响，同时应适应结构工作环境的需要。单一的外加剂常不能完全满足混凝土冬期施工的要求，一般宜采用复合配方，常用的复合配方有下面几种类型。

（1）氯盐类外加剂。氯盐类外加剂主要有氯化钠、氯化钙，其价廉、易购买，但对钢筋有锈蚀作用。一般钢筋混凝土中掺量按无水状态计算不得超过水泥质量的 1%；无筋混凝土中，采用热材料拌制的混凝土，氯盐掺量不得大于水泥质量的 3%；采用冷材料拌制时，氯盐掺量不得大于拌和水质量的 15%。掺用氯盐的混凝土必须振捣密实，且不宜采用蒸汽养护。在下列工作环境中的钢筋混凝土结构中不得掺用氯盐：①在高湿度空气环境中使用的结构；②处于水位升降部位的结构；③露天结构或经常受水淋的结构；④有镀锌钢材或与铝铁相接触部位的结构，以及有外露钢筋、预埋件而无防护措施的结构；⑤与含有酸、碱和硫酸盐等侵蚀性介质相接触的结构；⑥使用过程中经常处于环境温度为 60 ℃以上的结构；⑦使用冷拉钢筋或冷拔低碳钢丝的结构；⑧薄壁结构、中级或重级工作制吊车梁、屋架、落锤或锻锤基础等结构；⑨电解车间和直接靠近直流电源的结构；⑩预应力混凝土结构。

（2）硫酸钠-氯化钠复合外加剂。硫酸钠-氯化钠复合外加剂由硫酸钠 2%、氯化钠 1%～2% 和亚硝酸钠 1%～2% 组成。当温度在（-5～-3）℃时，氯化钠和亚硝酸钠掺量分别为 1%；当温度在（-8～-5）℃时，其掺量分别为 2%。这种配方的复合外加剂不能用于高温湿热环境及预应力结构中。

（3）亚硝酸钠-硫酸钠复合外加剂。亚硝酸钠-硫酸钠复合外加剂由 2%～8% 的亚硝酸钠加 2% 的硫酸钠组成。当温度分别为 -3 ℃、-5 ℃、-8 ℃、-10 ℃时，亚酸钠的掺量分别为水泥质量的 2%、4%、6%、8%。亚硝酸钠-硫酸钠复合外加剂在负温下有较好的促凝作用，能使混凝土强度较快增长，且对混凝土有塑化作用，对钢筋无锈蚀作用。

（4）三乙醇胺复合外加剂。三乙醇胺复合外加剂由三乙醇胺适量、氯化钠、亚硝酸钠组成，当温度低于 -15 ℃时，还可掺入适量的氯化钙。三乙醇胺在早期正温条件下起早强作用，当混凝土内部温度下降到 0 ℃以下时，氯盐又在其中起抗冻作用使混凝土继续硬化。混凝土浇筑入仓温度应保持在 15 ℃以上，浇筑成型后应马上覆盖保温，使混凝土在 0 ℃以上温度达 72 h 以上。

混凝土冬期掺外加剂法施工时，混凝土的搅拌、浇筑及外加剂的配制必须设专人负责，其掺量和使用方法严格按产品说明执行。搅拌时间应比常温条件下适当延长，按外加剂的种类及要求严格控制混凝土的出机温度，混凝土的搅拌、运输、浇筑、振捣、覆盖保温应连续作业，减少施工过程中的热量损失。

**3. 综合蓄热法**

综合蓄热法是在蓄热法基础上，掺用化学外加剂，通过适当保温，延缓混凝土冷却速度，使混凝土温度降到 0 ℃ 或设计规定温度前达到预期要求强度的施工方法。当采用蓄热法不能满足要求时,可选用综合蓄热法。

综合蓄热法施工中的外加剂应选用具有减水、引气作用的早强剂或早强型复合防冻剂。混凝土浇筑后应在裸露混凝土表面采用塑料布等防水材料覆盖并进行保温。对边、棱角部位的保温厚度应增大到面部位的 2～3 倍。混凝土在养护期间应防风、防失水。采用组合钢模板时,宜采用整装、整拆方案。当混凝土强度达到 1 N/mm² 后,可使侧模板轻轻脱离混凝土后,再合上继续养护到拆模。

### (四)混凝土加热养护方法

#### 1. 蒸汽加热法

蒸汽加热法是用低压饱和蒸汽养护新浇筑的混凝土,在混凝土周围造成湿热环境来加速混凝土硬化的方法。

蒸汽加热养护法应采用低压饱和蒸汽对新浇筑的混凝土构件进行加热养护,蒸汽养护混凝土的温度:采用普通硅酸盐水泥时最高养护温度不超过 80 ℃;采用矿渣硅酸盐水泥时可提高 85 ℃;采用内部通气法时,最高加热温度不应超过 60 ℃。蒸汽养护应包括升温→恒温→降温三个阶段,各阶段加热延续时间可根据养护终了要求的强度确定,整体结构采用蒸汽养护时,水泥用量不宜超过 350 kg/m³,水灰比宜为 0.4～0.6,坍落度不宜大于 5 cm。采用蒸汽养护的混凝土,可掺入早强剂或无引气型减水剂,但不宜掺用引气剂或引气减水剂,亦不应使用矾土水泥。该法多用于预制构件厂的养护。

#### 2. 电热法

电热法是利用电能作为热源来加热养护混凝土的方法。这种方法设备简单、操作方便、热损失少,能适用于各种施工条件,但耗电量较大,目前多用于局部混凝土养护。按电能转换为热能的方式不同,电热法可分为电极加热法、电热器加热法和电磁感应加热法。

#### 3. 暖棚法

暖棚法是在被养护构件或建筑的四周搭设暖棚,或在室内用草帘、草垫等将门窗堵严,采用棚(室)内生火炉;设热风机加热,安装蒸汽排管通蒸汽或热水等热源进行采暖,使混凝土在正温环境下养护至临界强度或预定设计强度。暖棚法由于需要较多的搭盖材料和保温加热设施,施工费用较高。暖棚法适用于严寒天气施工的地下室、人防工程或建筑面积不大而混凝土工程又很集中的工程。用暖棚法养护混凝土时,要求暖棚内的温度不得低于 5 ℃,并应保持混凝土表面湿润。

#### 4. 远红外加热法

远红外加热法是利用远红外辐射器向新浇筑的混凝土辐射远红外线,使混凝土温度升高从而获得早期强度。由于混凝土直接吸收射线变成热能,因此其热量损失要比其他养护方法小得多。产生红外线的能源有电源、天然气、煤气和蒸汽等。远红外加热适用于薄壁钢筋混凝土结构、装配式钢筋混凝土结构的接头混凝土,固定预埋件的混凝土和施工缝处继续浇混凝土处的加热等。一般辐射距混凝土表面应大于 300 mm,混凝土表面温度宜控制在 70～90 ℃。为防止水分蒸发,混凝土表面宜用塑料薄膜覆盖。

## 三、混凝土强度估算

混凝土冬期施工时,由于同条件养护的试块置于与结构相同条件下进行养护,结构构件表面散热情况和小试块的散热情况有较大的差异，内部温度状况明显不同，所以同条件养护的试块强度不能够切实反映结构的实际强度，利用结构的实际测温数据为依据的成熟度法估算混凝土强度，由于方法简便，实用性强，易于被接受并逐渐推广应用。

**1. 成熟度的概念**

成熟度即混凝土在养护期间养护温度和养护时间的乘积。也就是说，混凝土强度的增长和成熟度之间有一定的规律。混凝土强度增长快慢和养护温度、养护时间有关，当混凝土在一定温度条件下进行养护时，混凝土的强度增长只取决于养护时间长短，即龄期；当混凝土在养护温度变化的条件下进行养护时，混凝土的强度增长并不完全取决于龄期，而且受温度变化的影响而有波动。混凝土在冬期养护期间，养护温度是一个不断降温变化的过程，所以其强度增长不是只和龄期有关，而是和养护期间所达到的成熟度有关。

**2. 成熟度法的适用范围**

成熟度法适用于不掺外加剂在 50 ℃ 以下正温养护和掺外加剂在 30 ℃ 以下养护的混凝土，或掺有防冻剂在负温养护法施工的混凝土，来预估混凝土强度标准值 60% 以内的强度值。

**3. 用成熟度法计算混凝土强度的前提条件**

使用成熟度法估算混凝土强度，需用实际工程使用的混凝土原材料和配合比，制作不少于 5 组混凝土立方体标准试件，在标准条件下养护，得出 1 d、2 d、3 d、7 d、28 d 的强度值，同时需取得现场养护混凝土的温度实测资料（温度、时间）。

**4. 混凝土强度估算步骤**

（1）用标准养护试件 1～7 d 龄期强度数据，经回归分析拟合成下列曲线方程。

$$f = a e^{-\frac{b}{D}} \tag{4-43}$$

式中：$f$ 表示混凝土立方体抗压强度，单位为 $N/mm^2$；$D$ 表示混凝土养护龄期，单位为 d；$a$、$b$ 表示参数；$e$ 表示自然对数底，可取 $e = 2.72$。

（2）根据现场的实测混凝土养护温度资料，用式（4-44）计算混凝土已到达的等效龄期（相当于 20 ℃ 标准养护的时间）。

$$t = \sum \alpha_T \cdot t_T \tag{4-44}$$

式中：$t$ 表示等效龄期，单位为 h；$\alpha_T$ 表示温度为 $T$ ℃ 的等效系数，按表 4-47 采用；$t_T$ 表示温度为 $T$ ℃ 的持续时间，单位为 h。

（3）以等效龄期 $t$ 代替 $D$ 代入式（4-43）可算出强度。

表 4-47　等效系数 $\alpha_T$

| 温度 $T/℃$ | 等效系数 $\alpha_T$ | 温度 $T/℃$ | 等效系数 $\alpha_T$ | 温度 $T/℃$ | 等效系数 $\alpha_T$ | 温度 $T/℃$ | 等效系数 $\alpha_T$ |
|---|---|---|---|---|---|---|---|
| 50 | 3.16 | 33 | 1.78 | 16 | 0.81 | −1 | 0.25 |
| 49 | 3.07 | 32 | 1.71 | 15 | 0.77 | −2 | 0.23 |
| 48 | 2.97 | 31 | 1.65 | 14 | 0.73 | −3 | 0.21 |
| 47 | 2.88 | 30 | 1.58 | 13 | 0.68 | −4 | 0.20 |
| 46 | 2.80 | 29 | 1.52 | 12 | 0.64 | −5 | 0.18 |
| 45 | 2.71 | 28 | 1.45 | 11 | 0.61 | −6 | 0.16 |
| 44 | 2.62 | 27 | 1.39 | 10 | 0.57 | −7 | 0.15 |
| 43 | 2.54 | 26 | 1.33 | 9 | 0.53 | −8 | 0.14 |

续表

| 温度 $T/℃$ | 等效系数 $α_T$ | 温度 $T/℃$ | 等效系数 $α_T$ | 温度 $T/℃$ | 等效系数 $α_T$ | 温度 $T/℃$ | 等效系数 $α_T$ |
|---|---|---|---|---|---|---|---|
| 42 | 2.46 | 25 | 1.27 | 8 | 0.50 | −9 | 0.13 |
| 41 | 2.38 | 24 | 1.22 | 7 | 0.46 | −10 | 0.12 |
| 40 | 2.30 | 23 | 1.16 | 6 | 0.43 | −11 | 0.11 |
| 39 | 2.22 | 22 | 1.11 | 5 | 0.40 | −12 | 0.11 |
| 38 | 2.14 | 21 | 1.05 | 4 | 0.37 | −13 | 0.10 |
| 37 | 2.07 | 20 | 1.00 | 3 | 0.35 | −14 | 0.10 |
| 36 | 1.99 | 19 | 0.95 | 2 | 0.32 | −15 | 0.09 |
| 35 | 1.92 | 18 | 0.91 | 1 | 0.30 | — | — |
| 34 | 1.85 | 17 | 0.86 | 0 | 0.27 | — | — |

**例 4-7** 某混凝土在试验室测得 20 ℃标准养护条件下的各龄期强度值如表 4-48 所示。混凝土浇筑后测得构件的温度如表 4-49 所示。试估算混凝土浇筑后 38 h 时的强度。

表 4-48　标准养护试件试验结果

| 标养龄期/d | 1 | 2 | 3 | 7 |
|---|---|---|---|---|
| 抗压强度/$(N/mm^2)$ | 4.0 | 11.0 | 15.4 | 21.8 |

表 4-49　混凝土浇筑后构件的测温记录

| 从浇筑起算的时间/h | 0 | 2 | 4 | 6 | 8 | 10 | 12 | 38 |
|---|---|---|---|---|---|---|---|---|
| 温度/℃ | 14 | 20 | 26 | 30 | 32 | 36 | 40 | 40 |

**解** （1）用标准养护试件 1～7 d 龄期强度数据，通过回归分析求得曲线方程为

$$f = 29.459e^{-\frac{1.989}{D}}$$

（2）根据测温记录，计算出整个养护过程中的时间-温度关系如表 4-50 所示，并计算等效龄期。

表 4-50　养护过程的时间-温度关系

| 时间间隔/h | 2 | 2 | 2 | 2 | 2 | 2 | 26 |
|---|---|---|---|---|---|---|---|
| 平均温度/℃ | 17 | 23 | 28 | 31 | 34 | 38 | 40 |

等效龄期 $t = 2×0.86$ h$+2×1.16$ h$+2×1.45$ h$+$

$\qquad 2×1.65$ h$+2×1.85$ h$+2×2.14$ h$+26×2.30$ h$=78$ h(3.25 d)

（3）根据等效龄期估算混凝土强度。

将 $t$ 值作为龄期 $D$ 带入曲线方程，得

$$f = 29.459e^{-\frac{1.989}{3.25}} = 16.0 \ N/mm^2$$

## 四、混凝土质量控制及检查

### 1. 混凝土的温度测量

冬期施工测温的项目与次数为：室外气温及环境温度每昼夜不少于 4 次；搅拌机棚温度，水、水泥、砂、石及外加剂溶液温度，混凝土出罐、浇筑、入模温度每一工作班不少于 4 次；在冬期施工期间，还需测量每天的室外最高、最低气温。

混凝土养护期间的温度应进行定点定时测量：蓄热法或综合蓄热法养护从混凝土入模开始至混凝土达到受冻临界强度，或混凝土温度降到 0 ℃ 或设计温度以前，应至少每隔 6 h 测量一次。掺防冻剂的混凝土强度在未达到受冻临界强度前应每隔 2 h 测量一次，达到受冻临界强度以后每隔 6 h 测量一次。采用加热法养护混凝土时，升温和降温阶段应每隔 1 h 测量一次，恒温阶段每隔 2 h 测量一次。

**2. 混凝土的质量检查**

冬期施工时，混凝土的质量检查除应按现行国家标准《混凝土结构工程施工质量验收规范》（GB 50204—2015）规定留置试块外，尚应检查混凝土表面是否受冻、粘连、收缩裂缝，边角是否脱落，施工缝处有无受冻痕迹；检查同条件养护试块的养护条件是否与施工现场结构养护条件相一致；采用成熟度法检验混凝土强度时，应检查测温记录与计算公式要求是否相符，有无差错；采用电加热法养护时，应检查供电变压器二次电压和二次电流强度，每一工作班不应少于两次。

混凝土试件的试块留置应较常规施工增加不少于两组与结构同条件养护的试件，分别用于检验受冻前的混凝土强度和转入常温养护 28 d 的混凝土强度。与结构构件同条件养护的受冻混凝土试件，解冻后方可试压。

所有各项测量及检验结果，均应填写"混凝土工程施工记录"和"混凝土冬期施工日报"。

# 任务6　钢筋混凝土工程施工的安全技术

混凝土结构工程施工安全依据国家有关安全法规、条例、标准和规程应从以下几个方面考虑。

## 一、钢筋工程施工

室外作业应设置机械棚，机旁应有堆放原料、半成品的场地；加工较长的钢筋时，应有专人帮扶，并听从操作人员指挥，不得随意推拉；下班时，应堆放好成品、清理场地、切断电源、锁好电闸箱；焊机必须接地，以保证操作人员安全；在高空绑扎安装钢筋时，必须注意不要将钢筋集中堆放在模板或脚手架的某一部位，以保安全；在脚手架上不要随便放置工具、箍筋或短钢筋，避免放置不稳滑下伤人；搬运钢筋的工人应戴帆布垫肩、系围裙及戴手套，除锈工人应戴口罩及风镜，电焊工应戴防护镜并穿工作服；300～500 mm 的短钢筋禁止用机器切割；在有电线通过的地方安装钢筋时，必须特别小心谨慎，勿使钢筋碰到电线。

## 二、模板工程施工

进入施工现场的人员必须戴安全帽，高空作业人员必须佩戴安全带，并系牢；高空作业人员应经过体格检查，不合格者不得进行高空作业；现场安装模板时，所用工具必须用绳链系挂在身上，以免掉落伤人；安装拆除 5 m 以上的模板，应搭设脚手架，并设防护栏杆；遇六级以上大风时，应暂停室外的高空作业；不得在脚手架上堆放大批模板等材料；非拆模人员不准在拆模区域内通行；拆除后的模板应将朝天钉向下，并及时运至指定的堆放地点，然后拔出钉子，分类堆放整齐。

## 三、混凝土工程施工

混凝土搅拌机运转时不得将手或铁锹伸入搅拌筒或料斗与机架之间;搅拌过程中如发生故障不能继续运转时,应立即切断电源,将筒内的混凝土清除干净,然后进行检修;在进行混凝土施工前,应仔细检查脚手架、工作台和马道是否绑扎牢固,如有探头板,应及时搭好;振捣器电动机的导线应保持有足够的长度和松度,严禁用电源线拖拉振捣器;用绳拉平板振捣器时,绳应干燥绝缘,移动或转向时不得用脚踢电动机;操作人员必须戴绝缘手套。

# 任务 7  工程案例分析

## 一、大体积混凝土工程施工案例

某工程是一幢高层智能型办公大楼,地下 2 层,地上 21 层,主体为钢筋混凝土框架-剪力墙结构,总建筑面积为 40 976 m²。基础底板混凝土设计强度等级为 C40,抗渗标号等级为 P6,板厚 1.8 m,底板平面尺寸为 70 m×44 m,总体积约 5 800 m³,按大体积混凝土施工工艺组织施工。设计中将底板用两条后浇带分成了 3 段,第 1 段混凝土 1 600 m³,第 2 段混凝土 1 800 m³,第 3 段混凝土 2 400 m³。

**1. 工程特点**

(1)基础底板大而厚,且要求连续浇筑到顶,最大一次浇筑混凝土量 2 400 m³。

(2)主楼核心筒体 22.8 m×22.8 m,筒体深坑基础比底板底标高下降 2.2 m,该高低跨处底板厚达 4 m,混凝土内部温度不易散发。

(3)混凝土浇筑期要经历冬末春初,气候因素变化大,故温控技术措施必须周全。

(4)由于商品混凝土供应渠道紧张,协调工作量大。

**2. 施工前关键技术工作的落实**

1)混凝土供应商的选择

本工程受结构合同工期只有 10 个月的时间,在满足工程总进度的前提下,最终确定了由一家专营商品混凝土的公司牵头,联合 3 家中小型混凝土搅拌站作为本工程的混凝土供应单位。

2)配合比确定

在混凝土浇筑前进行试配,确定的配合比如下。

(1)水泥采用水化热低的矿渣水泥,征得设计同意,以 60 d 后期强度替代 28 d 标准强度。

(2)粉煤灰采用Ⅰ级磨细灰,以减少水泥用量,减缓水泥水化热释放速度,改善混凝土和易性和泵送性。

(3)外掺剂选用高效缓凝早强剂,减缓混凝土凝固时间,并利用早强性能使浇筑混凝土在较短时间内达到足以抵抗温差应力的抗拉强度。

(4)骨料:碎石为 5~40 mm 粒径,级配良好。中砂细度模量>2.3,含泥量<1%。

3)分层、分块划分施工段

第 1 段与第 2 段以后浇带为界进行划分,第 2 段与第 3 段以核心筒体深坑与基础底板的落差进行水平分层,从而达到减少浇筑厚度、降低混凝土的中心绝对温度。为确保底板的整体性、抗渗性,采用在水平分层施工缝处增设双道钢板止水片,施工缝面混凝土拉毛。

**3. 大体积混凝土的施工**

1) 浇筑方法

根据划分的 3 个施工段,因地制宜地确定总体浇筑顺序。浇筑方法采用斜面分层、薄层浇捣、循序渐进、一次到边连续施工的方法,每个泵负责一定宽度范围的浇筑带,各泵浇筑前后略有错位,形成阶梯式分层推进局面,以达到提高泵送工效,简化混凝土泌水处理,确保上下混凝土层的结合。对于第 3 段 2 400 m³混凝土浇筑,采取 3 台泵、36 辆运输车,通过对每台泵混凝土方量的统计,确定每台泵的泵送量为 25～30 m³/h,避免施工中冷缝的出现。

2) 泌水处理

因流动性大的混凝土在浇筑过程中,上涌的泌水和浆水会顺着混凝土坡脚流淌到坑底,故采用的措施是在混凝土垫层施工时,要形成一定的坡度,使大量的泌水顺垫层坡度流到周围排水沟,通过积水坑排放到基坑外,当混凝土的坡脚接近后浇带时,要求改变混凝土的浇筑方向,即由顶端往回浇筑,与斜坡形成一个积水潭,然后用软管及时排除最后的泌水。

3) 表面处理

泵送混凝土由于强度高,表面水泥浆较厚,故在混凝土浇筑后至除凝前,应按初步标高进行振实,后用长木抹抹平,赶走表面泌水,初凝后至终凝前,用木抹压实,紧跟着用铁抹抹光,闭合收水裂缝。

**4. 底板混凝土后浇带处理**

常规后浇带处理存在的问题:在底板大体积混凝土施工中,有较多的水泥浆流入后浇带内,而底板贯穿的钢筋给后浇带内的后期清理带来困难。因此,在本工程中采用以下措施:在后浇带内做一条深 200 mm 排污沟,并向两端找坡;排污沟内有少量砂浆难以完全清除,由于设置的排水沟比底板落深 200 mm,可让砂浆留在沟内,对结构不会产生影响;后浇带的浇筑时间、混凝土级配等必须满足设计要求,在后浇带下要设加强止水部分,垫层上加铺防水卷材,并向每边延长 500 mm 以上;后浇带处钢筋不断开,侧向采用双层钢板网做侧模板;后浇带留置完毕马上铺盖木板,以防杂物掉入造成清理困难。

**5. 混凝土的测温监控与养护**

1) 温度监测

采用混凝土温度测定仪和微机进行底板混凝土温度变化过程的 24 h 连续监测;采用电流型的进口精密集成温度传感器做温感元件,传感器经筛选并做老化处理后用金属套管保护,隔氧密封,正式布设后对已做密封的传感器再次标定;测温点选择在西北角底板平面内 1/4 区域布置,凹凸折角和混凝土底板侧面及底板中心各部位,分别代表性地布设测温点,共计 32 个测点,分 3 层或 5 层设置;实际保温监测期为 24 d,监测期内,当混凝土垂直测点相邻温差超过25 ℃时,及时发出报警,使之有的放矢地对保温层采取措施。

2) 养护

本工程底板混凝土浇筑正值冬末春初,气温变化大,日晚温差大,初春雨水多。根据有关工程经验加之理论计算,采取塑料薄膜与草袋相间覆盖的方法,依据混凝土的浇筑顺序,在每一段混凝土表面收水后,即混凝土处于硬化阶段时,及时铺上塑料膜作为密封层,防止混凝土热量流失,使之表面湿润,然后铺上草袋。根据测温报告数据,采用 2 层草袋 2 层薄膜,为防止气温骤变影响,在混凝土升温和早期降温过程中,有控制地加强保温层,在混凝土降温中期,为加快降温速度,采取白天掀开部分保温层,夜间加之覆盖的做法,混凝土降温后期则采取逐日掀开保温层的做法。

**6. 几点体会**

(1)本工程的底板混凝土浇筑施工技术措施证明是有效的,在底板混凝土浇筑完毕至今未出现有害裂缝,混凝土强度完全符合设计要求。混凝土表面光洁平整,除局部少许干缩裂缝外,未出现其他裂缝,且经过一个雨季的检验,混凝土底板未出现任何裂缝。

(2)特厚混凝土采用水平分层施工,能起到有效地降低混凝土内部的温度。

(3)大体积混凝土内外温差值,在降温后期混凝土达到一定强度后,可适当放宽大于25 ℃,直至30 ℃,有利于降温速度,加快后期施工进度。

(4)采取微机进行混凝土内部温度自动监测,可便于随时掌握混凝土底板内外温差和降温速度,预测其温度的变化趋势,适时增减混凝土表面覆盖层的厚度,体现了混凝土信息化温控的重要作用。

## 二、钢筋工程施工方案案例

某地下工程为2层,基础采用钢筋混凝土筏板基础,地下结构为框架剪力墙结构。钢筋工程施工方案编写如下:钢筋混凝土钢筋工程施工,首先应组织工人熟悉图纸,并对柱梁板按图纸、变更、会审内容进行翻样。后浇带、施工缝处按规范执行,本工程基础施工作业流程为:基础底板→基础反梁→地下二层墙柱→地下一层梁板→地下一层墙柱→地下室顶板。

### (一)钢筋的检验与存放

本工程钢筋形式有 HPB235 级钢、HRB335 级钢、HRB400 级钢,需用钢筋总量约为 1 000 t。

钢筋进场应具有出厂证明书或试验报告单,并分批做力学性能试验;钢筋运到加工工地后,必须严格按分批同等级、牌号、直径、长度分别挂牌堆放,不得混淆;存放钢筋场地要进行平整夯实,铺设一层碎石,并设排水坡度,四周挖设排水沟;堆放时,钢筋下面要垫以垫木,离地且不宜少于 20 cm,以防钢筋锈蚀和污染;钢筋半成品要分部、分层、分段并按构件名称、号码顺序堆放,同一部位或同一构件的钢筋要放在一起,并有明显标志,标志上应注明构件名称、部位、钢筋型号、尺寸、直径、根数。

### (二)基础、柱、墙、梁板钢筋绑扎方案

**1. 基础钢筋绑扎**

(1)放基础柱、墙及地梁线。

(2)按设计间距绑扎基础底板底钢筋→地梁、主梁钢筋绑扎→地梁、次梁钢筋绑扎→基础底板面钢筋(主梁面钢筋、次梁面钢筋、基础底板面钢筋采用闪光对焊和直螺纹连接,其余采用闪光对焊、电弧焊,每层梁筋需搭脚手架支撑绑扎)。

(3)钢筋交叉点应每点绑扎。

(4)按放出的柱尺寸线绑扎柱插筋,用定位箍筋固定柱的形状,并用电焊焊在基础钢筋网上。

(5)在垫层上做 100 mm×50 mm @2 000 混凝土作为垫块,与垫层一起浇筑,沿基坑长轴方

向布置,待混凝土强度达到 70% 后再安装钢筋,绑扎完成经自检合格后进行钢筋验收。

**2. 柱钢筋绑扎**

(1)柱主筋采用电渣压力焊,接头位置应按规范错开,且要在受力钢筋 $35d$ 且不小于 500 mm 范围内。同一根钢筋在同一层内不得有两个接头;受拉区焊接钢筋不超过总钢筋数的 50%。

(2)绑扎时,按设计要求的箍筋数量按弯钩错开套在柱筋上。

(3)在立好的柱筋上用粉笔标出箍筋的间距,由下往上绑扎。

(4)箍筋应与主筋垂直,与主筋交点及加密区均要绑扎。

(5)主筋伸出楼面部分用定位柱箍绑牢,最好与梁筋焊接确保上层施工时位置准确。

(6)保护层垫块在梁、柱、墙侧面用专用塑料垫块,梁板底垫块采用碎大理石片,水平间距小于 1 000 mm。

**3. 梁钢筋绑扎**

(1)梁钢筋绑扎采用先主梁后次梁顺序绑扎。绑扎前先对梁号和梁所用钢筋规格、数量、形状、尺寸进行核实。

(2)架起梁上部钢筋,再穿箍筋,后把下部钢筋穿到箍筋中,然后按照箍筋间距进行绑扎。

(3)当梁下部有 2～3 排钢筋时,在两排钢筋间加直径 25 mm 同梁宽的短钢筋头,以保证设计要求的净距。

(4)在主梁全部或一、二个开间绑扎完成后,绑扎次梁。次梁上部筋放在主梁上层钢筋上边,下部筋从主梁腹中穿过,当有吊筋时,次梁下部筋应位于吊筋上。

(5)梁钢筋搭接长度及搭接区箍筋加密应按设计要求和规范规定绑扎。

(6)梁箍筋应与主筋垂直,箍筋接头应交错设置,转角与梁钢筋交点应扎牢。

(7)弯起钢筋与负弯矩钢筋位置应正确,与柱节点处梁钢筋长度应符合设计要求和规范规定。

(8)次梁绑完后与主梁一同落入模内,并及时垫好垫块。

**4. 板钢筋绑扎**

(1)绑扎前应修理模板,并将模板上的垃圾杂物清扫干净。

(2)用粉笔在模板上划好钢筋的分布间距。

(3)按划好的钢筋间距先排放受力钢筋,后分布筋并绑扎牢固。板的钢筋网除靠近四周两行相交点全部绑扎牢外,中间部分交叉点可间隔交错绑扎牢,但必须保证受力钢筋不产生位置偏移;双向受力钢筋必须全部绑扎牢。

(4)钢筋的间距、位置和数量应符合设计要求。

(5)安装垫块,间距不大于 1 000 mm,呈梅花布置,检验合格后,进行钢筋验收。

**5. 钢筋的绑扎要求**

(1)钢筋绑扎前应先将基坑清理干净,在垫层上弹墨线,以保证钢筋位置的准确,并用经纬仪配合插筋定位,加设定位箍。定位箍应焊接牢固,剪力墙应在插筋外侧焊接两条定位钢筋,筋底部用直径 12 mm 水平钢筋连接后焊在撑脚上,防止柱、剪力墙钢筋因混凝土浇捣面发生位移。

(2)绑扎钢筋前,应对所加工的钢筋的规范、几何尺寸、数量、焊接接头进行检验,符合要求方可使用。

（3）如图中无特殊要求,梁、柱箍筋应与受力筋垂直设置,箍筋弯钩重叠处应沿受力筋方向错开设置。

### 6. 注意事项

（1）电焊工一定要持证上岗,按批量见证取样做好试件及时送检。

（2）浇捣混凝土时应有专人照筋,以防插筋偏位。

（3）扎筋时应及时清理基坑内杂物。

（4）所有电器设备应设置漏电保护器,由专业电工操作。

（5）做好安全生产和文明施工工作,戴好安全帽,听从指挥。

## （三）电渣压力焊施工

### 1. 工艺流程

电渣压力焊施工的工艺流程如下:检查设备、电源→钢筋端头制备→选择焊接参数→安装焊接夹具和钢筋→安放铁丝球（也可省）→安放焊剂罐、填装焊剂→试焊、做试件→确定焊接参数→施焊→回收焊剂→卸下夹具→质量检查。

### 2. 施焊操作要点

（1）闭合回路、引弧。通过操纵杆或操纵盒上的开关,先后接通焊机的焊接电流回路和电源的输入回路,在钢筋端面之间引燃电弧,开始焊接。

（2）电弧过程。引燃电弧后,应控制电压值。借助操纵杆使上下钢筋端面之间保持一定的间距,进行电弧过程的延时,使焊剂不断熔化而形成必要深度的渣池。

（3）电渣过程。随后逐渐加快下送钢筋的速度,使上钢筋端部插入渣池,电弧熄灭,进入电渣过程的延时,使钢筋全断面加速熔化。

（4）挤压断电。电渣过程结束,迅速下送钢筋,使其端面与钢筋端面相互接触,趁热排除熔渣和熔化金属,同时切断焊接电源。

（5）接头焊毕,应停歇20～30 s后（在寒冷气候施焊时,停歇时间应适当延长）,才可回收焊剂和卸下焊接夹具。

（6）质量检查。在钢筋电渣压力焊的焊接生产中,焊工应进行自检,若发现偏心、弯折、烧伤、焊包不饱满等焊接缺陷,应切除接头重焊,并查找原因,及时消除。切除接头时,应切除热影响区的钢筋,即离焊缝中心约为1.1倍钢筋直径的长度范围内的部分应切除。

### 3. 应注意的质量问题

（1）在钢筋电渣压力焊生产中,应重视焊接全过程中的任何一个环节。接头部位应清理干净;钢筋安装应上下同心;夹具紧固,严防晃动;引弧过程,力求可靠;电弧过程,延时充分;电渣过程,短而稳定;挤压过程,压力适当。若出现异常现象,应参照表查找原因,及时清除。

（2）电渣压力焊可在负温条件下进行,但当环境温度低于－20 ℃时,则不宜进行施焊。

（3）雨天、雪天不宜进行施焊,必须施焊时,应采取有效的遮盖措施。焊后未冷却的接头应避免碰到冰雪。

## （四）闪光对焊

工程所配备闪光对焊机为UN1-100型手动对焊机,对于直径14 mm以下的HPB235级钢,对焊时可采用连续闪光焊工艺;直径18 mm以下的HRB335级钢可采用连续闪光焊,直径

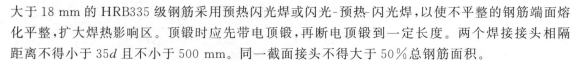

大于 18 mm 的 HRB335 级钢筋采用预热闪光焊或闪光-预热-闪光焊,以使不平整的钢筋端面熔化平整,扩大焊热影响区。顶锻时应先带电顶锻,再断电顶锻到一定长度。两个焊接接头相隔距离不得小于 35$d$ 且不小于 500 mm。同一截面接头不得大于 50% 总钢筋面积。

**1. 对焊时必须选择合理的焊接参数**

调伸长度:HPB235 级钢筋(0.75～1.25)$d$;HRB335 级钢筋(1.0～1.5)$d$。

闪光留量:连续闪光焊为钢筋切断时严重压伤部分之和另加 8 mm;预热闪光焊为 8～10 mm;闪光-预热-闪光焊的一次闪光为钢筋切断时严重压伤部分之和,二次闪光为 8～10 mm。

闪光速度:闪光速度应由慢到快,0～2 mm。

预热留量:可选择 4～7 mm。

顶锻留量:可取 4～6 mm,其中带电顶锻占 1/3,无电顶锻占 2/3。

顶锻速度:为使焊口迅速闭合不至于氧化,顶锻速度应越快越好,特别是在开始顶锻的瞬间。

顶锻压力:顶锻压力应足以将全部的熔化金属从接头内挤出,还应使临近接头处的金属产生适当的变形。

**2. 闪光对焊注意事项**

对焊前清除钢筋端头约 150 mm 于范围内的铁锈、污泥,并调直或切除弯头;夹紧钢筋时,应使两钢筋端面的凸出部分相接触,以利于均匀加热和保证焊缝与钢筋轴线垂直;焊接完毕,应等接头处由白红色变为黑红色才能松开夹具,平稳地取出钢筋,以免引起接头弯曲。

**3. 闪光对焊质量检验**

每 300 个同类型接头为一批,进行外观检查和强度检验,不足 300 个也按一批计算。

(1)外观检查。外观检查每批随机抽查 10% 的接头,并不得少于 10 个,外观检查的要求如下:①接头处不得有横向裂纹;②钢筋与电极接触处不得有明显烧伤;③接头处弯折不得大于 4°;④接头处钢筋轴线偏移不得大于 0.1$d$,且不应大于 2 mm。

(2)外观检查时,如有一个接头不合格,则应对全部接头进行检查,剔除不合格品,不合格接头经切除重焊,可提交二次验收。

(3)强度检验:每批接头取 6 个试样,3 个进行拉伸试验,3 个进行弯曲试验。

## (五)直螺纹连接

直螺纹连接的工艺流程:钢筋→切割→剥肋滚压成型→施工现场连接(套筒)。

**1. 加工前准备**

(1)凡参与接头施工的操作工人、技术管理和质量管理人员,均应参加技术培训;操作工人应经考核合格后持证上岗。

(2)钢筋先调直后下料,切口端面要与钢筋轴线垂直,不得有马蹄形或挠曲,不得用气割下料。

(3)厂家提供套筒应有产品合格证,两端螺纹孔应有保护盖,套筒表面应有规格标记。

(4)按钢筋规格调整好滚丝头内孔最小尺寸及涨刀环,调整剥肋挡块及滚压行程开关位置,保证剥肋及滚压螺纹的长度。

(5)加工钢筋螺纹时,采用水溶性切削润滑液;当气温低于 0 ℃时,应掺入 15%～20% 亚硝酸钠,不得用机油作为润滑液或不加润滑液套丝。

（6）操作工人应逐个检查钢筋丝头的外观质量,检查牙型是否饱满、无断牙、秃牙缺陷,已检查合格的丝头盖上保护帽加以保护。

（7）接头的现场检验应按验收批进行,同一施工条件下的同一批材料的同等级、同规格接头,以 500 个为一个验收批进行检验与验收,不足 500 个也应作为一验收批。

（8）对接头的每一验收批应在工程结构中随机截取 3 个试件,按设计要求的接头性能等级做单向拉伸试验,按设计要求的接头性能等级进行检验与评定,并填写接头拉伸试验报告。

（9）现场连续检验 10 个验收批,全部单向拉伸试件一次抽样合格时,验收批接头数量可扩大一倍。

**2. 直螺纹接头的现场连接**

（1）连接钢筋时,钢筋规格和套筒的规格必须一致,钢筋和套筒的丝扣干净、完好无损。

（2）连接钢筋时应对正轴线将钢筋拧入连接套筒。

（3）接头连接完成后,应使两个丝头在套筒中央位置互相顶紧,标准型套筒每端不得有一扣以上完整丝扣外露。

（4）每一台班接头完成后,抽检 10% 进行外观检查,钢筋与套筒规格要一致,接头丝扣无完整丝扣外露。

（5）梁柱构件按接头数的 15% 进行抽检,且每个构件的接头抽检数不少于 1 个接头。基础、墙、板以 500 个接头为一个批次(不足 500 个接头时也作为一个验收批)进行抽检,每批抽检 3 个接头。如果有一个不合格,则该验收批接头应逐个检查,对查出的不合格接头应进行补强,如无法补强则应弃置不用。

### （六）地下室钢筋绑扎及预埋件尺寸及位置的允许偏差

地下室钢筋绑扎及预埋件尺寸及位置的允许偏差如表 4-51 所示。

表 4-51　地下室钢筋绑扎及预埋件尺寸及位置的允许偏差

| 项　次 | 项　目 | | 允许偏差/mm |
|---|---|---|---|
| 1 | 网眼尺寸 | 焊接 | ±10 |
| | | 绑扎 | ±20 |
| 2 | 骨架的宽度、高度 | — | ±5 |
| 3 | 骨架的长度 | — | ±10 |
| 4 | 箍筋、构造筋间距 | 焊接 | ±10 |
| | | 绑扎 | ±20 |
| 5 | 受力筋 | 间距 | ±10 |
| | | 排距 | ±5 |
| 6 | 钢筋弯起点位移 | — | 20 |
| 7 | 焊接预埋件 | 中心线位移 | 5 |
| | | 水平高差 | ±3 |
| 8 | 受力钢筋保护层 | 底板 | ±10 |
| | | 墙板 | ±3 |

### （七）安全文明施工

（1）进入施工现场必须佩戴安全帽,不得穿拖鞋、打赤膊、喝酒进入施工现场。

（2）在高空危险处作业必须系好安全带。

（3）特种作业人员必须持证上岗。

（4）不得从高处向低处抛掷工具、物品等，不得私自乱搭乱接电线，不得随意拆卸防护设施。

实训题

选择某典型工程，如小型框架工程，给出工程概况及全套建筑及结构施工图纸，按图纸内容完成以下任务。

**一、模板工程**

（1）进行模板类型的选择，说明选择的理由。

（2）对选择的模板类型进行设计，可选择柱、梁、板、墙其中一部分进行设计，要有设计计算过程。

（3）对选择的模板类型进行模板用量估算。

（4）编制该工程模板施工方案。

**二、钢筋工程**

（1）钢筋加工机械的类型、性能，通过上网查询及工地调查，选择适合本工程使用的钢筋加工机械。

（2）钢筋配料计算及代换，可选择柱、梁、板、墙其中一部分进行。

（3）钢筋的绑扎及验收，可选择柱、梁、板、墙其中一个构件进行。

（4）编制该工程钢筋施工方案。

**三、混凝土工程**

（1）混凝土施工机械的类型及适用范围，通过上网查询及工地调查，选择适合本工程使用的混凝土机械，包括搅拌、运输、振捣机械。

（2）混凝土施工配合比及施工配料计算。

（3）编制该工程混凝土施工方案。

复习思考题

**一、单选题**

1. 某梁跨度为 8 m，混凝土设计强度为 C30，当混凝土强度达到（    ）时方可拆除底模。

A. 15 MPa      B. 22.5 MPa      C. 30 MPa      D. 25 MPa

2. 跨度较大的梁模板支撑拆除的顺序是（    ）。

A. 先拆跨中      B. 先拆两端      C. 无一定要求      D. 自左向右

3. 冷拉后的 HPB300 钢筋不得用于（    ）。

A. 梁的箍筋      B. 预应力钢筋      C. 构件吊环      D. 柱的主筋

4. 有抗震要求的箍筋末端弯钩平直段长度应为（    ）。

A. $12d$      B. $8d$      C. $10d$      D. $5d$

5. 钢筋混凝土框架结构中柱钢筋焊接宜采用(    )。

A. 电弧焊　　　　B. 闪光对焊　　　　C. 电渣压力焊　　　　D. 搭接焊

6. 施工现场如不能按图纸要求配钢筋,需要代换时应注意征得(    )同意。

A. 施工总承包单位　　　　　　　　B. 设计单位

C. 单位政府主管部门　　　　　　　D. 施工监理单位

7. 钢筋骨架的保护层厚度一般用(    )来控制。

A. 悬空　　　　B. 水泥砂浆垫块　　　　C. 木块　　　　D. 铁丝

8. 已知某钢筋混凝土梁中的钢筋外包尺寸为 5 980 mm,钢筋两端弯钩增长值共计 156 mm,钢筋中间部位弯折的量度差值为 36 mm,则该钢筋下料长度为(    )mm。

A. 6 172　　　　B. 6 100　　　　C. 6 256　　　　D. 6 292

9. 电渣压力焊的钢筋接头,应按规范规定的方法检查外观质量和(    )。

A. 压力实验　　　　B. 拉力实验　　　　C. 拉剪实验　　　　D. 延伸率实验

10. 当新浇筑混凝土强度不小于(    )MPa 时,才允许在其上面进行施工活动。

A. 1.2　　　　B. 2.5　　　　C. 10　　　　D. 12

11. 有主次梁的现浇楼板混凝土宜顺次梁方向浇筑,施工缝宜留在(    )。

A. 主梁跨中 1/3 范围内　　　　　　B. 次梁跨中 1/3 范围内

C. 与次梁平行任意留设　　　　　　D. 主梁支座附近

12. 一般的楼板混凝土浇筑时宜采用(    )振捣。

A. 表面振动器　　　　B. 外部振动器　　　　C. 内部振动器　　　　D. 振动台

13. 一般混凝土结构养护采用的是(    )。

A. 自然养护　　　　B. 加热养护　　　　C. 蓄热养护　　　　D. 人工养护

14. 影响钢筋与混凝土粘接强度的主要因素,(    )的说法是错误的。

A. 混凝土强度　　B. 钢筋保护层的厚度　　C. 钢筋之间的净距　　D. 钢筋的强度

15. 当混凝土试件强度评定不合格时,可采用(    )的检测方法,按国家现行有关标准的规定对结构构建中的混凝土强度进行推定,并作为处理的依据。

A. 非破损或局部破损　　　　　　　B. 按原配合比、原材料重做试件

C. 现场同条件养护试件　　　　　　D. 混凝土试件材料配合比分析

16. 混凝土浇筑时在竖向结构中限制自由倾落高度不宜超过(    )m。

A. 2　　　　B. 3　　　　C. 4　　　　D. 5

17. 某房屋基础混凝土,按规定留置的一组 C20 混凝土强度试块的实测值为 24、20、28,该混凝土判为(    )。

A. 合格　　　　　　　　　　　　　B. 不合格

C. 因数据无效暂不能评定　　　　　D. 优良

18. 一般建筑结构混凝土使用的石子最大粒径不得超过(    )。

A. 钢筋净距的 1/4　　B. 钢筋净距的 1/2　　C. 钢筋净距的 3/4　　D. 40 mm

19. 裹砂石法混凝土搅拌工艺正确的投料顺序是:(    )。

A. 全部水泥→全部水→全部骨料　　　B. 全部骨料→70%水→全部水泥→30%水

C. 部分水泥→70%水→全部骨料→30%水　　D. 全部骨料→全部水→全部水泥

20. 先张法放张钢筋时混凝土强度应不低于设计强度的(    )。

A. 80%　　　　B. 85%　　　　C. 75%　　　　D. 90%

21. 预应力混凝土的预压应力是利用钢筋的弹性回缩产生的，一般施加在结构的（　　）。

　　A. 受拉区　　　　　　　B. 受压区　　　　　　　C. 受力区　　　　　　　D. 无法确定

22. 后张法施工时，预应力钢筋张拉锚固后进行孔道灌浆的目的是（　　）。

　　A. 防止预应力钢筋锈蚀　　　　　　　　　B. 增加预应力钢筋与混凝土的黏结力

　　C. 增加预应力构件强度　　　　　　　　　D. 减少预应力钢筋与混凝土的黏结力

23. 无须留孔和灌浆，适用于曲线配筋的预应力施工方法属于（　　）。

　　A. 先张法　　　　　B. 后张法　　　　　C. 电热法　　　　　D. 无黏结预应力

24. 蓄热法养护的原理是混凝土在降温至 0 ℃时其强度（　　）不低于临界强度，以防止混凝土冻裂。

　　A. 达到 40％设计强度　　　　　　　　　B. 达到设计强度

　　C. 不高于临界强度　　　　　　　　　　　D. 不低于临界强度

25. 冬期施工中配制混凝土用的水泥，应优先选用活性高、水化热大的硅酸盐水泥和普通硅酸盐水泥。水泥最小用量不宜少于（　　）kg/m³。

　　A. 300　　　　　　B. 280　　　　　　C. 250　　　　　　D. 200

26. 当室外日平均气温连续（　　）天稳定低于（　　）℃，土建工程应采取冬期施工措施。

　　A. 10；0　　　　　B. 5；0　　　　　C. 5；5　　　　　D. 10；5

27. 混凝土的成熟度是指混凝土在养护期间（　　）的乘积。

　　A. 养护温度和强度　　　　　　　　　　　B. 室外温度和养护时间

　　C. 室外温度和强度　　　　　　　　　　　D. 养护温度和养护时间

## 二、多选题

1. 模板配板的原则为优先选用（　　）等内容。

　　A. 通用性强　　　　　　　　B. 大块模板　　　　　　　　C. 种类和块数少

　　D. 木板镶拼量少　　　　　　E. 强度高

2. 工程中对模板系统的基本要求为（　　）。

　　A. 保持形状、尺寸、位置的正确性　　　　　　　　B. 有足够的强度

　　C. 有足够的刚度和稳定性　　　D. 装拆方便　　　E. 尽量采用钢模板

3. 钢筋对焊接头必须做机械性能试验，包括（　　）。

　　A. 抗拉试验　　B. 压缩试验　　C. 冷弯试验　　D. 屈服试验　　E. 剪切试验

4. 钢筋工程属隐蔽工程，钢筋骨架必须满足设计要求的型号、直径、根数和间距外，在混凝土浇筑前必须验收（　　）等内容。

　　A. 预埋件　　B. 接头位置　　C. 保护层厚度　　D. 绑扎牢固　　E. 表面干净程度

5. 钢筋连接最常用的形式（　　）。

　　A. 绑扎　　　　B. 焊接　　　　C. 机械连接　　　　D. 搭接　　　　E. 植筋连接

6. 钢筋接头连接的方法有绑扎连接、焊接连接、机械连接。其中较节约钢材的连接方法是（　　）。

　　A. 搭接绑扎　　B. 闪光对焊　　C. 电渣压力焊　　D. 锥螺纹连接　　E. 电弧焊搭接

7. 钢筋锥螺纹连接方法的优点是：（　　）。

　　A. 丝口松动对接头强度影响小　　　　B. 应用范围广　　　　C. 不受气候影响

　　D. 扭紧力矩不准对接头强度影响小　　　E. 现场操作工序简单、速度快

8. 检验批的合格判定应符合规范对（　　）的规定。

A. 保证项目　　　B. 主控项目　　　C. 一般项目　　　D. 基本项目　　　E. 允许偏差项目

9. 施工缝处继续浇筑混凝土时要求（　　）。

A. 混凝土抗压强度不小于1.2 MPa　　　B. 除去表面水泥薄膜　　　C. 松动石子并冲洗干净

D. 先铺水泥浆或与混凝土成分相同水泥砂浆一层，然后再浇混凝土　　　E. 增加水泥用量

10. 混凝土浇筑前应做好的隐蔽工程验收有（　　）。

A. 模板和支撑系统　　　　　B. 水泥、砂、石等材料配合比　　　　　C. 钢筋骨架

D. 预埋件　　　　　　　　E. 预埋线管

11. 拌制混凝土时，当水灰比增大（　　）。

A. 黏聚性差　　　B. 强度下降　　　C. 节约水泥　　　D. 容易拌和　　　E. 密实度下降

12. 混凝土施工缝宜留在（　　）等部位。

A. 柱的基础顶面　　　　　B. 梁的支座边缘　　　　　C. 肋形楼板的次梁中间1/3梁跨

D. 结构受力较小且便于施工的部位　　　　　E. 考虑便于施工的部位

13. 混凝土浇筑后如天气炎热干燥不及时养护，新浇筑混凝土内水分蒸发快，会使水泥不能充分水化，出现（　　）等现象。

A. 干缩裂缝　　　B. 表面起粉　　　C. 强度低　　　D. 凝结速度加快　E. 凝结速度缓慢

14. 在配合比和原材料相同的情况下，影响混凝土强度的主要因素有（　　）。

A. 振捣　　　B. 养护　　　C. 龄期　　　D. 搅拌机　　　E. 拆模时间

15. 混凝土结构的主要质量要求有（　　）。

A. 内部密实　　　B. 表面平整　　　C. 尺寸准确　　　D. 强度高　　　E. 施工缝结合良好

16. 施工中混凝土结构产生裂缝的原因是（　　）。

A. 接缝处模板拼缝不严，漏浆　　　　　B. 模板局部沉降　　　　　C. 拆模过早

D. 养护时间过短　　　　　　　　　　E. 混凝土养护期间内部与表面温差过大

17. 某现浇钢筋混凝土楼板，长6 m，宽2.1 m，施工缝可留在（　　）。

A. 距短边一侧3 m且平行于短边的位置　　　B. 距短边一侧1 m且平行于短边的位置

C. 距长边一侧1 m且平行于长边的位置　　　D. 距长边一侧1.5 m且平行于长边的位置

E. 距短边一侧2 m且平行于短边的位置

18. 预应力混凝土后张法施工中适用曲线型预应力筋的有（　　）等方法。

A. 钢管抽芯　　　B. 胶管抽芯　　　C. 预埋波纹管　　　D. 无黏结预应力　　　E. 预埋螺纹钢管

## 四、简答题

1. 模板的类型有哪些？各适用于什么场合？模板安装与拆除有哪些要求？

2. 分析柱、梁、楼板模板计算荷载及计算简图。模板支架、顶撑承载力怎样计算？

3. 钢筋接头的连接方法有哪些？各适用于什么场合？

4. 如何计算钢筋下料长度及编制钢筋配料单？

5. 钢筋加工工序、绑扎和安装要求有哪些，绑扎接头有何规定？

6. 钢筋工程检查验收内容包括哪几个方面？

7. 混凝土的制备、运输、浇筑和捣实方法有哪些？

8. 混凝土工程如何进行质量检查与缺陷防治？

9. 钢筋混凝土框剪结构的浇筑要求有哪些？

10. 大体积混凝土温度裂缝的成因有哪些？大体积混凝土温度裂缝控制方法有哪些？

11. 混凝土质量检查包括哪些内容？对试块制作有哪些规定？强度评定标准怎样？

12. 试述先张法预应力混凝土的主要施工工艺。

13. 试述后张法有黏结预应力混凝土的主要施工工艺。

14. 试述先张法无黏结预应力混凝土的主要施工工艺。

### 五、计算题

1. 已知 C20 混凝土的试验室配合比为 1∶2.52∶4.24,水灰比为 0.50,经测定砂的含水率为 2.5%,石子的含水率为 1%,每 1 m³ 混凝土的水泥用量 340 kg,则施工配合比为多少？工地采用 JZ350 型搅拌机拌和混凝土,出料容量为 0.35 m³,则每搅拌一次的装料数量为多少？

2. 计算如图 4-92 所示的某梁钢筋的下料长度（梁高 700 mm,钢筋保护层厚度 25 mm）,单位:mm。

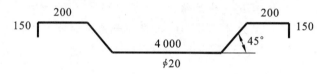

**图 4-92 计算钢筋下料长度**

3. 某建筑物的现浇钢筋混凝土柱,断面为 500 mm×600 mm,楼面至上层梁底的高度为 3 m,混凝土的坍落度为 30 mm,不掺外加剂,混凝土浇筑速度为 3 m/h,混凝土入模温度为 20 ℃,试进行模板设计。

4. 某建筑物第一层楼共有 5 根 L₁ 梁,梁的钢筋如图 4-93 所示,要求按图计算各钢筋下料长度并编制钢筋配料单。

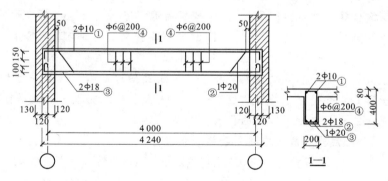

**图 4-93 梁的钢筋**

5. 某矩形梁设计主筋为 3 根 HRB335 级 $\phi$18 钢筋($f_{y1}=335$ N/mm²),今现场无该级钢筋,拟用 HRB400 级 $\phi$20 钢筋($f_{y2}=400$ N/mm²)代换,试计算需几根钢筋？若用 HRB400 级 $\phi$16 钢筋代换,当梁宽度为 250 mm 时,钢筋按一排布置能否排下？

6. 某钢筋混凝土设备基础,其平面尺寸为 40 m×30 m×3 m,要求连续浇筑混凝土。搅拌站设有 3 台搅拌机,每台实际生产率为 5 m³/h,若混凝土运输时间为 30 min,每浇筑层的厚度为 300 mm,试确定:①混凝土浇筑方案;②每小时混凝土浇筑量;③完成整个浇筑工作所需时间。

# 项目 5

# 外墙及屋面保温工程

**知识目标**

（1）了解外墙保温的发展及法律要求、CL 建筑体系的原理及适用范围。

（2）熟悉外墙保温的构造及种类、CL 建筑体系材料及各部件、CL 建筑体系结构墙体构造。

（3）掌握各种保温做法的施工工艺及质量要求、CL 建筑体系结构墙体的施工工艺及规程要求。

**能力目标**

（1）能够编制外墙保温施工方案。

（2）能够编制 CL 结构体系构件计划及施工方案。

1973 年国际石油危机以后，节约能源引起世界各国广泛重视。建筑领域是能耗大户，占国民经济总能耗的 30％以上，建筑节能技术已成为当今世界建筑技术发展的重点之一。目前，发达国家的建筑节能已进入第三阶段，建筑节能率已从开始阶段的 25％～30％，进入现阶段的 65％～70％。

为了提高建筑使用能源利用效率，改善居住条件，促进城乡建设、国民经济和生态环境的协调发展，我国建设部提出建筑节能的发展目标如下。

（1）第一步目标：1996 年以前，新建采暖居住建筑在 1980—1981 年当地通用设计能耗水平的基础上普遍降低 30％，即节能率 30％。

（2）第二步目标：1996 年起，在达到第一阶段要求的基础上再节能 30％，即节能率 51％。

（3）第三步目标：2005 年起，在达到第二阶段要求的基础上再节能 30％，即节能率 65.7％。

为了实现以上目标，我国制定了有关建筑节能的法律政策：如 2005 年 10 月 18 日，中华人民共和国建设部令第 143 号颁发的《民用建筑节能管理规定》中规定，建筑节能必须按强制性标准执行，违反的要予以严格处罚；2007 年 10 月 28 日，中华人民共和国第 77 号主席令颁发的《中华人民共和国节约能源法》中规定，不符合建筑节能标准的建筑工程，建设主管部门不得批准开工建设。

建筑节能工作主要包括建筑围护结构节能和采暖供热系统节能两个方面，本项目重点介绍外墙保温施工技术。

## 任务 1　外墙保温施工

外墙是建筑物的重要组成部分。一要满足结构要求（如承重、抗剪等），需要外墙材料具有较高的结构强度；二是满足保温要求，需要外墙材料具有较低的导热系数。节能建筑的外墙若采用单一材料，其满足保温要求的厚度一般都超过满足结构要求的厚度。根本的出路，则是把结构层与保温层分开，用强度指标较高的材料作为外墙结构层，用高效保温材料作为外墙保温层，两者结合起来，形成墙体厚度适宜，既满足结构要求又满足节能保温要求的复合保温外墙。

这便是国内外通行的建筑节能与墙体改革相结合的外墙保温技术的基本方法。

复合保温外墙的基本构造是：①结构层，即承重（或非承重）墙体；②保温层，由一定厚度的保温材料构成；③保护层，覆盖于保温层表面，有抗裂功能；④装饰层，通常为弹性涂料。复合保温外墙的做法一般分为外墙内保温和外墙外保温。顾名思义，内保温是把保温层做在结构层内侧；外保温则把保温层做在结构层外侧，即直接与大气环境相接触。

外墙外保温与外墙内保温相比具有以下优点：外保温可避免产生热桥，提高了外墙的保温隔热效果，增加了住宅舒适度；外保温可使结构墙体得到有效保护，使结构墙体内外温度变化趋于平缓，大大减少温差应力造成的墙体开裂和破损，提高建筑物的使用寿命；外保温可增加室内使用面积，而内保温会给室内装修带来一定困难；外保温既适用于新建节能建筑，也适用于既有建筑的节能改造。因此，外墙外保温是外墙保温技术的发展方向。

目前比较成熟的外墙保温技术主要有以下几种：外挂式外保温、聚苯板与墙体一次浇筑成型、聚苯颗粒保温料浆外墙保温。

# 一、GKP 外墙外保温

GKP 外墙外保温系统，G 代表用玻纤网格布做增强材料；K 代表用聚合物 KE 多功能建筑胶配制水泥砂浆胶黏剂；P 代表选用聚苯乙烯泡沫塑料做保温材料。

GKP 外墙外保温技术，是把聚苯乙烯泡沫塑料板（以下简称聚苯板）直接粘贴在建筑物的外墙外表面上，形成保温层；用耐碱玻璃纤维网格布增强聚合物砂浆覆盖聚苯板表面，形成保护层，然后进行饰面处理。

## （一）GKP 外墙外保温基本构造

聚苯板玻璃纤维网格布聚合物砂浆外墙外保温基本构造如表 5-1 所示。

表 5-1 聚苯板玻璃纤维网格布聚合物砂浆外墙外保温基本构造

| 结构墙体材料 | 外墙外保温基本构造 | | | | | | 构造示意 |
|---|---|---|---|---|---|---|---|
| | 连接手段 | 保温层 | 底层防护砂浆 | 网格布 | 面层保护砂浆 | 外饰面 | |
| 钢筋混凝土、小型混凝土空心砌块、多孔砖、其他砌块① | 聚合物水泥砂浆胶黏剂、也可根据实际情况加设锚固件② | 聚苯乙烯泡沫塑料板③ | 聚合物抹面砂浆④ | 耐碱玻璃纤维网格布⑤ | 聚合物抹面砂浆⑥ | 涂料或其他饰面材料⑦ | |

## （二）外墙保温施工工艺流程

外墙保温施工工艺流程为：基层检查、处理、放线→配专用黏合剂→粘贴包边网格布→粘贴聚苯保温板→钻孔及安装固定件→保温板面打磨、找平、隐检→压入包边和增强网格布→抹底层聚合物砂浆→埋贴网格布→抹面层聚合物砂浆→修整、验收→外饰面→验收。

## （三）施工要点

### 1. 基层处理

检查并封堵墙面未处理的孔洞,清除墙面混凝土残渣,清扫灰土。对于旧建筑物外墙保温除按上述要求处理外,应对聚苯板与老墙面的黏结强度进行检测,确定聚苯板的固定方案。

### 2. 墙面测量及弹线、挂线

根据建筑立面设计和外墙外保温技术要求,在墙面弹出外门窗水平、垂直控制线及伸缩缝线、装饰缝线等。在建筑外墙大角(阴阳角)及其他必要处挂垂直基准钢线,每个楼层适当位置挂水平线,用以控制聚苯板的垂直度和平整度。

### 3. 配制专用黏合剂

配比为 KE 干混料∶KE 胶＝4∶1,用电动搅拌器搅拌均匀,一次的配制量以 60 min 内用完为宜。

### 4. 预粘贴翻包(包边)网格布

凡在聚苯板侧边外露处(如伸缩缝、门窗洞口处),都应预先贴翻包网格布,布宽为保温板厚＋200 mm。翻包的部位包括:门窗洞口、管道或其他设备穿墙洞处,勒角、阴阳台、雨篷等系统的尽端部位,变形缝等需终止系统的部位,女儿墙顶部。

### 5. 粘贴聚苯板

(1) 外保温用聚苯板标准尺寸为 600 mm×900 mm、600 mm×1200 mm 两种,非标准尺寸或局部不规则处可现场裁切,但必须注意切口与板面垂直。

(2) 阴阳角处必须相互错茬搭接粘贴,聚苯板转角板示意图如图 5-1 所示。

(3) 门窗洞口四角不可出现直缝,必须用整块聚苯板裁切出刀把状,且小边宽度≥200 mm,洞口 EPS 板及锚固示意图如图 5-2 所示。

(4) 粘贴方法采用点黏法,且必须保证黏接面积不小于 30%,保温板点黏框如图 5-3 所示。

(5) 聚苯板抹完专用黏合剂后必须迅速粘贴到墙面上,避免黏合剂结皮而失去黏性。

(6) 粘贴聚苯板时应轻柔、均匀挤压聚苯板,并用 2 m 靠尺和拖线板检查板面平整度和垂直度。粘贴时,注意清除板边溢出的黏合剂,使板与板间不留缝。

(7) 粘贴好的聚苯板面平整度要控制在 2～3 mm 以内,超出标准时,应在聚苯板粘贴 12 h后用砂纸或专用打磨机进行修整打磨。

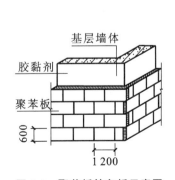

图 5-1 聚苯板转角板示意图

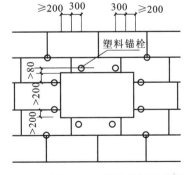

图 5-2 洞口 EPS 板及锚固示意图

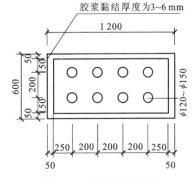

图 5-3 保温板点黏框

### 6. 安装固定件

(1) 固定件安装应至少在黏完板的 12 h 后再进行。

（2）固定件长度为板厚＋50 mm。

（3）用电锤在聚苯板表面向内打孔，孔径视固定件直径而定，进墙深度不小于 60 mm，拧入固定件，钉头和压盘应略低于板面。

聚苯板保温层应采用黏锚结合方案，当采用 EPS 板时，其锚栓数量为：对高层建筑标高 20 m 以下时不宜少于 3 个/m²；20～50 m 不宜少于 4 个/m²；50 m 以上时不宜少于 6 个/m²。当采用 XSP 板时，可参照图 5-4 进行布置锚栓，锚栓长度应保证进入基层墙体内 50 mm，锚栓固定件在阳角、檐口下、孔洞边缘四周应加密，其间距不应大于 300 mm，距基层边缘不小于 80 mm。

**7. 压贴翻包网格布及粘贴加强网格布**

将翻包网格布处的聚苯板边缘表面点抹聚合物砂浆，把预贴的翻包网格布压紧后粘贴平整，注意与聚苯板侧边顺平。

大阳角必须增设加强网格布，总宽度 400 mm。门窗洞口四角处，必须加铺 400 mm×200 mm 的加强网格布，位置在紧贴直角处沿 45°方向，门窗洞口网格布加强如图 5-5 所示。

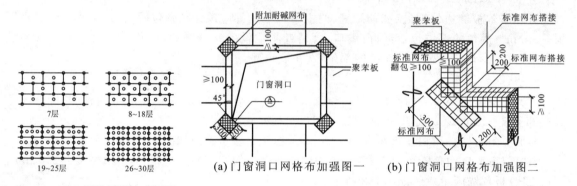

图 5-4　XPS 板排列锚栓布置图　　　　图 5-5　门窗洞口网格布加强

（a）门窗洞口网格布加强图一　　　（b）门窗洞口网格布加强图二

**8. 抹底层聚合物砂浆**

在聚苯板面抹底层砂浆，厚度为 2～2.5 mm。

**9. 粘贴网格布**

将网格布紧绷后贴于底层抹面砂浆上，用抹子由中间向四周把网格布压入砂浆的表层，要平整压实，严禁网格布褶皱。网格布不得压入过深，表面必须暴露在底层砂浆之外。网格布上下搭接宽度不小于 80 mm，左右搭接宽度不小于 100 mm。首层墙面及其他可能遭受冲击的部位，应加铺一层加强玻纤网，二层及二层以上如无特殊要求（门窗洞口除外）应铺标准网；勒角以下部位宜增设钢丝网，采用厚层抹灰。

**10. 抹面层聚合物砂浆**

网格布粘贴完后，在底层聚合物砂浆终凝前，抹一层 1～2 mm 聚合物砂浆罩面，以刚盖住网格布为宜。砂浆切忌不停揉搓，以免造成泌水，形成空鼓。

**11. 主体结构变形缝、保温层的伸缩缝和饰面层的分格缝的施工要求**

主体结构变形缝、保温层的伸缩缝和饰面层的分格缝的施工应符合下列要求。

（1）主体结构缝，应按标准图或设计图纸进行施工，其金属调节片，应在保温层粘贴前按设计要求安装就位，并与基层墙体牢固固定，做好防锈处理。缝外侧需采用橡胶密封条或采用密封膏的应留出嵌缝背衬及密封膏的深度，无密封条或密封膏的应与保温板面平齐。

（2）保温层的伸缩缝,应按标准图或设计图纸进行施工,缝内应填塞比缝宽大 1.3 倍的嵌缝衬条(如软聚乙烯泡沫塑料条),分两次勾填密封膏,密封膏应凹进保温层外表面 5 mm;在饰面层施工完毕后,再勾填密封膏时,应事前用胶带保护墙面,确保墙面免受污染。

（3）饰面层分格缝,按设计要求进行分格,槽深小于等于 8 mm,槽宽 10～12 mm,抹聚合物抗裂砂浆时,应先处理槽缝部位,在槽口加贴一层标准玻纤网,并伸出槽口两边 10 mm;分格缝亦可采用塑料分隔条进行施工。

**12. 装饰线条的安装步骤**

装饰线条安装应接下列步骤进行。

（1）装饰线条应采用与墙体保温材料性能相同的聚苯板。

（2）装饰线条凸出墙面时,可采用两种安装方式:一种是在保温用聚苯板粘贴完毕后,按设计要求用墨线在聚苯板面弹出装饰线具体位置,将装饰线条用胶黏剂粘贴在设计位置上,表面用聚合物抗裂砂浆铺贴标准网,并留出大于等于 100 mm 的搭接长度,如图 5-6 所示;另一种是将凸出的装饰线按设计要求先用胶黏剂粘贴在基层墙面上,然后再用胶黏剂粘贴装饰线上下保温用聚苯板,如图 5-7 所示。

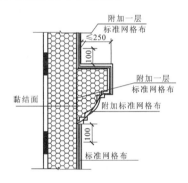 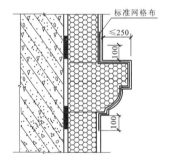

图 5-6　装饰件安装方法一（单位:mm）　　图 5-7　装饰件安装方法二

（3）装饰线条凹进墙面时,应在粘贴完毕的保温聚苯板上,按设计要求用墨线弹出装饰线具体位置,用开槽器按图纸要求将聚苯板切出凹线或图案,凹槽处聚苯板的实际厚度不得小于 20 mm,然后压入标准网。墙面粘贴的标准网与凹槽周边多出的网布需搭接。

（4）装饰线条凸出墙面保温板的厚度不得大于 250 mm,并且应采取安全锚固措施。

（5）装饰件铺网时,饰件应在大面积网铺粘贴后,再加附加网,附加网与大面积网应有一定的搭接宽度。

**13. 饰面层的施工要求**

饰面层施工应符合下列要求。

（1）施工前,应首先检查聚合物抗裂砂浆是否有抹痕,耐碱玻纤网是否全部嵌入,然后修补抗裂砂浆缺陷和凹凸不平处,并用细砂纸打磨一遍。

（2）待聚合物抗裂砂浆表干后,即可进行柔性耐水泥子施工,用镘刀或刮板批刮,待第一遍柔性泥子表干后,再刮第二遍柔性泥子,压实磨光成活,待柔性泥子完全干后,即可进行与保温系统配套的涂料施工。

（3）采用涂料饰面系统时,应采用高弹性防水耐擦洗外墙涂料,并按《建筑装饰装修工程质量验收规范》(GB 50210—2001)规定进行施工。

（4）采用面砖饰面系统时,应增设热镀锌钢丝网和锚栓固定,并按《外墙饰面砖工程施工及验收规程》(JGJ 126—2015)规定进行施工。

### （四）质量要求与控制

**1．一般规定**

（1）GKP外墙外保温系统施工前门窗框、阳台栏杆和预埋铁件应安装完毕,并将墙上的施工孔洞堵塞密实。

（2）GKP外墙外保温系统施工应在聚苯板粘贴完后进行隐检,抹灰完成后进行验收。

（3）各项目检查数量应符合以下要求:以每500～1 000 m² 划分一个检验批,不足500 m² 也应划分为一个检验批;每个检验批每100 m² 应至少抽查一处,每处不得小于10 m²。

**2．主控项目**

（1）GKP外墙外保温系统所用材料,应按设计要求选用,并符合本体系及国家的有关标准要求。

检验方法:检查产品检测报告、产品合格证书、进场验收记录和施工记录。若有疑问或约定,还应对体系和组成材料的某些性能进行复检。原材料需重点检查项目及指标表如表5-2所示。

表 5-2　原材料需重点检查项目及指标表

| 原材料名称 | 检查项目 | | 技术指标 |
|---|---|---|---|
| 聚合物砂浆<br>（KE干混料∶KE胶＝4∶1） | 与18 kg/m³聚苯板拉伸黏结强度/(N/mm²) | | 常温常态14 d≥0.10 |
| | | | 常温常态14 d,冻融25次≥0.08 |
| | 可操作时间/h | | 2±1 |
| | 抗裂性/mm | | ≥5 |
| 聚苯板 | 表观密度/(kg/m³) | | ≥18 |
| | 尺寸偏差/mm | 厚度 ≤50 mm | ±1.5 |
| | | 厚度 >50 mm | ±2 |
| | | 板面平整度 | ±2 |
| | | 板边平直 | ±2 |
| | | 对角线差 | ±3 |
| 网格布 | 网孔尺寸/mm | | 4～6 |
| | 单位面积质量/(g/m²) | | ≥160 |
| | 耐碱断裂强度保留率/(%) | | ≥80 |
| | 耐碱断裂强度保留值/(N/50 mm) | | ≥1 000 |

（2）GKP外墙外保温系统施工前,基层表面的尘土、污垢、油渍应清除干净。改建的旧房必须通过实测确定基层墙体的附着力。

（3）胶黏剂和聚合物砂浆的配合比应符合GKP外墙外保温体系的要求。

（4）每块聚苯板与墙面总粘贴面积不得少于30%,聚苯板与墙面必须黏结牢固,无松动和虚黏现象。需安装锚固件的墙面,锚固件数量和锚固深度应符合设计与GKP外墙外保温体系的要求。

（5）聚合物砂浆与聚苯板必须黏结牢固,无脱层、空鼓,抹灰面层无爆灰和裂缝等缺陷。

**3．一般项目**

（1）聚苯板安装应上下错缝,碰头缝不得抹胶黏剂,各聚苯板间应挤紧拼严,接缝平整。

（2）聚苯板安装允许偏差和检验方法应符合表5-3的规定。

表 5-3 聚苯板安装允许偏差和检验方法

| 项次 | 项目 | 允许偏差/mm | 检查方法 |
|---|---|---|---|
| 1 | 表面平整 | 4 | 用 2 m 靠尺和楔形塞尺检查 |
| 2 | 立面垂直 | 4 | 用 2 m 垂直检查尺检查 |
| 3 | 阴阳角垂直 | 4 | 用 2 m 托线板检查 |
| 4 | 阳角方正 | 4 | 用 200 mm 方尺检查 |
| 5 | 接槎高差 | 1.5 | 用直尺和楔形塞尺检查 |

(3) 网格布应压贴密实,不得有空鼓、褶皱、翘曲、外露等现象,搭接长度必须符合规定要求。

(4) 抹灰层表面应洁净,接槎平整。

(5) 保温墙面层的允许偏差和检验方法应符合表 5-4 的规定。

表 5-4 保温墙面层的允许偏差和检验方法

| 项次 | 项目 | 允许偏差/mm | 检查方法 |
|---|---|---|---|
| 1 | 表面平整 | 4 | 用 2 m 靠尺和楔形塞尺检查 |
| 2 | 立面垂直 | 4 | 用 2 m 垂直检查尺检查 |
| 3 | 阳角方正 | 4 | 用 200 mm 方尺检查 |
| 4 | 伸缩缝(装饰线)直线度 | 4 | 用 5 m 线,不足 5 m 拉通线,用钢直尺检查 |

(6) 保温墙面层的外饰面质量应符合相应的施工及验收规范的要求。

## 二、全现浇混凝土外墙外保温系统

全现浇混凝土外墙外保温施工技术分为有网体系和无网体系两种做法,是在现有的大钢模板现浇混凝土剪力墙高层住宅施工技术的基础上发展起来的。简单地说,就是在浇筑混凝土墙体之前,把大块聚苯板放置在外钢模的内侧,待混凝土墙体浇筑成型后,便在外墙外侧形成了保温层,然后在保温层表面做防护层和装饰层。本体系采用两种形式的聚苯板:一种是聚苯板外侧带有单片钢丝网与穿过聚苯板的斜插钢丝(又称腹丝)焊接,形成带有钢丝网的三维空间保温板,这种板与混凝土墙复合后简称有网体系,适用于外墙面做装饰面砖;另一种是将聚苯板背面加工成凹凸齿槽形的保温板,这种板与混凝土墙复合后简称无网体系,适用于外墙面做装饰涂料。

### (一)保温板制品质量要求

#### 1. 有网系统保温板

(1) 保温板钢丝网质量要求如表 5-5 所示。

表 5-5 保温板钢丝网架质量要求

| 项次 | 项目 | 质量要求 |
|---|---|---|
| 1 | 外观 | 保温板正面有梯形凹凸槽,槽中距 100 mm,板面及钢丝均匀喷涂界面剂 |
| 2 | 焊点强度 | 抗拉力≥330 N,无过烧现象 |
| 3 | 焊点质量 | 网片漏焊脱焊点不超过焊点数的 8‰,且不应集中在一处,连续脱焊不应多于 2 点,板端 200 mm |
| 4 | 钢丝挑头 | 网边挑头≤6 mm,插钢挑头≤5 mm,穿透聚苯板挑头≥30 mm |
| 5 | 聚苯板对接 | ≤3000 mm 中聚苯板对接不得多于两处,且对接处需用聚氨酯胶黏牢 |
| 6 | 质量 | ≤4 kg/m² |

说明:① 横向钢丝应对准凹槽中心;

② 界面剂与钢丝和聚苯板的黏结牢固,涂层均匀一致,不得露底,厚度不小于 1 mm;

③ 在 60 kg/m² 压力下聚苯板变形<10%。

（2）保温板规格尺寸允许偏差如表5-6所示。

表5-6　保温板规格尺寸允许偏差

| 项　　次 | 项　　目 | 允许偏差/mm |
|---|---|---|
| 1 | 长 | ±10 |
| 2 | 宽 | ±5 |
| 3 | 厚（含钢网） | ±3 |
| 4 | 两对角线差 | ≤10 |

说明：① 聚苯板凹槽线应采用模具成型，尺寸准确，间距均匀；

② 两长边设高低槽，长25 mm，深1/2板厚，要求尺寸准确；

③ 斜插钢丝（胶丝）宜为每平方米100根，不得大于200根。

### 2．无网系统保温板

（1）无网系统保温板的规格尺寸如表5-7所示。

表5-7　无网系统保温板的规格尺寸

| 项次 | 长/mm | 宽/mm | 厚/mm |
|---|---|---|---|
| 1 | 2 825～2 850（按层高2 800 mm） | 1 220 | 根据保温要求 |
| 2 | 2 925～2 950（按层高2 900 mm） | 1 220 | 根据保温要求 |
| 3 | 3 025～3 050（按层高3 000 mm） | 1 220 | 根据保温要求 |
| 其他 | 其他规格可根据实际层高协商确定 | | |

说明：①在板的一面有直口凹槽，间距100 mm，深10 mm，要求尺寸准确、均匀；

②两长边设高、低槽，长25 mm，深1/2板厚，要求尺寸准确；

③上表规格尺寸也适用有网体系保温板。

（2）无网系统保温板的规格尺寸允许偏差如表5-8所示。

表5-8　无网系统保温板的规格尺寸允许偏差

| 厚度/mm | 偏差/mm | 长度、宽度/mm | 偏差/mm |
|---|---|---|---|
| ＜50 | ±2 | ＜1 000 | ±5 |
| 50～75 | ±3 | 1 000～2 000 | ±8 |
| ＞75～100 | ±4 | ＞2 000～4 000 | ±10 |

## （二）施工要点

### 1．有网系统

1）基本做法

本系统是带有钢丝网架的聚苯板作为现浇混凝土外墙的外保温层，当外墙钢筋绑扎完毕后，即在墙体钢筋外侧安装保温板，并在板上插入经防锈处理的φ6 mm的钢筋（或尼龙锚栓），与墙体钢筋绑扎，既作为临时固定，又是保温板与墙体的连接措施，然后在墙体钢筋外加水泥垫块以确保钢筋有足够的保护层，最后安装墙体内外钢质大模板。浇筑混凝土完毕后，保温层与墙体有机地结合在一起，拆模后在有网板面层抹抗裂砂浆，本系统适宜于做粘贴面砖，如做涂料饰面层，则宜在水泥砂浆面层外再抹一层2～3 mm聚合物砂浆。

2）施工工艺

（1）施工准备如下。技术准备：熟悉各方提供的有关图纸资料，参阅有关施工工艺做好内业；了解材料性能，掌握施工要领，明确施工顺序；在现场对工人进行培训和技术指导。材料准备：①保温材料的厚度按设计要求，表观密度18～20 kg/m³自熄型单层钢丝网加聚苯泡沫保温板（或挤塑板）；②保温板与墙体连接材料用L形φ6 mm钢筋或尼龙锚栓；③抗裂砂浆抹灰层材料用聚合物抹面砂浆、耐碱型玻纤网格布;④面层用面砖、涂料或按设计要求;⑤其他材料有聚苯颗粒保温浆料、泡沫塑料棒、塑料滴水线槽、分格条和嵌缝油膏。机具准备:切割聚苯板操作平台、电热丝、接触式调压器、盒尺、墨斗、砂浆搅拌机、抹灰工具、检测工具等。

(2)施工顺序如下。

① 钢筋绑扎。钢筋须有出厂证明及复试报告;采用预制点焊网片做墙体主筋时,须严格按《钢筋焊接网混凝土结构技术规程》(JGJ 114-2014)执行。靠近保温板的墙体横向分布筋应弯成 L 形,因直筋易于戳破保温板;绑扎钢筋时严禁碰撞预埋件,若碰动时应按设计位置重新固定牢固。

② 外墙外保温板安装。内外墙钢筋绑扎经验收合格后,方可进行保温板安装;按照设计所要求的墙体厚度在地板面上弹墙厚线,以确定外墙厚度尺寸。同时,在外墙钢筋外侧绑卡砂浆垫块(不得采用塑料垫卡),每块板内不少于 6 块;之后安装保温板,板之间高低槽应用专用胶黏结,保温板就位后,将 L 形φ6 mm 筋穿过保温板,深入墙内长度不得小于 100 mm(钢筋应做防锈处理),并用火烧丝将其与墙体钢筋绑扎牢固;保温板外侧低碳钢丝网片均按楼层层高断开,互不连接。

③ 模板安装。应采用钢质大模板,按保温板厚度确定模板的尺寸、数量。按弹出外墙线位置安装模板,在底层混凝土强度不低于 7.5 MPa 时,开始安装上一层模板,并利用下一层外墙螺栓孔挂三角平台架;在安装外墙外侧模板前,须在现浇混凝土墙体的根部或保温板外侧采取可靠的定位措施,以防模板挤靠保温板。模板放在三角平台架上,将模板校位,穿螺栓紧固校正,连接必须严密、牢固,以防出现错台和漏浆现象。

④ 混凝土浇筑。现浇混凝土的坍落度应不小于 180 mm;墙体混凝土浇筑前,保温板顶面必须采取遮挡措施,应安置槽口保护套,形状如"Ⅱ"形,宽度为保温板厚度加模板厚度。新旧混凝土接搓处应均匀浇筑 30~50 mm 同强度等级的碱石混凝土。混凝土应分层浇筑,高度控制在 500 mm,混凝土下料点应分散布置,连续进行,间隔时间不超过 2 h;振捣棒振动间距一般应小于 500 mm,每一振动点的延续时间,以表面呈现浮浆和不再沉落为度。严禁将振捣棒紧靠保温板;洞口处浇灌混凝土时,应沿洞两边同时下料使两侧浇灌高度大体一致,振捣棒应距洞边 300 mm 以上;施工缝留置在门洞口过梁跨度 1/3 范围内,也可留在纵横墙的交接处;墙体混凝土浇筑完毕后,须整理上口甩出钢筋,并用木抹抹平混凝土表面。

⑤ 模板拆除。在常温条件下,墙体混凝土强度不低于 1.0 MPa,冬期施工墙体混凝土强度不低于 7.5 MPa,当达到混凝土设计强度标准值的 30% 时,才可以拆除模板,拆模时应以同条件养护试块抗压强度为准;先拆外墙外侧模板,再拆外墙内侧模板,并及时修整墙面混凝土边角和板面余浆;穿墙套管拆除后,混凝土墙部分孔洞应用干硬性砂浆捻塞,保温板部位孔洞应用保温材料堵塞,其深度进入混凝土墙体应不小于 50 mm;拆模后保温板上部的横向钢丝,必须对准凹槽,钢丝距槽底应不小于 8 mm。

⑥ 混凝土养护。常温施工时,模板拆除后 12 h 内喷水或用养护剂养护,不少于 1 周,次数以保持混凝土具有湿润状态为准。冬期施工时应定点、定时测定混凝土养护温度,并做好记录。

⑦ 外墙外保温板板面抹灰。凡保温板有余浆与板面结合不好,如有酥松空鼓现象者均应清除干净,还要做到板面无灰尘、油渍和污垢。绑扎阴阳角、窗口四角加强网,拼缝网之间的钢丝应用火烧丝绑扎,附加窗口角网,尺寸为 200 mm×400 mm,与窗角呈 45°;板面及钢丝上的界面剂如有缺损,应修补至均匀一致;抹灰层之间及抹灰层与保温板之间必须黏结牢固,凹槽内砂浆饱满,并全面包裹住横向钢丝;抹灰应分底层和面层分层抹灰,待底层抹灰初凝后方可进行面层抹灰,每层抹灰厚度不大于 10 mm,如超过 10 mm 应分层抹。总厚度不宜大于 30 mm(从保温板凸槽表面起算),每层抹完后均需养护,可洒水或喷养护剂;分格条宽度、深度要均匀一致,平

整光滑、横平竖直、棱角整齐,滴水线、槽流水坡向要正确、顺直,槽宽和深度不小于 10 mm;抹灰完成后,在常温下 24 h 后表面平整无裂纹,即可在面层上粘贴面砖,外墙粘贴面砖宜采用胶黏剂,并应按《建筑工程饰面砖黏结强度检验标准》(JGJ 110—2008)进行检验。若采用涂料装饰,则在面层上抹 2～3 mm 聚合物水泥砂浆罩面层,然后在表面做弹性涂料,但应考虑与聚合物砂浆罩面层的相容性,如刮泥子要考虑泥子、涂料和聚合物砂浆三者的相容性。

⑧ 其他注意事项。注意环境影响,施工时应避免大风天气,当空气温度低于 5 ℃时,停止面层施工。当空气温度低于 −10 ℃时,停止保温板安装。

**2．无网系统**

1）基本做法

本系统采用阻燃型,一面带有凹凸型齿槽的聚苯板作为现浇混凝土外墙的外保温材料,为加强与表面保护砂浆层结合牢固和提高聚苯板的阻燃性能,在保温板表面喷涂界面剂。保温板用尼龙锚栓与墙体锚固,安装方式是:当外墙钢筋绑扎完毕后,即在墙体钢筋外侧安装保温板,

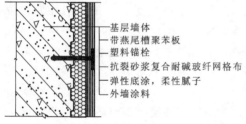

保温板垂直边的高、低槽之间用专用胶黏结,按图 5-8 所示位置放入尼龙锚栓,它既是保温板与墙体钢筋的临时固定措施,又是保温板与墙体的连接措施。然后安装墙体内外钢质大模板,浇筑混凝土完毕后,保温层与墙体有机地结合在一起,拆模后在保温板表面抹聚合物砂浆,压入加强玻纤网格布,外做装饰饰面层,如图 5-8 所示,本体系适宜于做涂料面层。

———— 基层墙体
———— 带燕尾槽聚苯板
———— 塑料锚栓
———— 抗裂砂浆复合耐碱玻纤网格布
———— 弹性底涂、柔性腻子
———— 外墙涂料

**图 5-8 无网系统基本做法**

2）施工工艺

(1) 施工准备如下。技术准备:同有网系统。材料准备:①保温材料的厚度按设计、表观密度 18～20 kg/m³ 自熄型聚苯板(或挤塑板);②保温板与墙体连接材料用直径为 10 mm 的尼龙锚栓,长度为保温板设计厚度加 50 mm;③抗裂层材料用聚合物抹面砂浆、耐碱玻纤网格布,冲孔镀锌铁皮护角;④面层涂料可按设计要求;⑤其他材料如聚苯颗粒保温砂浆、塑料滴水线槽、泡沫塑料棒,分格条和嵌缝材料等。机具准备:切割聚苯板(或挤塑板)操作平台、电热丝、接触式调压器、电烙铁、盒尺、墨斗、砂浆搅拌机、抹灰工具、检测工具。

(2) 施工顺序如下。

① 保温板安装。绑扎墙体钢筋时,靠保温板一侧的横向分布筋宜弯成 L 形,以免直筋戳破保温板。绑扎水泥垫块(不得使用塑料卡),每平方米保温板内不少于 3 块,用以保证保护层厚度并确保保护层厚度均匀一致。然后在墙体钢筋外侧安装保温板;先安装阴阳角保温构件,再安装角板之间保温板;安装前先在保温板高、低槽口处均匀涂刷聚苯胶,将保温板竖缝之间的相互黏结在一起;在安装好的保温板面上弹线,标出锚栓的位置,用电烙铁或其他工具在锚栓定位处穿孔,然后在孔内塞入胀管,其尾部与墙体钢筋绑扎做临时固定;用 100 mm 宽、10 mm 厚的聚苯板片满涂聚苯胶填补门窗洞口两边齿槽形缝隙的凹槽处,以免浇筑混凝土时在该处跑浆。冬季施工时,保温板上可不开洞口,待全部保温板安装完毕后再锯出洞口。

② 钢质大模板安装。同有网系统,注意不得在墙体钢筋底部布置定位筋,宜采用模板上部定位。

③ 混凝土浇筑、模板拆除、混凝土养护。同有网系统。

④ 抹聚合物砂浆。采用泡沫聚氨酯或其他保温材料在保温板部位堵塞穿墙螺栓孔洞;清理保温板面层,板面、门窗口保温板如有缺损,应用保温砂浆或聚苯板加以修补;按层高、窗台高和过梁高,将玻纤网格布在施工前裁好备用,然后开始抹聚合物砂浆,铺设玻纤网格布,做法同

GKP 外墙保温抹灰做法。

⑤ 窗洞口外侧面抹聚苯颗粒保温砂浆,在抹保温砂浆时距窗框边应留出 5～10 mm 缝隙以备打胶。

## 三、ZL 聚苯颗粒保温浆料外墙外保温

该保温施工技术是将 ZL 胶粉聚苯颗粒保温浆料直接抹在外墙基面形成保温层,然后用玻纤网格布增强聚合物的水泥砂浆做保护层,最后抹柔性耐水泥子饰面层。

### (一)施工准备

外墙墙体工程平整度应符合质量验收规范要求,外墙面的阳台、栏杆和雨落管托架及户外窗的辅框等安装完成,施工用吊篮或专用脚手架搭设牢固。根据总工程量、施工部位和工期要求制订施工方案,施工人员熟悉图纸,制作样板。组织施工队进行技术培训,做好技术交底和安全教育。材料配制指定专人负责,配合比、搅拌机具应符合要求,施工现场温度应不小于 5 ℃,风力小于 4 级。下雨施工,应采取必要的防护措施。

### (二)施工程序

聚苯颗粒保温浆料作为多层、高层外墙外保温材料,外墙外保温施工程序如图 5-9 所示。

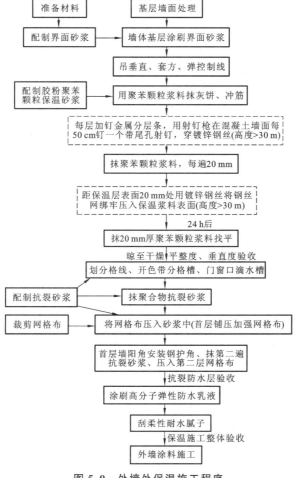

**图 5-9　外墙外保温施工程序**

## （三）施工要点

（1）墙体基层表面处理。首先做到干净，不存有油渍、浮灰等，若墙面出现松动或风化应凿剔干净。砖墙、加气混凝土墙的界面处理应提前淋水湿润，脚手架眼、废弃孔洞内的杂物和灰尘应清理干净，并洒水湿润，用干硬细石混凝土堵塞密实。为了使基层界面黏合力基本一致，用喷枪或滚刷向基层界面喷刷砂浆，均匀无遗漏。

（2）吊垂直、套方找规矩，弹厚度控制线，拉垂直、水平通线，套方做口，按厚度线用聚苯颗粒保温浆料制作灰饼、冲筋。

（3）胶粉聚苯颗粒保温浆料的施工包括保温层的一般做法和保温层加强做法。

保温层的一般做法包括：①抹胶粉聚苯颗粒保温浆料应分两遍施工，每两遍间隔应在 24 h以上；②后一遍施工厚度要比前一遍施工厚度小，最后一遍厚度留 10 mm 左右为宜；③最后一遍操作时应达到冲筋厚度并用大杠搓平，墙面门窗口平整度应达到技术规程的要求；④保温层固化干燥（用手掌按不动表面，一般约 5 d）后方可进行抗裂保护层施工；⑤窗洞口外侧面抹聚苯颗粒保温砂浆，在抹保温砂浆时，距窗框边应留出 5～10 mm 缝隙以备打胶用。

保温层加强做法：建筑物高度＞30 m 时，应加钉金属分层条并在保温层中加一层金属网，金属网在保温层中的位置距基层墙面不宜小于 30 mm，距保温层表面距离不宜大于 20 mm。

其具体做法是：在每个楼层处加 30 mm×40 mm×0.7 mm 的水平通长镀锌轻型角钢，角钢用射钉固定在墙体上。在基层墙面上每隔 50 cm 钉直径 5 mm 的带尾孔射钉一只，用 22 号镀锌铁丝双股与尾孔绑紧，预留长度不小于 100 mm，抹保温浆料至距设计厚度 20 mm 处安装钢丝网，用预留铁丝与钢丝网绑牢并将钢丝网压入保温浆料表层，抹中最后一遍保温浆料找平并达到设计厚度。

（4）做分格线条。①根据建筑物立面情况，分格缝宜分层设置，分块面积单边长度应不大于15 m；②按设计要求在胶粉聚苯颗粒保温浆料层上弹出分格线和滴水槽的位置；③用壁纸刀沿弹好的分格线开出设定的凹槽；④在凹槽中嵌满抗裂砂浆，将滴水槽嵌入凹槽中，与抗裂砂浆黏结牢固，用该砂浆抹平槎口；⑤分格缝宽度不宜小于 5 cm，应采用现场成型法施工。

（5）抹抗裂砂浆，铺贴网格布。胶粉聚苯颗粒保温浆料施工完毕干燥后，进行检查验收，合格后进行聚合物砂浆抹灰。抗裂砂浆一般分两遍完成，第一遍厚度为 3～4 mm，随即竖向铺贴网格布，用抹子将网格布压入砂浆中。网格布铺贴要平整无皱褶，饱满度应达到 100%，随即抹第二遍找平抗裂砂浆。建筑物首层应铺贴双层玻纤网格布，第一层应铺贴加强网格布，铺法同前述方法，但注意铺贴网格布时宜对接。随即可进行第二层普通网格布铺贴施工，两层网格布之间抗裂砂浆应饱满，严禁干贴。

（6）建筑物首层外保温墙阳角应在双层玻纤网格布之间加专用金属护角，护角高度一般为2 m。在第一遍加强网格布施工后加入，其余各层阴角、阳角、门窗口角应用双层玻纤网格布包裹增强，包角网格布单边长度不应小于 15 cm。

（7）抹完抗裂砂浆后，应检查平整、垂直及阴阳角方正，对于不符合要求的应进行修补。

（8）涂刷高分子乳液防水弹性底层涂料。涂刷应均匀，不得漏涂。

（9）刮柔性耐水泥子应在抗裂防护层干燥后施工，应刮 2～3 遍泥子并做到平整光洁。

# 四、CL 建筑体系

CL 是英文 composite-light（复合-轻质）的缩写，CL 建筑体系是一种复合剪力墙结构体系，其核心构件是一种在工厂内定制生产的钢筋立体焊接网架保温夹芯板（简称 CL 网架板）；通过在施工现场将保温板两侧浇筑混凝土后，形成的集受力、保温于一体的现浇钢筋混凝土复合剪力墙,简称 CL 复合剪力墙。该复合剪力墙主要用于建筑物的外墙、不采暖楼(电)梯间墙、分户墙等有保温、隔声要求部位的墙体。

CL 网架板是由两层或两层以上起受力或构造作用的钢筋焊网,中间夹以保温板,用三维斜插钢筋(简称腹筋)焊接形成的板式钢筋焊接网架。其钢筋的直径、间距及组合规格根据设计承载要求及工厂化生产模数确定。保温芯板的材质及厚度则根据当地节能标准选用。CL 网架板是在生产车间生产线根据图纸设计要求定制加工,无须现场二次加工裁剪,作为集墙体受力钢筋、保温层于一体的部品直接提供给施工现场。

## (一)CL 结构墙体构造

CL 结构墙身构造详表如表 5-9 所示。

表 5-9　CL 结构墙身构造详表

| CL 墙型号 | | CLQBⅠ型 | CLQBⅡ型 | CLQBⅢ型 | CLQBⅣ型 |
|---|---|---|---|---|---|
| 墙体竖向剖面图 | | | | | |
| 适用范围(H 为房屋高度) | | 结构洞口及按 A 法设计范围内结构及构件;$H \leqslant 36$ m(按 B 法设计) | $H > 28$ m 住宅建筑或 $H > 24$ m 其他民用建筑及 CLQBⅠ型不适用建筑结构的一般部位 | 高层建筑 | 高层建筑 |
| 规格尺寸 | 混凝土 a /mm | 宜不小于 50(现浇)或 40(预制) | | | |
| | 保护层 b /mm | 根据节能标准及 CL 复合剪力墙传热系数选用 | | | |
| | 混凝土 c /mm | $50 \leqslant c \leqslant 140$ 且由设计确定 | $c > 140$ 且由设计确定 | $c > 140$ 且由设计确定 | $c > 140$ 且由设计确定 |
| | 钢筋焊接网① | 双向 $\phi 3$ @50 | | | |
| | 钢筋焊接网③⑤ | 双向 $\phi 3$ @50 并满足计算要求 | 双向 $\phi 4$ @50 或 $\phi 5$ @100,$\phi 6$ @100 并满足计算要求 | $\phi(5、6、8)$ @(100、150、200)并满足计算要求 | — |
| | 斜向焊接腹筋② | 不少于 $\phi 3$ mm,100 根/平方米或 $\phi 4$ mm,50 根/平方米(保温层部位应进行二次防腐处理) | | | |
| | 绑扎水平拉筋④ | — | — | 由设计确定 | 由设计确定 |
| | 绑扎分布拉筋⑥ | — | | | 由设计确定 |
| CL 网架板 | | 钢筋①②③在工厂焊接成网架,钢筋④⑤⑥在现场施工 | | | |

注:CL 网架板(包括焊接网片焊点和斜腹丝与网片焊点)的复检报告合格,焊接钢筋网可采用 CPB550 级和 HPB300 级钢筋,附加绑扎钢筋与焊网搭接时,其品种、规格、数量按等强代换确定,搭接长度应按搭接钢筋直径确定为 $L_1 = 1.6L_a$ 或 $L_{1E} = 1.6L_{aE}$。

## （二）CL建筑体系结构墙体施工工艺

CL建筑结构墙体是一种新型保温、隔热的承重复合钢筋混凝土剪力墙结构。它是将保温层与剪力墙的受力钢筋组成CL网架板作为墙体骨架，两侧浇筑自密实混凝土后发挥受力和保温的双重作用。其施工工艺流程及标准除CL复合剪力墙参照本项目的规定执行外，其余仍按通常施工工艺标准执行。

**1. 施工准备**

1）技术资料准备

技术资料准备包括审核图纸、施工方案准备、施工技术交底准备、编制施工图预算和施工预算、自密实混凝土的试配。

2）物质准备工作

根据施工预算的材料分析和施工进度计划要求，编制各种物质需要量计划，为施工备料、确定仓库和堆场面积以及组织运输提供依据。

（1）CL网架板的准备。CL网架板为非标准块，需要根据施工图中CL复合剪力墙的布置情况、节点详图以及相关的技术规程结合施工缝留设情况对CL复合剪力墙进行分解提料。提料时应详细表达出CL网架板的规格、尺寸、周边节点特征、数量、位置、供货计划等情况，通过订单形式与专业生产厂家沟通生产。

（2）运输进场。CL网架板应根据使用进度提前进场，根据CL网架板的规格尺寸、用量、运距，安排运输机具或车辆及运输路线。运输过程中，要注意CL网架板的保护，搭设好运输护架，严禁摔震踩踏，防止CL网架板开焊，对进场的CL网架板按技术规程相关规定进行验收。

（3）存放。CL网架板应存放在干燥平整的场地，搭设临时护架，采用斜立式靠放。存放时，要按照施工使用的顺序，先用的放在外边。当存放时间较长时，要做好防雨、防潮措施，以免冷拔低碳钢丝网架严重锈蚀。

**2. CL网架板的安装**

两侧混凝土同时现浇施工顺序为：CL网架板的进场验收→CL网架板两侧固定保温层位置的卡具（或垫块）的制作与安装→CL墙板边缘构件（暗柱）钢筋绑扎和安装→CL网架板的吊装、就位→周边锚筋的绑扎→墙体及边缘构件的模板支设→CL墙板两侧及其边缘构件自密性混凝土的浇筑、拆模、养护及试块留置。

（1）保温层两侧安装卡具或垫块。

CL复合剪力墙采取两侧混凝土同时现场浇筑时，为了控制保温板及钢筋焊网的位置，保证其在混凝土浇筑过程中不会产生超出允许偏差的位移，应在CL网架板安装前在其两侧浇筑混凝土垫块（见图5-10）或在支设模板前放置特定的塑料卡具（见图5-11）。

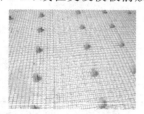 

**图5-10 混凝土垫块布置**　　　　　**图5-11 塑料卡具**

（2）CL 网架板安装。

根据施工段划分、安装顺序、CL 网架板编号对应施工图轴线位置安装,采用塔吊吊装方式进行安装。

根据编号图,进行 CL 网架板的安装。CL 墙板的吊装一般采用逐间封闭式吊装或双间封闭式吊装。

墙板在临时固定后,将 CL 网架板钢筋网片与楼层面预留锚固钢筋进行绑扎,同时进行附加锚筋的绑扎。CL 网架板中部钢筋网片与边缘构件箍筋绑扎牢固;较厚侧 $\phi$5 mm 平网与边缘构件水平附加锚筋绑扎牢固。CL 网架板与边缘构件钢筋锚固如图 5-12 所示。

图 5-12　CL 网架板与边缘构件钢筋锚固

CL 网架板拼接处用聚氨酯发泡胶填充,当网架板因超长或改接等原因,需要将网架板进行对接连接时,将两块 CL 网架板按相同方向对接在一起,然后用与该侧同规格的钢丝网片搭接绑扎。CL 网架板的搭接方法有叠搭法、扣搭法和平搭法。

CL 网架板安装结束后,按照 CL 结构工程施工质量验收规程中有关 CL 网架板安装要求进行自检,然后报监理公司检查验收,并做好隐蔽工程验收记录,再进行下道工序施工。

（3）施工安全要求。

工人上岗前必须签订劳动合同,进行"三级"安全教育,施工作业时要佩戴安全帽及其他防护用品,在外墙和边柱绑扎 CL 网架板时应搭设操作台架和张挂安全网。

CL 网架板在存放时和吊装时均应做好防风措施,运散料应装箱或装笼,当风力大于 5 级时应避免进行单片吊装。解除吊钩时采用人字梯,不得攀爬 CL 网架板。CL 网架板就位后应及时进行固定防止倾覆伤人。CL 网架板在施工现场存放及安装过程中要远离火源,施工现场要做好消防准备。在恶劣气候如大雨、大雪、大雾和 5 级以上大风影响安全生产时,应停止施工作业。吊具和索具应定期检查。非定型的吊具和索具均应验算,符合有关规定后才能使用。墙板在吊离地面后,应缓停片刻,以检验吊具、索具的可靠性。

**3. 模板安装**

在 CL 网架板或 CL 预制板安装就位,且墙身钢筋绑扎完毕,水电箱盒、预埋件、门窗洞口预埋完毕,检查保护层厚度满足要求,办完隐蔽工程验收手续后即可进行墙体模板的支设。模板安装的施工工艺参见《大模板施工工艺标准》及相关施工工法。

CL 结构体系与普通剪力墙结构最大的区别就是 CL 复合剪力墙要使用自密实混凝土进行混凝土的浇筑,因此对模板工程有特殊要求。

1）密封

大模板就位时,在大模板下部铺垫砂浆或就位后勾砂浆缝,防止大模板下部返浆;在门窗洞口的木框上用螺钉固定增设钢板护角,采取加厚木板边框和增加对角支撑,以保证木框的整体刚度和防止角部变形漏浆。在所有模板的拼接缝部位均采用压海绵密封条的措施;局部部位必要时可采用粘贴塑料胶带或打密封胶等辅助措施,切实保证避免水泥砂浆泄漏。

2）通气

洞口阴角或较长的窗下墙顶部等死角部位应留设通气孔,混凝土浇筑时应及时观察,混凝土充满后立即进行封堵。

**4. 混凝土浇筑**

混凝土浇筑前,除了对施工现场进行全面检查外,还要对自密实混凝土的性能进行现场检测。主要检测两项指标。

坍落度:指标要求 260～280 mm,同时目测应无泌水和离析现象。

扩展度:指标要求 600～750 mm,且向四周扩展流动要均匀。

1) 混凝土浇筑

自密实混凝土浇筑施工,浇筑点宜选在构造墙框柱、构造墙中柱、扶壁柱等构件处,浇筑顺序一般从建筑物角部开始,交叉重叠进行浇注。混凝土浇筑顺序示意图如图 5-13 所示。

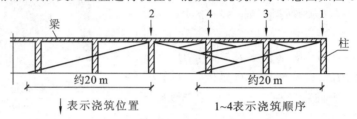

图 5-13  混凝土浇筑顺序示意图

CL 体系自密实混凝土浇筑施工,采用泵送和吊斗浇筑均可。对于两侧同时现浇工艺,不得侧重于一边,以防止保温板因两侧混凝土高差产生的侧压力而导致偏移或变形。浇筑过程中,可先浇筑较薄侧混凝土到一定高度,再浇筑较厚一侧。无论如何浇筑,都应及时观测两侧混凝土液面高差,并应控制在 400 mm 以内。

在自密实混凝土浇筑过程中,随时通过目测或插捣用圆钢检查两侧自密实混凝土浇筑面高差,通过改变两侧自密实混凝土的浇筑量进行调节,以满足要求。

2) 混凝土振捣

自密实混凝土是具有很高流动性且不离析、不泌水,浇筑时能完全依靠自重流平并充满整个浇筑空间,包裹住钢筋的新型高性能混凝土,可以不经过振捣。为了确保自密实混凝土的浇筑质量,一般要进行辅助振捣,主要有以下两种方式。

(1) 采用附着式小型振捣器进行辅助振捣。浇筑前将一些附着式小型振捣器固定在两侧模板的外侧,接通电源,待自密实混凝土浇筑达到设计标高后,开启附着式小型振捣器,进行短时间的辅助振捣即可,具体的振捣时间可通过试验确定。

(2) 圆钢插捣与橡皮锤敲击模板外侧辅助振捣。这种方法是将一定长度的圆钢,一端磨圆,随着自密实混凝土浇筑进行适当插捣,但要避免伤及 CL 网架板的钢筋及斜插筋,同时用橡皮锤自下而上敲击两侧模板的外侧进行辅助振捣。

3) 混凝土的养护

CL 体系自密实混凝土浇筑施工完成后,当自密实混凝土强度达到 1.2 MPa 时,即可拆除模板进行养护。CL 复合剪力墙中的混凝土截面较薄,通常室外侧只有 50 mm,为了防止产生干缩裂缝,应在模板拆除后立即涂刷养护剂或覆盖浇水进行养护,宜养护时间应比普通混凝土延长 24 h 以上。

# 任务 2  屋面保温工程

屋面保温隔热工程是建筑节能工程重要的组成部分,建筑屋面与墙体同属于建筑围护结构,建筑围护结构的总体热工性能必须符合节能 65％的设计要求。导热系数是衡量屋面保温材料的一项重要技术指标。导热系数越小,保温性能越好;反之,导热系数越大,保温性能也就越差。常用屋面保温材料的导热系数要求如表 5-10 所示。

表 5-10　常用屋面保温材料的导热系数要求

| 保温层类别 | 材 料 名 称 | 要求导热系数/[W/(m・K)] |
|---|---|---|
| 松散保温材料 | 膨胀蛭石 | <0.14 |
| | 膨胀珍珠岩 | <0.07 |
| | 高炉熔渣 | 0.163～0.25 |
| 板状保温材料 | 泡沫塑料类板材 | 0.04～0.05 |
| | 微孔混凝土类板材 | 0.19～0.22 |
| | 膨胀蛭石、膨胀珍珠岩类板材 | 0.10～0.26 |

# 一、普通保温工程

普通保温工程通常有松散材料保温层、板状材料保温层以及整体现浇保温层三类。

松散材料保温层适用于平屋顶,不适用于有较大振动或易受冲击的屋面。

板状材料保温层适用于带有一定坡度的屋面。板状材料是事先加工预制,一般含水率较低,所以,不但保温效果好,而且对柔性防水层质量的影响小,适用于整体封闭式保温层。

整体现浇保温层适用于平屋顶或坡度较小的屋顶。此种保温层是在现场拌制,所以增加了现场的湿作业,保温层的含水率较大,可导致卷材防水层起鼓,故一般应用于非封闭式保温层。如需用于整体封闭保温层,则应采取排汽屋面措施。

## (一)松散材料保温层

### 1. 材料要求

一般屋面工程中用做松散保温层的材料有干铺膨胀蛭石、膨胀珍珠岩、高炉熔渣等。松散保温材料进入施工现场后,除要索取出厂证明外,还应对粒径、堆积密度、含水率等进行抽样检查,其中堆积密度不得超过设计规定的 10％。另外,如采用高炉熔渣,还应进行过筛,确保其粒径符合设计要求。

### 2. 保温层施工

(1)保温层施工前要求基层应干净、干燥,松散材料的含水率不得超过设计规定。

(2)一般宜采取压法施工。即将松散保温材料按试验规定的虚铺厚度摊铺到基层上进行刮平,然后按要求适当压实到设计规定的厚度。

(3)每层虚铺厚度不宜大于 150 mm,铺压时不得重压,以免影响保温效果。

(4)沿平行屋脊方向,按虚铺厚度用砖每隔 1 m 左右砌一隔断条,以防止松散材料下滑。

(5)松散材料铺设压实后,应及时铺抹找平层。找平层施工时,不得在保温层上推车或堆放重物,施工人员宜穿软底鞋进行操作。

(6)施工中应密切注意天气变化,如遇下雨,应及时遮盖,防止雨淋。

## (二)板状材料保温层

### 1. 材料要求

常用材料有水泥膨胀蛭石板、水泥膨胀珍珠岩板、沥青膨胀蛭石板、沥青膨胀珍珠岩板、加气混凝土板、泡沫混凝土板、矿棉、岩棉板、聚苯板、聚氯乙烯泡沫塑料板、聚氨酯泡沫塑料板等。

**2．保温层施工**

铺设板状保温材料的基层应平整、干净和干燥。板状保温材料要防止雨淋受潮，在搬运和保管中应轻拿轻放，防止损伤断裂，缺棱掉角，保证板的外形完整。板状保温材料的铺设方法分为干铺法和粘贴法两种。

1）干铺法

铺设时，应将板状保温材料紧靠在需保温的基层表面上，并应铺平垫稳。分层铺设的板块上下层接缝应相互错开，板间缝隙应采用同类材料嵌填密实。

2）粘贴法

粘贴的板状保温材料应贴严、铺平；分层铺设的板块上下层接缝应相互错开，并应符合下列要求。①当采用沥青玛蹄脂及其他胶结材料粘贴时，板状保温材料相互之间及与基层之间应满涂胶结材料，以便相互黏牢。沥青玛蹄脂的加热和使用温度应符合本任务有关要求。②当采用水泥砂浆粘贴板状保温材料时，板间缝隙应采用保温灰浆填实并勾缝。保温灰浆的体积配合比宜为1：1：10（水泥∶石灰膏∶同类保温材料的碎粒）。

### （三）整体现浇保温层

**1．材料要求**

一般整体现浇保温层多为水泥膨胀蛭石和水泥膨胀珍珠岩，对于一些小型的屋面或冬季施工时，也可用沥青膨胀蛭石或沥青膨胀珍珠岩。另外，城镇及农村小型建筑，也可采用水泥炉渣或水泥白灰炉渣。其中沥青胶结材料宜选用 10 号建筑石油沥青或符合要求的乳化沥青；水泥的强度等级不应低于 32.5。

**2．保温层施工**

整体现浇保温层铺设时，要求铺设厚度应符合设计要求，表面应平整，并达到规定要求的强度，但又不能过分压实，以免降低保温效果。

1）水泥膨胀蛭石（水泥膨胀珍珠岩）施工

（1）配合比。配合比一般为 1：10～1：12（水泥∶膨胀蛭石或膨胀珍珠岩），水灰比为 1：2.4～1：2.6，以上均为体积比。

（2）搅拌。宜采用人工搅拌，搅拌时先将水泥与骨料干拌均匀，然后加水拌和，稠度以手捏成团、落地开花为准，并做到随拌随铺。

（3）分仓铺抹。每仓宽度 700～900 mm，可采用木条分格。

（4）控制厚度。虚铺厚度应根据试验确定，铺后拍实抹平至设计厚度。

（5）加强保护。保温层压实抹平后，应立即做找平层，对保温层进行保护。

2）沥青膨胀珍珠岩（沥青膨胀蛭石）施工

沥青膨胀珍珠岩（沥青膨胀蛭石）施工保温层目前多数采用乳化沥青作为胶结材料，与膨胀蛭石或膨胀珍珠岩搅拌和整压而成。

乳化沥青是一种防水材料，当水分蒸发后，沥青颗粒凝结成膜，将蛭石或珍珠岩颗粒包围，而形成一种憎水性的材料。因此，这种保温层不但有保温隔热作用，而且有一定的防水性能。现以膨胀珍珠岩为例，介绍这类保温层的具体施工。

（1）原材料及配合比。乳化沥青密度选用 1.03～1.06 g/cm³，如进入现场的乳化沥青密度较大,可用软水进行稀释。膨胀珍珠岩的表观密度选用 $60\sim100$ kg/m³;当采用人工搅拌时,配合比一般为 $5:1\sim6:1$(乳化沥青:膨胀珍珠岩),机械搅拌时为 $4:1$(乳化沥青:膨胀珍珠岩),以上均为质量比;采用上述配合比制成的保温材料,表观密度为 $300\sim330$ kg/m³,导热系数为 $0.081$(W/m·K),与水泥类基层及沥青基防水卷材均有良好黏结性能。

(2)搅拌。优先采用机械搅拌(如砂浆搅拌机),也可采用人工搅拌,但要求充分拌匀,色泽一致,稠度以手捏成团、落地开花为准。

(3)压实。宜用平板振动器振实,以人行无沉陷为准。虚铺与实铺的压缩比为 $1.8:1\sim2:1$,也可用铁滚子反复滚压至预定的设计厚度为止。

(4)抹光。压实后可用收光机抹光,边缘角落处可用铁抹子抹光,也可采用木抹子找平抹光。

(5)分仓。乳化沥青膨胀珍珠岩施工时亦应进行分仓,每仓厚度为 $700\sim900$ mm。

(6)保护措施。采用乳化沥青膨胀珍珠岩保温层,可免去找平层构造。因此,在施工后要加强成品保护,在干燥成型前不得上人或受到冲击荷载,也不得在其表面上打洞钻孔。当表面强度达到 $0.2$ MPa 以上时,即可进行防水层施工。

3)水泥、炉渣或水泥、白灰、炉渣施工

(1)配合比。水泥、炉渣体积配合比为 $1:8$(水泥:炉渣),水泥、白灰、炉渣体积配合比为 $1:1:8$(水泥:白灰:炉渣)。

(2)搅拌。一般可采用人工搅拌。炉渣在搅拌前必须浇水闷透,如用水泥白灰作为胶结材料时,此时需用白灰浆将炉渣闷透,闷透时间不少于 $5$ d。

(3)压实。虚铺厚度应根据试验确定,可用平板振动器振实或用木夯压实。

(4)抹光。可用铁抹子或木抹子进行抹光。

(5)养护。注意浇水养护,水泥、炉渣至少养护 $2$ d,水泥、白灰、炉渣至少养护 $7$ d。

## 二、倒置保温工程

倒置式屋面保温于 20 世纪 60 年代开始在欧洲和美国使用,其特点是将憎水性保温材料设置在防水层之上,对防水层起到防护和屏蔽作用,使之不受阳光和气候变化的影响,也不易受到来自外界的机械损伤。一般用聚苯乙烯泡沫塑料等高热绝缘系数、低吸水率材料作为保温层,并将保温层设置在主防水层之上,具有节能保温隔热、延长防水层使用寿命、施工方便、劳动效率高、综合造价经济等优点。

### (一)主要性能分析

倒置式屋面具有改善室内环境、提高居住生活质量、减轻屋面荷载及节约能源等作用,近年来应用日益广泛,其主要性能如下。

**1. 提高防水层的耐久性**

倒置式屋面可以减少因气温剧烈变化而引起防水层的开裂以及防水材料的老化,从而提高防水层的耐久性,延长屋面的使用年限。

**2. 防止屋面结构内部结露**

传统的卷材屋面容易发生内部结露现象,从而产生许多危害,如结构变形、材料湿胀、保温性能下降等。在多孔保温材料内部出现结露,不仅使孔隙浸水,增大导热系数。在寒冷地区的屋面出现内部结露,还会发生冻胀,甚至使结构开裂、破损。

**3．防水层不易受到损伤**

防水层包括合成高分子橡胶卷材、低档的沥青基厚质涂料在内，都存在耐穿刺性差、容易损伤的缺点。而采用倒置式屋面，因有一定厚度的保温材料及保护层覆盖，形成坚韧的缓冲层，因此，这类屋面防水层不易受到损伤。

**4．改善室内小气候环境**

我国长江流域以及其他不少省区属于夏热冬冷地区，这些地区必须满足夏季防热（隔热）要求，又要适当兼顾冬季保温。如按上海地区气候条件计算，如采用 30 mm 厚聚苯乙烯泡沫塑料板做隔热层，不仅热工性能好，而且屋面荷载大大减轻，施工方便，综合效果较为理想。

## （二）构造要求

倒置式屋面构造形式如图 5-14 所示。

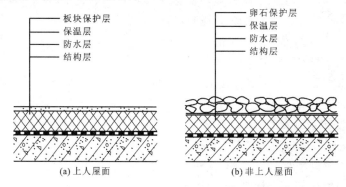

(a) 上人屋面　　　　　　　　　(b) 非上人屋面

**图 5-14　倒置式屋面构造形式**

（1）倒置式屋面宜选用表观密度小、含水率低、导热系数及蒸汽渗透系数均小并具有一定强度的板状保温材料，目前公认较好的有聚苯乙烯泡沫板；也可采用沥青膨胀珍珠岩。另外，鉴于保温层受潮后导热系数增大，所以，在设计保温材料厚度时，应比计算厚度增加 20%～30%。

（2）倒置式屋面的防水层宜选用聚酯毡胎基的高聚物改性沥青防水卷材（如 SBS），一般为双层（Ⅰ型 2 mm 加Ⅲ型 4 mm）；也可用 SBS 改性沥青防水涂料作为底层（2 mm），与Ⅲ型 SBS 改性沥青防水卷材做成复合防水层。

（3）保护层宜选用蒸汽渗透系数大（即蒸汽渗透阻小）的材料，以便把下雨后保温层中的水分迅速蒸发。因此，在非上人屋面上，选用卵石做保护层是最适宜的。它有良好的内部呼吸作用，此时保护层的厚度应与保温层厚度相当，且不宜小于 60 mm；而在上人屋面上，则可选用 30 mm 厚预制混凝土板或 50 mm 厚 GRC 轻板，可按 500 mm×500 mm 尺寸分块，缝内用水泥砂浆填塞即可，不必采用密封材料嵌缝，以利潮气蒸发。

（4）上人屋面保温层应采用粘贴的方法；不上人屋面可采用粘贴或不粘贴的方法。

（5）保护层为混凝土板或 GRC 轻板时，可用水泥砂浆铺砌；保护层为卵石时，在卵石与保温层间应铺一层耐穿刺且耐久性和防腐蚀性能好的纤维织物。

## （三）施工技术关键

（1）基层处理。如为整浇钢筋混凝土结构层，在防水层施工前必须对基层进行全面检查，发现裂缝应及时修补。如为装配式钢筋混凝土结构层，则应沿屋面板的端缝单边粘贴（或干铺）一层附加卷材条，每边的宽度不应小于 100 mm，且在铺贴时，不应将卷材条黏牢，否则因基层结构变形,仍会将附加卷材条与上部卷材防水层一起拉裂。

(2)基层平整,并有较大的坡度。平屋顶排水坡度不宜小于 3%,以防积水。

(3)卷材防水层铺贴。卷材防水层因有保温层、保护层等材料压住,因此,从理论上讲,卷材与基层可采取空铺法,也可采取点黏法或条黏法;但在檐口、屋脊和屋面转角处及突出屋面的连接处,应用胶结材料将卷材与基层黏牢,其宽度不得小于 800 mm。

(4)铺设板状保温材料时,拼缝应严密,铺设应平稳。如保温层厚度较大,可以铺设两层,并将接缝错开。保温材料与防水层之间可以采用干铺,也可采用与防水材料相容的胶结材料粘贴(点黏或条黏)。

(5)如采用沥青膨胀珍珠岩保温层时,每 1 m³ 珍珠岩中宜加入 100 kg 沥青,搅拌均匀,入模成型时严格控制压缩比,一般为 1.80~1.85。

(6)在铺设保护层时,应注意避免损坏保温层及防水层。当采用预制板保护层,可采用水泥砂浆将预制板和保温材料粘贴固定;此时预制板的接缝应对齐,随后用水泥砂浆嵌缝。当采用卵石保护层时,在保温层上先铺一层纤维织物,且应满铺不得露底。而上面的卵石应分布均匀,并防止过量,以免加大荷载,造成结构开裂或变形过大,甚至影响到结构的承载能力。故需在施工前对卵石大小、级配及堆积密度进行系统试验,按试验结果指导现场施工。

# 任务 3　工程案例分析

## 一、编制依据

(1)××房地产开发有限公司提供的××小区 12#、15#、18#楼工程图纸及施工合同;

(2)《建筑工程施工质量验收统一标准》(GB 50300—2013);

(3)《建设工程安全生产管理条例》;

(4)××小区××楼工程施工组织设计。

## 二、工程概况

(1)建设单位:××房地产开发有限公司。

(2)工程名称:××小区 12#、15#、18#楼工程。

(3)工程地点:××路、××小区内。

(4)设计单位:××建筑设计有限公司。

(5)监理单位:××建设工程监理有限公司。

(6)施工单位:××建筑有限公司。

(7)建筑部分工程概况:××小区 12#楼工程,位于小区 2#楼的东侧,基础为条形基础,主体为 6 层框架结构、异型截面框架柱,阁楼屋顶为坡屋面,±0.000 相当于黄海高程 14.100 m;15#楼工程,位于小区 5#楼的东北侧,基础为条形基础,主体为 6 层框架结构、异型截面框架柱,阁楼屋顶为坡屋面,±0.000 相当于黄海高程 15.800 m;18#楼工程,位于小区 5#楼的东面,基础为筏板式基础,主体为 6 层框架结构、异型截面框架柱,阁楼屋顶为坡屋面,±0.000 相当于黄海高程 15.800 m。12#、15#、18#楼外墙保温采用 ZMBW 复合型多功能高性能保温砂浆。

## 三、施工机具配置

根据现场实际情况及工程特点、工作环境、施工进度计划,实行动态管理、配备机具如下。
施工机具如表 5-11 所示。

表 5-11　施工机具一览表

| 序号 | 机械名称 | 规格型号 | 数量 | 功率(单台) | 总功率/kW |
|---|---|---|---|---|---|
| 1 | 卷扬机 | — | 1 | 5.5 | 5.5 |
| 2 | 砂浆搅拌机 | HJ-50A | 1 | 1.5 | 1.5 |
| 3 | 手推车 | — | 20 | — | — |
| 4 | 托灰板 | — | 40 | — | — |
| 5 | 木抹子 | — | 40 | — | — |
| 6 | 铁抹子 | — | 40 | — | — |
| 7 | 制尺 | — | 40 | — | — |
| 8 | 阳角抹子 | — | 20 | — | — |
| 9 | 阴角抹子 | — | 20 | — | — |
| 10 | 大小杠 | — | 10 | — | — |
| 11 | 托线板 | — | 20 | — | — |

主要检测器具如表 5-12 所示。

表 5-12　主要检测器具

| 序号 | 名　称 | 规　格 | 单位 | 数量 | 备注 |
|---|---|---|---|---|---|
| 1 | 精密水准仪 | NAL132 | 台 | 1 | — |
| 2 | 铝合金塔尺 | 6 m | 把 | 1 | — |
| 3 | 卷尺 | 5 m | 把 | 10 | — |
| 4 | 磅秤 | 300 kg | 台 | 1 | — |
| 5 | 自制靠尺板 | 2 m | 根 | 10 | — |
| 6 | 靠尺 | 2 m | 根 | 1 | — |
| 7 | 工程检测工具 | — | 套 | 1 | — |

## 四、施工方法及要点

### 1. 外墙保温工程施工顺序

外墙保温工程施工顺序为:门窗框四周堵缝→墙面清理→吊垂直、套方、抹灰饼、冲筋→弹灰层控制线→浇水湿润→抹界面处理剂→抹第一遍保温砂浆→浇水养护→抹第二遍保温砂浆→检验平整度、垂直度、厚度→浇水养护→抹第一遍抗裂砂浆→黏挂钢板网→抹第二遍抗裂砂浆→浇水养护→验收→外墙涂料施工、外墙面砖施工。

### 2. 外墙保温施工方法

(1) 面砖外墙保温砂浆(ZMBW 复合多功能高性能保温砂浆)施工工序如下:①3 mm 厚界面砂浆;②20～25 mm 厚保温砂浆(东南西面厚度为 20 mm、北面厚度为 25 mm);③6 mm 厚抗裂砂浆;④钢板网;⑤4 mm 厚抗裂砂浆;⑥5 mm 厚黏结砂浆贴面砖。

(2) 涂料外墙保温施工工序如下:①3 mm 厚界面砂浆;②20～25 mm 厚保温砂浆(东南西

面厚度为 20 mm、北面厚度为 25 mm);③6 mm 厚抗裂砂浆;④钢板网;⑤4 mm 厚抗裂砂浆;⑥高分子乳液弹性底层涂料;⑦柔性耐水泥子＋涂料。

**3. 外墙保温(ZMBW 复合多功能高性能保温砂浆)施工要点**

(1) 砖墙。将墙面上残余砂浆、污垢、灰尘清理干净,抹灰前一天浇水湿润。抹灰前一小时再浇水一次,以满足施工要求。

(2) 混凝土墙。用 10% 火碱水去除表面油污,再用清水冲洗干净晾干。涂抹界面处理剂,可采用涂敷法或拉毛法。

(3) 保温砂浆施工应分遍进行。每遍厚度不宜超过 10 mm,涂抹时应压实、压平,待保温砂浆初凝后浇水湿润,以备下一遍抹灰。分层抹灰时间间隔一般在 24 h 以上,待厚度达到冲筋面时,先用大杠刮平,再用铁抹子用力抹平。

(4) 在保温层施工的同时应在门窗洞口周边外墙抹保温砂浆,在檐口、窗台、窗楣、雨棚、阳台、压顶以及突出墙面的部位顶面用水泥砂浆做出坡度,下面应做滴水线。

(5) 保温层养护,待初凝后再浇水湿润。浇水时间间隔可根据环境干燥情况确定,保持表面不出现发白现象,浇水养护不得少于 7 d。

(6) 分格条用黏合剂粘贴在保温层表面,现场安装后形成分格缝。

(7) 抗裂砂浆抹灰必须在保温砂浆层充分凝固后进行,一般在 7 d 后或用手按不动表面的情况下进行。施工前一天浇水湿润,抹灰前 1 h 再浇一遍水。抗裂砂浆施工时,用铁抹子抹平后再用塑料抹子搓平拉毛。

(8) 抗裂砂浆应随拌随用,停放时间不应超过 3 h,落地灰不得使用。初凝后浇水养护,养护时间不得少于 7 d。

## 五、施工管理

(1) 外墙保温(ZMBW 复合多功能高性能保温砂浆)工程计划工期为 38 d,工程质量达到合格。①界面砂浆施工 3 d;②第一遍保温砂浆施工 5 d;③第二遍保温砂浆施工 5 d;④第一遍抗裂砂浆施工 4 d;⑤黏挂钢板网 2 d;⑥第二遍抗裂砂浆施工 4 d;高分子乳液弹性底层涂料 3 d;⑦黏结砂浆＋面砖＋勾缝料 7 d;柔性耐水泥子＋涂料 5 d。

(2) 按本项目确定的工期与质量承诺的要求,在外墙保温工程施工中,合理配置生产诸要素,确保施工进度,确保工程的施工质量,实现合同目标。

(3) 施工时要合理安排好各工种之间的相互关系、施工顺序,确保有序施工,合理调配、安排好劳动力,满足施工进度需求。

(4) 根据施工进度及时采购建筑材料,并按规范要求做好进场检验工作。

(5) 在外墙保温砂浆的施工中,严格按配合比进行计量投料并设专人负责保温砂浆的搅拌工作,ZMBW 保温砂浆的搅拌时间为 6~8 min,水灰比宜为 0.55~0.65,稠度应控制在 60~80 mm,确保外墙保温工程的施工质量。

(6) 加强施工过程中的监督指导工作,对外墙保温施工实行全过程有效控制。

(7) 各工种在施工中要做好班组自检工作及工序报验工作,保证每道工序的施工质量。

(8) 按规范要求及时做好质量保证资料的收集、记录、整理工作,确保资料真实、齐全、规范标准且与施工进度同步。

## 六、安全与文明施工

（1）外墙保温工程安全与文明施工目标为轻伤以上安全事故为零，施工现场整洁文明。

（2）施工前所有机械设备应进行检验、调试合格并报验后，方可使用。使用过程中实行专人负责制，并设专人进行日常维修及保养工作。

（3）施工时对施工人员应进行安全教育并讲清安全注意事项。施工中必须严格遵守各项安全规章制度、操作规程，确保安全施工。

（4）施工材料按要求做到有序堆放，现场保持文明整洁。

组织学生参观保温工程施工现场，完成以下任务。

（1）详细描述所参观现场保温工程施工顺序。

（2）结合所学知识说出保温工程质量控制要点。

（3）编制参观工程的保温施工方案。

（1）简述外墙保温技术有哪几种？

（2）简述 GKP 外墙外保温的构造做法。

（3）GKP 外墙外保温施工质量检查要点有哪些？

（4）简述全现浇混凝土外墙外保温系统有网系统保温板的施工程序。

（5）简述 ZL 聚苯颗粒保温浆料外墙外保温的施工要点。

（6）简述 CL 建筑体系构造要求。

（7）简述 CL 网架板的安装顺序。

（8）常用的屋面保温材料有哪些？

（9）倒置式屋面保温施工中有哪些关键技术？

# 结构安装工程

（1）了解结构安装施工起重机械和索具的性能、使用条件。

（2）熟悉起重机械的选择及单层工业厂房结构吊装的准备工作。

（3）掌握单层工业厂房结构吊装施工方案的确定、构件吊装工艺、构件平面布置及机械开行路线的确定。

（1）能根据实际情况合理选择结构安装施工机械与索具。

（2）能做好单层工业厂房结构吊装的准备工作。

（3）能根据实际情况编制单层工业厂房结构吊装施工的施工方案。

结构安装是用各种起重机械将房屋的预制构件安装到设计位置，组装成房屋结构的施工过程。结构安装工程是装配式结构房屋施工的主导工程。在制定结构安装工程施工方案时，要充分考虑具体工程的工期要求、场地条件、结构特征、构件特征及安装技术要求等，做好安装前的各项准备工作，明确构件加工制作计划任务和现场平面布置，合理选择起重、运输机械，合理选择构件的吊装工艺，合理确定起重机开行路线与构件吊装顺序，达到缩短工期、保证质量、降低工程成本的目的。

# 任务 1　索具与起重机

## 一、索具设备

在结构安装工程中要使用许多辅助工具，如卷扬机、滑轮组、钢丝绳、吊具等，现将部分索具的设备类型、性能等做一些介绍。

### （一）卷扬机

在建筑施工中常用的卷扬机分为快速卷扬机和慢速卷扬机两种，如图 6-1 所示。快速卷扬机（JJK 型）主要用于垂直、水平运输和打桩作业。慢速卷扬机（JJM 型）主要用于结构吊装、钢筋冷拉等作业。常用的电动卷扬机的牵引力一般为 10～100 kN。卷扬机起重能力大、速度快且操作方便，因此在建筑工程施工中应用广泛。

卷扬机在使用时必须做可靠的锚固，以防止在工作时产生滑移或倾覆。根据牵引力的大小，卷扬机的固定方法有螺栓固定法、横木固定法、立桩固定法和压重固定法四种，如图 6-2 所示。

**1. 卷扬机的布置（即安装位置）注意事项**

（1）卷扬机的安装位置周围必须排水畅通并应搭设工作棚，安装位置一般应选择在地势稍高、地基坚实之处。

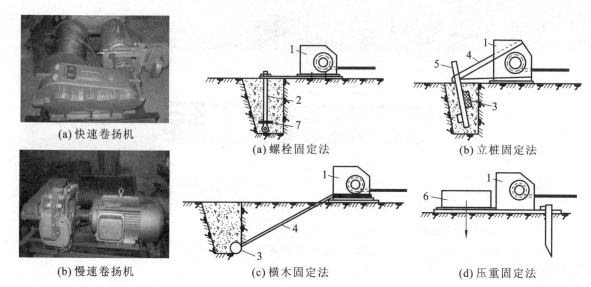

(a) 快速卷扬机

(b) 慢速卷扬机

图 6-1　卷扬机

(a) 螺栓固定法　　　　(b) 立桩固定法

(c) 横木固定法　　　　(d) 压重固定法

图 6-2　卷扬机的固定方法

1—卷扬机；2.—地脚螺栓；3—横木 4—拉索；5—木桩；6—压重；7—压板

（2）卷扬机的安装位置应能使操作人员看清指挥人员和起吊或拖动的物件。卷扬机至构件安装位置的水平距离应大于构件的安装高度，即当构件被吊到安装位置时，操作者视线仰角应小于 $45°$。

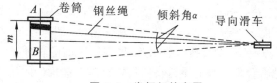

图 6-3　卷扬机的布置

（3）在卷扬机正前方应设置导向滑车，导向滑车至卷筒轴线的距离：带槽卷筒的应不小于卷筒宽度的 15 倍，即倾斜角 $\alpha$ 不大于 $2°$（见图 6-3）；无槽卷筒的应大于卷筒宽度的 20 倍，以免钢丝绳与导向滑车槽缘产生过分的磨损。

（4）钢丝绳绕入卷筒的方向应与卷筒轴线垂直，其垂直度允许偏差为 $6°$。这样能使钢丝绳圈排列整齐，不致斜绕和互相错叠挤压。

**2. 卷扬机的使用注意事项**

（1）卷扬机必须有良好的接地或接零装置，接地电阻不得大于 10 Ω。在一个供电网上，接地或接零不得混用。

（2）卷扬机使用前要先空运转，做空载正、反转试验 5 次，检查运转是否平稳，有无不正常响声；传动制动机构是否灵活可靠；各紧固件及连接部位有无松动现象；润滑是否良好，有无漏油现象。

（3）钢丝绳的选用应符合原厂说明书规定。卷筒上的钢丝绳全部放出时，应至少留有 3 圈；钢丝绳的末端应固定牢靠；卷筒边缘外周至最外层钢丝绳的距离应不小于钢丝绳直径的 1.5 倍。

（4）钢丝绳应与卷筒及吊笼连接牢固，不得与机架或地面摩擦，通过道路时，应设过路保护装置。

（5）卷筒上的钢丝绳应排列整齐，当重叠或斜绕时，应停机重新排列，严禁在转动中用手拉或脚踩钢丝绳。

（6）作业中，任何人不得跨越正在作业的卷扬钢丝绳。物件提升后，操作人员不得离开卷扬机，物件或吊笼下面严禁人员停留或通过。休息时应将物件或吊笼降至地面。

（二）滑轮组

滑轮组由一定数量的定滑轮、动滑轮及绳索组成，如图 6-4 所示。

滑轮组既省力又可根据需要改变力的方向,是起重设备不可缺少的组成部件。使用滑轮组能用较小吨位的卷扬机起吊较大质量的构件。滑轮组引出绳头(称跑头)拉力是滑轮组省力程度的指标,跑头拉力取决于滑轮组的工作线数和滑轮轴承的摩擦阻力。工作线数是指滑轮组中共同负担构件重力的绳索根数,工作线数可通过以动滑轮组合体为隔离体来分析确定。

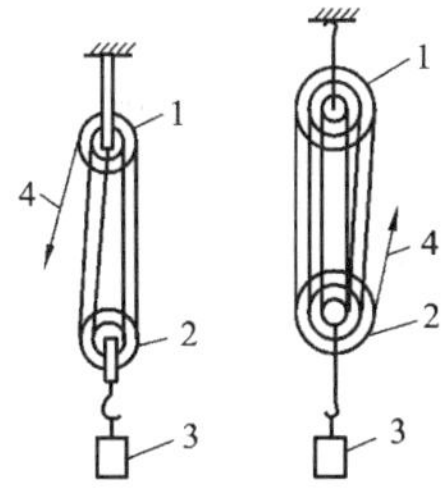

图 6-4　滑轮组
1—定滑轮;2—动滑轮;
3—重物;4—跑头拉力

### (三) 钢丝绳

钢丝绳是吊装工作中的常用绳索,它具有强度高、韧度高、耐磨性好等优点。同时,磨损后外表产生毛刺,容易发现,便于预防事故的发生。

**1. 构造与种类**

1) 钢丝绳的构造

在结构吊装中常用的钢丝绳是由 6 股钢丝和 1 股绳芯(一般为麻芯)捻成的。每股又由多根直径为 0.4～4.0 mm,强度为 1 400 MPa、1 550 MPa、1 700 MPa、1 850 MPa、2 000 MPa 的高强钢丝捻成(见图 6-5)。

2) 钢丝绳的种类

钢丝绳的种类很多,按其捻制方法分为右交互捻、左交互捻、右同向捻、左同向捻四种,如图 6-6 所示。

(a) 右交互捻　(b) 左交互捻　(c) 右同向捻　(d) 左同向捻
(股向右捻,丝向左捻)(股向左捻,丝向右捻)(股和丝均向右捻)(股和丝均向左捻)

图 6-5　普通钢丝绳截面　　　　图 6-6　钢丝绳的捻法

钢丝绳按每股钢丝根数分,有 6 股 7 丝、7 股 7 丝、6 股 19 丝、6 股 37 丝和 6 股 61 丝等几种。

3) 钢丝绳在结构安装工作中常用的方法

(1) 6×19+1,即 6 股每股由 19 根钢丝组成再加 1 根绳芯的钢丝绳,此种钢丝绳较粗,硬而耐磨,但不易弯曲,一般用做缆风绳。

(2) 6×37+1,即 6 股每股由 37 根钢丝组成再加 1 根绳芯的钢丝绳,此种钢丝绳比较柔软,一般用于穿滑轮组的吊绳或当作吊索。

(3) 6×61+1,即 6 股每股由 61 根钢丝组成再加 1 根绳芯的钢丝绳,此种钢丝绳质地软,一般用做重型起重机械的吊绳。

**2. 钢丝绳的计算**

钢丝绳允许拉力按下列公式计算:

$$[F_g] = \alpha F_g / K \tag{6-1}$$

式中:$[F_g]$ 表示钢丝绳的允许拉力,单位为 kN;$F_g$ 表示钢丝绳的钢丝破断拉力总和,单位为 kN;$\alpha$ 表示换算系数,按表 6-1 取用;$K$ 表示钢丝绳的安全系数,按表 6-2 取用。

表 6-1　钢丝绳破断拉力换算系数表

| 钢丝绳结构 | 换算系数 $\alpha$ |
|---|---|
| 6×19 | 0.85 |
| 6×37 | 0.82 |
| 6×61 | 0.80 |

表 6-2　钢丝绳的安全系数

| 用　　途 | 安全系数 $K$ | 用　　途 | 安全系数 $K$ |
|---|---|---|---|
| 当作缆风绳 | 3.5 | 当作吊索 | 6～7 |
| 用于手动起重设备 | 4.5 | 当作捆绑吊索 | 8～10 |
| 用于机动起重设备 | 5～6 | 用于载人的升降机 | 14 |

**3. 钢丝绳的安全检查和使用注意事项**

1）钢丝绳的安全检查

钢丝绳使用一定时间后，就会产生断丝、腐蚀和磨损现象，其承载能力就会降低。钢丝绳经检查有下列情况之一者，应予以报废。

（1）钢丝绳磨损或锈蚀达直径的 40% 以上的。

（2）钢丝绳整股破断的。

（3）使用时断丝数目增加得很快的。

（4）钢丝绳每一捻距长度范围内，断丝根数超过允许规定的数值的。一个捻距指每一股钢丝围绕股芯或绳股围绕绳芯旋转一周（360°）的起止点间的直线距离。捻距约为钢丝绳直径的 8 倍，如图 6-7 所示。

2）钢丝绳的使用注意事项

（1）使用中不准超载。在吊重的情况下，若绳股间有大量的油挤出，则说明荷载过大，必须立即检查。

（2）钢丝绳穿过滑轮时，滑轮槽的直径应比绳的直径大 1～2.5 mm。

（3）为了减少钢丝绳的腐蚀和磨损，应定期加润滑油（一般以工作时间四个月左右加一次）。存放时应保持干燥，并成卷排列，不得堆压。

## （四）吊具

结构安装常用的吊装工具有吊钩、吊索、卡环、横吊梁（铁扁担）等。

（1）吊钩。吊钩常用整块优质碳素钢锻造而成。吊钩的表面应当光滑，不得有剥裂、刻痕、裂缝等缺陷。吊装时，吊钩不得直接钩在构件的吊环中。

（2）吊索。吊索主要用于绑扎和起吊构件，一般用 6×61 钢丝绳和 6×37 钢丝绳制成，其形式如图 6-8 所示。在结构吊装中，吊索的拉力应符合允许拉力的要求。吊索的拉力取决于构件的质量和吊索的水平夹角，一般水平夹角应不小于 45° 且不超过 60°。

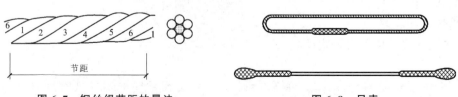

图 6-7　钢丝绳节距的量法　　　　　　图 6-8　吊索
1～6—钢丝绳绳股的编号

（3）卡环。卡环用于吊索间或吊索与构件间的连接，主要用于固定和扣紧吊索，按销子和弯环的连接方式分为螺栓式卡环和活络卡环，如图 6-9 所示。

（4）横吊梁。常用钢板、钢管、型钢等制作横吊梁。用直吊法吊装柱子时，用钢板横吊梁可以使柱子保持垂直。屋架吊装时，可用钢管或型钢横吊梁以降低索具高度，使索具夹角满足要求，如图 6-10 所示。

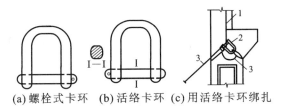

(a) 螺栓式卡环　(b) 活络卡环　(c) 用活络卡环绑扎

图 6-9　卡环及其使用示意图

1—吊索；2—活络卡环；3—白棕绳

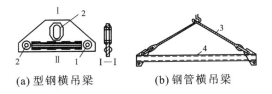

(a) 型钢横吊梁　　　　(b) 钢管横吊梁

图 6-10　横吊梁

1—挂起重机吊钩的孔；2—挂吊索的孔；3—吊索；4—钢管

## 二、起重机

可用于结构安装工程的起重机类型较多，常用的有桅杆式起重机、自行式起重机、塔式起重机等。

### （一）桅杆式起重机

桅杆式起重机又称拔杆，是简易的起重设备，常用的有独脚拔杆、人字拔杆、悬臂拔杆和牵缆式拔杆等。这类起重机的特点是构造简单，制作简易，装拆方便，起重量大（可达 100 t 以上），能在较窄的工地上使用，能吊装一些特殊大型构件和设备。但是它的灵活性差，服务半径小，移动困难，并需要拉设较多的缆风绳。桅杆式起重机多用于安装工程量较集中、构件质量大、场地狭窄时的吊装作业。

**1. 独脚拔杆**

独脚拔杆由拔杆、滑轮组、卷扬机、缆风绳和锚碇等组成。它只能提升重物，不能使重物作水平运动，如图 6-11(a) 所示。

独脚拔杆可用圆木或钢管制作。木制拔杆起重量在 10 t 以内，起重高度为 15 m 以内；钢管制作的拔杆起重量可达 30 t，起重高度为 20 m 以内。独脚拔杆主要靠缆风绳保持稳定，缆风绳的数量应按起重量、起重高度、绳索强度而定，一般为 6～12 根，最少不小于 4 根。独脚拔杆应有不大于 10°的倾角，缆风绳和地面的夹角一般为 30°～45°。

**2. 人字拔杆**

人字拔杆由两根圆木或两根钢管，用钢丝绳绑扎或铁件铰接而形成人字形，如图 6-11(b) 所示。两杆夹角一般为 30°左右，平面倾斜度不超过 1/10，两杆顶端离绑扎点至少 60 cm，下端用钢丝绳或拉杆固定。人字拔杆起重量大，侧向稳定性好，但构件起吊后活动范围小，可用于吊装重型柱等构件。

**3. 悬臂拔杆**

悬臂拔杆是在独脚拔杆的中部装上一根起重臂而形成的，如图 6-11(c) 所示。其特点是有较大的起重高度和相应的工作幅度。悬臂拔杆左右摆动角度大、起重量小，适用于轻型构件的安装。

### 4. 牵缆式拔杆

牵缆式拔杆是在独脚拔杆的下端装上一根起重臂而形成的,如图6-11(d)所示。牵缆式拔杆的起重臂可上下起伏,机身可做360°回转,可在起重半径范围内将构件吊到任何空间位置。大型牵缆式拔杆的拔杆和起重臂采用格构式截面,起重量可达60 t,起重高度达80 m。该起重机因缆风绳用得较多,移动困难,适用于构件多且集中的结构安装工程。

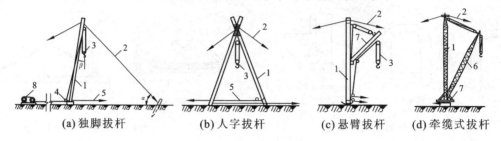

(a) 独脚拔杆  (b) 人字拔杆  (c) 悬臂拔杆  (d) 牵缆式拔杆

**图6-11 桅杆式起重机**

1—拔杆;2—缆风绳;3—起重滑轮组;4—导向装置;5—拉索;6—起重臂;7—回转盘;8—卷扬机

## （二）自行式起重机

自行式起重机包括履带式起重机、汽车式起重机和轮胎式起重机等。自行式起重机的优点是灵活性大,移动方便,能在建筑工地流动服务。

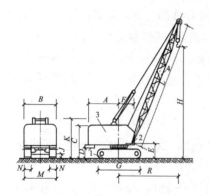

**图6-12 履带式起重机外形**

1—行走装置;2—回转机构;3—机身;4—起重臂
$A,B,C,\cdots$—外形尺寸;$L$—起重臂长度;
$H$—起重高度;$R$—起重半径

### 1. 履带式起重机

1) 履带式起重机的构造及特点

履带式起重机由行走装置、回转机构、机身及起重臂等部分组成,如图6-12所示。行走装置为链式履带,以减少对地面的压力。回转机构为装在底盘上的转盘。机身可回转360°,机身内部有动力装置、卷扬机和操作系统。

履带式起重机的特点是操作灵活,机身能回转360°,可负荷行驶,能在一般平整坚实的场地上行驶和吊装作业。履带式起重机的缺点是稳定性较差,不宜超负荷吊装,对路面易造成损坏,在工地之间迁移需要采用平板车拖运。

常用的履带式起重机有以下几种:$W_1$-50、$W_1$-100、$W_1$-200、$\theta$-1252、西北78D等。上述类型起重机的外形尺寸如表6-3所示。

表6-3 履带式起重机的外形尺寸  单位:mm

| 符号 | 名　　　称 | 型　　号 | | | | |
|---|---|---|---|---|---|---|
| | | $W_1$-50 | $W_1$-100 | $W_1$-200 | $\theta$-1252 | 西北78D(80D) |
| $A$ | 机身尾部到回转中心距离 | 2 900 | 3 300 | 4 500 | 3 540 | 3 450 |
| $B$ | 机身宽度 | 2 700 | 3 120 | 3 200 | 3 120 | 3 500 |
| $C$ | 机身顶部到地面高度 | 3 220 | 3 675 | 4 125 | 3 675 | — |
| $D$ | 机身底部距地面高度 | 1 000 | 1 045 | 1 190 | 1 095 | 1 220 |
| $E$ | 起重臂下铰点中心距地面高度 | 1 555 | 1 700 | 2 100 | 1 700 | 1 850 |

| 符号 | 名　　称 | 型　　号 | | | | |
|---|---|---|---|---|---|---|
| | | W$_1$-50 | W$_1$-100 | W$_1$-200 | θ-1252 | 西北 78D(80D) |
| F | 起重臂下铰点中心至回转中心距离 | 1 000 | 1 300 | 1 600 | 1 300 | 1 340 |
| G | 履带长度 | 3 420 | 4 005 | 4 950 | 4 005 | 4 500(4 450) |
| M | 履带架宽度 | 2 850 | 3 200 | 4 050 | 3 200 | 3 250(3 500) |
| N | 履带桥宽度 | 550 | 675 | 800 | 675 | 680(760) |
| J | 行走底架距地面高度 | 300 | 275 | 390 | 270 | 310 |
| K | 机身上部支架距地面高度 | 3 480 | 4 170 | 6 300 | 3 930 | 4 720(5 270) |

2）履带式起重机的技术性能

履带式起重机的技术性能包括三个主要参数：起重量 $Q$、起重半径 $R$、起重高度 $H$。起重半径 $R$ 是指起重机回转中心至吊钩的水平距离，起重高度 $H$ 是指起重吊钩至地面的垂直距离。

起重量 $Q$、起重半径 $R$、起重高度 $H$ 这三个参数之间存在相互制约的关系，其数值变化取决于起重臂的长度及其仰角的大小。每一种起重机都有几种臂长，臂长不变时，起重机仰角增大，起重量 $Q$ 和起重高度 $H$ 增大，起重半径 $R$ 减小。起重机仰角不变时，随着起重臂长度的增加，起重半径 $R$ 和起重高度 $H$ 增加，而起重量 $Q$ 减小。

起重半径 $R$、起重高度 $H$ 与起重臂长度 $L$ 及其仰角 $\alpha$ 间的几何关系为

$$R = F + L\cos\alpha \tag{6-2}$$

$$H = E + L\sin\alpha - d_0 \tag{6-3}$$

式中：$d_0$ 表示吊钩中心至起重臂顶端定滑轮中心最小距离；$E$ 表示起重臂下铰中心距地面高度；$F$ 表示起重臂下铰中心至回转中心距离。

履带式起重机的技术性能可查起重机手册中的起重机性能表。常用履带式起重机的技术性能如表 6-4 所示。

表 6-4　履带式起重机技术规格

| 参　　数 | | 单位 | 型　　号 | | | | | | | | | |
|---|---|---|---|---|---|---|---|---|---|---|---|---|
| | | | W$_1$-50 | | | W$_1$-100 | | W$_1$-200 | | | θ-1252 | | |
| 起重臂长度 | | m | 10 | 18 | 18(带鹅头) | 13 | 23 | 15 | 30 | 40 | 12.5 | 20 | 25 |
| 最大起重半径 | | m | 10.0 | 17.0 | 10.0 | 12.5 | 17.0 | 15.5 | 22.5 | 30.0 | 10.1 | 15.5 | 19.0 |
| 最小起重半径 | | m | 3.7 | 4.5 | 6.0 | 4.23 | 6.5 | 4.5 | 8.0 | 10.0 | 4.0 | 5.65 | 6.5 |
| 起重量 | 最小起重半径时 | t | 10.0 | 7.5 | 2.0 | 15.0 | 8.0 | 50.0 | 20.0 | 8.0 | 20.0 | 9.0 | 7.0 |
| | 最大起重半径时 | t | 2.6 | 1.0 | 1.0 | 3.5 | 1.7 | 8.2 | 4.3 | 1.5 | 5.5 | 2.5 | 1.7 |
| 起重高度 | 最小起重半径时 | m | 9.2 | 17.2 | 17.2 | 11.0 | 19.0 | 12.0 | 26.8 | 36.0 | 10.7 | 17.9 | 22.8 |
| | 最大起重半径时 | m | 3.7 | 7.6 | 14.0 | 5.8 | 16.0 | 3.0 | 19.0 | 25.0 | 8.1 | 12.7 | 17.0 |

注：表中数据所对应的起重臂仰角为 $\alpha_{min} = 30°$，$\alpha_{max} = 77°$。

3）履带式起重机的稳定性验算

在图 6-13 所示的情况下吊装构件，起重机的稳定性最差，此时以履带中心 $A$ 点为倾覆点，分别按以下条件进行验算。

当考虑吊装荷载及附加荷载时，稳定安全系数为

$$K_1 = \frac{M_稳}{M_倾} \geqslant 1.15 \tag{6-4}$$

当考虑吊装荷载，不考虑附加荷载时，稳定安全系数为

$$K_2 = \frac{稳定力矩(M_稳)}{倾覆力矩(M_倾)} = \frac{G_1L_1 + G_2L_2 + G_0L_0 - G_3L_3}{(Q+q)(R-L_2)} \geqslant 1.4 \qquad (6-5)$$

4）起重臂接长计算

当起重机的起重高度或起重半径不足时，在起重臂的强度和稳定性能得到保证的前提下，可以将起重臂接长，接长后的起重量 $Q'$ 按图 6-14 计算。

根据同一起重机起重力矩等量的原则得

$$Q'\left(R' - \frac{S}{2}\right) + G'\left(\frac{R+R'}{2} - \frac{S}{2}\right) = Q\left(R - \frac{S}{2}\right) \qquad (6-6)$$

整理后得

$$Q' = \frac{1}{2R'-S}[Q(2R-S) - G'(R+R'-S)] \qquad (6-7)$$

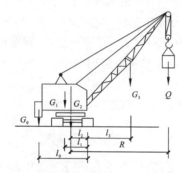

图 6-13　履带式起重机受力简图

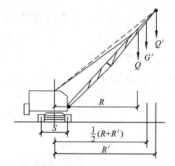

图 6-14　接长起重臂受力简图

## 2. 汽车式起重机

汽车式起重机是把机身和起重机构安装在通用或专用汽车底盘上的全回转起重机。起重臂有桁架式和伸缩式两种，其驾驶室与起重机操纵室分开设置。常用的汽车式起重机有 QY-8 型、QY-1 型和 QY-32 型三种，可用于一般厂房的结构吊装。汽车式起重机的优点是行驶速度快、转移迅速、对路面破坏小，其缺点是起重时必须使用支腿，因而不能负荷行驶。汽车式起重机适用于流动性大或经常改变作业地点的吊装，部分国产汽车式起重机的技术规格如表 6-5 所示。

表 6-5　汽车式起重机技术规格

| 参　　数 | | 单位 | 型　号 | | | | | | | | | |
|---|---|---|---|---|---|---|---|---|---|---|---|---|
| | | | QY-8 型 | | | | QY-16 型 | | | QY-32 型 | | |
| 起重臂长度 | | m | 6.95 | 8.50 | 10.15 | 11.7 | 8.8 | 14.4 | 20.0 | 9.5 | 16.5 | 30 |
| 最大起重半径 | | m | 3.2 | 3.4 | 4.2 | 4.9 | 3.8 | 5.0 | 7.4 | 3.5 | 4.0 | 7.2 |
| 最小起重半径 | | m | 5.5 | 7.5 | 9.0 | 10.5 | 7.4 | 12 | 14 | 9.0 | 14.0 | 26.0 |
| 起重量 | 最小起重半径时 | t | 8.0 | 6.7 | 4.2 | 3.2 | 16.0 | 8.0 | 4.0 | 32.0 | 22.0 | 8.0 |
| | 最大起重半径时 | t | 2.6 | 1.5 | 1.0 | 0.8 | 4.0 | 1.0 | 0.5 | 7.0 | 2.6 | 0.6 |
| 起重高度 | 最小起重半径时 | m | 7.5 | 9.2 | 10.6 | 12.0 | 8.4 | 14.1 | 19 | 9.4 | 16.45 | 29.43 |
| | 最大起重半径时 | m | 4.6 | 4.2 | 4.8 | 5.2 | 4.0 | 7.4 | 14.2 | 3.8 | 9.25 | 15.3 |

## 3. 轮胎式起重机

轮胎式起重机是将起重机安装在加重型轮胎和轮轴组成的特制底盘上的一种全回转起重机。其上部构造和履带起重机的基本相同，吊装作业时则与汽车式起重机相同，也是用四条

支腿支撑地面以保持稳定。在平坦地面上进行小起重量作业时可负荷行走。其特点是行驶速度低、对路面要求较高、稳定性好、转弯半径小，但不适合在松软泥泞的建筑场地上工作。常用的轮胎式起重机有 QL-16 型、QL$_2$-8 型、QL$_3$-16 型、QL$_3$-25 型和 QL$_3$-40 型等，其中 QL$_3$-40 型轮胎式起重机最大起重量为 40 t，最大臂长 42 m，可用于一般单层工业厂房的结构吊装。

### （三）塔式起重机

塔式起重机的起重臂安装在塔身顶部且可做 360°的回转，它具有较高的起重高度、工作幅度和起重能力，生产效率高，且机械运转安全可靠，使用和装拆方便等优点，因此，广泛用于多层和高层的工业与民用建筑的结构安装。塔式起重机按起重能力可分为轻型塔式起重机，起重量为 0.5～3 t，一般用于 6 层以下的民用建筑施工；中型塔式起重机，起重量为 3～15 t，适用于一般工业建筑与民用建筑施工；重型塔式起重机，起重量为 20～40 t，一般用于重工业厂房的施工和高炉等设备的吊装。

塔式起重机具有提升、回转和水平运输的功能，且生产效率高，在吊运长、大、重的物料时有明显的优势，故在有可能条件下宜优先采用。

塔式起重机的布置应保证其起重高度与起重量满足工程的需求，同时起重臂的工作范围应尽可能地覆盖整个建筑，以使材料运输切实到位。此外，主材料的堆放、搅拌站的出料口等均应尽可能地布置在起重机工作半径之内。

塔式起重机一般分为轨道（行走）式、爬升式、附着式、固定式等几种。

塔式起重机型号分类及表示方法如表 6-6 所示。

**表 6-6　塔式起重机型号分类及表示方法**

| 分类 | 组别 | 类　型 | 特性 | 代号 | 代号含义 | 主　参　数 | |
| --- | --- | --- | --- | --- | --- | --- | --- |
| | | | | | | 名称 | 单位表示法 |
| 建筑起重机 | 塔式起重机 Q、T（起、塔） | 轨道式 | — | QT | 上回转式塔式起重机 | 额定起重力矩 | kN·m×10$^{-1}$ |
| | | | Z（自） | QTZ | 上回转自升式塔式起重机 | | |
| | | | A（下） | QTA | 下回转式塔式起重机 | | |
| | | | K（快） | QTK | 快速安装式塔式起重机 | | |
| | | 固定式 G（固） | — | QTG | 固定式塔式起重机 | | |
| | | 爬升式 P（爬） | — | QTP | 内爬升式塔式起重机 | | |
| | | 轮胎式 L（轮） | — | QTL | 轮胎塔式起重机 | | |
| | | 汽车式 Q（汽） | — | QTQ | 汽车式塔式起重机 | | |
| | | 履带式 U（履） | — | QTU | 履带式塔式起重机 | | |

**1. 轨道式塔式起重机**

轨道式塔式起重机（见图 6-15）是应用最广泛的一种起重机，常用的有 QT$_1$-2 型、QT$_1$-6 型等。

QT$_1$-6 型塔式起重机是轨道式上回转式塔式起重机，可负荷行走，其起重量为 2～6 t，起重半径为 8.5～20 m，轨距为 3.8 m，适用于一般工业与民用建筑的结构吊装、工程材料运输等工作。QT$_1$-6 型塔式起重机外形与构造如图 6-15 所示，其起重性能如表 6-7 所示。

其他常用的轨道式塔式起重机的型号有：QT-25 型是轨道式下旋转轻型塔式起重机，额定起重力矩为 250 kN·m，适用于跨度 15 m 以内的工业厂房及 5～6 层民用建筑的吊装；QT-15 型塔式起重机，起重量为 5～15 t，工作幅度为 8～25 m，适用于工业与民用建筑结构吊装；QT-60/80 塔式起重机，额定起重力矩为 600～800 kN·m，适用于工业厂房与较高的民用建筑结构吊装，QT-20型塔式起重机，工作幅度为9～30 m，当工作幅度为9 m时，主钩最大起重量为20 t，适用于多层工业与民用建筑的结构吊装。

### 2. 爬升式塔式起重机

爬升式塔式起重机是支撑在建筑物已施工部分框架或电梯间的结构上，借助套架和爬升机构自行爬升的起重机，每隔1～2层楼爬升一次，这种起重机适用于高层框架结构安装和高层建筑施工。其特点是身体小、质量轻，安装、拆卸简单，不占用场地，尤其适用于现场狭窄的高层建筑施工，常用型号有QT$_5$-4/40型等，其爬升过程如图6-16所示。

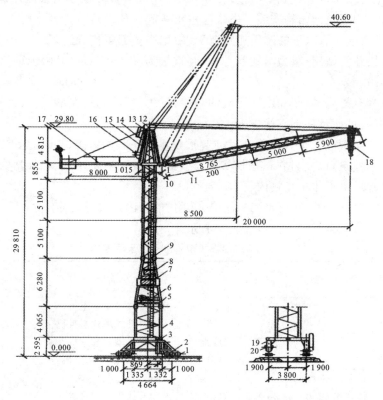

**图 6-15　QT$_1$-6型塔式起重机外形与构造示意**

1—被动台车；2—活动侧架；3—平台；4—第一节架；5—第二节架；6—卷扬机构；7—操纵配电系统；
8—司机室；9—互换节架；10—回转机构；11—起重臂；12—中央集电环；13—超负荷保险装置；
14—塔顶；15—塔帽；16—手摇变幅机构；17—平衡臂；18—吊钩；19—固定侧架；20—主动台车

**表 6-7　QT$_1$-6型塔式起重机的起重性能**

| 工作幅度/m | 起重量/t | 起重绳数（最少） | 起重速度/(m/min) | 起升高度/m | | |
|---|---|---|---|---|---|---|
| | | | | 无高接架 | 带1节高接架 | 带2节高接架 |
| 8.5 | 6.0 | 3 | 11.4 | 30.4 | 35.5 | 40.6 |
| 10 | 4.9 | 3 | 11.4 | 29.7 | 34.8 | 39.9 |
| 12.5 | 3.7 | 2 | 17 | 28.2 | 33.6 | 38.4 |
| 15 | 3.0 | 2 | 17 | 26.0 | 31.1 | 36.2 |
| 17.5 | 2.5 | 2 | 17 | 22.7 | 27.8 | 32.9 |
| 20 | 2.0 | 1 | 34 | 16.2 | 21.3 | 26.4 |

### 3. 附着式塔式起重机

附着式塔式起重机是一种多种用途的起重机。通过更换部件或辅助装置,可作为轨道式、固定式、爬升式等不同类型的起重机使用。

如图 6-17 所示,当建筑物较低时,可作为轨道式起重机使用,但起升高度大于 36 m 时,不得负荷行走;当建筑物较高时,可作为固定式起重机使用,固定在建筑物旁的混凝土基础上,随施工进程,逐段向上升高,但必须根据塔身升高情况,用缆风绳锚固于地锚上,此时最大起升高度为 50 m;当建筑物更高时,可作为附着式起重机使用,安装在混凝土基础上,每隔 20 m 左右用一套锚固装置与建筑物结构相连接,此时最大起升高度为 160 m。该机还可以用做爬升式起重机使用,安装在电梯井或其他适宜的结构部位上,借助一套支承托梁和提升系统进行爬升,这时塔身高 20 m 左右,每隔 2～3 层楼爬升一次,其最大起升高度可达 160 m。

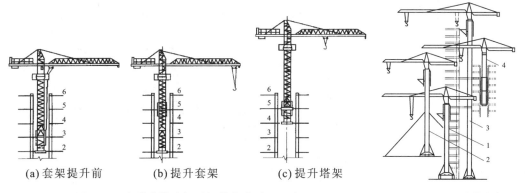

(a) 套架提升前     (b) 提升套架     (c) 提升塔架

图 6-16　爬升式塔式起重机的爬升过程示意

图 6-17　QT$_4$-10 型塔式起重机的四种用途

1—轨道式;2—固定式;3—附着式;4—爬升式

常用的附着式塔式起重机的型号有 QT$_4$-10 型、QTZ-80 型、QTZ-20 型、QTZ-40 型等。QT$_4$-10 型附着式塔式起重机每顶升一次升高 2.5 m,常用起重臂长为 30 m,此时最大的起重力矩为 1 600 kN·m,起重量为 5～10 t,起重半径为 3～30 m,起重高度为 160 m。

常见附着式塔式起重机的主要性能如表 6-8 所示。

表 6-8　常见附着式塔式起重机的主要性能

| 型　　号 | | QTZ20 | QTZ25 | QTZ40 | QTZ80 | QT$_4$-10 |
|---|---|---|---|---|---|---|
| 起重力矩/(kN·m) | | 200 | 200 | 400 | 800 | 1 600 |
| 工作幅度/m | 最大 | 30/33 | 30/33 | 48 | 53 | 35.0 |
| | 最小 | — | — | 2.5 | — | 3.0 |
| 起重量/t | 最大工作幅度时 | — | — | 0.7 | 1.3 | 3.0 |
| | 最大起重量 | 2.0 | 2.0 | 4.0 | 8.0 | 10.0 |
| 起升高度/m | 独立工作 | 26.5 | 26.5 | 27 | 45 | — |
| | 附着式 | 50 | 50 | 120 | 160 | 160.0 |
| 起升速度/(m/min) | | — | — | 70/46/7 | — | 80/160 |
| 回转速度/(r/min) | | — | — | 0→0.46 | — | 0.47 |
| 变幅速度/(m/min) | | — | — | 33/22 | — | 18.0 |

1）附着式塔式起重机基础

附着式塔式起重机底部应设钢筋混凝土基础，其构造做法有整体式和分块式两种。采用整体式钢筋混凝土基础时，塔式起重机通过专用塔身基础节和预埋地脚螺栓固定在钢筋混凝土基础上，如图6-18所示；采用分块式钢筋混凝土基础时，塔身结构固定在行走架上，而行走架的四个支座则通过垫板支在四个钢筋混凝土基础上，如图6-19所示。基础尺寸应根据地基承载力和防止塔吊倾覆的需要确定。

在高层建筑深基础施工阶段，如需在基坑边附近构筑附着式塔式起重机基础，则可采用灌注桩承台式钢筋混凝土基础。在高层建筑综合体施工阶段，如需在地下室顶板或房屋顶楼板上安装附着式塔式起重机，则应对安装塔吊处的楼板结构进行验算和加固，并在楼板下面加设支撑（至少连续两层）以保证安全。

2）附着式塔式起重机的锚固

附着式塔式起重机在塔身高度超过限定自由高度时，即应加设附着装置与建筑结构拉结。

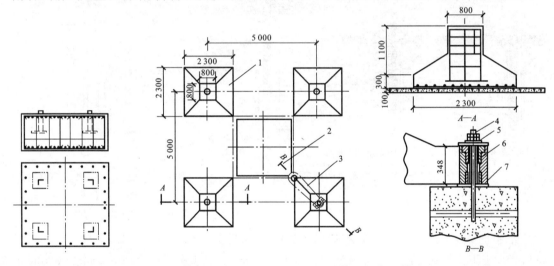

图 6-18　整体式钢筋混凝土基础　　　　　图 6-19　分块式混凝土基础

1—钢筋混凝土基础；2—塔式起重机底座；3—支腿；
4—紧固螺母；5—垫圈；6—钢套；7—钢板调整片（上下各一）

一般说来，设置2～3道锚固即可满足施工需要。第一道锚固装置在距塔式起重机基础表面30～40 m处，自第一道锚固装置向上，每隔16～20 m设一道锚固装置。在进行超高层建筑施工时，不必设置过多的锚固装置，可将下部锚固装置抽换到上部使用。

附着装置由锚固环和附着杆组成。锚固环由两块钢板或型钢组焊成的U形梁拼装而成。锚固环宜设置在塔身标准节对接处或有水平腹杆的断面处，塔身节主弦杆应视需要加以补强。锚固环必须箍紧塔身结构，不得松脱。附着杆由型钢、无缝钢管组成，也可以是型钢组焊的桁架结构。安装和固定附着杆时，必须用经纬仪对塔身结构的垂直度进行检查。如发现塔身偏斜，则可调节螺母来调整附着杆的长度，以消除垂直度偏差。锚固装置应尽可能保持水平，附着杆最大倾角不得大于10°，附着装置如图6-20(a)所示。

固定在建筑物上的锚固支座，可套装在柱子上或埋设在现浇钢筋混凝土墙板里，锚固点应紧靠楼板，其距离以不大于20 cm为宜。墙板或柱子钢筋混凝土强度应提高一级，并应增加配筋。在墙板上设锚固支座时，锚固支座应通过临时支撑与相邻墙板相连，以增强墙板刚度。

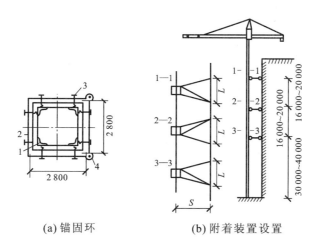

(a) 锚固环        (b) 附着装置设置

**图 6-20 附着装置**

1—塔身;2—锚固环;3—螺旋千斤顶;4—耳环

3）附着式塔式起重机顶升过程

附着式塔式起重机顶升过程如下。

（1）将标准节吊到摆渡小车上，并将过渡节与塔身标准节的螺栓松开，准备顶升，如图 6-21 (a)所示。

（2）开动液压千斤顶，将塔式起重机上部结构包括顶升套架向上升到超过一个标准节的高度，然后用定位销将套架固定。塔式起重机上部结构的质量通过定位销传递到塔身，如图 6-21 (b)所示。

（3）液压千斤顶回缩，形成引进空间，此时将装有标准节的摆渡小车推入引进空间内，如图 6-21(c)所示。

（4）利用液压千斤顶将待接高的标准节稍微提起，退出摆渡小车，然后将其平稳地落在下面的塔身上，并用螺栓加以连接，如图 6-21(d)所示。

（5）用液压千斤顶稍微向上顶起，拔出定位销，下降过渡节，使之与已接高的塔身连成整体，如图 6-21(e)所示。

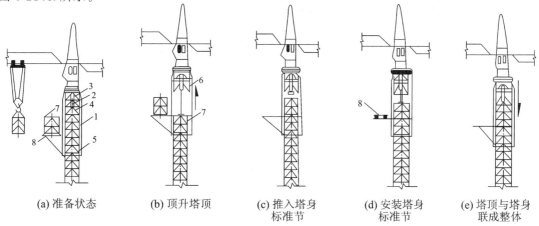

(a) 准备状态    (b) 顶升塔顶    (c) 推入塔身    (d) 安装塔身    (e) 塔顶与塔身
                                      标准节         标准节         联成整体

**图 6-21 附着式自升塔式起重机的顶升过程**

1—顶升套架;2—液压千斤顶;3—支承座;4—顶升横梁;5—定位销;6—过渡节;7—标准节;8—摆渡小车

**4. 塔式起重机的选用**

塔式起重机的选用要综合考虑建筑物的高度,建筑物的结构类型,构件的尺寸和质量,施工进度、施工流水段的划分和工程量,现场的平面布置和周围环境条件等各种情况。同时,要兼顾装拆塔式起重机的场地和建筑结构满足塔架锚固、爬升的要求。

（1）根据施工对象确定所要求的参数,包括幅度（又称回转半径）、起重量、起重力矩和吊钩高度等。

（2）根据塔式起重机的技术性能,选定塔式起重机的型号。

（3）根据施工进度、施工流水段的划分及工程量和所需吊次、现场的平面布置,确定塔式起重机的台数、安装位置及轨道基础的走向等。

根据施工经验,16层及其以下的高层建筑采用轨道式塔式起重机最为经济;25层以上的高层建筑,宜选用附着式塔式起重机或内爬式塔式起重机。

选用塔式起重机时,应注意以下事项。

（1）在确定塔式起重机形式及高度时,应考虑塔身锚固点与建筑物相对应的位置以及塔式起重机平衡臂是否影响臂架正常回转等问题。

（2）在多台塔式起重机作业条件下,应处理好相邻塔式起重机塔身高度差,以防止两塔碰撞,应使彼此工作互不干扰。

（3）在考虑塔式起重机安装的同时,应考虑塔式起重机的顶升、接高、锚固以及完工后的落塔、拆运等事项,如起重臂和平衡臂是否落在建筑物上、辅机停车位置及作业条件、场内运输道路有无阻碍等。

（4）在考虑塔式起重机安装时,应保证顶升套架的安装位置（即塔架引进平台或引进轨道应与臂架同向）及锚固环的安装位置正确无误。

（5）应注意外脚手架的支搭形式与挑出建筑物的距离,以免与下回转塔式起重机转台尾部回转时发生干扰。

# 任务2　钢筋混凝土单层工业厂房结构吊装

单层工业厂房除基础现场浇筑外,其他构件多为预制构件。单层工业厂房的预制构件主要有:柱、吊车梁、连系梁、屋架、天窗架、屋面板、基础梁等,大型构件在施工现场就地浇筑;中小型构件在构件预制厂制作,现场安装。

## 一、施工准备

构件吊装前的准备工作主要包括清理场地,铺筑道路,基础的准备,构件的运输、堆放和拼装加固,构件的检查、清理、弹线、编号以及起重吊装机械的安装等。准备工作是否充分将直接影响整个结构安装工程的施工进度、安装质量、安全生产和文明施工。

### （一）基础的准备

基础（尤其是杯口）的尺寸、位置和标高必须满足设计要求和规定的质量标准,它直接影响柱子吊装后的轴线位置、牛腿面及柱顶标高等,是影响整个厂房的结构安装和正常使用的重要环节。对于杯形基础,在柱吊装前应进行杯口顶面弹线和杯底抄平。

**1. 杯口顶面弹线**

首先检查杯口尺寸,在基础顶面弹出十字交叉的安装中心线,并画上红三角,中心线对定位轴线的允许误差为 ±10 mm。

**2. 杯底抄平**

杯底抄平是对杯底标高进行一次检查和调整,以保证吊装后的牛腿标高。考虑预制钢筋混凝土柱长度的制作误差,浇筑基础时,杯底标高一般比设计标高降低 50 cm,使柱子长度的误差在安装时能够调整。

具体操作时,先测杯底标高,在杯口内壁上弹出比杯口顶面设计标高低 100 mm 的水平线,然后用钢卷尺测量水平基准线到杯底的垂直距离(小柱测中间一点,大柱测四个角点取平均值),经过计算就可得出杯底的实际标高。牛腿面设计标高与杯底实际标高之差,就是柱子牛腿面到柱底的应有长度,这个长度与在柱子上实际量得的长度比较,可得到柱子安装时实际需要调整的高差,结合柱底面的平整程度,可求出杯底应达到的标高。然后用水泥砂浆或细石混凝土将杯底垫至这个标高(允许误差为 ±5 mm),即完成杯底抄平。例如,测出杯底标高为 −1.20 m,牛腿面的设计标高是 +7.80 m,而柱脚至牛腿面的实际长度为 8.95 m,则杯度标高调整值 $h = (7.80 + 1.20 - 8.95)$ m $= 0.05$ m。杯底抄平后,应将杯口遮盖以防杂物落入。

此外,还要在基础杯口面上弹出建筑的纵、横定位轴线和柱的吊装准线,作为柱对位、校正的依据(见图 6-22)。柱子应在柱身的三个面上弹出吊装准线(见图 6-23)。柱的吊装准线应与基础面上所弹的吊装准线位置相适应。对于矩形截面柱,可按几何中线弹吊装准线;对于工字形截面柱,为便于观测及避免视差,则应靠柱边弹吊装准线。

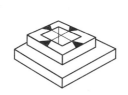

图 6-22　基础的准线

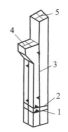

图 6-23　柱的准线

## (二)构件的运输与堆放

**1. 构件运输**

预制构件从工厂运至施工现场,应根据运距、构件类型、质量、尺寸和体积等情况,选择合理适用的装卸机械和运输车辆。运输过程中必须保证构件不倾倒、不损坏、不变形,因此应满足下列要求。

(1)构件运输时的钢筋混凝土强度,如设计无要求,不应低于设计强度标准值的 75%。

(2)构件的支垫位置和支垫方法应符合设计要求,或按实际受力情况确定。上下层垫木应在同一垂直线上,装卸车时构件的吊点要符合设计的规定。运输中构件应捆绑牢固,捆绑处采用衬垫加以保护,运输中容易变形的构件应采取临时加固措施。

(3)运输道路应平整坚实,有足够的宽度和转弯半径,使车辆及构件能顺利通过。

(4)构件的运输顺序及卸车位置应按施工组织设计的规定进行,以免造成构件的二次搬运。

**2. 构件堆放**

构件应按施工组织设计规定的构件现场就位位置堆放。

堆放场地应平整坚实，构件堆放时应按受力情况搁置在垫木或支架上。重叠的构件之间要垫上垫木，上下层垫木应在同一垂线上。一般梁可堆叠 2～3 层，大型屋面板不宜超过 6 块，空心板不宜超过 8 块，构件叠放时应使吊环向上，标志向外。

### （三）构件检查、弹线与编号

**1. 构件的检查与清理**

为保证工程质量，对所有构件要进行全面检查，检查的内容如下。

（1）按设计图纸检查构件型号，清点构件数量。

（2）检查构件强度。一般规定构件吊装时钢筋混凝土强度不低于混凝土设计强度标准值的 75%；对于大跨度构件，如屋架等，则应达到 100%；预应力钢筋混凝土构件孔道灌浆的强度不应小于 15 N/mm²。

（3）检查构件的外形，复核其截面尺寸。检查预埋件、预留孔洞和吊环位置是否正确。

（4）检查构件表面有无裂缝、变形及其他损坏现象。

（5）清除预埋铁件上的污物，以保证构件的拼装和焊接质量。

**2. 构件弹线**

构件经检查质量合格后，即可在构件上弹出安装的定位墨线和校正用墨线，作为构件安装、对位、校正的依据。几种常见构件的弹线方法如下。

（1）柱子：在柱身三面弹出安装中心线，所弹中心线的位置应与柱基杯口面上的安装中心线相吻合。此外，在柱顶与牛腿面上还要弹出安装屋架及吊车梁的定位线。

（2）屋架：屋架上弦顶面应弹出几何中心线，上弦中线应延至屋架两端下部，并从跨度中央向两端分别弹出天窗架、屋面板或檩条的安装定位线。

（3）梁（包括薄腹梁、吊车梁、托架梁）：在两端及顶面弹出安装中心线。

**3. 构件编号**

按图纸对构件进行编号，编号写在构件明显的部位。从外形不易辨别上下左右的构件，应在构件上用记号标明，以免安装时出现差错。

## 二、构件吊装工艺

构件安装过程包括绑扎、吊升、对位、临时固定、校正、最后固定等工序。现场制作的构件还需要翻身、扶直，按吊装要求排放后再进行吊装。

### （一）柱子的吊装

**1. 柱的绑扎**

柱的绑扎方法、绑扎位置和绑扎点数，应根据柱的形状、长度、截面、配筋、起吊方法和起重机性能等因素确定。由于柱起吊时吊离地面的瞬间由自重产生的弯矩最大，其最合理的绑扎点位置，应按柱子产生的正负弯矩绝对值相等的原则来确定。一般中小型柱（自重 13 t 以下）大多数绑扎一点；重型柱或配筋少而细长的柱（如抗风柱），为防止起吊过程中柱发生断裂，常需绑扎两点甚至三点；有牛腿的柱，其绑扎点应选在牛腿以下 200 mm 处；工字形断面和双肢柱，其绑扎点应选在矩形断面处,否则应在绑扎位置用方木加固翼缘,防止翼缘在起吊时损坏。

根据柱起吊后柱身是否垂直,吊装方法分为斜吊法和直吊法,相应的绑扎方法有如下两种。

1) 斜吊绑扎法

当柱平卧起吊的抗弯强度满足要求时,可采用斜吊绑扎法(见图 6-24)。此法的特点是柱不需翻身,起重钩可低于柱顶,当柱身较长,起重机臂长不够时,用此法较方便,但因柱身倾斜,就位对中比较困难。

2) 直吊绑扎法

当柱平卧起吊的抗弯强度不足时,吊装前应需先将柱翻身后再绑扎起吊,这时就要采取直吊绑扎法(见图 6-25)。此法吊索从柱子两侧引出,上端通过卡环或滑轮挂在铁扁担上,柱身成垂直状态,便于插入杯口,就位校正,由于铁扁担高于柱顶,须用较长的起重臂。

此外,当柱较重较长,需采用两点起吊时,也可采用两点斜吊和直吊绑扎法(见图 6-26)。

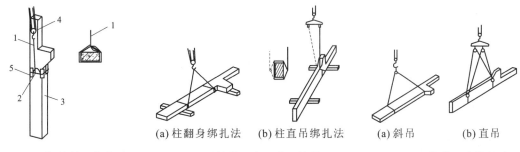

(a) 柱翻身绑扎法 　(b) 柱直吊绑扎法 　(a) 斜吊 　(b) 直吊

图 6-24　柱的斜吊绑扎法　　图 6-25　柱的翻身及直吊绑扎法　　图 6-26　柱的两点绑扎法

1—吊索;2—卡环;

3—柱;4—滑车;5—方木

## 2. 柱的吊升

按吊升过程柱子运动的特点,吊升方法可分为旋转法和滑行法两种。吊升方法应根据柱的质量、长度、现场排放条件、起重机性能等确定。柱在吊升过程中,起重机的工作特点是定点(指定停机点)、定幅(指定起重臂的工作半径),即起重机不移动,起重臂始终保持同一工作半径,即保持起重臂的仰角不改变。

1) 旋转法

旋转法施工如图 6-27 所示。旋转法吊升的特点是三点共弧,即在场地平面内,柱的绑扎点、柱脚和基础杯口中心三点位于起重机的工作半径圆弧上,且柱脚和基础杯口应尽可能靠近,以减小起重臂的回转幅度。

旋转法吊升时,起重臂在选定的工作半径圆弧上,使吊钩回转至绑扎点上方,降钩、挂钩、边升钩、边回转起重臂,柱子则绕柱脚在竖直平面内旋转,起重臂、吊钩、柱子三者的运动相互协调,至柱子由水平转为直立时,起重臂停止转动,继续升钩使柱子离开地面。起重臂继而做小幅度回转至基础杯口上方,缓缓降钩将柱插入杯口。

用旋转法吊升柱子时,柱子在吊装过程中所受震动较小,生产效率高,但对起重机的机动性要求较高。柱子制作时,一般与厂房纵向轴线成斜向布置,占用场地大。旋转法吊升宜选用自行式起重机,尤其是履带式起重机。

2) 滑行法

滑行法施工如图 6-28 所示。滑行法吊升的特点是两点共弧,即在场地平面内,柱的绑扎点和基础杯口中心两点位于起重机工作半径的圆弧上,且两点尽可能靠近,以减小起重臂工作时的回转幅度。

(a) 旋转过程　　(b) 平面布置

图 6-27　旋转法吊装柱

(a) 滑行过程　　(b) 平面布置

图 6-28　滑行法吊装

起吊时,起重臂在选定的工作半径圆弧上,使吊钩回转至绑扎点上方,降钩、挂钩。起重臂不动,升钩的同时,柱脚沿地面向绑扎点方向滑行,直至柱子在绑扎点位置直立。继续升钩使柱子吊离地面,起重臂继而做小幅度回转至基础杯口上方,缓缓降钩将柱插入杯口。

用滑行法吊装柱子时,柱在滑行过程中易受振动,为减小柱脚与地面的摩擦阻力,一般在柱脚下设置托板、滚筒,并铺滑道。其优点是,起吊时不需转动起重臂即可将柱吊起成直立,对起重机的机动性要求不高,操作比较安全。柱子制作时,一般与厂房纵向轴线平行布置,有利于其他构件布置和起重机开行。

**3. 柱的对位与临时固定**

柱脚插入杯口后要使柱身大致垂直,当柱脚距杯底 30～50 mm 时停止下降,开始对位。用 8 只楔块从柱的四边放入杯口(每边各 2 块),如图 6-29 所示,并用撬棍拨动柱脚,使柱的吊装准线对准杯口上的吊装准线;对位后,将 8 只楔块略打紧,放松吊钩,让柱靠自重沉至杯底;并检查吊装准线的对准情况,若符合要求,立即将楔块打紧,将柱临时固定,起重机脱钩。

吊装重型柱或细长柱时,除靠柱脚处的楔块临时固定外,必要时可采取增设缆风绳或加斜撑等措施来加强柱临时固定的稳定性。

**4. 柱的校正**

柱的校正包括平面位置、标高及垂直度三个方面。柱的平面位置和标高已分别在对位和杯底抄平时完成,柱临时固定后,主要是进行垂直度的校正。

柱垂直度校正可用两台经纬仪,从柱相邻两边检查柱中心线的垂直度(见图 6-30)。测出的实际偏差大于规定值时,应进行校正:当偏差较小时,可用打紧或稍放松楔块的方法校正;如偏差较大,则可用螺旋千斤顶平顶或斜顶(见图 6-31)、钢管撑杆斜顶(见图 6-32)等方法进行校正。当柱顶加设缆风绳时,也可用缆风绳来纠正柱的垂直度偏差。

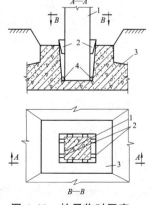

图 6-29　柱子临时固定

1—柱子；2—楔子；3—环形基础；4—石子

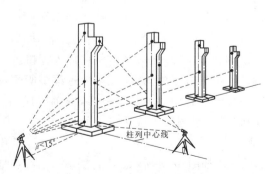

图 6-30　柱子吊装时垂直度校正

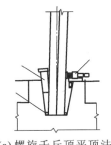

(a) 螺旋千斤顶平顶法　　(b) 千斤顶斜顶法

图 6-31　柱的对位与临时固定

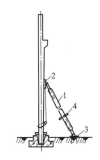

图 6-32　钢管撑杆斜顶校正柱子垂直度

1—钢管撑杆校正器;2—头部摩擦板;3—底板;4—转动手柄

**5. 柱的最后固定**

柱校正后,应立即进行最后固定,即在柱脚与杯口的空隙中浇筑细石混凝土。灌缝一般分两次进行。第一次灌至楔块底面,待混凝土强度达到设计强度等级的 25% 后,拔出钢楔块,对称地将细石混凝土灌满至杯口顶部。

## （二）吊车梁的吊装

**1. 吊车梁的绑扎、吊升、对位与临时固定**

吊车梁吊升时,应对称绑扎,对称起吊。两根吊索取等长,吊钩才能对准梁的重心,从而使吊车梁在起吊后保持水平。吊车梁两端需安排两人用溜绳控制,以防与柱子相碰。高宽比小于 4 的吊车梁本身的稳定性较好,在就位时用垫铁垫平即可,一般不需要采取临时固定措施;当梁的高宽比大于 4 时,为防止吊车梁倾倒,可用铁丝将其临时绑在柱子上。吊车梁的吊装如图 6-33 所示。

**2. 吊车梁的校正和最后固定**

吊车梁的校正一般在厂房全部结构安装完毕,并经校正和最后固定后进行。校正的主要内容为标高、垂直度和平面位置。梁的标高已在基础杯口底调整时基本完成,如仍存在误差,可在铺轨时,在吊车梁顶面抹一层砂浆找平。吊车梁垂直度校正常用靠尺或线锤检查。吊车梁垂直度允许偏差为 5 mm,若偏差超过规定值,则可在梁底支垫铁片进行校正,每处垫铁不得超过 3 块。吊车梁平面位置校正包括纵向轴线和跨距两项内容,常用的方法有通线法和仪器放线法。

通线法(见图 6-34)是根据柱的定位轴线,在厂房两端地面定出吊车梁定位轴线的位置,打下木桩,用经纬仪先将厂房两端的 4 根吊车梁位置校准,并用钢尺校核轨距,然后在 4 根已校正的吊车梁端上设支架,高约 200 mm,并根据吊车梁的定位轴线拉钢丝通线,以此来检查并拨正各吊车梁中心线的方法。

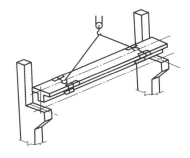

图 6-33　吊车梁的吊装

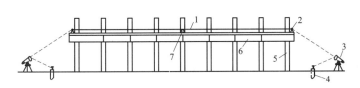

图 6-34　通线法校正吊车梁

1—通线;2—支架;3—经纬仪;4—木桩;5—柱;6—吊车梁;7—圆钢

仪器放线法（见图6-35）在柱列边设置经纬仪，逐根将杯口上柱的吊车梁准线投射到吊车梁顶面处的柱身上，并做出标志，若吊装准线到柱定位轴线间的距离为 $a$，则吊装准线标志到吊车梁定位轴线的距离就为 $\lambda-a$，$\lambda$ 为柱定位轴线到吊车梁定位轴线的距离，一般为 750 mm。可据此来逐根拨正吊车梁的中心线，并检查两列吊车梁间的轨距是否符合要求。

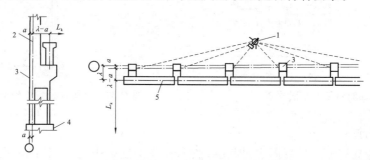

**图 6-35　仪器放线法校正吊车梁**

1—经纬仪；2—标志；3—柱；4—柱基础；5—吊车梁

吊车梁校正后立即电焊焊牢，进行最后固定，在吊车梁与柱的空隙处填筑细石混凝土。

## （三）屋架的吊装

屋盖结构一般都是以节间为单位进行综合吊装的，即每安装好一榀屋架，随即将这一开间的其他构件全部安装上，再进行下一开间的安装。屋架吊装的施工顺序是：绑扎、扶直就位、吊升、对位、临时固定、校正和最后固定。

### 1. 屋架的绑扎

屋架的绑扎点应选在上弦节点处，左右对称并高于屋架重心，吊索的布置必须使起重机的吊钩位于屋架正中。绑扎点的数量、位置与屋架的形式及跨度有关，一般由设计确定。屋架翻身扶直时，吊索与水平线的夹角不宜小于 60°；吊装时不宜小于 45°，以避免屋架承受过大的横向压力。必要时，为减小屋架的起吊高度及所受横向压力，可采用横吊梁的方法吊装。屋架吊装的几种绑扎方法如图6-36所示。屋架吊升时，其两端也要设溜绳控制，以防止屋架离开地面后在空中转动，并与柱子相碰。屋架跨度小于或等于 18 m 时，采用两点绑扎；屋架跨度大于 18 m 时，采用四点绑扎；屋架跨度大于或等于 30 m 时，应考虑采用横吊梁吊升；对三角形组合屋架等平面内刚度较低的屋架，由于其下弦不能承受压力，故绑扎时也应采用横吊梁吊升。

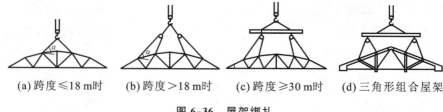

(a) 跨度≤18 m时　　(b) 跨度＞18 m时　　(c) 跨度≥30 m时　　(d) 三角形组合屋架

**图 6-36　屋架绑扎**

### 2. 屋架的扶直与就位

钢筋混凝土屋架一般在施工现场平卧浇筑，吊装前应将屋架扶直就位。因屋架的侧向刚度低，扶直时由于自重影响，改变了杆件受力性质，容易造成屋架损伤。因此，应事先进行吊装验算，以便采取有效措施，保证施工安全。

按照起重机与屋架相对位置不同，屋架扶直可分为正向扶直和反向扶直。

1) 正向扶直

起重机位于屋架下弦一边,首先将吊钩对准屋架上弦中心,收紧吊钩,然后略略起臂使屋架脱模,随即起重机升钩升臂使屋架以下弦为轴缓缓转为直立状态,如图 6-37(a)所示。

2) 反向扶直

起重机位于屋架上弦一边,首先将吊钩对准屋架上弦中心,接着升钩并降臂,使屋架以下弦为轴缓缓转为直立状态,如图 6-37(b)所示。

正向扶直与反向扶直的最大区别在于扶直过程中,一为升臂,一为降臂。升臂比降臂易于操作且较安全,故应考虑到屋架安装顺序、两端朝向等问题。一般靠柱边斜放或以 3~5 榀为一组平行柱边纵向就位。屋架就位后,应用 8 号铁丝、支撑等与已安装的柱或已就位的屋架相互拉牢,以保持稳定。

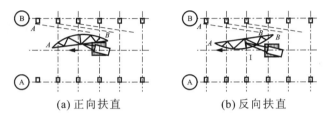

(a) 正向扶直      (b) 反向扶直

图 6-37 屋架的扶直(虚线表示屋架就位的位置)

**3. 屋架的吊装、对位与临时固定**

屋架的吊装方法有单机吊装和双机吊装。一般屋架用单机吊装,只有当屋架跨度大或质量大时,才用双机抬吊。吊装时先将屋架吊至吊装位置的下方,起钩将屋架吊至超过柱顶约 30 cm,然后将屋架缓缓降至柱顶,进行对位。屋架的对位应以建筑物的定位轴线为准,对位前应事先将建筑物轴线用经纬仪对位,然后放在柱顶面上,对位以后,立即临时固定,然后起重机脱钩。

第一榀屋架安装就位后,用 4 根缆风绳拉牢屋架两端,作临时固定,如图 6-38 所示。若有抗风柱,则可与抗风柱连接固定。第二榀屋架用工具式支撑(见图 6-39)临时固定在第一榀屋架上,以后各榀屋架的临时固定,也都是用工具式支撑撑牢在前一榀屋架上,将屋架校正固定,并安装了若干块大型屋面板后,才可将支撑取下。

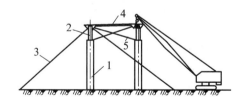

图 6-38 屋架的临时固定

1—柱;2—屋架;3—缆风绳;

4—工具式支撑;5—屋架垂直屋架

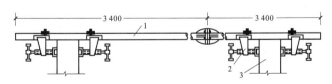

图 6-39 工具式支撑的构造

1—钢管;2—撑脚;3—屋架上弦

**4. 屋架的校正与最后固定**

屋架校正的内容是检查并校正垂直度,用经纬仪或线锤检查,用工具式支撑校正垂直度偏差。

用经纬仪检查屋架垂直度时,在屋架上弦安装三个卡尺(一个安装在屋架中央,两个安装在屋架两端),自屋架上弦几何中心线量出 50 cm,在卡尺上做出标志。然后在距屋架中线 50 cm 处的地上设一台经纬仪,用其检查三个卡尺的标志是否在同一垂直面上,如图 6-40 所示。

用线锤检查屋架垂直度时,卡尺标志的设置与上述相同,标志距屋架几何中心线的距离取

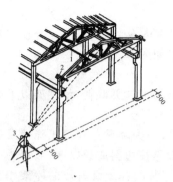

**图 6-40　屋架的临时固定与校正**
1—工具式支撑；2—卡尺；3—经纬仪

30 cm，在两端卡尺标志之间连一通线，从中央卡尺的标志处向下挂线锤，检查三个的标志是否在同一垂面上。

屋架校正垂直后，立即用电焊固定。屋架安装的垂直度偏差不宜超过屋架高度的1/250。

### （四）天窗架和屋面板的吊装

天窗架可与屋架组装后一起绑扎吊装，或单独进行吊装。天窗架单独吊装应在天窗架两侧的屋面板吊装后进行，其吊装方法和屋架的基本相同，其校正可用工具式支撑进行。

屋面板设有预埋吊环，用带钩的吊索钩住吊环即可起吊，为充分利用起重机的起重能力，提高功效，可一次同时吊几块屋面板，吊装时几块屋面板间用索具相互悬挂。

屋面板的吊装顺序应由两边檐口左右对称地逐块铺向屋脊，以免屋架受荷不均，屋面板就位后，应立即电焊固定。每块屋面板至少有 3 点与屋架（或天窗架）焊牢，且必须保证焊缝质量。

## 三、结构吊装方案

单层工业厂房结构的特点是：平面尺寸大，承重结构的跨度与柱距大，构件类型少，构件质量大，厂房内还有各种设备基础（特别是重型厂房）等。

在拟定结构吊装方案时，应着重解决结构吊装方法、起重机的选择、起重机开行路线与构件平面布置等问题。施工方案应根据厂房的结构形式、跨度、构件的质量及安装高度、吊装工程量及工期要求，并考虑现有起重设备条件等因素综合研究决定。

### （一）起重机选择

起重机的选择主要是确定起重机的类型及型号。

单层工业厂房结构的特点是，平面尺寸大，构件重，但一般中小厂房安装高度不大，构件类型不多，因此宜选择移动较方便的自行式起重机进行安装。目前，一般中小型单层工业厂房大多选用履带式起重机或汽车式起重机进行吊装。在吊装过程中，各种构件的质量、起重高度等相差太大时，可选用同一型号的起重机用不同的臂长进行吊装，以充分发挥起重机的性能。只有当工期紧或现场起重机供应方便时，才采用多型号或多台起重机同时进行吊装。

起重机的工作参数包括起重量 $Q$、起重高度 $H$ 和起重半径 $R$。所选起重机的三个工作参数必须满足构件的安装要求，起重机工作参数确定如下。

**1. 起重量**

起重机的起重量必须大于所安装构件质量与索具质量之和，即

$$Q \geqslant Q_1 + Q_2 \tag{6-8}$$

式中：$Q$ 表示起重机的起重量，单位为 t；$Q_1$ 表示构件的质量，单位为 t；$Q_2$ 表示索具的质量，单位为 t。

**2. 起重高度**

起重机的起重高度必须满足构件安装高度的要求（见图 6-41），即

$$H \geqslant h_1 + h_2 + h_3 + h_4 \tag{6-9}$$

式中：$H$ 表示起重机的起重高度，停机面至吊钩中心的垂直距离，单位为 m；$h_1$ 表示安装支座顶面高度，从停机面算起，单位为 m；$h_2$ 表示安装间隙，不小于 0.3 m；$h_3$ 表示绑扎点至构件吊起后底面的距离，单位为 m；$h_4$ 表示索具高度，绑扎点至吊钩中心的垂直距离，单位为 m。

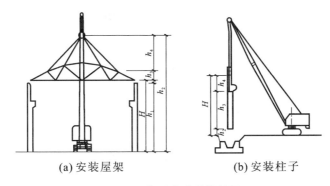

(a) 安装屋架　　　　　　　(b) 安装柱子

图 6-41　起重高度计算简图

### 3. 起重半径

当起重机可以开行至吊装位置附近吊装时,对起重机工作无特殊要求的构件,可按计算的起重量和起重高度查阅起重机性能表,选择起重机型号及臂长,查得相应的起重半径,并以这个起重半径确定起重机开行路线和停机点位置。

当起重机停机位置受到限制,不能直接开到吊装位置附近时,需要根据要求的最小起重半径、起重量、起重高度查阅起重机性能表,选择起重机型号及起重臂长。

当起重机的起重臂需要跨过已安装好的构件进行吊装时,为了避免起重臂与已安装好的结构碰撞,或避免吊装的构件与起重臂碰撞,都需要求出起重机吊装该构件时的最小臂长及相应的起重半径,求解的方法有数解法和图解法两种方法,如图 6-42 所示。

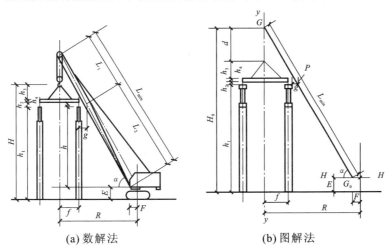

(a) 数解法　　　　　　　　(b) 图解法

图 6-42　吊装屋面板时起重机最小臂长计算简图

1) 数解法

如图 6-42(a)所示,起重机的起重臂长为

$$L = l_1 + l_2 = \frac{h}{\sin\alpha} + \frac{a+g}{\cos\alpha} \tag{6-10}$$

$$\alpha = \arctan\sqrt[3]{\frac{h}{a+g}} \tag{6-11}$$

式中:$h$ 表示起重臂下铰至吊装构件支座顶面的高度,$h = h_1 - E$,单位为 m;$h_1$ 表示从停机面至构件安装表面间的垂直距离,单位为 m;$a$ 表示起重机吊钩跨过已安装结构的水平距离,单位为

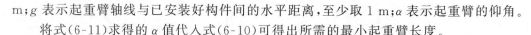

m;g 表示起重臂轴线与已安装好构件间的水平距离，至少取 1 m;α 表示起重臂的仰角。

将式(6-11)求得的 α 值代入式(6-10)可得出所需的最小起重臂长度。

2）图解法

用图解法求起重机最小臂长及相应的起重半径，较为直观，如图 6-42(b)所示，但为保证精确度，要选择适当的作图比例，图解法步骤如下。

① 按选定比例绘制厂房一个节间的剖面图，在过吊装屋面板时起重机吊钩伸入跨内所需水平距离 a 位置处，作铅垂线 YY。

② 作与停机面距离等于 E 的水平线 HH，HH 线是起重臂下端转轴的运动轨迹。

③ 自屋架顶面向起重机方向水平量一距离等于 g，标记为 P 点。

④ 过 P 点可作若干条直线，分别与水平线 HH 及铅垂线 YY 相交，则 HH 线与 YY 线所截得的若干线段都满足起重臂长度的要求。设其中最短的一条交 YY 线于 A 点，交 HH 线于 B 点，则线段 AB 的长度即是最小起重臂长度 $L_{min}$。

根据数解法和图解法所求得的最小起重臂长度为理论值 $L_{min}$，查起重机性能表或性能曲线，从规定的几种臂长中选择一种臂长 $L \geqslant L_{min}$ 即为吊装屋面板时所选用的起重臂长度。根据实际采用的 L 及相应的 α 值，以及 $R = F + L\cos\alpha$，计算起重半径，按计算出的 R 值及已选定的起重臂长度 L 查起重机性能表或性能曲线，复核起重量 Q 及起重高度 H，如满足要求，即可根据 R 值确定起重机吊装屋面板时的停机位置。

## （二）结构安装方法

单层工业厂房的结构安装方法有分件安装法和综合安装法。

### 1. 分件安装法

起重机每开行一次，仅安装一、二种构件，通常分三次开行才能安装完全部构件。即第一次开行安装全部柱子，并对柱子进行校正和最后定位；第二次开行安装全部吊车梁、连系梁及柱间支撑；第三次开行依次按节间安装屋架、天窗架、屋面板及屋面支撑等构件，如图 6-43 所示。

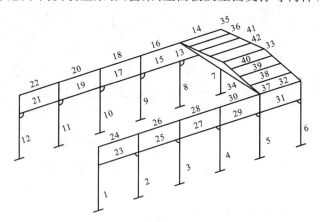

**图 6-43 分件安装时的构件吊装顺序**

图中数字表示构件吊装顺序

1~12—柱子；13~32—单数是吊车梁，双数是联系梁；33、34—屋架；35~42—屋面板

### 2. 综合安装法

综合安装法以厂房的节间为构件安装作业的独立单元，起重机在厂房内一次开行，依次安装完各单元内所有各种类型的构件。先安装 4~6 根柱子，并立即进行校正和最后固定，再安装

1～2个节间内的吊车梁、连系梁、屋架、屋面板等构件,最后按节间、按顺序用同样的方法继续安装,直至整个厂房结构安装完毕为止。

分件安装法与综合安装法相比较,前者安装速度快,每次开行只安装一种或几种构件,易按构件特点合理确定吊装工作参数,操作简单而连续,可充分发挥起重机性能;后者安装速度慢,按节间安装,起重机需要不断变更工作参数和更换吊具,操作复杂,影响工作效率。前者开行路线长,后者开行路线短。前者工序衔接合理,构件的固定、校正时间充分,构件平面布置容易;后者工序衔接较零乱,构件的固定、校正时间短,构件平面布置困难。鉴于以上原因,只有在特殊情况下,如采用牵缆式桅杆起重机吊装,起重机移动较困难时,才采用综合安装法施工;当采用履带式起重机或汽车式起重机吊装时,一般宜采用分件安装法施工。

### (三)起重机开行路线

起重机开行路线和起重机的停机位置与起重机性能、构件的尺寸及质量、构件的平面布置、构件的供应方式、安装方法等许多因素有关。

起重机开行路线的选择,应以开行路线的总长度较短和线路能够重复使用为目标,使安装方案趋于经济合理。安装柱时,根据厂房跨度大小、柱的尺寸、柱的质量及起重机性能,可沿跨中开行或跨边开行。当柱布置在跨外时,起重机一般沿跨外开行。

跨中开行时,根据起重半径满足不同条件,可在一个停机点上同时吊装左右侧2根柱子或4根柱子;跨外或跨边开行时,在一个停机点上可吊装1根柱子,或满足几何条件时可同时吊装同侧的2根柱子,如图6-44所示。

(1)当$R \geqslant L/2$时,起重机可沿跨中开行,每个停机位置可吊装2根柱,如图6-44(a)所示。

(2)当$R \geqslant \sqrt{\left(\dfrac{L}{2}\right)^2 + \left(\dfrac{b}{2}\right)^2}$时,则可吊装4根柱,如图6-44(b)所示。

(3)当$R < L/2$时,起重机需沿跨边开行,每个停机位置吊装1～2根柱,如图6-44(c)、(d)所示。

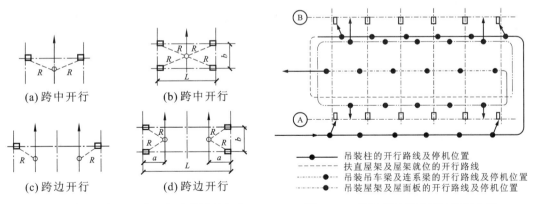

图 6-44 吊装柱时起重机的开行路线及停机点    图 6-45 起重机开行路线及停机位置

安装屋架、屋面板等屋面构件时,起重机大多沿跨中开行。

图6-45所示为一个单跨车间采用分件吊装时,起重机的开行路线及停机位置图。起重机自轴线进场:沿跨外开行吊装列柱(柱跨外布置)→沿轴线跨内开行吊装列柱(柱跨内布置)→转到轴线扶直屋架及将屋架就位→转到轴线吊装→列连系梁、吊车梁等→转到轴线吊装吊车梁等构件→转到跨中吊装屋盖系统。

当单层工业厂房面积大或具有多跨结构时,为加速工程进度,可将建筑物划分为若干段,选用多台起重机同时进行施工。每台起重机可以独立作业,负责完成一个区段的全部吊装工作,也可选用不同性能的起重机协同作业,有的专门吊装柱子,有的专门吊装屋盖结构,组织大流水施工。

当厂房具有多跨并列和纵横跨时,可先吊装各纵向跨,以保证吊装各纵向跨时,起重机械、运输车辆畅通。如各纵向跨有高、低跨,则应先吊高跨,然后逐步向两侧吊装。

### （四）构件平面布置

厂房跨内及跨外都可作为构件布置的场地,通常是相当紧凑的。构件平面布置得是否合理,直接影响到整个结构安装工程的顺利进行。因此,在构件平面布置时必须根据现场条件、工程特点、工期要求、作业方式等进行统筹安排。构件的平面布置可分为预制阶段和吊装阶段,两者之间紧密关联,必须同时考虑。

**1. 构件平面布置原则**

（1）每跨的构件宜布置在本跨内,如场地狭窄,则也可布置在跨外便于安装的地方。

（2）应便于支模及混凝土浇筑,若为预应力钢筋混凝土构件,要预留出抽管、穿筋的必要场地。构件之间应留有一定空隙,便于对构件进行编号和检查、清除预埋件上的污物。

（3）要满足安装工艺的要求,尽可能布置在起重机的工作幅度内,尽量减小起重机负荷行驶的距离及减少起重臂起伏的次数。

（4）力求占地少,保证起重机械、运输车辆的道路畅通。构件的布置应考虑起重机的开行与回转,保证路线畅通,起重机回转时,机身不得与构件相碰。

（5）要注意安装时的朝向,特别是屋架,以免在安装时在空中调头,影响安装进度,也不安全。

（6）构件应在坚实的地基上浇筑,在新填土的地基上布置构件时,必须采取一定的措施,防止地基下沉,影响构件质量。

（7）构件的平面布置分预制阶段构件的平面布置和安装阶段构件的平面布置。布置时两种情况要综合加以考虑,做到相互协调,有利于吊装。

**2. 预制阶段构件的平面布置**

1）柱子的布置

为了配合柱子的两种起吊方法,柱子在预制时可采取下列两种布置方式:斜向布置和纵向布置。一般用旋转法吊柱时,柱斜向布置;用滑行法吊柱时,柱纵向布置。

（1）斜向布置。

预制时,柱子与厂房纵轴线成一斜角,这种布置主要是为了配合旋转起吊法进行吊装。根据该法起吊要求,柱子最好按三点（柱基础中心、柱脚、柱吊点）共弧斜向布置。当场地受限制或柱子较长,柱的平面布置按三点共弧有困难时,可采用两点（柱脚、柱基础中心或柱吊点、柱基础中心）共弧斜向布置。

采用作图法按三点共弧（柱吊点、柱脚和柱基三点共弧）斜向布置,如图 6-46 所示。其步骤如下。

① 确定起重机开行路线到柱基中线的距离 $a$。起重机开行路线到柱基中线的距离 $a$ 与基坑大小、起重机的性能、构件的尺寸和质量有关。$a$ 的最大值不要超过起重机吊装该柱时的最大起重半径;$a$ 的最小值也不要取的过小,以免起重机太近基坑边而致失稳。此外,还应注意检查当起重机回转时,其尾部不致与周围构件或建筑物相碰。综合考虑这些条件后,就可定出 $a$ 值

（$R_{min} < a \leqslant R$），并在图上画出起重机的开行路线。

② 确定起重机的停机位置。确定起重机的停机位置的方法是以所吊装柱的柱基中心 $M$ 为圆心，以所选吊装该柱的起重半径 $R$ 为半径，画弧交起重机开行路线于 $O$ 点，则 $O$ 点即为起重机的停机点位置。标定 $O$ 点与横轴线的距离为 $l$。

③ 确定柱在地面上的预制位置。按旋转法吊装柱的平面布置要求，使柱吊点、柱脚和柱基三者都在以停机 $O$ 点为圆心，以起重机起重半径 $R$ 为半径的圆弧上，且柱脚靠近基础。据此，以停机 $O$ 点为圆心，以吊装该柱的起重半径 $R$ 为半径画弧，在靠近基础杯的弧上选一点 $K$，作为预制时柱脚的位置。又以 $K$ 为圆心，以绑扎点至柱脚的距离为半径画弧，两弧相交于 $S$。再以 $KS$ 为中心线画出柱的外形尺寸，此即为柱的预制位置图。标出柱顶、柱脚与柱列纵横轴线的距离（$A$、$B$、$C$、$D$），以其外形尺寸作为预制柱的支模的依据。

布置柱时还需注意牛腿的朝向问题，要使柱吊装后，其牛腿的朝向符合设计要求。因此，当柱布置在跨内预制或就位时，牛腿应朝向起重机；若柱布置在跨外预制或就位时，则牛腿应背向起重机。

在布置柱时有时由于场地限制或柱过长，很难做到三点共弧，则可安排两点共弧，这又有以下两种做法。

一种是将柱脚与柱基安排在起重机起重半径 $R$ 的圆弧上，而将吊点放在起重机起重半径 $R$ 之外（见图 6-47）。吊装时先用较大的起重半径 $R'$ 吊起柱子，并升起起重臂。在起重半径由 $R'$ 变为 $R$ 后，停升起重臂，再按旋转法吊装柱。

另一种是将吊点与柱基安排在起重半径 $R$ 的同一圆弧上，而柱脚可斜向任意方向（见图 6-48），吊装时，柱可用旋转法吊升，也可用滑行法吊升。

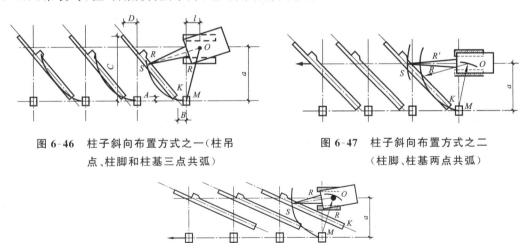

图 6-46 柱子斜向布置方式之一（柱吊点、柱脚和柱基三点共弧）

图 6-47 柱子斜向布置方式之二（柱脚、柱基两点共弧）

图 6-48 柱斜向布置方式之三（吊点、柱基两点共弧）

（2）纵向布置。

柱子预制与厂房轴线平行排列，纵向布置主要是配合滑行法起吊柱子。对于一些较轻的柱子，起重机能力有富余，考虑到节约场地、方便构件制作，可顺柱列纵向布置（见图 6-49），采用滑行法吊装。布置时可考虑起重机停于两柱之间，每停机一次安装两根柱子。柱子的绑扎点应布置在起重机吊装该柱时的起重半径上，柱子纵向布置，绑扎点与杯口中心两点共弧。

若柱子长度大于 12 m，则柱子纵向布置宜排成两行，如图 6-49（a）所示；若柱子长度小于 12 m，则可叠浇排成一行，如图 6-49（b）所示。

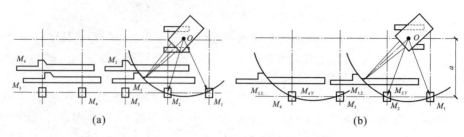

图 6-49 柱的纵向布置

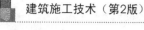

(a) 斜向布置

(b) 正向斜向布置

(c) 正反纵向布置

图 6-50 层架现场预制布置方式

2）屋架的布置

钢筋混凝土或预应力钢钢筋混凝土屋架多采用在跨内平卧叠层预制，每叠 3～4 榀，布置方式有斜向布置、正反斜面向布置和正反纵向布置（见图 6-50）。多采用斜向布置，因其便于扶直和就位，只有在场地受到限制时，才考虑其他两种形式。

若为预应力钢筋混凝土屋架，在屋架一端或两端需留出抽芯及穿筋所必需的长度。其预留长度：若屋架采用钢管抽芯法预留孔道，当一端抽芯时需留出的长度为屋架全长另加抽芯时所需工作场地 3 m；当两端抽芯时需留出的长度为二分之一屋架长度另加抽芯时所需工作场地 3 m；若屋架采用胶管抽芯法预留孔道，则屋架两端的预留长度可以适当减少。

每两垛屋架之间的间隙，可取 1 m 左右，以便支模板及浇筑混凝土之用。屋架之间互相搭接的长度视场地大小及需要而定。

在布置屋架的预制位置时，要考虑屋架的扶直、就位要求及扶直的先后顺序。先扶直的应放在上层。屋架较长，不易转动，因此对屋架的两端朝向也要注意，要符合屋架安装时对朝向的要求。

3）吊车梁的布置

当吊车梁在现场预制时，吊车梁可靠近柱基础纵向轴线或略作倾斜布置，也可插在柱子之间预制，如具有运输条件，也可在场外集中预制。

**3. 安装阶段构件的就位布置**

各种构件在起吊前应按要求进行就位，密切配合构件的安装要求。柱子在预制时已按安装阶段的要求布置，所以，柱子在两个阶段的布置要求是一致的。就位布置主要是指柱子安装后，屋架、屋面板、吊车梁等构件的就位布置。

1）屋架的扶直就位

屋架一般布置在本跨内，首先用起重机将屋架由平卧转为直立，这一工作称为屋架的扶直。屋架扶直后立即进行就位，按就位的位置不同，可分为同侧就位和异侧就位两种。同侧就位时，屋架的预制位置与就位位置均在起重机开行路线的同一侧。异侧就位时，需将屋架由预制的一边转至起重机开行路线的另一边就位。此时，屋架两端的朝向已有变动。因此，在预制屋架时，对屋架就位的位置要事先加以考虑，以便确定屋架两端的朝向及预埋件的位置等问题。

按屋架同侧就位的方式，常用的有两种：一种是靠柱边斜向就位；另一种是靠柱边成组纵向就位。

（1）屋架的斜向就位。屋架斜向就位在吊装时跑车不多，节省吊装时间，但屋架支点过多，支垫木、加固支撑也多。屋架靠柱边斜向就位（见图 6-51），可按下述作图方法确定其就位位置。

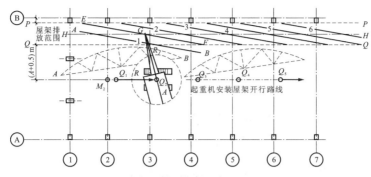

图 6-51　屋架同侧斜向排放(虚线表示屋架预制时的位置)

① 确定起重机吊装屋架时的开行路线及停机位置。起重机吊装屋架时一般沿跨中开行,也可根据吊装需要稍偏于跨度的一边开行,在图上画出开行路线。然后以欲吊装的某轴线(例如②轴线)的屋架中点 $M_2$ 为圆心,以所选择吊装屋架的起重半径 $R$ 为半径画弧交于开行路线于 $O_2$,$O_2$ 即为吊②轴线屋架的停机位置。

② 确定屋架就位的范围。屋架一般靠柱边就位,但屋架离开柱边的净距不小于 200 mm,并可利用柱作为屋架的临时支撑,这样可定出屋架就位的外边线 $P—P$。另外,起重机在吊装屋架及屋面板时需要回转,若起重机尾部至回转中心的距离为 $A$,则在距起重机开行路线 $A+0.5$ m 的范围内也不宜布置屋架及其他构件;以此画出虚线 $Q—Q$,在 $P—P$ 及 $Q—Q$ 两虚线的范围内可布置屋架就位。但屋架就位宽度不一定需要这样大,应根据实际需要定出屋架就位的宽度 $P—Q$。

③ 确定屋架的就位位置。在根据需要定出屋架实际就位宽度 $P—Q$ 后,在图上画出 $P—P$ 与 $Q—Q$ 的中线 $H—H$。屋架就位后之中点均应在此 $H—H$ 线上。因此,以吊②轴线屋架的停机点 $O_2$ 为圆心,以吊屋架的起重半径 $R$ 为半径,画弧交 $H—H$ 线于 $G$ 点,则 $G$ 点为②轴线屋架就位的中点。再以 $G$ 点为圆心,以屋架跨度的一半为半径,画弧交 $P—P$ 及 $Q—Q$ 两虚线于 $E$、$F$ 两点,连 $E$、$F$ 即为②轴线屋架就位的位置。其他屋架的就位位置均平行此屋架,端点相距 6 m(即柱距)。唯①轴线屋架由于已安装了抗风柱,需要后退至②轴线屋架就位位置附近就位。

(2)屋架的成组纵向就位。纵向就位就位方便,支点用的道木比斜向就位的要少,但吊装时部分屋架要负荷行驶一段距离,故吊装费时,且要求道路平整。

屋架的成组纵向就位,一般以 4~5 榀为一组,靠柱边顺轴线纵向就位。屋架与柱之间、屋架与屋架之间的净距不小于 200 mm,相互之间用铁丝及支撑拉紧撑牢。每组屋架之间应留 3 m 左右的间距作为横向通道,应避免在已吊装好的屋架下面去绑扎吊装屋架,屋架起吊应注意不要与已吊装的屋架相碰。因此,布置屋架时,每组屋架的就位中心线,可大致安排在该组屋架倒数第二榀吊装轴线之后约 2 m 处,如图 6-52 所示。

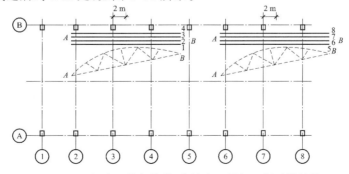

图 6-52　屋架分组纵向排放(虚线表示屋架预制时的位置)

2）吊车梁、连系梁、屋面板的就位

单层工业厂房除了柱和屋架一般在施工现场制作外，其他构件（如吊车梁、连系梁、屋面板等）均可在预制厂或附近的露天预制场制作，然后运至施工现场进行安装。构件运输至现场后，应根据施工组织设计所规定的位置，按编号及构件安装顺序进行排放或集中堆放。

吊车梁、连系梁的排放位置，一般在其吊装位置的柱列附近，跨内跨外均可；有时也可以从运输车辆上直接起吊。屋面板可6～8块为一叠，靠柱边堆放；当在跨内就位时，应向后退3～4个节间开始堆放；若在跨外就位，应后退1～2节间开始就位，屋面板可布置在跨内或跨外。

# 任务3　结构安装工程的质量标准及安全措施

## 一、结构安装的质量要求

### 1．操作中质量要求

（1）钢筋混凝土强度不小于设计强度标准值的75%，预应力钢筋混凝土构件灌装强度不小于15 MPa，方可吊装。

（2）先标注准线，后校核高及平面位置。

（3）接头混凝土强度不小于10 MPa，才能吊装上层构件。

（4）构件就位后，要临时固定。

（5）安装误差应在允许范围以内。

### 2．结构安装工程的施工质量验收

（1）现场预制构件，其外观质量、尺寸偏差及结构性能应符合标准图或设计的要求。

（2）预制构件与结构之间的连接应符合设计要求。连接处钢筋或预埋件采用焊接或机械连接时，接头质量应符合国家现行标准《钢筋焊接及验收规程》（JGJ 18—2012）和《钢筋机械连接通用技术规程》（JGJ 107—2016）的要求。

（3）承受内力的接头和拼缝，当其混凝土强度未达到设计要求时，不得吊装上一层结构构件；当设计无具体要求时，应在混凝土强度不小于10 N/mm² 或具有足够的支承时方可吊装上一层结构构件。已安装完毕的装配式结构，应在混凝土强度到达设计要求后，方可承受全部设计荷载。

（4）预制构件堆放和运输时的支撑位置和方法应符合标准图或设计的要求。预制构件吊装前，应按设计要求在构件和相应的支承结构上标志中心线、标高等控制尺寸，按标准图或设计文件校核预埋件及连接钢筋等，并做出标志。

（5）预制构件应按标准图或设计的要求吊装。起吊时绳索与构件水平夹角不小于45°，否则应采用吊架或经验算后确定。

（6）预制构件安装就位后，应采取保证构件稳定的临时固定措施，并应根据水准点和轴线校正位置。

（7）装配式结构中的接头和拼缝应符合设计要求。当设计无具体要求时，应符合下列规定。对承受内力的接头和拼缝应采用混凝土浇筑，其强度等级应比构件混凝土强度等级提高一级；对不承受内力的接头和拼缝应采用混凝土或砂浆浇筑，其强度等级不应低于C15或M15；用于接头和拼缝的混凝土或砂浆，宜采取微膨胀措施和快硬措施，在浇筑过程中应振捣密实，并采取必要的养护措施。

### 3. 预制构件检验批质量验收记录

预制构件尺寸的允许偏差及检验方法如表 6-9 所示。

表 6-9　预制构件尺寸的允许偏差及检验方法　　　　　　　　　单位:mm

| 项　　目 | | 允许偏差 | 检 验 方 法 |
|---|---|---|---|
| 长度 | 板、梁 | $+10, -5$ | 钢尺检验 |
| | 柱 | $+5, -10$ | |
| | 墙板 | $\pm 5$ | |
| | 薄腹梁、桁架 | $+15, -10$ | |
| 宽度、高(厚)度 | 板、梁、柱、墙板、薄腹梁、桁架 | $\pm 5$ | 钢尺量一端及中部,取其中较大值 |
| 侧向弯曲 | 板、梁、柱 | $L/750$ 且$\leqslant 20$ | 拉线、钢尺量最大侧向弯曲处 |
| | 墙板、薄腹梁、桁架 | $L/1\,000$ 且$\leqslant 20$ | |
| 预埋件 | 中心线位置 | 10 | 钢尺检查 |
| | 螺栓位置 | 5 | |
| | 螺栓外露长度 | $+10, -5$ | |
| 预留孔 | 中心线位置 | 5 | 钢尺检查 |
| 预留洞 | 中心线位置 | 15 | 钢尺检查 |
| 主筋保护层厚度 | 板 | $+5, -3$ | 钢尺或保护层厚度测定仪式量测 |
| | 梁、柱、墙板、薄腹梁、桁架 | $+10, -5$ | |
| 对角线差 | 板、墙板 | 10 | 钢尺量两个对角线 |
| 表面平整度 | 板、梁、柱、墙板 | 5 | 2 m 靠尺和塞尺检查 |
| 预应力构件预留孔道位置 | 梁、墙板、薄腹梁、桁架 | 3 | 钢尺检查 |
| 翘曲 | 板 | $L/750$ | 调平尺在两端量测 |
| | 墙板 | $L/1\,000$ | |

## 二、结构安装的安全要求

### 1. 保证人身安全的要求

(1) 结构安装的操作人员应为非心脏病患者及高血压患者。

(2) 不准酒后作业。

(3) 戴安全帽、系好安全带,配工具包。

(4) 高空电焊,系安全带,戴防护罩,穿绝缘胶鞋。

(5) 安装时统一哨声、红绿旗、手势,可用对讲机和手机指挥。

### 2. 使用机械的安全

(1) 钢丝绳应符合要求。

(2) 起重机负荷时要缓慢开行,构件离地不大于 500 mm,作业时与高压线保持安全距离。

(3) 变形或裂纹吊钩与卡环,不得再使用。

(4) 吊钩升降要平稳,避免紧急制动和冲击。

(5) 初用起重机时,须经动、静荷试运行,$Q=125\%Q_{max}$,离地 1 m,悬空 10 min。

(6) 停机后,关闭上锁,升高吊钩。

### 3. 确保安全的设施

(1) 吊装现场,闲人免进。

（2）高空作业，有操作平台、爬梯。

（3）雨、冬期，须采取防滑措施。

## 三、结构安装工程的安全措施

安全隐患是指在生产经营活动中存在的可能导致不安全事件或事故发生的物的危险状态、人的不安全行为和管理上的缺陷（如用电、用火等，都可能存在安全隐患）。

根据人-机-环境系统工程学的观点分析，造成事故隐患的原因分为三类：即人的隐患，机的隐患，环境的隐患。

**1. 结构安装工程的安全技术**

结构安装工程的特点是，构件重，操作面小，高空作业多，机械化程度高，多工种交叉作业等，如果措施不当，极易发生安全事故。组织施工时，要重视这些特点，采取相应的安全技术措施。

**2. 操作人员方面**

（1）从事安装工作的人员，要经过体格检查，心脏病或高血压患者，不能高空作业，不准酒后作业，新工人要经过短期培训才能从事施工。

（2）操作人员进入现场，必须戴安全帽、手套；高空作业时，必须戴好安全带，所用的工具要用绳子扎好或放入工具包内。

（3）电焊工在高空焊接时，应戴安全带、防护面罩；潮湿地点工作时，应穿胶靴。

（4）在高空安装构件时，用撬杠校正构件位置必须防止因撬杠滑脱而引起高空坠落。撬构件时，人要站稳，如果附近有脚手架或其他已安装好有构件，最好一只手扶脚手架或构件，另一只手操作。撬杠插进的深度要适宜，如果撬动的距离较大，则应一步一步地撬，不要急于求成。

（5）在冬雨季施工时，为防止构件因潮湿或有积雪等使操作人员滑倒，必须采取防滑措施。

（6）登高用的梯子必须牢固，梯子与地面的夹角一般以 65°～75°为宜。

（7）结构安装时，要听从统一号令，统一指挥。

**3. 起重机械与索具**

（1）吊装所用的钢丝绳，事先必须认真检查，表面磨损、腐蚀达钢丝直径的 10% 的，不准使用。钢丝绳如断丝数目超过规定的，应予以报废。

（2）吊钩和卡环有永久变形或裂纹的，不能使用。

（3）起重机的行驶道路，必须坚实可靠。地面为松软土层要进行压实处理，必要时，需铺设道木进行加固。

（4）履带式起重机必须负荷行走时，重物应在履带的正前方，并用绳索带住构件，缓慢行驶，构件离地不得超过 50 cm。起重机在接近满荷时，不得同时进行两种操作动作。

（5）起重机工作时，严格注意勿碰撞高压架空电线，起重臂、钢丝绳、重物等与架空电线要保持一定的安全距离。

（6）新到、修复或改装的起重机在使用前必须进行检查、试吊，并要进行静、动负荷试验。静负荷试验时，所吊重物为该机最大起质量的 125%；试验时，将重物吊离地面 1 m，悬空 10 min，以检查起重机构架的强度和刚度。动负荷试验在静负荷试验合格后进行，所用重物为该机最大起质量的 110%；试验时，吊着重物反复地升降、变幅、回转或移动，以检验起重机各部分运行情况，如运行不正常，应予以检查和修理。

（7）起吊构件时,升降吊钩要平稳,避免紧急制动和冲击。

（8）起重机停止工作时,起重装置要关闭上锁。吊钩必须升高,防止摆动伤人,并不得悬挂物件。

**4. 安全设施**

（1）吊装现场周围应设置临时栏杆,禁止非工作人员入内。

（2）工人如需要在高空作业,则应尽可能搭设临时操作台。操作台为工具式的,拆装方便,自重轻,宽度为 0.8～1.0 m,临时以角钢夹板固定在柱上部,低于安装位置 1～1.2 m,工人在上面可进行屋架的校正与焊接工作。

（3）要配备悬挂式斜靠的轻便爬梯,供人上下之用。

（4）如需在悬空的屋架上弦行走时,应在其上设置安全栏杆。

（5）遇到六级以上大风和雷雨天气时,一般不得进行高空作业;必须进行时,要采取妥善的安全措施。雷雨季节,起重设备在 15 m 以上高度时,必须装置避雷设施。

**5. 人的不安全行为的控制**

人的不安全行为是人的生理和心理特点的反映,主要表现在身体缺陷、错误行为和违纪违章三方面。

（1）有身体缺陷的人不能进行结构安装的作业。

（2）严禁粗心大意、不懂装懂、侥幸心理、错视、错听、误判断、误动作等错误行为。

（3）严禁喝酒、吸烟,不正确使用安全带、安全帽及其他防护用品等违章违纪行为。

（4）加强安全教育、安全培训、安全检查、安全监督。

（5）起重吊装的指挥人员必须持证上岗,作业时应与操作人员密切配合,执行规定的指挥信号。

（6）操作人员在作业前必须对工作现场环境、行驶道路、架空电线、建筑物以及构件质量和分布情况进行全面了解。

（7）现场施工负责人应为起重机作业提供足够的工作场地,清除或避开起重臂起落或回转半径内的障碍物。

（8）在露天有六级及以上大风等恶劣天气时,应停止起重吊装作业。

**6. 起重吊装机械的控制**

（1）各类起重机应装有音响清晰的喇叭、电铃或汽笛等信号装置。

（2）起重机的变幅指示器、力矩限制器、起重量限制器以及各种行程限位开关等安全保护装置,应完好齐全、灵敏可靠,不得随意调整或拆除。

（3）操作人员应按规定的起重性能作业,不得超载。

（4）严禁使用起重机进行斜拉、斜吊和起吊地下埋设或凝固在地面上的重物以及其他不明质量的物体。

（5）重物起升和下降的速度应平稳、均匀,不得突然制动。

（6）严禁起吊重物长时间悬挂在空中,作业中遇突发故障,应采取措施将重物降落到安全地方,并关闭发动机或切断电源后进行检修。

（7）起重机不得靠近架空输电线路作业。

（8）起重机使用的钢丝绳,应有钢丝绳制造厂签发的产品技术性能和质量证明文件。

（9）履带式起重机如需负荷行驶时,负荷不得超过允许起重量的 70%,行走道路应坚实平整,并应拴好拉绳,缓慢行驶。

# 任务4　工程案例分析

某车间的厂房为单层、单跨 18 m 的工业厂房，柱距 6 m，共 13 个节间，厂房平面图、剖面图如图 6-53 所示，车间主要构件一览表如表 6-10 所示。

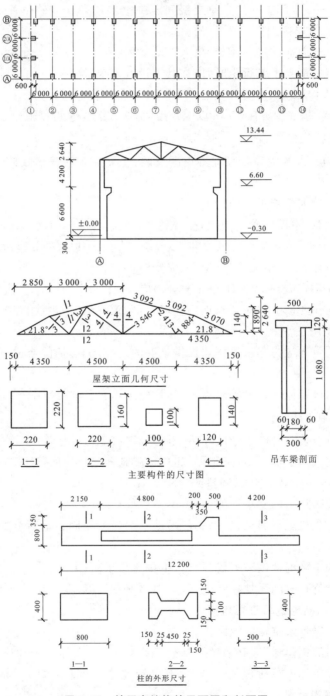

**图 6-53　某厂房结构的平面图和剖面图**

表 6-10　车间主要构件一览表

| 厂房轴线 | 构件名称及编号 | 构件数量/件 | 构件质量/t | 构件长度/m | 安装标高/m |
|---|---|---|---|---|---|
| Ⓐ、Ⓑ<br>①、⑭ | 基础梁 JL | 32 | 1.51 | 5.95 | |
| Ⓐ、Ⓑ | 连系梁 LL | 26 | 1.75 | 5.95 | ＋6.60 |
| Ⓐ、Ⓑ | 柱 $Z_1$ | 4 | 7.03 | 12.20 | －1.40 |
| Ⓐ、Ⓑ | 柱 $Z_2$ | 24 | 7.03 | 12.20 | －1.40 |
| Ⓐ/①、Ⓑ/② | 柱 $Z_3$ | 4 | 5.8 | 13.89 | －1.20 |
| ①～⑭ | 屋架 YWJ18-1 | 14 | 4.95 | 17.70 | ＋10.80 |
| Ⓐ、Ⓑ | 吊车梁 DL-8Z | 22 | 3.95 | 5.95 | ＋6.60 |
| Ⓐ、Ⓑ | DL-8B | 4 | 3.95 | 5.95 | ＋6.60 |
| | 屋面板 YWB | 156 | 1.30 | 5.97 | ＋13.80 |
| Ⓐ、Ⓑ | 天沟板 TGB | 26 | 1.07 | 5.97 | ＋11.40 |

# 一、起重机的选择及工作参数计算

根据厂房基本概况及现有起重设备条件,初步选用 $W_1$-100 型履带式起重机进行结构吊装,主要构件吊装的参数计算如下。

## 1. 柱

柱子采用一点绑扎斜吊法吊装。

柱 $Z_1$、$Z_2$ 要求起重量为

$$Q=Q_1+Q_2=(7.03+0.2)\text{t}=7.23\text{ t}$$

柱 $Z_1$、$Z_2$ 要求起升高度(见图 6-54)为

$$H=h_1+h_2+h_3+h_4=(0+0.3+7.05+2.0)\text{ m}=9.35\text{ m}$$

柱 $Z_3$ 要求起重量为

$$Q=Q_1+Q_2=(5.8+0.2)\text{t}=6.0\text{ t}$$

柱 $Z_3$ 要求起升高度为

$$H=h_1+h_2+h_3+h_4=(0+0.30+11.5+2.0)\text{m}=13.8\text{ m}$$

## 2. 屋架

屋架要求起重量为

$$Q=Q_1+Q_2=(4.95+0.2)\text{t}=5.15\text{ t}$$

屋架要求起升高度(见图 6-55)为

$$H=h_1+h_2+h_3+h_4=(10.8+0.3+1.14+6.0)\text{m}=18.24\text{ m}$$

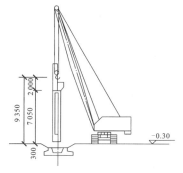

图 6-54　$Z_1$、$Z_2$ 起重高度计算

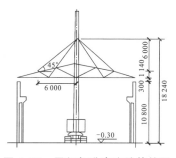

图 6-55　屋架起升高度计算简图

### 3. 屋面板

吊装跨中屋面板（见图 6-56）时，起重量为

$$Q=Q_1+Q_2=(1.3+0.2)\ t=1.5\ t$$

起升高度为

$$H=h_1+h_2+h_3+h_4=(10.8+2.64+0.3+0.24+2.5)m=16.48\ m$$

起重机吊装跨中屋面板时，起重吊钩需伸过已吊装好的屋架上弦中线 $f=3\ m$，并且起重臂中心线与已安装好的屋架中心线至少保持 1 m 的水平距离，因此，起重机的最小起重臂长度及所需起重仰角 $\alpha$ 为

$$L=\frac{h}{\sin\alpha}+\frac{f+g}{\cos\alpha}=\frac{11.74}{\sin55.07°}+\frac{3+1}{\cos55.07°}=21.34\ m$$

$$\alpha=\arctan\sqrt[3]{\frac{h}{f+g}}=\arctan\sqrt[3]{\frac{10.8+2.64-1.7}{3+1}}=55.07°$$

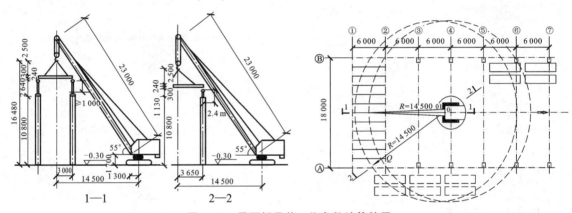

图 6-56 屋面板吊装工作参数计算简图

根据上述计算，选 $W_1$-100 型履带式起重机吊装屋面板，起重臂长 $L$ 取 23 m，起重仰角 $\alpha=55°$。再对起重高度进行核算，假定起重杆顶端至吊钩的距离 $d=3.5\ m$，则实际的起重高度为

$$H=L\sin55°+E-d=(23\sin55°+1.7-3.5)\ m=17.04\ m>16.48\ m$$

即 $d=(23\sin55°+1.7-16.48)\ m=4.06\ m$，满足要求。

此时起重机吊板的起重半径为

$$R=F+L\cos\alpha=(1.3+23\cos55°)m=14.5\ m$$

所以选择 $W_1$-100 型 23 m 起重臂符合吊装跨中屋面板的要求，再用选取的 $L=23\ m$，$\alpha=55°$复核能否满足吊装跨边屋面板的要求。

再以选定的 23 m 长起重臂及 $\alpha=55°$倾角用作图法来复核一下能否满足吊装最边缘一块屋面板的要求。在图 6-57 中，以最边缘一块屋面板的中心 $C$ 为圆心，以 $R=14.5\ m$ 为半径画弧交起重机开行路线于 $O_1$ 点，$O_1$ 点即为起重机吊装边缘一块屋面板的停机位置。用比例尺量 $CB=3.65\ m$，过 $O_1C$ 按比例作 2—2 剖面。从 2—2 剖面可以看出，所选起重臂及起重仰角可以满足吊装要求。

再用图解法（见图 6-58）来复核一下能否满足吊装最边缘一块屋面板的要求。起重臂吊装Ⓐ轴线最边缘一块屋面板时起重臂与Ⓐ轴线的夹角 $\beta$ 为

$$\beta=\arcsin\frac{9.0-0.75}{14.49}=34.7°$$

则屋架在Ⓐ轴线处的端部 $A$ 点与起重杆同屋架在平面图上的交点 $B$ 之间的距离为 $AB$，则

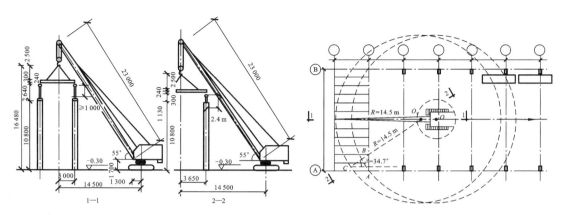

**图 6-57　屋面板吊装工作参数作图法计算简图**

$$AB = 0.75 + 3\tan\beta = (0.75 + 3 \times \tan34.7°)\ \text{m} = 2.83\ \text{m}$$

可得 $CB$ 的长度为

$$f = 3/\cos\beta = (3/\cos34.7°)\ \text{m} = 3.65\ \text{m}$$

由屋架的几何尺寸计算出 2—2 剖面屋架被截得的高度为

$$h_{屋} = (2.83 \times \tan21.8°)\ \text{m} = 1.13\ \text{m}$$

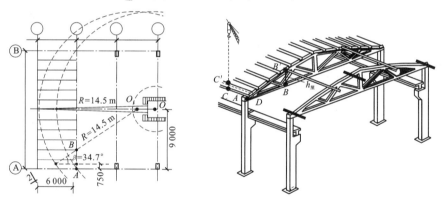

**图 6-58　屋面板吊装工作参数图解法计算简图**

根据
$$L = \frac{h}{\sin\alpha} + \frac{f+g}{\cos\alpha}$$

$$23 = \frac{h}{\sin\alpha} + \frac{f+g}{\cos\alpha} = \frac{10.8 + 1.13 - 1.7}{\sin55°} + \frac{3.65 + g}{\cos55°}$$

得
$$g = 2.4\ \text{m}$$

因为 $g = 2.4\ \text{m} > 1\ \text{m}$，所以满足吊装最边缘一块屋面板的要求。

根据以上各种吊装工作参数计算结果，从 $W_1$-100 型 $L=23$ m 履带式起重机性能曲线和表 6-11可以看出，所选起重机可以满足所有构件的吊装要求。

**表 6-11　车间主要构件吊装参数**

| 构 件 名 称 | 柱 $Z_1$、$Z_2$ | | | 柱 $Z_3$ | | | 屋　架 | | | 屋　面　板 | | |
|---|---|---|---|---|---|---|---|---|---|---|---|---|
| 吊装工作参数 | $Q/t$ | $H/m$ | $R/m$ | $Q/t$ | $H/m$ | $R/m$ | $Q/t$ | $H/m$ | $R/m$ | $Q/t$ | $H/m$ | $R/m$ |
| 计算所得结果 | 7.23 | 9.35 | — | 6.0 | 13.8 | — | 5.15 | 18.24 | — | 1.5 | 16.48 | — |
| $W_1$-100 型 23 m 起重机额定值 | 8 | 20.5 | 6.5 | 6.9 | 20.3 | 7.26 | 6.9 | 20.3 | 7.26 | 2.3 | 17.5 | 14.5 |

## 二、现场预制构件的平面布置与起重机的开行路线

构件吊装采用分件吊装的方法,柱子、屋架现场预制,其他构件(如吊车梁、连系梁、屋面板等)均在附近预制构件厂预制,吊装前运到现场排放吊装。

**1. A列柱预制**

在场地平整及杯形基础浇筑后即可进行柱子预制。根据现场情况及起重半径 $R$,先确定起重机开行路线,吊装A列柱时,跨内、跨边开行,且起重机开行路线距Ⓐ轴线的距离为4.8 m;然后以各杯口中心为圆心,以 $R=6.5$ m 为半径画弧与开行线路相交,其交点即为吊装各柱的停机点,再以各停机点为圆心,以 $R=6.5$ m 为半径画弧,该弧均通过各杯口中心,并在杯口附近的圆弧上定出一点作为柱脚中心;以柱脚中心为圆心,以柱脚至绑扎点的距离7.05 m 为半径作弧与以停机点为圆心,以 $R=6.5$ m 为半径的圆弧相交,此交点即柱的绑扎点。根据圆弧上的两点(柱脚中心及绑扎点)作出柱子的中心线,并根据柱子尺寸确定出柱的预制位置,如图6-59所示。

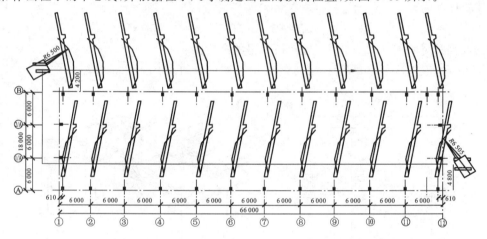

**图 6-59 柱子预制阶段的平面布置及吊装时起重机开行路线**

**2. B列柱预制**

根据施工现场情况确定B列柱跨外预制位置,由Ⓑ轴线与起重机的开行路线的距离为4.2 m,定出起重机吊装B列柱的开行路线,然后按上述同样的方法确定停机点及柱子的布置位置。

**3. 抗风柱的预制**

抗风柱在①轴及⑭轴外跨外布置,其预制位置不能影响起重机的开行。

**4. 屋架的预制**

屋架的预制安排在柱子吊装完后进行。屋架以3~4榀为一叠安排在跨内叠浇。在确定屋架的预制位置之前,先定出各屋架排放的位置,据此安排屋架的预制位置。屋架的预制位置及排放布置如图6-60所示。

按图6-60的布置方案,起重机的开行路线及构件的安装顺序如下:第一,起重机自Ⓐ轴跨内进场,按⑫→①顺序吊装A列柱;第二,转至Ⓑ轴线跨外,按①→⑫的顺序吊装B列柱;第三,转至Ⓐ轴线跨内,按⑫→①的顺序吊装A列柱的吊车梁、连系梁、柱间支撑;第四,转至Ⓑ轴线跨内,按⑫→①的顺序吊装B列柱的吊车梁、连系梁、柱间支撑;第五,转至跨中,按⑫→①的顺序扶直屋架,使屋架、屋面板排放就位后,吊装①轴线的两根抗风柱;第六,按①→⑫的顺序吊装屋架、屋面支撑、大型屋面板、天沟板等;第七,吊装⑫轴线的两根抗风柱后退场。

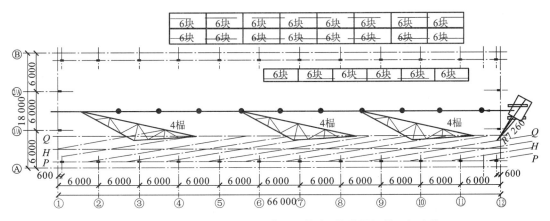

图 6-60 屋架预制阶段的平面布置及扶直、排放屋架的开行路线

实训题

某双跨等高金工车间,厂房长度为 60 m,柱距为 6 m,不设天窗。其跨度分别为 18 m 和 15 m,其中 18 m 跨设有两台 32 t 吊车;15 m 跨设有两台 10 t 吊车。设计的构件有屋面板、天沟板、屋架(含屋盖支撑)、吊车梁、连系梁、基础梁、排架柱、抗风柱及柱间支承等。

屋面板采用预应力钢筋混凝土屋面板,中部选用 Y-WB-1$_{\text{II}}$,端部选用 Y-WB-1$_{\text{II}}$s,板自重 1.4 kN/m$^2$。15 m 跨采用钢筋混凝土屋架,中间选用 WJ-15-2Da,两端选用 WJ-15-2Da′,自重 45.65 kN;18 m 跨采用预应力钢筋混凝土屋架,中间选用 WJ-18-1Da,两端选用 WJ-18-1Da′,自重 67.6 kN。屋架垂直支撑用 CC-1,2 表示。18 m 跨吊车梁选用 DL-11 和 DL-11Z,自重分别为 27.64 kN、39.98 kN。基础梁选用 JL-3、JL-15、JL-14 和 JL-23。排架柱及抗风柱下柱采用工字形截面,上柱采用矩形截面。PJZ-1 自重 4 kN/m,PJZ-2 自重 5 kN/m,PJZ-3 自重 3.6 kN/m。屋盖平面布置图如图 6-61 所示,构件平面布置图如图 6-62 所示,基础、基础梁平面布置图如图 6-63所示,厂房剖面图如图 6-64 所示。

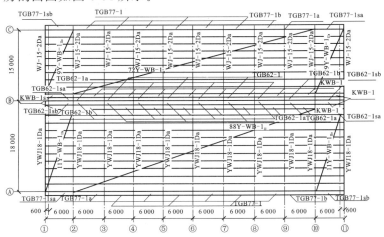

图 6-61 屋盖平面布置图

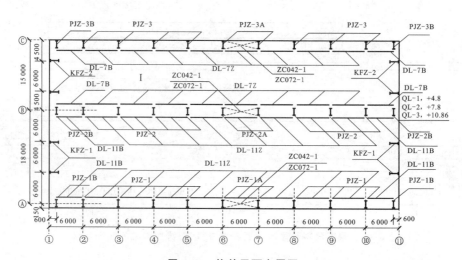

图 6-62 构件平面布置图

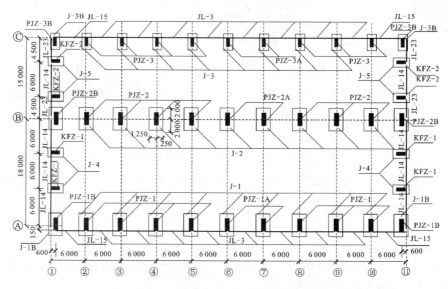

图 6-63 基础、基础梁平面布置图

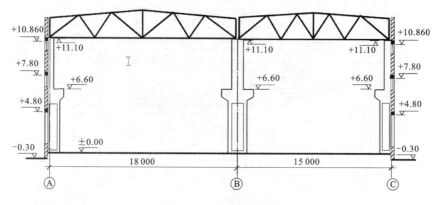

图 6-64 厂房剖面图

实训内容:根据以上条件制定结构吊装方案、绘制构件平面布置图、选择起重机械及其开行路线。

## 一、单选题

1. 柱绑扎是采用直吊绑扎法还是斜吊绑扎法主要取决于：(　　)。

A. 柱的重量　　　　B. 柱的截面形式　　　　C. 柱宽面抗弯能力　　　　D. 柱窄面抗弯能力

2. 当柱子在平卧时抗弯强度不足时宜采用(　　)绑扎法。

A. 斜吊　　　　B. 直吊　　　　C. 旋转　　　　D. 滑行

3. 柱起吊有旋转法与滑行法，其中旋转法需满足：(　　)。

A. 两点共弧　　　　B. 三点共弧　　　　C. 降钩升臂　　　　D. 降钩转臂

4. 单层工业厂房柱的吊升如果采用旋转法吊升时要求(　　)点共弧。

A. 吊点和杯口中心 2 点　　　　　　　　B. 吊点、柱脚及杯口中心 3 点

C. 吊点、柱重心及杯口中心 3 点　　　　D. 柱头、柱脚及杯口中心 3 点

5. 履带式 $Q$、$H$ 和 $R$ 三个参数相互制约，当(　　)。

A. $Q$ 大→$H$ 大→$R$ 大　　　　　　　　B. $Q$ 大→$H$ 小→$R$ 小

C. $Q$ 大→$H$ 大→$R$ 小　　　　　　　　D. $Q$ 小→$H$ 小→$R$ 小

6. 屋架一般靠柱边就位，但应离开柱边不小于(　　)mm，并可利用柱子作为屋架的临时支撑。

A. 150　　　　B. 200　　　　C. 250　　　　D. 300

7. 屋架的堆放方式除了有纵向堆放外，还有(　　)。

A. 横向堆放　　　　B. 斜向堆放　　　　C. 叠高堆放　　　　D. 就位堆放

8. 单层钢结构工业厂房施工中屋盖系统安装通常采用(　　)吊装。

A. 节间综合安装法　　　　B. 组合作业法　　　　C. 单件流水法　　　　D. 多件流水法

9. 完成结构吊装任务主导因素是正确选用(　　)。

A. 起重机　　　　B. 塔架　　　　C. 起重机具　　　　D. 起重索具

10. 单层厂房结构安装施工方案中，吊具不需经常更换、吊装操作程序基本相同、起重机开行路线长的是(　　)。

A. 分件吊装法　　　　B. 综合吊装法　　　　C. 一般吊装法　　　　D. 滑行吊装法

## 二、多选题

1. 柱子的斜吊法具有(　　)等优点。

A. 绑扎方便，不需要翻动柱身　　　　B. 要求起重高度小　　　　C. 柱子在起吊时抗弯能力强

D. 要求起重高度大　　　　　　　　　E. 绑扎时需要翻动柱身

2. 装配式结构建筑采用分件安装法具有(　　)优点，故采用较多。

A. 每次只安装同类构件　　　　B. 不需要经常更换索具，重复操作多，效率高

C. 便于构件矫正和固定先安装的部分，结构稳定性好

D. 起重机移动较少　　　　　　E. 起重机行走路线短

3. 单层厂房结构安装施工方案中，应着重解决的是(　　)等问题。

A. 起重设备的选择　　　　B. 结构吊装方法　　　　C. 起重机开行路线

D. 构件平面布置　　　　　E. 经济合理

4. 单层厂房结构安装施工方案中,分件吊装法是起重机开行一次吊装(　　)。

A. 一种构件　　　　　　　B. 两种构件　　　　　　　C. 所有各类构件

D. 数种构件　　　　　　　E. 大型构件

5. 利用小型设备安装大跨度空间结构的有(　　)等方法。

A. 分块吊装法　　　　　　B. 整体吊装法　　　　　　C. 整体提升法

D. 整体顶升法　　　　　　E. 斜吊法

6. 单层厂房结构安装施工方案中,综合吊装法主要缺点是(　　)。

A. 起重机开行路线短　　　B. 构件校正困难　　　　　C. 停机点位置少

D. 平面布置复杂　　　　　E. 起重机操作复杂

## 三、简答题

1. 常用的起重机有哪几种? 试说明其优缺点及适用范围。

2. 怎样选择塔式起重机?

3. 柱子吊装前应进行哪些准备工作?

4. 试说明旋转法和滑行法吊装时的特点及适用范围。

5. 钢筋混凝土柱如何对位和临时固定?

6. 简述屋架的安装工艺。

7. 单层工业厂房构件吊装前主要有哪些准备工作?

8. 什么是分件吊装法和综合吊装法?

9. 屋架在预制阶段布置的方式有几种?

10. 如何确定屋架的就位范围和就位位置?

11. 简述结构吊装方案的编制步骤。

12. 简述塔式起重机选择时要考虑哪些因素。

## 四、计算题

1. 某单层工业厂房,跨度为 24 m,柱距 6 m,采用 $W_1$-100 型履带式起重机安装柱子,起重半径为 7.5 m,起重机分别沿纵横轴线跨内和跨外开行,距离为 6 m,试对柱子作三点共弧斜向布置,并确定停机点位置。

2. 某单层工业厂房跨度 21 m,柱距 6 m,10 个节间,选用 $W_1$-100 型履带式起重机进行结构安装,吊装屋架时起重半径为 8 m,试分别绘制屋架斜向就位图和纵向就位图。

3. 某厂房柱的牛腿标高 8.2 m,吊车梁长 6 m,高 0.8 m,当起重机停机面标高为 0.3 m,索具高 2.0 m(自梁底计)。试计算吊装吊车梁的最小起重高度。

4. 某车间跨度 24 m,柱距 6 m,天窗架顶面标高 16 m,屋面板厚度 240 mm,试选择履带式起重机的最小臂长(停机面标高−0.2 m,起重臂枢轴中心距地面高度 2.1 m,吊装屋面板时起重臂轴线距天窗架边缘 1.0 m)。

# 项目 7

# 防水工程

**知识目标**

（1）了解防水材料的现状、发展及防水原则。

（2）熟悉各种防水材料的分类及使用要求。

（3）掌握卷材防水屋面、涂料防水屋面、刚性防水屋面施工工艺及地下、卫生间防水施工工艺。

**能力目标**

（1）具备运用所学知识解决工程中有关防水质量问题的能力。

（2）具备按照防水施工质量标准检查施工质量的能力。

（3）具备防水施工组织能力及编制防水施工方案的能力。

建筑防水技术在房屋建筑中发挥功能保障作用。防水工程质量的优劣，不仅关系到建筑物的使用寿命，而且直接影响到人民生产、生活环境和卫生条件。因此，建筑防水工程质量除了考虑设计的合理性、防水材料的正确选择外，还更要注意其施工工艺及施工质量。

建筑工程防水按其部位可分为屋面防水、地下防水、卫生间防水等。

## 任务 1    屋面防水工程

屋面工程根据建筑物的性质、重要程度、使用功能要求，将建筑屋面防水等级分为四个等级，防水层合理使用年限分别规定为 25 年、15 年、10 年和 5 年，并根据不同的防水等级规定进行设防（见表 7-1），防水屋面的常用种类有卷材防水屋面、涂膜防水屋面和刚性防水屋面等。

表 7-1    屋面防水等级和设防要求

| 项　　目 | 屋面防水等级 | | | |
| --- | --- | --- | --- | --- |
| | Ⅰ | Ⅱ | Ⅲ | Ⅳ |
| 建筑物类型 | 特别重要或对防水有特殊要求的建筑 | 重要的建筑和高层建筑 | 一般的建筑 | 非永久性的建筑 |
| 防水层合理使用年限 | 25 年 | 15 年 | 10 年 | 5 年 |
| 防水层选用材料 | 宜选用合成高分子防水卷材、高聚物改性沥青防水卷材、金属板材、合成高分子防水涂料、细石混凝土等材料 | 宜选用高聚物改性沥青防水卷材、合成高分子防水卷材、金属板材、合成高分子防水涂料、细石混凝土、平瓦、油毡瓦等材料 | 宜选用三毡四油沥青防水卷材、高聚物改性沥青防水卷材、合成高分子防水卷材、金属板材、高聚物改性沥青防水涂料、合成高分子防水涂料、细石混凝土、平瓦、油毡瓦等材料 | 可选用二毡三油沥青防水卷材、高聚物改性沥青防水涂料等材料 |
| 设防要求 | 三道或三道以上防水设防 | 二道防水设防 | 一道防水设防 | 一道防水设防 |

屋面工程施工前,施工单位应进行图纸会审,并应编制屋面工程施工方案或技术措施。施工时,应建立各道工序的自检、交接检和专职人员检查的三检制度,并有完整的检查记录。每道工序完成,应经监理单位(或建设单位)检查验收,合格后方可进行下道工序的施工。屋面工程的防水层应由经资质审查合格的防水专业队伍进行施工。作业人员应持有当地建设行政主管部门颁发的上岗证。屋面工程所采用的防水、保温隔热材料应有产品合格证书和性能检测报告,材料的品种、规格、性能等应符合现行国家产品标准和设计要求。屋面工程完工后,除按规范规定对保护层等进行外观检验外,还应进行淋水或蓄水检验。屋面的保温层和防水层严禁在雨天、雪天和五级风及其以上环境下施工。

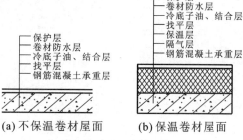

(a) 不保温卷材屋面　(b) 保温卷材屋面

**图 7-1　卷材防水屋面构造图**

# 一、卷材防水屋面

卷材防水屋面是用胶结材料粘贴卷材进行防水的屋面。这种屋面具有质量轻、防水性能好的优点,其防水层的柔韧性好,能适应一定程度的结构松动和胀缩变形。所用卷材有传统的沥青防水卷材、高聚物改性沥青防水卷材和合成高分子防水卷材等三大系列。

## （一）卷材屋面构造

卷材防水屋面的构造如图 7-1 所示。

## （二）卷材防水层施工

### 1. 基层要求

基层施工质量的好坏,将直接影响屋面工程的质量。基层应有足够的强度和刚度,承受荷载时不致产生显著变形。基层一般采用水泥砂浆、细石混凝土或沥青砂浆找平,做到平整、坚实、清洁、无凹凸形及尖锐颗粒。其平整度为:用 2 m 长的直尺检查,基层与直尺间的最大空隙不应超过 5 mm,空隙仅允许平缓变化,每米长度内不得多于一处。铺设屋面隔气层和防水层以前,基层必须清扫干净。

屋面及檐口、檐沟、天沟找平层的排水坡度,必须符合设计要求,平屋面采用结构找坡应不大于3%,采用材料找坡宜为2%,天沟、檐沟纵向找坡不应小于1%,沟底落水差不大于200 mm,在与突出屋面结构的连接处以及在基层的转角处,均应做成圆弧或钝角,其圆弧半径应符合要求:沥青防水卷材的圆弧半径为100～150 mm,高聚物改性沥青卷材的圆弧半径为50 mm,合成高分子防水卷材的圆弧半径为 20 mm。

为防止由于温差及钢筋混凝土构件收缩而使防水屋面开裂,找平层应留分格缝,缝宽一般为20 mm。缝应留在预制板支承边的拼缝处,其纵向最大间距当找平层采用水泥砂浆或细石混凝土时,不宜大于 6 m;当采用沥青砂浆时,则不宜大于 4 m。分格缝应附加200～300 mm 宽的油毡,用沥青胶结材料单边点贴覆盖。

采用水泥砂浆或沥青砂浆找平层做基层时,其厚度和技术要求应符合表 7-2 的规定。

表 7-2　找平层厚度和技术要求

| 类　　别 | 基 层 种 类 | 厚度/mm | 技 术 要 求 |
|---|---|---|---|
| 水泥砂浆找平层 | 整体混凝土 | 15～20 | 1∶2.5～1∶3（水泥∶砂）体积比,水泥强度等级不低于 32.5 |
| | 整体或板状材料保温层 | 20～25 | |
| | 装配式混凝土板、松散材料保温层 | 20～30 | |
| 细石混凝土找平层 | 松散材料保温层 | 30～35 | 混凝土强度等级不低于 C20 |
| 沥青砂浆找平层 | 整体混凝土 | 15～20 | 质量比 1∶8（沥青∶砂） |
| | 装配式混凝土板、整体或板状材料保温层 | 20～25 | |

**2. 材料选择**

（1）基层处理剂。基层处理剂是为了增强防水材料与基层之间的黏结力,在防水层施工前,预先涂刷在基层上的涂料,其选择应与所用卷材的材性相容。常用的基层处理剂有用于沥青卷材防水屋面的冷底子油,用于高聚物改性沥青防水卷材屋面的氯丁胶沥青乳胶、橡胶改性沥青溶液、沥青溶液（即冷底子油）和用于合成高分子防水卷材屋面的聚氨酯煤焦油系的二甲苯溶液、氯丁胶乳液、氯丁胶沥青乳胶等。

（2）胶黏剂。卷材防水层的胶结材料,必须选用与卷材相应的胶黏剂。沥青卷材可选用沥青胶作为胶黏剂,沥青胶的标号应根据屋面坡度、当地历年室外极端最高气温选用。

高聚物改性沥青卷材可选用橡胶或再生橡胶改性沥青的汽油溶液或水乳液做胶黏剂,其黏结强度应大于 0.05 MPa,黏结剥离强度应大于 8 N/10 mm。

合成高分子防水卷材可选用以氯丁橡胶和丁基酚醛树脂为主要成分的胶黏剂或以氯丁橡胶乳液制成的胶黏剂,其黏结强度不应小于 15 N/10 mm,其用量为 0.4～0.5 kg/m²。胶黏剂均由卷材生产厂家配套供应,常用部分合成高分子卷材配套的胶黏剂如表 7-3 所示。

表 7-3　常用部分合成高分子卷材配套的胶黏剂

| 卷 材 名 称 | 基层与卷材胶黏剂 | 卷材与卷材胶黏剂 | 表面保护层涂料 |
|---|---|---|---|
| 三元乙丙-丁基橡胶防水卷材 | CX-404 胶 | 丁基黏合剂 A、B 组分（1∶1） | 水乳型醋酸乙烯-丙烯酸酯共聚,油溶性乙丙橡胶和甲苯溶液 |
| 氯化聚乙烯卷材 | BX-12 胶黏剂 | BX-12 乙组分胶黏剂 | — |
| LYX-603 氯化聚乙烯卷材 | LYX-603-3（3 号胶）甲、乙组分 | LYX-603-2（2 号胶） | — |
| 聚氯乙烯卷材 | FL-5 型（5～15 ℃使用）FL-15 型（15～40 ℃使用） | — | — |

（3）卷材。主要防水卷材的分类如表 7-4 所示。

表 7-4　主要防水卷材的分类

| 类　　别 | 防水卷材名称 |
|---|---|
| 沥青基防水卷材 | 纸胎、玻璃胎、玻璃布、黄麻、铝箔沥青卷材 |
| 高聚物改性沥青防水卷材 | SBS、APP、ABS-APP、丁苯橡胶改性沥青卷材;胶粉改性沥青卷材、再生胶卷材、PVC 改性沥青卷材等 |

| 类 别 | | 防水卷材名称 |
|---|---|---|
| 合成高分子防水卷材 | 硫化型橡胶或橡胶共混卷材 | 三元乙丙橡胶防水卷材、氯磺化聚乙烯卷材、丁基橡胶卷材、氯丁橡胶卷材、氯化聚乙烯-橡胶共混卷材等 |
| | 非硫化型橡胶或橡胶共混卷材 | 丁基橡胶卷材、氯丁橡胶卷材、氯化聚乙烯-橡胶共混卷材等 |
| | 合成树脂系防水卷材 | 氯化聚乙烯卷材、PVC卷材等 |
| 特种卷材 | | 热熔卷材、冷自黏卷材、带孔卷材、热反射卷材、沥青瓦等 |

沥青防水卷材的外观质量要求如表 7-5 所示。

**表 7-5　沥青防水卷材的外观质量要求**

| 项 目 | 质 量 要 求 |
|---|---|
| 孔洞、硌伤 | 不允许 |
| 漏胎、涂盖不匀 | 不允许 |
| 折纹、皱折 | 距卷芯 100 mm 以外,长度不大于 100 mm |
| 裂纹 | 距卷芯 100 mm 以外,长度不大于 10 mm |
| 裂口、缺边 | 边缘裂口小于 20 mm,缺边长度小于 50 mm,深度小于 1 mm |
| 每卷卷材的接头 | 不超过 1 处,较短的一段不应小于 2 500 mm,接头处应加长 150 mm |

高聚物改性沥青防水卷材的外观质量要求如表 7-6 所示。

**表 7-6　高聚物改性沥青防水卷材的外观质量要求**

| 项 目 | 质 量 要 求 |
|---|---|
| 孔洞、缺边、裂口 | 不允许 |
| 边缘不整齐 | 不超过 10 mm |
| 胎体露白、未浸透 | 不允许 |
| 撒布材料粒度 | 均匀 |
| 每卷卷材的接头 | 不超过 1 处,较短的一段不应小于 1 000 mm,接头处应加长 150 mm |

合成高分子防水卷材的外观质量要求如表 7-7 所示。

**表 7-7　合成高分子防水卷材的外观质量的要求**

| 项 目 | 质 量 要 求 |
|---|---|
| 折痕 | 每卷不超过 2 处,总长度不超过 20 mm |
| 杂质 | 大于 0.5 mm 颗粒不允许,每 1 m² 不超过 9 mm² |
| 凹痕 | 每卷不超过 6 处,深度不超过本身厚度的 30%,树脂深度不超过 15% |
| 胶块 | 每卷不超过 6 处,每处面积不大于 4 mm² |
| 每卷卷材的接头 | 橡胶类每 20 m 不超过 1 处,较短的一段不应小于 3 000 mm,接头处应加长 150 mm,树脂类 20 m 程度内不允许有接头 |

　　各种防水材料及制品均应符合设计要求,具有质量合格证明,进场前应按规范要求进行抽样复检,严禁使用不合格产品。

**3．卷材施工**

1）沥青卷材防水施工

卷材防水层施工的一般工艺流程如图 7-2 所示。

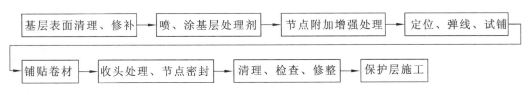

图 7-2 卷材防水施工工艺流程图

（1）铺设方向。卷材的铺设方向应根据屋面坡度和屋面是否有震动来确定。当屋面坡度小于 3% 时，卷材宜平行于屋脊铺贴；屋面坡度在 3%～15% 时，卷材可平行或垂直于屋脊铺贴；屋面坡度大于 15% 或屋面受震动时，沥青防水卷材应垂直于屋脊铺贴。上下层卷材不得相互垂直铺贴。

（2）施工顺序。屋面防水层施工时，应先做好节点、附加层和屋面排水比较集中部位（如屋面与水落口连接处、檐口、天沟、屋面转角处、板端缝等）的处理，然后由屋面最低处向上施工。铺贴天沟、檐沟卷材时，宜顺天沟、檐口方向，尽量减少搭接。铺贴多跨和有高低跨的屋面时，应按先高后低、先远后近顺序进行。大面积卷材施工时，应根据卷材特征及面积大小等因素合理划分流水施工段，施工段的界线宜设在屋脊、天沟、变形缝等处。

（3）搭接方法及宽度要求。铺贴卷材采用搭接法，上下层及相邻两幅卷材的搭接缝应错开。平行于屋脊的搭接应顺水流方向；垂直于屋脊的搭接应顺主导风向。叠层铺设的各层卷材，在天沟与屋面的连接处，应采用叉接法搭接，搭接缝应错开，接缝宜留在屋面或天沟侧面，不宜留在沟底。各种卷材搭接宽度应符合表 7-8 要求。

（4）铺贴方法。沥青卷材的铺贴方法有浇油法、刷油法、刮油法和撒油法四种。通常采用浇油法或刷油法，在干燥的基层上满涂沥青胶，应随浇涂随铺沥青卷材。铺贴时，沥青卷材要展平压实，使之与下层紧密黏结，卷材的接缝应用沥青胶赶平封严。对容易漏水的薄弱部位（如天沟、檐口、泛水、水落口出等），均应加铺 1～2 层卷材附加层。

表 7-8 各种卷材搭接宽度

| 卷材种类 | 铺贴方法 | 短边搭接/mm | | 长边搭接/mm | |
|---|---|---|---|---|---|
| | | 满黏法 | 空铺、点黏、条黏法 | 满黏法 | 空铺、点黏、条黏法 |
| 沥青防水卷材 | | 100 | 150 | 70 | 100 |
| 高聚物改性沥青防水卷材 | | 80 | 100 | 80 | 100 |
| 合成高分子防水卷材 | 胶黏剂 | 80 | 100 | 80 | 100 |
| | 胶黏带 | 50 | 60 | 50 | 60 |
| | 单缝焊 | 60，有效焊接宽度不小于 25 | | | |
| | 双缝焊 | 80，有效焊接宽度 10×2＋空腔宽 | | | |

（5）屋面特殊部位的铺贴要求。天沟、檐沟、檐口、水落口、泛水、变形缝和伸出屋面管道的防水结构，必须符合设计要求。天沟、檐沟、檐口、泛水和立面卷材收头的端部应裁齐，塞入预留凹槽内，用金属压条钉压固定，最大钉距不应大于 900 mm，并用密封材料嵌填封严，凹槽距屋面找平层不小于 250 mm，凹槽上部墙体应做防水处理。

水落口应牢固地固定在承重结构上，如系铸铁制品，所有零件均应除锈，并刷防锈漆；天沟、檐沟铺贴卷材应从沟底开始。如沟底过宽，卷材纵向搭接时，搭接缝必须用密封材料封口，密封材料嵌填必须密实、连续、饱满，粘贴应牢固，无气泡，不开裂脱落。沟内卷材附加层在与屋面交接处宜空铺，其空铺宽度不小于 200 mm，其卷材防水层应由沟底翻上至沟外檐顶部，卷材收头应用水泥钉固定并用密封材料封严，铺贴檐口 800 mm 范围内的卷材应采取满黏法。

铺贴泛水处的卷材应采取满黏法，防水层贴入水落口内不小于 50 mm，水落口周围直径 500 mm 范围内的坡度不小于 5％，并用密封材料封严。

变形缝处的泛水高度不小于 250 mm，伸出屋面管道的周围与找平层或细石混凝土防水层之间，应预留 20 mm×20 mm 的凹槽，并用密封材料嵌填严密，在管道根部直径 500 mm 范围内，找平层应抹出高度不小于 30 mm 的圆台。管道根部四周应增设附加层，宽度和高度均不小于 300 mm。管道上的防水层收头应用金属箍紧固，并用密封材料封严。

（6）排气屋面的施工。卷材应铺设在干燥的基层上。当屋面保温层或找平层干燥有困难而又急需铺设屋面卷材时，则应采用排气屋面。具体做法是，在屋面设置排气通道。屋面的排气出口应埋设排气管，排气管宜设置在结构层上，穿过保温层并在排气管的管壁四周打排气孔，排气管应做防水处理。排气孔做法如图 7-3 所示。排气道应纵横贯通，必须与排气孔相连，不得堵塞。排气道间距可为纵横 6 m 设置，36 m² 可设置一个排气孔。在保温层中预留槽做排气道，其宽度一般为 20～40 mm；也可以在保温层中预埋 $\phi$25 的打孔塑料管或镀锌钢管。卷材防水层铺贴前，应检查排气道是否畅通，而且加以清理。然后在排气道上粘贴一层隔离纸或塑料薄膜，宽约 200 mm，且对中贴好，此后可铺贴柔性防水卷材。排气屋面适用于气候潮湿，雨量充沛，夏季阵雨多，保温层或找平层含水率较大，并且干燥有困难地区。

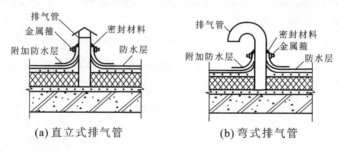

(a) 直立式排气管          (b) 弯式排气管

**图 7-3　排气孔做法**

2）高聚物改性沥青卷材防水施工

高聚物改性沥青防水卷材，是指对石油沥青进行改性，为提高防水卷材使用性能，增加防水层寿命而生产的一类沥青防水卷材。对沥青的改性，主要是通过添加高分子聚合物实现的，其品种包括塑料体沥青防水卷材、弹性体沥青防水卷材、自黏结油毡、聚乙烯膜沥青防水卷材等。使用较为普遍的是 SBS 改性沥青卷材、APP 改性沥青卷材、PVC 改性沥青卷材和再生胶改性沥青卷材等，其施工工艺流程与普通沥青卷材防水层的相同。

依据高聚物改性沥青防水卷材的特性，其施工方法有冷黏法、热熔法和自黏法之分。在立面或大坡面铺贴高聚物改性沥青防水卷材时，应采用满黏法，并要减少短边搭接。

（1）冷黏法施工。冷黏法施工是利用毛刷将胶黏剂涂刷在基层或卷材上，然后直接铺贴卷材，使卷材与基层、卷材与卷材黏结的方法。施工时，胶黏剂涂刷应均匀、不露底、不堆积。空铺法、条黏法、点黏法应按规定的位置与面积涂刷胶黏剂。铺贴卷材时应平整顺直，搭接尺寸准确，接缝应满涂胶黏剂，辊压黏结牢固，不得扭曲。破折溢出的胶黏剂应随即刮平封口。也可采用热熔法搭接。接缝口应用密封材料封严，宽度不应小于 10 mm。

（2）热熔法施工。热熔法施工是指利用火焰加热器融化热熔型防水卷材底层的热熔胶进行粘贴的方法。施工时,在卷材表面热熔(以卷材表面熔融至光亮黑色为度)后应立即滚铺卷材,使之平展,并辊压黏结牢固。搭接缝处必须以溢出热熔的改性沥青胶为度,并应随即刮封接口。加热卷材时应均匀,不得过分加热或烧穿卷材。

(3)自黏法施工。自黏法施工是指采用带有自黏胶的防水卷材,不用热施工,也不涂胶结材料,而进行黏结的方法。铺贴前,基层表面应均匀涂刷基层处理剂,待干燥后及时铺贴卷材。铺贴时,应先将自黏胶底面隔离纸完全撕净,排除卷材下面的空气,并辊压黏结牢固,不得空鼓。搭接部位必须采用热风焊枪加热后随即粘贴牢固,溢出的自黏胶随即刮平封口。接缝口用不小于 10 mm宽的密封材料封严。对厚度小于 3 mm 的高聚物改性沥青防水卷材,严禁采用热熔法施工。

3)合成高分子卷材防水施工

合成高分子卷材的主要品种有:三元乙丙橡胶防水卷材,氯化聚乙烯-橡胶共混防水卷材,氯化聚乙烯防水卷材和聚氯乙烯防水卷材等。

施工方法一般有冷黏法、自黏法和热风焊接法三种。

冷黏法、自黏法施工要求与高聚物改性沥青防水卷材的基本相同,但冷黏法施工时搭接部位应采用与卷材配套的接缝专用胶黏剂,在搭接缝黏合面上涂刷均匀,并控制涂刷与黏合的间隔时间,排除空气,辊压黏结牢固。

热风焊接法是利用热空气焊枪进行防水卷材搭接黏合的方法。焊接前卷材铺放应平整顺直,搭接尺寸正确;施工时焊接缝的结合面应清扫干净,无水滴、油污及附着物。先焊长边搭接缝,后焊短边搭接缝,焊接处不得有漏焊、缺焊、焊焦或焊接不牢的现象,也不得损害非焊接部位的卷材。

**4. 保护层施工**

卷材铺设完毕,经检验合格后,应立即进行保护层的施工,及时保护防水层免受损伤,从而延长卷材防水层的使用年限,常用的保护层做法有以下几种。

(1)涂料保护层。保护层涂料一般在现场配制,常用的有铝基沥青悬浮液、丙烯酸浅色涂料或在涂料中掺入铝粉的反射涂料。施工前防水层表面应干净无杂物,涂刷方法与用量按各种涂料使用说明书操作,基本上与涂膜防水施工相同,涂刷要均匀、不漏涂。

(2)绿豆砂保护层。在沥青卷材非上人屋面中使用较多。施工时在卷材表面涂刷最后一道沥青胶,趁热撒铺一层粒径为 3~5 mm 的绿豆砂(或人工砂),绿豆砂应撒铺均匀,全部嵌入沥青胶中。为了嵌入牢固,绿豆砂须经预热至 100 ℃左右干燥后使用。边撒砂边扫铺均匀,并用软辊轻轻压实。

(3)细砂、云母或蛭石保护层。主要用于非上人屋面的涂膜防水层的保护层,使用前应先筛去粉料,砂可采用天然砂。当涂刷最后一道涂料时,应边涂刷边撒布细砂(或云母、蛭石),同时用软胶辊反复轻轻滚压,使保护层牢固地黏结在涂层上。

(4)混凝土预制板保护层。混凝土预制板保护层的结合面可采用砂或水泥砂浆。混凝土板的铺砌必须平整,并满足排水要求。在砂结合层上铺砌块体时,砂层应洒水压实、刮平;板块对接铺砌,缝隙应一致,缝宽 10 mm 左右,砌完洒水轻拍压实。板缝先填砂一半高度,再用 1∶2 水泥砂浆勾成凹缝。为防止砂子流失,在保护层四周 500 mm 范围内,应改用低强度等级水泥砂浆做结合层。采用水泥砂浆做结合层时,应先在防水层上做隔离层,隔离层可采用热砂、干铺油毡、铺纸筋灰或麻刀灰、黏土砂浆、白灰砂浆等多种方法施工。预留板缝(10 mm)用 1∶2 水泥砂浆勾成凹缝。

上人屋面的预制块体保护层,其块体材料应按照楼地面工程质量要求选用,结合层应选用

1:2水泥砂浆。

（5）水泥砂浆保护层。水泥砂浆保护层与防水层之间应设置隔离层,保护层用的水泥砂浆配合比一般为1:2.5~1:3(体积比)。

保护层施工前,应根据结构情况每隔4~6 m用木模设置纵横分格缝。铺设水泥砂浆时应随铺随拍实,并用刮刀刮平,排水坡度应符合设计要求。

立面水泥砂浆保护层施工时,为使砂浆与防水层粘贴牢固,可事先在防水层表面黏上砂粒或小细石,然后做保护层。

（6）细石混凝土保护层。施工前应在保护层上铺设隔离层,并按要求支好分格缝木模,设计无要求时,每格面积不大于36 m²,分格缝宽度为20 mm。一个分格内的混凝土应连续浇筑,不留施工缝。振捣宜采用铁辊滚压或人工拍实,以防破坏防水层。拍实后随即用刮尺按排水坡度刮平,初凝前用木抹子提浆抹平,初凝后及时取出分格缝木模,终凝前用铁抹子压光。

细石混凝土保护层浇筑后应及时进行养护,养护时间不应少于7 d,养护期满即将分格缝清理干净,待干燥后嵌填密封材料。

### 5. 卷材防水屋面细部构造

天沟、檐沟、檐口、水落口、泛水、变形缝的防水构造必须符合设计要求。天沟、檐沟、檐口、泛水和立面卷材收头的端部应裁齐,塞入预留凹槽内,用金属压条钉压固定,最大钉距不应大于900 mm,并用密封材料嵌填封严,凹槽距屋面找平层不小于250 mm,凹槽上部墙体应做防水处理。

水落口杯应牢固地固定在承重结构上,如系铸铁制品,所有零件均应除锈,并刷防锈漆;天沟、檐沟铺贴卷材应从沟底开始,如沟底过宽,卷材纵向搭接时,搭接缝必须用密封材料封口,密封材料嵌填必须密实、连续、饱满,黏结牢固,无气泡,不开裂脱落。沟内卷材附加层在与屋面交接处宜空铺,其空铺宽度不小于200 mm,其卷材防水层应由沟底翻上至沟外檐顶部,卷材收头应用水泥钉固定并用密封材料封严。

1)屋面泛水构造

屋面泛水是指屋面防水层向垂直面延伸,形成立铺的防水层。通常屋面上的突出物(如女儿墙、楼梯间等)与屋面的交接处是屋面防水的薄弱环节,施工时需特别重视。屋面泛水处应加铺一道附加卷材,泛水高度不小于250 mm。泛水上口的卷材收头应固定好,防止卷材从垂直墙面下滑,具体做法如图7-4所示。

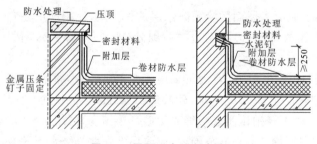

图7-4　屋面泛水处理方法

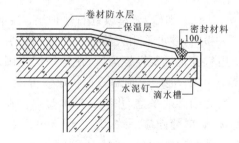

图7-5　无组织排水屋面挑檐构造图

2)屋面檐口构造

卷材防水屋面的檐口构造包括无组织排水屋面挑檐、有组织排水屋面挑檐等。施工中应注意做好卷材的收口固定,如图7-5和图7-6所示。

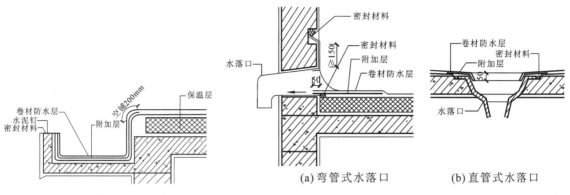

图 7-6　有组织排水屋面挑檐构造图　　　　图 7-7　水落口做法详图

　　3）水落口构造

　　水落口周围直径 500 mm 内坡度不应小于 5%，并刷防水涂料涂封，水落口做法详图如图 7-7 所示。

　　4）屋面变形缝处卷材防水构造

　　屋面变形缝可设于同层等高屋面上，也可设在高低屋面的交接处，变形缝处的泛水高度不小于 250 mm，其构造做法如图 7-8 和图 7-9 所示。

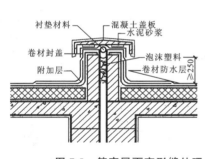

图 7-8　等高屋面变形缝处理

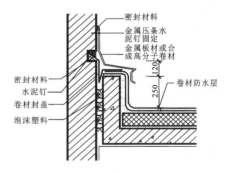

图 7-9　高低屋面交接处变形缝处理

　　5）伸出屋面管道做法

　　伸出屋面管道的周围与找平层或细石混凝土防水层之间，应预留 20 mm×20 mm 的凹槽，并用密封材料嵌填严密，在管道根部直径 500 mm 范围内，找平层应抹出高度不小于 30 mm 的圆台。管道根部四周应增设附加层，宽度和高度均不小于 300 mm。管道上的防水层收头应用金属箍紧固，并用密封材料封严。伸出屋面管道的具体做法如图 7-10 所示。

## 二、涂膜防水屋面

　　涂膜防水屋面是在屋面基层上涂刷防水涂料，经固化后形成一层有一定厚度和弹性的整体涂膜，从而达到防水目的的一种防水屋面形式。涂膜防水屋面构造如图 7-11 所示。

### （一）材料要求

　　根据防水涂料成膜物质的主要成分，适用涂膜防水层的涂料可分为：高聚物改性沥青防水涂料和合成高分子防水涂料两类。根据防水涂料的形成液态的方式，可分为溶剂型、反应型和乳液型三类，如表 7-9 所示。

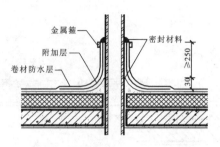

图 7-10 伸出屋面管道做法详图

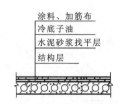

(a)无保温层涂膜屋面　　(b)有保温层涂膜屋面

图 7-11　涂膜防水屋面构造图

表 7-9　主要防水涂料的分类

| 类　别 | | 材　料　名　称 |
|---|---|---|
| 高聚物改性沥青防水涂料 | 溶剂型 | 再生橡胶沥青涂料、氯丁橡胶沥青涂料等 |
| | 乳液型 | 再生橡胶沥青涂料、丁苯胶乳沥青涂料、氯丁乳胶沥青涂料、PVC煤焦油涂料等 |
| 合成高分子防水涂料 | 乳液型 | 硅橡胶涂料、丙烯酸酯涂料、AAS隔热涂料等 |
| | 反应型 | 聚氨酯防水涂料、环氧树脂防水涂料等 |

## （二）基层要求

涂膜防水层要求基层的刚度大,空心板安装牢固,找平层有一定强度,表面平整、密实,不应有起砂、起壳、龟裂、爆皮等现象。表面平整度应用 2 m 直尺检查,基层与直尺的最大间隙不应超过 5 mm,间隙仅允许平缓变化。基层与凸出屋面结构连接处及基层转角处应做成圆弧或钝角。按设计要求做好排水坡度,不得有积水现象。施工前应将分格缝清理干净,不得有异物和浮灰。对屋面的板缝处理应遵守有关规定,等基层干燥后方可进行涂膜施工。

## （三）涂膜防水层施工

涂膜防水施工的一般工艺是:基层表面清理、修理→喷涂基层处理剂→特殊部位附加增强处理→涂布防水涂料及铺贴胎体增强材料→清理与检查修理→保护层施工。

基层处理剂常用涂膜防水材料稀释后使用,应根据不同防水材料按要求配制。

涂膜防水必须由两层以上涂层组成,每层应刷 2～3 遍,并且应根据防水涂料的品种,分层分遍涂布,不能一次涂成,并待先涂的涂层干燥成膜后,方可涂后一遍涂料,其总厚度必须达到设计要求。涂膜厚度选用表应符合表 7-10 规定。

表 7-10　涂膜厚度选用表

| 屋面防水等级 | 设 防 道 数 | 高聚物改性沥青防水涂料 | 合成高分子防水涂料 |
|---|---|---|---|
| Ⅰ级 | 三道或三道以上设防 | — | 不应小于 1.5 mm |
| Ⅱ级 | 二道设防 | 不应小于 3 mm | 不应小于 1.5 mm |
| Ⅲ级 | 一道设防 | 不应小于 3 mm | 不应小于 2 mm |
| Ⅳ级 | 一道设防 | 不应小于 3 mm | — |

涂料的涂布顺序为:先高跨后低跨,先远后近,先立面后平面。同一屋面上先涂布排水较集中的水落口、天沟、檐口等节点部位,再进行大面积涂布。涂层应厚薄均匀、表面平整,不得有露底、漏涂和堆积现象。两涂层施工间隔时间不宜过长,否则易形成分层现象。涂层中夹铺增强材料时,宜边涂边铺胎体。胎体增强材料长边搭接宽度不得小于 50 mm,短边搭接宽度不得小

于 70 mm。当屋面坡度小于 15%时,可平行屋脊铺设。屋面坡度大于 15%时,应垂直屋脊铺设。采用二层胎体增强材料时,上下层不得互相垂直铺设,搭接缝应错开,其间距不应小于幅宽的 1/3。找平层分格缝处应增设胎体增强材料的空铺附加层,其宽度以 200~300 mm 为宜。涂膜防水层收头应用防水涂料多遍涂刷或用密封材料封严。在涂膜未干前,不得在防水层上进行其他施工作业。涂膜防水屋面上不得直接堆放物品。涂膜防水屋面的隔气层设置原则与卷材防水屋面的相同。

涂膜防水屋面应设置保护层。保护层材料可采用细砂、云母、蛭石、浅色涂料、水泥砂浆或块材等。采用水泥砂浆或块材时,应在涂膜与保护层之间设置隔离层。当用细砂、云母、蛭石时,应在最后一遍涂料涂刷后随即撒上,并用扫帚轻扫均匀、轻拍黏牢。当用浅色涂料做保护层时,应在涂膜固化后进行。

## 三、刚性防水屋面

刚性防水屋面是指利用刚性防水材料做防水层的屋面,主要有普通细石混凝土防水屋面、补偿收缩混凝土防水屋面、块体刚性防水屋面、预应力钢筋混凝土防水屋面等。与卷材及涂膜防水屋面相比,刚性防水屋面所用材料易得,价格便宜,耐久性好,维修方便,但刚性防水层材料的密度大,抗拉强度低,极限拉应力变小,易受混凝土或砂浆的干湿变形、温度变形和结构变位而产生裂缝。刚性防水屋面主要适用于防水等级为Ⅲ级的屋面防水,也可用做Ⅰ、Ⅱ级屋面多道防水设防中的一道防水层,不适用于设有松散材料保温层的屋面以及受较大冲击和坡度大于 15%的建筑屋面。刚性防水屋面的一般构造如图 7-12 所示。

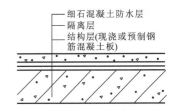

图 7-12　刚性防水屋面的一般构造

### (一)材料要求

防水层的细石混凝土宜用普通硅酸盐水泥或硅酸盐水泥。用矿渣硅酸盐水泥时应采取减少泌水措施,不得使用火山灰质水泥。防水层的细石混凝土中,粗骨料的最大粒径不宜超过 15 mm,含泥量不应大于 1%;细骨料应采用中砂或粗砂,含泥量不应大于 2%;拌和用水应采用不含有害物质的洁净水。混凝土水灰比不应大于 0.55,水泥最小用量不应小于 330 kg/m³,含砂率宜为 35%~40%,灰砂比应为 1:2~1:2.5,并宜掺入外加剂;混凝土强度不得低于 C20。普通混凝土、补偿收缩混凝土的自由膨胀率应为 0.05%~0.1%。

块体刚性防水层使用的块体应无裂纹、无石灰颗粒、无灰浆泥面、无缺棱掉角,质地密实,表面平整。

### (二)基层要求

刚性防水屋面的结构层宜为整体现浇的钢筋混凝土。当屋面结构层采用装配式钢筋混凝土板时,应用强度等级不小于 C20 的细石混凝土灌缝,灌缝的细石混凝土宜掺膨胀剂。当屋面板板缝宽度大于 40 mm 或上窄下宽时,板缝内必须设置构造钢筋,板端缝应进行密封处理。

### (三)隔离层施工

在结构层与防水层之间宜增加一层低强度等级砂浆、卷材、塑料薄膜等材料,起隔离作用,使结构层和防水层变形互不受约束,减小防水混凝土产生的拉应力,以保证混凝土防水层不开裂。

(1)黏土砂浆(或石灰砂浆)隔离层施工。预制板缝填嵌细石混凝土后板面应清扫干净,洒水湿润,但不得积水,按石灰膏:砂:黏土=1:2.4:3.6(或石灰膏:砂=1:4)配制材料,拌和均匀，砂浆以干稠为宜，铺抹的厚度为 10～20 mm，要求表面平整、压实、抹光，待砂浆基本干燥后，方可进行下道工序施工。

（2）卷材隔水层施工。用 1∶3 水泥砂浆将结构层找平，并压实抹光养护，再在干燥的找平层上铺一层 3～8 mm 干细砂滑动层，在其上铺一层卷材，搭接缝用热沥青胶胶结；也可以在找平层上直接铺一层塑料薄膜。

做好隔离层继续施工时，要注意对隔离层加强保护。混凝土运输不能直接在隔离层表面进行，应采取垫板等措施；绑扎钢筋时不得扎破表面，浇捣混凝土时更不能振松隔离层。

### （四）分格缝的设置

为防止大面积的刚性防水层因温度、混凝土收缩等影响而产生裂缝，应按设计要求设置分格缝。其位置一般应设在结构应力变化较突出的部位，如结构层屋面板的支承端、屋面转折处、防水层与突出屋面结构的交接处，并应与板缝对齐，分格缝的纵横间距一般不大于 6 m。

分格缝的一般做法是在施工刚性防水层前，先在隔离层上定好分格缝位置，再安放分隔条，然后按分格板块浇筑混凝土，待混凝土初凝后，将分隔条取出即可。分格缝处可采用嵌填密封材料并加贴防水卷材的方法进行处理，以增加防水的可靠性。

### （五）防水层施工

（1）普通细石混凝土防水层施工。混凝土浇筑应按先远后近、先高后低的原则进行。一个分格缝内的混凝土必须一次浇筑完毕，不得留施工缝。细石混凝土防水层厚度不小于 40 mm，配置双向钢筋网片，间距为 100～200 mm，但在分格缝处应断开。钢筋网片应放置在混凝土的中上部，其保护层厚度不小于 10 mm。混凝土的质量要严格保证，加入外加剂时，应准确计量，投料顺序得当，搅拌均匀。混凝土搅拌应采用机械搅拌，搅拌时间不少于 2 min；混凝土运输过程中应防止漏浆和离析。混凝土浇筑时，先用平板振动器振实，再用滚筒滚压至表面平整、泛浆，然后用铁抹子压实抹平，并确保防水层的设计厚度和排水坡度。抹光时严禁在表面洒水、加水泥浆或撒干水泥，待混凝土初凝收水后，应进行二次表面压光，或在终凝前三次压光成活，以提高其抗渗性。混凝土浇筑 12～24 h 后进行养护，养护时间不应少于 14 d，养护初期屋面不得上人，施工时的气温宜在 5～35 ℃范围内，以保证防水层的施工质量。

（2）补偿收缩混凝土防水层施工。补偿收缩混凝土防水层是在细石混凝土中掺入膨胀剂拌制而成的，硬化后的混凝土产生微膨胀，以补偿普通混凝土的收缩。它在配筋情况下，由于钢筋限制其膨胀，从而使混凝土产生自应力，起到致密混凝土，提高混凝土抗裂性和抗渗性的作用。其施工要求与普通细石混凝土防水层大致相同的。当用膨胀剂拌制补偿收缩混凝土时应按配合比准确称量，搅拌投料时膨胀剂应与水泥同时加入，混凝土连续搅拌时间不应少于 3 min。

## 四、其他屋面（瓦屋面、种植屋面、蓄水屋面、彩色夹心钢板屋面）

### （一）瓦屋面

#### 1. 材料性能要求

（1）黏土瓦：平瓦、脊瓦应边缘整齐，表面光洁，不得有分层、裂纹和露砂等缺陷，平瓦的瓦爪与瓦槽的尺寸应准确；其规格、技术性能应符合设计要求和现行国家行业标准的规定，并有出厂合格证。

（2）水泥：采用强度级别不小于 42.5 级的硅酸盐水泥、普通硅酸盐水泥或矿渣硅酸盐水泥。

（3）砂：采用中砂，含泥量不大于 3%。

（4）石灰膏：熟化 7 d 以上。

（5）挂瓦条：采用截面 30 mm×30 mm 以上不易变形的木材，种类、规格应符合设计要求。设计若无要求，建议采用红、白松。

（6）卷材：采用 350 号石油沥青卷材，技术性能应符合设计要求和现行国家行业标准的规定，并有出厂合格证。

**2. 施工工具与机具**

（1）机具：砂浆搅拌机、淋灰机、切割机、机动翻斗车、垂直提升设备、手推车等。

（2）工具：铁锹、瓦刀、灰斗、钉锤、铁抹子、手锯、皮数杆、尼龙线、靠尺、线锤等。

**3. 作业条件**

（1）屋面基层施工完毕，已验收合格并办理了隐蔽验收记录。

（2）平瓦、脊瓦等材料已运到现场，经复检材料质量符合要求。

（3）脚手架及垂直提升设备已搭设完毕。

（4）施工机械已备齐，水、电已接通。

**4. 施工工艺**

瓦屋面施工工艺流程为：基层清理→铺设卷材→钉挂瓦条→铺瓦→验收。

**5. 施工要点**

1）节点处理

（1）平瓦屋面的瓦头挑出封檐的长度宜为 50～70 mm，如图 7-13 所示。

（2）平瓦屋面的泛水，宜采用聚合物水泥砂浆或掺有纤维的混合砂浆分次抹成；烟囱与屋面的交接处，在迎水面中部应抹出分水线，并应高出两侧各 30 mm，如图 7-14 所示。

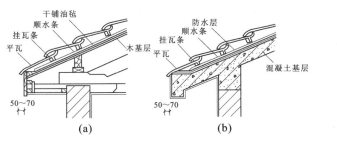

图 7-13 平瓦屋面檐口

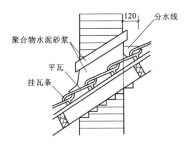

图 7-14 平瓦屋面烟囱泛水

（3）平瓦伸入天沟、檐沟的长度宜为 50～70 mm，如图 7-15 所示。

（4）平瓦屋面的脊瓦在两坡面瓦上的搭盖宽度，每边不应小于 40 mm。

（5）平瓦、油毡瓦屋面与屋顶窗交接处，应采用金属排水板、窗框固定铁角、窗口防水卷材、支瓦条等连接，如图 7-16 所示。

2）卷材铺设

在木基层上铺设卷材时，应自下而上平行屋脊铺贴，搭接方向应顺流水方向。卷材铺设时应压实铺平，上部工序施工时不得损坏卷材。

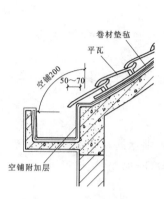

图 7-15 平瓦屋面檐沟

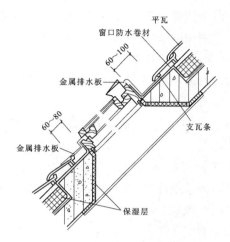

图 7-16 平瓦屋面屋顶窗

3）钉挂瓦条

挂瓦条间距应根据瓦的规格和屋面坡长确定。挂瓦条应铺钉平整、牢固，上棱应成一直线。

4）铺瓦

（1）铺设平瓦时，平瓦应均匀分散堆放在两坡屋面上，不得集中堆放。铺瓦时，应由两坡从下向上同时对称铺设。

（2）平瓦应铺成整齐的行列，彼此紧密搭接，并应瓦榫落槽，瓦脚挂牢，瓦头排齐，檐口应呈一直线。

（3）脊瓦搭盖间距应均匀，脊瓦与坡面瓦之间的缝隙，应采用掺有纤维的混合砂浆填实抹平；屋脊和斜脊应平直，无起伏现象。沿山墙封檐的一行瓦，宜用 1：2.5 的水泥砂浆做出坡水线将瓦封固。

（4）在混凝土基层上铺设平瓦时，应在基层表面抹 1：3 水泥砂浆找平层，钉设挂瓦条挂瓦。当混凝土基层上设有卷材或涂膜防水层时，防水层应铺设在找平层上；当设有保温层时，保温层应铺设在防水层上。

**6. 质量标准**

1）主控项目

（1）平瓦及其脊瓦的质量必须符合设计要求。

（2）平瓦必须铺置牢固。抗震设防地区或坡度大于 50% 的屋面，应采取固定加强措施。

（3）天沟、檐沟的防水层，应采用合成高分子防水卷材、高聚物改性沥青防水卷材、沥青防水卷材、金属板材或塑料板材等铺设。

2）一般项目

（1）挂瓦条应分挡均匀，铺钉平整、牢固；瓦面平整，行列整齐，搭接紧密，檐口平直。

（2）脊瓦应搭盖正确，间距均匀，封固严密；屋脊和斜脊应顺直，无起伏现象。

（3）泛水做法应符合设计要求，顺直整齐，结合严密，无渗漏。

**（二）种植屋面**

种植屋面这种形式对于我国来说是一个比较新的事物，欧美发达国家种植屋面系统技术已相当成熟,在设计、选材、施工及管理维护等方面,我们与发达国家相比还存在很大的差距。在大力发展种植屋面的今天,如何设计可靠的种植屋面系统以及如何正确选用种植屋面系统材料,已成为设计施工人员急待解决的问题。种植屋面系统的关键是要保证屋顶不漏水,各种植物的根系大多具有很强的穿刺能力,所以,种植屋面的防水设计有别于传统的屋面防水要求,从而对种植屋面的防水材料和施工工艺提出了更加苛刻的要求。俗话说:"三分材料、七分施工",可见施工工艺的好坏对工程的质量影响非常大,下面将详细介绍种植屋面防水施工工艺。

**1. 种植屋面的结构层次**

种植屋面的构造层次一般包括屋面结构层、找坡层、保温隔热层、找平层、普通防水层、耐根穿刺防水层、排(蓄)水层、种植上层和植被层。此外,还可根据需要设置隔气层、隔离层等层次。种植屋面的结构层次如图 7-17 所示。

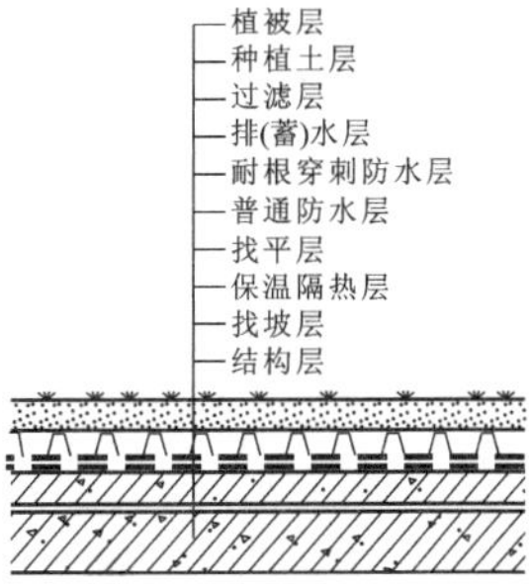

图 7-17　种植屋面的结构层次

**2. 屋面各构造层次的施工**

1)结构层的施工

就目前而言,国内种植屋面的结构层一般为钢筋混凝土屋面,钢筋混凝土屋面既是承重结构,也是防水、防渗的最后一道防线。浇筑混凝土前,模板应进行润湿,及时检查钢筋的保护层厚度,不宜过大、过小,以保证混凝土的有效截面。混凝土应一次性浇筑成形,浇筑应从上向下,振捣从下向上进行。混凝土初凝前应进行两次压光,并用抹子拍打,压光后适时在混凝土表面覆盖麻袋,浇水养护。

2)保温隔热层的施工

板状保温隔热层施工时,其基层应平整、干燥和干净,干铺的板状保温隔热材料,应紧紧贴在基层上,并铺平垫稳;分层铺设的板块,上下层接缝应相互错开,并用同类材料嵌填密实;粘贴板状保温隔热材料,胶黏剂应与保温隔热材料相容,并贴严、贴牢。喷涂硬泡聚氨酯保温隔热层施工时,其基层应平整、干燥和干净,伸出屋面的管道应在施工前安装牢固;喷涂硬泡聚氨酯的配比应准确计算,发泡厚度均匀一致,其施工环境气温宜为 15～30 ℃,风力不宜大于三级,空气相对湿度宜小于 85%。坡屋面保温隔热层防滑条应与结构层钉牢。

3)找坡层(找平层)的施工

找平层是铺贴卷材防水层的基层,应给防水卷材提供一个平整、密实、有强度、能粘贴的构造基础。水泥砂浆找平层施工时,先把屋面清理干净并洒水湿润,铺设砂浆时应按由远到近、由高到低的程序进行,每分格内必须一次连续铺成,并按设计控制好坡度,用 2 m 以上靠尺刮平,待砂浆稍收水后,用抹子压实抹平,12 h 后用草袋覆盖,浇水养护。对于突出屋面的结构和管道根部等节点应做成圆弧、圆锥台或方锥台。

4)普通防水层的施工

普通防水层的卷材与基层可空铺施工,坡度大于 10% 时,必须满黏施工。采用热熔法满黏或胶黏剂满黏防水卷材防水层的基层应干燥、干净。当屋面坡度小于 15% 时,卷材应平行屋脊铺贴;大于 15% 时,卷材应垂直屋脊铺贴。上下两层卷材不得互相垂直铺贴。防水卷材搭接接缝口应采用与基材相容的密封材料封严。卷材收头部位宜采用压条钉压固定。阴阳角、落水口、突出屋面管道根部、泛水、天沟、檐沟、变形缝等细部构造处,在防水层施工前应设防水增强层,其增强层材料应与大面积防水层材料同质或相容;伸出屋面的管道和预埋件等,应在防水层施工前完成安装。如后装的设备应在其基座下增加一道防水增强层,施工时不得破坏防水层和保护层。对于防水材料的施工环境,合成高分子防水卷材在环境温度低于 5 ℃时不宜施工;高聚物改性沥青防水卷材热熔法施工环境温度不宜低于−10 ℃;反应型合成高分子涂料施工环境温度宜为 5～35 ℃;防水材料严禁在雨天、雪天施工,五级风及其以上时不得施工。

不同种类的防水材料做法和屋面做法基本相同。

5)耐根穿刺防水层的施工

耐根穿刺防水层施工的要求有如下几点。

(1)耐根穿刺防水层上宜做保护措施,要求如下:①当用细石混凝土做保护层时,保护层下面应铺设隔离层;②当用水泥砂浆做保护层时,应设置分格缝,分格缝间距宜为 6 m;③当用聚乙烯膜、聚酯无纺布做保护层时,应采用空铺法施工,搭接宽度不应小于 200 mm。

(2)用于坡面的时候,必须采取防滑措施。

(3)耐根穿刺防水层的沥青防水卷材与普通防水层的沥青防水卷材复合时,采用热熔法施工;耐根穿刺防水层的高分子防水卷材与普通防水层的高分子防水卷材复合时,采用冷黏法施工;耐根穿刺防水材料与普通防水材料不能复合时,可采用空铺施工。

(4)聚氯乙烯防水卷材宜采用冷黏法铺贴,大面积采用空铺法施工时,距屋面周边 800 mm 内的卷材应与基层满黏;当搭接采用热风焊接施工时,卷材长边与短边的搭接宽度不应小于 100 mm,单焊缝的有效焊接宽度应为 25 mm,双焊缝的有效焊接宽度应为空铺宽度再加上 20 mm。

(5)铝胎聚乙烯复合防水卷材宜与普通防水卷材满黏或空铺,卷材搭接缝采用双焊缝搭接时,搭接宽度不应小于 100 mm,双焊缝的有效焊接宽度应为空铺宽度再加上 20 mm。

(6)聚乙烯丙纶防水卷材-聚合物水泥胶结料复合防水层施工,其聚乙烯丙纶防水卷材应采用双层铺设;聚合物水泥胶结料应按要求配置,厚度不应小于 1.3 mm,宜采用刮涂法施工;卷材长边和短边的搭接宽度不应小于 100 mm。

耐根穿刺防水层的施工工艺有如下几点。

(1)清理基层。将基层浮浆、杂物清扫干净。

(2)涂刷基层处理剂。基层处理剂一般采用沥青基防水涂料,将基层处理剂在屋面基层满刷一遍,要求涂刷均匀,不能见白露底。

(3)铺贴卷材附加层。基层处理剂干燥后(约 4 h),在细部构造部位(如平面与立面的转角处、女儿墙泛水、伸出屋面管道根部、落水口、天沟、檐口等部位)铺贴一层附加层卷材,其宽度应不小于 300 mm,要求贴实、黏牢、无皱褶。

(4)热熔铺贴大面积耐根穿刺防水卷材。先在基层弹好基准线,将卷材定位后,重新卷起,点燃喷灯,烘烤卷材底面与基层交界处,使卷材底面的沥青熔化。烘烤卷材要沿卷材宽度往返加热,边加热边沿卷材长边向前滚铺,并排出空气,使卷材与基层黏结牢固。耐根穿刺防水卷材在屋面转角处、女儿墙泛水及穿墙管等部位要向上铺贴至种植土层面上 150 mm 处方可进行末端收头处理。

(5)热熔封边。将卷材搭接缝处用喷灯烘烤,火焰的方向与操作人员前进方向相反,应先热熔封长边,后封短边,最后用改性沥青密封胶将卷材收头处密封严实。

(6)蓄水试验。屋面防水层完工后,应做蓄水或淋水试验,有女儿墙的平屋面做蓄水试验,蓄水 24 h 无渗漏为合格。坡屋面可做淋水试验,一般淋水 2 h 无渗漏为合格。

(7)保护层施工。铺设一层聚乙烯膜或油毡保护层。

(8)铺设排(蓄)水层。保证排(蓄)水顺畅,可用凹凸塑料片(凸点向上)、塑料压制的排水板或卵石、陶粒等。

（9）铺设过滤层。过滤层起阻挡土壤流失，但水能顺利通过的作用。铺设一层 200～250 g/m² 的聚酯纤维无纺布过滤层，搭接缝用线绳连接，四周上翻 100 mm，端部及收头 50 mm 范围内用胶黏剂与基层黏牢。

（10）铺设种植土层。根据设计要求铺设不同厚度的种植土层，一般花草类 200 mm 即可，小灌木 300～500 mm。

### （三）蓄水屋面

蓄水屋面适用于南方气候炎热地区，分为蓄水的隔热屋面和屋顶的蓄水池等。蓄水池内的防水材料应选用耐腐蚀、耐霉烂、耐穿刺、防水性能优异、无浸出有害物质的环保型防水材料。

蓄水屋面应利用分仓缝划分为若干个蓄水区，每一区的边长不大于 10 m，在变形缝的两侧，应设分仓墙隔成两个不连通的蓄水区，长度超过 40 m 的蓄水屋面，应做横向伸缩缝一道。蓄水屋面应设置人行通道。

蓄水屋面、蓄水池的混凝土侧壁宜与屋面结构一次浇筑，留置水平施工缝时，应设置止水措施。每个蓄水区的防水混凝土应一次浇筑完毕，不得留施工缝。

待蓄水屋面结构及蓄水池等构筑物全面完成后，对屋面、蓄水池进行蓄水试验，修补混凝土的局部缺陷，再进行找平层施工，同时完成所有节点的附加防水层。验收合格后，再展开大面积防水层和防水保护层施工，经蓄水试验合格后，施工饰面层。

### （四）彩色夹心钢板屋面

彩色夹心钢板屋面是金属板材屋面中使用较多的一种，它是由两层彩色涂层钢板、中间加硬质自熄性聚氨酯泡沫组成的，通过辊轧、发泡、黏结一次成型。它适用于防水等级为Ⅱ、Ⅲ级的屋面单层防水，尤其是工业与民用建筑轻型屋盖的保温防水屋面。

铺设压型钢板屋面时，相邻两块板应顺风搭接，可避免刮风时冷空气灌入室内。上下两排的搭接长度应根据板型和屋面坡长确定。所有搭接缝内应用密封材料嵌填封严，防止渗漏。

彩钢夹心钢板屋面的防水应采取"以导为主、以堵为辅、堵导结合"的方针。在设计、施工、使用过程中都应该引起足够的重视，作为一项系统工程来抓。在设计阶段应综合考虑降雨量、坡度、坡长、构件变形的多种因素，科学选用压型钢板规格，选择合理的天沟截面和足够的落水点，同时应该出具详细的细部防水构造措施，从理论环节排除漏水的可能性。在施工阶段，应对施工人员进行详细的设计交底，并在施工中进行监督、检查，发现问题及时整改，验收应有天沟闭水和屋面淋水试验记录，严把施工质量关。在使用阶段，应合理使用，定期检修，及早发现漏水隐患并进行有效整改。

## 五、屋面渗漏原因及防治方法

造成屋面渗漏的原因是多方面的，包括设计、施工、材料质量、维修管理等。要提高屋面防水工程的质量，应以材料为基础，以设计为前提，以施工为关键，并加强维护，对屋面工程进行综合治理。

### （一）屋面渗漏的原因

（1）山墙、女儿墙和突出屋面的烟囱等墙体与防水层相交部渗漏雨水。其原因是节点做法过于简单，垂直卷材与屋面卷材没有很好地分层搭接，或卷材收口处开裂，在冬季不断冻结，夏天炎热溶化，使开口增大，并延伸至屋面基层。此外，卷材转角处未做成圆弧形、钝角或角太小，女儿墙压顶砂浆等级低，滴水线未做或没有做好等，也会造成渗漏。

（2）天沟漏水。其原因是天沟长度大，纵向坡度小，雨水口少，雨水斗四周卷材粘贴不严，排水不畅，造成漏水。

（3）屋面变形缝（伸缩缝、沉降缝）处漏水。其原因是处理不当，如薄钢板安装不牢，泛水坡度不当等造成漏水。

（4）挑檐、檐口处漏水。其原因是檐口砂浆未压住卷材，封口处卷材张口，檐口砂浆开裂，下口滴水线未做好而造成漏水。

（5）雨水口处漏水。其原因是雨水口处水斗安装过高，泛水坡度不够，使雨水沿雨水斗外侧流入室内，造成漏水。

（6）厕所、厨房的通气管根部处漏水。其原因是防水层未盖严，或包管高度不够，在油毡上口未缠绕麻丝或钢丝，油毡没有做压毡保护层，使雨水沿出气管进入室内造成渗漏。

（7）大面积漏水。其原因是屋面防水层找坡不够，表面凹凸不平，造成屋面积水渗漏。

## （二）屋面渗漏的预防及治理办法

（1）遇上女儿墙压顶开裂时，可铲除开裂压顶的砂浆，重抹1：2～1：2.5水泥砂浆，并做好滴水线，有条件者可换成预制钢筋混凝土压顶板。突出的烟囱、山墙、管根等与屋面交接处、转角处做成钝角，垂直面与屋面的卷材应分层搭接，对已漏水的部位，可将渗漏处的卷材割开，并分层将旧卷材烤干剥离，清除原有沥青胶，可按图7-18和图7-19进行处理。

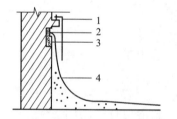

**图7-18　女儿墙镀锌薄钢板泛水**
1—镀锌薄钢板泛水；2—水泥砂浆堵缝；
3—预埋木砖；4—防水卷材

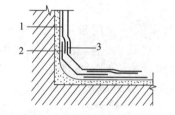

**图7-19　转角渗漏处卷材处理**
1—原有卷材；2—干铺一层
新卷材；3—新附加卷材

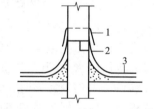

**图7-20　出屋面管加铁皮防雨罩**
1—24号镀锌薄钢板防雨罩
2—铅丝或麻绳；3—油毡

（2）出屋面管道。管根处做成钝角，并建议设计单位加做防水罩，使油毡在防水罩下收头，如图7-20所示。

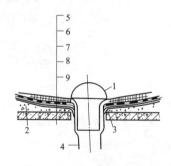

**图7-21　雨水口漏水处理**
1—雨水罩；2—轻质混凝土；3—雨水斗紧贴基层；4—短管；
5—沥青胶或油膏灌缝；6—二毡三油防水层；
7—附加一层卷材；8—附加一层再生胶油毡；
9—水泥砂浆找平层

（3）檐口漏雨。将檐口处旧卷材掀起，用24号镀锌薄钢板将其钉于檐口，将新卷材贴于薄钢板上。

（4）雨水口漏雨渗水。将雨水斗四周卷材铲除，检查短管是否紧贴基层板面或铁水盘上。如短管浮搁在找平层，则将找平层凿掉，清除后安装好短管，再重做防水层，然后进行雨水斗附近卷材的收口和包贴，如图7-21所示。

如用铸铁弯头代替雨水斗，则需将弯头凿开取出，清理干净后安装弯头，再铺油毡（卷材）一层，其伸入弯头内应大于50 mm，最后做防水层至弯头内并与弯头端部搭接顺畅、抹压密实。

# 任务 2　地下防水工程

地下防水工程是防止地下水对地下构筑物或建筑物基础的长期浸透,保证地下构筑物或地下室使用功能正常发挥的一项重要工程。由于地下工程常年受到潮湿和地下水的有害影响,所以,对地下工程防水的处理比屋面工程的要求更高更严,防水技术难度更大,故必须认真对待,确保良好防水效果,满足使用上的要求。

地下工程的防水方案应遵循"防、排、截、堵结合,刚柔相济、因地制宜、综合治理"的原则,根据使用要求、自然环境条件及结构形式等因素确定。地下工程的防水,应采用经过试验、检测和鉴定并经实践检验质量可靠的新材料,行之有效的新技术、新工艺。常用的地下工程防水方案有以下三类。

(1)依靠防水混凝土本身的抗渗性和密实性来进行防水。结构本身既是承重围护结构,又是防水层。它具有施工简便、工期较短、改善劳动条件、节省工程造价等优点,是解决地下防水的有效途径,从而被广泛采用。

(2)在地下结构的表面另加防水层,使地下水与结构隔离,以达到防水的目的。常用的防水层有水泥砂浆、卷材、沥青胶结材料和金属防水层等,可根据不同的工程对象、防水要求及施工条件选用。

(3)利用盲沟、渗排水层等措施来排除附近的水源以达到防水目的,适用于形状复杂、受高温影响、地下水为上层滞水且防水要求较高的地下建筑。

为增强防水效果,必要时采取防与排相结合的多道防水方案。

## 一、防水混凝土

防水混凝土结构是指以本身的密实性而具有一定防水能力的整体式混凝土或钢筋混凝土结构。防水混凝土适用于防水等级为1~4级的地下整体式混凝土结构。

防水混凝土一般分为普通防水混凝土、外加剂防水混凝土和膨胀剂或膨胀水泥防水混凝土三大类。外加剂防水混凝土又分为引气剂防水混凝土、减水剂防水混凝土、三乙醇胺防水混凝土、氯化铁防水混凝土。各种防水混凝土的技术要求和适用范围如表7-11所示。

表7-11　各种防水混凝土的技术要求和适用范围

| 种　类 | 最大抗渗压力/MPa | 技 术 要 求 | 适 用 范 围 |
|---|---|---|---|
| 普通防水混凝土 | >3.0 | 水灰比0.5~0.6;坍落度30~50 mm(掺外加剂或采用泵送时不受此限);水泥用量≥320 kg/m³;灰砂比1:2~1:2.5;含砂率≥35%;粗骨料粒径≤40 mm;细骨料为中砂或细砂 | 一般工业、民用及公共建筑的地下防水工程 |

续表

| 种 类 | | 最大抗渗<br>压力/MPa | 技术要求 | 适用范围 |
|---|---|---|---|---|
| 外加剂<br>防水<br>混凝土 | 引气剂防<br>水混凝土 | >2.2 | 含气量为 3%～6%；水泥用量<br>250～300 kg/m³；水灰比 0.5～<br>0.6；含砂率 28%～35%；砂石级<br>配、坍落度与普通混凝土相同 | 适用于北方高寒地区对抗冻要<br>求较高的地下防水工程及一般<br>的地下防水工程，不适用于抗压强度<br>>20 MPa 或耐磨性要求较高的地<br>下防水工程 |
| | 减水剂防<br>水混凝土 | >2.2 | 选用加气型减水剂，根据施工需<br>要分别选用缓凝型、促凝型、普通<br>型的减水剂 | 钢筋密集或薄壁型防水构筑物，<br>对混凝土凝结时间和流动性有特<br>殊要求的地下防水工程（如泵送混<br>凝土） |
| | 三乙醇胺<br>防水混凝土 | >3.8 | 可单独掺用，也可与氯化钠复合<br>掺用，也能与氯化钠、亚硝酸钠三<br>种材料复合使用 | 工期紧迫、要求早强及抗渗性较<br>高的地下防水工程 |
| | 氯化铁<br>防水混凝土 | >3.8 | 氯化铁掺量一般为水泥用量<br>的 3% | 水中结构、无筋少筋、厚大防水<br>混凝土工程及一般地下防水工程，<br>砂浆修补抹面工程，薄壁结构不宜<br>使用 |
| 明矾石膨<br>胀剂防水<br>混凝土 | | >3.8 | 必须掺入国产 32.5 MPa 以上的<br>普通矿渣、火山灰和粉煤灰水泥共<br>同使用，不得单独代替水泥。一般<br>外掺量占水泥用量的 20% | 地下工程及其后浇缝 |

## （一）普通防水混凝土施工工艺

### 1. 模板安装

防水混凝土所有模板，除满足一般要求外，应特别注意模板拼缝严密不漏浆，构造应牢固稳定，固定模板的螺栓（或铁丝）不宜穿过防水混凝土结构。必须穿过时，可采用工具式螺栓、螺栓加堵头、螺栓上加焊方形止水环等做法。止水环尺寸及环数应符合设计规定，如设计无规定，则止水环应为 10 cm×10 cm 的方形止水环，且至少有一环。

（1）工具式螺栓做法。用工具式螺栓将防水螺栓固定并拉紧，以压紧固定模板。拆模时将工具式螺栓取下，再以嵌缝材料及聚合物水泥砂浆将螺栓凹槽封堵严密。工具式螺栓的防水做法示意图如图 7-22 所示。

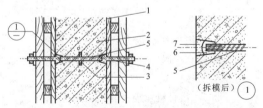

**图 7-22 工具式螺栓的防水做法示意图**

1—模板；2—结构混凝土；3—止水环；4—工具式螺栓；5—固定模板用螺栓；6—嵌缝材料；7—聚合物水泥砂浆

（2）螺栓加焊止水环做法。在对拉螺栓中部加焊止水环，止水环与螺栓必须满焊严密。拆模后应沿混凝土结构边缘将螺栓割断，此法将消耗所用螺栓。螺栓加焊止水环做法如图 7-23 所示。

（3）预埋套管加焊止水环做法。套管采用钢管,其长度等于墙厚(或其长度加上两端垫木的厚度之和等于墙厚),兼具撑头作用,以保持模板之间的设计尺寸。止水环在套管上满焊严密,支模时在预埋套管中穿入对拉螺栓拉紧固定模板。拆模后将螺栓抽出,套管内以膨胀水泥砂浆封堵密实。套管两端有垫木的,拆模时连同垫木一并拆除,除密实封堵套管外,还应将两端垫木留下的凹坑用同样方法封实,如图 7-24 所示。此法可用于抗渗要求一般的结构。

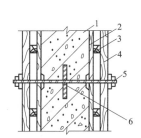

图 7-23　螺栓加焊止水环

1—围护结构;2—模板;3—小龙骨;
4—大龙骨;5—螺栓;6—止水环

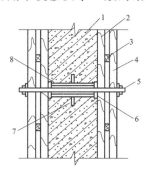

图 7-24　预埋套管支撑示意

1—防水结构;2—模板;3—小龙骨;4—大龙骨;
5—螺栓;6—垫木;7—止水环;8—预埋套管

**2. 钢筋施工**

做好钢筋绑扎前的除污、除锈工作。绑扎钢筋时,应按设计规定留足保护层,且迎水面钢筋保护层厚度不应小于 50 mm,应以相同配合比的细石混凝土或水泥砂浆制成垫块,将钢筋垫起,以保证保护层厚度。严禁以垫铁或钢筋头垫钢筋,或将钢筋用铁钉及铁丝直接固定在模板上。钢筋应绑扎牢固,避免因碰撞、振动使绑扣松散、钢筋移位,造成露筋。钢筋及绑丝均不得接触模板。采用铁马凳架设钢筋时,在不便取掉铁马凳的情况下,应在铁马凳上加焊止水环。在钢筋密集的情况下,更应注意绑扎或焊接质量,并用自密实高性能混凝土浇筑。

**3. 混凝土搅拌**

选定配合比时,其试配要求的抗渗水压应较其设计值提高 0.2 MPa,并准确计算及称量每种用料,投入混凝土搅拌机。外加剂的掺入方法应遵从所选外加剂的使用要求。

防水混凝土必须采用机械搅拌,搅拌时间不应小于 120 s。掺外加剂时,应根据外加剂的技术要求确定搅拌时间。

**4. 混凝土运输**

运输过程中应采取措施防止混凝土拌和物产生离析,以及坍落度和含气量的损失,同时要防止漏浆。

防水混凝土拌和物在常温下应于 0.5 h 以内运至现场;运送距离较远或气温较高时,可掺入缓凝型减水剂,缓凝时间宜为 6～8 h。

防水混凝土拌和物在运输后如出现离析,则必须进行二次搅拌。在坍落度损失后不能满足施工要求时,应加入原水灰比的水泥浆或二次掺加减水剂进行搅拌,严禁直接加水搅拌。

**5. 混凝土的浇筑和振捣**

在结构中若有密集管群,以及预埋件或钢筋稠密之处,不易使混凝土浇捣密实时,应选用免振捣的自密实高性能混凝土进行浇筑。

在浇筑大体积结构中,遇有预埋大管径套管或面积较大的金属板时,其下部的倒三角形区域不易浇捣密实而形成空隙,造成漏水,为此,可在管底或金属板上预先留置浇筑振捣孔,以利浇捣和排气,浇筑后再将孔补焊严密。

混凝土浇筑应分层,每层厚度不宜超过 30～40 cm,相邻两层浇筑时间间隔不应超过 2 h,夏季可适当缩短。混凝土在浇筑地点须检查坍落度,每工作班至少检查两次。普通防水混凝土坍落度不宜大于 50 mm。

防水混凝土必须采用高频机械振捣,振捣时间宜为 10～30 s,以混凝土泛浆和不冒气泡为准。要依次振捣密实,应避免漏振、欠振和超振。掺加引气剂或引气型减水剂时,应采用高频插入式振捣器振捣密实。

**6. 混凝土的养护**

防水混凝土的养护对其抗渗性能影响极大,特别是早期湿润养护更为重要,一般在混凝土进入终凝(浇筑后 4～6 h)即应覆盖,浇水湿润养护不少于 14 d。防水混凝土不宜用电热法养护和蒸汽养护。

**7. 模板拆除**

由于防水混凝土要求较严,因此不宜过早拆模。拆模时,混凝土的强度必须超过设计强度等级的 70%,混凝土表面温度与环境之差不得超过 15 ℃,以防止混凝土表面产生裂缝。拆模时还应注意勿使模板和防水混凝土结构受损。

**8. 防水混凝土结构的保护**

地下工程的结构部分拆模后,经检查合格后,应及时回填。回填前应将基坑清理干净,无杂物且无积水,回填土应分层夯实。地下工程周围 800 mm 以内宜用灰土、黏土或粉质黏土回填;回填土中不得含有石块、碎砖、灰渣、有机杂物以及冻土。回填施工应均匀对称进行,回填后建筑四周地面应做不小于 800 mm 宽的散水,其坡度宜为 5%,以防地面水侵入地下。

完工后的自防水结构,严禁再在其上打洞。若结构表面有蜂窝麻面,应及时修补。修补时应先用水冲洗干净,涂刷一道水灰比为 0.4 的水泥浆,再用水灰比为 0.5 的 1∶2.5 水泥砂浆填实抹平。

## （二）外加剂防水混凝土

外加剂防水混凝土是在混凝土中加入一定量的有机或无机物而形成的,它可改善混凝土的性能和结构组成,提高其密实性和抗渗性,达到防水要求。外加剂防水混凝土的种类很多,下面仅对常用的加气剂防水混凝土、减水剂防水混凝土和三乙醇胺防水混凝土进行简单介绍。

**1. 加气剂防水混凝土**

加气剂防水混凝土是在普通混凝土中掺入微量的加气剂配制而成的。目前常用的加气剂有松香酸钠、松香热聚物、烷基磺酸钠和烷基苯磺酸钠等。在混凝土中加入加气剂后,会产生大量微小而均匀的气泡,使其黏滞性增大,不易松散离析,显著地改善了混凝土的和易性,同时具有抑制了沉降离析和泌水作用,减少混凝土的结构缺陷。大量气泡存在使毛细管性质改变,提高了混凝土的抗渗性。我国对加气混凝土含气量要求控制在 3%～5% 内;松香酸钠掺量为水泥质量的 0.03%;松香热聚物掺量为水泥质量的 0.005%～0.015%;水灰比宜控制在 0.5～0.6 之间;水泥用量为 250～300 kg,砂率为 28%～35%。砂石级配、坍落度与普通混凝土的要求相同。

**2. 减水剂防水混凝土**

减水剂防水混凝土是在混凝土中掺入适量的减水剂配制而成的。减水剂的种类很多,目前常用的有木质素磺酸钙、NNO(亚甲基二萘磺酸钠)等。减水剂具有强烈的分散作用,能使水泥成为细小的单个粒子,均匀分散于水中。同时,还能使水泥微粒表面形成一层稳定的水膜,借助于水的润滑作用,水泥颗粒之间只要有少量的水即可将其拌和均匀而使混凝土的和易性显著增加。因此,混凝土掺入减水剂后,在满足施工和易性的条件下,可大大降低拌和用水量,使混凝土硬化后的毛细孔减少,从而提高了混凝土的抗渗性。采用木质素磺酸钙,其掺量为水泥质量的 0.15% ～0.3%;采用 NNO,其掺量为水泥质量的 0.5%～1.0%。减水剂防水混凝土在保持混凝土和易性不变的情况下,可使混凝土用水量减少 10%～20%,混凝土强度等级提高 10%～30%,抗渗性可提高1倍以上。减水剂防水混凝土适用于一般防水工程及对施工工艺有特殊要求的防水工程。

**3. 三乙醇胺防水混凝土**

三乙醇胺防水混凝土是在混凝土中随拌和水掺入一定量的三乙醇胺防水剂配制而成的。三乙醇胺加入混凝土后,能增强水泥颗粒的吸附分散与化学分散作用,加速水泥的水化,水化生成物增多,水泥石结晶变细,结构密实,因此提高了混凝土的抗渗性。在冬季施工时,除了掺入占水泥质量 0.05% 的三乙醇胺以外,再加入占水泥质量 0.5% 的氯化钠及 1% 的亚硝酸钠,其防水效果会更好。三乙醇胺防水混凝土的抗渗性好、质量稳定、施工简便,特别适合工期紧,要求早强及抗渗的地下防水工程。

### (三)补偿收缩混凝土

补偿收缩混凝土是在普通混凝土中掺入适量膨胀剂或用膨胀水泥配制而成的一种微膨胀混凝土,最高抗渗强度不小于 3.6 MPa。

补偿收缩混凝土以本身适度膨胀抵消收缩裂缝,同时改善孔隙结构,降低孔隙率,减小开裂,使混凝土有较高的抗渗性能。它适用于地下连续墙、后浇带、膨胀带等防裂防渗工程,尤其适用于大体积混凝土防裂防渗工程。

常用的膨胀剂有 U 型混凝土膨胀剂(UEA)、明矾石膨胀剂、明矾石膨胀水泥、石膏矾土膨胀水泥等。防水混凝土还可根据工程抗裂需要掺入钢纤维或合成纤维,可有效提高混凝土的抗裂性,但相应成本较高,它适用于对抗拉、抗剪、抗折强度和抗冲击、抗裂、抗疲劳、抗爆破性能等要求较高的地下防水工程,其特点是高强、高抗裂、高韧度,提高耐磨,耐渗性。

## 二、结构表面防水层

### (一)水泥砂浆防水层

水泥砂浆抹面防水层可分为多层刚性防水层(或称普通水泥砂浆防水层)和刚性掺外加剂的水泥砂浆防水层(如氯化铁防水剂、铝粉膨胀剂、减水剂等)两种,水泥砂浆防水层的构造做法如图 7-25 所示。

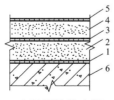
(a) 多层刚性防水层

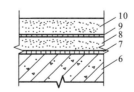
(b) 刚性外加剂防水层

**图 7-25 水泥砂浆防水层构造做法**

1、3—素灰层 2 mm;2、4—砂浆层 45 mm;

5—水泥浆 1 mm;6—结构基层;7、9—水泥浆一道;

8—外加剂防水砂浆垫层;10—防水砂浆面层

防水层做法分为外抹面防水（迎水面）和内抹面防水（背水面），防水层的施工程序，一般是先抹顶板，再抹墙面，最后抹地面。

**1. 基层处理**

基层处理十分重要，是保证防水层与基层表面结合牢固，不空鼓和密实不透水的关键。基层处理包括清理、浇水、刷洗、补平等工序，使基层表面保持潮湿、清洁、平整、坚实、粗糙。

1）混凝土基层的处理

（1）新建混凝土工程处理。拆除模板后，立即用钢丝刷将混凝土表面刷毛，并在抹面前浇水冲刷干净。

（2）旧混凝土工程处理。补做防水层时需用钻子或剁斧或钢丝刷将表面凿毛，清理平整后再冲水，用棕刷刷洗干净。

（3）混凝土基层表面凹凸不平、蜂窝孔洞的处理。超过1 cm的棱角及凹凸不平处应剔成慢坡形，并浇水清洗干净，用素灰和水泥砂浆分层找平，如图7-26所示。混凝土表面的蜂窝孔洞，应先将松散不牢的石子除掉，浇水冲洗干净，用素灰和水泥砂浆交替抹到与基层面相平，如图7-27所示。混凝土表面的蜂窝麻面不深，石子黏结较牢固，只需用水冲洗干净后，用素灰打底，水泥砂浆压实找平即可，如图7-28所示。

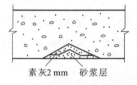 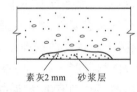

素灰2 mm　砂浆层　　　　素灰2 mm　砂浆层　　　　素灰2 mm　砂浆层

**图7-26　基层凹凸不平的处理**　　**图7-27　蜂窝孔洞的处理**　　**图7-28　蜂窝麻面的处理图**

（4）混凝土结构的施工缝要沿缝剔成八字形凹槽，用水冲洗后，用素灰打底，水泥砂浆压实抹平，如图7-29所示。

2）砖砌体基层的处理

对于新砌体，应将其表面残留的砂浆等污物清除干净，并浇水冲洗。对于旧砌体，要将其表面酥松表皮及砂浆等污物清理干净，至露出坚硬的砖面，并浇水冲洗。

对于用石灰砂浆或混合砂浆砌的砖砌体，应将缝剔深1 cm，缝内呈直角，如图7-30所示。

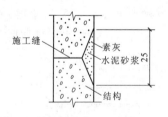 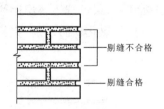

**图7-29　混凝土结构施工缝的处理图**　　**图7-30　砖砌体的剔缝**

**2. 施工方法**

（1）混凝土顶板与墙面防水层操作。

① 第一层：素灰层，厚2 mm，先抹一道1 mm厚素灰，用铁抹子往返用力刮抹，使素灰填实基层表面的孔隙。随即在已刮抹过素灰的基层表面再抹一道厚1 mm的素灰找平层，抹完后，用湿毛刷在素灰层表面按顺序涂刷一遍。

② 第二层：水泥砂浆层，厚4～5 mm，在素灰层初凝时抹第二层水泥砂浆层，要防止素灰层

过软或过硬,过软会将素灰层破坏;过硬则黏结不良,要使水泥砂浆层薄薄压入素灰层厚度的1/4左右,抹完后,在水泥砂浆初凝时用扫帚按顺序向一个方向扫出横向条纹。

③ 第三层:素灰层,厚 2 mm。在第二层水泥砂浆凝固并具有一定强度(常温下间隔一昼夜)时,适当浇水湿润,方可进行第三层操作,其方法同第一层。

④ 第四层:水泥砂浆层,厚 4~5 mm。按照第二层的操作方法将水泥砂浆抹在第三层上,抹后在水泥砂浆凝固前水分蒸发过程中,分次用铁抹子压实,一般以抹压 3~4 次为宜,最后再压光。

⑤ 第五层:第五层是在第四层水泥砂浆抹压两边后,用毛刷均匀地将水泥浆刷在第四层表面,随第四层抹实压光。

(2)砖墙面和拱顶防水层的操作。第一层是刷水泥浆一道,厚 1 mm,用毛刷往返涂刷均匀,涂刷后,可抹第二、三、四层等,其操作方法与混凝土基层防水层的相同。

(3)地面防水层的操作。地面防水层操作与墙面,顶板操作不同的地方是:素灰层(一、三层)不采用刮抹的方法,而是把拌和好的素灰倒在地面上,用棕刷往返用力涂刷均匀,第二层和第四层是在素灰层初凝前后把拌和好的水泥砂浆层按厚度要求均匀铺在素灰层上,按墙面、顶板操作要求抹压,各层厚度也均与墙面、顶板防水层的相同。地面防水层在施工时要防止践踏,应由里向外顺序进行,如图 7-31 所示。

(4)特殊部位的施工。结构阴阳角处的防水层均需抹成圆角,阴角直径为 5 cm,阳角直径为 1 cm。防水层的施工缝需留斜坡阶梯形槎子,槎子的搭接要依照层次操作顺序层层搭接。槎子的位置一般留在地面上,亦可留在墙上,所留的槎子均需离阴阳角 20 cm 以上,防水层接槎处理如图 7-32 所示。

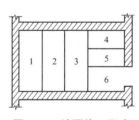

图 7-31 地面施工顺序

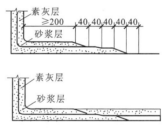

图 7-32 防水层接槎处理

## (二)卷材防水层

按原材料性质分类的防水卷材主要有沥青防水卷材、高聚物改性沥青防水卷材和合成高分子防水卷材三大类。

地下卷材防水层是一种柔性防水层,是用沥青胶将几层卷材粘贴在地下结构基层的表面上而形成的多层防水层,它具有较好的防水性和良好的韧度,能适应结构振动和微小变形,并能抵抗酸、碱、盐溶液的腐蚀,是地下防水工程常用的施工方法,采用改性沥青防水卷材和高分子防水卷材,抗拉强度高,延伸率大,耐久性好,施工方便。但卷材吸水率大,力学强度低,耐久性差,发生渗漏后难以修补。因此,卷材防水层只适应于形式简单的整体钢筋混凝土结构基层和以水泥砂浆、沥青砂浆或沥青混凝土为找平层的基层。

地下室防水混凝土结构迎水面铺贴的卷材防水层,应选用高聚物改性沥青类或合成高分子类防水卷材,并应符合下列规定:卷材及其胶黏剂应具有良好的耐水性、耐久性、耐刺穿性、耐腐蚀性和耐菌性;高聚物改性沥青防水卷材的拉伸性能、低温柔度、不透水性和合成高分子防水卷材的拉伸强度、断裂伸长率、低温弯折性、不透水性等主要力学和物理性能均应满足相应规范的要求;黏结各类卷材必须采用与卷材相溶的胶黏剂。与高聚物改性沥青卷材间的黏结剥离强度不小于 8 N/10 mm；与合成高分子卷材间的黏结剥离强度不小于 15 N/10 mm；浸水 168 h 后的黏结剥离强度保持率不小于 70%。

地下防水工程一般把卷材防水层设置在建筑结构的外侧迎水面上，这种防水方法称为外防水，这种防水层的铺贴法可以借助土压力压紧，并与结构一起抵抗有压地下水的渗透和侵蚀作用，防水效果良好，应用比较广泛。卷材防水层用于建筑物地下室，应铺设在结构主体底板垫层至墙体顶端的基面上，在外围形成封闭的防水层，防水卷材厚度应满足表 7-12 的规定。

表 7-12　防水卷材厚度

| 防水等级 | 设防道数 | 合成高分子卷材 | 高聚物改性沥青防水卷材 |
|---|---|---|---|
| 一级 | 三道或三道以上设防 | 单层：不应小于 1.5 mm； | 单层：不应小于 4 mm； |
| 二级 | 二道设防 | 双层：每层不应小于 1.2 mm | 双层：每层不应小于 3 mm |
| 三级 | 一道设防 | 不应小于 1.5 mm | 不应小于 4 mm |
| | 复合设防 | 不应小于 1.2 mm | 不应小于 3 mm |

外防水的卷材防水层铺贴方法，按其与地下防水结构施工的先后顺序分为外贴法和内贴法两种。

**1. 外贴法**

外防外贴法是将立面卷材防水层直接铺设在需防水结构的外墙外表面的方法，施工程序如下。

（1）先浇筑需防水结构的底面混凝土垫层，在垫层上砌筑永久性保护墙，墙下铺一层干油毡，墙的高度不小于需防水结构底板厚度再加 100 mm。

（2）在永久性保护墙上用石灰砂浆接砌临时保护墙，墙高为 300 mm，在永久性保护墙上抹 1:3 水泥砂浆找平层；在临时保护墙上抹石灰砂浆找平层并刷石灰浆，如用模板代替临时性保护墙，应在其上涂刷隔离剂。

（3）待找平层基本干燥后，即可根据所选卷材的施工要求进行铺贴。

（4）在大面积铺贴卷材之前，应先在转角处粘贴一层卷材附加层，然后进行大面积铺贴，先铺平面、后铺立面。在临时保护墙（或模板）上将卷材防水层临时贴附，并分层临时固定在其顶端。

（5）在铺贴好的卷材表面做好保护层后，再进行需防水结构的底板和墙体施工。

（6）主体结构完成后，将临时固定的接槎部位的各层卷材揭开并清理干净，再在需防水结构外墙外表面抹找平层，之后就可以将卷材分层错槎搭接向上铺贴在结构墙上。如卷材有局部损伤，应及时进行修补。卷材接槎的搭接长度，高聚物改性沥青卷材为 150 mm，合成高分子卷材为 100 mm。当使用两层卷材时，卷材应错槎接缝，上层卷材应盖过下层卷材。卷材防水层的甩槎、接槎做法如图 7-33 和图 7-34 所示。

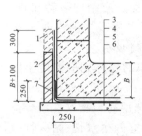

图 7-33　卷材防水层甩槎做法

1—临时保护墙；2—永久保护墙；3—细石混凝土保护层；4—卷材防水层；5—水泥砂浆找平层；6—混凝土垫层；7—卷材加强层

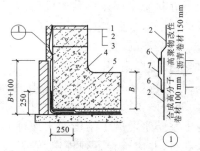

图 7-34　卷材防水层接槎做法

1—结构墙体；2—卷材防水层；3—卷材保护层；4—卷材加强层；5—结构底板；6—密封材料；7—盖缝条

（7）待卷材防水层施工完毕，并经过检查验收合格后，应及时做好卷材防水层的保护结构。保护结构的几种做法如下。

① 砌筑永久保护墙。每隔 5～6 m 在转角处断开，断开的缝中填以卷材条或沥青麻丝，保护墙与卷材防水层之间的空隙应随砌随用砌筑砂浆填实，保护墙完工后方可回填土，注意在砌保护墙的过程中切勿损坏防水层。

② 抹水泥砂浆。在涂抹卷材防水层最后一道沥青胶结材料时，趁热撒上干净的热砂或散麻丝，冷却后随即抹一层 10～20 mm 的 1∶3 水泥砂浆，水泥砂浆经养护达到强度后，即可回填土。

③ 贴塑料板。在卷材防水层外侧直接用氯丁系胶黏结固定 5～6 mm 厚的聚乙烯泡沫塑料板，完工后即可回填土，亦可用聚醋酸乙烯乳液粘贴 40 mm 厚的聚苯泡沫塑料板代替。

**2. 外防内贴法**

外防内贴法是浇筑混凝土垫层后，在垫层上将永久保护墙全部砌好，将卷材防水层铺贴在垫层和永久保护墙上的方法，如图 7-35 所示。

外防内贴法的施工程序如下。

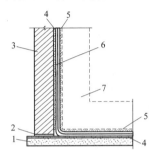

图 7-35　外防内贴法示意图
1—混凝土垫层；2—干铺油毡；
3—永久性保护墙；4—找平层；
5—保护墙；6—卷材防水层；
7—需防水的结构

（1）在已施工好的混凝土垫层上砌筑永久保护墙，保护墙全部砌好后，用 1∶3 水泥砂浆在垫层和永久保护墙上抹找平层，保护墙与垫层之间须干铺一层油毡。

（2）找平层干燥后即涂刷冷底子油或基层处理剂，干燥后方可铺贴卷材防水层，铺贴时应先铺立面，后铺平面，先铺转角，后铺大面，在全部转角处应铺贴卷材附加层，附加层可为两层同类油毡或一层抗拉强度较高的卷材，并应仔细粘贴紧密。

（3）卷材防水层铺完经验收合格后即应做好保护层，立面可抹水泥砂浆、贴塑料板，或用氯丁系胶黏剂黏铺石油沥青纸胎油毡，平面可抹水泥砂浆或浇筑不小于 50 mm 厚的细石混凝土。

（4）进行需防水结构的施工，可将防水层压紧，如为混凝土结构，则永久保护墙可当一侧模板。

（5）结构完工后，方可回填土。

**3. 提高卷材防水层质量的技术措施**

（1）要求卷材有一定的延伸率来适应这种变形。采用点黏、条黏、空铺的措施可以充分发挥卷材的延伸性能，有效地减少卷材被拉裂的可能性。其具体做法是，点黏法时，每平方米卷材下黏五点（100 mm×100 mm），粘贴面积不大于总面积的 6%；条黏法时，每幅卷材两边各与基层粘贴 150 mm 宽；空铺法时，卷材防水层周边与基层粘贴 800 mm 宽。

（2）增铺卷材附加层。对变形较大、易遭破坏或易老化部位，如变形缝、转角、三面角，以及穿墙管道周围、地下出入口通道等处，均应铺设卷材附加层。附加层可采用同种卷材加铺 1～2 层，亦可用其他材料做增强处理。

（3）密封处理。在分格缝、穿墙管道周围、卷材搭接缝，以及收头部位应做密封处理，施工中要重视对卷材防水层的保护。

## （三）冷胶料防水层

防水冷胶料（即水乳型橡胶沥青冷胶料）是以沥青、橡胶和水为主要材料，掺入适量的增塑剂及防老化剂，采用乳化工艺制成的。其黏结、柔韧、耐寒、耐热、防水、抗老化能力等均优于纯沥青和沥青胶，并且有质量轻、无毒、无味、不易燃烧、冷施工等特点，而且操作简便，不污染环境，经济效益好，与一般卷材防水层相比可节约造价 30% 左右，还可在比较潮湿的基层上施工。冷胶料适用于屋面、墙体、地面、地下室等部位及设备管道防水防潮、嵌缝补漏、防渗防腐工程。

JG-2 冷胶料由水乳型 A 液和 B 液组成：A 液为再生胶乳液，容积密度约 1.1 g/cm³，外观呈漆黑色，细腻均匀，稠度大，黏性强；B 液为乳化沥青，呈浅黑黄色，水分较多，黏性较差，容积密度约 1.04 g/cm³。当两种溶液按不同配合比（质量比）混合时，其混合料的性能也就各不相同：若混合料中沥青成分居多，则其黏结性、涂刷性和浸透性良好，此时施工配合比可按 A 液：B 液＝1：2；若混合料中的橡胶成分增多，则具有较高的抗裂性和抗老化能力，此时施工配合比可按 A 液：B 液＝1：1。因此，可根据防水层的要求不同，采用不同的施工配合比。

冷胶料可单独作为防水涂料，也可衬贴玻璃丝布，当地下水压不大时做防水层或地下水压较大时做加强层时，可采用二布三油一砂做法；当在地下水位以下做防水层或防潮层时，可采用一布二油一砂做法。铺贴顺序为先铺附加层及立面，再铺平面；先铺贴细部，再铺贴大面。施工冷胶料应随配随用，当天用完；两层涂料的施工间隔时间不少于 12 h，最好为 24 h，以利结膜和各项性能加强。雨天、雾天、大风天及低温条件下不得施工，冷胶料施工的适宜温度以 10～30 ℃为宜。

# 三、地下防水工程渗漏及防治方法

地下防水工程，常常由于设计考虑不周、选材不当或施工质量差而造成渗漏，直接影响生产和使用。渗漏水易发生在施工缝、蜂窝麻面、裂缝、变形缝及穿墙管道等处。渗漏水的形式主要有孔洞漏水、裂缝漏水、防水面渗水或是以上几种渗漏水的综合。因此，堵漏前必须先查明其原因，确定其部位，弄清水压大小，然后根据不同情况采取不同的防治措施。

## （一）渗漏部位及原因

### 1. 防水混凝土结构渗漏的部位及原因

由于模板表面粗糙或清理不干净，模板浇水湿润不够，脱模剂涂刷不均匀，接缝不严，振捣混凝土不密实等原因，混凝土常会出现蜂窝、孔洞、麻面而引起渗漏。墙板和底板及墙板与墙板间的施工缝处理不当也会造成地下水沿施工缝渗入。混凝土中砂石含泥量大，养护不及时等，产生干缩和温度裂缝也会造成渗漏。混凝土内的预埋件及管道穿墙处未做认真处理也会使地下水渗入。

### 2. 卷材防水层渗漏部位及原因

保护墙和地下工程主体结构沉降不同，会使黏在保护墙上的防水卷材撕裂而造成漏水。卷材的压力和搭接接头宽度不够，搭接不严，结构转角处卷材铺贴不严实，后浇或后砌结构时卷材被破坏，或由于卷材韧度较低，结构不均匀沉降而造成卷材被破坏，也会产生渗漏。另外，管道处的卷材与管道黏结不严，出现张口翘边现象而引起渗漏。

### 3. 变形缝处渗漏原因

止水带固定方法不当，埋设位置不准确或在浇筑混凝土时被挤动，止水带两翼的混凝土包裹不严，特别是底板止水带下面的混凝土振捣不实；钢筋过密，浇筑混凝土时下料和振捣不当，造成止水带周围骨料集中，混凝土离析，产生蜂窝、麻面；混凝土分层浇筑前，止水带周围的木屑杂物等未清理干净，混凝土中形成薄弱的夹层，均会造成渗漏。

## （二）堵漏技术

堵漏技术就是根据地下防水工程的特点，针对不同程度的渗漏水情况，选择相应的防水材料和堵漏方法,进行防水结构渗漏水处理的技术。渗漏水处理应本着将大漏变小漏、片漏变孔漏、线漏变点漏,使漏水部位汇集于一点或数点,最后堵塞的方法进行。对于防水混凝土工程的修补堵漏,通常采用的方法是用促凝剂和水泥拌制而成的快凝水泥胶浆进行快速堵漏或大面积修补。近年来,采用膨胀水泥(或掺膨胀剂)作为防水修补材料,其抗渗堵漏效果更好。对混凝土的微小裂缝,则采用化学灌浆堵漏技术。

**1. 快硬性水泥胶浆堵漏法**

1)堵漏材料

(1)促凝剂。促凝剂是以水玻璃为主,并与硫酸铜、重铬酸钾及水配制而成的。配制时按配合比先把定量的水加热至 100 ℃,然后将硫酸铜和重铬酸钾倒入水中,继续加热并不断搅拌至完全溶解后,冷却至 30～40 ℃,再将此溶液倒入称量好的水玻璃液体中,搅拌均匀,静置半小时后就可使用。

(2)快凝水泥胶浆。快凝水泥胶浆的配合比是水泥∶促凝剂为 1∶(0.5～0.6)。由于这种胶浆凝固速度快(一般 1 min 左右就凝固),使用时,注意随拌随用。

2)堵漏方法

地下防水工程的渗漏水情况比较复杂,堵漏的方法也较多,因此,在选用时要因地制宜。常用的堵漏方法有堵塞法和抹面法。

(1)堵塞法。堵塞法适用于孔洞漏水或裂缝漏水的修补处理。孔洞漏水常用直接堵塞法和下管堵漏法。直接堵塞法适用于水压不大,漏水孔洞较小的情况,操作时,先将漏水孔洞处剔槽,槽壁必须与基面垂直,并用水刷洗干净,随即将配制好的快凝水泥胶浆捻成与槽尺寸相近的锥形团,在胶浆开始凝固时,迅速压入槽内,并挤压密实,保持 30 s 即可。当水压力较大,漏水孔洞较大时,可采用下管堵漏法。孔洞堵塞好后,在胶浆表面抹素灰一层,砂浆一层,以做保护。待砂浆有一定的强度后,将胶管拔出,按直接堵塞法将管孔堵塞。最后拆除挡土墙,再做防水层。裂缝漏水的处理方法有裂缝直接堵塞法和下绳堵漏法。裂缝直接堵塞法适用于水压较小的裂缝漏水的处理,操作时,沿裂缝剔成八字形坡的沟槽,刷洗干净后,用快凝水泥胶浆直接堵塞,经检查无渗水,再做保护层和防水层。当水压力较大,裂缝较长时,可采用下绳堵漏法处理。

(2)抹面法。抹面法适用于较大面积的渗水面的处理,一般先降低水压或降低地下水位,将基层处理好,然后用抹面法做刚性防水层修补处理。先在漏水严重处用凿子剔出半贯穿性孔眼,插入胶管将水导出。这样就使片渗变为点漏。在渗水面做好刚性防水层修补处理,待修补的防水层砂浆凝固后,拔出胶管,再按孔洞直接堵塞法将管孔填好。

**2. 化学灌浆堵漏法**

1)灌浆材料

(1)氰凝。氰凝的主体是以多异氰酸酯与含羟基化合物(聚酯、聚醚)制成的预聚体。使用前,在预聚体内掺入一定量的辅剂(如表面活性剂、乳化剂、增塑剂、催化剂等),搅拌均匀即配制成氰凝浆液。氰凝浆液不遇水不发生化学反应,稳定性好;在浆液灌入漏水部位后,立即与水发生化学反应,生成不溶于水的凝胶体,同时释放二氧化碳气体,使浆液发泡膨胀,向四周渗透扩散直至反应结束为止。

(2)丙凝。丙凝由双组分(甲溶液和乙溶液)组成。甲溶液是丙烯酸胺和 N-N′-甲撑双丙烯酸胺及 β-二甲氨基丙腈的混合溶液。乙溶液是过硫酸铵的水溶液。两者混合后很快形成不溶于水的高分子硬性凝胶,这种凝胶可以封闭结构裂缝,从而达到堵漏的目的。

2)灌浆施工

灌浆堵漏施工,可分为对混凝土表面处理、布置灌浆孔、埋设灌浆嘴、封闭漏水部位、压水试验、灌浆、封孔等工艺。灌浆孔的间距一般为1m左右,要求交错布置;灌浆结束,待浆液凝固后,拔出灌浆嘴并用水泥砂浆封闭灌浆孔。

# 任务3　卫生间防水工程

卫生间用水频繁,防水处理不当就会发生渗漏,主要表现在楼板管道滴漏水、地面积水、墙壁潮湿渗水,甚至下层顶板和墙壁也出现滴水等现象,卫生间是建筑物中最容易漏水的部位之一,也是建筑物中不可忽视的防水工程部位。卫生间长期处于潮湿受水,穿墙管道多,施工面积小,设备多,阴阳转角复杂等不利条件,传统的卷材防水做法已经不适应卫生间防水施工的特殊性,取而代之的是涂膜防水,尤其是采用高弹性的聚氨酯涂膜防水或选用弹塑性好的氯丁橡胶沥青防水涂料等新材料和新工艺是目前卫生间防水的主要做法。这些防水做法可以使卫生间的地面和墙面形成一个没有接缝、封闭严密的整体防水层,从而提高其防水工程质量。

## 一、施工要求

(1)卫生间防水工程施工前应由施工单位编写卫生间防水施工方案,由监理单位及建设单位审批通过后方可施工。

(2)防水材料要有正规的出厂合格证及性能检验报告,进场后必须进行复检,合格后方可使用。

(3)结构施工时卫生间穿楼板管道预留洞的位置要准确,管道安装前要仔细检查,确保管道周围缝隙不小于30 mm,个别位置不准确的孔洞用水钻开孔,严禁随意剔凿。

(4)卫生间墙体根部应做高度不小于200 mm的混凝土现浇带,现浇带与楼板要一次整体浇筑。

(5)热水及暖气管道穿楼板要使用套管,套管顶部应高出装饰地面50 mm,下部应与楼板底面相平,安装前应准确计算其长度。穿过楼板的套管与管道之间缝隙应用阻燃密实材料和防水油膏填实,端面要光滑。

(6)居室地面施工时在卫生间门口处要预留出300 mm宽做防水,待卫生间防水层施工完毕后和防水保护层一起施工。

## 二、防水层施工

### (一)聚氨酯防水施工

聚氨酯涂膜防水材料是双组分化学反应固化型的高弹性防水涂料,多以甲、乙双组分形式使用,主要材料有聚氨酯涂膜防水材料甲组分、聚氨酯涂膜防水材料乙组分和无机铝盐防水剂等。施工用辅助材料应备有二甲苯、乙酸乙酯、磷酸等。

**1. 基层处理**

卫生间的防水基层必须用1∶3的水泥砂浆找平,要求抹平压光无空鼓,表面要坚实,不应有起砂、掉灰现象。在抹找平层时,在管道根部的周围,应使其略高于地面,在地漏的周围,应做成略低于地面的洼坑。找平层的坡度以 1‰～2‰ 为宜,坡向地漏。凡遇到阴阳角处,要抹成半径不小于 10 mm 的小圆弧。与找平层相连接的管件、卫生洁具、排水口等,必须安装牢固,收头圆滑,按设计要求用密封膏嵌固。基层必须基本干燥,一般在基层表面均匀泛白无明显水印时,才能进行涂膜防水层施工。施工前要把基层表面的尘土杂物彻底清扫干净。

**2. 施工工艺**

施工工艺常采用三涂或四涂做法,其工艺流程为:清理基层→涂刷基层处理剂→节点附加增强处理→第一遍涂膜→第二遍涂膜→第三遍涂膜→蓄水一次试验→保护层或饰面层施工→蓄水二次试验→验收。

1)清理基层

需做防水处理的基层表面,必须彻底清扫干净并保持干燥。

2)涂布底胶

将聚氨酯甲、乙两组分和二甲苯按 1∶1.5∶2 的比例(质量比,以产品说明为准)配合搅拌均匀,再用小滚刷或油漆刷均匀涂布在基层表面上。涂刷量为 0.15～0.2 kg/m²,涂刷后应干燥固化 4 h 以上,才能进行下道工序施工。

3)附加层施工

地面的地漏、管根、出水口,卫生洁具等根部(边沿),阴、阳角等部位,应在大面积涂刷前,先做一布二油防水附加层,两侧各压交界缝 200 mm。涂刷防水材料,具体要求是:常温 4 h 表干后,再刷第二道涂膜防水材料,24 h 实干后,即可进行大面积涂膜防水层施工。

4)配制聚氨酯涂膜防水涂料

将聚氨酯甲、乙组分和二甲苯按 1∶1.5∶0.3 的比例配合,用电动搅拌器强力搅拌均匀备用,应随配随用,一般在 2 h 内用完。

5)涂膜防水层施工

用小滚刷或油漆刷将已配好的防水涂料均匀涂布在底胶已干固的基层表面上。涂完第一遍涂膜后,一般需固化 5 h 以上,在基本不黏手时,再按上述方法涂布第二、三、四遍涂膜,并使后一遍与前一遍的涂布方向相垂直。在管子根部、地漏周围以及墙转角部位,必须认真涂刷,涂刷厚度不小于 2 mm。在涂刷最后一遍涂膜固化前及时撒少许干净的粒径为 2～3 mm 的小豆石,使其与涂膜防水层黏结牢固,作为与水泥砂浆保护层黏结的过渡层。

6)防水层的验收(闭水试验)

防水层施工完毕后,必须进行闭水试验,试验时间为 24 h 以上。自顶板下方观测管道周边和其他墙边角处等部位无渗水、湿润现象。经监理单位、建设单位验收合格后办理隐蔽验收记录。

7)做好保护层

在聚氨酯涂膜防水层完全固化和通过闭水试验合格后,应及时进行保护层施工,以防人为破坏。可铺设一层厚度为 15～25 mm 的水泥砂浆做保护层,保护层向地漏找坡的坡度不小于 3‰,然后按设计要求铺设饰面层。

## (二)氯丁橡胶沥青防水涂料施工

氯丁橡胶沥青防水涂料是以氯丁橡胶和沥青为基料,经加工合成的一种水乳型防水涂料。它兼有橡胶和沥青的双重优点,具有防水、抗渗、耐老化、不易燃、无毒、抗基层变形能力强等优点，可冷作业施工，操作方便。

**1. 基层处理**

与聚氨酯涂膜防水施工要求相同。

**2. 施工工艺**

常用一布四涂或二布六涂做法，现以二布六涂做法为例，其工艺流程为：清理基层→满刮一遍氯丁橡胶沥青水泥泥子→涂刷第一遍涂料→节点附加增强处理→铺贴玻璃纤维布，同时涂刷第二遍涂料→刷第三遍涂料→铺贴玻纤网格布，同时刷第四遍涂料→涂刷第五遍涂料→涂刷第六遍涂料并及时撒砂粒→蓄水一次试验→按设计要求做保护层和面层→蓄水二次试验→验收。

在清理干净的基层上满刮一遍氯丁橡胶沥青水泥泥子，管根和转角处要厚刮并抹平整，泥子的配制方法是将氯丁橡胶沥青防水涂料倒入水泥中，边倒边搅拌至稠浆状即可刮涂于基层，泥子厚度为2～3 mm，待泥子干燥后，满刷一遍防水涂料，但涂刷不能过厚，不得漏刷，表面均匀不流淌，不堆积，立面刷至设计标高。在细部构造部位，如阴阳角、管道根部、地漏、大便器蹲坑等分别附加一布二涂附加层。附加层干燥后，大面铺贴玻纤网格布同时涂刷第二遍防水涂料，使防水涂料浸透布纹渗入下层，玻纤网格布搭接宽度不小于100 mm，立面贴到设计高度，顺水接槎，收口处贴牢。

上述涂料实干（约24 h）后，满刷第三遍涂料，表干（约4 h）后铺贴第二层玻纤网格布同时满刷第四遍防水涂料。第二层玻纤网格布与第一层玻纤网格布接槎要错开，涂刷防水涂料时，应均匀，将布展平无折皱。上述涂层实干后，满刷第五遍、第六遍防水涂料，整个防水层实干后，可进行第一次闭水试验，蓄水时间不少于24 h，无渗漏才合格，然后做保护层和饰面层。工程交付使用前应进行第二次闭水试验。

# 三、质量要求

施工用材料有毒性，存放材料的仓库和施工现场必须通风良好，无通风条件的地方必须安装机械通风设备。施工材料多属易燃物质，存放、配料以及施工现场必须严禁烟火，现场要配备足够的消防器材。

在施工过程中，严禁上人踩踏未完全干燥的涂膜防水层。操作人员应穿平底胶布鞋，以免损坏涂膜防水层。凡需做附加补强层的部位应先施工，然后再进行大面防水层施工。已完工的涂膜防水层，必须经闭水试验无渗漏现象后，方可进行刚性保护层的施工。进行刚性保护层施工时，切勿损坏防水层，以免留下渗漏隐患。

## （一）聚氨酯防水施工质量要求

（1）涂膜防水材料及无纺布技术性能，必须符合设计要求和有关标准的规定，产品应附有出厂合格证、防水材料质量认证，现场采样试验，未经认证的或复试不合格的防水材料不得使用。

（2）聚氨酯涂膜防水层及其细部等做法，必须符合设计要求和施工规范的规定，不得有渗漏水现象。

（3）聚氨酯的甲、乙料必须密封存放，甲料开盖后，吸收空气中的水分会起反应而固化，如在施工中，混有水分，则聚氨酯固化后内部会有水泡，影响防水能力。

（4）聚氨酯涂膜防水层的基层应牢固、表面洁净、平整，阴阳角处呈圆弧形或钝角。

（5）聚氨酯基层处理剂、聚氨酯涂膜附加层，其涂刷方法、搭接、收头应符合规定，并应黏结牢固、紧密，接缝封严，无损伤、空鼓等缺陷。

（6）涂膜厚度应均匀一致，总厚度不应小于1.5 mm。涂膜防水层必须均匀固化，不应有明显的凹坑、气泡和渗漏水的现象。

### (二)氯丁橡胶沥青防水涂料施工质量要求

水泥砂浆找平层做完后,应对其平整度、强度、坡度和干燥度进行预检验收。防水涂料应有产品质量证明书以及现场采样的复检报告。施工完成的氯丁橡胶沥青涂膜防水层,不得有起鼓、裂纹、孔洞缺陷。末端收头部位应粘贴牢固,封闭严密,成为一个整体的防水层。做完防水层的卫生间,经 24 h 以上的蓄水检验,无渗漏水现象方为合格。要提供检查验收记录,连同材料质量证明文件等技术资料一并归档备查。

## 四、卫生间渗漏及堵漏技术

治理卫生间的渗漏,必须先找出渗漏的部位和原因。渗漏部位及原因找到后,可按"刚柔并举,多道设防,综合治理"的原则进行预防和治理,选择可靠的防水构造,认真按防水节点做法要求施工,以及做好防水坡度,这是保证卫生间防水质量的关键。

### (一)卫生间渗漏的部位及其主要原因

(1)大便器与排水管连接处漏水。其原因是,排水管高度不够,大便器出口插入排水管的深度不够,连接处没有填抹严实;卫生间内防水处理不好,大便器使用后地面积水,墙壁潮湿,甚至下层顶板墙壁也出现潮湿和滴水现象。

(2)蹲坑上水进口处漏水。其原因是,施工时蹲坑上水接口处被砸坏而未发现,上水胶皮碗绑扎不牢,或用铁丝绑扎后,铁丝锈蚀断坏,以及胶皮碗与蹲坑上水连接处破裂,使蹲坑在使用后地面积水,墙壁潮湿。

(3)管道漏水。其原因是,卫生洁具安装不牢固。施工时预埋木砖不准或未预埋,洁具安装不牢固,使用时洁具松动不稳,引起管道连接件损坏或漏水。

(4)地漏下水口渗水。其原因是,下水口标高与地面或卫生间设备标高不适应,形成倒泛水,卫生设备排水不畅通,使油毡薄弱部位渗漏或使油毡腐烂;楼板套管上水口与地面高度过小,水直接从套管渗漏到下层顶板。

(5)下层顶板局部或普遍渗漏。其原因是,油毡做好后成品保护工作未做好的油毡局部老化破裂,找平层空鼓开裂,穿楼板管道未做套管,凿洞后洞口未处理好,混凝土内有砖、木屑等杂物,堵洞混凝土与楼板连接处产生裂缝,造成防水层与找平层黏结不牢,形成进水口。水通过缺陷进入结构层,使顶板出现渗漏。

(6)卫生间墙体的另一面出现潮湿斑迹或流痕。其原因是,防水高度不够,甚至顺管线接口流到下一层。

### (二)卫生间渗漏预防及防水堵漏技术

渗漏部找到后,可按下述方法进行预防和治理。

(1)大便池使用后地面明显积水时,应先考虑大便器与排水管连接处漏水,此时可轻轻剔开大便器上水进口处的地面,检查胶皮碗是否完好,若已损坏,须立即更换。如原先使用铁丝绑扎的,必须更换成 14 号铜丝,两道错开绑紧,使一端与大头,另一端与小头连接牢固。

(2)地漏汇集水处地面泛水效果不好,经常积水时,要将地漏周围地面凿除,重新找坡做地漏。地漏沿应剔成"八"字口,地漏口应用 GK 速凝堵水剂塞严,并使其低于地面 3 mm,然后嵌弹性水泥防水涂料,上面用 HRM 高强抗裂防水水泥砂浆抹平。

(3)穿楼板立管应预埋套管,并高出楼地面 20 mm,套管外用 GK 速凝堵水剂堵严抹实,套管与立管之间空隙用弹性水泥防水涂料封严。楼板需要凿洞时,可用凿子剔洞,严禁用大锤砸洞,洞口严禁用砖头、碎混凝土、木块、加气块等物堵孔,应采用 HRM 高强抗裂防水豆石混凝土灌严。

（4）卫生间踢脚线与地面应同时抹面,以减小垂直灰缝。防水层要严密,其高度要超出水的侵蚀面,蹲坑部位超过蹲台地面 20 cm 以上;墩布池应超出水池地面 20 cm 以上;淋浴间应超过地面 150 cm;澡盆部位超出澡盆上沿 40 cm 以上;小便池部位应高于淋水管 10～15 cm;管根和平、立面交接处应增设弹性水泥防水涂料附加层。

（5）工序安排要妥当,工序搭接要紧凑,应尽量在防水层做完后才立门框,以避免增加死角,影响防水效果,保护层应及时施工,以避免破坏防水层。

# 任务4　工程案例分析

## 一、屋面工程渗漏案例

### （一）　屋面楼盖裂缝导致渗漏

案例特征:某住宅小区交付使用时间不长,从一些新入住的业主了解到,屋面钢筋混凝土楼板出现不规则的裂缝,有的顺裂缝渗漏（见图 7-36）,由此引发许多业主的强烈不满,有提出要求退房,有提出要求索赔,也有业主要求维修处理,其维修施工难度、维修费用都是较大的。

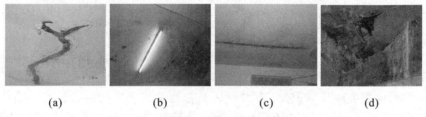

(a)　　　　(b)　　　　(c)　　　　(d)

**图 7-36　混凝土屋面板裂缝、渗漏实景**

屋面顶板混凝土中的裂缝、渗漏原因分析如下。

（1）设计方面,主要由于板平面布置较长、不规则,伸缩缝、后浇带设置不合理;楼板中预埋管线多,引起楼板混凝土厚度减小;楼板钢筋采用单层钢筋,在支座处配置负弯矩钢筋间距大,未考虑其他因素等。

（2）材料方面,主要由于混凝土配合比不合理,粉煤灰掺量大;混凝土中细骨料为细砂或特细砂,且含泥量较大等。

（3）施工方面,主要由于混凝土浇捣完成后养护不到位,浇水养护不够;混凝土振捣不到位;楼板钢筋保护层未控制好,楼板厚度未达到设计要求;楼板中的管线处未采取加强措施;主体施工周期过快,模板支撑拆除早,其他材料过早放在楼板上,局部集中荷载较大等。

屋面顶板混凝土中的裂缝、渗漏维修处理方法如下。

（1）纤维网补强法:对于 2 mm 以内的裂缝,剔除抹灰面后,在板面用环氧树脂贴纤维网 1～2 层,干燥后再做装修。

（2）注浆补强法:对于大于 3 mm 的裂缝,剔出抹灰面（200 mm 宽）后,将裂缝封闭,并设通气孔,然后用注浆机注浆（见图 7-37）,干燥后用结构胶粘贴碳纤维,做碳纤维补强（见图 7-38）,然后再做原有装修层。

（3）钢结构补强法:对于较大裂缝,根据计算结果,制订用结构胶黏钢材的措施进行处理。

楼板做碳纤维补强案例反思如下。

（1）施工思考：施工中注意对天气情况的了解，不同的时段做好混凝土坍落度的调整；施工中强调屋面混凝土的保养，要与楼层板区别开来，屋盖楼板保养要到位；施工中注意水、电等管线在混凝土中的分布，并做好楼板裂缝的设防控制。

（2）设计思考：注意钢筋的布放位置，保障楼板厚度的满足。

## （二） 屋面女儿墙无凹槽导致渗漏

案例特征：某大厦的二楼裙房屋顶，在屋面女儿墙的阴角部位，有长达 30 多米渗漏带（见图7-39），使楼下室内窗顶边缘的天棚污染（见图7-40），漏水污染到内墙面，有的还污染到墙边的窗帘。

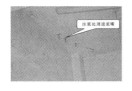   

图 7-37　楼板做注浆　　图 7-38　碳纤维补强　　图 7-39　屋顶女儿墙　　图 7-40　室内顶棚
　　　　处理　　　　　　　　　　　　　　　　　　　渗漏部位　　　　　　渗漏印迹

屋面女儿墙渗漏的原因如下。

（1）由于瓷片和地砖的砂浆标号过低（砂浆手捏即碎），或屋面冲洗时用力过大（使用过消防龙头），屋面女儿墙阴角的结合部，嵌缝砂浆大部脱落，有的已深达 50～100 mm，被破坏的防水卷材依稀可见，破坏了防水卷材。

（2）女儿墙高出屋面1.1 m，女儿墙立面的防水卷材顶端均没有防水凹线，防水卷材无收口保护。久雨时，女儿墙上瓷片缝的渗漏水会渗透到室内的窗顶和楼板。

屋面女儿墙渗漏的维修办法如下。

（1）拆除女儿墙（阴角）瓷片和屋面地砖各 400 mm 至防水卷材处，在离女儿墙立面300 mm处凿 50 mm×40 mm 的线槽，然后贴防水卷材；在该阴角部位，增加附加层防水卷材，经存水试验 24 h 后不漏为合格。

（2）在加固的防水卷材外挂钢丝网，抹聚合物防水砂浆保护层。

（3）做好卷材后，恢复屋面原装修瓷片和地砖面层，处理室内因渗漏污染的天棚和墙面装修。

屋面女儿墙渗漏案例反思如下。

（1）施工前看清图纸，有关标准图在此部位有凹进防水槽。这道防水线，起到对防水卷材的保护和分流雨水的作用，不得随意变更。

（2）在处理女儿墙的阴角时，阴角抹灰要做成圆弧形。圆弧处的防水卷材要增加附加层，外部保护层的聚合物防水砂浆应达 M7.5 以上。

（3）屋面装修时，靠阴角的地砖，应稍高于其他部位，不得存水，以保护地砖的勾缝砂浆及防水卷材保护层砂浆的持久完好。

# 二、地下防水工程渗漏案例

## （一） 地下防水工程有空鼓

案例特征：某建筑工程考虑到基础结构刚度强，埋深不大，对抗渗要求相对较低，决定采用水泥砂浆防水层。施工完毕后，经观察和用小锤轻击检查，发现水泥砂浆防水层各层之间结合不牢固,有空鼓。

空鼓原因分析如下。

（1）材料方面,水泥的品种虽然选用了普通硅酸盐水泥,但水泥强度等级低于32.5级。混凝土的聚合物为氯丁橡胶,虽方便施工,且抗折、抗压、抗震性好,但收缩性大,加之施工工艺不当,加剧了收缩。

（2）基层质量方面,基层表面有积水,产生的孔洞和缝隙虽然做了填补处理,却没有使用同质量的水泥砂浆。

（3）施工工艺不当方面,操作工人对多层抹灰的作用不甚了解,第一层刮抹素灰层时,只片面增加防水层的黏结力,刮抹仅两遍,用力不均,基层表面的空隙没有被完全填实,留下了局部透水隐患。素灰层与砂浆层的施工前后间隔时间太长,素灰层干燥,水泥得不到充分水化,造成防水层之间、防水层与基层之间黏结不牢固,产生空鼓。

（4）氯丁橡胶沥青防水砂浆没有采取干湿结合的方法养护。氯丁橡胶沥青防水砂浆最初可以依靠空气中的氧产生胶网膜,过早浇水养护(早于2d),会冲走砂浆中的胶乳。

### （二）  地下防水卷材出现鼓胀,破裂处有渗漏水

案例特征:某购物广场,框架结构,4层,地下一层建筑面积为50 000 m²,地下工程采用卷材防水层。因地下水位较高,在进行地下工程防水施工时,采取了排水和降低地下水位的措施,地下水位一直保持在地下室最底部标高0.5 m以下。整个防水工程完成后,经检验无渗漏。当主体结构临近封顶时,发现防水卷材大面积鼓胀,鼓泡破裂处有渗漏水。

地下防水卷材出现鼓胀、破裂处渗漏水的原因分析如下。

该工程在进行地下防水施工期间,采取了降低地下水位的措施。当进行上部主体结构施工时认为降水已不重要,没有继续进行做降水工作,又连逢几场大雨,地下水位回升到垫层以上。防水卷材受到向上顶的压力,产生鼓胀。因此,造成渗水的原因是降水工作没有坚持做到主体结构施工完成。

## 三、卫生间渗漏案例

### （一）  普通卫生间漏水问题

案例特征:某安居工程,砖砌体结构,6层,共计18栋。交付使用不久,用户普遍反映卫生间漏水。施工单位立即派人返修。并通过返修,对造成渗漏的原因进行认真分析。

卫生间渗漏原因分析如下。

（1）积水沿管道壁向下渗透。现浇楼板预留洞口位置准确,但洞口与穿板主管外壁间距太小,无法用细石混凝土灌实,在存在空隙的情况下直接找平。管道周围虽然做二油一布附加防水,但粘贴高度不够,使接口处密封不严密而开裂。

（2）卫生间地面与墙交接部位积水。做找平层时,没有向地漏找坡,墙角处没有抹成圆弧,浇水养护不好。

（3）防水层渗漏。防水层做完后,没有进行24 h的蓄水试验。在防水层存在渗漏的情况下,做了水泥砂浆保护层。

### （二）  卫生间积水导致其他房间返潮

案例特征:某商品房的样板房装修后,经过一段时间在客厅、卧室、书房、厨房的墙裙都出现30~50 cm高的返潮现象,所有的地面地砖缝中发黑,有返水的迹象,墙裙返潮如图7-41所示,橱柜返潮如图7-42所示。

图 7-41　墙裙返潮

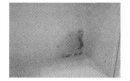

图 7-42　橱柜返潮

图 7-43　卫生间和客厅等
地面在同一标高

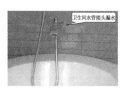

图 7-44　卫生间的
水管渗漏

卫生间积水导致其他房间返潮渗漏原因如下。

该房有一间 20 m² 的卫生间,其地面和客厅、卧室等使用的是同一种材料,安装在同一个水平线上(见图 7-43),该卫生间的水管又在不断渗漏(见图 7-44),漏水透过石材下的砂浆层,渗透到卧室、客厅和书房,造成墙裙出现返潮。卫生间和卧室地坪同一高度。

卫生间水管漏水维修处理如下。

(1)给冷热供水管分别打压,彻底修复水管的渗漏。

(2)将卫生间的地面拆除至结构层后,重新做聚氨酯防水,做完砂浆保护层后,再铺低于卧室 2 cm 的地砖,并做好门槛地砖部位的防水工作。

(3)清理各房间的返潮墙裙,铲掉后重新涂料,重铺墙纸。

卫生间积水导致其他房间返潮案例反思如下。

设计思考:房间与卫生间的地面标高一定要有所差别,卫生间地面标高要低于其他房间 20 mm 为宜。

施工思考:在施工中,要有卫生间地面低的概念,并认真做好门槛部位的防水。

实训题

组织学生参观防水工程施工现场,完成以下任务。

(1)详细描述所参观现场防水工程施工顺序。

(2)结合所学知识写出参观防水工程的质量控制要点。

(3)编制一份防水工程的施工技术交底资料。

复习
思考题

一、单选题

1. 当屋面坡度小于 1∶300,卷材应(　　)屋脊方向铺贴。

A.平行　　　　　　　　　　　　B.垂直

C.一层平行,一层垂直　　　　　D.由施工单位自行决定

2. 地下防水混凝土的施工缝应留在墙身上,并距墙身洞口边不宜少于(　　)mm。

A. 200　　　　　　B. 300　　　　　　C. 400　　　　　　D. 500

3. 刚性防水屋面分隔缝纵横向间距不宜大于（　　）mm,分格面积以 20 m² 为宜。

A. 3 000 　　　　B. 4 000 　　　　C. 5 000 　　　　D. 6 000

4. 细石混凝土屋面防水层中应配置直径为 4 mm、间距 200 mm 的双向钢筋网片以抵抗（　　）造成混凝土防水层开裂,钢筋网片在分格缝处应断开。

A. 混凝土干缩　　B. 地基不均匀沉降　　C. 屋面荷载　　　　D. 太阳照射

5. 地下结构使用的防水方案中应用广泛的是（　　）。

A. 盲沟排水　　　　B. 混凝土结构　　　　C. 防水混凝土结构　　D. 止水带

6. 屋面防水层施工时,同一坡面的防水卷材,最后铺贴的为（　　）。

A. 水落口部位　　　B. 天沟部位　　　　C. 沉降缝部位　　　D. 大屋面

7. 粘贴高聚物改性沥青防水卷材时,使用最多的方法是（　　）。

A. 热黏合剂法　　　B. 热熔法　　　　C. 冷粘法　　　　D. 自粘法

8. 采用条粘法铺贴屋面卷材时,每幅卷材两边的粘贴宽度不应小于（　　）mm。

A. 50 　　　　　　B. 100 　　　　　C. 150 　　　　　D. 200

9. 在涂膜防水屋面施工的工艺流程中,基层处理剂干燥后的第一项工作是（　　）。

A. 基层清理　　　　　　　　　　　　B. 节点部位增强处理

C. 涂布大面积防水涂料　　　　　　　D. 铺贴大面积增强材料

10. 屋面刚性防水层的细石混凝土最好采用（　　）拌制。

A. 火山灰　　　　B. 矿渣硅酸盐水泥　　C. 普通硅酸盐水泥　　D. 粉煤灰水泥

11. 地下卷材防水层未做保护结构前,应保持地下水位低于卷材底部不少于（　　）mm。

A. 200 　　　　　B. 300 　　　　　C. 500 　　　　　D. 1 000

12. 防水混凝土迎水面的钢筋保护层厚度不得少于（　　）mm。

A. 25 　　　　　　B. 35 　　　　　C. 50 　　　　　D. 100

13. 高分子卷材正确的铺贴施工工序是（　　）。

A. 底胶→卷材上胶→滚铺→上胶→覆层卷材→着色剂

B. 底胶→滚铺→卷材上胶→上胶→覆层卷材→着色剂

C. 底胶→卷材上胶→滚铺→覆层卷材→上胶→着色剂

D. 底胶→卷材上胶→上胶→滚铺→覆层卷材→着色剂

14. 沥青基涂料正确的施工顺序是（　　）。

A. 准备→基层处理→涂布→铺设　　　　B. 准备→涂布→基层处理→铺设

C. 准备→基层处理→铺设→涂布　　　　D. 准备→铺设→基层处理→涂布

15. 当屋面坡度大于 15% 时,防水卷材的铺贴方向宜（　　）。

A. 平行屋脊方向　　B. 垂直屋脊方向　　C. 上下层相互垂直　　D. 与屋脊斜交

16. 地下工程的防水卷材的设置与施工最宜采用（　　）法。

A. 外防外贴　　　　B. 外防内贴　　　　C. 内防外贴　　　　D. 内防内贴

17. 卫生间防水层施工完毕后,必须进行闭水试验,试验时间为（　　）以上。

A. 12 h 　　　　　B. 24 h 　　　　　C. 36 h 　　　　　D. 48 h

二、多选题

1. 屋面铺贴防水卷材应采用搭接法连接,其要求包括（　　）。

A. 相邻两幅卷材的搭接缝应错开

B.上下层卷材的搭接缝应对正

C.平行于屋脊的搭接缝应顺水流方向搭接

D.垂直于屋脊的搭接缝应顺年最大频率风向搭接

E.搭接宽度应符合规定

2. 连续多跨屋面卷材的铺贴次序应为（　　）。

A.先高跨后低跨　　　　　B.先低跨后高跨　　　　　C.先近后远

D.先远后近　　　　　E.先屋脊后天沟

3. 采用热熔法粘贴卷材的工序包括（　　）。

A.铺撒热沥青胶　　　　　B.滚铺卷材　　　　　C.赶压排气

D.辊压粘贴　　　　　E.刮封接口

4. 合成高分子卷材的粘贴方法有（　　）。

A.热熔法　　　　　B.热黏合剂法　　　　　C.冷粘法

D.自粘法　　　　　E.热风焊接法

5. 油毡防水层起鼓的原因是（　　）。

A.不清洁,有积灰

B.基层面潮湿

C.基层面冷底子油涂刷不匀有的地方漏刷

D.漏刷施工时沥青胶温度较低,与油毡粘贴不牢

E.阴雨天或雾天施工

6. 对卷材防水层的铺贴要求是（　　）。

A.屋面坡度大于 3:20 时垂直于屋脊铺贴

B.屋面坡度在 1:20～3:20 之间,卷材各层平行与垂直于屋脊交替铺贴

C.屋面坡度小于 3:100 时卷材平行于屋脊铺贴

D.铺贴应由高到低施工

7. 地下防水工程渗漏易发生在（　　）。

A.墙面和底板　　　　　B.施工缝处　　　　　C.穿墙管道处

D.混凝土浇筑缺陷处　　　　　E.混凝土强度低

8. 石油沥青卷材满粘法,卷材搭接宽度长边不应（　　）mm 短边不应（　　）mm。

A.小于 70　　　　　B.大于 70　　　　　C.小于 100　　　　　D.大于 100

9. 屋面找平层和细石混凝土防水层均应设分格缝,其目的是防止（　　）造成开裂。

A.基础沉降　　　　　B.温度变形　　　　　C.混凝土干缩　　　　　D.混凝土强度降低

10. 水泥砂浆找平层是卷材防水层的基层,它的质量好坏对防水施工效果起很大的作用,因此要求水泥砂浆找平层（　　）。

A.平整坚实　　　　　B.无起砂　　　　　C.无开裂无起壳　　　　　D.高强度

11. 为了防止卷材防水层起鼓,要求基层（　　）,避免雨、雾、霜天施工。

A.干燥　　　　　B.无起砂　　　　　C.平整　　　　　D.高强度

12. 为了保证防水混凝土施工质量,要求（　　）。

A.混凝土浇筑密实　　　　　B.养护时间不少于 7 d

C.养护时间不少于 14 d　　　　　D.处理好固定模板的穿墙螺栓

13. 防水混凝土是通过（　　），来提高密实性和抗渗性，使其具有一定的防水能力。

A. 提高混凝土强度　　　　　　　　　B. 大幅度提高水泥用量

C. 调整配合比　　　　　　　　　　　D. 掺外加剂

14. 在地下防水混凝土结构中，（　　）等是防水薄弱的部位。

A. 施工缝　　　　　　　　B. 固定模板的穿墙螺栓处　　　　C. 穿墙管处

D. 变形缝处　　　　　　　E. 基础地板

15. 屋面刚性防水层施工的正确做法是（　　）。

A. 防水层与女儿墙的交接处应作柔性密封处理

B. 防水层内应避免埋设过多管线

C. 屋面坡度宜为 2:100～3:100，应使用材料法找坡

D. 防水层的厚度不小于 40 mm

E. 钢筋网片保护层的厚度不应小于 10 mm

16. 建筑工程防水按其部位可分为（　　）。

A. 屋面防水　　　　　　　B. 地下防水　　　　　　　C. 卫生间防水

D. 外墙防水　　　　　　　E. 玻璃幕墙防水

## 三、简答题

1. 试述沥青卷材屋面防水层的施工过程。

2. 常用防水卷材有哪些种类？

3. 试述高聚物改性沥青卷材的冷粘法和热熔法的施工过程。

4. 简述合成高分子卷材防水施工的工艺过程。

5. 试述涂膜防水屋面的施工过程。

6. 刚性防水屋面的隔离层如何施工？分格缝如何处理？

7. 试述屋面渗漏原因及其防止措施。

8. 地下构筑物的变形缝有哪几种形式？各有哪些特点？

9. 防水混凝土有哪几种堵漏技术？如何施工？

10. 在防水混凝土施工中应注意哪些问题？

11. 卫生间涂膜防水施工应注意哪些事项？

項　目 **8**

# 装饰工程

■ **知识目标**

（1）了解抹灰工程的分类、楼地面工程的种类、门窗工程的分类、涂料工程的种类等。

（2）熟悉门窗材料、抹灰材料、楼地面材料、吊顶材料等。

（3）掌握门窗工程、抹灰工程、饰面工程、楼地面工程、吊顶工程、涂料工程施工工艺及方法。

（4）掌握装饰工程质量标准、通病及防治方法。

■ **能力目标**

（1）具备装饰工程施工的组织能力。

（2）具备运用所学知识解决装饰施工中出现问题的能力。

（3）具备检查和验收装饰工程的能力。

建筑装饰是为了满足人们视觉要求和对主体结构的保护作用而进行的艺术处理与加工过程，是建筑功能的延伸、补充和完善。建筑装饰是以美学原理为依据，以各种建筑及建筑材料为基础，对建筑外表及内部空间环境进行设计、加工的全过程。

建筑装饰施工不断采用新材料，集材性、工艺、造型、色彩、美学为一体，项目繁多、涉及面广、工程量大、工期长、耗用的劳动量多。在一般民用建筑中，平均每平方米的建筑面积就有 $3\sim5~m^2$ 的内抹灰，有 $0.15\sim1.3~m^2$ 的外抹灰；劳动量占总劳动量的 15%～30%；工期占总工期的 30%～40%；费用占总造价的 30% 左右，对于一些装饰要求高的公共建筑，装饰部分的工期和造价甚至占整个建筑物总工期和总造价的 50% 以上。

# 任务 1　抹灰工程

抹灰是将各种砂浆、装饰性石屑浆、石子浆涂抹在建筑物的墙面、地面、顶棚等表面上的工艺，它除了保护建筑物外，还可以作为饰面层起到装饰作用。抹灰工程按使用材料和装饰效果分为一般抹灰和装饰抹灰。一般抹灰适用于石灰砂浆、水泥砂浆、混合砂浆、聚合物水泥砂浆、膨胀珍珠岩水泥砂浆、麻刀灰、纸筋灰、石膏灰等抹灰工程。装饰抹灰的底层和中层与一般抹灰做法基本相同，其面层主要有水刷石、水磨石、斩假石、干黏石、喷涂、滚涂、弹涂、仿石和彩色抹灰等。按工程部位不同，抹灰又可分为墙面抹灰、顶棚抹灰和地面抹灰三类。

## 一、一般抹灰

通常抹灰分为底层、中层及面层，抹灰应采用分层、分遍涂抹，以使黏结牢固，并能起到找平和保证质量的作用，各层砂浆的强度要求应为底层＞中层＞面层，并不得将水泥砂浆抹在石灰砂浆或混合砂浆上，也不得把罩面石膏灰抹在水泥砂浆层上。

底层灰主要起与基层的黏结作用，兼起初步找平作用。底层抹灰所使用砂浆的稠度为100～120 mm。底层所使用材料随基层不同而异，室内砖墙面常用石灰砂浆、水泥混合砂浆抹面，室外砖墙面和有防潮防水的内墙面常用水泥砂浆或水泥混合砂浆抹面；混凝土基层宜先刷素水泥浆一遍，采用混合砂浆或水泥砂浆打底，更易于黏结牢固，而高级装饰工程的混凝土板顶棚宜用乳胶水泥砂浆打底；加气混凝土基层打底前先刷一遍胶水溶液，宜采用水泥混合砂浆、聚合物水泥砂浆或掺增稠粉等水泥砂浆打底。木板条、金属网基层等，用混合砂浆、麻刀灰和纸筋灰并将灰浆挤入基层缝隙内，保证黏结牢固。平整光滑的混凝土基层，如顶棚、墙面，可不抹灰，直接采用粉刷石膏或刮腻子的处理。

中层抹灰主要起找平作用，中层抹灰所使用砂浆的稠度为70～80 mm，根据基层材料的不同，其做法基本上与底层的做法相同，砖墙则采用麻刀灰、纸筋灰或粉刷石膏抹面。中层抹灰按照施工质量要求可以一次抹成，亦可分遍进行。

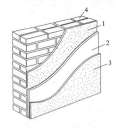

**图 8-1 抹灰层的构造**
1—底层；2—中层；3—面层；4—基层

面层灰主要起装饰作用，砂浆的稠度为100 mm，要求平整、无裂纹、颜色均匀。室内一般采用麻刀灰、纸筋灰、玻璃丝灰或粉刷石膏抹面，高级墙面用石膏灰抹面。保温、隔热墙面应按设计要求做。室外常用水泥砂浆、水刷石、干粘石等饰面层。抹灰层的构造如图8-1所示。

抹灰层的平均厚度，要求应不小于下列数值。

（1）顶棚：板条、现浇混凝土和空心砖厚度为15 mm；预制混凝土厚度为18 mm；金属网厚度为20 mm。

（2）内墙：普通抹灰厚度为18 mm；中级抹灰厚度为20 mm；高级抹灰厚度为25 mm；外墙厚度为20 mm；勒脚及突出墙面部分厚度为20 mm；石墙厚度为35 mm。

抹灰层厚度大于35 mm就必须做加固处理。涂抹水泥砂浆每遍厚度为5～7 mm；涂抹石灰砂浆或混合砂浆每遍厚度为7～9 mm；抹灰面层用麻刀灰、纸筋灰、石膏灰、粉刷石膏罩面时，经赶平、压实后，其麻刀灰厚度不大于3 mm；纸筋灰、石膏灰厚度不大于2 mm。

### （一）一般要求

一般抹灰按质量要求分为普通抹灰和高级抹灰两个等级。普通抹灰为一遍底层、一遍面层或一遍底层、一遍中层和一遍面层，做法为阳角找方，设置标筋，分层赶平、修整，表面压光。高级抹灰为一遍底层、数遍中层和一遍面层组成，做法为阴阳角找方，设置标筋，分层赶平、修整，表面压光。

### （二）内墙抹灰施工

内墙抹灰施工的工艺流程：交验→基层处理→找规矩→做标志块→做标筋→做门窗护角→底、中层抹灰→面层抹灰。

**1. 交验**

对上一道工序进行检查、验收、交接，检验主体结构垂直度、平整度、厚度等。

**2. 基层处理**

为防止抹灰层产生空鼓、脱落，使抹灰砂浆与基层表面黏结牢固，抹灰前应对基层表面的灰尘、污垢、油渍、碱膜、跌落砂浆等进行清除,并充分浇水湿润。基体表面凹凸明显的部位应事先剔平或用水泥砂浆补平。基体表面应具有一定的粗糙度,砖石基体面灰缝应砌成凹缝式,使砂浆能嵌入灰缝内与砖石基体黏结牢固。混凝土基体表面较光滑时,应在表面先刷一遍水泥浆或喷一遍水泥砂浆疙瘩,如刷一遍聚合物水泥浆效果更好。加气混凝土表面抹灰前应清扫干净,并需刷一遍聚合物胶水溶液,然后才可抹灰。不同材料基体交接处表面的抹灰,应采取防开裂的加强措施,当采用加强网时,加强网与各基体的搭接宽度不应小于 100 mm,如图 8-2 所示。对于容易开裂的部位,也应先设加强网以防止开裂。

**3. 找规矩**

将房间找方或找正,找方后将线弹在地面上,根据墙面的垂直度、平整度和抹灰总厚度规定,与找方线进行比较,决定抹灰的厚度。

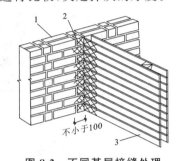

图 8-2　不同基层接缝处理

1—砖墙;2—钢丝网;3—板条墙

图 8-3　做标准灰饼

**4. 做标志块**

做标志块的施工流程如下(见图 8-3)。

(1) 用托线板全面检查墙体的垂直平整程度,并结合抹灰的种类确定墙面抹灰的厚度(最薄处不宜小于 7 mm)。

(2) 距顶棚、墙阴角约 20 cm 处,用底层抹灰砂浆(1∶3 水泥砂浆)各做一个标志块,称为"灰饼",如图 8-3 所示。

(3) 以此灰饼为依据,再用托线板靠、吊垂直确定墙下部对应的两个标志块的厚度,其位置在踢脚板上口,使上下两个标志块在一条垂直线上。

(4) 标准标志块做好后,再在标志块附近墙面钉钉子、拉水平通线,按间距 1.2~1.5m 加做若干标志块。窗口、垛角处必须做标志块。

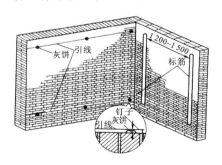

图 8-4　设标筋

**5. 标筋**

标筋是指在两个标志块之间抹出一条长梯形灰埂,宽度 10 cm,厚度与标志块相平,如图 8-4 所示。

设标筋的目的是作为抹底层灰填平的标准。

设标筋的做法:在上下两个标志块中间先抹一层,再抹第二遍凸出 1 cm 左右,然后用木杠紧贴灰饼左上右下来回搓,直至把标筋搓得与标志块一样平为止。同时要将标筋的两边用刮尺修成斜面,使其与抹灰层接槎顺平。标筋用砂浆与抹灰层砂浆相同。

注意：木杠不可受潮变形，否则易使标筋不平。

### 6. 做护角

室内墙面、室外墙面、柱面和门窗洞口的阳角容易受到碰撞而损坏，故该处应采用1：2水泥砂浆做暗护角，其高度不应低于2 m，每侧宽度不应小于50 mm，待砂浆收水稍干后，用捋角器抹成小圆角，如图8-5所示，要求抹灰阳角线条清晰、挺直、方正。

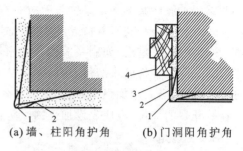

(a) 墙、柱阳角护角　　(b) 门洞阳角护角

图8-5　阳角护角

1—水泥砂浆护角；2—墙面砂浆；3—嵌缝砂浆；4—门框

### 7. 抹底层和中层灰

待标筋砂浆有七至八成干后，就可以进行底层砂浆抹灰。底层抹灰俗称刮糙。其方法是将砂浆抹于墙面两标筋之间，厚度应低于标筋，务必与基层紧密结合。对于混凝土基层，抹底层前应先刮素水泥浆一遍。中层抹灰视抹灰等级分一遍或几遍成活。待底层灰凝结后抹中层灰，中层灰每层厚度一般为5～9 mm，中层砂浆同底层砂浆。抹中层灰时，以灰筋为准满铺砂浆，然后用大木杠紧贴灰筋，将中层灰刮平，最后用木抹子搓平（见图8-6）。墙的阴角，先用方尺上下核对方正，然后用阴角器中下抽动扯平，使室内四角方正（见图8-7）。

 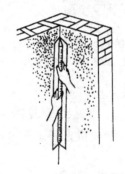

图8-6　抹底层和中层灰　　　　图8-7　阴角的扯平

室内常用的面层材料有麻刀石灰、纸筋石灰、石膏灰和大白泥子等，应分层涂抹，每遍厚度为1～2 mm，经抹平压实后，面层总厚度对于麻刀石灰不得大于3 mm；对于纸筋石灰、石膏灰不得大于2 mm。罩面时应待底子灰五至六成干后进行。如底子灰过干应先浇水湿润，分纵、横两遍涂抹，最后用钢抹子压光，不得留抹纹。内墙面的面层也可以不抹罩面灰，而采用刮大白泥子，一般应在中层砂浆干透，表面坚硬呈灰白色，没有水迹及潮湿痕迹，用铲刀刻画显白印时进行。

为使底层砂浆与基体黏结牢固，抹灰前基体一定要浇水湿润，以防止基体过干而吸去砂浆中的水分，使抹灰层产生空鼓或脱落。砖基体一般宜浇水二遍，使砖面渗水深度达8～10 mm。混凝土基体宜在抹灰前一天浇水，使水渗入混凝土表面2～3 mm。如果各层抹灰相隔时间较长，已抹灰砂浆层较干时，也应浇水湿润，才可抹下一层砂浆。

### （三）顶棚抹灰施工

顶棚抹灰施工工艺流程为：交验→基层处理→找规矩→底、中层抹灰→面层抹灰。

### 1. 基层处理

目前，现浇或预制的钢筋混凝土楼板多采用钢模板或胶合板浇筑，因此表面比较光滑，并常黏附一层隔离剂。当隔离剂为滑石粉或其他粉状物时,应先用钢丝刷刷除,再用清水冲干净。当隔离剂为油脂类时,先用浓度为10%的碱溶液洗刷干净,再用清水冲洗干净。凹凸处应填平或凿去,再用茅草帚刷水后刮一遍水灰比为0.40～0.50的水泥浆进行处理。

**2. 找规矩**

通常不做标志块和标筋,采用目测法,在顶棚和墙的交接处弹出水平线,作为抹灰的水平标准。

**3. 抹底、中层灰**

为了使抹灰层与基体黏结牢固,底层抹灰是关键。一般用配合比为水泥∶石灰膏∶砂＝1∶0.5∶1的水泥混合砂浆,抹灰厚度为2 mm;然后抹中层砂浆,一般采用水泥∶石灰膏∶砂＝1∶3∶9的水泥混合砂浆,抹灰厚度为6 mm左右。抹后用软刮尺刮平赶匀,随刮随用长毛刷子将抹痕顺平,再用木抹子搓平。抹灰的顺序一般是由前往后退,注意其方向必须同混凝土板缝成垂直方向。这样,容易使砂浆挤入缝隙与基底牢固结合。顶棚与墙面的交接处,一般在墙面抹灰层完成后再补做,也可在抹顶棚时,先将距顶棚200～300 mm的墙面抹灰,同时用铁抹子在墙面与顶棚交角处填上砂浆,然后用木阴角器扯平压直即可。

### (四)外墙抹灰施工

外墙抹灰施工的工艺流程为:交验→基层处理→找规矩→挂线、做标志块→做标筋→底、中层抹灰→弹线黏结分格条→面层抹灰→勾缝。

(1)找规矩:保证做到横平竖直。

(2)做标志块:在四角先挂好自上而下的垂直通线,然后根据抹灰的厚度弹上控制线,再拉水平通线,并弹上水平线做标志块,然后做标筋。

(3)粘分格条。

粘分格条可避免罩面砂浆收缩而产生裂缝,或大面积膨胀而空鼓脱落,也为了增加墙面的美观。

其做法是:水平分格条宜粘贴在平线下口,垂直分格条宜粘贴在垂线的左侧,粘分格条如图8-8所示。

外墙抹灰层要求有一定的耐久性,可采用水泥混合砂浆(水泥∶石灰膏∶砂＝1∶1∶6)或水泥砂浆(水泥∶砂＝1∶3)抹墙。底层砂浆具有一定强度后,再抹中层砂浆,抹时要用木杠、木抹子刮平压实,并扫毛、浇水养护。在抹面层时,先用1∶2.5的水泥砂浆薄薄刮一遍;第二遍再与分格条抹齐平,然后按分格条厚度刮平、搓实、压光,再用刷子蘸水按同一方向轻刷一遍,以达到颜色一致,并清刷分格条上的砂浆,以免起条时损坏抹面。起出分格条后,随即用水泥砂浆把缝勾齐,常温情况下,抹灰完成24 h后,开始淋水养护7 d为宜。

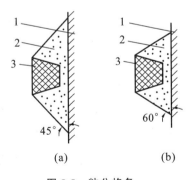

**图 8-8　粘分格条**
1—基层;2—水泥浆;3—分条格

### (五)一般抹灰工程的质量验收

(1)一般抹灰工程的表面质量应符合下列规定:①普通抹灰表面应光滑、洁净,接搓平整,分格缝应清晰;②高级抹灰表面应光滑、洁净、颜色均匀、无抹纹,分格缝和灰线应清晰美观。

检验要求:抹灰等级应符合设计要求。检查方法:观察,手摸检查。

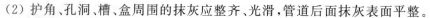

（2）护角、孔洞、槽、盒周围的抹灰应整齐、光滑，管道后面抹灰表面平整。

检验要求：组织专人负责孔洞、槽、盒周围、管道背后抹灰工作，抹完后应由质检部门检验，并填写工程验收记录。检查方法：观察。

（3）抹灰总厚度应符合设计要求，水泥砂浆不得抹在 石灰砂浆上，罩面石膏灰不得抹在水泥砂浆层上。

检验要求：施工时要严格按施工工艺要求操作。检查方法：检查施工记录。

（4）一般抹灰工程质量的允许偏差和检验方法应符合表 8-1 的规定。

表 8-1 一般抹灰的允许偏差和检验方法

| 项次 | 项　　目 | 允许偏差/mm | | 检验方法 |
| --- | --- | --- | --- | --- |
| | | 普通抹灰 | 高级抹灰 | |
| 1 | 立面垂直度 | 3 | 2 | 用 2 m 垂直检测尺检查 |
| 2 | 表面平整度 | 3 | 2 | 用 2 m 靠尺和塞尺检查 |
| 3 | 阴阳角方正 | 3 | 2 | 用直角检测尺检测 |
| 4 | 分格条（缝）直线度 | 3 | 2 | 拉 5 m 线，不足 5 m 拉通线，用钢直尺检查 |
| 5 | 墙裙、勒脚上口直线 | 3 | 2 | 拉 5 m 线，不足 5 m 拉通线，用钢直尺检查 |

## （六）质量通病防治

### 1. 墙面空鼓、裂缝

（1）主要原因：基层处理不好，清扫不净，浇水不匀、不足；不同材料交接处未设加强网或加强网搭接宽度过小；原材料质量不符合要求，砂浆配合比不当；墙面脚手架眼填塞不当；一层抹灰过厚，各层之间间隔时间太短；养护不到位，尤其在夏季施工时。

（2）预防措施：基层应按规定处理好，浇水应充分、均匀；按要求设置并固定好加强网；严格控制原材料质量，严格按配合比配合和搅拌砂浆；认真填塞墙面脚手架眼；严格分层操作并控制好各层厚度，各层之间的时间间隔应充足，加强对抹灰层的养护工作。

### 2. 窗台、阳台等处抹灰的水平与垂直方向不一致

（1）主要原因：结构施工时，现浇混凝土或构件安装的偏差过大，抹灰时不易纠正；抹灰前上下左右未拉水平和垂直通线，施工误差较大。

（2）预防措施：在结构施工阶段应尽量保证结构或构件的形状位置正确，减小偏差；安装窗框时应找出各自的中心线以及拉好水平通线，保证安装位置的正确；抹灰前应在窗台、阳台、雨篷、柱垛等处拉水平和垂直方向的通线，找平找正，每步均要起灰饼。

## 二、装饰抹灰工程施工

### （一）水刷石装饰抹灰

水刷石装饰抹灰是用水泥、石屑、小石子或颜料等加水拌和，抹在建筑物的表面，半凝固后，用硬毛刷蘸水刷去表面的水泥浆而使石屑或小石子半露的工艺，也称为汰石子。

### 1. 工艺流程

水刷石装饰抹灰的工艺流程：中层抹灰验收→弹线、粘分格条→抹面层水泥浆料→冲洗→起分格条、修整→养护。

（1）弹线、安分格条：分格弹线，嵌贴木分格条。

（2）抹水泥石渣浆：薄刮 1 mm 厚素水泥浆，抹厚度 8～12 mm 的水泥石渣浆面层（高于分格条 1～2 mm），石渣浆体积配比为 1∶1.25〔（中八厘）～1.5（小八厘）〕，稠度 5～7 cm，水分稍干，拍平压实 2～3 遍。

（3）喷刷：指压无陷痕时，用棕刷蘸水自上而下刷掉面层水泥浆，使石子表面完全外露为止，也可用喷雾器自上而下喷水冲洗。

（4）勾缝：起出分格条，局部修理、勾缝。

**2. 水刷石的质量验收**

（1）水刷石表面应石粒清晰，分布均匀，紧密严整，色泽一致，应无掉粒和接搓痕迹。

检验要求：操作时应反复揉挤压平，选料应颜色一致，一次备足，正确掌握喷刷时间，最后用清水清洗面层。检查方法：观察，手摸检查。

（2）分格条（缝）的设置应符合设计要求，宽度和深度应均匀，表面应平整光滑，棱角应整齐。

检验要求：勾缝时要小心认真，将勾缝膏溜压平整、顺直。检查方法：观察。

（3）有排水要求部位应做滴水线（槽），滴水线（槽）应整齐顺直，滴水应内高外低，滴水线（槽）的宽度和深度应不小于 10 mm。

检验要求：分格条宜用红、白松木制作，应做成上宽 7 mm，下宽 10 mm，厚（深）度 10 mm，用前必须用水浸透，木条起出后立即将粘在条上的水泥浆刷净浸水，以备再用。检查方法：观察、尺量检查。

## （二）干粘石装饰抹灰

**1. 工艺流程**

干粘石装饰抹灰的工艺流程为：中层抹灰验收→弹线、粘分格条→抹黏结层砂浆→撒石粒、拍平→起分格条、修整。

（1）弹线、安分格条：做找平层，隔日嵌贴分格条。

（2）抹黏结层、甩石渣：先抹一层厚 6 mm 的 1∶（2～2.5）水泥砂浆层，再抹一层厚 1 mm 的聚合水泥浆（水泥∶107 胶＝1∶0.3）黏结层，随即将 4～6 mm 的石渣用手工或喷枪粘（或甩、喷）在黏结层上，要求石子分布均匀不露底，粘石后及时用干净抹子轻轻将石碴压入黏结层内，要求压入 2/3，外露 1/3，以不露浆且黏牢为原则。

（3）勾缝：初凝前起出分格条，修补、勾缝。

**2. 一般项目工程验收**

（1）干粘石表面应色泽一致，不露浆、不漏黏，石粒应黏结牢固、分布均匀，阳角处无明显黑边。

检验要求：施工时严格按施工工艺标准操作，并加强过程控制检查制度。检查方法：观察，手摸检查。

（2）装饰抹灰分格条（缝）的设置、滴水线（槽）要求同水刷石。

## （三）斩假石装饰抹灰

**1. 工艺流程**

斩假石装饰抹灰的工艺流程为：抹底层、中层灰→弹线、粘分格条→抹面层水泥石子浆→养护→斩刹石纹→清理。

斩假石又称为剁斧石,是用人工在水泥面上剁出剁斧石的斜纹,获得有纹路的石面样式的工艺。

(1)安分格条:在找平层上按设计的分格弹线嵌分格条。

(2)抹面层:基层上洒水湿润,刮一层 1 mm 厚水泥浆,随即铺抹 10 mm 厚 1:1.25 水泥石渣浆(石渣掺量为 30%)面层,铁抹子赶平压实,软毛刷蘸水把表面水泥浆刷掉,露出的石渣应均匀一致。

(3)剁石:洒水养护 2~5 d 即可开始试剁,试剁石子不脱落便可正式剁。剁斧由上往下剁成平行齐直剁纹(分格缝周围或边缘留出 15~40 mm 不剁),剁石深度以石渣剁掉三分之一为宜。

(4)勾缝:拆出分格条,清除残渣,素水泥浆勾缝。

**2. 斩假石工程质量验收**

(1)斩假石表面剁纹应均匀顺直,深浅一致,应无漏剁处,阳角处应横剁并留出宽窄一致的不剁边条,棱角应无损坏。

检验要求:加强过程检验,发现不合格应返工重剁,阳角放线时应拉通线。检查方法:观察,手摸检查。

(2)装饰抹灰分格条(缝)的设置应符合设计要求,宽度应均匀,表面应平整光滑,棱角应整齐。

检验要求:分格条起出后,应用水泥膏将缝勾平,并保证棱角整齐,完成后应检验。检查方法:观察。

## （四）聚合物水泥砂浆喷涂、滚涂与弹涂

(1)喷涂。用砂浆泵或喷斗将砂浆喷涂于外墙面,形成装饰抹灰的工艺称为喷涂。材料要求:浅色面用白水泥,深色面用普通水泥;骨料用中砂,含泥量不大于 3%,过 3 mm 孔筛。聚合物砂浆用搅拌机拌和,先将水泥、颜料、细骨料干拌均匀,再顺序加入木质素磺酸钠(先溶于少量水中)、108 胶和水搅拌均匀,在 2 h 内用完,一般喷三遍。

(2)滚涂。滚涂是将 2~3 mm 厚的聚合物水泥砂浆抹在底层上,用刻有花纹的橡胶滚子,上下滚拉,一次滚出花纹的工艺。

(3)弹涂。先用 1:3 水泥砂浆抹平墙面,刷底色浆,干燥后,用弹涂器分三遍弹出大小 1~3 mm 均匀的图形花点,最后罩一遍甲基硅醇钠憎水剂的工艺称为弹涂。弹涂顺序应自上而下,从左向右,先深后浅。弹涂要求颜色一致、花纹大小均匀,不显接槎。

## （五）仿石

仿石适用于外墙装饰,由底层灰、结合层和面层组成。底层灰用 12 mm 厚 1:3 水泥砂浆抹成,结合层用水泥浆掺占水泥质量 3%~5% 的 108 胶抹成。面层用 1:0.5:4 的石灰水泥砂浆分块抹面,收水后用竹丝帚扫出清晰的条纹,两块间的条纹交错,然后起出分格条,用砂浆勾缝、养护、清扫。

## （六）装饰抹灰质量的允许偏差

装饰抹灰质量的允许偏差和检查方法应符合表 8-2 的规定。

表 8-2　装饰抹灰质量的允许偏差和检查方法

| 项次 | 项　目 | 允许偏差/mm | | | | 检验方法 |
|---|---|---|---|---|---|---|
| | | 水刷石 | 斩假石 | 干粘石 | 假面砖 | |
| 1 | 立面垂直度 | 5 | 4 | 5 | 5 | 用 2 m 垂直检测尺检查 |
| 2 | 表面平整度 | 3 | 3 | 5 | 4 | 用 2 m 靠尺和塞尺检查 |
| 3 | 阴阳角方正 | 3 | 3 | 4 | 4 | 用直角检测尺检测 |
| 4 | 分格条(缝)直线度 | 3 | 3 | 3 | 3 | 拉 5 m 线,不足 5 m 拉通线,用钢直尺检查 |
| 5 | 墙裙、勒脚上口直线 | 3 | 3 | — | — | 拉 5 m 线,不足 5 m 拉通线,用钢直尺检查 |

# 任务 2　楼地面工程

房屋建筑物内部空间是人们进行生产、工作和生活等各种活动的场所。建筑地面是内部空间六面体的一个重要组成部分,它与顶棚、四面墙体构成和谐完整的空间,在不同的部位发挥着建筑地面应有的作用。建筑地面是房屋建筑底层地面和楼层地面的总称。

## 一、楼地面的构成及分类

楼地面工程主要由基层和面层两大基本构造层组成。基层部分包括结构层和垫层,底层地面的结构层是基土,楼层地面的结构层则是楼板;结构层和垫层起着承受和传递来自面层的荷载作用,因此基层应具有一定的强度和刚度。有时为了满足找平、结合、防水、防潮、弹性、保温隔热及管线敷设等功能上的要求,在基层和面层之间还要增加相应的结合层、找平层、填充层、隔离层等附加的构造层,又称为中间层。图 8-9 所示为楼地面的主要构造层示意。

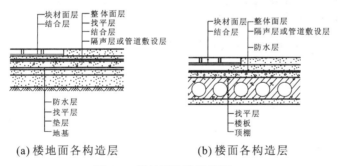

(a) 楼地面各构造层　　　　　(b) 楼面各构造层

图 8-9　楼地面构造示意图

### 1. 基层

底层地面的基层是指素土夯实层。对于土质较差的,可加入碎砖、石灰等骨料夯实。夯填要分层进行,厚度一般为 300 mm。楼地面的基层为楼板。

### 2. 中间层

中间层主要有垫层、找平层、隔离层(防水防潮层)、填充层、结合层等,应根据实际需要设置。各类附加层的作用不同,但都必须承受并传递由面层传来的荷载,因此要有较好的强度和刚度。

1) 垫层

刚性垫层的整体刚度好,受力后不产生塑性变形,常采用 C7.5~C15 低强度混凝土,厚度一般为 50~100 mm。

柔性垫层的整体刚度较小，受力后易产生塑性变形。常用砂、碎石、炉渣、矿渣、灰土等松散材料夯实，厚度一般为 50～150 mm。

2）找平层

在粗糙基层表面起弥补、找平作用的构造层，一般用 1∶3 水泥砂浆厚度为 15～20 mm 抹成，以利于铺设防水层或较薄的面层材料。

3）隔离层

隔离层用于卫生间、厨房浴室等地面的构造层，起防渗漏和防潮作用。

4）填充层

填充层是起隔声、保温、找坡或敷设暗线管道等作用的构造层，可用松散材料、整体材料、或板块材料，如水泥石灰炉渣、加气混凝土块等填成。

5）结合层

使上下两层结合牢固的媒介层，如在混凝土找坡层上抹水泥砂浆找平层，其结合层材料为素水泥；在水泥砂浆找平层上涂热沥青防水层，其结合层材料为冷底子油。

**3. 面层**

面层是楼地面的最上层，是供人们生活、生产或工作直接接触的结构层次，也是地面承受各种物理化学作用的表面层。根据不同的使用要求，面层的构造各不相同，但都应具有一定的强度、耐久性、舒适性及装饰性。根据工程做法和面层材料不同，楼地面可分为整体铺设地面、块板铺贴楼地面、木（竹）铺装地面、卷材铺设地面以及涂料涂布地面等。

## 二、整体面层施工

整体楼地面的形式包括水泥砂浆地面、细石混凝土地面、现浇水磨石地面等。水泥砂浆地面与细石混凝土地面的装饰档次低、效果单调、构造简单。现浇水磨石地面的优点是美观大方、平整光滑、坚固耐久、易于保洁、整体性好，缺点是施工工序多、施工周期长、噪声大、现场湿作业、易形成污染。

### （一）水泥砂浆地面

水泥砂浆地面的施工工艺顺序为：基层处理→找规矩→基层湿润、刷水泥浆→铺水泥砂浆面层→拍实并分三遍压光→养护。

**1. 材料要求**

水泥砂浆面层所用水泥应优先采用硅酸盐水泥、普通硅酸盐水泥，标号不得低于 32.5 级，因为上述品种水泥与其他品种的水泥相比，具有强度高、水化热较高和在凝结硬化过程中干缩较小等优点。若采用矿渣水泥，标号应不低于 42.5 级，在施工中要严格按施工工艺操作，且要加强养护，才能保证工程质量。

水泥砂浆面层所采用的砂应采用中砂和粗砂，含泥量不得大于 3%，因为细砂拌制的砂浆强度要比粗、中砂拌制的砂浆强度低 25%～35%，不仅其耐磨性差，而且还有干缩大、容易产生收缩裂缝等缺点。

**2. 施工方法**

1）基层处理

垫层上的一切浮灰、油渍、杂质必须仔细清除；表面较滑的基层应进行凿毛，并用清水冲洗干净;宜在垫层或找平层的砂浆或混凝土的强度达到 1.2 MPa 后,再铺设面层砂浆;铺设地面前,要再一次将门框校核找正。

2)找规矩

(1)弹准线。地面抹灰前,应先在四周墙上弹出一道水平基准线,作为确定水泥砂浆面层标高的依据。弹准线时,要注意按设计要求的水泥砂浆面层厚度弹线,如图 8-10 所示。

图 8-10 弹基准线

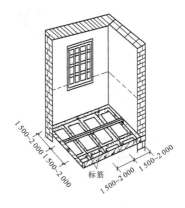

图 8-11 做标筋

(2)做标筋。面积不大的房间,可根据水平基准线直接用长木杠抹标筋(见图 8-11)。面积较大的房间,应根据水平基准线在四周墙角处每隔 1.5~2.0 m 用 1∶2 水泥砂浆抹标志块,标志块大小一般是 8~10 cm 见方。待标志块结硬后,再以标志块的高度做出纵横方向通长的标筋以控制面层厚度。地面标筋用 1∶2 水泥砂浆抹制,宽度一般为 8~10 cm。

3)铺抹砂浆并压光

水泥砂浆地面面层的厚度为 15~20 mm,体积配合比为 1∶2~1∶2.5,砂浆是干硬性的,以手捏成团稍出浆为准。操作前先将基层清扫干净洒水湿润后,刷一道含 4%~5%的 107 胶素水泥浆,紧跟着铺上水泥砂浆,用刮尺赶平,并用木抹子压实,待砂浆初凝后终凝前,用铁抹子反复压光三遍,不允许撒干灰砂收水抹压。

4)养护和成品保护

面层抹完后,在常温下铺盖草垫或锯末屑进行浇水养护,养护时间不少于 7 d。如采用矿渣水泥,养护时间不少于 14 d。面层强度达到 5 MPa 后,才允许人在地面行走或进行其他作业。

**3.一般项目验收**

(1)面层表面的坡度应符合设计要求,不得有倒泛水和积水现象。

(2)面层表面应洁净,无裂纹、脱皮、麻面、起砂等缺陷。

(3)踢脚线与墙面应紧密结合,高度一致,出墙厚度均匀。

(4)楼梯踏步的宽度、高度应符合设计要求。楼层梯段相邻踏步高度差不应大于 10 mm,每踏步两端宽度差不应大于 10 mm,旋转楼梯梯段的每踏步两端宽度的允许偏差为 5 mm。楼梯踏步的齿角应整齐,防滑条应顺直。

## (二)细石混凝土地面

细石混凝土的施工工艺顺序为:基层处理→找规矩→基层湿润、刷水泥浆→铺细石混凝土面层→刮平拍实→用铁滚筒滚压密实并进行压光→养护。

### 1. 材料要求

混凝土的强度等级不低于 C20,浇筑时的坍落度不应大于 30 mm,水泥采用不低于 32.5 级的普通硅酸盐水泥,砂用中砂或粗砂,碎石或卵石的粒径不大于 15 mm,且不大于面层厚度的2/3。

### 2. 施工方法

混凝土铺设时,预先在地坪四周弹出水平线,以控制面层的厚度,并用木板隔成宽小于 3 m 的条形区段,先刷以水灰比为 0.4～0.5 的水泥砂浆,随刷随铺混凝土,用刮尺找平,用表面振动器振捣密实或采用滚筒交叉来回滚压 3～5 遍,至表面泛浆为止,然后进行抹平和压光。混凝土面层应在初凝前完成抹平工作,终凝前完成压光工作。

### 3. 一般项目验收

（1）浇捣密实、平整、光滑、洁净,面层表面不应有裂纹、脱皮、麻面、起砂等缺陷。

（2）面层表面的坡度应符合设计要求,不得有倒泛水和积水现象。

（3）水泥砂浆踢脚线与墙面应紧密结合,高度一致,出墙厚度均匀。

（4）楼梯踏步的宽度、高度应符合设计要求。楼层梯段相邻踏步高度差不应大于 10 mm,每踏步两端宽度差不应大于 10 mm;旋转楼梯梯段的每踏步两端宽度的允许偏差为 5 mm。楼梯踏步的齿角应整齐,防滑条应顺直。

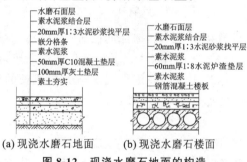

图 8-12　现浇水磨石地面的构造

## （三）现浇水磨石地面

现浇水磨石地面的构造如图 8-12 所示。其施工工艺为:基层找平→设置分格条、嵌固分格条→养护及修复分格条→基层湿润、刷素水泥浆→铺水磨石粒浆→拍实并用滚筒滚压→铁抹抹平→养护→试磨→初磨→补粒上浆养护→细磨→补粒上浆养护→磨光→清洗、晾干、擦草酸→清洗、晾干、打蜡→养护。

### 1. 施工方法

1）基层找平

基层找平的方法是根据墙面上+500 mm 标高线,向下测出面层的标高,弹在四周墙上,再以此线为基准,留出 10～15 mm 面层厚度,然后抹1:3 水泥砂浆找平层。为保证找平层的平整度,应先抹灰饼(纵横间距1.5 m 左右),再抹纵横标筋,然后抹1:3水泥砂浆用刮杠刮平,但表面不要压光。

2）弹线并嵌固分格条

在抹好砂浆找平层1 d 后,按设计要求在找平层上弹线分格,分格间距以 0.9～1 m 为宜,彩色水磨石地面采用玻璃分格条(或铜条),应在嵌条处先抹一条 50 mm 宽的白水泥浆带,再弹线嵌条。

水磨石分格条嵌固是一项十分重要的工序。嵌条时素水泥在分格条两侧根部抹成八字形灰埂固定,应特别注意水泥浆的粘贴高度和角度。

灰埂高度应比分格条顶面高度低 3～5 mm,角度以 30°为宜。分格条纵横十字交叉处应各留出 15～20 mm 的空隙,以确保铺设水泥石粒浆饱满,磨光后外形美观。分格条粘嵌好后,经 24 h 即可洒水养护,一般养护 2～3 d,分格条粘嵌示意图如图 8-13 所示。

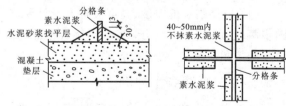

图 8-13　分格条粘嵌示意

3）铺设水泥石粒浆面层

分格条粘嵌养护后,先用清水将找平层洒水湿润,涂刷与面层颜色一致的水泥浆结合层,随刷随铺设面层水泥石粒浆。水泥石粒浆调配时,应先按配合比将水泥和颜料干拌均匀后装袋备用,铺设前再将石料加入彩色水泥粉干拌 2～3 遍,然后加水湿拌。

将水泥石粒浆的坍落度控制在 6 cm 左右,另在备用的石粒中取 1/5 的石粒做撒石用,然后将拌和均匀的水泥石粒浆按分格顺序进行铺设,其厚度应高出分格条 1～2 mm,以防滚压时压弯铜条或压碎玻璃条。

铺设时先用木抹子将分格条两边约 10 cm 内的水泥石粒浆轻轻拍紧压实,以免分格条被撞坏。水泥石粒浆铺设后,应在表面均匀地撒一层预先取出的石粒,用木抹子或铁抹子轻轻拍实、压平,但切勿用刮尺刮平,以防将面层高凸部分的石料刮出,留下水泥浆,影响装饰效果。如局部铺设太厚,则用铁抹子挖去,再将周围的水泥石粒浆拍实、压平。

4）滚压抹平

水泥石粒浆铺设好后,先后用大、小钢滚筒或混凝土滚筒压实。第一次先用大滚筒压实,纵横各滚压一次,滚压时要用扫帚及时扫去粘在滚筒上和分格条上的石粒,缺石粒处要补齐。间隔 2 h 左右,再用小滚筒做第二次压实,直至将水泥浆全部压出为止,再用木抹子或铁抹子抹平,次日开始养护。

5）试磨

开磨时间应以石粒不松动为准,开磨过早易造成石粒松动,开磨过迟则造成磨光困难,所以大面积开磨前应进行试磨,以面层不掉石粒、水泥石粒浆面基本平齐为准。水磨石面层的开磨时间如表 8-3 所示。

表 8-3　水磨石面层的开磨时间

| 平均气温/℃ | 开磨时间/d | |
|---|---|---|
| | 机磨 | 人工磨 |
| 20～30 | 3～4 | 1～2 |
| 10～20 | 4～5 | 1.5～2.5 |
| 5～10 | 6～7 | 2～3 |

6）磨光

水磨石的磨光一般常用二浆三磨法,即整个磨光过程为磨光三遍,补浆二次。第一遍先用 60～80 号金刚石磨光,边磨边加水,要磨匀磨平,使全部分格条外露,磨后要将泥浆冲洗干净,晾干后用同配合比水泥浆擦补一遍,用于填补砂眼,个别掉落石粒部位要补好,不同颜色的磨面应先补深色浆,后补浅色浆,浇水养护 2～3 d。第二遍用 120～180 号金刚石磨至表面光滑,磨光后再补一遍水泥浆。第三遍用 180～240 号油磨石磨至表面石粒颗颗显露,平整光滑,无砂眼细孔。

7）酸洗打蜡

酸洗是用 10％的草酸溶液,再加入 1％～2％的氧化铝。擦草酸有两种方法:一种是涂草酸溶液后随即用 280～320 号油石进行细磨,一般已能达到表面光滑的要求;另一种是将地面冲洗干净,浇上草酸溶液,把布卷固定在磨光机上进行研磨,直至表面光滑为止,再冲洗干净、晾干。

上蜡的方法是:在水磨石面层上薄涂一层蜡,稍干后用磨光机研磨,或用钉有细帆布(或麻布)的木块代替油石,装在磨石机上研磨出光亮后,再涂蜡研磨一遍,直到光滑洁亮为止。

**2．一般项目验收**

（1）面层表面应光滑，无明显裂纹、砂眼和磨纹；石粒密实，显露均匀；颜色图案一致，不混色；分格条牢固、顺直、清晰。

（2）踢脚线与墙面应紧密结合，高度一致，出墙厚度均匀。

（3）楼梯踏步的宽度、高度应符合设计要求。楼层梯段相邻踏步高度差不应大于 10 mm，每踏步两端宽度差不应大于 10 mm；旋转楼梯梯段的每踏步两端宽度的允许偏差为 5 mm。楼梯踏步的齿角应整齐，防滑条应顺直。

### （四）整体面层的允许偏差和检验方法

整体面层的允许偏差和检验方法如表 8-4 所示。

表 8-4　整体面层的允许偏差和检验方法

| 项次 | 项　目 | 允许偏差/mm | | | | | | | | | 检验方法 |
|---|---|---|---|---|---|---|---|---|---|---|---|
| | | 水泥混凝土面层 | 水泥砂浆面层 | 普通水磨石面层 | 高级水磨石面层 | 硬化耐磨面层 | 防油渗混凝土和不发火（防爆的）面层 | 自流平面层 | 涂料面层 | 塑胶面层 | |
| 1 | 表面平整度 | 5 | 4 | 3 | 2 | 4 | 5 | 2 | 2 | 2 | 用 2 m 靠尺和楔形塞尺检查 |
| 2 | 踢脚线上口平直 | 4 | 4 | 3 | 3 | 4 | 4 | 3 | 3 | 3 | 拉 5 m 线和用钢尺检查 |
| 3 | 缝格顺直 | 3 | 3 | 3 | 2 | 3 | 3 | 2 | 2 | 2 | |

# 三、板块面层施工

块材式地面是指胶结材料将预制加工好的块状地面材料如地砖、预制水磨石板、大理石板、花岗岩板、陶瓷锦砖、水泥砖等，用铺砌或粘贴的方式，使之与基层连接固定所形成的地面。

块材式地面属于中、高档装饰，具有花色品种多样、可供拼图方案丰富，强度高、刚度高、经久耐用、易于保持清洁、施工速度快、湿作业量少等优点，但这类地面属刚性地面，不具有弹性、保温、消声等性能，又有造价偏高、工效偏低等缺点。这里只介绍预制水磨石板、大理石板的施工工艺。

### （一）预制水磨石地面

**1．基本构造**

预制水磨石楼地面构造如图 8-14 所示。

**2．工艺流程**

预制水磨石地面的工艺流程为：检验水泥、砂、预制板块质量→试拼编号→找标高→基底处理→铺抹结合层砂浆→铺预制板块→养护→勾缝→检查验收。

**3．操作工艺**

（1）找标高。根据水平标准线和设计厚度，在四周墙、柱上弹出面层的水平标高控制线。

（2）基层处理。把沾在基层上的浮浆、落地灰等用签子或钢丝刷清理掉，再用扫帚将浮土清扫干净。

（3）排预制板块。将房间依照预制板块的尺寸，排出预制板块的放置位置，并在地面弹出十字控制线和分格线。

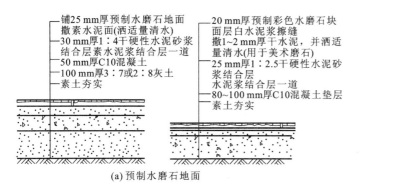
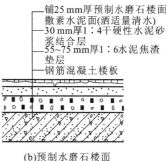

(a) 预制水磨石地面　　　　　　　　　　　　　(b)预制水磨石楼面

图 8-14　预制水磨石楼地面构造

（4）铺设结合层砂浆。铺设前应将基底湿润，并在基底上刷一道掺有占水泥质量 $4\%\sim5\%$ 的 108 胶的水泥浆，水灰比为 $0.4\sim0.5$。随刷随铺干硬性水泥砂浆结合层（一般为 $1:2\sim1:3$ 的干硬性水泥砂浆，干硬程度以手握成团，落地即散为宜），厚度控制在放上板材时宜高出面层控制线 $3\sim4\,mm$，每次铺 $2\sim3$ 块面积为宜。铺好后用直尺刮平，再用抹子拍实找平。

（5）铺预制板块。铺贴依据试拼时的编号及试排时的缝隙，在十字控制线交点开始铺贴。先试铺，即搬起板块对好纵横控制线铺落在已铺好的干硬性砂浆结合层上，用橡皮锤敲击木垫块（不得用橡皮锤或木槌直接敲击板块），振实砂浆至铺设高度后，将板块掀起至一旁，检查砂浆与板块之间是否相吻合，如发现有空虚之处，应用砂浆填补，然后正式镶铺。先在板材刮上一层素水泥浆，再铺板块，安放时四角同时往下落，用橡皮锤敲击木垫块，根据水平线用水平尺找平，铺完第一块，向两侧和后退方向顺序铺贴。

（6）灌缝要求嵌铜条的地面板材铺贴。先将相邻两块板铺贴平整留出嵌条缝隙，然后向缝内灌水泥砂浆，将铜条敲入缝隙内，使其外露部分略高于板面即可，然后擦净挤出的砂浆。对于不设镶条的地面，应在铺完 24 h 后洒水养护，2 d 后进行灌缝，灌缝力求达到紧密。

（7）上蜡磨亮板块铺贴完工后，待结合层砂浆强度达到设计强度标准的 $60\%\sim70\%$ 即可打蜡抛光，3 d 内禁止上人走动。

（8）冬季施工时，环境温度不应低于 $5\,℃$。

**4．一般项目验收**

（1）预制板块表面无裂纹、缺棱、掉角、翘曲等明显缺陷。

（2）预制板块面层应平整洁净、图案清晰、色泽一致、接缝平整、周边顺直、镶嵌正确。

（3）踢脚线表面应洁净、高度一致、结合牢固，出墙厚度一致。

（4）楼梯踏步和台阶板块的缝隙宽度应一致、齿角整齐，楼层梯段相邻踏步高度差不应大于 $10\,mm$，防滑条应顺直。

（5）面层表面的坡度应符合设计要求，不允许倒泛水，无积水，与地漏、管边结合严密。

（6）面层邻接处的镶边用料尺寸应符合设计要求，边角整齐、光滑。

**5．面层空鼓的质量通病防治**

（1）底层未清理干净，未能洒水湿润透，影响面层与下一层的黏结力，造成空鼓。

（2）刷素水泥浆不到位或未能随刷随抹灰，造成砂浆与素水泥浆结合层之间的黏结力不够，形成空鼓。

（3）养护不及时，水泥收缩过大，形成空鼓。

## （二）花岗岩、大理石楼地面

### 1．基本构造

花岗岩板和大理石板楼地面构造做法如图8-15所示。

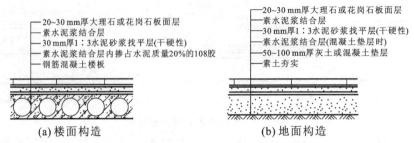

图8-15 大理石、花岗岩楼地面构造

### 2．工艺流程

花岗岩、大理石楼地面的工艺流程为：检验水泥、砂、大理石和花岗岩质量→试拼编号→找标高→基底处理→铺抹结合层砂浆→铺大理石和花岗岩→养护→勾缝→检查验收。

### 3．操作工艺

在正式铺设前，对每一房间的石材板块，应按图案、颜色、纹理试拼，将非整块板对称排放在房间靠墙部位，试拼后按两个方向编号排列，然后按编号码放整齐。其他步骤及做法和预制水磨石楼地面的相同。

### 4．一般项目验收

（1）大理石和花岗岩面层表面应洁净、平整、无磨痕，且应图案清晰，色泽一致，接缝平整，周边顺直，镶嵌正确，板块无裂纹、缺楞、掉角等缺陷。

（2）踢脚线表面应洁净、高度一致、结合牢固，出墙厚度一致。

（3）楼梯踏步和台阶板块的缝隙宽度应一致、齿角整齐，楼层梯段相邻踏步高度差不应大于10 mm，防滑条应顺直牢固。

## （三）板、块面层的允许偏差和检验方法

板、块面层的允许偏差和检验方法如表8-5所示。

表8-5 板、块面层的允许偏差和检验方法

| 项次 | 项目 | 允许偏差/mm | | | | | | | | | | | 检验方法 |
|---|---|---|---|---|---|---|---|---|---|---|---|---|---|
| | | 陶瓷锦砖面层、高级水磨石板、陶瓷地砖面层 | 缸砖面层 | 水泥花砖面层 | 水磨石板块面层 | 大理石面层、花岗石面层、人造石面层、金属板面层 | 塑料板面层 | 水泥混凝土板块面层 | 碎拼大理石、碎拼花岗石面层 | 活动地板面层 | 条石面层 | 块石面层 | |
| 1 | 表面平整度 | 2.0 | 4.0 | 3.0 | 3.0 | 1.0 | 2.0 | 4.0 | 3.0 | 2.0 | 10.0 | 10.0 | 用2 m靠尺和楔形塞尺检查 |
| 2 | 缝格平直 | 3.0 | 3.0 | 3.0 | 3.0 | 2.0 | 3.0 | 3.0 | — | 2.5 | 8.0 | 8.0 | 拉5 m线和用钢尺检查 |

续表

| 项次 | 项目 | 允许偏差/mm | | | | | | | | | | | 检验方法 |
|---|---|---|---|---|---|---|---|---|---|---|---|---|---|
| | | 陶瓷锦砖面层、高级水磨石板、陶瓷地砖面层 | 缸砖面层 | 水泥花砖面层 | 水磨石板块面层 | 大理石面层、花岗石面层、人造石面层、金属板面层 | 塑料板面层 | 水泥混凝土板块面层 | 碎拼大理石、碎拼花岗石面层 | 活动地板面层 | 条石面层 | 块石面层 | |
| 3 | 接缝高低差 | 0.5 | 1.5 | 0.5 | 1.0 | 0.5 | 0.5 | 1.5 | — | 0.4 | 2.0 | — | 用钢尺和楔形塞尺检查 |
| 4 | 踢脚线上口平直 | 3.0 | 4.0 | — | 4.0 | 1.0 | 2.0 | 4.0 | 1.0 | — | — | — | 拉 5 m 线和用钢尺检查 |
| 5 | 板块间隙宽度 | 2.0 | 2.0 | 2.0 | 2.0 | 1.0 | — | 6.0 | — | 0.3 | 5.0 | — | 用钢尺检查 |

# 四、木、竹面层施工

木、竹面层多用于室内高级装修地面。该地面具有弹性好，耐磨性好，不易老化等特点。木质地板通常有架铺和实铺两种。架铺是在地面上先做出木格栅，然后在木格栅上铺贴基面板，最后在基面板上镶铺面层木地板。实铺就是在建筑地面上直接拼铺木地板。

## （一）基层施工

**1. 高架木地板基层施工**

（1）地垄墙或砖墩用水泥砂浆砌筑地垄墙，每条地垄墙、内横墙和暖气沟墙需留设两个 120 mm×120 mm 的通风洞，且需在同一直线上，以利通风。如地垄不易做通风处理，则需在地垄顶部铺设防潮油毡。

（2）木格栅与基面板接触的表面一定要刨平，木方的连接可用半槽式扣件法。通常在砖墩上预留木方或铁件，然后用螺栓或骑马铁件将木格栅连接起来。

**2. 一般架铺地板基层施工**

一般架铺地板是在楼面或已有水泥地坪的地面上进行。

（1）处理检查地面的平整度，做水泥砂浆找平层，然后在找平层上刷二遍防水涂料或乳化沥青。

（2）木格栅直接固定于地面，木格栅所用的木方可采用截面尺寸为 30 mm×40 mm 或 40 mm×50 mm 的木方。组成木格栅的木方应同一规格，其连接方式通常为半槽扣件，并在两木方的扣件处涂胶加钉。

（3）木格栅与地面的固定通常采用埋木楔的方法，即用 $\phi16$ 的冲击电钻在水泥地面或楼板上钻洞，孔洞深 40 mm 左右，钻孔位置应在地面弹出的木格栅位置上，两孔间隔 0.8 m 左右，然后向空洞内打入木楔。固定木方时可用地板专用钉将木方固定在打入地面的木楔上。

**3. 实铺木地板的基层要求**

木地板直接铺贴在地面时，对地面的平整度要求较高，一般地面应采用防水水泥砂浆找平或在平整的水泥砂浆找平层上刷防潮层。

### （二）面层市地板铺设

木地板在基层或基面板上的铺设方法有钉接式和黏结式两种。

**1. 钉接式**

木板面层有单层和双层两种。单层是在木格栅上直接钉齐口板；双层是在木格栅上先钉一层毛地板，再钉一层齐口板。

双层木地板的下层毛地板，其宽度不大于 120 mm，铺设时必须清除其下方空间内的刨花等杂物，毛地板应与木格栅成 30° 或 45° 斜面钉牢，板间的缝隙不大于 3 mm，以免起鼓，毛地板与墙之间留 8～12 mm 的缝隙，每块毛地板应在其下的每根木格栅上各用两个钉固结，钉长为板厚的 2～2.5 倍，面板铺钉时，其顶面要刨平，侧面带企口，板宽不大于 120 mm，地板应与木格栅或毛地板垂直铺钉，并顺进门方向。接缝均应在木格栅中心部位，且间隔隔开。木板应材心朝上铺钉。木板面层距墙 8～12 mm，以后逐块紧铺钉，缝隙不超过 1 mm，圆钉长度为板后的 2.5 倍，钉帽砸扁，钉从板的侧边凹角处斜向钉入，板与木格栅交处至少钉一颗。钉到最后一块，可用明铺钉牢，钉帽砸扁冲入板内 30～50 mm。硬木地板面层铺钉前应先钻圆钉直径 7/10～4/5 的孔，然后铺钉，双层板面铺钉前应在毛板上先铺一层沥青油纸或油毡隔潮。

木板面层铺完后，清扫干净。先按垂直木纹方向粗刨一遍，再顺木纹方向细刨一遍，然后磨光，待室内装饰施工完毕后再进行油漆并上蜡。

**2. 黏结式**

黏结式木地板面层，多用实铺式，将加工好的硬木地板块材用黏结材料直接黏结在楼地面基层上。

拼花木地板粘贴前，应根据设计图案和尺寸进行弹线。对于成块制作好的木地板块材，应按所弹施工线试铺，以检查其拼缝高低、平整度、对缝等。符合要求后进行编号，施工时按编号从房间中间向四周铺贴。

先将基层表面清扫干净，用鬃刷在基层上涂刷一层薄而匀的底子胶（底子胶应采用原黏剂配制）。待底子胶干燥后，按施工线位置沿轴线由中央向四面铺贴。其方法是按预排编号顺序在基层上涂刷一层厚约 1 mm 的胶黏剂，再在木地板背面涂刷一层厚约 0.5 mm 的胶黏剂，待表面不黏手时，即可铺贴。铺贴时，施工人员边铺贴边往后退，要用力推紧、压平，并随即用沙袋等物压 6～24 h。相邻两块木地板的高低差不应超过 +1.5～−1 mm，缝隙不大于 0.3 mm，否则重铺。

目前，可用于粘贴木地板的胶黏剂较多，可根据实际需要选择，如专用的地板胶水、万能胶、白乳胶等。

地板粘贴后应自然养护，养护期内严禁上人走动。养护期满后，即可进行刮平、磨光、油漆和打蜡工作。

### （三）市踢脚板安装

木踢脚应提前刨光，在靠墙的一面开成凹槽，并每隔 1 m 钻直径 6 mm 的通风孔，在墙上应每隔 40 cm 砌防腐木砖，在防腐木砖外面钉防腐木块，再把踢脚板用明钉钉牢在防腐木块上，钉帽砸扁冲入木板内，踢脚板的板面要垂直，上口至水平，在木踢脚板与地板交角处，钉三角木条，以盖住缝隙。木踢脚板阴阳角交角处应切割成 45° 后再进行拼装，踢脚板的接头应固定在防腐木块上。

## （四）木、竹面层的允许偏差和检验方法

木、竹面层的允许偏差和检验方法如表 8-6 所示。

表 8-6　木、竹面层的允许偏差和检验方法

| 项次 | 项　目 | 允许偏差/mm | | | | 检　验　方　法 |
| | | 实木地板、实木集成地板、竹地板面层 | | | 浸渍纸层压木质地板、实木复合地板、软木类地板面层 | |
| | | 松木地板 | 硬木地板、竹地板 | 拼花地板 | | |
|---|---|---|---|---|---|---|
| 1 | 板面缝隙宽度 | 1.0 | 0.5 | 0.2 | 0.5 | 用钢尺检查 |
| 2 | 表面平整度 | 3.0 | 2.0 | 2.0 | 2.0 | 用 2 m 靠尺和楔形塞尺检查 |
| 3 | 踢脚线上口平齐 | 3.0 | 3.0 | 3.0 | 3.0 | 拉 5 m 通线和用钢尺检查 |
| 4 | 板面拼缝平直 | 3.0 | 3.0 | 3.0 | 3.0 | |
| 5 | 相邻板材高差 | 0.5 | 0.5 | 0.5 | 0.5 | 用钢尺和楔形塞尺检查 |
| 6 | 踢脚线与面层的接缝 | 1.0 | | | | 楔形塞尺检查 |

# 五、地毯面层施工

## （一）工艺流程

地毯面层施工的工艺流程为：检验地毯质量→技术交底→准备机具设备→基底处理→弹线套方、分格定位→地毯剪裁→钉倒刺板条→铺衬垫→铺地毯→细部处理收口→检查验收。

## （二）操作工艺

（1）基层处理。把粘在基层上的浮浆、落地灰等用塞子或钢丝刷清理掉，再用扫帚将浮土清扫干净。如条件允许，用自流平水泥将地面找平为佳。

（2）弹线套方、分格定位。严格依照设计图纸对各个房间的铺设尺寸进行度量，检查房间的方正情况，并在地面弹出地毯的铺设基准线和分格定位线。活动地毯应根据地毯的尺寸，在房间内弹出定位网格线。

（3）地毯剪裁。根据放线定位的数据，剪裁出地毯，长度应比房间长度大 20 mm。

（4）钉倒刺板条。沿房间四周踢脚边缘，将倒刺板条牢固钉在地面基层上，倒刺板条应距踢脚板 8～10 mm。

（5）铺衬垫。将衬垫采用点黏法粘在地面基层上，要离开倒刺板 10 mm 左右。

（6）铺设地毯。先将地毯的一条长边固定在倒刺板上，毛边掩到踢脚板下，用地毯撑子拉伸地毯，直到拉平为止，然后将另一端固定在另一条边的倒刺板上，掩好毛边到踢脚板下。一个方向拉伸完，再进行另一个方向的拉伸，直到四条边都固定在倒刺板上为止。在边长较长的时候，应多人同时操作，拉伸完毕时应确保地毯的图案无扭曲变形。

（7）铺活动地毯时应先在房间中间按照十字线铺设十字控制块，之后按照十字控制块向四周铺设。大面积铺贴时应分段、分部位铺贴，如设计有图案要求时，应按照设计图案弹出准确分格线，并做好标记，防止差错。

（8）当地毯需要接长时，应采用缝合或烫带黏结（无衬垫时）的方式，缝合应在铺设前完成，

烫带黏结应在铺设的过程中进行,接缝处应与周边无明显差异。

（9）细部收口。地毯与其他地面材料交接处和门口等部位,应用收口条做收口处理。

### （三）地毯种类

地毯按材质可分为:真丝地毯、羊毛地毯、混纺地毯、化纤地毯、麻绒地毯、塑料地毯和橡胶绒地毯。

地毯按编织结构可分为:手工编制地毯、机织地毯、无纺黏合地毯、簇绒地毯、橡胶地毯等。其中,簇绒地毯的品种丰富、质感良好而且价格适中,应用广泛。

地毯按其生产加工工艺不同可分为:圈绒地毯、割绒地毯和平圈割绒地毯三类。

### （四）一般项目验收

（1）地毯面层不应起鼓、起皱、翘边、显拼缝和露线,无毛边,绒面毛顺光一致,毯面干净,无污染和损伤。

（2）地毯同其他面层连接处、收口处和墙边、柱子周围应顺直、压紧。

# 任务 3　饰 面 工 程

饰面工程是指将块料面层镶贴（或安装）在墙柱表面以形成装饰层的工程。块料面层的种类基本可分为饰面板和饰面砖两大类。饰面板包括天然饰面板（如花岗石、大理石、青石板等）和人造石材（如预制水磨石、合成石饰面板等）;饰面砖主要包括釉面瓷砖、外墙面砖、陶瓷锦砖等。

## 一、饰面砖镶贴工艺

### （一）施工准备工作

（1）选砖。饰面砖在镶贴前,应根据设计对饰面砖要求进行选择。要求挑选规格一致,形状平整方正,不缺棱掉角,不开裂和脱釉,无凹凸扭曲,颜色均匀的面砖及各种配件。挑选时,按 1 mm 差距分类选出 3 个规格,各自做出样板,逐块对照比较,分类堆放待用。

（2）浸泡釉面砖和外墙面砖。镶贴前应清扫干净,然后置于清水中浸泡。釉面砖浸泡到不冒气泡为止,且不少于 2 h。外墙面砖则需隔夜浸泡,取出阴干备用。阴干时间视气温而定,一般半天左右,以饰面砖表面有潮湿感,手按无水迹为准。

### （二）内墙面砖镶贴施工工艺

**1. 工艺流程**

内墙面砖镶贴施工工艺流程为:基层处理→抹底中层灰找平→弹线分格→选面砖→浸砖→做标志块→铺贴→勾缝→清理。

**2. 操作工艺**

（1）基层处理、抹找平层。饰面砖的基层处理和找平层砂浆的涂抹方法与装饰抹灰的基本相同。

（2）弹线分格。弹线分格是在找平层上用墨线弹出饰面砖分格线的工作。弹线前应根据镶贴墙面长、宽尺寸(找平后的精确尺寸),将纵、横面砖的皮数画出皮数杆,再定出水平标准。最好从墙面一侧端部开始,以便将不足皮数的面砖贴于阴角或阳角处。饰面砖弹线分格示意图如图 8-16 所示。

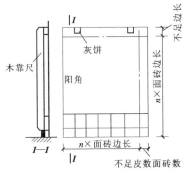

图 8-16　饰面砖弹线分格示意图

(3) 选面砖。选面砖是保证饰面砖镶贴质量的关键工序,必须在镶贴前按颜色的深浅、尺寸的大小进行分选。

(4) 浸砖。如果用陶瓷釉面砖作为饰面砖,则在铺则贴前应充分浸水湿润,防止用干砖铺贴上墙后,吸收砂浆(灰浆)中的水分,致使砂浆中水泥不能完全水化,造成黏结不牢或面砖浮滑。

(5) 预排饰面砖。排砖时可用适当调整砖缝宽度的方法,一般饰面砖的缝宽可在 1 mm 左右变化。内墙饰面砖镶贴排列方法有直缝镶贴和错缝镶贴两种,如图 8-17 所示。镶贴顺序为每一施工层必须由下往上镶贴,卫生间设备处饰面砖镶贴示意图,如图 8-18 所示。

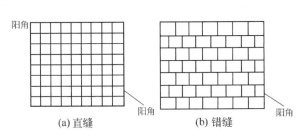

图 8-17　内墙饰面砖贴法示意图

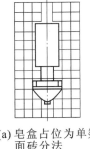 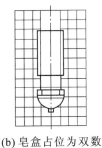

(a) 皂盒占位为单数面砖分法　　(b) 皂盒占位为双数面砖分法

图 8-18　卫生间设备处饰面砖镶贴示意图

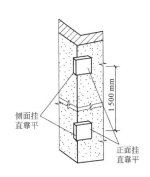

图 8-19　双面吊直示意图

(6) 做标志块。饰面砖按镶贴厚度,可在墙面上下左右合适位置做标志,并以饰面砖棱角作为基准线,上下靠尺吊垂直,横向用靠尺或细线拉平。

标志块的间距一般为 1 500 mm,阳角处除正面做标志块外,侧面也相应有标志块,即所谓双面挂直,如图 8-19 所示。

(7) 面砖镶贴。①设置木托板以所弹地平线为依据,设置支撑釉面砖的地面木托板,加木托板的目的是防止釉面砖因自重向下滑。整砖的镶贴就从木托板开始自下而上进行,每行的镶贴宜以阳角开始,把非整砖留在阴角。②调制水泥砂浆或水泥浆,其配合比为水泥∶砂＝1∶2(体积比),另掺水泥质量 3%～4% 的 108 胶;也可按水泥∶108 胶水∶水＝100∶5∶26 的比例配制纯水泥浆进行镶贴。③镶贴用铲刀将水泥砂浆或水泥浆均匀地涂抹在釉面砖背面(水泥砂浆厚度 6～10 mm,水泥浆厚度 2～3 mm 为宜),四周刮成斜面,按线就位后,用手轻压,然后用橡皮锤轻轻敲击,使其与中层贴紧,确保釉面砖四周砂浆饱满,并用靠尺找平。镶贴釉面砖时宜先沿底尺横向贴一行,再沿垂直线竖向贴几行,然后从下往上从第二横行开始,在已贴的釉面砖口拉上准线,横向各行釉面砖以准线镶贴。

(8) 面砖镶贴完毕后的处理。釉面砖镶贴完毕后,用清水或面纱将釉面砖表面擦洗干净。接缝处宜用与釉面砖镶贴颜色相同的石灰膏或白水泥色浆擦嵌密实,并将釉面砖表面擦净。

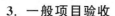

### 3. 一般项目验收

（1）饰面砖表面应平整、洁净、色泽一致，无裂痕和缺陷。

（2）阴阳角处搭接方式、非整砖使用部位应符合设计要求。

（3）墙面突出物周围的饰面砖应整砖套割吻合，边缘应整齐，墙裙、贴脸突出墙面的厚度应一致。

（4）饰面砖接缝应平直、光滑，填嵌应连续、密实，宽度和深度应符合设计要求。

### （三）外墙面砖的施工工艺

#### 1. 工艺流程

外墙面砖施工工艺流程为：基层处理→抹找平层→选砖→预排→弹线分格→镶贴→勾缝。

#### 2. 操作工艺

1）基层处理、抹找平层

基层处理、抹找平层做法同内墙抹灰，应特别注意各楼层的阳台和窗口的水平向、竖向和进出方向必须三向成线，墙面的窗台腰线、阳角及滴水线等部位饰面层镶贴排砖方法和换算关系。如正面砖要往下突 3 mm 左右，底面砖要做出流水坡度等，如图 8-20 所示。

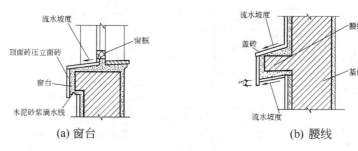

**图 8-20　窗台、腰线找平示意图**

2）预排

按照立面分格的设计要求进行预排，以确定面砖的皮数、块数和具体位置，作为弹线和细部做法的依据。外墙面砖镶贴排砖的方法较多，常用的有矩形长边水平排列和矩形长边竖直排列两种。按砖缝的宽度，预排又可分为密缝排列（缝宽 1～3 mm）与疏缝排列（大于 4 mm、小于 20 mm）。

此外，还可采用密缝与疏缝，按水平、竖直方向排列。图 8-21 所示为外墙矩形面砖排缝示意图。

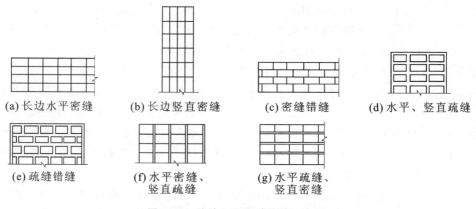

**图 8-21　外墙矩形面砖排缝示意图**

外墙面砖的预排应遵循如下原则：阳角部位都应当是整砖，并且阳角处正立面整砖应盖住侧立面整砖。对于大面积墙面砖的镶贴，除不规则部位外，其他部位不允许裁砖。除柱面镶贴外，其余阳角不得对角粘贴，如图 8-22 所示。

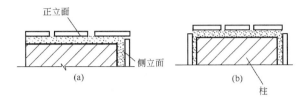

**图 8-22 外墙阳角镶贴排砖示意图**

3）弹线分格

弹线与做分格条应根据预排结果画出大样图，按照缝的宽窄大小（主要指水平缝）做出分格条，作为镶贴面砖的辅助基准线。弹线的步骤如下。

（1）在外墙阳角处（大角）用大于 5 kg 的线锤吊垂线并用经纬仪进行校核，最后用花篮螺栓将线锤吊正的钢丝固定绷紧上下端，作为垂线的基准线。

（2）以阳角基线为准，每隔 1 500～2 000 mm 做标志块，定出阳角方正，抹灰找平。

（3）在找平层上，按照预排大样图先弹出顶面水平线，在墙面的每一部分，根据外墙水平方向面砖数，每隔约 1 000 mm 弹一垂线。

（4）在层高范围内，按照预排面砖实际尺寸和面砖对称效果，弹出水平分缝、分层皮数（或先做皮数杆，再按皮数杆弹出分层线）。

4）镶贴施工

镶贴面砖前也要做标志块，其挂线方法与内墙面砖相同，并应将墙面清扫干净，清除妨碍铺贴面砖的障碍物，检查平整度和垂直度是否符合要求。镶贴顺序应自上而下分层、分段进行，每层内镶贴程序应是自下而上进行，而且要先贴附墙柱、后贴墙面、最后贴窗间墙。镶贴时，先按水平线垫平八字尺或直靠尺，操作方法与内墙面砖相同。

5）勾缝、擦洗

在完成一个层段的墙面铺贴并经检查合格后，即可进行勾缝。勾缝用 1∶1 水泥砂浆（水泥砂浆的砂子要进行筛分）或水泥浆分两次进行嵌实，第一次用一般水泥砂浆，第二次按设计要求用彩色水泥浆或普通水泥浆勾缝。

**3．一般项目验收**

（1）饰面砖表面应平整、洁净、色泽一致，无裂痕和缺陷。

（2）阴阳角处搭接方式、非整砖使用部位应符合设计要求。

（3）墙面突出物周围的饰面砖应整砖套割吻合，边缘应整齐。墙裙、贴脸突出墙面的厚度应一致。

（4）饰面砖接缝应平直、光滑，填嵌应连续、密实，宽度和深度应符合设计要求。

**（四）外墙锦砖（马赛克）镶贴**

外墙贴锦砖（马赛克）可采用陶瓷锦砖或玻璃锦砖。锦砖镶贴由底层灰、中层灰、结合层及面层等组成。外墙锦砖镶贴的施工要点如下。

（1）排砖、弹分格线、编号在清理干净的基层上，进行预排。按砖排列位置，在墙面上弹出砖联分格线。根据图案形式,在分格内写上砖联编号,在砖联背面也写上相应砖联编号,以便对号镶贴。

(2)洒水湿润墙面,先刮一遍素水泥浆,随即抹上 2 mm 厚掺适量 108 胶的水泥浆为黏结层。同时将陶瓷锦砖铺在木垫板上,纸面向下,锦砖背面朝上,先用湿布把底面擦净,再刮素水泥浆,将素水泥浆刮至陶瓷锦砖的缝隙中,最后将陶瓷锦砖连同木垫板一起贴上去,敲打木垫板即可。砖联平整后即取下木垫板。

(3)待结合层能黏住砖联后再揭纸,可用软刷子沾水湿润砖联的背纸,轻轻将其背纸揭干净,不留残纸。如发现揭纸时有个别掉粒,则重新补上。

(4)调整揭纸后在混凝土初凝前,修整各外墙锦砖间的接缝,如接缝不一、宽窄不一,应予拨正。

(5)擦缝、清洗待结合层终凝后,用同色素水泥浆擦缝。接缝水泥干硬后,用清水擦洗锦砖面。

### (五)饰面砖粘贴的允许偏差项目和检查方法

饰面砖粘贴的允许偏差项目和检查方法应符合表8-7的规定。

表 8-7　饰面砖粘贴的允许偏差项目和检查方法

| 项次 | 项　　目 | 允许偏差/mm | | 检查方法 |
| --- | --- | --- | --- | --- |
| | | 外墙面砖 | 内墙面砖 | |
| 1 | 立面垂直度 | 3 | 2 | 用 2 m 垂直检测尺检查 |
| 2 | 表面平整度 | 4 | 3 | 用 2 m 直尺和塞尺检查 |
| 3 | 阴阳角方正 | 3 | 3 | 用直角检测尺检查 |
| 4 | 接缝直线度 | 3 | 2 | 拉 5 m 线,不足 5 m 拉通线,用钢直尺检查 |
| 5 | 接缝高低差 | 1 | 0.5 | 用直尺和塞尺检查 |
| 6 | 接缝宽度 | 1 | 1 | 用钢直尺检查 |

## 二、石材饰面板施工

石材饰面板的施工,主要包括天然石材和人造石材的施工。其施工方法,除传统的湿作业外,现已发展有传统湿作业改进方法和粘贴法。

### (一)湿铺法

湿铺法工艺适用于板材厚度为 20～30 mm 的大理石、花岗岩或预制水磨石板,墙体为砖墙或混凝土墙。

湿铺法工艺是传统的铺贴方法,即在竖向基体上预挂钢筋网,用铜丝或镀锌钢丝绑扎板材并灌水泥砂浆黏牢。这种方法的优点是牢固可靠,缺点是工序繁多,卡箍多样,板材上钻孔易损坏,特别是灌注砂浆易污染板面(故在石材进行碱背涂处理)和使板材移位。

(1)埋设锚固体。墙体灰缝中应预埋$\phi$6@500 mm×500 mm 的钢筋钩(或按设计尺寸),当挂贴高度大于 3m 时,钢筋钩改用$\phi$10 mm 钢筋,钢筋钩埋入墙内深度应不小于 120 mm,伸出墙面 30 mm,混凝土墙体可射入$\phi$3.7 mm×62 mm 射钉,中距亦为 500 mm 或板材尺寸,射钉打入墙体内 30 mm,伸出墙面 32 mm。

(2)绑扎钢筋网。将$\phi$6 mm 钢筋网焊接或绑扎于锚固件上,形成钢筋网。竖向钢筋的间距可按500 mm(或饰面板宽度)、横向钢筋间距要比饰面板竖向尺寸小 20～30 mm 为宜,如图 8-23 所示。

（3）钻孔、挂丝、安装。在饰面板上、下边各钻不少于两个$\phi 5$ mm 的孔,孔深 15 mm,清理饰面板的背面。用双股 18 号铜丝穿过钻孔,把饰面板绑牢于钢筋网上。饰面板的背面距墙面应不小于 50 mm。

（4）校正。板材饰面板的接缝宽度可垫木楔调整,应确保饰面板外表面品种、垂直及板的上沿平顺。

（5）灌浆。每安装好一行横向饰面板,即进行灌浆。灌浆前,应将饰面板背面及墙体表面湿润,在饰面板的竖向接缝内填塞 15～20 mm 深的麻丝或泡沫塑料条以及放漏浆。

拌和好 1：2.5 水泥砂浆,将砂浆分层灌注到饰面板背面与墙面之间的缝隙内,每层灌注高度为 150～200 mm,且不得大于板高的 1/3,并插捣密实。施工缝应留在饰面板水平接缝以下 50～100 mm 处。

（6）清理、打蜡。待水泥砂浆硬化后,将填缝材料清除,将饰面板表面清理干净。光面和镜面的饰面经清洗晾干后,方可打蜡擦亮。

## （二）传统湿作业改进方法

传统湿作业改进方法又称楔固法,施工方法与湿铺法大体是相同的,其不同之处在于它将饰面板以不锈钢钩直接楔固于墙体之上。其工艺流程为:基层处理→墙体钻孔→饰面板选材编号→饰面板钻孔剔槽→安装饰面板→灌浆→清理→灌缝→打蜡。

### 1. 饰面板钻孔剔槽

先在板厚度中心钻深为 $\phi 7$ mm 的直孔。板长 $L$ 小于 500 mm 的钻 2 个孔,500 mm<$L$≤800 mm 的钻 3 个孔,板长大于 800 mm 的钻 4 个孔。钻孔后,再在饰面板两个侧边下部开直径 8 mm 横槽各一个,如图 8-24 所示。

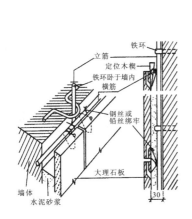

图 8-23　饰面板钢筋网片及安装方法　　　图 8-24　石板上钻孔剔槽示意图

### 2. 安装饰面板

饰面板须由下向上进行安装,方法有以下两种。

第一种方法是:先将饰面板安放就位,将 $\phi 6$ mm 不锈钢斜脚直角钩（见图 8-25）刷胶,把 45°斜角一端插入墙体斜洞内,直角钩一端插入石板顶边的直孔内,同时将不锈钢斜角 T 形钉（见图 8-26）刷胶,斜脚放入墙体内,T 形钉一端扣入石板 $\phi 8$ mm 横槽内,最后用大头硬木楔楔入石板与墙体之间,将石板固定牢靠,石板固定后将木楔取出。

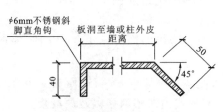

图 8-25　不锈钢斜角直角钩

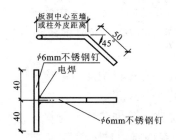

图 8-26　不锈钢斜角 T 形钉

第二种方法是：将不锈钢斜脚直角钩改为不锈钢直角钩，不锈钢斜角 T 形钉改为不锈钢 T 形钉，一端放入石板内，一端与预埋在墙内的膨胀螺栓焊接，其他工艺不改变。

灌浆及后续工序同湿铺法，安装完成后的构造如图 8-27 和图 8-28 所示。

## （三）干法铺贴工艺

干法铺贴工艺通常称为干挂法施工，即在饰面板上直接打孔或开槽，用各种形式的连接件与结构基体用膨胀螺栓或其他架设金属连接而不需要灌注砂浆或细石混凝土。饰面板与墙体之间留有空腔。这种方法适用于 30 m 以下的钢筋混凝土结构基体上，不适用于砖墙和加气混凝土墙（见图 8-29）。

干挂法解决了传统的灌浆湿作业法安装饰面板存在的施工周期长、结构强度低、自重大、不大利于抗震、砂浆易污染外饰面等缺点，具有安装精度高、墙面平整、取消砂浆黏结层、减轻建筑自重、提高施工效率等特点，且板材与结构层之间留有 40～100 mm 的空腔，具有保温和隔热作用，节能效果显著。

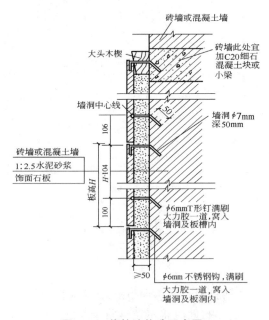

图 8-27　钩挂法构造示意图一

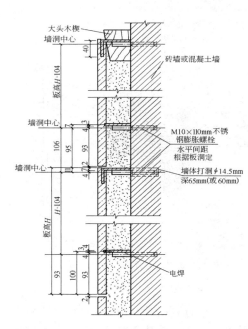

图 8-28　钩挂法构造示意图二

干挂法分为直接干挂法、骨架式干挂法和预制复合板干挂法。直接干挂法是目前常用的施工方法,是将被安装的石材饰面通过金属挂件直接安装固定在主体结构外墙上,如图 8-29 所示,此法施工简单,但抗震性能差。骨架干挂法主要用于主体为框架结构,因为轻质填充墙体不能作为承重结构,所以先在结构表面安装竖向和横向型钢龙骨,要求横向龙骨安装要水平,然后利用不锈钢连接件将石板材固定在横向龙骨上,如图 8-30 所示。

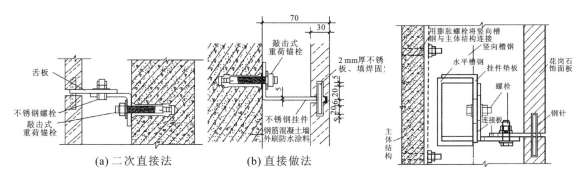

图 8-29　石板材直接干挂法

图 8-30　石板材有骨架干挂法

　　预制复合板干挂法(GPC 工艺)是以石材薄板为饰面板,钢筋细石混凝土为衬模,用不锈钢连接件连接,经浇筑预制成饰面复合板,用连接件与结构连成一体的施工方法,如图 8-31 所示。其安装施工步骤如下。

　　(1)板材切割、磨边。按设计图纸要求在施工现场用石材切割机进行切割,注意保持板块边角的挺直和规矩。板材切割后,为使其边角光滑,可采用手提式磨光机进行打磨。

　　(2)钻孔、开槽。相邻板块采用不锈钢销钉连接固定,销钉插在板材侧面孔内。孔径为 $\phi 5$ mm,深度为 12 mm,用电钻打孔。由于大规格石材的自重大,除了有钢扣件将板块上下托牢外,还需在板块中部开槽设置承托扣件以支承板材的自重,如图 8-32 所示。

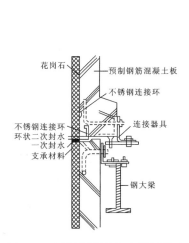

图 8-31　石板材预制复合板干挂法

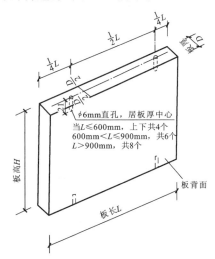

图 8-32　板材钻孔位置及数量示意

　　(3)涂防水剂。在板材背面涂刷一层丙烯酸防水涂料,以增强外饰面的防水性能。

　　(4)墙面修整。如果混凝土外墙表面有局部凸出处影响扣件安装,则需进行凿平修整。

　　(5)弹线。从结构引出楼面标高和轴线位置,在墙面上弹出安装板材的水平和垂直控制线,并做出灰饼以控制板材安装的平整度。

（6）墙面涂刷防水剂。由于板材与混凝土墙身之间不填充砂浆，为了防止因材料性能或施工质量可能造成的渗漏，可在外墙面上涂刷一层防水剂，以加强外墙的防水性能。

（7）板材安装。安装板材的顺序是自下而上进行，在墙面最下一排板材安装位置的上下口拉两条水平控制线，板材从中间或墙面阳角开始就位安装。先安装好第一块作为基准，其平整度以事先设置的灰饼为依据，用线锤吊直，经校准后加以固定。一排板材安装完毕，再进行扣件固定和安装。板材安装要求四角平整，纵横对缝。

（8）板材固定。钢扣件和墙身用膨胀螺栓固定，通过扣件上的椭圆形孔洞调节板材的位置，如图 8-33 和图 8-34 所示。

（9）板材接缝的防水处理。石板饰面接缝处的防水处理采用密封硅胶嵌缝，如图 8-35 所示。嵌缝之前先在缝隙内嵌入柔性条状泡沫聚乙烯材料作为衬底，以控制接缝的密封深度和加强密封胶的黏结力。

图 8-33　可三向调节的干挂件图

图 8-34　膨胀螺栓锚固法固定板块

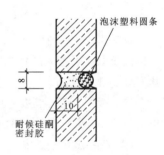

图 8-35　板缝嵌缝做法

## （四）一般项目验收

（1）表面平整、洁净，拼花正确、纹理清晰通顺，颜色均匀一致；非整板部位安排适宜，阴阳角处的板压向正确。

（2）缝格均匀，板缝通顺，接缝填嵌密实，宽窄一致，无错台错位。

（3）突出物周围的板采取整板套割，尺寸准确、边缘吻合整齐、平顺，墙裙、贴脸等上口平直。

（4）滴水线顺直，流水坡向正确、清晰美观。

（5）室内外墙面干挂石材允许偏差如表 8-8 所示。

表 8-8　室内外墙面干挂石材允许偏差

| 项次 | 项　目 | | 允许偏差/mm | | 检查方法 |
|---|---|---|---|---|---|
| | | | 光面 | 粗磨面 | |
| 1 | 立面垂直度 | 室内 | 2 | 2 | 用 2 m 托线板和尺量检查 |
| | | 室外 | 2 | 4 | |
| 2 | 表面平整度 | | 1 | 2 | 用 2 m 托线板和塞尺检查 |
| 3 | 阴阳角方正 | | 2 | 3 | 用 20 cm 方尺和塞尺检查 |
| 4 | 接缝平直 | | 2 | 3 | 用 5 m 小线和尺量检查 |
| 5 | 墙裙上口平直 | | 2 | 3 | 用 5 m 小线和尺量检查 |
| 6 | 接缝高低 | | 1 | 1 | 用钢板短尺和塞尺检查 |
| 7 | 接缝宽度 | | 1 | 2 | 用尺量检查 |

## 三、金属饰面板施工

金属板有铝合金板、彩色压型钢板和不锈钢板等,一般用钢或铝型材做骨架,金属板做饰面板进行安装。以型钢骨架较多,本节仅介绍铝合金板。

铝合金板有方形板和条形板,方形板有正方形板、矩形板及异形板。条形板一般是指宽度在 150 mm 以内的窄条板材,长度 6 m 左右,厚度多为 0.5~1.5 mm。根据其断面及安装形式的不同,有铝合金板、铝合金蜂窝板等。铝合金板条形板的断面形式如图 8-36 所示,铝合金蜂窝板外墙板示意图如图 8-37 所示。

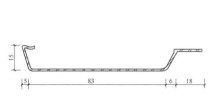

**图 8-36　铝合金板条形板的断面形式**

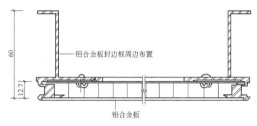

**图 8-37　铝合金蜂窝板外墙板示意图**

铝合金墙板安装工艺为:弹线→固定骨架连接件→固定骨架→安装铝合金板。

安装铝合金饰面板常用的方法主要有两种:一种是将板条或方形板用螺钉或铆钉固定在支撑骨架上,此法多用于外墙,铆钉间距以 100~150 mm 为宜;另一种是将板条卡在特制的支撑龙骨上,此法多用于室内。

1) 铝合金扣板的固定

铝合金扣板多用于建筑首层的入口及招牌衬底等较为醒目的部位,其骨架可用角钢或槽钢焊成,也可用方木铺钉。骨架与墙面基层多用膨胀螺栓固定,扣板与骨架用自攻螺丝固定。扣板的固定特点是螺钉头不外露,扣板的一边用螺钉固定,另一块扣板扣上后,恰好将螺钉盖住。

2) 铝合金蜂窝板的安装固定

铝合金蜂窝板不仅具有良好的装饰效果,而且还具有保温、隔热、隔声等功能。铝合金蜂窝板与骨架用连接件固定,安装时,两块板之间留有 20 mm 的间隙,用一条挤压成形的橡胶带进行密封处理。两板用一块 5 mm 的铝合金板压住连接件的两端,然后用螺钉拧紧,螺钉的间距一般为 300 mm 左右,其固定节点如图 8-38 所示。

3) 板条卡在特制的龙骨上的安装固定方法

图 8-39 所示的铝合金条板同以上介绍的几种板的固定方法截然不同。该板条卡在特制的龙骨上,龙骨与墙基层固定牢固。龙骨由镀锌钢板冲压而成。安装条形板时,将板条卡在龙骨的顶面。此种固定方法简便可靠,拆换也较为方便。安装铝合金板的龙骨形式比较多,条形板的断面也多种多样,在实际工程中应注意龙骨与铝合金板的配套使用。

4) 施工中的注意事项

(1) 施工前应检查所选用的铝合金板材料及型材是否符合设计要求,规格是否齐全,表面有无划痕,有无弯曲现象。选用的材料最好一次进货(同批),这样可保证规格型号统一、颜色一致。

(2) 铝合金板的支承骨架应进行防腐(木龙骨)、防锈(型钢龙骨)处理。

(3) 连接杆及骨架的位置,最好与铝合金板的规格尺寸一致,以减少施工现场材料的切割。

(4) 施工后的墙体表面应做到表面平整,连接可靠,无起翘卷边等现象。

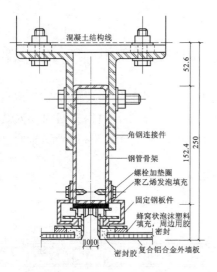

图 8-38　固定节点大样图

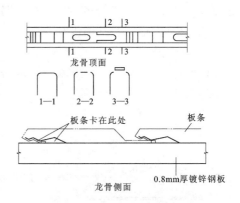

图 8-39　特制龙骨及板条安装固定示意

## 四、玻璃幕墙施工

由金属构件与各种板材组成的悬挂在主体结构上、不承担主体结构荷载的建筑物外围护结构，称为建筑幕墙。按建筑幕墙饰面材料幕墙主要分为玻璃幕墙、金属幕墙和石材幕墙。金属幕墙和石材幕墙在前面的章节中已介绍，本节重点介绍玻璃幕墙的施工工艺。

根据建筑造型和建筑结构等方面的要求，玻璃幕墙应具有防水、隔热保温、气密、防火、抗震和避雷等性能。

玻璃幕墙根据构造做法不同可分为：隐框玻璃幕墙、半隐框玻璃幕墙、明框玻璃幕墙、无金属骨架（无框式）玻璃幕墙、挂架式玻璃幕墙、全玻璃幕墙及点支承玻璃幕墙等。

### （一）玻璃幕墙的构造

**1. 隐框玻璃幕墙**

隐框玻璃幕墙的构造是在铝合金构件组成的框格上固定玻璃框，玻璃框的上框挂在铝合金整个框格体系的横梁上，其余三边分别用不同的方法固定在立柱及横梁上。玻璃用结构胶预先粘贴在玻璃框上。玻璃框之间用结构密封胶密封。玻璃为各种颜色镀膜镜面反射玻璃，玻璃框及铝合金框格体系均隐在玻璃后面，从外侧看不到铝合金框如图 8-40（c）所示，这种幕墙玻璃与铝框之间完全靠结构胶黏结，因此，结构胶质量的好坏是幕墙安全性的关键环节。

**2. 半隐框玻璃幕墙**

将玻璃两对边嵌在铝框内，另两对边用结构胶黏在铝框上，就形成半隐框玻璃幕墙，如图 8-40（a）所示。立柱外露，横梁隐蔽的称竖框横隐幕墙；横梁外露，立柱隐蔽的称竖隐横框幕墙。

**3. 明框玻璃幕墙**

明框玻璃幕墙的玻璃镶嵌在铝框内，成为四边有铝框的幕墙构件，幕墙构件镶嵌在横梁上，形成横梁、主框均外露且铝框分格明显的立面如图 8-40（b）所示。

**4. 无金属骨架（无框式）玻璃幕墙**

无金属骨架玻璃幕墙与前三种的不同点是：玻璃本身既是饰面材料，又是承受自身及风荷

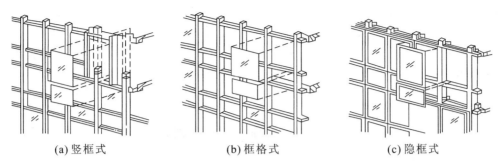

(a) 竖框式      (b) 框格式      (c) 隐框式

图 8-40 玻璃幕墙结构体系图

载的结构构件。这种玻璃幕墙的骨架除主框架外,次骨架是用玻璃制成的玻璃肋骨架,采用上下左右用胶固定,且下端采用支点,多用于建筑物首层,类似落地窗。由于使用大块玻璃饰面,幕墙具有更大的透明性。为了增强玻璃结构的刚度,保证在风荷载下安全稳定,除玻璃应有足够的厚度外,还应设置与面部玻璃呈垂直的玻璃肋,如图 8-41 所示。

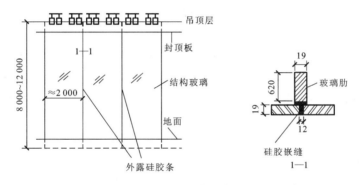

图 8-41 无金属骨架玻璃幕墙玻璃肋的设置示意图

面部玻璃与肋玻璃相交部位的处理,其构造形式有三种:肋玻璃布置在面玻璃两侧,如图 8-42(a)所示;肋玻璃布置在面玻璃单侧,如图 8-42(b)所示;肋玻璃穿过面玻璃,肋玻璃呈一整块而设在两侧,如图 8-42(c)所示。

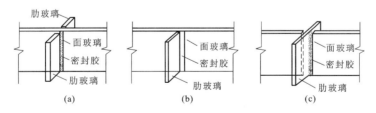

图 8-42 面玻璃与肋玻璃相交部位的处理

高度不超过 4.5 m 的全玻璃幕墙,可以用下部直接支承的方式来进行安装,超过 4.5 m 的全玻璃幕墙,宜用上部悬挂方式安装。玻璃镶嵌安装如图 8-43 所示。

**5. 挂架式玻璃幕墙**

挂架式玻璃幕墙又称为点式玻璃幕墙。采用四爪式不锈钢挂件与立柱相焊接,每块玻璃四角在厂家加工钻 4 个 $\phi 20$ mm 孔,挂件的每个爪与 1 块玻璃 1 个孔相连接,即 1 个挂件同时与 4 块玻璃相连接,或 1 块玻璃固定于 4 个挂件上,如图 8-44 所示。

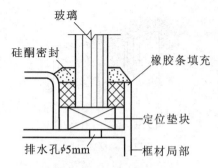
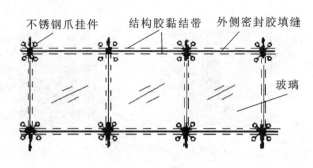

图 8-43　玻璃镶嵌安装　　　　　图 8-44　挂架式玻璃幕墙

## （二）玻璃幕墙的安装要点

### 1. 施工工艺

玻璃幕墙的施工工艺流程为：测量、放线→调整和后置预埋件→立柱安装→横梁安装→幕墙组件安装→幕墙上开启窗扇的安装→防火保温构造→密封→清洁。

### 2. 施工安装要点

（1）测量放线。将骨架的位置弹到主体结构上，目的是确定幕墙安装的准确位置。放线工作应根据主体结构施工方的基准轴线和标高控制点进行。对于由横梁、立柱组成的幕墙骨架，一般先弹出立柱的位置，然后再确定立柱的锚固点。待立柱布置完毕，将横梁装到立柱上。放线是玻璃幕墙施工中技术难度较大的一项工作，要求先吃透幕墙设计施工图纸，充分掌握设计意图，并需具备丰富的实践经验。

（2）预埋件检查。为了保证幕墙与主体结构连接可靠，幕墙与主体结构连接的预埋件应在主体结构施工过程中按设计要求的数量、位置和方法进行埋设。在幕墙施工安装前检查各连接位置预埋件是否正确，数量是否符合设计要求。若预埋件遗漏或位置偏差过大、倾斜，则应会同设计单位采取补救措施。补救方法应采用植锚栓补设预埋件，同时应进行拉拔试验。

（3）骨架施工。根据放线的位置进行骨架安装。骨架安装常采用连接件将骨架与主体结构上的预埋件相连接的方法。连接件与主体结构通过预埋件或后埋锚栓固定，当采用后埋锚栓固定时，应通过试验确定锚栓的承载力。骨架安装应先安装立柱，再安装横梁。上下立柱通过芯柱连接，立柱与连接件接触面之间要加防腐隔离垫片，安装立柱的同时应按设计要求进行防雷体系的可靠连接。对于横梁与立柱的连接可根据材料不同，采用焊接、螺栓连接、穿插件连接或用角铝连接等方法进行施工。横梁两端与立柱连接处应加弹性橡胶垫；同时横梁与立柱接缝处应打与立柱、横梁颜色相近的密封胶。

（4）幕墙组件安装。明框玻璃幕墙在玻璃安装前应将表面尘土和污物擦拭干净。玻璃四周与构件凹槽底应保持一定空隙，每块玻璃下应设不少于两块的弹性定位垫块，垫块宽度与槽口宽度应相同，长度不小于 100 mm，并用胶条或密封胶将玻璃与槽口两侧之间进行密封。

隐框玻璃幕墙在铝合金立柱上，用不锈钢螺钉固定玻璃组合件（玻璃与铝合金副框之间通过结构胶黏结），然后在玻璃拼缝处用发泡聚乙烯垫条填充空隙，最后用硅酮耐候密封胶封缝。

（5）幕墙上的开启窗扇安装。在窗扇安装前进行必要的清洁，然后按设计要求在幕墙的规定位置上安装开启窗。

（6）防火保温。防火保温材料的安装应严格按设计要求施工，防火材料宜采用整块岩棉，固定防火保温材料的防火衬板应采用厚度不小于 1.5 mm 的镀锌钢板,并锚固牢靠。幕墙四周与主体结构之间的缝隙,应采用防火保温材料堵塞,填装防火保温材料时一定要填实填平,不允许留有空隙,并采用铝箔或塑料薄膜包扎,防止保温材料受潮失效,如图 8-45 所示。

（7）密封。玻璃或玻璃组件安装完毕后,应及时用硅酮耐候密封胶嵌缝,以保证玻璃幕墙的气密性和水密性。硅酮耐候密封胶在缝内应形成相对两面黏结,不得三面黏结,较深的密封槽口底部应采用聚乙烯发泡材料填塞。硅酮耐候密封胶的施工厚度应大于 3.5 mm,施工宽度不应小于厚度的 2 倍。注胶后应将胶缝表面刮平,去掉多余的密封胶。

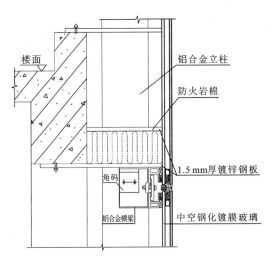

图 8-45　隐框玻璃幕墙防火构造

（8）清洁。安装幕墙过程中应对幕墙及构件表面的黏附物、灰尘等进行及时清除。

## （三）吊挂式全玻璃幕墙施工工艺

为了提高玻璃的刚度、安全性和稳定性,避免产生压屈破坏,在超过一定高度的通高玻璃上部应设置专用的金属夹具,将玻璃和玻璃肋吊挂起来形成玻璃墙面,这种玻璃幕墙称为吊挂式全玻璃幕墙。吊挂式全玻璃墙构造如图 8-46 所示。

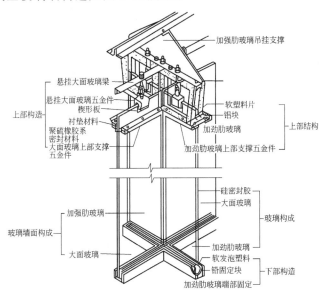

图 8-46　吊挂式全玻璃幕墙构造

这种幕墙的下部需镶嵌在槽口内,以利于玻璃板的伸缩变形,吊挂式全玻璃幕墙的玻璃尺寸和厚度,要比坐落式全玻璃幕墙的大,而且构造复杂、工序较多,因此造价也较高。

当幕墙的玻璃高度超过一定数值时,采用吊挂式全玻璃幕墙做法是一种较成功的方法。

吊挂式全玻璃幕墙的施工工艺流程为:定位放线→上部钢架安装→下部和侧面嵌槽安装→玻璃肋、玻璃板安装就位→嵌固及注入密封胶→表面清洗和验收。

**1. 定位放线**

定位放线方法与有框玻璃幕墙的相同。使用经纬仪、水准仪等测量设备，配合标准钢卷尺、线锤、水平尺等复核主体结构轴线、标高及尺寸，对原预埋件进行位置检查、复核。

**2. 上部钢架安装**

上部钢架是用于安装玻璃吊具的支架，强度和稳定性要求都比较高，应使用热渗镀锌钢材，严格按照设计要求施工、制作。在安装过程中，应注意以下事项。

（1）钢架安装前要检查预埋件或钢锚板的质量是否符合设计要求，锚栓位置离开混凝土外缘不小于 50 mm。

（2）相邻柱间的钢架、吊具的安装必须通顺平直，吊具螺杆的中心线在同一铅垂平面内，应分段拉通线检查、复核，吊具的间距应均匀一致。

（3）钢架应进行隐蔽工程验收，需要经监理公司有关人员验收合格后，方可对施焊处进行防锈处理。

**3. 下部和侧面嵌槽安装**

嵌固玻璃的槽口应采用型钢，如尺寸较小的槽钢等，应与预埋件焊接牢固，验收后做防锈处理。下部槽口内每块玻璃的两角附近放置两块氯丁橡胶垫块，长度不小于 100 mm。

**4. 玻璃板的安装**

（1）检查玻璃。在将要吊装玻璃前，需要再一次检查玻璃质量，尤其注意检查有无裂纹和崩边，黏结在玻璃上的铜夹片位置是否正确，用干布将玻璃表面擦干净，用记号笔做好中心标记。

（2）安装电动玻璃吸盘。玻璃吸盘要对称吸附于玻璃面，吸附必须牢固。

（3）试吸。在安装完毕后，先进行试吸，即将玻璃试吊起 2～3 m，检查各个吸盘的牢固度，试吸成功后才能正式吊装玻璃。

（4）安装吸盘、缆绳和保护套。在玻璃适当位置安装手动吸盘、拉缆绳和侧面保护胶套。手动吸盘用于在不同高度工作的工人能够用手协助玻璃就位，拉缆绳是为玻璃在起吊、旋转、就位时，能控制玻璃的摆动，防止因风力作用和吊车转动发生玻璃失控。

（5）粘贴垫条。在嵌固玻璃的上下槽口内侧粘贴低发泡垫条，垫条宽度同嵌缝胶的宽度，并且留有足够的注胶深度。

（6）吊装玻璃。吊车将玻璃移动至安装位置，并将玻璃对准安装位置徐徐靠近。

（7）移动玻璃就位。上层的工人把握好玻璃，防止玻璃就位时碰撞钢架。等下层工人都能握住深度吸盘时，可将玻璃一侧的保护胶套去掉。上层工人利用吊挂电动吸盘的手动吊链慢慢吊起玻璃，使玻璃下端略高于下部槽口，此时下层工人应及时将玻璃轻轻拉入槽内，并利用木板遮挡防止碰撞相邻玻璃。另外，有人用木板轻轻托扶玻璃下端，保证在吊链慢慢下放玻璃时，能准确落入下部的槽口中，并防止玻璃下端与金属槽口碰撞。

（8）玻璃定位。安装好玻璃夹具，各吊杆螺栓应在上部钢架的定位处，并与钢架轴线重合，上下调节吊挂螺栓的螺钉，使玻璃提升和准确就位。第一块玻璃就位后要检查其侧边的垂直度，以后玻璃只需要检查其缝隙宽度是否相等、是否符合设计尺寸即可。

（9）玻璃嵌固。做好上部吊挂后，嵌固上下边框槽口外侧的垫条，使安装好的玻璃嵌固到位。

**5. 灌注密封胶**

（1）在灌注密封胶之前，所有注胶部位的玻璃和金属表面均用丙酮或专用清洁剂擦拭干净，但不得用湿布和清水擦洗,所有注胶面必须干燥。

（2）为确保幕墙玻璃表面清洁美观,防止在注胶时污染玻璃,在注胶前需要在玻璃上粘贴上美纹纸加以保护。

（3）安排受过训练的专业注胶工人施工,注胶要内外两侧同时进行。注胶的速度要均匀,厚度要均匀,不要夹带气泡,胶道表面要呈凹曲面。

（4）硅酮耐候密封胶的施工厚度为 3.5～4.5 mm,胶缝太薄对保证密封性能不利。

（5）胶缝厚度应遵守设计中的规定,结构硅酮胶必须在产品有效期内使用。

**6. 清洁幕墙表面**

密封胶灌注完毕后,要及时清理幕墙表面,保证幕墙表面的清洁美观。

## （四）玻璃幕墙验收时应提交的资料

（1）幕墙工程的竣工图或施工图、结构计算书、设计变更文件及其他设计文件。

（2）幕墙工程所用各种材料、附件及紧固件、构件及组件的产品合格证书、性能检测报告、进场验收记录和复验报告。

（3）进口硅酮结构胶的商检证;国家指定检测机构出具的硅酮结构胶相容性和剥离黏结性试验报告。

（4）后置埋件的现场拉拔检测报告。

（5）幕墙的风压变形性能、气密性能、水密性能检测报告及其他设计要求的性能检测报告。

（6）打胶、养护环境的温度、湿度记录;双组分硅酮结构胶的混匀性试验记录及拉断试验记录。

（7）防雷装置测试记录。

（8）隐蔽工程验收文件。

（9）幕墙构件和组件的加工制作记录;幕墙安装施工记录。

（10）张拉杆索体系预拉力张拉记录。

（11）淋水试验记录。

（12）其他质量保证资料。

# 任务 4  吊顶与轻质隔墙施工

## 一、吊顶施工

吊顶又称为顶棚、天花板、平顶,是室内装饰工程的一个重要组成部分。吊顶具有保温、隔热、隔声和吸声作用,也是安装照明、暖卫、通风空调、通信和防火、报警管线设备的隐蔽层,同时又可以增加室内亮度和美观。这里介绍几种常见的吊顶施工工艺。

### （一）吊顶的构造组成

吊顶主要由基层、悬吊件、龙骨和面层组成。

（1）基层。基层为建筑物结构件,主要为混凝土楼板或屋架。

（2）悬吊件。悬吊件是顶棚与基层连接的构件,一般埋在基层内,属于顶棚的支撑部分。其材料可根据顶棚不同类型选用镀锌铁丝、钢筋、型钢吊杆等。

（3）龙骨。龙骨是固定顶棚面层的构件,并将承受面层的质量传递给支撑部分。其材料可根据顶棚不同类型选用木龙骨、轻钢龙骨、铝合金龙骨、型钢龙骨等。

（4）面层。面层是顶棚的装饰层，使顶棚达到既有保温、隔热、隔声和吸声等功能，又具有美化环境的效果，面层材料五花八门，品种繁多，根据美化效果及使用功能选用。

### （二）木龙骨吊顶

木龙骨吊顶是以木龙骨（木栅）为吊顶的基本骨架，配以胶合板、纤维板或其他人造板作为罩面板材组合而成的悬吊式吊顶体系。

木龙骨吊顶的工艺流程为：弹线→木龙骨拼装→安装吊杆→安装沿墙龙骨→龙骨吊装→固定灯具安装→面板安装→压条安装→板缝处理。

**1. 弹线**

弹线包括标高线、顶棚造型位置线、吊挂点布局线和大中型灯位线。如果吊顶有不同标高，那么除了要在四周墙柱面上弹出标高线外，还应在楼板上弹出变高处的位置线。

（1）标高线。根据室内墙上+50 cm水平线，用尺量至顶棚，在四周墙上弹线，作为顶棚四周的标高线，其水平允许偏差为±50 mm。

（2）吊点位置。吊点一般间距为1 m左右均匀布置一个，吊杆距主龙骨端部距离不得超过300 mm，否则增设吊杆。

**2. 木龙骨拼装**

吊顶前应在楼地面木龙骨进行拼装，拼装面积为10 m²，在龙骨上开出凹槽，咬口拼装，注意木龙骨在筛选后应刷三遍防火涂料，进行防火处理。

**3. 安装吊杆（吊筋）**

膨胀螺栓、射钉、预埋铁件等方法如图8-47所示。

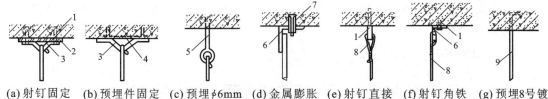

(a) 射钉固定　(b) 预埋件固定　(c) 预埋φ6mm钢筋吊环　(d) 金属膨胀螺丝固定　(e) 射钉直接连接钢丝　(f) 射钉角铁连接法　(g) 预埋8号镀锌钢丝

**图8-47　吊杆固定**

1—射钉；2—焊板；3—φ10 mm钢筋吊环；4—预埋钢板；

5—φ6 mm钢筋；6—角钢；7—金属膨胀螺丝；8—镀锌钢丝；9—8号镀锌铁丝

**4. 安装沿墙龙骨**

沿吊顶标高线固定沿墙龙骨，在吊顶标高线以上10 mm处钉木楔，沿墙龙骨钉固在木楔上。

**5. 龙骨吊装固定**

龙骨吊装固定的工艺流程为：分片吊装→铁丝与吊点临时固定→调正调平→与吊筋固定（绑扎、挂钩、木螺钉固定）。

就位后，拉纵、横控制标高线，从一侧开始，边调整龙骨边安装，最后精调至龙骨平直为止。吊顶应起拱，一般7～10 m跨度按3/1 000的起拱量进行起拱，10～15 m跨度按5/1 000的起拱量进行起拱。

**6．管道及灯具固定**

吊顶时要结合灯具位置、风扇位置做好预留洞穴及吊钩。

**7．吊顶的面板施工**

吊顶的面板可用圆钉固定法，也可用压条法或黏合法进行安装。吊钉面层的接缝形式有对缝、凹缝和盖缝三种。

## （三）轻钢龙骨吊顶

轻钢龙骨吊顶是以薄壁轻钢龙骨作为支撑框架，配以轻型装饰罩面板材组合而成的新型顶棚体系。常用罩面板有纸面石膏板、石棉水泥板、矿棉吸音板、浮雕板和钙塑凹凸板。轻钢龙骨纸面石膏板吊顶组成及安装示意图如图 8-48 所示。

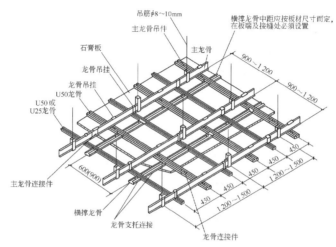

**图 8-48　轻钢龙骨纸面石膏板吊顶组成及安装示意图**

**1．工艺流程**

轻钢龙骨吊顶的工艺流程为：顶棚标高弹水平线→画龙骨分档线→安装水电管线→安装主龙骨→安装次龙骨→安装罩面板→安装压条。

**2．操作工艺**

1）弹线

弹线与安装吊点、吊杆及木龙骨吊顶的相同。

2）安装轻钢龙骨架

（1）安装轻钢主龙骨。主龙骨按弹线位置就位，利用吊件悬挂在吊筋上，待全部主龙骨安装就位后进行调直、调平定位，将吊筋上的调平螺母拧紧，龙骨中间部分按具体设计起拱。

（2）安装副龙骨。主龙骨安装完毕，即可安装副龙骨。副龙骨有通长和截断两种。

（3）安装附加龙骨、角龙骨、连接龙骨等。靠近柱子周边，增加附加龙骨或角龙骨时，按具体设计安装。凡高低跌级顶棚、灯槽、灯具、窗帘盒等处，根据具体设计应增加连接龙骨。

3）骨架安装质量检查

（1）龙骨架荷载检查。在顶棚检修孔周围、高低跌级处、吊灯吊扇等处，根据设计荷载规定进行加载检查。加载后如龙骨架有翘曲、颤动处，应增加吊筋予以加强。增加的吊筋数量和具体位置，应通过计量而定。

（2）龙骨架安装及连接质量检查。对整个龙骨架的安装质量及连接质量进行彻底检查。连接件应错位安装，龙骨连接处的偏差不得超过相关规范规定。

（3）各种龙骨的质量检查。对主龙骨、副龙骨、附加龙骨、角龙骨、连接龙骨等进行详细质量检查。如发现有翘曲、扭曲及位置不正、部位不对等，均应彻底纠正。

4）安装纸面石膏板

（1）选板。普通纸面石膏板在上顶以前，应根据设计的规格尺寸、花色品种进行选板，凡有裂纹、破损、缺棱、掉角、受潮，以及护面纸损坏者均应一律剔除不用。选好的板应平放于有垫板的木架上，以免沾水受潮。

（2）纸面石膏板安装。在进行纸面石膏板安装时，纸面石膏板长边（即包封边）应与主龙骨平行，从顶棚的一端向另一端开始错缝安装，逐块排列，余量放在最后安装。石膏板与墙面之间应留 6 mm 间隙。板与板之间的接缝宽度不得小于板厚。

5）石膏板安装质量检查

纸面石膏板装完后，应对其安装质量进行检查。如整个石膏板顶棚表面平整度偏差超过3 mm、接缝平直度偏差超过 3 mm、接缝高低度偏差超过 1 mm，石膏板有钉接缝处不牢固，都应彻底纠正。

6）缝隙处理

施工中常用石膏泥子，一般施工做法如下。

（1）直角边纸面石膏板顶棚嵌缝。直角边纸面石膏板顶棚之缝，均为平缝，嵌缝时应用刮刀将嵌缝泥子均匀饱满地嵌入板缝之内，并将泥子刮平（与石膏板面齐平）。石膏板表面如需进行装饰，则应在泥子完全干燥后施工。

（2）楔形边纸面石膏板顶棚嵌缝。楔形边纸面石膏板顶棚嵌缝一般应用采用三遍泥子。

① 第一遍泥子。用刮刀将嵌缝泥子均匀饱满地嵌入缝内，将浸湿的穿孔纸带贴于缝处，用刮刀将纸带用力压平，使泥子从孔中挤出，然后再薄压一层泥子，用嵌缝泥子将石膏板上所有钉孔填平。

② 第二遍泥子。第一遍嵌缝泥子完全干燥后，再覆盖第二遍嵌缝泥子，使之略高于石膏板表面，泥子宽 200 mm 左右，另外在钉孔上亦应再覆盖一遍泥子，宽度较钉孔扩大 25 mm 左右。

③ 第三遍泥子。第二遍嵌缝泥子完全干燥后，再薄压 300 mm 宽嵌缝泥子一层，用清水刷湿边缘后用抹刀拉平，使石膏板面交接平滑，钉孔第二遍泥子上亦再覆盖嵌缝泥子一层，并用力拉平使泥子与石膏板面交接平滑。

## （四）铝合金龙骨吊顶

### 1. 安装程序

铝合金龙骨吊顶的安装程序为：弹线定位→固定悬吊体系→安装与调平龙骨→灯具安装→面板安装。

### 2. 施工要点

（1）弹线定位。如果吊顶设计要求具有一定造型或图案，则应先弹出顶棚对称轴线，再弹出主龙骨和吊点位置，一般吊杆间距、主龙骨间距应控制在 1～1.2 m。

（2）吊件的固定。使用膨胀螺栓或射钉固定角钢块，通过角钢块上的孔，将吊挂龙骨用的镀锌铁丝绑牢在吊件上。一般单股的镀锌铁丝用 14 号以上的，双股的用 18 号以上的。

（3）固定悬吊体系。安装与调平龙骨，主、副龙骨宜从同一方向同时开始安装。安装时先将主龙骨在确定位置和标高大致就位,副龙骨也应在主龙骨的相应位置上就位。

（4）灯具安装,同前面所述。

（5）饰面板的安装。

① 搁置法。饰面板宜接放在 T 形龙骨组成的框格内。有些轻质饰面板,考虑刮风时会被掀起(包括空调口,通风口附近),可用木条、卡子固定。

② 嵌入法。将饰面板事先加工成企口暗缝,安装时将 T 形龙骨两肋插入企口缝内。

③ 粘贴法。将饰面板用胶黏剂直接粘贴在龙骨上。

④ 钉固法。将饰面板用钉、螺钉,自攻螺钉等固定在龙骨上。

⑤ 塑料小花固钉法。板的四角用塑料小花压角,用螺钉固定,并在小花之间沿板边等距离加钉固定。

⑥ 纸面石膏板的安装可常用钉固法。U 形轻钢龙骨采用钉固法安装石膏板时,使用镀锌自攻螺钉与龙骨固定。钉头要求嵌入石膏板内 0.5～1 mm,钉眼用泥子刮平,并用石膏板同色的泥子涂刷一遍。螺钉规格 M5×25 mm 或 M5×35 mm 两种。螺钉与板边距离不应大于 15 mm,螺钉间距以 150～170 mm 为宜,均匀布置,并与侧面垂直。石膏板之间应留出 8～12 mm 的安装缝。

## 二、轻质隔墙工程

隔墙是具有一定功能或装饰作用的建筑构件,为非承重构件,主要功能是分隔室内和室外空间。隔墙类型有很多,按构造方式可分为砌块隔墙、骨架隔墙、板材隔墙;按使用材料不同可分为木质隔墙、石膏板隔墙、玻璃隔墙、金属隔墙等;按使用功能不同可分为拼装式、推拉式、折叠式、卷帘式等,本节仅介绍骨架隔墙。

### （一）轻钢龙骨隔墙施工工艺

轻钢龙骨隔墙采用薄壁型钢做骨架,两侧铺钉饰面板,这种隔墙是机械化施工程度较高的一种干作业墙体,具有施工速度快、成本低、劳动强度小、装饰美观及防火、隔声性能好等特点,因此是目前应用较为广泛的一种隔墙。

**1. 轻钢龙骨隔墙材料**

（1）龙骨。龙骨由横龙骨、竖龙骨、贯通龙骨或横撑龙骨组成,有 C 形和 U 形两种截面形式。横龙骨一般安装在楼板下和地面上,用于固定竖龙骨。竖龙骨是墙体骨架垂直方向的支撑,其两端分别与沿顶龙骨、沿地龙骨连接。竖龙骨间距根据板面尺寸而定,一般为 400～600 mm。贯通龙骨是横向贯穿隔墙的骨架,与竖龙骨连接,增加骨架强度和刚度。

（2）配件。配件为支撑卡。

（3）紧固材料。紧固材料为膨胀螺栓、自攻螺丝、螺丝等。

**2. 轻钢龙骨隔墙施工工艺流程**

轻钢龙骨隔墙施工工艺流程为:弹线→砌筑踢脚台→安装沿地、沿顶、沿墙龙骨→安装竖龙骨→安装通贯龙骨及横撑→安装罩面板。

（1）弹线。根据设计要求,在隔墙与上、下及两边基体的相接处,按龙骨的宽度弹线,同时标出门洞位置和竖向龙骨位置。

（2）砌筑踢脚台。用 C20 的素混凝土浇筑踢脚台,如图 8-49 所示。

（3）安装沿地、沿顶、沿墙龙骨。龙骨与建筑顶、地连接及竖向龙骨与墙、柱连接,可用射钉、金属膨胀螺栓或预埋木砖的方法固定。

（4）安装竖向龙骨。竖向龙骨安装时应由隔墙的一端开始,有门窗时从门窗洞口开始分别向两侧展开,竖向龙骨的长度尺寸,应比沿顶龙骨、沿地龙骨内测的距离略短 1.5 mm 左右,以保证竖向龙骨能够在沿顶龙骨、沿地龙骨的槽口内滑动为准。竖向龙骨与沿地龙骨、沿顶龙骨的连接可采用自攻螺钉或抽芯铝铆固定,并用支撑卡锁紧竖向龙骨和横撑龙骨的相交部位,如图 8-50 所示。

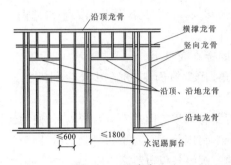

图 8-49　踢脚台

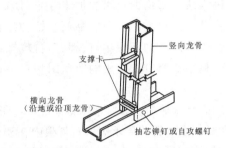

图 8-50　竖向龙骨与沿地沿顶龙骨的连接

（5）安装通贯龙骨。通贯龙骨从各条竖龙骨的贯通孔中水平穿过,在竖龙骨的开口面用支撑卡将贯通龙骨和竖龙骨锁紧,如图 8-51 所示。

（6）安装横撑龙骨。隔断轻钢骨架的横向支撑,除采用通贯龙骨外,有的需设其他横撑龙骨,一般在隔墙骨架超过 3 m 高度,或罩面板的水平方向板端接缝并非落到沿顶龙骨、沿地龙骨上时,应增设横向龙骨予以固定板缝。横撑龙骨的具体做法是,利用卡托、角托与竖向龙骨固定,如图 8-52 所示。

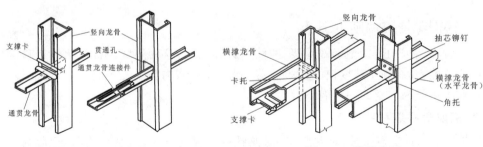

图 8-51　通贯龙骨　　　　　　　　图 8-52　横撑龙骨

（7）安装罩面板。纸面石膏板应从墙的一侧端头开始,顺序安装,先安装一侧纸面石膏板,待隔墙内管线、填充物安装完毕后,再安装另一侧纸面石膏板,纸面石膏板用自攻螺钉固定,螺钉应陷入板面 0.5～1 mm 深度为宜。自攻螺钉距石膏板包封边 10～15 mm 为宜,距切断边 15～20 mm 为宜,板边钉距为 200 mm,板中钉距 300 mm 为宜。

## （二）铝合金隔墙施工

铝合金隔墙是用铝合金型材组成框架,再配以玻璃等其他材料装配而成的。其主要施工工序为:弹线→下料→组装框架→安装玻璃。

（1）弹线。根据设计要求确定隔墙在室内的具体位置、墙高、竖向型材的间隔位置等。

（2）画线下料。在平整干净的平台上,用钢尺和钢画针对型材画线,要求长度误差为 ±0.5 mm,同时不要碰伤型材表面。沿顶型材、沿地型材要画出与竖向型材的各连接位置线。画连接位置线时,必须画出连接部位的宽度。

（3）铝合金隔墙的安装。安装半高铝合金隔墙通常先在地面组装好框架,再竖立起来固定,安装全封铝合金隔墙时,通常先固定竖向型材,再安装横档型材来组装框架。铝合金型材相互连接主要用角铝和自攻螺钉,它与地面、墙面的连接,则主要用铁脚固定法。

（4）安装玻璃。校正好骨架后,先按框洞尺寸缩小 3~5 mm 裁好玻璃,将玻璃就位后,用与型材同色的铝合金槽条,在玻璃两侧夹定,校正后将槽条用自攻螺钉与型材固定。活动窗口上的玻璃则应与制作铝合金活动窗口同时安装。

# 任务 5　门 窗 施 工

门窗是建筑的重要组成部分,也是建筑装饰的重点。门窗分为普通门窗和特种门窗两大类。普通门窗主要有木门窗、铝合金门窗、塑钢门窗和钢门窗四大类。木门窗应用最早且最普通,但越来越多地被铝合金门窗和硬 PVC 塑料门窗所代替。

特种门窗则有防火门窗、防盗门、自动门、全玻门、旋转门、金属卷帘门和人防密闭门等。

## 一、木门窗

木门窗大多在工厂制作,现场安装,木门窗的安装一般有立框安装和塞框安装两种方法。

### （一）先立口（先立门窗框）工艺

（1）工艺流程为:门窗位置定位→立门窗框→（砌墙时）木砖固定→安装门窗过梁→（装饰阶段后期）安装门窗扇→油漆。

（2）工艺要点为:①立框前检查成品质量,校正规方,钉好斜拉条和下坎的水平拉条;②按施工图示位置、标高、开启方向、与墙洞口关系（如里平、外平、墙中等）立口;③立门窗框时应水平拉通线,竖向用线锤找直吊正;④砖墙砌筑时随砌随检查是否倾斜和移动,并用木砖楔紧安牢。

### （二）后塞口（后塞门窗框）工艺

（1）工艺流程为:（砌墙时）预埋木砖→（抹灰前）门窗框固定→（抹灰后）门窗扇安装→油漆。

（2）工艺要点为:①检查门窗洞口的尺寸、垂直度和木砖数量（每侧不少于 2 处,间距不大于 1.2 m）;②找水平拉通线,竖向找直吊正,确定门窗框安装位置;③门框应在地面施工前安装,窗框应在内、外墙抹灰前安装;④每块木砖应钉 2 个 10 cm 长的钉子并将钉帽砸扁,顺木纹钉入木砖内,使门框安装牢固。

注意:门窗框的走头应封砌牢固严实;寒冷地区门窗框与外墙间的空隙应填塞保温材料;门窗框与砖墙的接触面及固定用木砖应做防腐处理。

### （三）门窗扇的安装

（1）合页槽位置:距门窗扇上、下端宜取立挺高度的 1/10,并且应避开上、下冒头。

（2）五金配件安装:应采用木螺钉,先钉入全长 1/3,再拧入剩余 2/3;硬木应钻 2/3 螺丝长度、9/10 螺丝直径的引孔,以防安装劈裂或拧断螺丝。

（3）门锁安装:不宜安装在冒头与立挺的结合处。

（4）门窗拉手:窗拉手距地面宜为 1.5~1.6 m,门拉手距地面宜为 0.9~1.05 m。

## 二、塑钢门窗的安装

塑料门窗是由聚氯乙烯或其他树脂为主要材料挤压而成的空腹异型材制作而成。塑料门窗是目前最具气密性、水密性、耐腐蚀性、隔热保温、隔音、耐低温、阻燃、电绝缘性、造型美观等优异综合性能的门窗。由于塑料的刚度较低，为增强门窗的刚度，一般在空腹腔内嵌装型钢或铝合金型材（钢衬）加强刚度。由塑料型材和钢衬两部分组成的门窗称为塑钢门窗。

### （一）塑钢门窗的安装

塑钢门窗安装采用预留洞口的方法，安装后洞口每侧有 5 mm 的间隙，不得采用边安装边砌口或先安装后砌口的方法施工。

塑钢门窗的安装工艺流程为：洞口清理→安装连接固定片→塑料门窗安装→门窗四周嵌缝→安装门窗扇、五金配件→清理、校正。

#### 1. 施工准备

立框前，应对"50线"进行检查，并找好窗边垂直线及窗框下皮标高的控制线，同排窗应拉通线，以保证门窗框高低一致；上层窗杠安装时，应与下层窗框吊齐、对正。

#### 2. 安装方法

安装方法有连接件法、直接固定法和假框法等。固定点距窗角 150 mm，固定点间距不大于600 mm；塑钢门窗采用塑料膨胀螺钉连接时，先在墙体上的连接点处钻孔，孔内塞塑料胀管。采用预埋件连接时，在墙体连接点处预埋钢板，窗台先钻孔。

#### 3. 立框

按照洞口弹出的安装线先将门窗框立于洞口内，用木楔调整横平竖直，然后按连接点的位置，将调整铁脚卡紧门窗框外侧，调整铁脚另一端与墙体连接。

采用塑料膨胀螺钉连接时，螺钉要穿过调整铁脚的孔拧入塑料胀管中。采用预埋件连接时，调整铁脚用电焊焊牢于预埋钢板上。采用射钉连接时，将射钉打入墙体，使调整铁脚固定住。窗台处调整铁脚应将其垂直端先塞入钻孔内，再卡紧窗框，待窗框校正后，再在钻孔内灌入水泥砂浆。

#### 4. 门窗框洞口间隙的填塞

塑钢门窗的构造尺寸应包括预留洞口与待安装窗框的间隙及墙体饰面材料的厚度，其间隙应符合表8-9的规定。

表 8-9　洞口与窗框（或门边框）的间隙

| 墙体饰面层材料 | 洞口与窗框（或门边框）的间隙/mm |
| --- | --- |
| 清水墙 | 10 |
| 墙体外饰面抹水泥砂浆或贴马赛克 | 15～20 |
| 墙体外饰面贴釉面瓷砖 | 20～25 |
| 墙体外饰面镶贴大理石或花岗石 | 40～50 |

注：窗下框与洞口的间隙，可根据设计要求选定。

严禁用水泥砂浆做窗框与墙体之间的填塞材料，宜使用闭孔泡沫塑料、发泡聚苯乙烯、塑料发泡剂分层填塞，缝隙表面留5～8 mm深的槽口嵌填密封材料。

#### 5. 门窗扇的安装

安装五金配件时，应先在框、扇杆件上钻出略小于螺钉直径的孔眼，然后用配套的自攻螺钉拧入,严禁将螺钉用锤直接打入。

塑钢门窗交付使用之前,应将型材表面的塑料胶纸撕掉,如果塑料胶纸在型材表面留有胶痕,宜用香蕉水清洗干净。

## 三、铝合金门窗的安装

铝合金门窗与普通木门窗和钢门窗相比,具有以下特点:质轻高强、密封性好、变形性小、表面美观、耐腐蚀性好、使用价值高和可实现工业化等。此外,还具有气密性、水密性、抗风压强度、保温性能和隔声性能等。

### (一)铝合金门窗的安装

铝合金门窗的安装工艺流程为:画线定位→门窗框安装就位→门窗框固定→门窗框与墙体间隙填塞→门窗扇及玻璃安装→五金配件安装。

**1. 画线定位**

门窗安装在内外装修基本结束后进行,以避免土建施工的损坏;门窗框的上下口标高以室内"50线"为控制标准,外墙的下层窗应从顶层垂直吊正。

**2. 安装就位**

根据门窗定位线安装门窗框,并调整好门窗框的水平、垂直及对角线长度,符合标准后用木楔临时固定。

**3. 门窗框固定**

门窗框校正无误后,将连接件按连接点位置卡紧于门窗框外侧。当采用连接条焊接连接时,连接条端边与钢板焊牢;当采用燕尾铁角连接时,应先在钻孔内塞入水泥砂浆,将燕尾铁角塞进砂浆内,再用螺钉穿过连接件与燕尾铁角拴牢;当采用金属膨胀螺栓连接时,应先将膨胀螺栓塞入孔内,螺栓端伸出连接件外,套上螺帽栓紧;当采用射钉连接时,每个连接点应射入 2 枚射钉,固定点间距不大于 500 mm。

**4. 门窗框与墙体缝隙填塞**

设计未规定填塞材料品种时,应采用矿棉或玻璃棉毡条分层填塞缝隙,外表面留 5～8 mm 深槽口填嵌密封胶,严禁用水泥砂浆填塞。

**5. 密封胶的填嵌**

在门窗框周边与抹灰层接触处采用密封胶密封。密封胶表面应光滑、顺直、无裂纹。阳极氧化处理的铝合金型材严禁与水泥砂浆接触。铝合金门窗框填缝如图 8-53 所示。

## 四、特种门窗的施工

### (一)防火门的安装施工

**1. 防火门的种类**

根据耐火极限,防火门可分为甲、乙、丙三个等级。

(1)甲级防火门。甲级防火门以防止扩大火灾为主要目的,它的耐火极限为 1.2 h,一般为全钢板门,无玻璃窗。

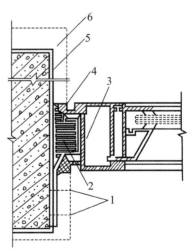

**图 8-53 铝合金门窗框填缝**
1—膨胀螺栓;2—软质填充料;3—自攻螺钉;
4—密封膏;5—第一遍抹灰;6—最后一遍抹灰

（2）乙级防火门。乙级防火门以防止开口部火灾蔓延为主要目的，它的耐火极限为 0.9 h，一般为全钢板门，在门上开一个小玻璃窗，玻璃选用 5 mm 厚的夹丝玻璃或耐火玻璃。性能较好的木质防火门的等级也可以达到乙级。

（3）丙级防火门。丙级防火门的耐火极限为 0.6 h，为全钢板门，在门上开一小玻璃窗，玻璃选用 5 mm 厚夹丝玻璃或耐火玻璃。大多数木质防火门都在这一范围内。

根据防火门的材质，可以分为木质防火门和钢质防火门两种。

（1）木质防火门。即在木质门表面涂以耐火涂料，或用装饰防火胶板贴面，以达防火要求，其防火性能要稍差一些。

（2）钢质防火门。即采用普通钢板制作，在门扇夹层中填入岩棉等耐火材料，以达到防火要求。

**2. 防火门的施工工艺流程**

（1）画线。按设计要求尺寸、标高，画出门框框口的位置线。

（2）立门框。先拆掉门框下部的固定板，凡框内高度比门扇的高度大于 30 mm 的，洞两侧地面须设预留凹槽。门框一般埋入 ±0.000 标高以下 20 mm，须保证框口上下尺寸相同，允许误差小于 1.5 mm，对角线允许误差小于 2 mm。将门框用木楔临时固定在洞内，经校正合格后，固定木楔，门框铁脚与预埋铁板件焊牢。

（3）安装门扇及附件。门框周边缝隙，用 1∶2 的水泥砂浆或强度不低于 10 MPa 的细石混凝土嵌塞牢固，应保证与墙体连接成整体，经养护凝固后，再粉刷洞口及墙体。

## （二）金属转门安装施工

（1）在金属转门开箱后，检查各类零部件是否齐全、正常，门樘外形尺寸是否符合门洞口尺寸，以及转门壁位置要求，预埋件位置和数量。

（2）木桁架按洞口左右、前后位置尺寸与预埋件固定，并保持水平，一般转门与弹簧门、铰链门或其他固定扇组合，就可先安装其他组合部分。

（3）装转轴，固定底座，底座下要垫实，不允许出现下沉，临时点焊上轴承座，使转轴垂直于地平面。

（4）装圆转门顶与转门壁，转门壁不允许预先固定，便于调整与活扇之间隙，装门扇保持 90°夹角，旋转转门，保证上下间隙。

（5）调整转门壁的位置，以保证门扇与转门壁之间隙。门扇高度与旋转松紧调节，如图 8-54 所示。

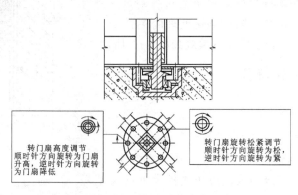

**图 8-54  转门调节示意图**

（6）焊上轴承座，用混凝土固定底座，埋插销下壳，固定门壁。

（7）安装门扇上的玻璃，一定要安装牢固，不准有松动现象。

（8）若用钢质结构的转门，则在安装完毕后，对其还应喷涂油漆。

# 任务6　刷涂及裱糊工程

涂饰工程是将涂料用不同的施工工艺涂覆在建筑部件的表面，形成黏附牢固、具有一定强度、连续的固态薄膜的装饰工程。该膜通称为涂膜，又称为漆膜或涂层。

裱糊饰面工程，简称裱糊工程，是指在室内平整光洁的墙面、顶棚面、柱体面和室内其他构件表面，用壁纸、墙布等材料裱糊的装饰工程。

涂料由成膜物质、颜料、溶剂和助剂四部分组成。油漆是涂料的旧称，泛指油类和漆类涂料产品，现通称涂料，在现代化工产品的分类中属精细化工产品，是一类多功能性的工程材料。

## 一、油漆涂饰

以木料表面施涂清漆为例介绍油漆施工工艺。

### （一）工艺流程

油漆涂饰的施工工艺流程为：基层处理→润色油粉→满刮油泥子→刷油色→刷第一遍清漆→修补泥子→修色→磨砂纸→安装玻璃→刷第二遍清漆→刷第三遍清漆。

### （二）操作工艺

（1）处理基层。用刮刀或碎玻璃片将表面的灰尘、胶迹、锈斑刮干净，注意不要刮出毛刺。

（2）磨砂纸。将基层打磨光滑，顺木纹打磨，先磨线，后磨平面。

（3）润油粉。用棉丝蘸油粉在木材表面反复擦涂，将油粉擦进虫眼，然后用麻布或木丝擦净，线角上的余粉用竹片剔除。待油粉干透后，用1号砂纸顺木纹轻打磨，打到光滑为止，注意保护棱角。

（4）满批油泥子。颜色要浅于样板1～2成，泥子油性大小适宜。用开刀将泥子刮入钉孔、裂纹等内，刮泥子时要横抹竖起，泥子要刮光，不留散泥子。待泥子干透后，用1号砂纸轻轻顺纹打磨，磨至光滑，潮布擦粉尘。

（5）刷油色。涂刷动作要快，顺木纹涂刷，收刷、理油时都要轻快，不可留下接头刷痕，每个刷面要一次刷好，不可留有接头，涂刷后要求颜色一致、不盖木纹，涂刷程序与刷铅油的相同。

（6）刷第一遍清漆。刷法与刷油色的相同，但应略加些汽油以便消光和快干，并应使用已磨出口的旧刷子。待漆干透后，用1号旧砂纸彻底打磨一遍，将头遍漆面基本打磨掉，再用潮布擦干净。

（7）复补泥子。使用牛角泥板，带色泥子要刮干净、平滑、无泥子疤痕，不可损伤漆膜。

（8）修色。将表面的黑斑、节疤、泥子疤及材色不一致处拼成一色，并绘出木纹。

（9）磨砂纸。使用细砂纸轻轻往返打磨，再用潮布擦净粉末。

（10）刷第二、三遍清漆。周围环境要整洁，操作同刷第一遍清漆，但动作要敏捷，多刷多理，涂刷饱满、不流不坠、光亮均匀。涂刷后一遍油漆前应打磨消光。

（11）冬期施工。室内油漆工程，应在采暖条件下进行，室温保持均衡，温度不宜低于+10 ℃，相对湿度不宜低于60%。

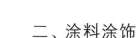

## 二、涂料涂饰

以混凝土及抹灰表面饰涂油性涂料为例介绍涂料施工工艺。

### （一）混凝土及抹灰表面饰涂油性涂料

**1. 工艺流程**

混凝土及抹灰表面饰涂油性涂料的施工工艺流程为：基层处理→修补泥子→磨砂纸→第一遍满刮泥子→磨砂纸→第二遍满刮泥子→磨砂纸→弹分色线→刷第一道涂料→补泥子磨砂纸→刷第二遍涂料→磨砂纸→刷第三遍涂料→磨砂纸→刷第四遍涂料。

**2. 操作工艺**

1）基层处理

将墙面上的灰渣等杂物清理干净，用笤帚将墙面的浮土等扫净。

2）修补泥子

用石膏泥子将墙面、门窗口角等磕碰破损处、麻面、风裂、接槎缝隙等分别找平补好，干燥后用砂纸将凸出处磨平。

3）第一遍满刮泥子

满刮第一遍泥子干燥后，用砂纸将泥子残渣、斑迹等打磨平、磨光，然后将墙面清扫干净，泥子配合比为聚醋酸乙烯乳液（即白乳胶）：滑石粉或大白粉：2%羧甲基纤维素溶液＝1：5：35（质量比）。以上为适用于室内的泥子；如厨房、厕所、浴室等应采用室外工程的乳胶防水泥子，这种泥子耐水性能较好。其配合比为聚醋酸乙烯乳液（即白乳胶）：水泥：水＝1：5：1（质量比）。

4）第二遍泥子

涂刷高级涂料要满刮第二遍泥子。泥子配合比和操作方法同第一遍泥子的。待泥子干透后个别地方再复补泥子，个别大的孔洞可复补泥子，彻底干透后，用1号砂纸打磨平整，清扫干净。

5）弹分色线

如墙面设有分色线，应在涂刷前弹线，先涂刷浅色涂料，后涂刷深色涂料。

6）涂刷第一遍油漆涂料

第一遍可涂刷铅油，它是遮盖力较强的涂料，是罩面涂料基层的底漆。铅油的稠度以盖底、不流淌、不显刷痕为宜，涂饰每面墙面的顺序应从上而下，从左到右，不得乱涂刷，以防漏涂或涂刷过厚，涂刷不均匀等。第一遍涂料干燥后个别缺陷或漏刮泥子处要复补，待泥子干透后打磨砂纸，把小疙瘩、泥子渣、斑迹等磨平、磨光，并清扫干净。

7）涂刷第二遍涂料

涂刷操作方法同第一遍涂料的，如墙面为中级涂料，此遍可涂铅油；如墙面为高级涂料，此遍可涂调和漆，待涂料干燥后，可用较细的砂纸把墙面打磨光滑，清扫干净，同时用潮布将墙面擦抹一遍。

8）涂刷第三遍涂料

用调和漆涂刷，如墙面为中级涂料，此道工序可做罩面，即最后一遍涂料，其涂刷顺序同上。由于调和漆黏度较大，涂刷时应多刷多理，以达到涂膜饱满、厚薄均匀一致、不流不坠。

9）涂刷第四遍涂料

用醇酸磁漆涂料涂刷，如墙面为高级涂料，此道涂料为罩面涂料，即最后一遍涂料。如最后一遍涂料改为无光调和漆时，可将第二遍铅油改为有光调和漆，其余做法相同。

## 三、刷浆施工

### （一）常用刷浆材料及配制

刷浆所用材料主要是指石灰浆、水泥色浆、大白浆和可赛银浆等，石灰浆和水泥浆可用于室内、室外墙面，大白浆和可赛银浆只用于室内墙面。

（1）石灰浆用生石灰块或淋好的石灰膏加水调制而成，可在石灰浆内加 0.3%～0.5% 的食盐或明矾，或水泥用量 20%～30% 的 108 胶，目的在于提高其附着力。如需配色浆，应先将颜料用水化开，再加入石灰浆内拌匀。

（2）水泥色浆由于素水泥浆易粉化、脱落，一般用聚合物水泥浆，其组成材料有白水泥、高分子材料、颜料、分散剂和憎水剂。高分子材料采用 108 胶时，108 胶掺量一般为水泥用量的 20%。分散剂一般采用六偏磷酸钠，掺量约为水泥用量的 1%，或木质素磺酸钙，掺量约为水泥用量的 0.3%，憎水剂常用三甲基硅醇钠。

（3）大白浆由大白粉加水及适量胶结材料制成，加入颜料，可制成各种色浆。胶结材料常用 108 胶（掺入量为大白粉的 15%～20%）或聚乙酸乙烯液（掺入量为大白粉的 8%～10%），大白粉适于喷涂和刷涂。

（4）可赛银浆是由可赛银粉加水调制而成的。可赛银粉由碳酸钙、滑石粉和颜料研磨，再加入干酪素胶粉等混合配制而成。

### （二）刷浆施工

**1．基层处理和刮泥子**

刷浆前应清理基层表面的灰尘、污垢、油渍和砂浆留痕等。基层表面的孔眼、缝隙、凸凹不平处应用泥子找补并打磨齐平。

对于室内高级刷浆工程，局部找补泥子后，应满刮 1～2 遍泥子，干后用砂纸打磨表面。大白浆和可赛银粉要求墙面干燥，为增加大白浆的附着力，在抹灰面未干前应先刷一遍石灰浆。

**2．刷浆**

刷浆一般采用刷涂法、滚涂法和喷涂法施工。其施工要点同涂料工程的涂饰施工。

聚合物水泥浆刷浆前，应先用乳胶水溶液或聚乙烯醇缩甲醛胶水溶液湿润基层。

室外刷浆在分段进行时，应以分格缝、墙角或水落口等处为分界线。同一墙面应用相同的材料和配合比，浆料必须搅拌均匀。

刷浆工程的质量要求和检验方法应符合薄涂料的涂饰质量和检验方法的规定。

## 四、裱糊工程

裱糊工程是指采用壁纸、墙布等软质卷材裱贴于室内墙、柱、顶面及各种装饰造型构件表面的装饰工程。其色泽和凹凸图案效果丰富，选用相应品种或采取适当的构造做法可以使之具有一定的吸声、隔声、保温及防菌等功能，尤其是广泛应用于酒店、宾馆及各种会议、展览与洽谈空间以及居民住宅卧室等，属于中高档建筑装饰。

壁纸和墙布的种类有纸面纸基壁纸、天然材料面墙纸、金属墙纸、无毒 PVC 壁纸、装饰墙布、无纺墙布等。

### （一）裱糊工程施工工艺

裱糊饰面工程的施工工艺为：基层处理→弹线→裁割下料→壁纸预处理（浸水）→涂刷胶黏剂→裱糊壁纸→细部处理等。

**1. 基层处理**

裱糊工程的基层，要求坚实牢固，表面平整光洁，不疏松起皮，不掉粉，无砂粒、孔洞、麻点和飞刺，否则壁纸就难以贴平整。为防止墙纸、墙布受潮脱落，处理工序检验合格后，即采用喷涂或刷涂的方法施涂封底涂料或底胶，做基层封闭处理一般不少于两遍。封底涂料的选用，可采用涂饰工程使用的成品乳胶底漆，如相对湿度较大的南方地区或室内易受潮部位，可采用清漆或光油（桐油）。

**2. 弹线**

为了使裱糊饰面横平竖直、图案端正，每个墙面第一幅壁纸墙布都要挂垂线找直，作为裱糊的基准标志线，自第二幅起，先上端后下端对缝一次裱糊。有图案的壁纸，为保证做到整体墙面的图案对称，应在窗口中心部位弹好中心线，由中心线再向两边弹分格线；如窗户不在中间位置，为保证窗间墙的阳角处图案对称，应在窗间墙弹中心线，以此向两侧分幅弹线；对于无窗口的墙面，可选择一个距窗口墙面较近的阴角，在距壁纸幅宽处弹垂线。

**3. 裁割下料**

根据弹线找规矩的实际尺寸，在裁割时，要根据材料的规格及裱糊面的尺寸统筹规划。按裱糊顺序进行分幅编号，认清哪一头是上端，裁墙纸时，可在朝上的一头背面注上"上"字，壁纸墙布的上、下端宜各自留出 20～30 mm 的修剪余量。

注意：对于花纹图案较为具体的壁纸墙布，要事先明确裱糊后的花饰效果及其图案特征，应根据花纹图案和产品的边部情况，确定采用对口拼缝或是搭口裁割拼缝的具体拼接方式，应保证对接无误。

**4. 浸水润纸**

对于裱糊壁纸应事先湿润，传统称为闷水，这是针对纸胎的塑料壁纸的处理方法。对于玻璃纤维基材及无纺贴墙布类材料，遇水无伸缩，无须润纸，而纸质壁纸则严禁进行闷水处理。

**5. 涂刷胶黏剂**

壁纸墙布裱糊胶黏剂的涂刷，应薄而均匀，不得漏刷；墙面阴角、阳角部位应增刷胶黏剂1～2遍。对于自带背胶的壁纸，则无须再使用胶黏剂。

根据壁纸、墙布的品种特点，胶黏剂的施涂分为在壁纸的背面涂胶、在被裱糊基层上涂胶，以及在壁纸的背面和基层上同时涂胶。如聚氯乙烯塑料壁纸，背面可不涂胶黏剂，而在基层上涂刷；纺织纤维壁纸，为增强黏结能力，材料背面及基层均应涂刷；纸基壁纸背涂胶静置软化后，裱糊时基层也应涂刷；玻璃纤维墙布和无纺墙布，只需将胶黏剂涂刷在基层上，不必在背面涂刷，因为墙布有细小孔隙，胶黏剂会印透表面而出现胶痕，影响美观。

**6. 裱糊**

裱糊的基本顺序是：先垂直面，后水平面；先细部，后大面；先保证垂直，后对花拼缝；垂直面先上后下,先长墙面,后短墙面;水平面是先高后低。裱糊饰面的大面,尤其是装饰的显著部位,应尽可能采用整幅壁纸墙布,不足整幅者应裱贴在光线较暗或不明显处。与顶棚阴角线、挂镜线、门窗装饰包框等线脚或装饰构件交接处,均应衔接紧密,不得出现亏纸而留下残余缝隙。

# 任务 7  民用建筑工程室内环境要求

民用建筑工程室内装饰按以下两类控制室内环境污染。

(1) Ⅰ类建筑工程,如住宅、医院、老年公寓、幼儿园、学校教室等。

(2) Ⅱ类建筑工程,如办公楼、商店、旅馆、文化娱乐场所、书店、图书馆、展览馆、体育馆,以及公共交通候车室、餐厅、理发店等。

民用建筑工程及室内装修工程的室内环境质量验收,应在工程完工至少 7 d 以后、工程交付使用前进行。其室内环境质量验收具体要求如下。

(1) 验收时应检查的资料包括工程地质勘查报告、工程地点土壤中氡浓度检测报告、工程地点土壤天然放射性元素,镭-226、钍-232、钾-40 含量检测报告;涉及室内环境污染控制的施工图设计文件及工程设计变更文件;建筑材料和装修材料的污染物含量检测报告、材料进场检验记录、复验报告;与室内环境污染控制有关的隐蔽工程验收记录、施工记录;样板间室内环境污染物浓度检测记录。

(2) 民用建筑工程验收时,必须进行室内环境污染物浓度检测,检测结果应符合表 8-10 的规定。

**表 8-10  民用建筑工程室内环境污染物浓度限量**

| 污 染 物 | Ⅰ类民用建筑工程 | Ⅱ类民用建筑工程 |
|---|---|---|
| 氡/(Bq/m³) | ≤200 | ≤400 |
| 游离甲醛/(mg/m³) | ≤0.08 | ≤0.12 |
| 苯/(mg/m³) | ≤0.09 | ≤0.09 |
| 氨/(mg/m³) | ≤0.2 | ≤0.5 |
| TVOC/(mg/m³) | ≤0.5 | ≤0.6 |

(3) 民用建筑工程验收时,应抽检有代表性的房间室内环境污染物浓度,抽检数量不得少于 5%,并不得少于 3 间;房间总数少于 3 间时,应全数检测。

(4) 民用建筑工程验收时,凡进行了样板间室内环境污染物浓度检测且检测结果合格的,抽检数量减半,并不得少于 3 间。

(5) 民用建筑工程验收时,室内环境污染物浓度检测点应按房间面积设置:①房间使用面积小于 50m² 时,设 1 个检测点;②房间使用面积在 50~100m² 时,设 2 个检测点;③房间使用面积大于 100m² 时,设 3~5 个检测点。

(6) 当房间内有 2 个及以上检测点时,应取各点检测结果的平均值作为该房间的检测值。

(7) 民用建筑工程验收时,环境污染物浓度现场检测点应距内墙面不小于 0.5 m,距楼地面高度 0.8~1.5 m。检测点应均匀分布,避开通风口和通风道。

(8) 民用建筑工程室内环境中进行游离甲醛、苯、氨、总挥发性有机物(TVOC)浓度检测时,对于采用集中空调的民用建筑工程,应在空调正常运转的条件下进行;对于采用自然通风的民用建筑工程,检测应在对外门窗关闭 1 h 后进行。

（9）民用建筑工程室内环境中进行氡浓度检测时，对于采用集中空调的民用建筑工程，应在空调正常运转的条件下进行；对于采用自然通风的民用建筑工程，应在房间的对外门窗关闭 24 h 以后进行。

（10）当室内环境污染物浓度的全部检测结果符合上述规定时，可判定该工程室内环境质量合格。

（11）当室内环境污染物浓度检测结果不符合上述规定时，应查找原因并采取措施进行处理，并可进行再次检测，再次检测时的抽检数量应增加 1 倍。室内环境污染物浓度再次检测结果全部符合上述规定时，可判定为室内环境质量合格。

（12）室内环境质量验收不合格的民用建筑工程，严禁投入使用。

# 任务 8  工程案例分析

## 一、某宾馆大堂室内吊顶案例

某宾馆大堂面积约为 200 m²，正在进行室内装饰装修改造工程施工，按照先上后下，先湿后干，先水电通风后装饰装修的施工顺序，现正在进行吊顶工程施工，按设计要求，顶面为轻钢龙骨纸面石膏板不上人吊顶，装饰面层材料为耐擦洗涂料。但竣工验收后 3 个月，顶面局部产生凸凹不平和石膏板接缝处产生裂缝现象。

**1. 案例问题**

竣工交验 3 个月后吊顶面局部产生凹凸不平的原因及板缝开裂的原因是什么？

**2. 案例解析**

（1）此项工程为改造工程，原屋盖内未设置预埋件和预埋吊杆，因此需重新设置锚固件以固定吊杆。后置锚固件安装时，若选用的膨胀螺栓安装不牢固，一旦选用射钉遇到石子，石子发生爆裂，使射钉不能与屋盖相连接，产生不受力现象，就会出现局部下坠。

（2）不上人吊顶的吊杆应选用 φ6 mm 钢筋，并应经过拉伸，施工时，由于不按要求施工，将未经拉伸的钢筋作为吊杆，在龙骨和饰面板涂料施工完毕后，吊杆的受力产生不均匀现象。

（3）吊点间距的设置可能未按规范要求施工，没有满足不大于 1.2 m 的要求，特别是，没有增设吊杆或调整吊杆的构造，是产生顶面凹凸不平的关键原因之一。

（4）吊顶骨架安装时，主龙骨的吊挂件、连接件的安装可能不牢固，连接件没有错位安装，副龙骨安装时未能紧贴主龙骨，副龙骨的安装间距大于 600 mm，这些都是产生吊顶面质量问题的原因。

（5）骨架施工完毕后，隐蔽检查验收不认真，这是人为因素。

（6）骨架安装完毕后安装纸面石膏板。板材安装前，特别是，切割边对接处横撑龙骨的安装是否符合要求，这也是造成板缝开裂的主要原因之一。

（7）由于后置锚固件、吊杆、主龙骨、副龙骨安装都各有不同难度的质量问题，板材安装尽管符合规范规定，但局部骨架产生垂直方向位移，必定带动板材发生变动，发生质量问题是必然的。

（8）大堂部位 200 m² 的吊顶已属大面积吊顶，设计方亦应考虑吊顶骨架的加强措施。

（9）除上述施工、技术、设计、管理方面的原因外，各种材料的材质、规格，以及验收是否符合设计和国家现行标准的规定也是非常重要的原因。

## 二、某商场室内外装饰装修工程案例

某装饰公司承担了某商城的室内外装饰装修工程，该工程为框架结构，地上六层、地下一层。施工项目包括围护墙砌筑、抹灰、轻钢龙骨石膏板吊顶、地砖地面、门窗、涂饰、木作油漆和玻璃幕墙等。

为运送施工材料，室外装有一部卷扬机。检查时发现，操作卷机的机工未在，而由一名普通工人操作机械运送一名工人和一车砂子上楼。施工单位在现场的消防通道处堆放了一些施工材料，如水泥、饰面砖等，现场消防通道宽度 2 m，以供人通行；临时用电采用三级配电二级保护，采用漏电保护开关，设置分段保护，合闸（正常）供电的配电箱未上锁，现场临时照明用电为220 V。而在室外脚手架上做玻璃幕墙骨架焊接的一操作人员，既无用火证又无操作证；在木门加工制作处正在使用中的电锯无防护罩。

室内有一自动扶梯尚未安装，预留洞口周边未见防护设施。在三层一房间内，工人正在铺贴地砖，现场昏暗，工人将一碘钨灯头放在已做好的吊顶龙骨上用于照明。

**1. 案例问题**

根据以上叙述，指出施工单位在现场安全生产方面存在哪些问题？

**2. 案例解析**

施工单位在现场安全生产方面存在以下问题。

（1）违反了运货卷扬机严禁载人上下的安全规定。

（2）违章操作，卷扬机应有经过专门培训合格的人员操作。

（3）消防通道内不得堆放物料，且宽度应为 3.5 m。

（4）临时供电用配电箱在正常使用当中必须上锁。

（5）施工临时用电照明应为 36 V，不能使用碘钨灯，更不能将其放于吊顶龙骨上，以防施工人员受触电伤害。

（6）施工预留孔洞四周必须搭设防护栏，洞口用安全网封严。

（7）电、气焊人员应经过专门培训合格后，持证上网，作业前需办理用火证，并须配备看火人员和灭火设备。

（8）用于施工中的电锯必须有防护罩，以防出现意外伤害操作者。

**任务一** 组织学生在实训场地进行抹灰、饰面砖镶贴、地砖铺贴的训练，并完成以下任务。

（1）编写一份所练工种技术交底资料，包括施工准备、施工工艺、质量标准及安全文明施工。

（2）总结操作过程中的质量控制要点。

**任务二** 参观装饰施工现场,完成以下任务。

(1) 详细描述所参观现场某一装饰工程施工顺序。

(2) 结合所学知识写出该装饰工程的质量控制要点。

(3) 编制一份该装饰工程的施工技术交底资料。

## 一、单选题

1. 建筑物外墙抹灰应选择( )。

A. 石灰砂浆      B. 混合砂浆      C. 水泥砂浆      D. 装饰抹灰

2. 建筑物一般室内墙基层抹灰应选择( )。

A. 麻刀灰      B. 纸筋灰      C. 混合砂浆      D. 水泥砂浆

3. 抹灰工程中的中层抹灰主要作用是( )。

A. 找平      B. 与基层黏接      C. 装饰      D. 增加承重能力

4. 抹灰工程应遵循的施工顺序是( )。

A. 先室内后室外      B. 先室外后室内      C. 先下面后上面      D. 先复杂后简单

5. 下列哪一种不属于装饰抹灰的种类。( )

A. 干粘石      B. 斩假石      C. 高级抹灰      D. 喷涂

6. 内墙普通抹灰的厚度为( )mm。

A. 15      B. 20      C. 25      D. 30

7. 抹灰工程中的基层抹灰主要作用是( )。

A. 找平      B. 与基层黏结      C. 装饰      D. 填补墙面

8. 基层处理,不同材料交接处应铺设金属网,搭接缝宽边不得小于( )。

A. 50 mm      B. 100 mm      C. 200 mm      D. 300 mm

9. 抹灰工程,当抹灰总厚度大于或等于( )时,应采取加强措施。

A. 15 mm      B. 20 mm      C. 25 mm      D. 35 mm

10. 下列哪一种不属于装饰抹灰的种类:( )。

A. 干粘石      B. 斩假石      C. 高级抹灰      D. 喷涂

11. 抹灰工程中,一般分三层做法,各层砂浆的强度要求应为( )。

A. 面层＞底层＞中层      B. 底层＞面层＞中层

C. 底层＞中层＞面层      D. 中层＞底层＞面层

12. 隐框玻璃幕墙施工中,在玻璃拼缝处用发泡聚乙烯垫条填充空隙,最后用( )封缝。

A. 结构胶      B. 玻璃胶      C. 密封胶      D. 耐候密封胶

13. 滴水线应整齐,顺直,并应做到( )。

A. 内立外平      B. 外高内低      C. 内高外低      D. 内平外高

14. 铝合金门窗框是用( )方法安装的。

A. 后塞口(框)      B. 先立木框      C. 预埋木砖      D. 都不是

## 二、多选题

1. 外墙抹灰工程中窗台、雨棚、檐口等部位要求( )，下面应( )。

A. 水平      B. 垂直      C. 做滴水线      D. 做泛水坡

2. 抹灰工程中灰饼和标筋的作用是( )。

A. 防止抹灰层开裂      B. 控制抹灰层厚度

C. 控制抹灰层平整度      D. 控制抹灰层垂直度

3. 墙面抹灰，为了减少收缩缝应( )。

A. 控制每层抹灰层厚度      B. 控制抹灰材料质量

C. 使用的材料中水泥量要多一点      D. 控制每层抹灰间隙时间

E. 不同基层的交接处应先铺一层金属网或纤维布

4. 楼地面水泥砂浆抹灰层起砂，开裂的主要原因是( )。

A. 天气干燥      B. 没有及时养护      C. 砂太细，含泥量大      D. 水泥用量少

E. 过早上人      F. 预先要浇水湿润

5. 墙面砖粘贴施工前要求基层( )，这样才能粘贴牢固。

A. 平整光滑      B. 平整粗糙      C. 洁净，无浮灰油污      D. 干燥

E. 预先要浇水湿润

6. 抹灰工程中灰饼和标筋的作用是( )。

A. 防止抹灰层开裂      B. 控制抹灰层厚度

C. 控制抹灰层平整度      D. 控制抹灰层垂直度

## 三、简答题

1. 建筑装饰工程的施工特点有哪些？

2. 简述一般抹灰的组成及各层的作用。

3. 内墙抹灰中，在处理基层时对不同的基层应做怎么样的处理？

4. 内墙抹灰中做标志块及标筋有何作用？

5. 水磨石、水刷石、斩假石的施工要点各是什么？

6. 轻钢龙骨纸面石膏板吊顶中弹线内容有哪些？

7. 内墙面砖镶贴时预排砖有什么要求？

8. 外墙面砖施工中预排砖时应遵循什么原则？

9. 吊挂式全玻璃幕墙施工要点有哪些？

10. 水泥砂浆地面施工中铺抹面层前为什么要先刷结合层，有什么要求？

11. 涂料饰面工程有哪几种，每一种涂料施工工艺有什么不同？

12. 什么是裱糊工程，它有何特点？

# 参考文献

［1］建筑施工手册(缩印本)编写组.建筑施工手册[M].4 版.北京:中国建筑工业出版社,2003.

［2］姚谨英.建筑施工技术(土建类专业适用)[M].4 版.北京:中国建筑工业出版社,2012.

［3］钟汉华.建筑施工技术[M].北京:化学工业出版社,2013.